Alfred Fischer

Die Pilze Deutschlands, Oesterreichs und der Schweiz

Phycomycetes

Alfred Fischer

Die Pilze Deutschlands, Oesterreichs und der Schweiz
Phycomycetes

ISBN/EAN: 9783741171666

Hergestellt in Europa, USA, Kanada, Australien, Japan

Cover: Foto ©Klaus-Uwe Gerhardt /pixelio.de

Manufactured and distributed by brebook publishing software
(www.brebook.com)

Alfred Fischer

Die Pilze Deutschlands, Oesterreichs und der Schweiz

Die Pilze

Deutschlands, Oesterreichs und der Schweiz.

IV. Abtheilung:

Phycomycetes

bearbeitet

von

Dr. Alfred Fischer.

a. o. Professor an der Universität Leipzig.

Mit zahlreichen in den Text eingedruckten Abbildungen.

———✳✳———

Leipzig.

Verlag von Eduard Kummer.

1892.

Dem Andenken

Anton de Bary's.

Von seinen ersten wissenschaftlichen Arbeiten an bis an sein leider so frühes Lebensende hat de Bary die Gruppe der Phycomyceten in allen ihren Zweigen mit besonderer Vorliebe studirt, auch seine letzte, erst nach seinem Tode veröffentlichte Arbeit beschäftigt sich mit dieser Gruppe, speciell mit den Saprolegniaceen. So wäre auch keiner, so wie de Bary, dazu berufen gewesen, in dieser Flora die Phycomyceten zu bearbeiten, wozu er auch bereits gewonnen worden war. Der unerbittliche Tod hat den unermüdlichen Forscher abgerufen, noch ehe die Vorarbeiten begonnen hatten. Dem Andenken de Bary's widme ich in dankbarer Erinnerung an den liebenswürdigen Lehrer und in unbeirrter Verehrung für den bahnbrechenden Forscher diesen Band als öffentliches Zeugniss dafür, dass der Name de Bary's der deutschen Wissenschaft auch nach seinem Hinscheiden theuer und werth ist und dass die niedrige Gesinnung, welche sich nicht scheut, den Namen des Dahingegangenen mit Schmutz zu bewerfen, keinen Beifall findet.

Die Gruppe der Phycomyceten, deren Erforschung in den letzten 40 Jahren ein reiches Material aufgehäuft hat, wird hier zum ersten Male in deutscher Sprache und möglichster Vollständigkeit dargestellt. Die Bearbeitung der Gruppe in Saccardo's Sylloge Fungorum von Berlese und de Toni lässt vielerlei zu wünschen übrig und ist zu wenig kritisch, um einen vorläufigen Abschluss zu gewähren. Meine Bearbeitung kann eben auch nur als vorläufiger Abschluss gelten, denn bevor nicht die einzelnen Gruppen sorgfältig monographisch durchgearbeitet sind, kann mehr nicht geboten werden. Ich habe mich bemüht, möglichst viel selbst zu untersuchen und zu controliren, freilich musste es in vielen Fällen

beim guten Willen bewenden. Es dürfte übelwollender Kritik
gewiss leicht fallen, hier oder da Mängel und Irrthümer aufzu-
decken, die nur der Monograph vermeiden konnte: so ist die Speciesunterscheidung bei manchen Chytridiaceen, besonders auch bei der
Gattung Mucor des weiteren Studiums sehr bedürftig.

Die Diagnosen habe ich alle neu entworfen, absichtlich möglichst
ausführlich, manchem vielleicht zu ausführlich. Meine Ansicht ist
aber die, dass die Beschreibungen solcher Species, die noch unsicher
sind, so genau wie möglich sein müssen, damit spätere Forscher
auch wirklich wissen können, was gemeint war. Als abschreckendes
Beispiel brauchen ja nur die lakonischen Diagnosen der älteren
Mycologie angeführt zu werden, die meist Alles und Jedes be-
deuten können.

Zahlreiche Fachgenossen haben mich bei meiner Arbeit in
liebenswürdigster Weise durch Rath und That unterstützt, ihnen
allen spreche ich auch an dieser Stelle meinen besten Dank aus.

Besonders aber möchte ich Herrn Dr. Klemm in Leipzig
danken, der mit grosser Genauigkeit und künstlerischem Geschick
die Federzeichnungen für die Zinkographien angefertigt hat. Die
Abbildungen sind zum grossen Theil Copien, eine Anzahl ist nach
meinen Präparaten neu gezeichnet worden.

Leipzig, im Juli 1892.

Alfred Fischer.

Inhaltsübersicht.

Alphabetisches Verzeichniss der Abbildungen.

XII

Phycomycetes (Siphomycetes).

Vegetationskörper einzellig, nur bei der Bildung der Fortpflanzungsorgane oder im späteren Alter Querwände bildend, bald unverzweigt und in toto sich zu Sporangien umbildend (holocarpisch) bald ein reich verzweigtes Mycel mit besonderen Fortpflanzungsorganen (eucarpisch). Ungeschlechtliche Fortpflanzung durch Schwärmsporen oder unbewegliche Sporen oder Conidien, geschlechtliche entweder durch Zygosporen oder durch Oosporen.

In der Uebersicht über das Pilzsystem, welche Winter im I. Bande dieser Flora (p. 32) aufgestellt hat, ist die Classe der Phycomyceten zerlegt in die 6. Classe: Zygomycetes, die 7. Classe: Oomycetes und die Gruppe der Chytridiaceen mit unsicherem systematischem Werth. Ausserdem ist die Ordnung der Entomophthoreae, welche nach neueren Forschungen zu den Zygomyceten gehört, noch mit den Basidiomyceten vereinigt.

Da seit dem Erscheinen des I. Bandes sich die Ansichten über das Pilzsystem nach mancher Seite hin geklärt haben, so bedarf es wohl keiner Entschuldigung, wenn von der dort aufgestellten Anordnung abgewichen wird.

Der Name Phycomycetes (Algenpilze) soll die vielseitige Uebereinstimmung andeuten, welche die genannten Pilze mit gewissen Algen, den Siphoneen (Vaucheria etc.), sowohl in der Einzelligkeit ihrer Vegetationskörper, als auch in der Ausbildung ihrer Fortpflanzungsorgane (Schwärmsporen, Sexualität) aufweisen; wozu auch noch der Umstand tritt, dass viele Phycomyceten algenartig im Wasser leben. Da das gemeinsame Merkmal, welches bei der grossen Mannigfaltigkeit der Fortpflanzungsorgane alle Phycomyceten verbindet, die Einzelligkeit des Vegetationskörpers ist, so dürfte sich wohl der Name Siphomycetes (Schlauchpilze) als Parallelbildung zu

Siphophyceen (Siphoneen) noch mehr empfehlen. Cohn[1]) vereinigt unter dem Namen der Siphomyceten die drei Ordnungen der Peronosporeen, Saprolegnieen, Chytridiaceen, während er die Zygomyceten (Mucorineen etc.) als Parallelgruppe zu den Zygophyceen (Conjugaten) aufstellt. Die Phycomyceten würden also bei Cohn's System in die beiden Gruppen der Zygomyceten und Siphomyceten zerfallen.

Sorokin[2]) gebraucht die Bezeichnung Siphomycetes als Synonym für Phycomycetes, in dem bereits erörterten Sinne. Obgleich mir der Name Siphomyceten die Gruppe besser noch zu charakterisiren scheint, als der Name Phycomyceten, so halte ich es doch für praktisch, die allgemein eingebürgerte Bezeichnung nicht aufzugeben.

Aber nicht blos beim Namen der hier zu behandelnden Pilzgruppe regen sich Bedenken, noch viel mehr ist das der Fall bei der Umgrenzung derselben. Die Ansichten hierüber sind sehr getheilt. De Bary[3]) bringt die Peronosporeen (incl. Ancylisteen und Monoblepharis), Saprolegnieen, Mucorineen und Entomophthoreen an den Anfang seiner grossen Ascomycetenreihe, die Chytridieen dagegen, deren Anschluss an die genannten Phycomyceten er zwar anerkennt, behandelt er als eine Gruppe von zweifelhafter Stellung im System. Durch die Erwähnung der Chytridiaceen ist sogleich der wunde Punkt aller Phycomycetensystematik hervorgehoben worden. Soweit herrscht bei allen Mycologen Uebereinstimmung, dass Peronosporeen, Saprolegnieen, Mucorineen und Entomophthoreen echte Phycomyceten sind. Die Chytridiaceen dagegen werden gar nicht immer als eine natürliche einheitliche Gruppe betrachtet, z. B. von Zopf[4]), der die Synchytrieen ihres plasmodialen Vegetationskörpers wegen ganz von den Eumyceten trennen und als besondere Gruppe in der Nähe der Myxomyceten unterbringen möchte. In Saccardo's Sylloge (VII, pars 1) werden zwar die Chytridiaceen in der üblichen Umgrenzung den Phycomyceten einverleibt, aber als Rückbildungsformen, während nach meiner unten zu entwickelnden Ansicht gerade die Chytridiaceen den Ausgangspunkt nicht blos für die Phycomyceten, sondern überhaupt für alle Eumyceten bilden. Auch Warming[5]) scheint dieser Ansicht zuzuneigen.

[1]) Verhandl. d. schles. Gesellsch. f. vaterl. Cultur 1879, p. 279.
[2]) Sorokin, Revue mycol. XI. 1889, p. 69, zuerst bot. Zeit. 1874, p. 314.
[3]) Morphol. u. Biol. d. Pilze 1884, p. 142.
[4]) Schenk, Handb. d. Bot. IV. p. 272.
[5]) Handb. d. system. Bot. 1890, p. 63.

Brefeld hat in seinen letzten Darlegungen über das System der Pilze[1]) die Chytridiaceen als rückgebildete Phycomyceten aufgeführt, bei denen der Vegetationskörper mehr und mehr zurücktritt, bis er gänzlich in der Bildung des Sporangium aufgeht. Dieses, z. B. bei den Olpidieen vorliegende Verhalten bildet nach Brefeld's und Anderer Ansicht das letzte Glied einer Rückbildungsreihe, welche mit Formen mit reich entwickeltem Vegetationskörper und distincten Fortpflanzungsorganen beginnt (Peronosporaceen).

Meine Auffassung betrachtet gerade umgekehrt diese einfachsten Chytridiaceen als den Ausgangspunkt einer aufsteigenden Reihe, an deren Ende die Oomyceten mit reich entwickeltem Mycel stehen würden.

Dieselbe Ansicht vertritt auch Gobi[2]), ohne freilich zu einer klaren Eintheilung der ganzen Gruppe zu gelangen. Endlich hat auch Dangeard in mehreren seiner Chytridienarbeiten wichtiges Material zur Begründung dieser auch von ihm getheilten Anschauung zusammengetragen[3]). Besonders ist auch von ihm die verwandtschaftliche Beziehung der zoosporen Monadinen zu den Olpidiaceen, speciell seiner Sphaerita, nachdrücklich betont worden.

Uebersicht über das System.

Phycomycetes (Siphomycetes).

I. Reihe. Archimycetes (Chytridinae).

Körper einzellig, nackt oder von Anfang an mit Membran, verschieden gestaltet, entweder unverzweigt, nicht fädig oder aus einem kugeligen und einem fädigen mycelialen Theil bestehend oder durchweg mycelial-fädig; immer monocarpisch, entweder holocarpisch oder eucarpisch, aber nicht perennirend und polycarpisch. Fort-

---

[1]) Untersuchungen VIII. 1889, p. 270 u. X. 1891 p. 354.
[2]) Ueber die Gruppe der Amoeboideae. Arb. d. Petersburger naturf. Ges. XV. 1884, ref. bot. Centralbl. XXI. p. 35.
[3]) Dangeard, Ann. sc. nat. 7. Serie IV, 1886. Journal de bot. II. 1888. Le botaniste 1. Serie II. 1888. 2. Serie II, 1890.

pflanzung durch Schwärmsporen und Dauersporen, welche entweder an Stelle der Zoosporangien ungeschlechtlich oder in wenigen Fällen als Zygo- oder Oosporen geschlechtlich entstehen.

1. Ordnung. **Myxochytridinae.**[1])

Vegetationskörper nackt, kugelig oder ellipsoidisch, niemals verzweigt oder mycelial-fädig, kurz vor der Fructification sich mit Membran umgebend und holocarpisch in Sporangien oder Dauersporen verwandelnd; immer intramatrical. Sexualität fehlt, nur in einem Fall beobachtet.

1. Familie. **Monolpidiaceae** (Olpidiaceae).

Der ganze Vegetationskörper verwandelt sich holocarpisch in ein einziges kugeliges oder längliches Zoosporangium oder eine Dauerspore. Sexualität in einem Falle beobachtet.

2. Familie. **Merolpidiaceae** (Synchytriaceae).

Der ganze Vegetationskörper zerfällt holocarpisch in eine Mehrzahl von Sporangien und erzeugt einen rundlichen oder lang einreihigen Sporangiensorus. Dauerzustände entweder ein Haufen von Dauersporen, Cystosorus, oder einzelne Dauersporen, die aus dem ganzen ungetheilten Vegetationskörper oder einzelnen Theilen desselben entstehen.

2. Ordnung. **Mycochytridinae.**

Vegetationskörper von Anfang an mit Membran umgeben, von verschiedener Gestalt, niemals rein kugelig oder ellipsoidisch, immer langgestreckt, wurmförmig oder aus einem kugeligen und einem fädigen, verzweigten, mycelialen Theil bestehend oder durchaus mycelial, verzweigt, mit blasigen, intercalaren und terminalen Anschwellungen. Immer monocarpisch, nicht perennirend, entweder holocarpisch oder eucarpisch. Zoosporangien und ihnen entsprechende oder andere, zum Theil als Zygo- oder Oosporen entstandene Dauersporen.

---

[1]) Dieser Name wurde zuerst von Gobi (l. c.) vorgeschlagen; derselbe rechnet aber Synchytrium nicht hierher, weil sein Vegetationskörper nicht amoeboid ist. Massgebend für die Benennung ist die Membranlosigkeit des plasmodiumähnlichen Vegetationskörper.

1. Familie. **Holochytriaceae** (Ancylistaceae).

Vegetationskörper schlauch- oder wurmförmig, unverzweigt oder mit kurzen Seitenästchen, theilt sich durch Querwände in eine Anzahl Glieder, welche alle zu Fortpflanzungsorganen (Sporangien, Oogonien, Antheridien) werden. Streng holocarpisch und monophag, immer intramatrical.

2. Familie. **Sporochytriaceae** (Rhizidiaceae, Polyphagaceae).

Vegetationskörper besteht aus zwei Theilen, einem kugeligen, der erstarkten Schwärmspore, und einem dünnfädigen, oft sehr zarten mycelialen Theil. Der kugelige Theil wächst zum einzigen Sporangium oder zur einzigen Dauerspore aus. Dauersporen auch auf andere Weise entstehend am mycelialen Theil oder durch Copulation zweier Pflänzchen. Der myceliale Theil geht nach einmaliger Fructification immer zu Grunde, streng monocarpisch, aber eucarpisch.

1. Unterfamilie. *Metasporeae.*

Dauersporen wie die Sporangien und an deren Stelle aus dem kugeligen Theil des Vegetationskörpers entstehend. Sexualität fehlt.

2. Unterfamilie. *Orthosporeae.*

Dauersporen nicht wie die Sporangien und an deren Stelle entstehend, entweder auf noch unbekannte Weise am mycelialen Theil des Vegetationskörpers oder als Zygosporen durch Copulation zweier Individuen.

3. Familie. **Hyphochytriaceae** (Cladochytriaceae).

Vegetationskörper ein mehr oder weniger verzweigtes, anfangs einzelliges Mycel, welches terminal und intercalar gleichzeitig eine grössere Zahl Anschwellungen und aus diesen Zoosporangien oder Dauersporen bildet, eucarpisch, aber meist monocarpisch, nicht perennirend. Sexualität fehlt.

II. Reihe. **Zygomycetes.**

Vegetationskörper einzellig, ein reich verzweigtes, polycarpisches Mycel. Ungeschlechtliche Fortpflanzung durch Abschnürung von Conidien oder durch in Sporangien entstandene, bewegungslose Sporen; meist mit besonderen Fruchtträgern. Sexualität als Copulation gleichgestalteter Zellen; Zygosporen.

1. Ordnung. **Mucorinae.**

Mycelium saprophytisch, oder parasitisch auf anderen Pilzen, reich verzweigt, im Substrat allseitig sich ausbreitend, anfangs einzellig, im Alter oft mit ordnungslosen Querwänden. Ungeschlechtliche Fortpflanzung durch Conidien oder in Sporangien gebildete, bewegungslose Sporen, mit besonderen, einfachen oder verzweigten Fruchtträgern. Zygosporen am Mycel oder ebenfalls an besonderen Trägern.

1. Unterordnung. Sphorangiophorae.

Ungeschlechtliche Fortpflanzung durch bewegungslose, in Sporangien erzeugte Sporen.

1. Familie. **Mucoraceae.**

Die den Träger vom Sporangium abgrenzende Querwand wölbt sich in dasselbe und ragt als Columella oft weit hinein. Zygosporen nackt oder nur von einem lockeren Fadengeflecht eingehüllt, nie in ein dichtes Gehäuse eingeschlossen und einen Fruchtkörper bildend.

1. Unterfamilie. *Mucoreae.*

Sporangien nur von einer Art, vielsporig, mit zerfliessender oder leicht zerbrechender Membran, auf den Trägern sich öffnend, die Columella zurücklassend.

2. Unterfamilie. *Thamnidieae.*

Sporangien von zweierlei Art, vielsporige mit zerfliessender Membran und auf den Trägern sich öffnend, die Columella zurücklassend; wenigsporige (Sporangiolen), mit nicht zerfliessender Membran, ohne Columella, geschlossen vom Träger abfallend.

3. Unterfamilie. *Piloboleae.*

Sporangien nur von einer Art, vielsporig, mit zum grössten Theil fester, nicht zerfliessender oder zerbrechender, nur an der Basis aufquellender Membran; quellen entweder von ihren Trägern ab, die Columella zurücklassend, oder werden mitsammt der Columella abgeschleudert und öffnen sich dann erst durch Abquellen.

2. Familie. **Mortierellaceae.**

Sporangium ohne Columella, mit zerfliessender Membran. Zygosporen einzeln in ein Gehäuse (Carposporium) vollständig eingeschlossen, eine kleine Knolle darstellend.

2. Unterordnung. Conidiophorae.

Ungeschlechtliche Fortpflanzung durch Conidien, welche einzeln oder in Ketten an besonderen Conidienträgern abgeschnürt werden.

1. Familie. Chaetocladiaceae.

Conidien einzeln, kugelig, in Gruppen an dem mittleren, geschwollenen Theil der letzten Aeste der Conidienträger, Enden derselben, dünn, steril. Zygosporen nackt, zwischen den geraden Copulationsästen.

2. Familie. Cephalidaceae.

Conidien in Ketten, an den kuglig-kopfig angeschwollenen Astenden unverzweigter oder verzweigter Träger. Zygosporen nackt, auf dem Scheitel der zangenförmigen Copulationsäste.

2. Ordnung. Entomophthorinae.

Mycelium meist parasitisch in lebenden Thieren, seltener in Pflanzen oder saprophytisch, reich verzweigt, oft in Stücke zerfallend, anfangs einzellig. Ungeschlechtliche Fortpflanzung durch Conidien, welche am Ende unverzweigter, aus dem Substrat hervorwachsender Fäden einzeln abgeschnürt und bei der Reife abgeschleudert werden, ohne besonders gestaltete Conidienträger. Zygosporen am Mycel.

1. Familie. Entomophthoraceae.

Mit den Charakteren der Ordnung.

III. Reihe. Oomycetes.

Vegetationskörper einzellig, ein reich verzweigtes, polycarpisches Mycel. Ungeschlechtliche Fortpflanzung durch Conidien oder durch Schwärmsporen, welche in besonderen Sporangien erzeugt werden. Sexualität als Befruchtung nackter in ein Oogon eingeschlossener Eier durch verschiedenartig gestaltete Antheridien oder durch Spermatozoiden; Oosporen.

1. Ordnung. Saprolegninae.

Saprophytisch im Wasser auf faulenden Thier- und Pflanzenresten lebend, Mycel reich verzweigt, einzellig, polycarpisch. Ungeschlechtliche Fortpflanzung durch Schwärmsporen, Sporangien an den Astenden, besonders gestaltete Sporangienträger fehlen. Oogonien meist vieleiig, ihr gesammter Inhalt zu Eiern umgewandelt. Antheridien liefern Befruchtungsschlauch oder Spermatozoiden.

1. Familie. Saprolegniaceae.

Antheridien nebenastartig an das Oogon sich anlegend. Befruchtungsschläuche in dasselbe treibend.

2. Familie. Monoblepharidaceae.

Antheridien mit Spermatozoiden.

2 Ordnung. Peronosporinae.

Mycel meist parasitisch im Innern lebender Landpflanzen, reich verzweigt, polycarpisch. Ungeschlechtliche Fortpflanzung durch Schwärmsporen oder Conidien, meist mit besonders gestalteten, aus dem Substrat hervorbrechenden Conidienträgern. Oogonien immer eineiig, mit einem Rest unverbrauchten Protoplasmas (Periplasma). Antheridien nebenastartig an das Oogon sich anlegend, mit Befruchtungsschlauch.

1. Familie. Peronosporaceae.

Mit den Charakteren der Ordnung.

1. Unterfamilie. *Planoblastae* (Cystopodeae).

Ungeschlechtliche Fortpflanzung durch Schwärmsporen, Sporangien entweder am Mycel festsitzend, oder meist als Conidien abfallend und bei der Keimung die Schwärmer erzeugend.

2. Unterfamilie. *Siphoblastae* (Peronosporeae).

Ungeschlechtliche Fortpflanzung durch Conidien, welche mit Keimschlauch keimen und den abfallenden Zoosporangien der Planoblastae homolog sind.

Bemerkungen
zu vorstehendem System der Phycomyceten.

1. **Terminologie.** Entsprechend der für Phanerogamen gebräuchlichen Bezeichnung sind auch die Vegetationskörper der Phycomyceten als monocarpisch und polycarpisch aufgeführt, je nachdem sie nur einmal fructificiren und dann zu' Grunde gehen (monocarpisch) oder weiter wachsend mehrmals hintereinander Früchte bringen (polycarpisch). Zu dieser Unterscheidung hat aber noch

eine zweite hinzuzutreten, welche auf die höheren Pflanzen sich nicht ausdehnen lässt, wohl aber für die Thallophyten eine allgemeine Geltung besitzt. Alle Vegetationskörper, welche vollständig, ohne Rest, in der Bildung der Fructificationsorgane aufgehen, bezeichne ich als holocarpisch; holocarpisch sind unter den Chytridiaceen alle Myxochytridineen und die Holochytrieen (Ancylisteen), ferner die Myxomyceten, die Conjugaten. Alle holocarpischen Pflanzen sind natürlich auch monocarpisch, einmal fruchtend, gleichviel ob hierbei ein einziger oder gleichzeitig mehrere Fruchtkörper entstehen (Stemonitis). Alle übrigen Pflanzen nenne ich euearpisch, denn ihr Vegetationskörper bildet besondere Früchte, ohne vollständig verbraucht zu werden; es bleibt ein Rest, der entweder nach der Fruchtbildung abstirbt (monocarpisch) oder weiter wächst und neue Früchte producirt (polycarpisch). Diese Unterscheidung in holocarpische und euearpische Vegetationskörper hebt einen tief einschneidenden Gegensatz hervor, der meiner Ansicht nach bisher noch nicht hinreichend gewürdigt worden ist.

2. Die Chytridinen als Archimyceten verdienen noch eine ausführlichere Besprechung, da sie, wie bereits auseinandergesetzt wurde, gewöhnlich als eine regressive Reihe aufgefasst werden, während sie hier als progressive Reihe an den Anfang des ganzen Pilzsystems gestellt werden. Ihre einfachsten Formen, die holocarpischen, mycellosen Myxochytridinae vermitteln den Uebergang von einfacheren Myzecotozoen, den Monadinen im Sinne Zopf's[1], und specieller noch den Monadineae zoosporeae zu den ebenfalls noch holocarpischen Formen der Mycochytridineen, den Ancylisteen. Es erhebt sich die Frage, mit welchem Recht diese Myxochytridinen überhaupt von den Monadinen getrennt und zu den Phycomyceten gestellt werden.

Mit den zoosporen Monadinen haben die Olpidiaceen ja manche Aehnlichkeit, aber noch grösser sind die Unterschiede zwischen beiden. Ein principieller Unterschied besteht schon in der Nahrungsaufnahme, bei den Monadinen erfolgt dieselbe durch die starken amoeboiden Bewegungen des plasmodialen Zustandes, wobei allgemein auch feste Theile aufgenommen werden, bei den Myxochytridinen sind aber die amoeboiden Bewegungen der nackten Vegetationskörper immer schwach oder fehlen gänzlich und die Aufnahme fester Theile kommt gar nicht vor. Während sich also

---

[1] Die Myzecotozoen in Schenk's Handb. d. Botanik III. 2, p. 97.

die Monadinen wie die Myxomyceten ernähren, herrscht bei den Myxochytridinen nur eine Aufnahme gelöster Stoffe, wie bei den echten Pilzen. Damit im Zusammenhang steht, dass bei allen Monadinen mit der Sporen- und Cystenbildung eine Ausstossung unverdauter Nahrungsballen verbunden ist, was bei den Myxochytridinen natürlich nicht vorkommen kann. Neben diesen aus der verschiedenen Art der Nahrungsaufnahme abgeleiteten physiologischen Unterschieden lassen sich auch noch wichtige rein morphologische geltend machen. Bei einer Anzahl zoosporer Monadinen zerfällt der amoeboide Körper ohne vorherige Membranbildung in Sporen (Aphelidium, Plasmodiophora), bei jenen Formen aber, bei denen eine Wand vorher gebildet wird, verlassen die Schwärme ihre Sporocyste an beliebigen Stellen, es fehlt ein besonderer Entleerungscanal, der bei allen Myxochytridinen, ausgenommen Sphaerita, entsteht. Endlich ist hervorzuheben, dass der stark amoeboide Körper der Monadinen nicht selten ein echtes Plasmodium ist, durch Verschmelzung mehrerer Amoeben entstehend, während bei den Myxochytridinen echte Plasmodien fehlen, mit Ausnahme vielleicht von Rozella. Jedenfalls ist die Verwandtschaft der Myxochytridinen mit den Monadinen anzuerkennen, aber es ist auch auf der anderen Seite in den geschilderten Abweichungen ein Schritt nach den Pilzen hin zu bemerken. Besonders sind es die Holochytrien (Ancylisten), welche den Uebergang zu echten Mycel bildenden Formen vermitteln. Formen wie Myzocytium schliessen sich durch ihre holocarpische Entwicklung an die Myxochytridinen an, unterscheiden sich aber durch den von Anfang an Membran umgebenen, lang gestreckten Vegetationskörper, der durch seine Verzweigungen (Lagenidium) mycelialen Charakter bekommt.

Morphologisch würden sich an diese Holochytrien sehr leicht die Zygomyceten und Oomyceten anschliessen lassen, als eine Weiterbildung mit eucarpischem, reich verzweigten, mycelialen Vegetationskörper.

Die Gruppe der Sporochytrieen mit dem mycelialen Haustorium scheint mir nach aufwärts an die Hyphochytrieen anzuschliessen; unter den Monadinen zeigt Colpodella pugnax eine ähnliche Entwickelung, unterscheidet sich aber durch das Fehlen des Mycels und durch die viel später erfolgende Wandbildung.

Die Gruppe der Hyphochytrieen endlich, welche an die Sporochytrieen (Polyphagus) anschliesst, setzt sich in Protomyces und den Ustilagineen fort.

Die beiden Reihen der Zygomyceten und Oomyceten sind in der herkömmlichen Abgrenzung beibehalten. Näher auf die hier kurz skizzirten Anschauungen einzugehen, dürfte dem Zwecke der vorliegenden Arbeit nicht entsprechen.

I. Reihe. Archimycetes (Chytridinae).

Vegetationskörper einzellig, nackt oder von Anfang an mit Membran, verschieden gestaltet, entweder unverzweigt, nicht fädig oder aus einem kugeligen und einem fädig-mycelialen Theil bestehend oder durchweg mycelialfädig; immer monocarpisch, entweder holocarpisch oder eucarpisch, aber nicht perennirend und polycarpisch. Fortpflanzung durch Schwärmsporen und Dauersporen, welche entweder an Stelle der Zoosporangien ungeschlechtlich oder in wenigen Fällen als Zygo- oder Oosporen geschlechtlich entstehen.

Der Vegetationskörper ist mannigfaltig gestaltet, erreicht aber niemals die Beschaffenheit eines reich verästelten typischen Pilzmycels. Im einfachsten Falle ist der Vegetationskörper kugelig oder länglich-elliptisch oder gestreckt-cylindrisch ohne jede Andeutung eines Mycels, anfangs nackt (Myxochytridineen) oder sogleich mit Membran umgeben (Holochytrieen), und verwandelt sich holocarpisch in ein oder mehrere Sporangien. In anderen Fällen besteht der Vegetationskörper aus einem kugeligen oder ellipsoidischen Theil, der erstarkten Schwärmspore, welcher zum Sporangium wird, und einem dünnfädigen, mycelialen Theil, der als Haustorium in der Wirthszelle sich ausbreitet und nach der Sporangiumbildung zu Grunde geht, so dass auch diese Vegetationskörper monocarpisch sind (Sporochytrieen). Dieses primitive Mycel ist bald unverzweigt, bald mehrfach verästelt, einzellig, immer ausserordentlich feinfädig. In der höchsten Gruppe (Hyphochytrieen) erreicht der Vegetationskörper myceliale Structur und erzeugt gleichzeitig eine Mehrzahl von intercalaren und terminalen Sporangien, bleibt aber, soweit bekannt, meist monocarpisch und geht bald zu Grunde.

Wie die Gestalt der Vegetationskörper sein mag, immer geht derselbe aus einer Spore (zur Ruhe gekommene Schwärmspore) hervor.

Die Schwärmsporen entstehen entweder in den Sporangien oder bei der Keimung der Dauersporen. Ihre Gestalt ist verschieden, bei einigen kugelig, bei anderen elliptisch oder nierenförmig; sie

12

bestehen aus nacktem Protoplasma und tragen ein oder zwei Cilien: ihre Bewegungen sind entweder gleichmässige, fortschreitende, mit Rotation um die Längsachse oder burlesk-unregelmässige, bald im Zickzack sprungartige, bald gerade vorschnellende. Die Schwärmspore enthält gewöhnlich einen stark glänzenden Fetttropfen, neben dem auch ein Zellkern sich nachweisen lässt. Ausnahmsweise werden auch cilienlose Schwärmer geboren.

Die zur Ruhe gekommene, dem Wirthe aufsitzende Schwärmspore umgiebt sich mit einer Membran und erst jetzt beginnt die Weiterentwicklung: in jedem Falle wird die Wand der Wirthszelle mit einem winzigen Fortsatz durchbohrt, der nun entweder zu einem verzweigten oder unverzweigten mycelialen Theile auswächst oder nur als Entleerungscanal für den in die Wirthszellen überfliessenden Sporeninhalt dient. Das letztere ist der Fall bei allen holocarpischen Archimyceten, also sämmtlichen Myxochytridinen und den Holochytrien; wächst der die Wirthszellwand durchbohrende Fortsatz zum Mycel aus, so sind zwei Fälle zu unterscheiden. Entweder der gesammte Inhalt der Schwärmspore wandert in das reichere Mycel über und die leere, bald verschwindende Sporenhaut allein bleibt zurück (Hyphochytrien) oder die Hauptmasse des Sporeninhaltes bleibt in der allmählich zum neuen Sporangium erstarkenden Spore und das meist dürftige Mycel erscheint nur als haustoriales Anhängsel (Sporochytrien).

Die reifen Sporangien haben bei den holocarpischen Formen entweder die Gestalt des in sie verwandelten Vegetationskörpers (Monolpidien) oder sind rundlich-eckige, zum Sorus vereinigte (Merolpidien) oder unregelmässig cylindrische, selbst verzweigte, als Fadenglieder (Holochytrien) erscheinende Theile desselben. Bei den Sporochytrien sind die Sporangien meist kugelig oder ellipsoidisch gestaltet, zuweilen von charakteristischer flaschenförmiger oder anderer Form, bei den Hyphochytrieen endlich erscheinen sie als kugelige oder unregelmässig blasige Aufschwellungen des Mycels. Immer entstehen in den Sporangien Schwärmsporen, welche durch bestimmte Austrittsstellen entlassen werden: bei aufsitzenden Ectoparasiten öffnen sich die Sporangien mit einem oder mehreren Löchern theils durch Abwerfung eines Deckels (Chytridium), theils durch einfache Verquellung und Zerreissung einer oder mehrerer Membranstellen (Synchytrium, Rhizophidium): bei allen Entoparasiten findet die Entleerung durch einen, selten mehrere Entleerungshälse statt, welche das Sporangium durch die Wand der Wirthszelle hindurchtreibt.

Dauersporen (Dauersporangien), über deren Entstehungs-
bedingungen mehr als das allgemein Uebliche, mangelhafte Ernährung, Ende der Vegetation, nicht ausgesagt werden kann, entstehen
in der gleichen Weise wie die Sporangien und haben auch im Allgemeinen deren Form, nur unterscheiden sie sich von ihnen durch
eine dickere, zuweilen stachelige Membran und einen grossen Fett-
reichthum. Ihre Ruheperioden sind nur mangelhaft bekannt; bei
der Keimung entstehen Schwärmsporen.

Sexualität findet sich bei einigen Formen entwickelt und
zwar in so mannigfacher Weise, dass sie keineswegs systematischen
Werth beanspruchen kann. Unter den Myxochytridineen zeigt Olpidiopsis eine Copulation zweier ungleich grosser Vegetationskörper, von denen der kleinere als der männliche seinen Inhalt an
den grösseren weiblichen, zur Dauerspore werdenden abgiebt. Ueber
die vermeintliche Schwärmercopulation bei Reessia vergleiche man
die Anmerkung bei Olpidium.

Unter den Sporochytrieen ist nur ein Fall von Sexualität bei
Polyphagus bekannt, der gleichfalls als holocarpische Copulation
zweier Vegetationskörper auftritt und zur Dauerspore führt. Die
Entstehung der intramatricalen Dauerspore von Chytridium ist
genauer nicht bekannt.

Die Gruppe der Holochytrieen ist durchweg ausgezeichnet durch
eine hoch entwickelte Sexualität, eineiige Oogonien und Nebenastantheridien, welche mit Befruchtungsschlauch ihren Inhalt entleeren;
diese Gruppe bildet deshalb einen Vorläufer der Oomyceten, mit
denen sie auch von Schröter[1]) und Anderen vereinigt wird.

Die Dauersporen von Urophlyctis entstehen wohl ohne Sexualact;
man vergleiche die Bemerkungen bei der Schilderung der Gattung.

Membran und Inhalt. Die Membranen bestehen, soweit
untersucht, bei den Archimyceten aus Cellulose; bei den Dauersporen finden sich stärkere, zuweilen mit Stacheln besetzte, mehr-
schichtige Membranen vor, die auch bräunlich oder anders gefärbt
sind; die Membranen der vegetativen Zustände und der Sporangien
sind farblos, zart und dünn.

Der Inhalt besteht bei allen Archimyceten aus farblosem, dichten
mit Körnchen vermengten Protoplasma, welches nebenbei noch als
Reservestoff Tropfen eines fetten Oeles enthält. Dieses Oel ist meist
farblos, in einigen Fällen aber gelb oder orangeroth gefärbt und

---

[1]) Kryptfl. III. 1, p. 225.

bedingt die Farbe des gesammten Inhaltes (Synchytrium). Zellkerne lassen sich, wie bei allen Phycomyceten in Mehrzahl nach
weisen.[1]

Lebensweise. Die Archimyceten leben zumeist parasitisch
auf und in lebenden Pflanzen, besonders Algen, einige auch in
wasserbewohnenden niederen Thieren und durchlaufen meistens ihre
ganze Entwicklung oder doch einzeln Abschnitte derselben unter
Wasser. Die Mehrzahl der Archimyceten sind monophage Parasiten,
sie verbreiten sich nicht über diejenige Zelle hinaus, an welche
die Schwärmspore sich festsetzte. Nur Polyphagus und Rhizophlyctis unter den Sporochytrieen und die Hyphochytrieen sind
polyphag.

Die monophagischen Formen vernichten meist völlig den Inhalt
ihrer Wirthszelle, die zoophagischen z. B. auch den Embryo in den
Rotatorieneiern; die polyphagen verhalten sich verschieden. Auf
die verschiedenen, durch die Archimyceten hervorgerufenen Krank-
heiten wird bei den einzelnen Species hingewiesen werden.

Sammeln und Präpariren. Die Mehrzahl der Chytridineen,
als Parasiten wasserbewohnender Organismen, besonders Algen und
niederer Thiere wird man sich dadurch verschaffen können, dass
man an möglichst viel Standorten gesammelte Algen im Zimmer
weiter cultivirt. Man nehme immer etwas Erde vom Boden der
Pfützen und Teiche mit und bringe sie in das Culturgefäss. Oft
erscheinen die Chytridien erst nach längerer Zeit, oft wird man sie
bereits an dem frisch gesammelten Material finden. Sobald die
Culturen übel zu riechen anfangen, braucht man nicht mehr nach
Chytridien zu suchen, denn sie lieben reines Wasser und gehen
in faulenden Algenmassen schnell zu Grunde.

Zopf empfiehlt Pollen, besonders von Coniferen, auf das Wasser
der Algencultur zu streuen und durch diesen die Chytridien einzufangen. In der That gelingt es auf diese Weise, manche Form zu
erwischen. Da aber die Chytridineen zumeist streng an einen Wirth
oder wenigstens eine Wirthsfamilie gebunden sind, so darf man
nicht erwarten, auf diese Weise alle in einem Teich vorkommenden
Chytridien einfangen zu können. Unter dieser Einschränkung ist
die Zopf'sche Methode wohl zu empfehlen.

Die in Saprolegniaceen schmarotzenden Formen kann man sich
dadurch verschaffen, dass man todte Fliegen in die Algencultur

---

[1] Vergl. Dangeard, Le Botaniste 2. Serie II. 1890.

wirft. Es werden sich immer Saprolegniaceen einfinden, in denen
man oft auch die parasitischen Chytridiaceen finden wird.

Die in Land- oder Sumpfpflanzen lebenden Synchytrien und
Cladochytrieen suche man nur an Stellen, welche zeitweise über-
schwemmt werden, denn auch diese Formen beanspruchen reiche
Wasserzufuhr. Im Uebrigen wird man mit Hilfe der weiter unten
folgenden Tabelle der Nährsubstrate der Chytridinen sich selbst die
geeignetsten Methoden zurecht legen können, um die Chytridinen
zu sammeln.

Die Präparation der Chytridinen erfordert keine besonderen Kunst-
griffe, man wird meist mit stärkeren Systemen zu arbeiten haben.
Um die feinen Mycelien der Sporochytrieen zwischen dem Inhalt
der Wirthsalgen zu erkennen, wird es sich empfehlen, die letzteren
durch Alcohol zu entfärben und dann ein geeignetes Färbungsmittel
anzuwenden; Zopf[1]) empfiehlt die Objecte vorsichtig zu zerquetschen,
um die feinen Haustorien der Sporochytrieen freizulegen. Auch
gelang es ihm, dieselben sichtbar zu machen, durch schwaches Kochen
der Objecte in verdünntem Glycerin und nachfolgende Färbung
mit einer Lösung von Bismarckbraun in Glycerin.

Uebersicht über das System und die Gattungen der Archimyceten.[2])

(Bestimmungstabelle.)

1. Ordnung. Myxochytridinae.

Vegetationskörper nackt, kugelig oder ellipsoidisch,
niemals verzweigt oder mycelial-fädig, kurz vor der
Fructification sich mit Membran umgebend und holocarpisch in Sporangien oder Dauersporen verwandelnd;
immer intramatrical.

1. Fam. **Monolpidiaceae** (Olpidiaceae). Der ganze Vegetationskörper verwandelt sich holocarpisch in ein einziges kugeliges oder
längliches Zoosporangium oder eine Dauerspore.

---

[1]) Abhandl. d. naturf. Ges. Halle 1888, XVII. p. 87.
[2]) Man vergleiche auch die Uebersicht über das System der Phycomyceten
auf pag. 3 dieses Werkes.

A. Sporangien kleiner als die Wirthszellen, allseitig frei in denselben liegend.

  a. Entleerung der Schwärmer durch Zerfall des Wirthes und der Sporangienmembran . . . . I. *Sphaerita* (Fig. 1).

  b. Entleerung der Schwärmer durch besondere, die Hülle des Wirthes durchbohrende Entleerungshälse.

    aa. Jedes Sporangium und jede Dauerspore treiben nur einen Entleerungshals (ausnahmsweise zwei).

      α. Schwärmsporen eincilig, Dauersporen glattwandig oder doch niemals dichtstachelig II. *Olpidium* (Fig. 2).

      β. Schwärmsporen zweicilig, Dauersporen niemals glattwandig, immer dicht stachelig oder warzig.

        αα. Dauersporen ohne leere Anhangszelle

              III. *Pseudolpidium* (Fig. 3).

        ββ. Dauersporen immer mit leerer Anhangszelle

              IV. *Olpidiopsis* (Fig. 4).

    bb. Jedes Sporangium treibt eine grössere Zahl Entleerungshälse.

      α. Sporangien kugelig, mit mehreren nach allen Seiten ausstrahlenden, langen Entleerungshälsen

              V. *Pleotrachelus* (Fig. 5).

      β. Sporangien langgestreckt, wurmförmig, mit einer oder zwei opponirten Längsreihen kurzer Entleerungspapillen . . . VI. *Ectrogella* (Fig. 6).

B. Sporangien so breit wie der Wirth, dessen Wand dicht angeschmiegt, mit kurzer Entleerungspapille

              VII. *Pleolpidium* (Fig. 7).

2. Fam. **Merolpidiaceae** (Synchytriaceae). Der ganze Vegetationskörper zerfällt holocarpisch in eine Mehrzahl von Sporangien und erzeugt einen rundlichen oder lang einreihigen Sporangiensorus. Dauerzustände entweder ein Haufen von Dauersporen, Cystosorus, oder einzelne Dauersporen, die aus dem ganzen ungetheilten Vegetationskörper oder einzelnen Theilen desselben entstehen.

A. Die einzelnen Sorussporangien kugelig oder kugelig-eckig, zu rundlichen Sori vereinigt.

  a. Der ganze Sorus von einer Membran umgeben. Dauerzustände grosse, aus dem ungetheilten Vegetationskörper entstandene Dauersporen; Schwärmer eincilig. Parasiten lebender Landpflanzen, oft mit gefärbtem Inhalt

              VIII. *Synchytrium* (Fig. 8).

b. Der Sorus ohne besondere Membran, frei im Innern der Wirthszellen.

α. Schwärmer zweicilig, Dauerzustände aus einem Haufen von Dauersporangien bestehende Cystosori, den Sporangiensori entsprechend. Jeder Sorus durch vom Wirth gebildete Querwände in ein Fach eingeschlossen IX. *Woronina* (Fig. 9).

β. Schwärmer eincilig. Dauerzustände unbekannt. Die einzelnen Sori nicht durch vom Wirth gebildete Querwände getrennt (Collectivgattung) X. *Rhizomyxa* (Fig. 10).

B. Die einzelnen Sorussporangien cylindrisch, in einfacher Reihe hintereinander, als Fächer der Schläuche des Wirthes erscheinend; Schwärmer zweicilig. Dauersporen kugelig, je eine an Stelle eines Sporangiums, frei im Fach liegend XI. *Rozella* (Fig. 11).

2. Ordnung. **Mycochytridinae.**

Vegetationskörper von Anfang an mit Membran umgeben, von verschiedener Gestalt, niemals rein kugelig oder ellipsoidisch, immer langgestreckt, wurmförmig oder aus einem kugeligen und einem fädigen, verzweigten, mycelialen Theil bestehend oder durchaus mycelial verzweigt mit blasigen, intercalaren und terminalen Anschwellungen. Immer monocarpisch, nicht perennirend, entweder holocarpisch oder eucarpisch. Zoosporangien und ihnen entsprechende oder andere, zum Theil als Zygo- oder Oosporen entstandene Dauersporen.

1. Fam. **Holochytriaceae** (Ancylistaceae). Vegetationskörper schlauch- oder wurmförmig, unverzweigt oder mit kurzen Seitenästchen, theilt sich durch Querwände in eine Anzahl Glieder, welche alle zu Fortpflanzungsorganen (Sporangien, Oogonien, Antheridien) werden. Streng holocarpisch und monophag; immer intramatrical.

A. Schwärmsporen vorhanden, meist zweicilig, Sporangien mit Entleerungshals.

1. Vegetationskörper unverzweigt, an den Querwänden eingeschnürt, kettenartig.

a. Der Inhalt des Sporangiums wird in eine Blase entleert, in der sich erst die Schwärmer bilden. Diese werden durch Platzen der Blase befreit XII. *Myzocytium* (Fig. 12).

b. Die Schwärmer treten fertig aus den Sporangien hervor, bleiben aber vor deren Mündungen liegen, umgeben sich mit Membran und schlüpfen sehr bald aus dieser heraus, die leeren Häute zurücklassend

XIII. *Achlyogeton* (Fig. 13).

2. Vegetationskörper mit kurzen, kugeligen oder keuligen Seitenästen, ohne Einschnürungen an den Querwänden. Schwärmerbildung wie bei XII   XIV. *Lagenidium* (Fig. 14).

B. Schwärmsporen fehlen; die einzelnen Glieder (Sporangien) treiben Entleerungshälse, welche nach neuen Nährzellen hinwachsen und in diese den Inhalt eines ganzen Sporangiums ergiessen (Infectionsschläuche) . XV. *Ancylistes* (Fig. 15).

2. Fam. **Sporochytriaceae.** Vegetationskörper besteht aus zwei Theilen, einem kugeligen, der erstarkten Schwärmspore, und einem dünnfädigen, oft sehr zarten, mycelialen Theil. Der kugelige Theil wächst zum einzigen Sporangium oder zur einzigen Dauerspore aus (monocarpisch). Dauersporen auch auf andere Weise entstehend am mycelialen Theil oder durch Copulation zweier Pflänzchen.

1. Unterfam. *Metasporeae.* Dauersporen wie die Sporangien und an deren Stelle aus dem kugeligen Theil des Vegetationskörpers entstehend. Fast immer monophag. Sexualität fehlt.

A. Sporangien und Dauersporen aufsitzend, extramatrical, mit einem feinfädigen, intramatricalen Mycel.
  1. Sporangien kugelig oder flaschenförmig, nicht gestielt, immer einzellig.
    a. Schwärmer nicht vor dem Sporangium sich häutend.
      α. Intramatricales Mycel durchweg fädig, oft sehr dürftig, ohne subsporangiale Blase. Schwärmer fertig hervortretend . . . . . . XVI. *Rhizophidium* (Fig. 16).
      β. Intramatricales Mycel mit kugeler, subsporangialer Blase.
        αα. Schwärmer fertig hervortretend, mit einer langen nachschleppenden Cilie; Bewegung lebhaft, unregelmässig . . . XVII. *Rhizidium* (Fig. 17).
        ββ. Schwärmer vor dem Sporangium in einer Blase entstehend, in welche der Inhalt desselben sich entleert, mit kurzer, dicker, vorwärts gerichteter Cilie; Bewegung gleichmässig
          XVIII. *Rhizidiomyces* (Fig. 18).

b. Schwärmer vor der Sporangienmündung sich häutend, ihre leeren Membranen zurücklassend XIX. *Achlyella*.

2. Sporangien langgestielt, birnförmig, zweizellig, vom Stiel durch eine Querwand getrennt XX. *Septocarpus* (Fig. 19).

B. Sporangien und Dauersporen intramatrical, mit einem oder mehreren, ebenfalls intramatricalen, verzweigten Mycelfäden, mit oder ohne subsporangiale Blase

XXI. *Entophlyctis* (Fig. 20).

C. Sporangien und Dauersporen frei, weder intramatrical noch aufsitzend, nur mit den feinen Enden der Mycelfäden in die Substrate eindringend oder saprophytisch.

1. Sporangien kugelig oder ellipsoidisch, ohne Stachel und nicht in mehrere Theile gesondert, mit mehreren verzweigten Mycelfäden . . XXII. *Rhizophlyctis* (Fig. 21).

2. Sporangien mit solidem Stachel am Scheitel; in einen oberen keuligen, einen mittleren stielartigen und einen basalen, kugeligen Theil abgesetzt, einzellig; letzterer allein die Rhizoiden tragend XXIII. *Obelidium* (Fig. 22).

2. Unterfam. *Orthosporeae*. Dauersporen nicht wie die Sporangien und an deren Stelle entstehend, sondern entweder auf noch unbekannte Weise am mycelialen Theil des Vegetationskörpers oder als Zygosporen durch Copulation zweier Individuen.

a. Sporangien gedeckelt, aufsitzend, mit intramatricalen Mycel, monophag. Dauersporen intramatrical am Mycel. Entstehung unbekannt . . . . XXIV. *Chytridium* (Fig. 23).

b. Sporangien ohne Deckel, frei mit feinem, allseitig ausstrahlenden Mycel, dessen Enden in die Nährzellen eindringen, polyphag. Dauersporen durch Copulation zweier Individuen entstehend . . XXV. *Polyphagus* (Fig. 24).

3. Fam. **Hyphochytriaceae.** Vegetationskörper ein mehr oder weniger verzweigtes, anfangs einzelliges Mycel, welches terminal und intercalar gleichzeitig eine grössere Zahl von Anschwellungen und aus diesen Zoosporangien oder Dauersporen bildet, eucarpisch, aber meist monocarp, nicht perennirend. Sexualität fehlt.

A. Mycel sehr feinfädig, höchstens 5 μ, meist nur 0,7 μ dick, sehr vergänglich, mit einzelligen oder meist zweizelligen, blasigen Anschwellungen. Sporangien entweder aus den Anschwellungen entstehend, mit Entleerungshals, oder ganz anders gestaltet, aufsitzend, rhizophidiumartig oder fehlend.

2 *

Dauersporen oft allein vorhanden, reif ohne jede Spur des sie erzeugenden Mycels. Sporangien und junge Dauersporen oft mit kleiner, leerer Anhangszelle

XXVI. *Cladochytrium* (Fig. 25).

B. Mycel kräftiger, weniger vergänglich, mit grösseren, niemals zweizelligen Anschwellungen.

a. Schwärmer ohne Cilie, amoeboid

XXVII. *Amoebochytrium* (Fig. 26).

b. Schwärmer mit einer Cilie.

α. Mycel gabelig, mit sehr dünnen Enden, Sporangien gewöhnlich durch kurze, fast gleichlange, oft zweizellige Fadenstücke getrennt, mit kurzem Entleerungshals . . . . XXVIII. *Catenaria* (Fig. 27).

β. Mycel monopodial verzweigt, bis an die Astenden gleich dick, Sporangien durch sehr verschieden lange, einzellige Fadenstücke getrennt, mit einem Loche sich öffnend . . . . . XXIX. *Hyphochytrium* (Fig. 28).

Anmerkung. In diese Tabelle sind nur die mit laufender Nummer versehenen, gut gekannten Gattungen aufgenommen, die mangelhaft bekannten und zweifelhaften sind am Ende der einzelnen Familien aufgeführt, es sind dies folgende: Micromyces (Merolpidiaceae), Resticularia (Holochytriaceae), Nephromyces, Aphanistis, Saccopodium, Zygochytrium, Tetrachytrium (Hyphochytriaceae).

---

1. Ordnung. **Myxochytridinae.**

Vegetationskörper nackt, kugelig oder ellipsoidisch, niemals verzweigt oder mycelial-fädig, kurz vor der Fructification sich mit Membran umgebend und holocarpisch in Sporangien oder Dauersporen verwandelnd: immer intramatrical. Sexualität fehlt, nur in einem Fall beobachtet.

1. Familie. **Monolpidiaceae** (Olpidiaceae).

Der ganze Vegetationskörper verwandelt sich holocarpisch in ein einziges kugeliges oder längliches Zoosporangium oder eine Dauerspore. Sexualität in einem Fall beobachtet.

I. **Sphaerita** Dangeard, 1886 (A. sc. nat. 7. Serie IV. p. 277).

Vegetationskörper kugelig oder ellipsoidisch, später von einer Membran umgeben, über deren Entstehungszeit sichere Angaben fehlen, verwandelt sich holocarpisch in ein Zoosporangium oder eine Dauerspore. Sporangien einzeln oder zu mehreren, farblos, mit dünner, farbloser und glatter Membran, ohne Entleerungshals. Schwärmer farblos, länglich, mit einer vorwärts gerichteten

Fig. 1.

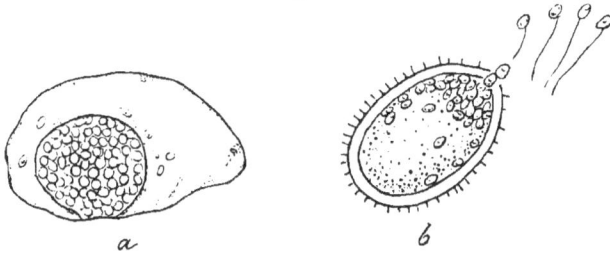

Sphaerita. — Sph. endogena. *a* Eine todte Euglena viridis mit einem Sporangium, welches bereits Sporen gebildet hat. *b* Eine freiliegende stachelige Dauerspore mit einciligen Schwärmen keimend (Vergr. ca. 800, nach Dangeard).

Cilie, werden durch Zerfall des Wirthes und der Sporangienmembran befreit; Bewegung unregelmässig, sprungweise. Dauersporen kugelig, mit grobkörnigem, schwach gelblichem Inhalt und dicker, glatter oder stacheliger Membran. Keimung mit Zoosporen.

Diese Gattung steht den zoosporen Monadinen am nächsten, weshalb sie auch an den Anfang der Myxochytridinen gestellt wurde.

1. **Sph. endogena** Dangeard, 1886, l. c.

Abbild.: Dangeard, l. c. Taf. XII, 14—36; Le Botaniste, 1. Serie II. Heft, Taf. II. 11—19, III, 1—9.

Zoosporangien einzeln oder zu mehreren, kugelig oder ellipsoidisch, mit sehr dünner, farbloser und glatter Membran. Schwärmer länglich-ellipsoidisch oder eiförmig, farblos, sehr klein, 1,5 μ Durchmesser, mit einer vorwärts gerichteten Cilie. Dauersporen kugelig oder ellipsoidisch, bald mit glatter, bald mit feinstacheliger Membran, an einem Ende mit einer kleinen Papille, durchschnittlich 12 μ lang, 8 μ breit; Keimung mit Schwärmern.

Parasitisch in verschiedenen Protozoen, zuweilen massenhaft: beobachtet in Nuclearia simplex, Heterophrys dispersa, Phacus alata.

Phacus pyrma, Trachelomonas, Euglena. Dangeard vermuthet, dass die von Stein für zahlreiche Infusorien angegebene Vermehrung durch Theilung des Zellkernes gar nicht vorkommt, dass der obige Parasit die Täuschung veranlasst hat. Es unterliegt keinem Zweifel, dass viele der oft räthselhaften Angaben über endogene Keimbildung bei Protozoen durch Parasiten ähnlich der Sphaerita hervorgerufen worden sind. — Fig. 1.

II. Olpidium A. Braun, 1855 (Abhandl. d. Berliner Acad. 1855, p. 75, als Untergattung von Chytridium).

Der Vegetationskörper besteht aus einer membranlosen, nackten Protoplasmamasse von kugeliger oder ellipsoidischer Gestalt, hervorgegangen aus einer eingedrungenen Spore[1]. Später umgiebt sich der Vegetationskörper, der hier und da amoeboid ist, mit einer Cellulosemembran und wird holocarpisch zum Fortpflanzungsorgan, entweder zum Zoosporangium oder zum Dauersporangium oder Dauerspore. Zoosporangien kugelig oder ellipsoidisch, mit dünner, farbloser, glatter Membran, im Innern anderer Pflanzenzellen oder thierischer Organismen, bei der Reife der Schwärmsporen einen (ausnahmsweise zwei) unverzweigten Fortsatz (Entleerungshals) durch die Wand des Wirthes nach aussen treibend und hierdurch die Schwärmer entleerend. Schwärmsporen kugelig, ellipsoidisch oder eiförmig mit einer Cilie; Bewegung unregelmässig, sprungweise. Dauersporangien (Dauersporen) von der Gestalt der Zoosporangien mit sehr dicker, aber meist glatter Membran, einem grossen, farblosen Oeltropfen im Centrum, farblos; Keimung, soweit bekannt, mit Zoosporen. Sexualität fehlt.

Von Braun wurde Olpidium als Untergattung des Genus Chytridium aufgestellt, später aber von Schröter (Kryptfl. v. Schlesien III. 1, p. 180) zur besonderen Gattung erhoben. Ich schliesse mich dieser Auffassung an und stelle in dieselbe auch noch einige in neuerer Zeit beschriebene Formen ein. Als Olpidiella hat Lagerheim (Journal de botanique II. 1888) eine neue Chytridiee beschrieben, welche in Uredineensporen schmarotzt; die neue Gattung soll sich von Olpidium dadurch unterscheiden, dass die Schwärmer der letzteren ihre einzige Cilie nach vorn richten, diejenigen der Olpidiella aber nachschleppen. Ich kann dieser Erscheinung bei der im Uebrigen vollkommenen Uebereinstimmung beider

---

[1] Diesen Vegetationskörper als Plasmodium zu bezeichnen, wie ich früher (Pringsh. Jahrb. XIV, p. 362) gethan habe, ist unrichtig, denn es findet keine Verschmelzung wie beim Plasmodium der Myxomyceten statt. Der ganze Vegetationskörper entsteht aus einer Spore.

Gattungen keinen generischen Werth beilegen, um so weniger als bei den hüpfenden, burlesken Bewegungen der meist kugeligen Schwärmer eine constante Orien-
tirung derselben zur Bewegungsrichtung gar nicht zu erwarten ist. Die Olpidiella
Uredinis Lagerheim's ist sehr nahe mit dem von Tomaschek als Diplochytrium
beschriebenen Olpidium in Pollenkörnern verwandt.

Fig. 2.

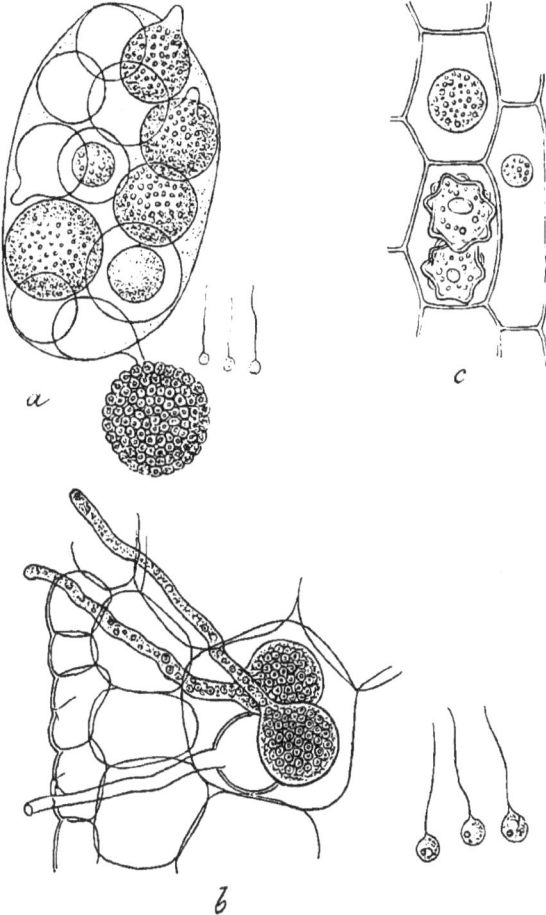

Olpidium. — a O. gregarium in einem Rotatorienei, mehrere Sporangien in
verschiedenen Entwickelungsstadien, rechts die Schwärmer (Vergr. 400, nach
Nowakowski). b und c O. Brassicae in einem Kohlkeimling. b Sporangien mit
langem Entleerungshals, rechts die Sporen. c Zwei reife, grobwarzige Dauersporen
und zwei jüngere Entwickelungszustände derselben (Vergr. 500, nach Woronin).

Eine zweite Gattung, die zu Olpidium gezogen werden muss, ist die von Fisch aufgestellte Reessia (Fisch. Beiträge z. Kenntniss d. Chytridiaceen, Erlangen 1884). Diese stimmt nach Fisch vollkommen mit Olpidium überein und soll sich von ihr dadurch unterscheiden, dass die Schwärmer aus den Zoosporangien paarweise mit einander copuliren. Die hierdurch entstandene Zygote soll in Lemnasprosse eindringen und hier zur Dauerspore heranwachsen. Die Angaben Fisch's sind wohl unrichtig; jedenfalls hätte der Autor durch eine lückenlose Beobachtungsreihe jeden Zweifel an seinen Resultaten, dem ersten Beispiele einer Schwärmercopulation bei Pilzen, beseitigen müssen, davon ist aber weder im Text noch auf der Figurentafel etwas zu bemerken. Ich werde deshalb die Reessia amoeboides zu dem gleichfalls von Fisch beschriebenen Olpidium Lemnae ziehen.

1. In Süsswasser-Algen lebende Species.

2. O. endogenum A. Braun, 1855 (Monatsber. d. Berliner Acad. p. 384, Abhandl. p. 60).

Synon.: Chytridium endogenum A. Braun. 1855, l. c.

Chytridium intestinum A. Braun, 1856 (Monatsber. Berl. Acad. p. 589), nicht Chytr. intestinum Schenk.

Olpidiella endogena Lagerheim, 1888. Journal de Bot. II.

Abbild.: A. Braun, Abhandl. d. Berl. Acad. 1855, Taf. V, 21.

Sporangien einzeln oder zu mehreren in einer Zelle, niedergedrückt-kugelig oder ellipsoidisch, ca. 25 μ Durchmesser, mit langem, flaschenartigen Entleerungshals, der vor der Durchtrittsstelle durch die Wand der Wirthszelle kugelig sich bis auf 7 μ erweitert und dann wieder auf 3 μ verengt, als langer Schlauch hervortretend. Inhalt farblos; Membran glatt, farblos. Schwärmer kugelig, ca. 3 μ Durchmesser, mit grossem Fetttropfen und langer, nachschleppender Cilie. Dauersporen (nach Schröter. l. c. p. 181) kugelig, 15 μ Durchmesser, mit fester, glatter Membran, von einer weit abstehenden, zweiten äusseren, glatten Cystenhaut umgeben; Keimung unbekannt.

In Desmidiaceen, deren Inhalt aufzehrend, Frühjahr bis Herbst; bisher gefunden in verschiedenen Species folgender Gattungen: Closterium, Cosmarium, Docidium. Euastrum (ansatum, Didelta), Micrasterias (truncata), Penium (interruptum), Pleurotaenium, Tetmemorus.

Nach Sorokin (A. sc. nat. 6. Serie IV, p. 63, Taf. III, 1) soll diese Form auch in Anguillulen vorkommen, freilich ohne die kugelige Auftreibung des Entleerungshalses und in kettenartiger, dichter Aneinanderreihung. Es ist wohl nicht ausgeschlossen, dass eine Verwechselung mit einem Myzocytium oder Catenaria vorliegt. Sollte dies nicht der Fall sein, so müsste diese Form einstweilen wohl lieber als besondere Species betrachtet werden.

Die von Ehrenberg (Monatsber. d. Berl. Acad. 1840) aufgestellte Desmidiaceengattung Polysolenium mit der Species P. Closterium scheint, nach der Diagnose bei Kützing, Spec. Alg. p. 169 zu schliessen, weiter nichts darzustellen, als mit entleerten Olpidien erfüllte Closterien.

Von Archer (Proceed. of Natural History Society, Dublin, III. p. 21, Taf. I) wurden die Schwärmer des O. endogenum als Zoosporen von Closterium beschrieben. Das von Sorokin (Revue mycol. 1889, XI. p. 136, Taf. 79, Fig. 91, 92) beschriebene Olpidium immersum aus Taschkend gehört zweifellos hierher und verdankt seine eigenthümliche Form wohl nur der Gestalt der von ihm bewohnten Desmidiee (Arthrodesmus), deren tiefe, mediane Einschnürung natürlich auch eine Verengerung des Parasiten hervorrufen musste.

Das ebenfalls von Sorokin (l. c. Taf. 79, Fig. 86—89) beschriebene, biscuitförmige O. saccatum in Desmidieen lässt sich in derselben Weise deuten, könnte aber auch mit Myzocytium zusammenhängen.

Olpidium Tuba Sorokin, 1889 (l. c. p. 136, Taf. 80, Fig. 97) ist wohl nur eine Conferven bewohnende Form des O. endogenum.

3. O. entophytum A. Braun, 1856 (Monatsber. d. Berl. Acad. p. 589).

Synon.: Olpidium endogenum A. Br., 1855 (Abh. d. Berl. Acad.) pr. p.
Abbild.: Dangeard, Ann. d. sc. nat. 7. Serie IV, Taf. XIV, 11.

Sporangium meist genau kugelig, hier und da schwach ei- oder birnförmig, sehr verschieden gross, oft viel kleiner als bei voriger, mit farbloser, glatter Membran, Entleerungshals meist weit hervortretend, ohne Anschwellung vor der Durchtrittsstelle durch die Wand der Wirthszelle. Schwärmer kugelig, ca. 5 μ Durchmesser. Dauersporen (nach Schröter) wie bei voriger Species; keimen mit Schwärmern.

In verschiedenen Fadenalgen: Spirogyra, Vaucheria, Cladophora; Frühjahr bis Herbst.

Diese Form ist leicht zu verwechseln mit den glatten Sporangien der Olpidiopsis Schenkiana Zopf und mit den eingliederigen Zwergpflanzen von Myzocytium proliferum Schenk.

Zu O. entophytum ist wohl auch die mangelhaft beschriebene Species O. algarum Sorokin mit den beiden Varietäten longirostrum und brevirostrum zu stellen, welche durch die Länge des Entleerungshalses sich unterscheiden sollen. (Vergl. Sorokin, Revue mycol. XI. p. 84, Taf. 80, Fig. 96, 101.)

4. O. zygnemicolum Magnus, 1885 (Bot. Ver. Prov. Brandenb. XXVI. p. 79).

Sporangien kugelig, zwischen der Membran und dem davon zurückgedrängten Inhalt der Wirthszelle lebend, dem letzteren aufsitzend, mit kurzem, über die Oberfläche nicht hervortretenden Entleerungshalse und farbloser, glatter Membran. Schwärmer mit einer Cilie. Dauersporen inmitten des contrahirten Inhaltes, kugelig, mit glänzendem, grossen Oeltropfen und dicker, glatter, oft schwach getüpfelt erscheinender Membran. Keimung unbekannt.

In einer sterilen Zygnema: auf gleichzeitig in der Cultur wachsende Spirogyra und Mesocarpus nicht übergehend.

Diese durch ihre Ansiedlung zwischen Inhalt und Wand der Wirthszelle ausgezeichnete Form, stimmt hierin mit dem marinen O. Plumulae Cohn überein. Dieselbe Lebensweise zeigt auch das Rhizophidium apiculatum.

2. In Meeresalgen lebende Species.

5. **O. Bryopsidis** de Bruyne, 1890 (Arch. de Biologie X. p. 85).

Abbild.: de Bruyne, l. c. Taf. V. 1—15.

Sporangien gehäuft, kugelig oder ellipsoidisch, mit farbloser, glatter Membran und einem weit hervortretenden, bis 60 μ und mehr langen, 3 μ breiten Entleerungshals. Schwärmer eiförmig, mit verjüngtem Vorderende und einer hier inscrirten, vorwärts gerichteten Cilie. Dauersporen unbekannt.

In Bryopsis plumosa (Neapel): den Inhalt der befallenen Zweige bis auf wenige farblose Reste aufzehrend.

O. aggregatum Dangeard, 1891 (Le Botaniste 2. Serie VI. p. 237. Taf. XVI. 25, 26).

Sporangien gehäuft, breit kugelig oder ellipsoidisch, mit farbloser, glatter Membran und nicht hervortretendem Entleerungshals. Näheres unbekannt.

In marinen Cladophora-Arten.

Bedarf weiterer Beobachtung.

6. **O. sphacellarum** Kny, 1871 (Sitzungsber. d. naturf. Freunde. Berlin 1871, auch Hedwigia 1872, XI. p. 86).

Synon.: Chytridium sphacellarum Kny, 1871, l. c.

Abbild.: Magnus, Jahresber. d. Commission z. wissensch. Unters. d. deutschen Meere in Kiel. 1872, 73, Berlin 1875, Taf. I, 17—20.

Sporangien einzeln oder bis neun gehäuft, kugelig oder durch gegenseitigen Druck abgeplattet, mit farbloser, glatter Membran und hervortretendem Entleerungshals. Schwärmer länglich, eincilig. Dauersporen unbekannt.

Ausschliesslich in den grossen Scheitelzellen der Sphacelariaceen (Sphacelaria cirrhosa, Sph. tribuloides, Cladostephus spongiosus): die befallenen Scheitelzellen stellen ihre Theilungen ein und schwellen keulen- bis birnförmig an, ihr Inhalt färbt sich, soweit er nicht verzehrt wird, braun oder schwärzlich.

Findet sich vorwiegend in den Scheitelzellen der Kurztriebe, nur selten in denen des Hauptstammes. Die parasitischen Sporangien wurden früher mehrfach für die Antheridien der Sphacelariaceen gehalten.

7. O. tumaefaciens (Magnus, 1872, Sitzungsb. d. naturf. Freunde, Berlin 1872; auch Hedwigia 1873, XII. p. 29).

Synon.: Chytridium tumaefaciens Magnus, 1872, l. c.
Abbild.: Magnus, Jahresb. d. Comm. z. wiss. Unters. d. deutschen Meere, Berlin 1875. Taf. I, 1—16. Cramer in Nägeli u. Cramer, Pflanzenphys. Untersuch. Taf. XLI, 9 u. 11.

Sporangien einzeln oder bis zu acht in einer Zelle, kugelig oder ellipsoidisch, mit farbloser, glatter Membran, weit hervorragendem Entleerungshals; zuweilen an einem Sporangium zwei Hälse. Schwärmer kugelig, eincilig. Dauersporen unbekannt.

Besonders in den Rhizoiden von Ceramium flabelligerum und C. acanthonotum, sowohl in der Endzelle, als auch in den mittleren und basalen Zellen der Haare; seltener in anderen Theilen der Pflanze (Scheitelzellen, Glieder- und Rindenzellen). Ruft Anschwellungen der befallenen Zellen hervor.

8. O. entosphaericum (Cohn, 1865, Hedwigia IV. p. 170).

Synon.: Chytridium entosphaericum Cohn, 1865, l. c.
Abbild.: Cohn, Archiv f. mikrosk. Anat. 1867, V. Taf. II, 5 u. 5a.

Sporangien kugelig, farblos, ca. 16 μ Durchmesser, einzeln in den Wirthszellen, diese ganz oder theilweise erfüllend, mit farbloser, glatter Membran. Schwärmer und Dauerzustände nicht beschrieben.

In Bangia fusco-purpurea und Hormidium (Ulothrix) penicilliforme (Helgoland).

9. O. Plumulae (Cohn, 1865, Hedwigia IV. p. 169).

Synon.: Chytridium Plumulae Cohn, 1865. l. c.
Chytridium Antithamnii Cohn, Archiv f. mikrosk. Anat. 1867, III. p. 59.
Cyphidium Plumulae Magnus, Jahresb. d. Commission z. wiss. Unters. d. deutschen Meere, Berlin 1875.
Abbild.: Cohn, Archiv f. mikrosk. Anat. 1867, III. Taf. II, 3 u. 4.
Magnus, l. c. Taf. I, 21—23 (?).

Sporangien zwischen Wand und Inhalt der befallenen Zellen, einzeln, fast kugelig oder eiförmig, röthlich oder braunroth, ca. 15 μ Durchmesser, eine einem Zweiganfang ähnliche Hervorwölbung der Wand hervorrufend und den Raum zwischen dieser und dem Inhalt der Nährzelle ausfüllend. Hals nicht hervortretend. Schwärmer und Dauersporen nicht beschrieben.

In Antithamnion Plumula (Helgoland).

Magnus (l. c.) möchte die eigenthümliche Lebensweise zwischen Wand und Inhalt der Nährzelle zur Begründung einer besonderen Untergattung, Cyphidium, benutzen, zu der auch O. zygnemicolum gestellt werden müsste.

Bei Magnus (l. c. und Hedwigia XII.) finden sich auch die ältere Literatur und ältere Abbildungen, welche Chytridien fälschlich für Organe der Meeresalgen darstellen, aufgeführt.

3. In Phanerogamen lebende Species.

10. O. Lemnae Fisch, 1884 (Beitr. z. Kenntn. d. Chytridiac. p. 19).

Synon.: Reessia amoeboides Fisch. l. c. p. 9.

Abbild.: Fisch, l. c. Fig. 1—9.

Sporangien rundlich, verschieden gross, je nach dem Umfang der Wirthszelle, meist einzeln, mit dünner, farbloser, glatter Membran und einem langen, das Gewebe der Lemna durchsetzenden Entleerungshals. Schwärmer kugelig, mit einer langen, bei der Bewegung nach vorn gerichteten Cilie und einem glänzenden Fetttropfen, verhältnissmässig gross. Dauersporen meist genau kugelig, verschieden gross, mit dünnem, hellgelblichen oder bräunlichen, cuticularisirten, glatten Exospor und dickem, glänzenden, quellbaren, Endospor. Inhalt sehr feinkörniges, homogenes Protoplasma und 1—3 grössere, glänzende Oeltropfen. Keimung mit einciligen Zoosporen.

In Lemna minor und polyrrhiza, den Inhalt der befallenen Zellen aufzehrend; Dauersporen besonders im Herbst.

Mit dieser Species ist auch die von Fisch (l. c.) beschriebene Reessia amoeboides vereinigt und zwar aus folgenden Gründen: Zoosporangien und Dauersporen dieser Reessia und der O. Lemnae Fisch stimmen, wie Text und Bilder dieses Autors zeigen, vollkommen überein: bei Reessia sollen nur die Schwärmer der Zoosporangien paarweise copuliren und die Dauerspore erzeugen. Ich kann aus der Darstellung bei Fisch nicht die Ueberzeugung gewinnen, dass er lückenlose Beobachtungen dieses ersten und bis heute einzigen Beispieles einer Schwärmercopulation bei Pilzen angestellt hat. Diese Forderung ist aber in diesem Falle unbedingt zu stellen, denn Täuschungen können ja gerade hier sehr leicht unterlaufen.

11. O. Brassicae (Woronin, 1878, Pringsh., Jahrb. f. wiss. Bot. XI. p. 557).

Synon.: Chytridium Brassicae Woronin, 1878, l. c.

Abbild.: Woronin. l. c. Taf. XXXI, 14—18.

Sporangien einzeln oder zu mehreren in einer Zelle, kugelig, mit farbloser, dünner Membran und langem, dünnen Entleerungshals, der oft 4 oder 5 Zellwände durchbohren muss, um ins Freie zu gelangen. Schwärmer rund, fast regelmässig kugelig, mit einer Cilie, einem glänzenden Fetttropfen und einer Vacuole. Dauersporen farblos oder blassgelb, einzeln oder zu mehreren, ziemlich dickwandig, durch wenige grobe Warzen stumpf-sternförmig. Keimung unbekannt. — Fig. 2 b und c.

In Keimpflänzchen des Kohles, am Wurzelhals eindringend; veranlasst Welken und Umsinken derselben.

12. 0. simulans de Bary und Woronin, 1863 (Berichte der naturf. Ges. Freiburg III. p. 29).

Abbild.: de Bary u. Woronin, l. c. Taf. II, 11—16.

Sporangien länglich-ellipsoidisch, zwei- bis dreimal so lang als breit, meist einzeln in erweiterten Epidermiszellen, sie meist ganz erfüllend, zuweilen auch in grosser Zahl und dann kleiner und durch gegenseitigen Druck eckig, einen oder mehrere kurze, nicht hervorragende Entleerungshälse treibend. Schwärmer farblos, ellipsoidisch oder rundlich, 5 μ Durchmesser, wahrscheinlich mit einer Cilie. Dauersporen unbekannt.

In der Epidermis junger Blätter von Taraxacum officinale, gesellig mit Synchytrium Taraxaci.

4. In Pollenkörnern und Sporen lebende Species.

13. 0. luxurians (Tomaschek, 1878, Sitzungsber. d. Wiener Acad.; naturw.-mathem. Classe LXXVIII. Bd. p. 204).

Synon.: Chytridium luxurians Tomaschek, 1878, l. c.

Chytridium Diplochytrium Tomaschek, 1878, ibid.

Chytridium Pollinis Typhae Tomaschek, 1877, l. c. sec. Saccardo, Sylloge VII. 1, p. 307.

Olpidium Diplochytrium Schröter, Kryptfl. III. 1, p. 181.

Olpidiella Diplochytrium Lagerheim, 1888, Journal de Bot. II.

Abbild.: Tomaschek, l. c. 1877, LXXVI. Bd. u. 1878, LXXVIII. Bd.

Sporangien kugelig, seltener eiförmig, einzeln oder zahlreich (20—30) in einem Pollenkorn, dieses ganz erfüllend und sich gegenseitig drückend, 16—40 μ Durchmesser, die kleineren 8 μ, mit farbloser, glatter Membran und kurzem, zuweilen bogig gekrümmten, Entleerungshalse. Schwärmer birn- oder sackförmig, vorn geschwollen, nach hinten verjüngt, 2 μ Durchmesser, mit einer langen, nachschleppenden Cilie; Bewegungen träge undulirend, nicht lebhaft sprungweise. Dauersporen kugelig, mit centralem Fetttropfen, 2—16 in einem Pollenkorn, 16—40 μ Durchmesser, mit einer eng anliegenden, glatten Innenhaut und einer weit davon abstehenden, glatten Aussenhaut, wie bei O. endogenum; z. B. eigentlicher Sporenkörper 20 μ, Aussenhülle 24 μ Durchmesser. Keimen theils noch in den Pollenkörnern, meist erst nachdem sie durch deren Zerstörung befreit sind, liefern Schwärmer.

Im Innern von im Wasser liegenden Pollenkörnern, in Sümpfen und durch Aufstreuen von Pollenkörnern auf Sumpfwasser auch einfangbar. Besonders im Pollen von Pinus sylvestris, aber auch von Taxus baccata, Lilium candidum, L. lancifolium, Typha latifolia, Cannabis sativa. Zehrt den Inhalt der Pollenkörner vollkommen auf.

14. O. Uredinis (Lagerheim, 1888. Journal de Bot. II.).

Synon.: Olpidiella Uredinis Lagerheim l. c.
Abbild.: Lagerheim l. c.

Sporangien kugelig, einzeln (bis 26 μ Durchmesser) oder bis zu 6 in einer Uredospore und dann gegenseitig sich abplattend, viel kleiner, mit farbloser, glatter Membran, mit einem kurzen, nicht hervortretenden, durch eine der Keimporen der Uredospore ausmündenden Entleerungshals. Schwärmer kugelig oder länglich-rund, 2—3 μ Durchmesser, mit einer langen, nachschleppenden Cilie. Bewegungen träge, undulirend, weniger burlesk als bei anderen Olpidien. Dauersporen kugelig, 16 μ Durchmesser, mit dicker, glatter, farbloser Membran und grossem, centralen Fetttropfen. Keimung unbekannt.

Parasitisch in den Uredosporen von Uredo Airae auf Aira caespitosa; auch in dem Uredo von Puccinia Violae und P. Rhamni, nicht auf anderen in der Nachbarschaft wachsenden Uredosporen (z. B. von Phragmidium Fragariae, Puccinia Prenanthis, P. gibberosa, P. obscura, Coleosporium Campanulae, Melampsora Circaeae).

Ein Vergleich dieser Species mit O. luxurians zeigt, dass dieselben sehr nahe mit einander verwandt, vielleicht sogar identisch sind. Infectionsversuche fehlen. Die Abweichungen in der Structur der Dauersporen bedürfen genauerer Unter-suchung. Schon oben wurde darauf hingewiesen, dass Lagerheim's Vorschlag, eine neue Gattung Olpidiella deshalb aufzustellen, weil die Schwärmer eine nach-schleppende Cilie tragen, nicht zu billigen ist.

15. O. pendulum Zopf, 1890 (Schenk's Handb. d. Bot. IV. p. 555).

Abbild.: Zopf, l. c. p. 556, Fig. 66, I—V.

Sporangien kugelig, einzeln und dann bis 30 μ Durchmesser oder zu mehreren (bis 12) und dann entsprechend kleiner, mit farbloser, glatter, dünner Membran, grosse Sporangien mit kurzem und dicken, kleine mit langem und dünnen, nicht hervorragenden Entleerungshals. Schwärmer kugelig, 4—5 μ Durchmesser, mit einer langen, nachschleppenden Cilie und glänzendem Fetttropfen. Dauersporen kugelig, mit grossem, centralen oder excentrischen Fetttropfen, farblosem Inhalt und doppelt contourirter, dicker Membran, an dem entleerten, aber persistenten Eindringungsschlauch der Schwärmspore gleichsam aufgehängt.

In Pinus-Pollen.

Diese Form ist mit den beiden vorigen nahe verwandt und bildet mit ihnen eine Untergruppe, die man später, bei grösserer Sichtung der ganzen Gattung, vielleicht als Untergattung Olpidiella bezeichnen könnte.

5. In Pilzmycelien lebende Species.

16. O. Borzianum Mor. (sec. Sacc., Sylloge VII. 1, p. 312).

Sporangien kugelig, gelblich-rosa, 48—57 μ Durchmesser. Schwärmer ei- oder birnförmig, röthlich, 4—5.5 μ lang, 4,5 μ breit, mit einer Cilie. Dauersporen ungleichmässig kugelig, 29—34 μ Durchmesser, mit gelblichem Inhalt und rothbraunem Exospor.

In aufgeschwollenen Schläuchen einer Saprolegnia.

6. In thierischen Substraten lebende Species.

17. O. gregarium Nowakowski, 1876 (Cohn's Beitr. z. Biol. II. 1, p. 77).

Abbild.: Nowakowski, l. c. Taf. IV, 2.

Sporangien zahlreich, bis zu 10 in einem Ei, kugelig oder oval, durch gegenseitigen Druck sich abplattend, 30—70 μ Durchmesser, mit kurzem, schnabelartigen, die Eihülle durchbohrenden, als Papille hervorragenden Entleerungshals, farbloser, glatter Membran und farblosem oder schwach rosa schimmernden Inhalt. Schwärmer zunächst vorübergehend durch Schleim vor der Sporangienmündung gehäuft, dann sich trennend, kugelig, 4 μ Durchmesser, mit einer langen Cilie und excentrischen Fetttropfen. Dauerzustände unbekannt. — Fig. 2 a.

In den Eiern von Rotatorien, zwischen Algen.

Aehnliche Chytridien wurden von Carter (Annals of nat. hist. 3. Serie II. p. 99, Taf. IV, 45, 46) in den Eiern von Naïs albida in Bombay beobachtet. Auf die Cysten zufällig in der Cultur reichlich vorhandener Vampyrella Spirogyrae ging dieses Olpidium bei meinen Beobachtungen nicht über.

18. O. macrosporum Nowakowski, 1876 (Cohn's Beitr. II. 1, p. 79).

Abbild.: Nowakowski, l. c. Taf. IV, 3, 4.

Sporangien einzeln, das befallene Ei vollständig ausfüllend, mit seiner farblosen, glatten Membran der Eihülle anliegend, 30 μ breit, 55 μ lang, mit starkem, weit herausragenden, hin- und hergebogenen Entleerungshals; dieser bei 6—8 μ Dicke 150 μ lang werdend, der breiten Seite des Sporangiums entspringend. Schwärmer ellipsoidisch, sehr gross, 6 μ breit, 10 μ lang, ohne Fetttropfen; Zahl und Stellung der Cilien unbekannt.

In Rotatorieneiern: bisher nur zwei Sporangien, ein leeres und ein volles in Chaetophoraschleim gefunden. Vielleicht gehört diese Species zu Pleolpidium.

O. zootocum A. Braun, 1856 (Monatsb. d. Berliner Acad. p. 591) in einer abgestorbenen Anguillula gefunden, ist der Beschreibung nach eine Holochytriee; Dangeard (A. sc. nat. 7. Serie IV. p. 287) stellt dasselbe zu Catenaria. Der von Schröter (Kryptfl. III. 1, p. 182) in Anguillulen auf Hasenmist gefundene Pilz ist, wie aus Schröter's Beschreibung hervorgeht, Harposporium Anguillulae (siehe Zopf, Nova Acta Acad. Leop. 1888, LII. Bd. p. 334).

Sorokin (Revue mycol. 1889, XI. Taf. 79, Fig. 90) hat in abgestorbenen Crustaceen ein Olpidium gefunden, welches er ohne nähere Beschreibung zu O. zootocum rechnet.

Aus Obigem ergiebt sich, dass bisher ein wohl charakterisirter Organismus als O. zootocum A. Braun nicht beschrieben worden ist, weshalb dieser Speciesname gestrichen werden muss.

O. Arcellae Sorokin, 1889 (Revue mycol. XI. p. 137, Taf. 80, Fig. 102—105) ist eine noch zweifelhafte Form mit kugeligen Sporangien und langem, aus dem Panzer hervortretenden Entleerungshals, welche nach Sorokin wahrscheinlich nur saprophytisch in bereits abgestorbenen Arcellen sich einnistet.

7. Zweifelhafte Olpidien.

Olpidiopsis (?) fusiformis var. Oedogoniarum Sarokin (Revue mycol. 1889, XI. p. 84, Taf. 80, Fig. 99), von welchem überhaupt nur ein einziges entleertes, längliches Sporangium in einem Oedogonium beobachtet wurde, ist wahrscheinlich nur Olpidium entophytum.

Ein nicht minder zweifelhaftes Ding ist **Chytridium pusillum** Sorokin (Revue mycol. XI. p. 82, Taf. 80, Fig. 112, 113) mit nur 4,5 μ grossen, kugeligen Sporangien in Oedogonium. Schwärmer nicht beobachtet.

Reessia Cladophorae Fisch, 1884 (Sitzungsb. d. med.-phys. Soc. Erlangen). Der Autor bemerkt nur, dass eine in Cladophora vorkommende Chytridiee mit Reessia amoeboides vollkommen in der Entwickelung übereinstimmt und nennt sie R. Cladophorae. Jede Beschreibung fehlt; ist wahrscheinlich ebenfalls O. entophytum.

Nach Cienkowski (Bot. Zeit. 1855) findet sich in jungen Pflanzen von Botrydium ein nicht näher untersuchtes Chytridium, welches wahrscheinlich zu Olpidium gehört.

Olpidiopsis Sorokinei Wildeman, 1890 (Annales de la Soc. belge de Microsc. XIV. p. 22) in Conferva bombycina ist sehr schlecht bekannt. Die Sporangien sind langgestreckt, mit sehr kurzem, nicht

hervortretendem Hals. Wildeman hebt die grosse Aehnlichkeit
mit O. fusiformis var. Oedogoniorum Sorokin hervor; schlecht genug
untersucht sind sie allerdings beide.

III. **Pseudolpidium** nov. gen.

Der Vegetationskörper besteht aus einer membranlosen,
nackten Protoplasmamasse von kugeliger oder ellipsoidischer Gestalt,
hervorgegangen aus einer eingedrungenen Spore, umgiebt sich später
mit einer Membran und verwandelt sich holocarpisch in ein Zoosporangium oder Dauersporangium. Zoosporangien kugelig oder

Fig. 3.

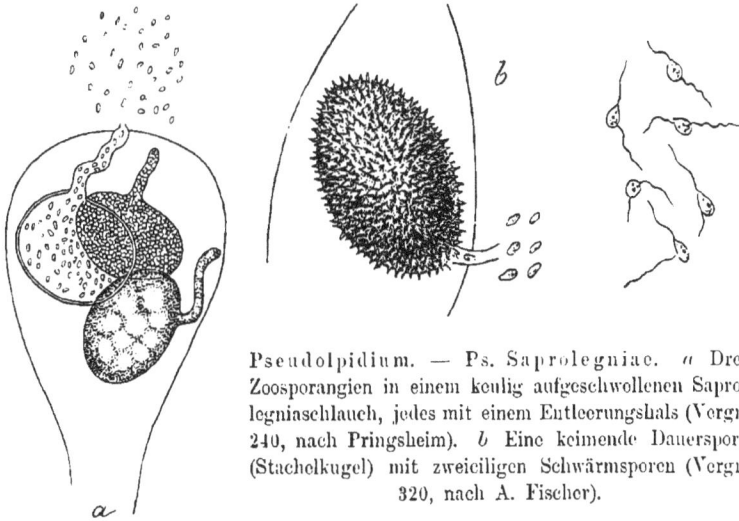

Pseudolpidium. — Ps. Saprolegniae. *a* Drei
Zoosporangien in einem keulig aufgeschwollenen Sapro-
legniaschlauch, jedes mit einem Entleerungshals (Vergr.
240, nach Pringsheim). *b* Eine keimende Dauerspore
(Stachelkugel) mit zweiciligen Schwärmsporen (Vergr.
320, nach A. Fischer).

ellipsoidisch, gewöhnlich zu mehreren, oft sehr vielen; mit farbloser,
dünner, glatter Membran und einem, die Wirthsmembran durchbohrenden, unverzweigten Entleerungshals. Schwärmer ellipsoidisch, oft einseitig abgeflacht, zuweilen mit spitzem Vorderende,
zwei Cilien, eine am Vorderende, eine an der Seite inserirt; Bewegung stetig und gleichmässig; einzeln und fertig hervorschwärmend.
Dauersporangien schwach bräunlich, von der Gestalt der Zoosporangien, aber mit dichtstacheliger Membran (Stachelkugeln), bei
der Keimung zweicilige Schwärmer bildend und durch einen Hals
entleerend; ohne grossen Oeltropfen. Sexualität fehlt.

Betreffs der in Saprolegnieen schmarotzenden olpidiumähnlichen Chytridieen
herrscht grosse Verwirrung, die ich durch folgende Bemerkungen zu heben hoffe.

Ursprünglich wurden diese Formen insgesammt von Braun als Olpidium Saprolegniae bezeichnet. Später hat Cornu (A. sc. nat. 5. Serie XV) für diese Schmarotzer die Gattung Olpidiopsis aufgestellt, in der Meinung, dass die Dauersporangien (Stachelkugeln) immer eine kleine, glattwandige, entleerte Zelle an sich hängen haben, die cellule adjacente Cornu's, der derselben die Bedeutung eines männlichen Sexualorganes zuschreibt. Bei meinen Untersuchungen über diese Organismen (Pringsheim, Jahrb. XIV. und Bot. Zeit. 1880) kam ich zu dem auch heute noch giltigen Resultat, dass Cornu's Angaben nicht ganz zutreffend seien. Ich wies nach, dass die Stachelkugeln des gewöhnlich in Saprolegnien sich findenden Olpidium stets ohne cellule adjacente, auf durchaus ungeschlechtlichem Wege entstehen und nur eine Dauerform der glatten Zoosporangien sind. Gleichzeitig wies ich darauf hin, dass auch noch ein anderer Parasit in Saprolegniaceen sich fände, dessen Stachelkugeln in der That Cornu's cellule adjacente trügen, der aber durchaus verschieden sei vom gewöhnlichen Olpidium Saprolegniae. Ich hätte nun allerdings den von mir beobachteten Organismus wieder zu Olpidium zurückversetzen oder mit einem neuen Namen, wie jetzt geschieht, belegen müssen. Statt dessen aber behielt ich Cornu's Gattung Olpidiopsis bei und strich aus dessen Diagnose das wichtigste Merkmal, die cellule adjacente. So bin ich selbst mitschuldig an der entstandenen Verwirrung. Schröter nahm in der Kryptogamenflora von Schlesien meine Umgrenzung der Gattung Olpidiopsis an und brachte die ähnlichen Parasiten mit cellule adjacente in der neuen Gattung Diplophysa unter, als Diplophysa Saprolegniae. Endlich beschrieb Fisch (Zur Kenntniss der Chytridieen 1884) einen Parasiten der Spirogyren, der glatte Zoosporangien und glatte Dauersporen meist mit mehreren Anhangszellen entwickelt und gründete für ihn die neue Gattung Pleocystidium. Ich habe jahrelang auf eine weitere Aufklärung in diesen Dingen gefahndet und bin auch in der Lage, die Verwirrung zu lösen. Es finden sich nämlich in Saprolegniaschläuchen zwei sich sehr ähnelnde olpidiumartige Parasiten, die bisher zusammengeworfen sind. Der eine hat glatte Zoosporangien und Stachelkugeln ohne Anhangszelle, ihn habe ich in meinen oben citirten Arbeiten untersucht und Olpidiopsis genannt. Der andere Parasit hat ebenfalls glatte Zoosporangien, aber Stachelkugeln mit Anhangszelle, er ist die echte Olpidiopsis Cornu's, der freilich beide Formen nicht von einander trennte. Die Zoosporangien der beiden Formen sind vollkommen gleichartig, nur die Stachelkugeln, bei Olpidium sexuell, bei Pseudolpidium asexuell entstanden, geben unterscheidende Merkmale. Beide Parasiten besitzen zweicilige Schwärmer und unterscheiden sich auch hierdurch von Olpidium.

So zerfällt das alte Olpidium Saprolegniae A. Braun in zwei distincte Gattungen und Species:

1. Pseudolpidium Saprolegniae mihi.

Synon.: Olpidiopsis Saprolegniae A. Fischer, Schröter.
Olpidiopsis Saprolegniae Cornu pro parte.

2. Olpidiopsis Saprolegniae (Cornu) mihi.

Synon.: Olpidiopsis Saprolegniae Cornu pro parte.
Diplophysa Saprolegniae Schröter.
Pleocystidium Fisch.

Hierdurch glaube ich die Unklarheiten, welche bisher bestanden, gelöst zu haben. Weiteres wird die Beschreibung der Species ergeben.

19. Ps. Saprolegniae (A. Braun, 1855 l. c.).

Synon.: Chytridium Saprolegniae A. Braun, 1855, Abhandl. Berl.
Acad. p. 61 pr. p.
Olpidium Saprolegniae A. Braun, 1855, ibid. p. 75.
Olpidiopsis Saprolegniae Cornu, 1872, A. sc. nat. 5. Serie XV. p. 145 pr. p.
Olpidiopsis Saprolegniae A. Fischer, 1882, Jahrb. f. wiss. Bot. XIV.
Olpidiopsis Saprolegniae Schröter, 1886, Kryptfl. III. 1, p. 183.
Abbild.: Cienkowski, Bot. Zeit. 1855, Taf. XII. Pringsheim in Jahrb.
f. wissensch. Bot. II. Taf. XXIV, 1—16. A. Braun, Abh. d. Berl. Acad.
1855, Taf. V. 23. Cornu, l. c. Taf. III, 1—9. A. Fischer, Bot. Zeit.
1880, Taf. X, und Jahrb. f. wissensch. Bot. XIV. Taf. I, 2—5. Sorokin,
Revue mycol. XI. Taf. 83, Fig. 132—139, 145.

Sporangien seltener einzeln, meist gehäuft, bis 50. in keulen-
förmigen oder ballonartig angeschwollenen Fadenenden von Saprolegnia, mit farbloser, glatter Membran, farblosem Inhalt und einem
(selten 2) unverzweigten, wenig oder auch weit hervorwachsenden Entleerungshals. Sporangien breit kugelig, ellipsoidisch, sehr verschieden
gross, 7—140 µ Durchmesser, Verhältniss der beiden Durchmesser
1 : 1,2. Schwärmer farblos, 2 µ breit, 4 µ lang, eiförmig, oft einseitig
abgeplattet, mit 2 Cilien. Dauersporen (Stachelkugeln von der
Gestalt und Grösse der Sporangien, einzeln oder gehäuft in aufgetriebenen Saprolegniaschläuchen, mit dichtstacheliger Membran
und graubräunlichem, dichten Inhalt, ohne Anhangszelle. Keimen
mit zweiciligen Schwärmern, welche durch einen Hals entleert
werden. — Fig. 3 a, b.

In den Schläuchen von Saprolegnia-Species (S. monoica, Thureti, asterophora): auf andere Saprolegnieen, z. B. Achlya, Aphanomyces und auf Pythium proliferum nicht übertragbar. Die befallenen Schläuche als weisse Knötchen schon dem unbewaffneten
Auge erkennbar, grösser als die Oogonknötchen.

Man vergleiche die Anmerkung hinter der Gattungsdiagnose. Kleine von
diesem Parasiten befallene Saprolegniapflänzchen beschrieb Cohn (Nova Acta Acad.
Leop. 1856, XXIV. p. 158, Taf. XVI, 21, 22) als Peronium circulare. Ausnahmsweise sind die Entleerungshälse einmal verzweigt.

20. Ps. fusiforme (Cornu. 1872, l. c.).

Synon.: Olpidiopsis fusiformis Cornu, 1872, A. sc. nat. 5. Serie XV.
p. 147 pro parte.
Olpidiopsis fusiformis A. Fischer, Jahrb. f. wiss. Bot. XIV.
Abbild.: Cornu, l. c. Taf. IV, 1—3 bei s. A. Fischer, l. c. Taf. I, 1.
Sorokin, Revue mycol. XI. Taf. 81, Fig. 120.

Sporangien einzeln oder gehäuft in keulenförmig aufgeschwollenen Schlauchenden von Achlya mit farbloser, glatter Membran,

farblosem Inhalt und einem kurzen, nicht hervorragenden Entleerungshals, lang-ellipsoidisch oder walzenförmig, sehr verschieden gross, Verhältniss der Durchmesser 1 : 3.8. Schwärmer wie bei voriger Species. Dauersporen (Stachelsporangien) von Gestalt und Grösse der glatten Sporangien, aber mit dicht stacheliger Membran. In Schläuchen von Achlya-Species (A. polyandra, prolifera, racemosa, leucosperma); auf andere Saprolegniaceen, besonders auch auf Saprolegnia nicht übertragbar.

21. Ps. glenodinianum (Dangeard. 1888. Journ. d. Bot. II. p. 6).

Synon.: Olpidinm glenodinianum Dangeard, 1888, l. c.

Abbild.: Dangeard. l. c. Taf. V, 6—10.

Sporangien einzeln oder bis zu 4, selten mehr in einem Wirth, kugelig oder ellipsoidisch, mit glatter, farbloser Membran und farblosem Inhalt, kurzem, papillenartig hervorragenden Entleerungshals. Schwärmer bis 100 in einem Sporangium, anfangs kugelig, später länglich, schwach bohnenförmig, mit zwei seitlichen Cilien, von denen eine nach vorn, eine nach hinten gerichtet ist, mit kleinen Oeltropfen. Bewegung gleichmässig, selten sprungweise. Dauersporen unbekannt.

Parasitisch in Glenodinium cinctum (Peridinee), ihre Körpersubstanz aufzehrend bis auf die leere Hülle und einige wenige Reste.

Wurde früher für die Keimblasen des Wirthes gehalten. Wahrscheinlich gehören nach Dangeard auch hierher die als Keimblasen anderer mariner Peridineen (Ceratium fusus, C. Tripos) beschriebenen Gebilde. Man vergleiche hierzu die Bemerkung bei Sphaerita endogena (pag. 21).

22. Ps. Sphaeritae (Dangeard. 1888. Le botaniste 1. Serie II. p. 51).

Synon.: Olpidium Sphaeritae Dangeard, l. c.

Abbild.: Dangeard. l. c. Taf. III. 3—7.

Sporangien selten einzeln, meist zu 5—6, gegenseitig sich drückend, kugelig oder ellipsoidisch, mit farbloser, glatter Membran, farblosem Inhalt und einem langen, weit hervorbrechenden, unverzweigten Entleerungshals. Schwärmer klein, mit zwei seitlichen Cilien, eine nach vorn, die andere nach hinten gerichtet. Dauersporen unbekannt.

Parasitisch in den glatten und stacheligen Dauersporen der selbst wieder parasitisch lebenden Sphaerita endogena (vergl. pag. 21).

Vor einer Verwechselung mit Keimungsstadien der nicht befallenen Dauersporen von Sphaerita sei besonders gewarnt.

Zweifelhafte Species.

Ps. Aphanomycis (Cornu, 1872, A. sc. nat. 5. Serie XV. p. 148, Taf. IV, 5—11 als Olpidiopsis Aphanomycis) in einem unbestimmten Aphanomyces. Sporangien kugelig oder eiförmig in kugeligen Auftreibungen kurzer Seitenäste, meist aber intercalar, einzeln oder bis zu drei, mit verhältnissmässig sehr dicken Entleerungshälsen. Schwärmer und Dauersporen unbekannt, weshalb die systematische Stellung zweifelhaft.

Ps. (Olpidiopsis) incrassata (Cornu, 1872, l. c. p. 146, Taf. IV, 12) in Achlya racemosa stellt, wie Cornu selbst auseinandersetzt, nur Entwickelungszustände von Sporangien und Dauersporen dar und verdient vorläufig nach meiner Ansicht überhaupt nicht den Werth einer Species.

Die von Sorokin (Revue mycol. XI. Taf. 82, Fig. 126–130) als O. incrassata abgebildete Form halte ich für O. fusiformis, denn gerade die für O. incrassata charakteristischen Verdickungen fehlen vollständig.

IV. Olpidiopsis (Cornu, 1872, A. sc. nat. 5. Serie XV. p. 114).

Synon.: Diplophysa Schröter, 1886 (Kryptfl. v. Schles. III. 1, p. 195).
Pleocystidium Fisch, 1884 (Beiträge z. Kenntn. d. Chytridiaceen p. 42).

Der Vegetationskörper besteht aus einer membranlosen, nackten Protoplasmamasse von kugeliger oder ellipsoidischer Gestalt, hervorgegangen aus einer eingedrungenen Spore, umgiebt sich später mit einer Membran und wird holocarpisch zum Zoosporangium. Zoosporangien kuglig oder ellipsoidisch, einzeln oder gehäuft, mit farblosem Inhalt und farbloser, glatter und dünner Membran. Entleerung der Schwärmer durch einen unverzweigten, die Wand der Wirthszelle durchbohrenden Schlauch. Schwärmer bei O. Saprolegniae zweicilig, bei den algenbewohnenden Arten nach der Angabe der Autoren eincilig, ellipsoidisch oder eiförmig; Bewegung der Schwärmer bei allen ruhig und gleichmässig, nicht wie bei den übrigen Chytridien hüpfend und burlesk; einzeln und fertig hervortretend. Dauersporen kugelig oder ellipsoidisch, glattwandig oder dicht mit Stacheln oder Warzen besetzt, durch einen Sexualact entstehend; im reifen Zustand sitzt

Fig. 4.

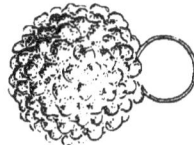

Olpidiopsis. — O. Saprolegniae. Eine dichtwarzige Dauerspore mit kleiner leerer Anhangszelle (Vergr. 300, nach der Natur).

noch die kleine männliche Zelle (Anhangszelle, cellule adjacente)
entleert daran; bei manchen Formen trägt eine Dauerspore oft
mehrere Anhangszellen. Keimung, soweit bekannt, mit Schwärmern,
die durch einen Hals entleert werden.

Ueber die Beziehungen von Olpidiopsis und Pseudolpidium vergleiche man
die Anmerkung bei letzterem. Die verschiedenen Angaben über die Cilienzahl der
Schwärmer können einstweilen die Zusammenstellung der folgenden Species nicht
als verfehlt erscheinen lassen, da hier Täuschungen vorliegen können. Meine
früheren Beobachtungen an den Saprolegniaparasiten habe ich neuerdings wieder
controlirt und bestätigt.

Soviel sich jetzt übersehen lässt, sind zwei Untergattungen zu unterscheiden,
die vielleicht später zu selbständigen Gattungen erhoben werden müssen:

1. Schwärmer zweicilig; Dauersporen mit dichtstacheliger oder dichtwarziger
Membran, ohne centralen Fetttropfen.

2. Schwärmer eincilig; Dauersporen mit dicker, meist glatter Membran
und grossem, centralen Fetttropfen.

Ein Vergleich der Diagnosen von Olpidium und Pseudolpidium zeigt, dass
diese beiden sehr nahe verwandten Gattungen in denselben Merkmalen sich unterscheiden, wie die beiden Untergattungen von Olpidiopsis. Die erste derselben
entspricht am besten der Cornu'schen Gattung Olpidiopsis und würde diesen Namen
zu führen haben. Die zweite Untergattung mag einstweilen als Pleocystidium
bezeichnet werden.

1. Untergattung: Olpidiopsis. — Schwärmer zweicilig,
Dauersporen von der Form der Sporangien, mit dicht-
stacheliger oder dichtwarziger Membran, ohne centralen
Fetttropfen.

23. O. Saprolegniae (Cornu, 1872 l. c. p. 145).

Synon.: Olpidiopsis Saprolegniae Cornu, 1872, l. c. pro parte.
Chytridium (Olpidium) Saprolegniae A. Braun, 1855, Abh. Berl. Acad. pr. p.
Diplophysa Saprolegniae Schröter. 1886, Kryptfl. III. 1, p. 195.
Abbild.: Cornu, l. c. Taf. III, 10.

Sporangien seltner einzeln, meist gehäuft, bis 50, in keulenförmig oder ballonartig aufgetriebenen Schlauchenden von Saprolegnia, mit farbloser, glatter Membran, farblosem Inhalt und einem
unverzweigten, wenig oder auch weit hervorragenden Entleerungshals; den Sporangien von Pseudolpidium Saprolegniae durchaus gleich,
breitkugelig oder ellipsoidisch, sehr verschieden gross. Schwärmer
ellipsoidisch, oft einseitig abgeflacht, mit 2 Cilien, eine am spitzigen
Vorderende, die andere, meist längere, seitlich entspringend. Dauersporen (Stachelkugeln) mit einer, ausnahmsweise zwei oder drei,
leeren Anhangszellen; die Dauerspore selbst dunkelgraubraun,
kugelig bis ellipsoidisch, sehr gross, 68 μ breit. 78 μ lang, mit

halbkugeligen, stumpfeckigen, bis 3 μ hohen, farblosen Warzen dicht
bedeckt; ohne grossen Fetttropfen; leere Anhangszelle kugelig, glattwandig, 28—30 μ Durchmesser. Keimung nicht beobachtet. — Fig. 4.

In Saprolegnia Thureti; die befallenen Saprolegniarasen an den
weissen Knötchen, den aufgetriebenen Schlauchenden, schon mit
blossem Auge erkennbar.

24. O. minor nov. spec.

Synon.: Olpidiopsis fusiformis Cornu, 1872, l. c. pro parte.
Abbild.: Cornu, l. c. Taf. IV, 4, 3 bei a. Reinsch, Jahrb. f. wiss.
Bot. XI. Taf. XVII.

Sporangien klein, kugelig. Schwärmer unbekannt. Dauersporen mit glatter, leerer Anhangszelle; Dauerspore selbst kugelig,
viel kleiner als bei voriger Art, mit breiten, kegeligen, langen und
spitzen, farblosen Stacheln besetzt, diese entsprechend ihrer Grösse
in geringer Zahl vorhanden, ohne grossen Fetttropfen. Keimung
unbekannt.

In Achlya leucosperma, A. racemosa und A. polyandra, wahrscheinlich auf Arten der Gatten Achlya beschränkt. Bisher immer
gesellig mit Pseudolpidium fusiforme beobachtet (Cornu, Reinsch,
A. Fischer), für dessen Dauersporen Cornu die kleinen Stachelkugeln hält.

2. Untergattung: Pleocystidium Fisch, l. c. ad inter. —
Schwärmer eincilig, Dauersporen kugelig, mit glatter,
dicker Membran und grossem, centralen Fetttropfen.

25. O. Schenkiana Zopf, 1884 (Nova Acta Acad. Leop. XLVII. p. 168).

Abbild.: Zopf, l. c. Taf. XV, 1—32.

Sporangien einzeln, gestreckt ellipsoidisch, mit glatter, farbloser Membran, farblosem Inhalt und verschieden langem, oft gekrümmten, wenig hervorragenden Entleerungshals, keine Auftreibungen der befallenen Algenzellen hervorrufend. Schwärmer
kugelig, schwach amoeboid, mit kleinem Fetttropfen und einer Cilie,
Bewegung schwach, gleichmässig. Dauersporen mit einer leeren,
glattwandigen, kugeligen, kleineren Anhangszelle; Dauerspore selbst
kugelig oder breit-ellipsoidisch, viel kleiner als die Sporangien, mit
glatter, dicker, schwach gebräunter Membran und grossem, centralen
Fetttropfen; treiben bei der Keimung einen kurzen Entleerungshals
und liefern eincilige Schwärmer.

In Zygnemeen: Mesocarpus, Mougeotia, besonders reichlich in
Spirogyra, unterschiedslos vegetative und copulirende Zellen und
auch, allerdings seltener, fertige Zygosporen befallend; Dauersporen
schon von April ab. Vernichtet den Inhalt der befallenen Zellen
vollständig.

Hierher gehört wohl auch das von Sorokin (Revue mycol. XI. Taf. 80,
Fig. 107—111) in Spirogyren Central-Asiens gefundene Olpidium. Ueberhaupt ist
es wahrscheinlich, dass die glatten Sporangien allein mehrfach für Olpidiumspecies
gehalten worden sind. Man vergleiche auch Olpidium entophytum und Myzocytium,
dessen zweizellige, zwerghafte Geschlechtspflanzen einer Dauerspore von Olpidiopsis
Schenkiana sehr ähnlich sehen.

26. O. parasitica (Fisch, 1884, Beiträge z. Kenntn. d. Chytridiac.
p. 42).

Synon.: Pleocystidium parasiticum Fisch, 1884, l. c.
Abbild.: Fisch, l. c. Fig. 24—29.

Sporangien meist zu mehreren nebeneinander in den Algenzellen, kugelig oder ellipsoidisch, mit glatter, farbloser Membran,
farblosem Inhalt und einem langen, oft gekrümmten, etwas hervorragenden Entleerungshals. Schwärmer ziemlich gross, mit grobkörnigem Protoplasma, ohne Fetttropfen, eine lange Cilie. Dauersporen selten bloss mit einer, meist mit mehreren (2—5) kleineren,
leeren, glattwandigen, kugeligen Anhangszellen, Dauersporen selbst
kugelig oder breit-ellipsoidisch, mit farbloser, glatter, dicker Membran
und einem sehr grossen, centralen Fetttropfen. Keimung unbekannt.
In Spirogyren; den Inhalt aufzehrend.

Diese Form steht der vorigen sehr nahe, unterscheidet sich aber durch die
typische Mehrzahl von Anhangszellen an der Dauerspore. Erneute Auffindung und
Untersuchung dieses Organismus wäre sehr erwünscht, um die Geschlechtsverhält-
nisse, die ja scheinbar hier eine Polyandrie eigenster Art darbieten, genauer
kennen zu lernen. Bis dahin kann die Form bei Olpidiopsis untergebracht werden.

Unvollständig bekannte Species.

O. Index Cornu, 1872 (l. c. XV. p. 145, Taf. III. 11).

Sporangien elliptisch, gross, einzeln oder gehäuft. Schwärmer
unbekannt. Dauersporen mit einer kugeligen, mit kurzen, breiten
Stacheln locker besetzten, leeren Anhangszelle; Dauerspore selbst
dicht mit sehr feinen und sehr kleinen Stacheln besetzt, kugelig,
ohne centralen Fetttropfen. Keimung unbekannt.
In einer Achlya.

Diese Species dürfte bei genauerer Untersuchung in die Untergattung Olpidiopsis
zu stellen sein.

O. elliptica (Schröter, 1886, Kryptfl. III. 1, p. 196).

Synon.: Diplophysa elliptica Schröter, l. c.

Sporangien und Schwärmer unbekannt. Dauersporen mit
einer nicht viel kleineren Anhangszelle mit glatter, bräunlicher
Membran; Dauerspore selbst quer-elliptisch, nicht so breit wie die
Nährzelle, mit hellbrauner, von feinen, zerstreut stehenden Stacheln
besetzter Membran. Keimung unbekannt.

In Mesocarpus.

V. **Pleotrachelus** Zopf, 1884 (Nova Acta Acad. Leop.
XLVII. p. 173).

Vegetationskörper kugelrund, anfangs wahrscheinlich nackt,
später mit Membran umgeben, verwandelt sich in toto in ein einzelliges, kugelrundes Zoosporangium
mit vielen, radiär ausstrahlenden Entleerungshälsen. Schwärmer klein, mit einer
nachschleppenden Cilie, stark amoeboid, einzeln und fertig hervorschwärmend. Weitere
Beobachtungen fehlen.

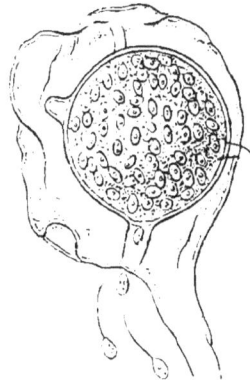

Fig. 5.

27. **Pl. fulgens** Zopf (l. c. p. 17).

Abbild.: Zopf, l. c. Taf. XVI, 25—36.

Sporangien vollendet kugelig, oft
sehr gross und einzeln in den Pilobolus-
sporangien, sehr klein und zu mehreren in den
Gemmen, mit farblosem Inhalt und glatter,
gelber oder orangegelber Membran, mit zahlreichen, langen und weiten Entleerungshälsen, bei grossen Sporangien bis 30.
Schwärmer sehr klein, amoeboid, mit
einer nachschleppenden Cilie. Dauersporen unbekannt. — Fig. 5.

Pleotrachelus.
Pl. fulgens. Ein reifes,
durch mehrere Hälse gleichzeitig seine einciligen
Schwärmer entleerendes Sporangium in einer collabirten
Sporangiumanlage von Pilobolus crystallinus. (Vergr.
540, nach Zopf).

In jungen, plasmareichen Sporangienanlagen, auch im Mycelium, besonders den
inhaltreichen Gemmen von Pilobolus cry-
stallinus; ruft Auftreibungen der befallenen Organe hervor, welche
kugelig oder birnförmig oder bauchig-spindelförmig werden und
allmählich ihr sich verfärbendes Protoplasma verlieren.

Der Parasit lagert den gelbrothen Farbstoff des Wirthes in die
Sporangienmembran ein, während der Inhalt selbst farblos bleibt.

VI. **Ectrogella** Zopf. 1884 (Nova Acta Acad. Leop. XLVII. p. 175).

Fig. 6.

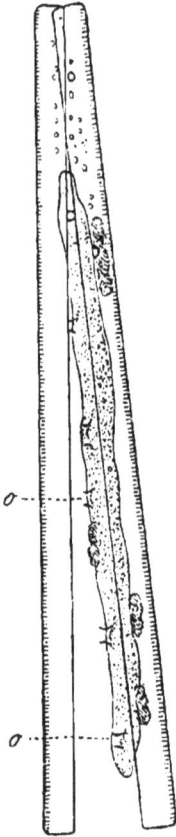

Vegetationskörper lang, wurmförmig und unverzweigt, sehr bald, vielleicht von Anfang an, mit Membran umgeben und in toto zu einem Sporangium werdend, einzeln oder gehäuft und im letzteren Falle viel kürzer, ellipsoidisch. **Zoosporangien** farblos, mit sehr dünner, farbloser Membran und farblosem Inhalt, treibt eine Mehrzahl in der Längsachse einzeilig oder opponirt zweizeilig angeordneter, dickwandiger, kurzer Entleerungshälse. **Schwärmer** klein, schwach amoeboid, mit einer Cilie, einzeln und fertig austretend. **Dauersporangien** und Sexualität bisher nicht beobachtet.

Diese Gattung führt in willkommenster Weise zu den Holochytrieen hinüber, bei denen (Lagenidium) der wurmförmige Vegetationskörper von Anfang an eine Membran besitzt und dann durch Querwände in Sporangien zerfällt. Bei Ectrogella ist dieser letztere Process durch die Mehrzahl der Hälse bereits angedeutet, während die Querwände noch fehlen. Ob der Vegetationskörper schon in seinen ersten Stadien eine Membran hat, ist aus Zopf's Angaben nicht sicher zu ersehen. Jedenfalls tritt dieselbe aber viel früher auf, als bei den echten Myxochytridinen, so dass auch hierin ein Uebergang zu den Mycochytridinen gegeben ist.

28. **E. Bacillariacearum** Zopf, 1884, l. c. p. 175.

Abbild.: Zopf. l. c. Taf. XVI, 1—21.

Sporangien einzeln oder gehäuft, einzellig, bis zu 30 in einer Synedra, bald lang wurmförmig, bis 200 μ lang, bald kurz spindelig oder ellipsoidisch, meist gestreckt in der Längsachse der Wirthsdiatomee, mit einer oder zwei opponirten Reihen kurzer, papillenartiger Entleerungshälse, welche stets nach der Gürtelbandseite gerichtet sind und durch Auseinanderweichen der Schalenhälften

Ectrogella. — E. Bacillariacearum. Eine Synedra mit auseinanderklaffenden Schalenhälften, ein langes, wurmförmiges Sporangium mit einer Reihe kurzer Entleerungspapillen (o), einige Inhaltsreste in der rechten Schalenhälfte (Vergr. 300, nach Zopf).

hervortreten, Durchbohrung der Kieselschale findet nicht statt. Schwärmer sehr klein, kugelig, 2—3 μ Durchmesser, schwach amöboid, eincilig, mit winzigem Fetttropfen. Dauerzustände unbekannt. — Fig. 6.

In Diatomeen, bevorzugt scheinbar grosse Arten von Synedra und Pinnularia; auch in Gomphonema.

Der Inhalt der befallenen Diatomeen wird in kurzer Zeit vollständig aufgezehrt; je nach der Zahl der eingedrungenen Keime, deren Eindringen noch nicht beobachtet wurde, richtet sich die Grösse der Sporangien und nach dieser wiederum die Zahl der Entleerungshälse. Nach Zopf bilden die längsten Sporangien 10, die mittelgrossen 3—5, die kleinsten 1, höchstens 2. Bemerkenswerth ist die Anordnung dieser Hälse immer an den Gürtelbandseiten, entweder einreihig oder in zwei opponirten Reihen, je eine für ein Gürtelband.

Cymbanche Fockei nennt Pfitzer (Sitzungsb. d. niederrhein. Ges. f. Nat. u. Heilk. 1869, p. 221) einen im Innern von Diatomeen lebenden Parasiten, der, soweit die unvollständigen Beobachtungen Pfitzer's ein Urtheil gestatten, hierher gehören könnte.

Andere von Focke (Physiol. Studien II.) in Diatomeen gefundene und als ihre Sporen gedeutete Gebilde, welche Pfitzer mit seinem Cymbanche identificiren möchte, gehören, wie Zopf gezeigt hat, als Dauersporen zu einer Monadine, Gymnococcus Fockei; man vergl. hierüber Zopf, Zur Morphol. u. Biol. d. nied. Pilzthiere 1885, p. 33, Taf. V.

Die Beschreibung, welche Pfitzer von seiner Cymbanche giebt, passt nicht auf die Focke'schen Körper, wohl aber auf Ectrogella: „eine mit farblosem Plasma erfüllte schlauchförmige, mit zarten Fortsätzen an der Wand der Diatomee befestigte Zelle, welche allein den endophytischen Pilz darstellt und in welcher kugelige Sporen entstehen. Die letzteren haben dicke Membran, eine meist excentrische Vacuole und enthalten sehr kleine Stärkekörnchen (?)". Vielleicht hat Pfitzer die noch nicht bekannten Dauersporen der Ectrogella vor sich gehabt.

VII. **Pleolpidium** nov. gen.

Synon.: Rozella Cornu, 1872 pro parte (A. sc. nat. 5. Serie XV.).

Vegetationskörper als solcher von dem Inhalte des Wirthes nicht zu unterscheiden, gar nicht in scharf umschriebener Form vorhanden, die vom Parasiten verursachte Anschwellung zuletzt gänzlich erfüllend, holocarpisch, ein Sporangium oder eine Dauerspore liefernd. Sporangien keulig oder tonnenförmig, einzeln, terminal oder intercalar, ihre Membran überall der Wand des Wirthes dicht angeschmiegt, wie angewachsen, nur in der Querrichtung hervortretend und als Querwand die Fadenstücke des Wirthes vom Sporangium abgrenzend. Sporangien mit kurzer, kaum hervortretender Entleerungspapille. Schwärmer nierenförmig, kugelig oder elliptisch, mit einer Cilie; Bewegungen unregelmässig.

Dauersporen einzeln in kugeligen oder keuligen, nicht durch besondere Querwände abgeschlossenen, intercalaren oder terminalen Auftreibungen der Saprolegniaceenfäden, kugelig, mit dicht feinstacheliger Membran und grossem, centralen Fetttropfen, ohne Anhangszelle. Sexualität fehlt, soweit bekannt.

Fig. 7.

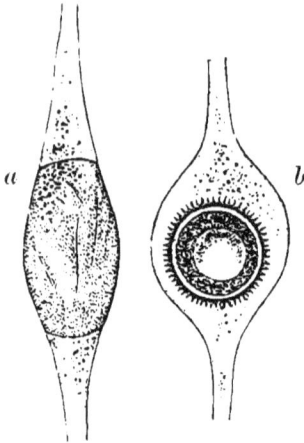

Pleolpidium. — Pl. Monoplepharidis. *a* Ein Schlauchstück von Monoblepharis mit einem Sporangium, welches mit seiner Längswand der Wand des Schlauches dicht anliegt. *b* Eine stachelige Dauerspore (Vergr. ca. 300, nach Cornu).

Diese Gattung umfasst diejenigen Species der Cornu'schen Gattung Rozella, welche keinen Sorus produciren. Die Sporangien finden sich hier immer einzeln, niemals in ununterbrochenen Reihen wie bei Rozella septigena. Bei Pleolpidium, dessen entwickelungsgeschichtliche Untersuchung sehr zu wünschen wäre, verwandelt sich der mit dem Inhalte des Wirthes verschmolzene Vegetationskörper in ein Sporangium, bei Rozella septigena dagegen zerfällt er in einen Sorus, weshalb diese zu den Merolpidieen zu stellen ist.

Die systematische Stellung, welche Pleolpidium hier angewiesen wurde, kann bei der lückenhaften Kenntniss seiner Species nur eine provisorische sein.

29. **Pl. Monoblepharidis** (Cornu, 1872, A. sc. nat. 5. Serie XV. p. 150).

Synon.: Rozella Monoblepharidis polymorphae Cornu, 1872, l. c.

Abbild.: Cornu, l. c. Taf. IV, 13—18.

Sporangien intercalar, in kräftigen, tonnenförmigen oder blasigen Auftreibungen der Fäden, von der Gestalt der Anschwellungen, mit ganz kurzer, seitlicher Papille. Schwärmer nicht beobachtet. Dauersporen kugelig, braun, mit dicht feinstacheliger Membran und grossem, centralen Fetttropfen, in kugeligen, intercalaren Auftreibungen der Fäden oder in kurzen, aufgeschwollenen Seitenzweigen. — Fig. 7 *a, b.*

In Monoblepharis polymorpha.

30. **Pl. Rhipidii** (Cornu, 1872, A. sc. nat. 5. Serie XV. p. 153).

Synon.: Rozella Rhipidii spinosi Cornu, l. c.

Abbild.: Cornu, l. c. Taf. V, 1—9.

Sporangien nur in den keuligen, dornigen Sporangien von Rhipidium, Pseudomorphosen derselben erzeugend, niemals in den

Fäden, am Scheitel mit kurzer Entleerungspapille. Schwärmer nierenförmig, kugelig oder elliptisch, mit einer Cilie, zunächst vor dem geöffneten Sporangium gehäuft liegen bleibend, aber bald davoneilend. Dauersporangien gleichfalls nur in den Sporangien des Wirthes, einzeln, kugelig, braungelb oder röthlich, feinstachelig.

In Rhipidium spinosum.

31. Pl. Apodyae (Cornu, 1872, l. c. p. 161).

Synon.: Rozella Apodyae brachynematis Cornu, l. c.
Abbild.: Cornu, l. c. Taf. V, 10—14.

Sporangien nur in den Endgliedern der Wirthsfäden auftretend, eiförmig oder ellipsoidisch, mit kurzer Scheitelpapille. Schwärmer länglich, eincilig. Dauersporen gleichfalls nur in den eiförmig aufgeschwollenen Endgliedern, kugelig, sehr fein und dicht kurzstachelig, mit centralem Fetttropfen.

In Apodya brachynema, gewissermassen Pseudomorphosen der sich sonst zu Sporangien umbildenden Endglieder hervorrufend, nur in diesen, nicht auch in anderen Glieder des Wirthsmycels.

Diese und die vorige Form haben sehr grosse Aehnlichkeit mit einander, auch in Bezug auf das alleinige Auftreten in den Sporangien des Wirthes. Cornu (l. c. p. 163) bemerkt, dass in einem gemeinschaftlichen Rasen von Rhipidium und Apodya die letztere von dem Parasiten des ersteren völlig verschont blieb, so dass wirklich zwei verschiedene Species vorliegen.

2. Familie. Merolpidiaceae (Synchytriaceae).

Der ganze Vegetationskörper zerfällt holocarpisch in eine Mehrzahl von Sporangien und erzeugt einen rundlichen oder lang einreihigen Sporangiensorus. Dauerzustände entweder ein Haufen von Dauersporen, Cystosorus, oder einzelne Dauersporen, die aus dem ganzen, ungetheilten Vegetationskörper oder einzelnen Theilen desselben entstehen.

VIII. **Synchytrium** de Bary und Woronin, 1863 (Berichte d. naturf. Ges. Freiburg III.).

Vegetationskörper anfangs eine nackte, runde oder ellipsoidische Protoplasmamasse von weisser, gelber oder orangerother Farbe, hervorgegangen aus einer eingedrungenen Spore; später sich mit einer farblosen Membran umgebend und holocarpisch entweder in einen Sporangiensorus oder in eine Dauerspore verwandelnd. Sporangiensorus von der Membran des früheren Vegetations-

Fig. 8.

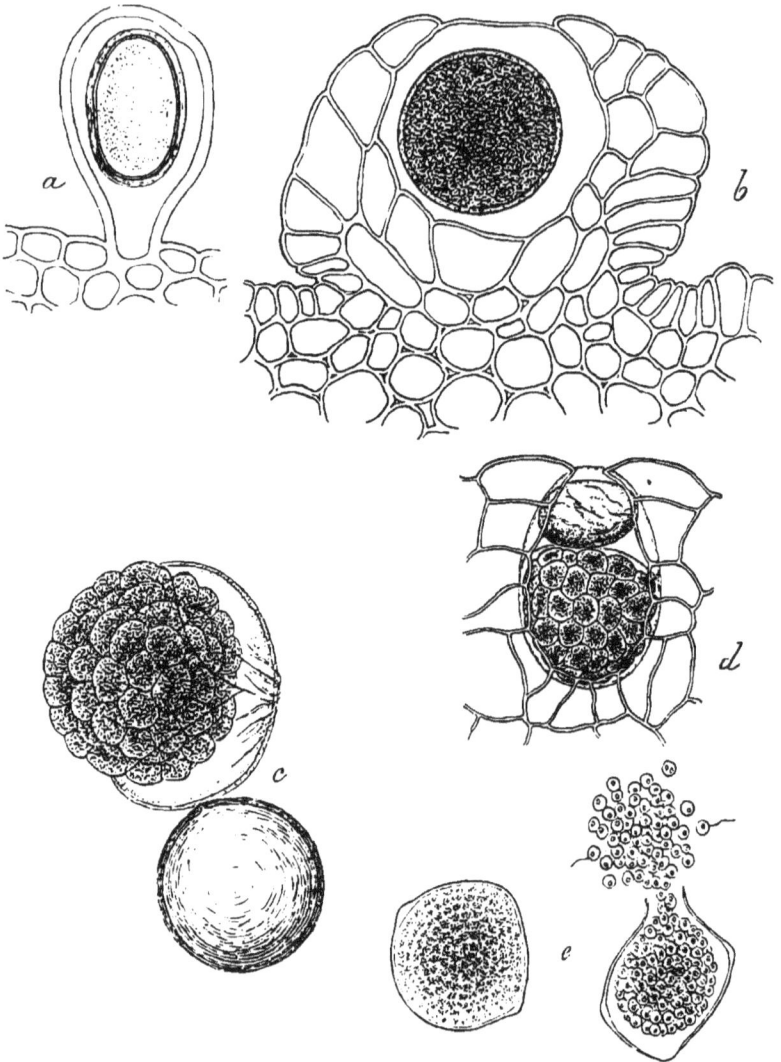

Synchytrium. — *a* S. Myosotidis, eine aufgeschwollene Epidermiszelle von Myosotis stricta, eine Dauerspore enthaltend, als Typus einer einfachen Warze (Vergr. 200, nach Schröter). *b* S. Mercurialis, eine zusammengesetzte Warze, im Centrum die grosse Nährzelle mit der Dauerspore, mit einer von Epidermiszellen gebildeten Hülle (Vergr. 200, nach Woronin). *c* S. Mercurialis, eine keimende Dauerspore, deren Inhalt einen Sporangiensorus gebildet hat (Vergr. 200, nach Woronin). *d* S. Stellariae, in der grossen Nährzelle unten ein Sporangiensorus, oben die leere Haut des Vegetationskörpers (Vergr. 200, nach Schröter). *e* S. Taraxaci, zwei einzelne Sporangien aus einem Sorus, rechts mit austretenden Schwärmern (Vergr. 390, nach de Bary und Woronin).

körpers umgeben, aus einer Mehrzahl kleiner Sporangien zusammengesetzt. Das einzelne Sporangium rundlich-eckig, auch scharfeckig und länglich, mit farbloser, ziemlich dicker Membran und je nach Species verschieden gefärbtem Inhalt. Sporangiensorus zerfällt im Wasser in die einzelnen Sporangien, welche sich meist an einer der stumpfen Ecken mit einem Loch öffnen und die Schwärmsporen entlassen. Schwärmer kugelig, mit farblosem Protoplasma und einem grossen glänzenden, dem Vegetationskörper entsprechend gefärbten Fetttropfen, eine lange Cilie, einzeln und fertig austretend. Bewegungen zickzackförmig, hüpfend. Dauersporen kugelig oder ellipsoidisch, zuweilen unregelmässiger gestaltet, mit verschieden gefärbtem Inhalt und zweischichtiger Membran, einem dünnen, farblosen Endospor, einem dicken, meist braunen Exospor, Oberfläche glatt oder warzig oder mit leistenartigen Verdickungen. Bei der Keimung entstehen entweder sogleich Schwärmer oder der Inhalt tritt ungetheilt hervor und zerfällt entweder in Zoosporen oder zunächst in einen Sporangiensorus, der dann Schwärmer bildet, von derselben Structur wie oben beschrieben. Sexualität fehlt.

Parasiten vorwiegend der Epidermiszellen von Landpflanzen, die Nährzelle stark auftreibend und meist zugleich Wucherungen des benachbarten Gewebes herbeiführend, so dass flache, scheibenartige oder schwach gewölbte, am Scheitel vertiefte, verschieden gefärbte Wärzchen entstehen. Sporangiensori und Dauersporen meist einzeln in den Nährzellen, oft von den Inhaltsresten derselben eingehüllt.

Die artenreiche Gattung zerfällt nach Schröter (Cohn's Beiträge zur Biologie 1870, I.) und de Bary (Morphologie etc. der Pilze p. 180) folgendermassen:

1. Untergattung: Eusynchytrium Schröter.
Sporangiensori und Dauersporen vorhanden.
2. Untergattung: Pycnochytrium de Bary.
Sporangiensori fehlen, Dauersporen werden allein gebildet.
a. *Chrysochytrium* Schröter.
Inhalt rothgelb oder gelb.
b. *Leucochytrium* Schröter.
Inhalt weiss.

Nach der Beschaffenheit der Warzen sind einfache und zusammengesetzte Synchytrien zu unterscheiden, bei den ersteren besteht die Warze allein aus der zur Nährzelle erweiterten Epidermiszelle, bei den letzteren entwickelt sich um die Nährzelle noch cine becherförmige Hülle, die aus mehreren Schichten von Zellen (Wucherungen der benachbarten Epidermis) besteht.

Bestimmungstabelle.

1. Sporangiensori und Dauersporen vorhanden, oft nebeneinander auf derselben Pflanze . . . . **Eusynchytrium.**
  a. Sporangiensori allein in den Nährzellen.
    α. Sorussporangien auf der Nährpflanze fest zum Sorus verbunden, in Membran eingeschlossen *S. Taraxaci.*
    β. Sorussporangien auf der Nährpflanze sich isolirend, ein Uredo-ähnliches Pulver bildend . . . *S. fulgens*[1].
  b. Sporangiensori von einer entleerten Zellhaut begleitet, aus welcher sie ausgeschlüpft sind.
    α. Entleerte Zellhaut über dem Sorus, Dauersporen nur in den Nährzellen der Warzen . . . *S. Stellariae.*
    β. Entleerte Zellhaut unter dem Sorus, Dauersporen zahlreich in den Zellen der Warzenhülle . *S. Succisae.*
2. Sporangiensori fehlen, Dauersporen allein vorhanden **Pycnochytrium.**
  I. Inhalt rothgelb oder gelb . . . . . *Chrysochytrium.*
    a. Warzen einfach, allein aus der zur Nährzelle aufgeschwollenen Epidermiszelle bestehend (Simplicia).
      aa. Dauersporen kugelig, meist einzeln.
        α. Dauersporen gross, 70—130 *μ* Durchmesser, im unteren Theile der Nährzellen liegend.
          αα. Nährzellen mit farblosem Saft
            S. Myosotidis.
          ββ. Nährzellen mit rothem Saft *S. cupulatum.*
        β. Dauersporen klein, 7—20 *μ* Durchmesser
            S. punctum.
      bb. Dauersporen elliptisch, einzeln oder oft zu mehreren: 50—110 *μ* breit, 150–200 *μ* lang . *S. lactum.*
    b. Warzen zusammengesetzt, aus der zur Nährzelle aufgeschwollenen Epidermiszelle und einer vom benachbarten Gewebe gebildeten becherförmigen Hülle bestehend (Composita).
      α. Warzen kahl . . . . . *S. aureum.*
      β. Warzen mit Haarbüschel *S. pilificum.*

[1]) Man vergleiche auch hier Synchytrium Trifolii.

I. Eusynchytrium.

Sporangiensori und Dauersporen vorhanden. oft nebeneinander auf derselben Pflanze.

32. S. Taraxaci de Bary und Woronin, 1863 (l. c. p. 25).

Exsicc.: Fuckel. Fungi rhen. 2103. Krieger, Fungi sax. 392, Kunze. Fungi sel. exs. 316, Linhart, Fungi hung. exs. 92, Rabh., Algen Eur. 1579. Rabh., Fungi europ. 698. 2680, Schneider, Herb. schles. Pilze 201, 316. Abbild.: de Bary u. Woronin, l. c. Taf. I, 1—18, II, 1—7.

Warzen orangeroth, länglich-rund, die grössten 0,25—0.5 mm Durchmesser. die kleinsten punktförmig, mit blossem Auge kaum unterscheidbar. Warze zusammengesetzt, besteht aus einer im Centrum liegenden, erweiterten Epidermiszelle des Wirthes, die wenig über die Oberfläche hervorragt und zumeist nach dem Blattinnern zu vergrössert ist. das umgebende Mesophyll zusammendrückend; der schwach verdickte Scheitel der Warze nur von der

Wand der erweiterten Epidermiszelle bedeckt, der übrige Theil von emporgewölbten, benachbarten Epidermiszellen überwachsen. Sporangiensorus einzeln in der aufgetriebenen Epidermiszelle. diese ganz erfüllend, kugelig oder elliptisch, bis 60 μ breit, 100 μ lang, aus 20—50, meist 15—20 einzelnen Sporangien bestehend. Sorussporangien sehr ungleich, meist unregelmässig polyedrisch, 30 bis 60 μ Durchmesser, scharf- oder stumpfkantig, mit dicker, farbloser Membran und lebhaft orangerothem Inhalt; Entleerung durch Aufquellen einer Membranecke. Schwärmsporen kugelig, 3 μ Durchmesser mit farblosem Protoplasma und einer excentrischen, orangenen Fettkugel und einer (nicht selten zwei) Cilie; Bewegungen unregelmässig. Dauersporen in winzigen, gelblichen Wärzchen, einzeln in erweiterten Epidermiszellen, diese nicht ausfüllend: kugelig, 30—60 μ Durchmesser, mit farblosem Endospor und hellgraubraunem, glatten Exospor, Inhalt farblos. Bei der Keimung nimmt derselbe rothe Farbe an und zerfällt in Schwärmsporen, welche fertig aus der sich öffnenden Membran hervortreten. — Fig. 8 c.

Auf Blättern, Blüthenstielen und Hüllblättern von Taraxacum officinale, vom ersten Frühling bis Herbst. aber nur an feuchten Standorten; auch auf Crepis biennis und Cirsium palustre.

Die Wärzchen stehen bald einzeln zerstreut über die Oberfläche ohne sichtbare Veränderungen der Organe zu veranlassen, bald sind sie dicht gehäuft und rufen Verunstaltungen, Krümmungen und Kräuselungen der schmäler werdenden Blätter hervor. Die Dauersporen vertragen sicher zwei Monate langes Austrocknen. Synchytrium sanguineum Schröter, 1876 (Hedwigia XV. p. 134) bildet blutrothe Krusten auf den Wurzelblättern von Cirsium palustre und ist wohl, wie auch Schröter später (Kryptfl. III. 1, p. 189) selbst zugiebt, die obige Species.

33. S. fulgens Schröter, 1873 (Hedwigia XII. p. 141).

Exsicc.: Rabh., Fungi europ. 1656, 3173.

Warzen sehr klein, orangeroth, oft dicht gehäuft. zusammengesetzt, vom gleichen Baue wie bei der vorigen Species. Sporangiensorus einzeln in den Epidermiszellen, diese ganz erfüllend, kugelig oder elliptisch, 60—100 μ Durchmesser, aus 10—50 Sporangien bestehend. Sorussporangien polyedrisch, ungleich, 24—33 μ Durchmesser, mit dicker, farbloser, glatter Membran und lebhaft orangerothem Inhalt. Die einzelnen Sporangien lösen sich schon auf der Wirthspflanze leicht von einander und aus ihren Umhüllungen und liegen dann wie lose Uredosporen auf der Blattfläche. Schwärmsporen kugelig, 3.3 μ Durchmesser, mit einer

langen Cilie, farblosem Inhalt und einem orangerothen Oeltropfen.
Dauersporen einzeln, seltener paarweise in den Nährzellen, meist
kugelig, 66—82 μ Durchmesser, mit dünnerem, farblosen Endospor,
dickem, glatten, braunen Exospor und farblosem Inhalt. Keimung
nicht beobachtet.

Auf den Blättern von Oenothera biennis, Juli-November; zuletzt an den kleinen Blättern der überwinternden Rosetten.

Steht nach Schröter (l. c.) dem S. Taraxaci sehr nahe, ist aber nicht auf
Taraxacum übertragbar.

Sehr beachtenswerth ist die Thatsache, dass die einzelnen Sorussporangien
schon auf der Wirthspflanze sich isoliren und als loses Pulver, einem Uredo ähnlich,
die Wärzchen bedecken. Es liegt hier ein weiteres Beispiel der bei allen Siphomyceten verbreiteten Erscheinung vor, dass die Sporangien in Conidien übergehen.

34. S. Trifolii Passerini, 1877 (Rabh., Fungi europ. 2419).

Synon.: Olpidium Trifolii Schröter, 1889 (Kryptfl. v. Schles. III. 1
p. 181).

Exsicc.: Rabh., Fungi europ. 2419.

Warzen auf Ober- und Unterseite des Blattes, anfangs geschlossen, später offen und die isolirten Sporen ähnlich wie bei
Uredo zeigend. Geschlossene Warzen rund oder elliptisch, 0,25 bis
0,5 mm, wenig hervorragend, von der Epidermis überzogen, eine
hypodermale Zelle zur Nährzelle bis auf 0,5 mm erweitert, das benachbarte Gewebe zusammengedrückt. Dauersporen kugelig oder
schwach kugelig-eckig, meist in grosser Zahl (20 und mehr) in
einer Nährzelle, 40—50 μ Durchmesser, mit dünnem, farblosen
Endospor und dickem, glatten, gelbbraunen Exospor; Inhalt farblos.
Keimung unbekannt.

Auf Trifolium repens. Mai-October.

Die obige Diagnose habe ich nach Passerini's Original in Rabh., Fungi europ.
2419 entworfen, sie stimmt auch mit der kurzen Beschreibung Passerini's überein.
Schröter beschreibt (Kryptfl. III. 1, p. 181) ausserdem noch kugelige oder
elliptische Schwärmsporangien, die einzeln oder zu mehreren (bis 20) reihenweise
in einer Nährzelle liegen und mit einem kurzen Schlauche nach aussen hervortreten. Ich habe diese Bildungen nicht finden können, zweifle aber keineswegs an
der Richtigkeit der Schröter'schen Beobachtung. Dieselbe rechtfertigt aber noch
nicht die Versetzung der Species in die Gattung Olpidium, denn der ganze Habitus
der Wärzchen und Dauersporenhaufen deutet vielmehr auf Synchytrium hin. Wie
bei S. fulgens die Sorussporangien sich schon auf der Wirthspflanze zu loserem
Pulver isoliren, so auch hier die von Schröter beobachteten Schwärmsporangien.
Aber es ist hier noch ein weiterer Schritt gemacht worden; die einzelne Dauerspore geht nicht aus dem ganzen, in anderen Fällen einen Sorus liefernden Vegetationskörper hervor, wie bei den übrigen Synchytrien, sondern derselbe zerfällt

4 *

zunächst in Sporangienportionen, die dann zu Dauersporangien sich umbilden. Die Dauersporen sind also hier umgewandelte und später aus ihrem Verband gelöste Sorussporangien, den Cystosporangien von Woronina vergleichbar. Ob die gegebene Deutung berechtigt ist, werden weitere Untersuchungen des mangelhaft bekannten Pilzes zu zeigen haben.

35. S. Stellariae Fuckel. 1869 (Symb. Mycol.).

Synon.: Uredo pustulata Fuckel, Fungi rhen. 409.
(Podocystis pustulata var. Stellariae Cesati in Rabh., Herb. myc. ed. II.
689 gehört nicht hierher).
Exsicc.: Fuckel, Fungi rhen. 409. Rabh., Fungi europ. 1372, 1375,
Schneider, Herb. schles. Pilze 317.
Abbild.: Schröter in Cohn, Beitr. z. Biol. I. Taf. III, 1—6.

Warzen lebhaft gelbroth, entweder einzeln oder zu braunen Krusten gehäuft, länglich-halbkugelig, deutlich über die Blattfläche hervorragend, zusammengesetzt, am Scheitel eingesenkt, kraterförmig: im Centrum liegt die zur Nährzelle erweiterte Epidermiszelle, deren Wandung den eingedrückten Scheitel der Warze bildet, umgeben ist dieselbe von einer kräftigen Wucherung der benachbarten Epidermiszellen, welche eine becherartige, 2—3 Zellschichten dicke Hülle um die Nährzelle bilden. Sporangiensorus einzeln in der unteren Hälfte der Nährzelle, kugelig, 80—150 μ Durchmesser: über dem Sorus, in der oberen Hälfte der Nährzelle, eine entleerte, kugelige Zellhaut, aus welcher der Sorus hervorgeschlüpft ist. Sorussporangien höchstens 30, auch nur 8—10 pro Sorus, von wechselnder Gestalt und Grösse, mit dicker, glatter, farbloser Membran und orangerothem Inhalt. Schwärmsporen kugelig, circa 3 μ Durchmesser, eincilig, mit farblosem Inhalt und rothem Fetttropfen. Dauersporen einzeln oder zu 2—3 in stark erweiterten Epidermiszellen, ebenfalls in zusammengesetzten Warzen, kugelig, 57—150 μ Durchmesser, mit farblosem, dünnen Endospor. dickem, braunen, glatten Exospor und farblosem Inhalt, meist eingehüllt in krümelige, rothbraune Massen des eingetrockneten Inhalts der Nährzelle: deshalb die ganze Dauerspore dunkelbraun, fast undurchsichtig. Keimung unbekannt. — Fig. 8 d.

Auf Stellaria media und nemorum (in Blättern, Stengeln. Blüthenstielen, Kelchblättern); Juni-October.

Diese Species bildet mit der folgenden eine interessante Uebergangsstufe zu den Pycnochytrien, wie aus Folgendem hervorgehen mag. Die eingedrungene Schwärmspore liefert bei den echten Eusynchytrien einen Vegetationskörper, der sich mit Membran umgiebt und direct zum Sorus wird, bei S. Stellariae und Succisae aber erfolgt nach der Membranbildung eine Ausstossung des gesammten Inhaltes, der nun erst, bei S. Stellariae im unteren, bei S. Succisae im oberen Theil der Nährzelle zum Sorus wird. Der Uebergang zu den echten Pycnochytrien würde nun darin bestehen, dass auf der Wirthspflanze nur noch die Membranbildung erfolgt und dass auf diese Weise der Vegetationskörper zur einzelligen Dauerspore wird. Diese liefert erst bei ihrer Keimung (S. Mercurialis), ausserhalb der Wirthspflanze, den Sorus, der bei S. Stellariae und Succisae noch auf derselben entsteht.

36. S. Succisae de Bary und Woronin, 1863 (l. c. p. 25).

Exsicc.: Rabh., Fungi europ. 1657.

Abbild.: Schröter in Cohn, Beitr. z. Biol. I. Taf. II, 1—13.

Warzen perlenartig, gelblich, einzeln oder gehäuft und in braune Krusten zusammenfliessend; rundlich, bis 1 mm hoch über die Blattoberfläche hervorragend, zusammengesetzt, wie bei der vorigen Species, Hülle kräftiger entwickelt. Sporangiensori kugelig, einzeln in der oberen Hälfte der stark erweiterten Nährzellen, 100—170 μ Durchmesser; unter dem Sorus eine kugelige, entleerte, faltige Zellhaut von der Grösse des Sorus, der aus ihr hervorgeschlüpft ist. Sorussporangien 100—150 pro Sorus, von sehr wechselnder Gestalt und Grösse, wie bei S. Taraxaci, durchschnittlicher Durchmesser 25 μ, mit dicker, farbloser Membran und mennigrothem, feinkörnigen Inhalt. Schwärmsporen rundlich, 2—3 μ Durchmesser, eine Cilie, Inhalt farblos, mit rothem Fetttropfen. Dauersporen entweder in vereinzelten, nicht merklich erweiterten Epidermiszellen oder, am häufigsten, in den die Hülle der Soruswarzen bildenden Epidermiszellen, selten einzeln, meist zu mehreren gehäuft in den einzelnen Zellen, bis 120 Sporen in einer Warze beobachtet. Dauersporen kugelig oder kurz ellipsoidisch, 50—80 μ Durchmesser, mit farblosem Endospor, dickem, glatten, braunen, brüchigen Exospor und hellorangenen Inhalt. Keimung unbekannt.

Auf Succisa pratensis, Juni-October; in Blättern, Stengeln, Blüthenhülle, Deckblättern und Blumenkrone, besonders reichlich auf der Unterseite der Wurzelblätter und an der Stengelbasis.

Man vergleiche die Anmerkung zur vorigen Species. Beachtenswerth ist, dass die Sorussporangien zumeist auf der Wirthspflanze sich öffnen und dass ihre Schwärmsporen direct in die Zellen der Warzenhülle eindringen, hier zu den kleinen Dauersporen sich umbildend. Diese erscheinen nach Schröter von August ab.

II. Pycnochytrium.

Sporangiensori fehlen, Dauersporen allein vorhanden.

1. *Chrysochytrium.*

Inhalt rothgelb oder gelb.

a. Simplicia. Warzen einfach, allein von der zur Nährzelle aufgeschwollenen Epidermiszelle gebildet.

37. S. Myosotidis Kühn, 1868 (Rabh., Fungi europ. 1177
Hedwigia VII. p. 121).

Exsicc.: Rabh., Fungi europ. 1177, 1374, Schneider, Herb. schles.
Pilze 105, 203, 204.
Abbild.: Schröter in Cohn, Beitr. z. Biol. I. Taf. III. 7.

Warzen unreif kleine, gelbrothe Knötchen bildend, welche oft
zu rothbraunen Krusten zusammenfliessen, reif schwarzbraune, kleine
Körnchen, einfach, nur aus der zur Nährzelle erweiterten Epidermiszelle bestehend, Nachbarschaft unbeeinflusst bleibend; Nährzelle
langblasig-kugelig oder keulig, 120—130 µ breit, 190 µ hoch, im
unteren Theile die Dauerspore bergend, Saft farblos. Dauersporen
einzeln, seltener zu 2 und 3, kugelig, selten gedrückt-elliptisch,
70—130 µ breit, die Nährzelle in der Breite meist ganz erfüllend,
glänzend kastanienbraun, mit vertrocknetem Inhalt der Nährzelle
bedeckt, mit dunkelbraunem Exospor und rothgelbem Inhalt. Keimung unbekannt. — Fig. 8 a.

Auf Borragineen, Myosotis stricta und Lithospermum arvense;
Mai-Juli.

38. S. cupulatum Thomas, 1887 (Bot. Centralbl. XXIX. p. 19).

Synon.: Synchytrium Myosotidis Kühn var. Potentillae Schröter, 1870
(Cohn, Beitr. z. Biol. I. p. 45).
Synchytrium Myosotidis var. Dryadis Thomas, 1880 (Bot. Centralbl. p. 763).
Exsicc.: Rabh., Fungi europ. 1457.

Warzen kugelig oder länglich-sackartig, später napfartig
zusammengesunken, carminroth bis schwärzlich, einfach, allein aus
der Nährzelle gebildet, diese 140—250 µ Durchmesser, etwas höher
als breit, mit carminrothem Saft erfüllt, im unteren Theile die
Dauerspore enthaltend. Dauersporen einzeln, selten paarweise in
den Nährzellen, kugelrund oder schwach abgeplattet-ellipsoidisch,
80—130 µ Durchmesser, mit dickem, glatten, braunen Exospor,
Inhalt gelbroth. Keimung unbekannt.

Auf Rosaceen, Potentilla argentea und Dryas octopetala (Schweiz und Tirol).

Wie die citirten Synonyme zeigen, wurde diese Species als Varietät der vorigen betrachtet, die Aehnlichkeit ist auch bis auf den rothen Saft der Nährzelle eine vollkommene, Infectionsversuche fehlen; jedenfalls ist von diesen ein sicherer Aufschluss über den Werth dieser Species zu erwarten. Der auf Potentilla reptans als S. globosum herausgegebene Pilz (Rabh., Fungi curop. 1749) gehört entschieden nicht hierher, denn diese Form erzeugt zusammengesetzte Warzen, was doch wohl allein schon einen specifischen Unterschied liefert. Auch ist S. globosum ein Leucochytrium.

39. S. punctum Sorokin, 1877 (Hedwigia XVI. p. 113).

Warzen klein, körnerförmig, anfangs rothbraun, später schwärzlich, einfach, aus der kugelig-blasig aufgetriebenen Epidermiszelle bestehend. Dauersporen meist einzeln, seltener zu zwei in den Nährzellen, kugelig, mit braunem, etwas unebenen, dicken Exospor und gelbem Inhalt, 7—20 μ Durchmesser. Keimung unbekannt.

Auf Plantago lanceolata und media.

Diese Form ist bisher nur vom Kaban-See (Sorokin) bekannt, dürfte aber wohl auch im Gebiet vorkommen. Das von Saccardo (Michelia I. p. 234, 1878) beschriebene S. plantagineum gehört wohl zu S. aureum.

40. S. lactum Schröter, 1870 (Cohn's Beitr. z. Biol. I. p. 30).

Exsicc.: Krieger, Fungi sax. 390, Schneider, Herb. schles. Pilze 202. Abbild.: Schröter, l. c. Taf. I, 8.

Warzen sehr klein, punktförmig, schwefelgelb, wenig hervorspringend, einfach, aus einer bauchig aufgetriebenen, farblosen Epidermiszelle bestehend. Dauersporen einzeln oder zu mehreren (selten über 3) in den Nährzellen, elliptisch, an den Berührungsstellen abgeplattet, 50—110 μ breit, 150—200 μ lang, mit dickem, braunen, glatten Exospor und anfangs orangerothem, später goldgelbem Inhalt. Keimung unbekannt.

Auf Blättern, Blüthenstielen und Perianthblättern verschiedener Gagea-Arten (G. arvensis, lutea, minima, pratensis); März-Juli.

Das von Rabh., Fungi curop. 1655 herausgegebene Material entspricht besser dem ebenfalls auf Gagea vorkommenden S. punctatum Schröter; bei der grossen Aehnlichkeit beider Formen sind sorgfältige Untersuchungen erwünscht.

b. Composita. Warzen zusammengesetzt, aus der zur Nährzelle aufgeschwollenen Epidermiszelle und einer vom benachbarten Gewebe gebildeten becherförmigen, mehrschichtigen Hülle bestehend.

41. **S. aureum** Schröter. 1870 (Cohn's Beitr. z. Biol. I. p. 36).

Exsicc.: Krieger, Fungi saxon. 500, Kunze, Fungi sel. exs. 56, 317, Rabh., Fungi europ. 1458, 1460, 1461, 1568, 1569, 1751, 1752, Schneider, Herb. schles. Pilze 107, 200—224, 318—334, 401—406, 451—453, 551 552.

Abbild.: Schröter, l. c. Taf. III, 8—12.

Warzen lebhaft goldgelb, knötchenförmig, halbkugelig oder kurz cylindrisch, am Scheitel kraterförmig eingesenkt, einzeln oder zu Krusten zusammenfliessend, zusammengesetzt. Dauersporen meist einzeln in den farblosen Nährzellen, diese ganz ausfüllend, kugelig, sehr gross, 80—260 μ Durchmesser, meist 160—180 μ, mit glänzend kastanienbraunem, durchaus glatten, dicken Exospor und lebhaft goldgelbem Inhalt, meist eingehüllt in dunkelbraune Inhaltsreste der Nährzelle. Die keimende Dauerspore stösst ihren noch ungetheilten Inhalt in Form einer membranumgebenen Kugel aus, welche in eine grosse Zahl (150—200) Sporangien zerfällt und einen Sorus bildet. Schwärmsporenbildung in diesen Sorussporangien noch nicht beobachtet.

An Stengeln und Blättern von sehr verschiedenen Pflanzen, Mai-October; am häufigsten auf Lysimachia Nummularia; auf Monocotylen noch nicht gefunden.

Schröter (Kryptfl. III. 1. p. 187) giebt folgende Liste der bisher in Schlesien beobachteten Nährpflanzen:

1. Salicaceen: Populus alba; 2. Cupuliferen: Betula alba; 3. Ulmaceen: Ulmus campestris; 4. Urticaceen: Humulus Lupulus, Urtica urens; 5. Polygoneen: Polygonum lapathifolium, dumetorum; 6. Chenopodiaceen: Chenopodium album, polyspermum, Atriplex hastatum; 7. Caryophylleen: Coronaria flos cuculi, Moehringia trinervia, Malachium aquaticum, Cerastium triviale; 8. Ranunculaceen: Ranunculus acer, repens, Caltha palustris, Thalictrum angustifolium; 9. Cruciferen: Cardamine amara, pratensis; 10. Violaceen: Viola canina, hirta, silvestris, tricolor; 11. Hypericaceen: Hypericum perforatum; 12. Oxalideen: Oxalis stricta; 13. Polygalaceen: Polygala vulgaris; 14. Rhamnaceen: Rhamnus Frangula; 15. Umbelliferen: Aegopodium Podagraria, Angelica silvestris, Carum Carvi, Cnidium venosum, Daucus Carota, Heracleum Sphondylium, Hydrocotyle vulgaris, Oenanthe Phellandrium, Silaus pratensis; 16. Cornaceen: Cornus sanguinea; 17. Onagraceen: Epilobium adnatum, hirsutum, montanum, palustre; 18. Rosaceen: Agrimonia odorata, Geum urbanum, Rubus

caesius, Sanguisorba officinalis, Ulmaria Filipendula, pentapetala;
19. Papiloniaceen: Genista tinctoria, Lotus corniculatus, Trifolium
minus, pratense; 20. Primulaceen: Lysimachia Nummularia, thyrsi-
flora, vulgaris. Primula officinalis; 21. Oleaceen: Fraxinus excelsior;
22. Asperifoliaceen: Myosotis hispida; 23. Solanaceen: Solanum
Dulcamara; 24. Scrophulariaceen: Euphrasia officinalis, Linaria
vulgaris, Pedicularis silvatica. Scrophularia nodosa; 25. Labiaten:
Ajuga reptans, Betonica officinalis, Brunella vulgaris, Calamintha
Clinopodium, Galeopsis Tetrahit, Glechoma hederacea, Mentha
aquatica, Scutellaria galericulata, Thymus Chamaedrys; 26. Plantagineen: Plantago lanceolata. major; 27. Campanulaceen: Campanula patula, rotundifolia; 28. Compositen: Bellis perennis, Bidens
tripartitus, Chrysanthemum Leucanthemum, Erigeron canadensis,
Hieracium Pilosella, Lappa officinalis, Leontodon hispidus, Senecio
vulgaris. Hierzu kommen noch aus anderen Theilen des Gebietes:
Potentilla reptans, Hippocrepis comosa, Brunella grandiflora.
29. Valerianaceen: Valeriana dioeca.

Die Species ist also bisher auf 88 Pflanzen aus 29 dicotylen
Familien beobachtet worden, sie ist die verbreitetste der ganzen
Gattung Synchytrium.

Die von Saccardo (Michelia I. p. 234, 1878) als S. plantagineum beschriebene Form gehört wohl, soweit dies aus der Beschreibung ersichtlich, hierher,
während Sorokin's S. punctum durch die einfachen Warzen und die sehr kleinen
Dauersporen als besondere Species sich abhebt. Das Synchytrium Urticae
Sorokin's (Bot. Zeit. 1872, p. 395) dürfte wohl auch nur ein Synonym für S. aureum
sein. Die mit Abbildungen versehene Beschreibung in den Arbeiten der dritten
Versammlung russischer Naturforscher zu Kiew 1873 konnte nicht eingesehen werden.

42. S. pilificum Thomas, 1883 (Ber. d. deutsch. bot. Ges. I.
p. 494).

Warzen halbkugelig, hervortretend. 340—390 μ breit, 110 bis
270 μ hoch, an der Basis kahl, gelblichgrün oder rothviolett, am
Scheitel mit einem zierlichen, hellgelblichen, strahlenförmigen Haar-
büschel aus 20—35 einzelligen Haaren besetzt, einzeln oder zusammenfliessend, zusammengesetzt, milbenzellen-ähnlich. Dauersporen einzeln, kugelig oder kurz elliptisch, 80—130 μ breit, 126
bis 140 μ lang, mit kastanienbraunem, glatten Exospor und rothgelbem Inhalt. Keimung unbekannt.

Auf Potentilla Tormentilla, besonders häufig an den Blättern,
aber auch an Stengeln, Blüthenstielen, Kelch- und Blumenblättern.
Juni-September.

Diese Form zeichnet sich durch die abweichende, an Milbengallen erinnernde Structur der Warze aus, sie ist das erste Beispiel dafür, dass Haarwucherungen durch Synchytrien hervorgerufen werden. Nach Thomas (l. c.) wurde diese Form als ein eigenartiges Phytoptocecidium gedeutet. Weitere Untersuchung ist erwünscht.

2. *Leucochytrium.*

Inhalt farblos.

a. Simplicia. Warzen einfach, allein von der zur Nährzelle erweiterten Epidermiszelle gebildet.

43. S. punctatum Schröter, 1870 (Cohn, Beitr. z. Biol. I. p. 33).

Abbild.: Schröter, l. c. Taf. I, 9.

Warzen sehr klein, punktförmig, gelblich, wenig hervorspringend, einfach, aus einer spindelförmigen, bauchig aufgetriebenen, mit farblosem Saft erfüllten Epidermiszelle bestehend. Dauersporen kugelig oder kugelig-elliptisch, einzeln oder zu mehreren, selbst bis 10 in einer Nährzelle und dann durch gegenseitigen Druck abgeplattet, verschieden gross, die kleineren 35—70 μ lang, 25—60 μ breit, die grössten 150 μ lang, 100 μ breit, mit lebhaft braunem, schwach wellig unebenen oder warzig-punktirten Exospor und farblosem Inhalt. Keimung unbekannt.

An den Blättern von Gagea pratensis. Mai, Juni.

Der als S. lactum in Rabh., Fungi europ. 1655 herausgegebene Pilz dürfte hierher gehören.

44. S. rubrocinctum Magnus, 1874 (Sitzungsb. d. naturf. Freunde z. Berlin 1874, auch Hedwigia 1874, XIII. p. 107).

Synon.: Synchytrium aureum Schröter f. Saxifragae Schneider in Rabh., Fungi europ. 1459.

Exsicc.: Rabh., Fungi europ. 1459.

Warzen niedrig, sehr klein, punktförmig, intensiv carminroth, einfach; die zur Nährzelle werdende, mit rothem Saft erfüllte Epidermiszelle wölbt sich kaum über die Oberfläche hervor, erweitert sich aber bedeutend nach dem Innern der befallenen Organe, cystolithenähnlich, 105—230 μ Durchmesser. Dauersporen einzeln, die Nährzelle ganz erfüllend oder viel kleiner als diese, kugelig, 80 bis 130 μ Durchmesser, mit hellgrauem, etwas uneben-rauhen Exospor und farblosem Inhalt, von Inhaltsresten der Nährzelle umhüllt. Bei der Keimung tritt das Protoplasma aus der Dauerspore hervor und zerfällt in einen Sporangiensorus.

Auf Saxifraga granulata. Mai.

45. **S. alpinum** Thomas, 1889 (Ber. d. deutsch. bot. Ges. VII. p. 255).

Warzen flach, wenig hervorgewölbt, einzeln oder zu bräunlichen Krusten verschmelzend, einfach. Dauersporen einzeln oder zu 2—4 in einer farblosen Nährzelle, sehr variabel in der Form, meist ellipsoidisch, auch kugelig, eiförmig oder spindelförmig, durch gegenseitigen Druck abgeplattet, durchschnittlich 90—140 μ lang, 67—83 μ dick, die kleinsten 48 μ lang, 38 μ dick, die grössten 192 μ lang, 100 μ dick; reif gelbbraun, mit dickem, hornigen, glatten Exospor und farblosem Inhalt, nicht von Inhaltsresten der Nährzelle umhüllt. Keimung unbekannt.

Auf Viola biflora in den Alpen, zwischen 1300—2025 m über dem Meere.

Versuche, den Pilz auf Adoxa zu übertragen, schlugen fehl, er ist deshalb von dem sehr ähnlichen S. anomalum sicher verschieden. Der von Winter in Kunze's Fungi selecti exs. als S. aureum herausgegebene Pilz auf Viola biflora (aus Graubünden) gehört wohl sicher auch hierher.

46. **S. anomalum** Schröter, 1870 (Cohn's Beitr. z. Biol. I. p. 15).

Exsicc.: Rabh., Fungi europ. 1373, Schneider, Herb. schles. Pilze 106, 231, 232.

Abbild.: Schröter, l. c. Taf. I, 5—7.

Warzen klein, farblosen Glasperlen ähnlich, vereinzelt an der ganzen Wirthspflanze, meist einfach, aber zuweilen auch zusammengesetzt. Dauersporen einzeln oder zu mehreren (2—8) in den farblosen Nährzellen, sehr ungleich in Form und Grösse, meist elliptisch, aber auch kugelig, langgestreckt-elliptisch, fast cylindrisch, auch bohnen- oder nierenförmig, besonders vielgestaltig, wenn mehrere in einer Zelle liegen und dann auch an den Berührungsstellen abgeplattet: die grösseren, einzeln vorkommenden, 100—200 μ lang, 40—120 μ breit, die kleineren, gehäuften, 13—50 μ Durchmesser. Exospor dick, glatt, hell bräunlichgelb, Endospor dünn, farblos. Inhalt farblos. Keimung unbekannt.

Auf verschiedenen Dicotyledonen, zuerst gefunden auf Adoxa Moschatellina, wo es am häufigsten vorkommt; ausserdem auf Ranunculus Ficaria, Isopyrum thalictroides, Rumex Acetosa. April-Juni.

Bemerkenswerth ist die Variabilität in der Warzenbildung, meist sind dieselben einfach, nicht selten aber auch zusammengesetzt durch Wucherung der die Nährzelle umgebenden Epidermiszellen; die so gebildeten Warzen sind aber niedrig, die Hülle ist schwach und erreicht niemals den Umfang wie bei S. Succisae und ähnlichen.

b. Composita. Warzen zusammengesetzt, aus der zur Nährzelle erweiterten Epidermiszelle und einer vom benachbarten Gewebe gebildeten becherförmigen, mehrschichtigen Hülle bestehend.

47. S. Anemones (de Bary und Woronin. 1863, l. c. p. 29) Woronin (Bot. Zeit. 1868, p. 100).

Synon.: Chytridium ? Anemones de Bary und Woronin, 1868, l. c.
Sphaeronema Anemones Libert in Libert, Plant. crypt. Ard. No. 167.
Urocystis Anemones, Jack, Leiner u. Stitzenberger, Krypt. Bad. No. 541.
Septoria Anemones Fries, Summa veg. Scand. p. 426, ebenso Fuckel,
    Fungi rhen. 518.
Sphaeria Anemones DC. Flore franç. VI. p. 143.
Exsicc.: Fuckel, Fungi rhen. 518, Krieger, Fungi saxon. 391. Kunze,
    Fungi sel. exs. 234, Rabh., Herb. myc. ed. I. 847, Rabh., Fungi europ.
    855. 1083. Schneider, Herb. schles. Pilze 101, 102.
Abbild.: de Bary u. Woronin, l. c. Taf. II, 8—10, Woronin, Bot.
    Zeit. 1868, Taf. III, 31—36.

Warzen klein, niedrig, halbkugelig, $\frac{1}{4}$—$\frac{1}{2}$ mm Durchmesser, schwärzlich-violett oder purpurschwarz, einzeln oder zu grösseren, unregelmässigen Flecken und Schwielen zusammenfliessend, zusammengesetzt, die um die Nährzelle gebildete Hülle aus Epidermiszellen nicht sehr kräftig, aber immer deutlich entwickelt, nur die Basis der Warze umfassend, Nährzelle mit carminrothem oder dunkelvioletten Saft erfüllt, mit stark verdickter, bis 12 μ dicker Wand, auf 200—300 μ Durchmesser erweitert. Dauersporen meist einzeln, kugelig, 125—170 μ Durchmesser, mit dickem, braunen, etwas warzigen Exospor und farblosen Inhalt: meist mit einer dicken, braunen, unregelmässigen Kruste von Inhaltsresten der Nährzelle, oft bis zur Unkenntlichkeit eingehüllt. Keimung unbekannt.

Auf Anemone nemorosa und ranunculoides, an Blättern, Stengeln, Blüthenstielen und Blumenblättern; April-Juni.

Ruft keine Wachsthumsanomalien der befallenen Organe hervor; oft gemeinschaftlich mit Urocystis pompholygodes oder Puccinia Anemones.

48. S. globosum Schröter, 1870 (Cohn's Beitr. z. Biol. I. p. 11).

Exsicc.: Rabh., Fungi europ. 1748, 1749, 1750, Schneider, Herb.
schles. Pilze 226—230, 407, 115, 454.
Abbild.: Schröter, l. c. Taf. I, 1—4.

Warzen perlenartig, kuglig, 250—350 μ Durchmesser, bräunlich, einzeln oder zu braunen Krusten zusammenfliessend, genabelt, reif geschrumpft, zusammengesetzt: Nährzelle 150—230 μ Durchmesser, mit farblosem Saft. Dauersporen meist einzeln, kugelig, zuweilen elliptisch, 100—170 μ Durchmesser, mit farblosem Inhalt und dickem, glatten, hellbraunen Exospor; eingehüllt meistens in eine dicke Kruste brauner Inhaltsreste der Nährzelle. Bei der Keimung tritt der zunächst ungetheilte Inhalt in eine kugelige Blase eingeschlossen hervor und zerfällt in eine grössere Zahl, bis 200, Sorussporangien, Durchmesser derselben 15—19 μ, rundlich-eckig, mit farblosem Inhalt.

Auf verschiedenen Pflanzen: Viola canina, persicifolia. stagnina. Riviniana, silvestris: Potentilla reptans: Galium Mollugo: Achillea Millefolium; Cirsium oleraceum; Sonchus asper: Myosotis palustris: Veronica Anagallis, Beccabunga, Chamaedrys, scutellata. Frühling-Herbst.

Bei dichter Stellung der Warzen sind die Blattrippen wulstig aufgetrieben, die Blattspreiten kraus oder eingerollt. Die auf Saxifraga granulata vorkommende, früher hierher gerechnete Form, ist von Magnus als eine besondere Species, S. rubrocinctum, erkannt worden.

Als S. viride hat Schneider 1871 (Herb. schles. Pilze 205) eine Form auf Lathyrus niger herausgegeben, welche nach Schröter (Kryptfl. III. 1, p. 185) wahrscheinlich hierher gehört. Schröter (l. c.) giebt folgende Diagnose: „Dauersporen kugelig, bis 180 μ Durchmesser. Exosporium hellbraun, glatt; Inhalt farblos. Inhalt der Nährzellen grün; Gallen warzenförmig, meist zu verbreiterten Krusten zusammenfliessend".

49. S. Mercurialis Fuckel, 1866 (Fungi rhen. 1607).

Synon.: Sphaeronema Mercurialis Libert, Exsicc. 264.

Exsicc.: Fuckel, Fungi rhen. 1607, Krieger, Fungi saxon. 98. Kunze, Fungi sel. exs. 57. Rabh., Fungi europ. 1176, Schneider, Herb. schles. Pilze 225, Thümen, Mycoth. univ. 615.

Abbild.: Woronin, Bot. Zeit. 1868, Taf. II, 1—17, III. 18—30.

Warzen jung hell, wachsartig, gestielt-becherförmig oder breit-halbkugelig. 0,25—0,5 mm Durchmesser, reif zusammengefallen, braun, einzeln oder krustenbildend, zusammengesetzt mit kräftig entwickelter, mehrschichtiger Hülle: Inhalt der Nährzelle farblos. Dauersporen einzeln, selten zu 2—3, sehr selten zu 4 in einer Nährzelle, kurz elliptisch, 70—110 μ breit, 100—170 μ lang, mit braunem, dicken, glatten oder Spiralleisten tragenden Exospor und farblosem Inhalt. Bei der Keimung tritt der noch ungetheilte Inhalt in eine kugelige Blase eingeschlossen hervor und zerklüftet sich in 80—90, selbst 120 Sorussporangien; diese sehr ungleich in Grösse und Form, meist rundlich-eckig, 17—30 μ Durchmesser, mit farblosem Inhalt und farbloser Membran. Schwärmsporen kugelig,

3—6 μ Durchmesser, eincilig, mit einem farblosen Fetttropfen. — Fig. 8 *b* und *c*.

Auf Blättern und Stengeln von Mercurialis perennis; Frühjahr-Herbst. Verursacht bei starker Invasion eine Kräuselung der an den befallenen Stellen grünlich-weissen oder bräunlichen Blätter.

Anhang.

1. Zweifelhafte und auszuschliessende Arten.

S. muscicola Reinsch, 1875 (Contributiones ad Algol. et Mycol. p. 97, Taf. VI, 1.

Bildet äusserlich ansitzende, nur zuweilen im Gewebe eingesenkte, einzellige, kugelige Organe, welche als Dauersporen gedeutet werden. Dauersporen 50—100 μ Durchmesser, mit stark gelbbraunem Inhalt und glatter Membran; sie entwickeln, noch vor der Oeffnung der Wand, 12—16 kugelig-eckige Zoosporangien von 13—18,5 μ Durchmesser und farblosem Inhalt. Zoosporen nicht beobachtet.

Auf Blättern und Stengeln einiger Laubmoose; Neckera complanata und Homalia trichomanoides.

Die obige Beschreibung ist nach den Angaben und Abbildungen bei Reinsch entworfen. Ueber den Werth der Species sei bemerkt, dass, falls überhaupt ein Pilz vorliegt, derselbe kein Synchytrium, sondern eher eine andere Chytridiacee ist, denn die Synchytrien sind entophytische Parasiten. Ich kann mich des Verdachtes nicht erwehren, dass hierbei eine Verwechselung mit Moosbrutknospen vorliegt.

S. pyriforme Reinsch, 1875 (l. c. p. 97, Taf. VI, 2).

Bildet wie die vorige, äusserlich aufsitzende, einzellige, birnförmige, sogenannte Dauersporen mit dichtkörnigem, dunkelbraunen Inhalt und dicker, mehrschichtiger Membran, 100—110 μ lang, 50—62 μ breit. Zoosporangien und Zoosporen nicht bekannt.

Auf Blättern von Anomodon viticulosus.

Noch mehr als bei der vorigen Art scheint mir bei dieser der Verdacht begründet, dass die beschriebenen Gebilde Brutknospen sind. Fig. 2 a Taf. VI bei Reinsch wird Jeder auf den ersten Blick für ein mit Brutknospen besetztes Moosblatt halten; auch die übrigen Bilder und die von Reinsch gegebene Beschreibung stehen einer solchen Auffassung nicht entgegen. Auf dem genannten Moose sind zwar derartige Brutknospen noch nicht in der Literatur beschrieben worden, ihr Vorkommen ist aber ganz wahrscheinlich.

S. dendriticum Fuckel, (1866) 1869 (Symb. myc. p. 74).

<small>Synon.: Chytridium dendriticum Fuckel, 1866, Fungi rhen. 1608.
Exsicc.: Fuckel, Fungi rhen. 1608.</small>

Warzen sehr klein, braun, bäumchenartig-gehäuft auf der Oberseite der Blätter; Sporangiensori einzeln, kugelig, grau; Schwärmsporen kugelig, klein, farblos.

Auf Dentaria bulbifera. Sommer.

<small>Die obige, nach Fuckel's Diagnose gegebene Beschreibung ist Alles, was ich
über diese Form zu bieten vermag. Das Fuckel'sche Material habe ich nicht
untersuchen können.</small>

S. Iridis Rabenhorst, 1871 (Hedwigia X. p. 18) bildet kleine
braune Pünktchen, die aber in dem von Haussknecht in Persien
gesammelten Material (Iris fumosa) noch nicht vollständig entwickelt
waren. Näheres nicht bekannt.

S. Bupleuri Kunze (Rabh., Fungi europ. 1658) ist nach Magnus
(Ber. d. naturf. Freunde, Berlin 1874 und Hedwigia XIII. p. 109)
gar kein Synchytrium, die schwarzen Wärzchen bestehen aus dicht
verflochtenen Mycelfäden. Eine erneute Untersuchung des Rabenhorst'schen Materials hat diese Angabe bestätigt.

S. Miescherianum Kühn, 1865 (Mittheil. d. landwirthsch. Inst.
Halle p. 68) in Schweinsmuskeln stellt die in ihrer Entwickelung
noch räthselhaften Miescher'schen oder Rainey'schen Schläuche dar,
deren systematische Stellung gleichfalls noch zweifelhaft ist. Während
Kühn sie zu Synchytrium bringt, halten die meisten Zoologen sie
für Protozoen aus der Verwandtschaft der Gregarinen. Dieser Ansicht möchte ich mich auch anschliessen; Ausführliches hierüber
findet man in Bütschli's Protozoen I. p. 604, Gattung Sarcosporidia.

2. Nichteuropäische Arten.

Der Vollständigkeit halber sei darauf hingewiesen, dass eine
Anzahl Synchytrien auf aussereuropäischen Pflanzen beschrieben
sind, deren Diagnosen man in Saccardo, Sylloge VII. 1 zusammengestellt findet. Es sind dies folgende:

S. pluriannulatum (Curtis) Farlow in Botanical Gazette X. auf
Sanicula marylandica und Menziesii in Nord-Amerika.

S. papillatum Farlow, 1878 (Bulletin of the Bussey Institut
p. 233) auf Erodium cicutarium aus Californien.

S. Holwayi Farlow (Bot. Gaz. X.) auf Monarda in Nord-Amerika.

S. innominatum Farlow (Bot. Gaz. 1875) auf Malacothrix in Nord-Amerika.

S. decipiens Farlow (Bot. Gaz. X.) auf Amphicarpaea monoica in Nord-Amerika.

S. bonaërense Spegazzini (Fungi Argent. IV. p. 37) auf Hydrocotyle bonaërense in Süd-Amerika. Gehört wohl zu S. aureum.

S. australe Spegazzini (l. c. p. 37) auf Modiola prostrata in Süd-Amerika.

S. Selaginellae und **S. Chrysoplenii** Sorokin (Arb. d. russisch. Naturforscher-Gesellsch. Kasan 1873). Weder bei Saccardo, noch in Just's Jahresbericht oder der Hedwigia sind die Diagnosen aufgeführt. Originalarbeit war unzugänglich.

S. Centranthi Rabenhorst, 1871 (Hedwigia X. p. 17) auf Centranthus elatus aus Persien.

IX. **Woronina** Cornu, 1872 (A. sc. nat. 5. Serie XV. p. 114).

Vegetationskörper anfangs verdeckt von dem Protoplasma der Nährpflanze, später als nackte Protoplasmamasse von verschiedener Gestalt erscheinend und durch von dem Wirth gebildete Querwände in ein Fach eingeschlossen. Der Vegetationskörper verwandelt sich später, ohne eine Membran abgeschieden zu haben, in toto in einen Sporangiensorus oder einen Dauerzustand. Cystosorus, aus je einer eingedrungenen Spore entsteht auch ein Sorus. Sporangiensorus besteht aus einer verschiedenen Zahl kugeliger oder ellipsoidischer Sporangien mit weisslichgrauem Inhalt und dünner, farbloser Membran. Jedes Sporangium treibt durch die Wand des Wirthes einen kurzen Schlauch und entleert hierdurch den gesammten Inhalt als Schwärmsporen. Schwärmer farblos, elliptisch, mit zwei Cilien, eine am Vorderende, eine an der Seite inserirt, mit ruhigen Bewegungen ohne Zickzacksprünge; einzeln und fertig hervortretend. Cystosorus grauschwärzlich, mit conisch zugespitzten Warzen auf der Oberfläche, besteht nur aus zusammengehäuften, eckigen Dauersporangien mit schwach grauem Inhalt und farbloser Membran; die Färbung des Cystosorus entsteht durch die dichte Aneinanderlagerung der vielen Sporangiencysten. Sexualität fehlt, der Cystosorus entsteht wie der Sporangiensorus durch Zerfall des ganzen Vegetationskörpers. Bei der Keimung des Cystosorus schwellen seine einzelnen Sporangiocysten auf und liefern Schwärmer, wie die gewöhnlichen Sporangien.

Fig. 9.

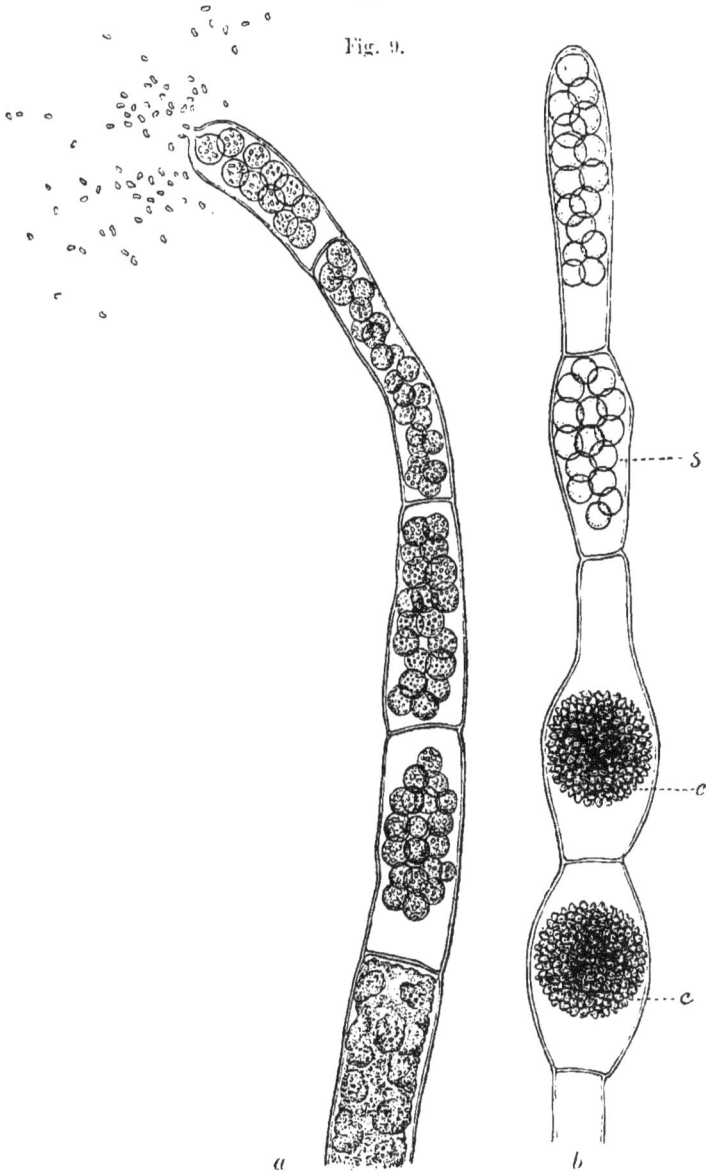

Woronina. -- W. polycystis. *a* Ein Schlauchende von Saprolegnia mit
5 Fächern, in jedem ein Sporangiensorus, der oberste sich entleerend (Vergr. 200.
nach Pringsheim). *b* In den beiden unteren Fächern je ein Cystosorus (*c*), in den
oberen ein Sporangiensorus (*s*) (Vergr. ca. 300, ergänzt nach Cornu).

Genauer bekannt ist nur Woronina polycystis in Saprolegnia, über deren eigenartige Entwickelungsgeschichte man meine Arbeit (Pringsheim's Jahrb. XIII.) vergleichen wolle.

50. W. polycystis Cornu, 1872, l. c. p. 176.

Abbild.: Pringsheim in Jahrb. f. wiss. Bot. II. Taf. XXIII, 1—5. Cornu, l. c. Taf. VII, 1—19, A. Fischer, Jahrb. f. wiss. Bot. XIII Taf. I, 6—8, II, 9—18.

Sporangiensori zu mehreren, oft viele hintereinander in keulig-cylindrisch aufgeschwollenen Saprolegniafäden, die einzelnen Sori durch Querwände von einander getrennt und in Sorusfächer eingeschlossen, mittlere Länge eines Sorusfaches 104 μ, Breite sehr verschieden, im Mittel 30 μ. Sporangien kugelig, ca. 14 μ Durchmesser, mit farbloser, glatter Membran, mit kurzer Papille nach aussen mündend, in sehr verschiedener Zahl zum Sorus vereinigt. Schwärmer länglich, zugespitzt, einseitig oft abgeflacht, zweicilig, 4 μ lang, 2 μ breit. Cystosori sehr verschieden in Gestalt und Grösse, je einer in einem Sorusfach und deren Gestalt entsprechend, meist breit-ellipsoidisch oder auch rundlich; Zahl der Cystosporangien sehr verschieden, ihr Durchmesser 4—5 μ. Bei der Keimung vergrössern sich die einzelnen Sporangien und liefern Zoosporen. — Fig. 9.

In Schläuchen von Saprolegnia-Arten (S. monoica, Thureti), nicht auf andere Saprolegnieen, besonders auch nicht auf Achlya übertragbar.

51. W. elegans (Perroncito, 1888, Centralbl. f. Bacteriol. IV. p. 295).

Synon.: Chytridium elegans Perroncito, l. c.

Sprangiensori kugelig oder sternförmig, 60—110 μ Durchmesser, rosigroth, einzeln, mit 8—20 Sporangien. Sporangien kugelig, ei- oder birnförmig, 20—30 μ Durchmesser, mit 5—100 μ langen, 3—4 μ dicken, die Cuticula des Wirthes durchbohrenden Entleerungshälsen. Schwärmer länglich, meist 2, selten 3—4 μ dick, 4—5 μ lang, mit 2 langen und sehr feinen Cilien, röthlich angehaucht, 30—50 Stück in einem Sporangium. Dauerzustände unbekannt.

In Philodina roseola (Rotatoriacee) in den Thermen von Vinardio und Valdieri.

Der vom Autor zur Gattung Chytridium gestellte Organismus scheint eine Woronina zu sein, freilich sind erst noch die Dauerzustände aufzufinden, um die systematische Stellung sicher bestimmen zu können.

Unvollständig bekannte Species.

W. glomerata (Cornu, 1872, l. c. p. 187).

Synon.: Chytridium glomeratum Cornu, 1872, l. c.
Abbild.: Cornu, l. c. Taf. VII, 20—22.

Zoosporangien und Schwärmer unbekannt. In einzelnen durch
Querwände abgeschiedenen Fächern der Vaucheria findet sich ein
Sorus locker bei einander liegender, kleiner Stachelkugeln, die wohl
als Dauersporen anzusehen sind. Ihre Keimung unbekannt.

In Vaucheria sessilis und terrestris.

Diese leider mangelhaft bekannte Form könnte eine Woronina sein, die keine
gewöhnlichen Sporangien mehr erzeugt und ihre Anlagen in Dauersporen umbildet;
es wäre aber auch möglich, dass die gewöhnlichen Sporangiensori noch gefunden
würden. Im ersteren Falle würde diese Form an die Untergattung Pycnochytrium
von Synchytrium erinnern.

X. **Rhizomyxa** Borzi, 1884 (Rhizomyxa, nuovo Ficomicete. Messina 1884).

Vegetationskörper anfangs verdeckt von dem Protoplasma
der Nährpflanze, aber sehr bald deutlich erkennbar als nackte, entweder die ganze Zelle erfüllende und ihrer Form sich anpassende,
oder kugelige oder ellipsoidische Protoplasmamasse; farblos, dicht,
vielkernig, zeitweise stark vacuolig; verwandelt sich holocarpisch
in einen Sporangiensorus oder in einen Cystosorus, wie bei Woronina.
Schwärmsporen kugelig, mit einer langen Cilie. Sexualität
nicht sicher bekannt.

Diese Gattung und ihre bisher einzige Species scheint mir nach meinen
Beobachtungen in der von Borzi gegebenen Umgrenzung mehrere verschiedene
Formen zu umfassen. Ich behalte sie aber bei, weil neue Untersuchungen über
die gewiss weit verbreiteten und formenreichen Wurzelparasiten aus der Reihe
der Chytridiaceen fehlen. Jedenfalls sind diese einem weiteren Studium besonders
zu empfehlen.

52. **Rh. hypogaea** Borzi, 1884, l. c.

Abbild.: Borzi, l. c. Taf. I u. II.

Sporangiensorus kugelig oder länglich-ellipsoidisch, mit
parenchymatisch gelagerten Sporangien oder in den Wurzelhaaren
langgestreckt einreihig, mit hintereinander liegenden Sporangien.
Sporangien klein, kugelig oder ellipsoidisch, meist 5—6 μ Durchmesser, mit kleiner Papille nach aussen mündend, liefern nur wenige,
1 oder 2, selten mehr Schwärmsporen. Schwärmsporen kugelig,
kurzschnäbelig, wenige μ im Durchmesser, mit einer 10—15 μ langen,

vorwärts gerichteten Cilie. Cystosori denen von Woronina ähnlich. Keimung unbekannt. — Fig. 10 *a*, *b*.

Parasitisch in den Rindenzellen junger Wurzeln und in Wurzelhaaren zahlreicher krautiger Pflanzen auf feuchten und sumpfigen Standorten.

Fig. 10.

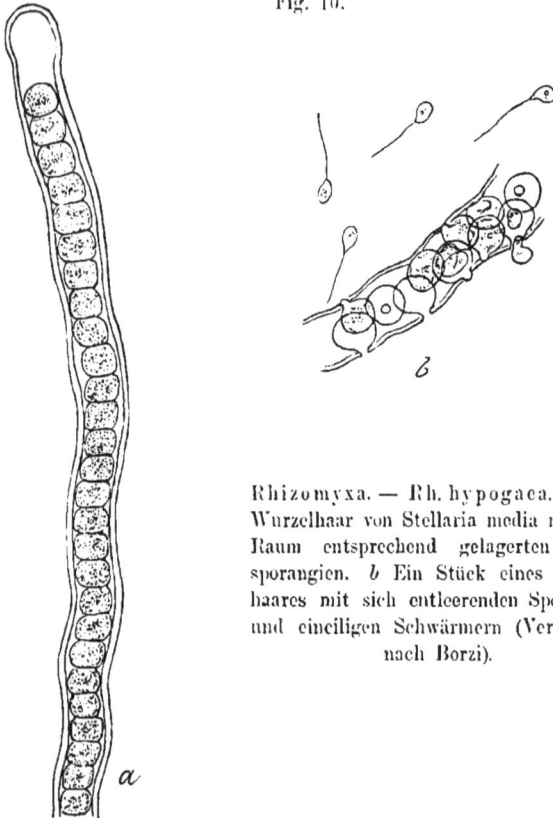

Rhizomyxa. — Rh. hypogaea. *a* Ein Wurzelhaar von Stellaria media mit dem Raum entsprechend gelagerten Sorussporangien. *b* Ein Stück eines Wurzelhaares mit sich entleerenden Sporangien und einciligen Schwärmern (Vergr. 300. nach Borzi).

Borzi zählt aus der Gegend von Messina folgende Wirthspflanzen auf: Agrostis alba, Aira Cupaniana, Briza maxima, Poa annua, Setaria glauca. — Chenopodium urbicum, Polycarpon tetraphyllum, Cerastium glomeratum, Stellaria media, Silene colorata, Capsella bursa pastoris. Biscutella lyrata, Delphinium longipes, Lotus ornithopodioides, Medicago tribuloides, Trifolium resupinatum, — Anagallis arvensis, Borrago officinalis, Linaria reflexa, Bartsia Trixago, Lamium amplexicaule, Fedia Cornucopiae, Campanula dichotoma, Calendula arvensis,

Erigeron canadensis. Zu diesen 25 Pflanzen kommen noch nach meinen orientirenden Untersuchungen hinzu: Triglochin palustre, Juncus Gerardi und Ranunculus sceleratus.

Der oder besser die hier als Rhizomyxa hypogaea zusammengefassten Wurzelparasiten scheinen allgemein verbreitet zu sein; sie rufen ausser gelegentlichen schwachen Anschwellungen der Wurzelhaare keine weiteren Verunstaltungen der Wurzeln hervor; sie sind monophag und zehren das ganze Plasma der befallenen Zelle auf, ohne aber, wie es scheint, das Gesammtbefinden der Wurzel zu beeinträchtigen.

Die obige Diagnose entspricht nicht ganz der von Borzi gegebenen Darstellung, aus der hier noch folgenden Angaben zu ergänzen sind. Zunächst sollen ausser den Sporangiensori auch isolirte Sporangien von der Grösse der Sori vorkommen und zwar in den Rindenzellen der Wurzeln. Die von Borzi gegebene Abbildung (Taf. I, 4) scheint mir aber auch eher einen Sorus darzustellen und wurde auch in der obigen Diagnose so gedeutet. Freilich ist nicht ausgeschlossen, dass neben dem woroninaartigen Organismus noch ein Olpidium vorkäme. Endlich giebt Borzi auch noch eine sexuelle Fortpflanzung an. Der Vegetationskörper streckt sich und nimmt länglich-ellipsoidische Form an, ein Theil schwillt kugelig an und wird zum Oogon, der andere, durch Wand davon getrennte, bleibt schmal und liefert das Antheridium. Im Oogon trennen sich Periplasma und eine Oosphäre, welche durch einen cylindrischen Fortsatz des Antheridiums befruchtet wird. Reife Oospore mit dickem Exospor. Keimung nicht direct beobachtet, es wurden aber leere Oosporen mit Entleerungshals gefunden.

Ich bezweifle, dass diese Geschlechtspflänzchen in den Entwicklungsgang des sorusbildenden Parasiten gehören, möchte vielmehr annehmen, dass hier ein zweiter Organismus aus der Verwandtschaft von Olpidiopsis vorliegt. Der entwickelungsgeschichtliche Zusammenhang ist ja auch von Borzi nicht nachgewiesen worden. Jedenfalls sind neue Untersuchungen erwünscht. Bis dahin mag Rhizomyxa als Collectivgattung unter den Merolpidiaceen, zu denen jedenfalls die häufigste und bekannteste seiner Formen gehört, seinen Platz finden.

XI. **Rozella** Cornu, 1872 (A. sc. nat. 5. Serie XV. p. 114).

Vegetationskörper als solcher von dem Inhalte des Wirthes (Saprolegnia) nicht zu unterscheiden, vielleicht gar nicht in scharf umschriebener Form vorhanden, veranlasst die Zergliederung des Saprolegniafadens in eine Mehrzahl durch Querwände getrennter Fächer mit dichtem, graubräunlichen bis grauschwärzlichen Inhalt: eine eingedrungene Schwärmspore genügt, um viele solche Fächer entstehen zu lassen, gewissermassen einen einreihigen Sorus. Jedes Fach wird zum Sporangium mit einer der Schlauchwand fest angeschmiegten Membran und liefert ellipsoidische, farblose Zoosporen mit zwei Cilien, eine am Vorderende und eine seitlich. Bewegung

Fig. 11.

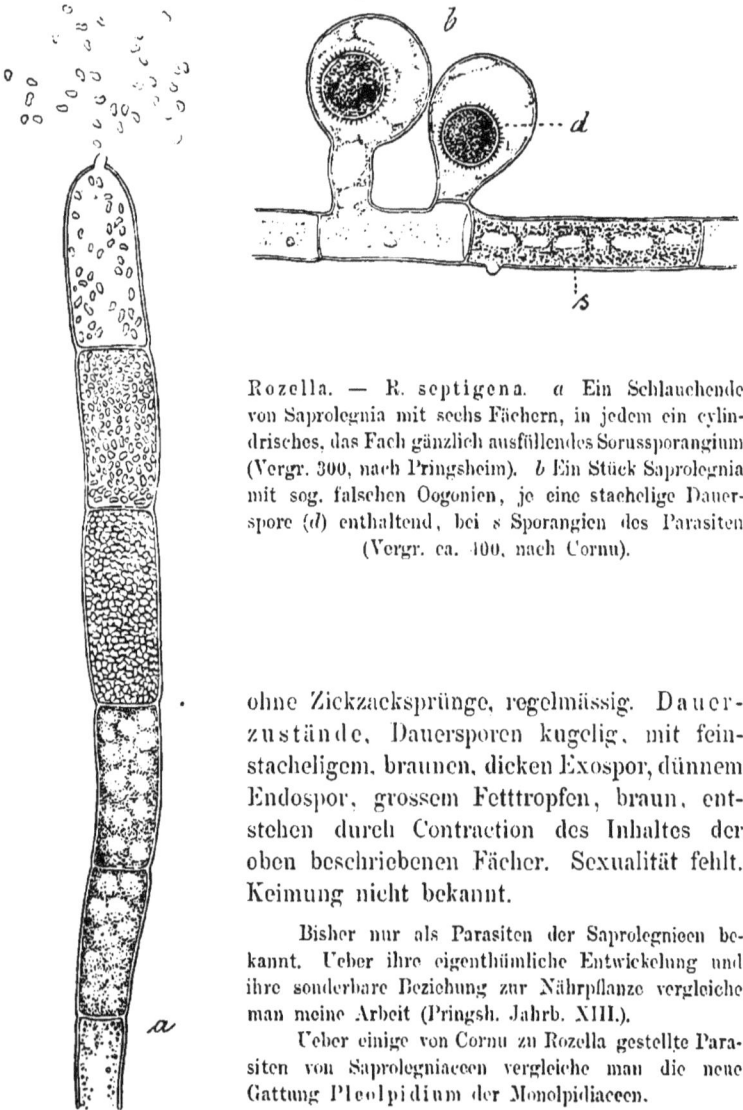

Rozella. — R. septigena. *a* Ein Schlauchende
von Saprolegnia mit sechs Fächern, in jedem ein cylin-
drisches, das Fach gänzlich ausfüllendes Sorussporangium
(Vergr. 300, nach Pringsheim). *b* Ein Stück Saprolegnia
mit sog. falschen Oogonien, je eine stachelige Dauerspore (*d*) enthaltend, bei *s* Sporangien des Parasiten
(Vergr. ca. 400, nach Cornu).

ohne Zickzacksprünge, regelmässig. Dauerzustände, Dauersporen kugelig, mit fein-
stacheligem, braunen, dicken Exospor, dünnem
Endospor, grossem Fetttropfen, braun, entstehen durch Contraction des Inhaltes der
oben beschriebenen Fächer. Sexualität fehlt.
Keimung nicht bekannt.

Bisher nur als Parasiten der Saprolegnieen bekannt. Ueber ihre eigenthümliche Entwickelung und
ihre sonderbare Beziehung zur Nährpflanze vergleiche
man meine Arbeit (Pringsh. Jahrb. XIII.).

Ueber einige von Cornu zu Rozella gestellte Parasiten von Saprolegniaceen vergleiche man die neue
Gattung Pleolpidium der Monolpidiaceen.

53. **R. septigena** Cornu, 1872, l. c. p. 163.

Abbild.: Pringsheim in Jahrb. f. wiss. Bot. 1860, II. Taf. XXII, 1—6.
Cornu, l. c. Taf. VI, 1—17, A. Fischer, Jahrb. f. wiss. Bot. XIII.
Taf. II, 19, III, 20—25.

Sporangien reihenweise, oft sehr viele (bis 20) hintereinander in den nur wenig aufgeschwollenen Schläuchen der Saprolegnien, einem Organe des Wirthes gleichend, cylindrisch, mit ihrer Membran der Schlauchwand fest angeschmiegt, mit einer kurzen Entleerungspapille. Schwärmer länglich, ziemlich gross, 4 μ breit, 6—8 μ lang, an einem Ende zugespitzt, farblos, zweicilig, eine Cilie am Vorderende, eine an der oft abgeflachten Seite. Dauersporen einzeln, in cylindrischen Fächern oder sackartigen, kugeligen, durch eine Querwand abgegrenzten, kurzen Seitenästen, den sog. falschen Oogonien. Dauersporen kugelig, ca. 20 μ Durchmesser, dicht mit 2 μ langen, feinen Stacheln besetzt, braun, mit grossem, centralen Fetttropfen. Keimung unbekannt. — Fig. 11 a, b.

In den Schläuchen von Saprolegnia-Arten (S. monoica, Thureti) nicht auf andere Saprolegniaceen, besonders auch nicht auf Achlya übertragbar.

54. R. simulans A. Fischer, 1882 (Jahrb. f. wiss. Bot. XIII. p. 50).

Sporangien reihenweise hintereinander, wie bei voriger Species. Schwärmer und Dauersporen noch nicht beobachtet.

Nur auf Achlya-Arten (A. polyandra, racemosa).

Obgleich Infectionsversuche fehlen, so rechtfertigt doch das Verhalten der anderen Saprolegniaceenparasiten die Annahme, dass auch hier eine gute, durch ihren Parasitismus auf Achlya ausgezeichnete Species vorliegt.

Unvollständig bekannte Gattung.

Micromyces Dangeard, 1888 (Le Botaniste I. p. 55).

Vegetationskörper anfangs eine nackte, kugelige Protoplasmamasse, die sich später mit Membran umgiebt und holocarpisch zunächst zu einer stacheligen Spore (Stachelkugel) wird. Diese Stachelkugeln keimen entweder sofort oder verdicken ihre Membran und werden zu Dauersporen. Im ersteren Falle tritt der Inhalt hervor und bildet 4—7 Sporangien, also einen kleinen Sorus. Schwärmer eincilig, kugelig, Bewegungen unregelmässig, sehr schnell. Dauersporen deutlich rothbraun, mit dicker, stacheliger Membran. Keimung unbekannt.

M. Zygogonii Dangeard, 1888, l. c. p. 52, Taf. II, 1—10, II. 1891, Taf. XVII, 2—8.

Stachelkugeln einzeln, die Theilsporangien zu 4—7, rundlicheckig oder eiförmig, vollständig oder nur an der Basis sich berührend.

Schwärmer sehr klein, kaum 1 μ Durchmesser, mit einer sehr langen Cilie. Dauersporen wie bei der Gattung.

Dieser sehr mangelhaft bekannte Organismus gehört, wenn Dangeard's Beobachtungen sich bestätigen sollten, zu den Merolpidieen. Er würde der Sectio Pycnochytrium der Gattung Synchytrium entsprechen, wo ebenfalls die allein vorhandenen Dauersporen bei der Keimung einen Sporangiensorus liefern. Die während des Druckes erschienenen neuen Beobachtungen Dangeard's (Le Botaniste II. p. 245) sind noch berücksichtigt worden; eine wesentliche Erweiterung des früher Mitgetheilten haben sie jedoch nicht gebracht.

2. Ordnung. **Mycochytridinae.**

Vegetationskörper von Anfang an mit Membran umgeben, von verschiedener Gestalt, niemals rein kugelig oder ellipsoidisch, immer langgestreckt, wurmförmig oder aus einem kugeligen und einem fädigen, verzweigten, mycelialen Theil bestehend oder durchaus mycelial verzweigt mit blasigen, intercalaren und terminalen Anschwellungen. Immer monocarpisch, nicht perennirend, entweder holocarpisch oder eucarpisch. Zoosporangien und ihnen entsprechende oder andere, zum Theil als Zygo- oder Oosporen entstandene Dauersporen.

1. Familie. **Holochytriaceae** (Ancylistaceae).

Vegetationskörper schlauch- oder wurmförmig, unverzweigt oder mit kurzen Seitenästchen, theilt sich durch Querwände in eine Anzahl Glieder, welche alle zu Fortpflanzungsorganen (Sporangien, Oogonien, Antheridien) werden. Streng holocarpisch und monophag: immer intramatrical.

XII. **Myzocytium** A. Schenk, 1858 (Ueber das Vorkommen contractiler Zellen im Pflanzenreich, p. 10 Anmerkung).

Vegetationskörper von Anfang an mit einer farblosen Membran umgeben, aus der eingedrungenen Spore zu einem einzelligen, unverzweigten, farblosen Schlauche heranwachsend, der meist kürzer als die Wirthszelle ist und durch Einschnürungen in meist gleichlange, eiförmige oder ellipsoidische Glieder äusserlich abgesetzt ist; kleinere Vegetationskörper mit nur zwei Gliedern nicht selten; monophag. Der ganze Vegetationskörper verwandelt sich später in Sporangien oder Sexualorgane, indem zunächst die

einzelnen Glieder durch dicke, stark glänzende Querwände in den
Einschnürungen von einander getrennt werden. Die Glieder schwellen
bald spindelförmig, bald ellipsoidisch, selbst kugelig auf. Entweder
werden alle Glieder zu Sporangien oder benachbarte paarweise zu

Fig. 12.

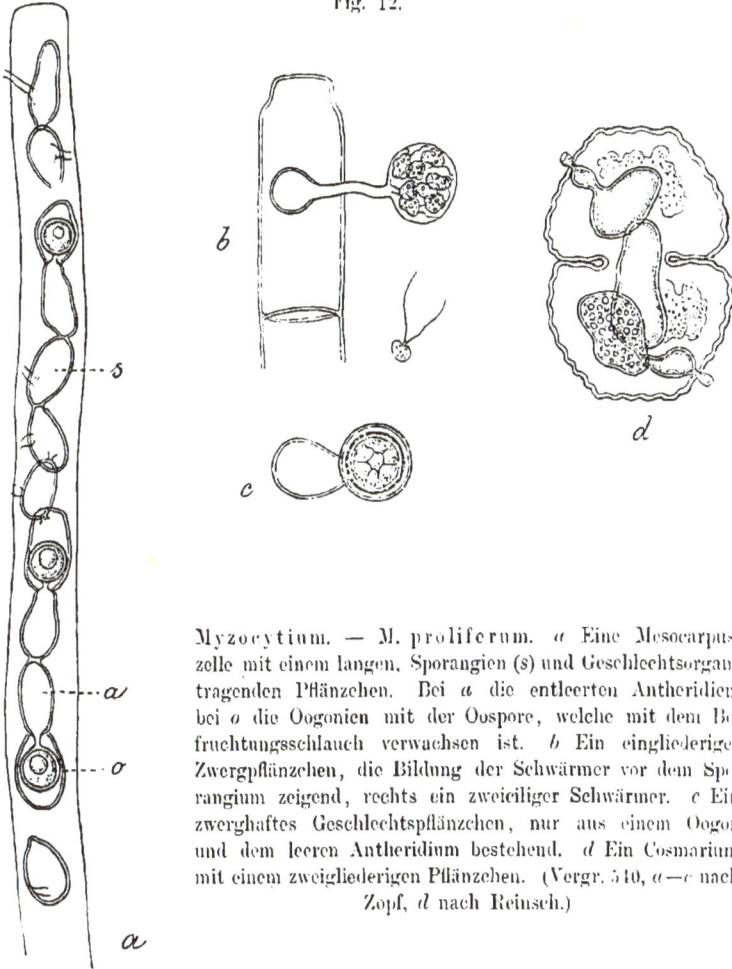

Myzocytium. — M. proliferum. *a* Eine Mesocarpus-
zelle mit einem langen, Sporangien (*s*) und Geschlechtsorgane
tragenden Pflänzchen. Bei *a* die entleerten Antheridien,
bei *o* die Oogonien mit der Oospore, welche mit dem Befruchtungsschlauch verwachsen ist. *b* Ein eingliederiges
Zwergpflänzchen, die Bildung der Schwärmer vor dem Sporangium zeigend, rechts ein zweiciliger Schwärmer. *c* Ein
zwerghaftes Geschlechtspflänzchen, nur aus einem Oogon
und dem leeren Antheridium bestehend. *d* Ein Cosmarium
mit einem zweigliederigen Pflänzchen. (Vergr. 510, *a—c* nach
Zopf, *d* nach Reinsch.)

Sexualorganen. Sporangien von der Form der Glieder mit je
einem die Wirthszelle durchbohrenden Hals, entleeren ihren Inhalt
nach aussen, zunächst in eine Blase, wo derselbe in Sporenportionen
zerfällt. die durch das Platzen der Blase als Schwärmer frei werden.

Schwärmsporen bohnen- oder eiförmig, farblos, mit zwei seitlichen
Cilien, Bewegungen ruhig. Sexualorgane immer zwitterig an
demselben Individuum, dessen Glieder sich entweder alle geschlechtlich differenziren oder noch theilweise zu neutralen Sporangien
werden. Antheridien und Oogonien gleich gestaltet, von der Form
der Sporangien. Antheridium treibt Befruchtungsschlauch in das
Oogonium und entleert in dasselbe seinen ganzen Inhalt, bei dessen
Eintritt der Oogoninhalt sich zur kugeligen Oosphäre contrahirt
Oosporen kugelig, farblos, mit dicker, farbloser, zweischichtiger,
glatter Membran und grossem, excentrischen Fetttropfen, bleiben
mit dem Befruchtungsschlauch verwachsen. Keimung nicht bekannt.

Die Gattung bildet den Uebergang von den Myxochytridinen, speciell Olpidiopsis,
zu den Mycochytridinen, zunächst den Holochytrieen. Besonders die zweigliederigen
Geschlechtspflanzen von Myzocytium (vergl. Zopf, Nova Acta Acad. Leop. XLVII.
Taf. XIV, 33 u. 34) stimmen fast vollkommen mit den Dauersporen der Olpidiopsis
überein, nur kommt es bei der letzteren noch nicht zur Bildung einer Oosphäre
und eines Befruchtungsschlauches. Mit Myzocytium ist wohl auch die von Sorokin
(Revue mycol. XI. pag. 138) aufgestellte Gattung Bicricium zu vereinigen, welche
derselbe bei Taschkend gesammelt hat. Nach seinen Abbildungen liegen hier
zweigliederige Myzocytien vor.

55. M. proliferum Schenk, 1858 (Contractile Zellen p. 10).

Synon.: Pythium proliferum Schenk, 1857, Verhandl. d. phys.-med.
Ges. Würzb. IX. p. 20, nicht Pythium proliferum de Bary, Jahrb.
f. wiss. Bot. II. p. 152.
Pythium globosum Walz, 1870, Bot. Zeit. pro parte.
Pythium globosum Schenk, 1857, Verhandl. Würzb. p. 25.
Lagenidium globosum Lindstedt, 1872, Synopsis d. Saproleg. p. 54.
Abbild.: Schenk, 1857, Würzb. Verh. Taf. I, 30—46. Walz, Bot.
Zeit. 1870, Taf. IX, 13—19. Zopf, 1884, Nova Acta Acad. Leop. XLVII.
Taf. XIV, 6–34. Reinsch, Jahrb. f. wiss. Bot. XI. Taf. XVII, 6—12.

Sporangien zu einer unverzweigten, zwischen den einzelnen
Sporangien eingeschnürten Kette vereinigt, welche je nach der
Grösse der Wirthszelle bis 20 und mehr Glieder zählt und in der
Längsachse derselben liegt, bei mehr kugeligen Nährzellen auch
gekrümmt. Die einzelnen Sporangien aufgeschwollen, spindelförmig
oder ellipsoidisch oder auch rein kugelig, 20 μ Durchmesser, mit
farbloser Membran, durch sehr dicke, zweischichtige, stark glänzende
Querwände in den Einschnürungen von einander getrennt. Jedes
Sporangium mit kurzem, an der Durchtrittsstelle durch die Wand
der Nährzelle eingeschnürten, nicht oder wenig hervorragenden
Entleerungshals. Schwärmer bilden sich in einer Blase vor der
Mündung, je nach der Grösse des Sporangiums 4, 8 oder 16—20,

bohnen- oder eiförmig, 5 µ Durchmesser, mit zwei seitlichen Cilien, während der Bewegung amoeboid. Sexualorgane zwitterig, Antheridien und Oogonien wie die Sporangien kettenförmig aneinander gereiht, oft mit Sporangien gemischt an demselben Individuum. Oosporen kugelig, 15—20 µ Durchmesser, mit dicker, zweischichtiger, glatter, farbloser Membran, farblosem Inhalt und grossem, excentrischen Fetttropfen; mit dem Befruchtungsschlauch verwachsen. Keimung nicht beobachtet. — Fig. 12 a—d.

In verschiedenen Süsswasseralgen, besonders reichlich in Conjugaten, sowohl Desmidiaceen (Closterium, Cosmarium, Arthrodesmus), als auch besonders Zygnemeen (Spirogyra, Zygnema, Mougeotia, Mesocarpus); ferner in Cladophora, Oedogonium und anderen Confervaceen. Vom Frühjahr bis Herbst, die Oosporen von Mitte Juni ab.

Besonders zu beachten ist, dass wenigglliederige Zwergexemplare dieser Species häufig vorkommen. Solche zweigliederige Individuen bilden die von Sorokin aufgestellte Gattung Biericium. Speciell die beiden Species Biericium Naso (Revue mycol. XI. Taf. 81, Fig. 117) in Arthrodesmus und Biericium transversum (l. c. Taf. 78, Fig. 76) in Cladophora gehören wohl hierher.

Eingliederige Sporangien können Verwechselungen mit Olpidium hervorrufen. Die zweigliederigen Geschlechtspflänzchen mit einer Oospore und einem leeren Antheridium sehen den Dauersporen von Olpidiopsis mit ihrer Anhangszelle zum Verwechseln ähnlich. Bei genauerer Prüfung unterscheiden sie sich leicht und sicher durch die frei im sonst leeren Oogon liegende, mit dem Befruchtungsschlauch verwachsene Oospore, während bei Olpidiopsis das ganze Oogon selbst zur Dauerspore wird.

Auch nachträgliche Lostrennungen der einzelnen Glieder einer Kette kommen vor und können zu Täuschungen führen.

Nach Cornu (Bull. d. l. soc. bot. France 1877, XXIV. p. 228) gehören hierher die von Reinsch (Jahrb. f. wiss. Bot. XI.) auf Taf. XVII, 6—12 abgebildeten Parasiten in Desmidiaceen.

56. M. vermicolum (Zopf, 1884, Nova Acta Acad. Leop. XLVII. p. 167).

Synon.: Myzocytium proliferum var. vermicolum Zopf, l. c.

Abbild.: Zopf, l. c. Taf. XIV, 35—37.

Sporangien zu einer in der Längsachse der Anguillula liegenden Kette vereinigt, wie bei voriger Species. Sexualorgane desgleichen, Oogonien kugelig, Antheridien meist schmal, oft mit Sporangien gemengt, Oospore gross, kugelig.

In Anguillulen, den ganzen Körper des Wurmes, abgesehen von Kopf und Schwanz, erfüllend, den ganzen Inhalt bis auf die Haut aufzehrend.

Ich stehe nicht an, diese von Zopf nur als Varietät der vorigen Species behandelte Form hier als besondere Species aufzuführen, denn die Erfahrungen an anderen Chytridiaceen zeigen, dass sie meistens streng auf einen Wirth angewiesen sind.

Das von Sorokin (Revue mycol. XI. p. 138, Taf. 78, Fig. 72—74) beschriebene Bicricium lethale ist sicher ein zweigliederiges Exemplar der obigen Species.

57. M. lineare Cornu, 1872 (A. sc. nat. 5. Serie XV. p. 21).

Sporangien in geraden oder gewundenen Ketten, länglich, schlauchförmig. Oogonien gleichfalls gestreckt, blasenförmig, verschieden gestaltig. Näheres nicht bekannt.

In Desmidiaceen.

Nach Cornu (Bull. d. l. soc. bot. France 1877, XXIV. p. 228) gehören hierher die von Reinsch (Jahrb. f. wiss. Bot. XI.) auf Taf. XVII, 5 u. 14 abgebildeten Parasiten der Desmidiaceen.

XIII. Achlyogeton A. Schenk, 1859 (Bot. Zeit. p. 398).

Vegetationskörper wie bei Myzocytium von Anfang an mit Membran, ein unverzweigter, äusserlich in Glieder abgesetzter, einzelliger Schlauch, dessen Glieder durch starke Querwände in den Einschnürungsstellen geschieden und zu Sporangien werden; monophag. Sporangien wie bei Myzocytium, aber die Schwärmsporen bleiben zunächst zur Hohlkugel angeordnet vor der Halsmündung liegen, umgeben sich mit Membran, häuten sich und lassen die leeren Häute zurück, wie bei Achlya. Sexualität bisher nicht beobachtet.

Fig. 13.

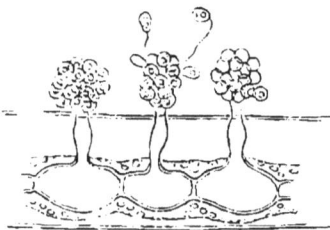

Achlyogeton. — A. entophytum. Drei Sporangien in einer Cladophorazelle, den Austritt und die Häutung der Schwärmer zeigend, deren leere Membranen rechts allein noch vor der Sporangienmündung liegen (Vergr. circa 500, nach Schenk).

Es liegt die Vermuthung nahe, dass man hier ein gewöhnliches Myzocytium vor sich hat, dessen Schwärmerentleerung unrichtig beobachtet ist. Freilich beschreibt Schenk die Häutung der Schwärmer ganz genau, so dass das obige Bedenken unberechtigt erscheinen muss.

Das von Cornu beschriebene Achlyogeton Solanium (Bull. d. l. soc. bot. de France 1870, XVII. p. 298) gehört nicht hierher, sondern hat ein verzweigtes Mycelium mit besonderen fadenförmigen Sporangien; es liegt hier ein an die algenbewohnenden Pythien sich anschliessender Organismus vor; näheres vergleiche bei Pythium.

58. A. entophytum A. Schenk, 1859 (Bot. Zeit. p. 398).

Abbild.: Schenk, l. c. Taf. XII, A. Sorokin. Revue mycol. XI. Taf. LXXXI, 122.

Sporangien zu unverzweigten, 7 8-, selten 15gliederigen, Ketten vereinigt, kugelig oder breit-elliptisch, 45 60 μ Durchmesser, mit stark verdickten Querwänden in den Einschnürungen, Entleerungshals 75—150 μ lang, oft weit hervorragend, an der Durchtrittsstelle durch die Wirthsmembran etwas eingeschnürt. Schwärmer zunächst vor der Halsmündung liegen bleibend und sich häutend, dann länglich, mit glänzendem Oeltropfen und einer (?) Cilie. Dauersporen unbekannt. — Fig. 13.

In Cladophora.

Auch hier kommen nicht selten eingliederige Zwergexemplare vor, welche zu Verwechselungen mit Olpidium führen können.

Nach Sorokin (A. sc. nat. 6. Serie IV, p. 63, Taf. III, 2—5) auch in Anguillulen. Ob hier eine Verwechselung mit Myzocytium vermicolum vorliegt, ist nicht zu entscheiden.

Zweifelhafte Species.

A. rostratum Sorokin, 1876 (A. sc. nat. 6. Serie IV. p. 64).

Abbild.: Sorokin. l. c. Taf. III, 40—45.

Sporangien zu unverzweigten Ketten vereinigt, 7—9 μ lang. 5—6 μ breit, mit sehr langem, hin und her gewundenen Entleerungshals, der vor dem Austritt aus dem Wirth blasig aufschwillt und dann mit einem sehr engen Zapfen sich durchbohrt. Schwärmerentleerung und Structur, ebenso Dauersporen unbekannt.

In Anguillulen.

Mit Catenaria ist diese lückenhaft bekannte Form nicht zusammenzubringen, denn es fehlen die steril bleibenden Abschnitte zwischen den einzelnen Sporangien. Solange nicht die Art der Schwärmerentleerung bekannt ist, kann auch nichts Sicheres über die systematische Stellung behauptet werden. Eine Holochytrie liegt auf alle Fälle vor.

XIV. **Lagenidium** A. Schenk, 1857 (Verh. d. phys.-med. Ges. in Würzburg IX. p. 27).

Vegetationskörper von Anfang an mit einer farblosen Membran umgeben, aus der eingedrungenen Spore zu einem einzelligen, anfangs unverzweigten Schlauche heranwachsend, der später kürzere oder längere, cylindrische oder keulige oder auch kugelige Aestchen treibt. Diese sitzen bald in geringer Zahl nur seitlich dem in der Längsachse der Wirthszelle gestreckten Hauptschlauche an, bald verleihen sie in grösserer Zahl und dichter Häufung dem

Vegetationskörper ein wirres, knäueliges Aussehen. Der Vegetationskörper bleibt immer auf die zuerst befallene Zelle beschränkt, sich
durch mancherlei Krümmungen dem gebotenen Raume anschmiegend,
ist also monophag. Der ganze Vegetationskörper verwandelt sich
später in Sporangien oder Sexualorgane, indem er zunächst durch
Querwände in einzelne Glieder zerfällt, die aber nicht, wie bei

Fig. 11.

a *c*

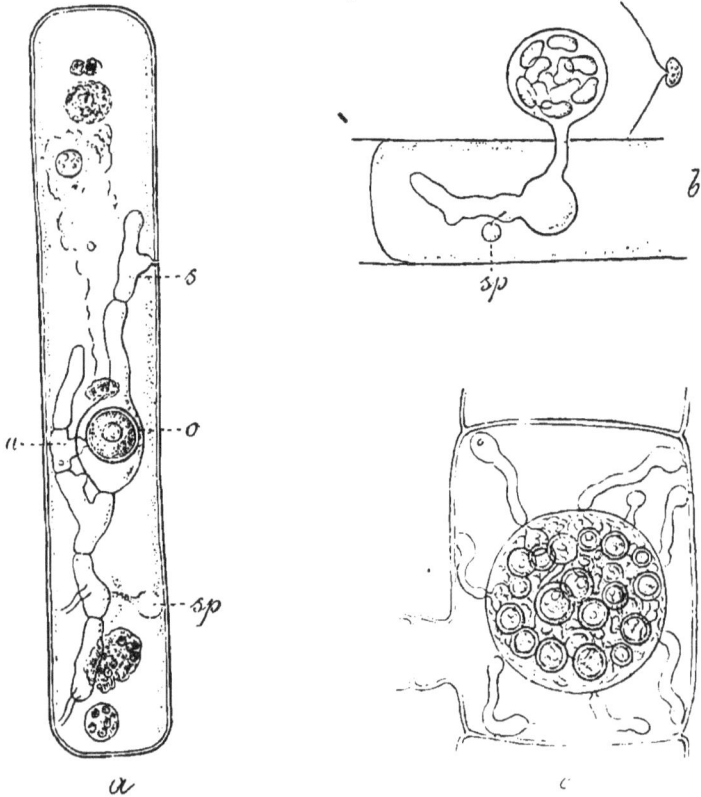

Lagenidium. — *a* und *b* L. Rabenhorstii. Bei *a* eine Spirogyrazelle mit
einem schwach verzweigten Pflänzchen mit Sporangien (*s*), Antheridium (*a*) und
Oogon (*o*), dessen Oospore mit dem Befruchtungsschlauch verwachsen ist. Die
entleerte Haut der zur Ruhe gekommenen Schwärmspore, welche die Infection
bewirkte, ist bei *sp* noch sichtbar, ebenso in Figur *b*. Bei *b* ein Zwergexemplar,
zugleich die Schwärmerbildung und Structur zeigend. *c* L. entophytum. Eine
Zygospore von Spirogyra, dicht erfüllt mit den Sporangien und Oosporen bildenden,
wirr durcheinander geflochtenen Schläuchen. Die Entleerungshälse der Sporangien
treten in Mehrzahl hervor. (Vergr. 720, nach Zopf.)

Myzocytium, durch Einschnürungen von einander abgesetzt sind. Entweder werden alle Glieder zu Sporangien oder einzelne davon auch zu Sexualorganen. Sporangien meist breit-cylindrisch, gerade oder wurmförmig, verschieden lang, mit je einem die Wirthszellwand durchbohrenden Entleerungshals; ihr Inhalt in eine Blase am Ende desselben entleert, zerfällt hier in Schwärmer, die durch das Platzen der Blase frei werden. Schwärmsporen bohnenförmig, farblos, mit zwei an der seitlichen Einbuchtung inserirten Cilien, Bewegung ruhig, gleichmässig. Sexualorgane an grösseren Individuen immer gemischt mit Sporangien, rein sexuell nur die zweigliederigen Zwerg-individuen; entweder monöcisch oder diöcisch vertheilt. Oogonien intercalar oder terminal, bald deutlich kugelig, bald unregelmässig aufgeschwollen, vor der Befruchtung ohne Oosphäre, erst während und nach derselben contrahirt sich der ganze Inhalt zum Ei, Peri-plasma fehlt. Antheridien meist cylindrisch, bald intercalar, bald als kurzer Nebenast in der Nähe des Oogons entspringend, treiben in das Oogon einen Befruchtungsschlauch; fehlen bei einigen Species. Oospore kugelig, farblos, mit zweischichtiger, glatter Membran und einem sehr grossen, glänzenden Fetttropfen, bleibt mit dem Be-fruchtungsschlauch verwachsen. Keimung nicht beobachtet.

Auch von dieser Gattung werden nicht selten Zwerge gefunden, deren winziger Vegetationskörper zu einem einzigen Sporangium wird und hierdurch zu Ver-wechselungen mit Olpidium führen kann. Bei Lagenidium pygmaeum unterbleibt sogar typisch die Querwandbildung, dagegen ist hier der Vegetationskörper immer mit bläschenartigen Aussackungen besetzt, also verzweigt.

59. **L. pygmaeum** Zopf, 1888 (Abhandl. d. naturf. Ges. Halle XVII. p. 97).

Abbild: Zopf, l. c. Taf. I, 21—39, II, 1—12.

Vegetationskörper meist einzeln, seltener 2—4 in einem Pollenkorn, ein gestreckter oder gekrümmter, mit bläschenförmigen Aussackungen versehener, einzelliger Schlauch oder auch eine ein-fache, rundliche Blase von mannigfachem Umriss, verwandelt sich ohne Querwandbildung in ein Sporangium. Sporangien von der-selben mannigfaltigen Gestalt wie der Vegetationskörper, mit einem meist einfachen, zuweilen verzweigten, kurzen, nicht hervortretenden Entleerungshals. Schwärmer spindelförmig, 16—18 μ lang, zwei seitliche Cilien. Sexualorgane zwitterig an einem Vegetations-körper, der meist dick wurmförmig ist und sich in zwei, ausnahms-weise drei Theile theilt, im ersteren Falle entsteht eine rein sexuelle Pflanze, im anderen Falle wird der dritte Theil zum Sporangium.

Oogon stark bauchig, mit papillenartigen Aussackungen: Antheridien kleiner, glattwandig. Oospore genau kugelig, 18—29 μ Durchmesser, mit dicker, zweischichtiger, farbloser, glatter Membran und grossem, centralen Fetttropfen, bleibt mit dem Befruchtungsschlauch fest verbunden; meist zu 2—3 in einem Pollenkorn.

In lebenden Pollenkörnern von Pinus silvestris, P. austriaca, P. Laricio, P. Pallasiana, ihren Inhalt aufzehrend.

Die Oosporen dieser Form hat wahrscheinlich Cornu (A. sc nat. 5. Serie XV. p. 121) vor sich gehabt und für diejenigen von Rhizophidium Pollinis gehalten. Vergleiche dort.

60. **L. Rabenhorstii** Zopf, 1878 (Bot. Ver. Prov. Brandenburg 1878, p. 77 und Nova Acta Acad. Leop. 1884, XLVII. p. 145).

Abbild.: Nova Acta l. c. Taf. XII, 1—28, XIII, 1—9.

Vegetationskörper mit kurzen oder längeren Aestchen, ziemlich dick (3—7,5 μ), mit wechselndem Durchmesser, bald cylindrisch, bald keulig oder kugelig aufgeschwollen, vorwiegend der Längsachse der Wirthszelle parallel, aber auch durch Krümmungen, besonders der Enden, dem gebotenen Raume der Wirthszelle sich anschmiegend. Sporangien seltener mehr als 10 aus einem Vegetationskörper hervorgehend, sehr verschieden gestaltig, je nach der Form desselben, mit einem wenig hervorragenden Entleerungshals. Schwärmer bohnenförmig, ca. 5 μ lang, mit zwei seitlichen Cilien. Sexualorgane mit Sporangien vermischt, theils zwitterig, theils diclin auf nebeneinanderliegenden Pflänzchen; rein sexuell sind nur die zweigliederig bleibenden Zwergpflanzen. Oogonien intercalar oder terminal, bald kugelig, bald unregelmässig erweitert. Antheridien meist cylindrisch, bald intercalar, bald als kurze Seitenzweige unter dem Oogon entspringend. Oospore kugelig, 15—20 μ Durchmesser, mit glatter, farbloser, zweischichtiger Membran und grossem, centralen Fetttropfen, mit dem Befruchtungsschlauch verwachsen. Keimung nicht beobachtet. — Fig. 14 a, b.

In den an die Wasseroberfläche emporgestiegenen Watten von Spirogyra, Mesocarpus, Mougeotia; im Frühjahr und Sommer, Sexualorgane von Juni ab.

Charakteristisch für diese Species ist, dass die entleerte Haut der eingedrungenen Spore, welche bei anderen Chytridiaceen schnell verschwindet, sich oft lange, oft während des ganzen Lebens des Parasiten erhält, dauernd die Eintrittsstelle desselben in den Wirth bezeichnend.

Zwergpflänzchen mit nur einem Sporangium erinnern an Olpidium. Aeltere, meist schon entleerte Sporangien lösen sich zuweilen von einander los und liegen dann isolirt in Mehrzahl in der Wirthszelle; auch hierdurch können Täuschungen entstehen.

61. **L. enecans** Zopf, 1884 (Nova Acta Acad. Leop. XLVII. p. 154).

Vegetationskörper bildet dicke, die Wirthszelle der ganzen Länge nach durchziehende Schläuche, welche je nach den Raumverhältnissen unverzweigt, lang wurmförmig bleiben oder aber kurze, wiederum verzweigte Seitenäste treiben. Sporangien- und Schwärmerbildung von Zopf nicht beschrieben, sollen sich dem vorigen anschliessen.

In grösseren Diatomeen (Stauroneïs Phoenicenteron, Cocconema lanceolatum, Pinnularien).

62. **L. entophytum** (Pringsheim, 1858) Zopf, 1884 (Nova Acta Acad. Leop. XLVII. p. 154).

> Synon.: Pythium entophytum Pringsheim, 1858, Jahrb. f. wiss. Bot. I. p. 289.
>
> Abbild.: Pringsheim, l. c. Taf. XXI, 1. Zopf, l. c. Taf. II, 10—18, III, 1—5.

Vegetationskörper relativ dick, ein unregelmässig gekrümmter, kurzer Schlauch, der reichlich mit dicken, unregelmässig gestalteten, kurzen Ausstülpungen besetzt ist; einige der letzteren können auch zu grösserer Länge auswachsen und sich wiederum traubig verästeln; so erscheint der ausgewachsene, vor der Sporangiumbildung stehende, noch einzellige Vegetationskörper corallen- oder gekröseähnlich; meist mehrere in einer Zygospore. Sporangien durch dicke, glänzende Querwände getrennt, sehr lang und deshalb von ausserordentlicher Mannigfaltigkeit in Form und Grösse, bald unverzweigt, bald verzweigt, je nach der Beschaffenheit der durch die wenigen Querwände abgegrenzten Stücken des Vegetationskörpers. Entleerungsschläuche durchbrechen zunächst mit deutlicher Einschnürung die Zygosporenhaut, durchwachsen schwach geschlängelt die Mutterzelle der Zygospore und durchbrechen die Wand der ersteren, vorher kugelig aufschwellend, ragen oft weit (7—22 μ) über die Oberfläche hervor. Schwärmer bohnenförmig, zweicilig. Sexualorgane wie bei voriger Species vertheilt, aber nur Oogonien vorhanden, die Oosporen reifen also agam. Oogonien von der Form der Sporangien, sehr verschieden gestaltet und lappig verzweigt. Oosporen kugelig, mit dicker, hellbrauner, glatter oder schwach gezähnelter, zweischichtiger Membran und grossem Fetttropfen. Keimung nicht beobachtet. — Fig. 14 c.

In den Zygosporen von Spirogyra-Arten (Sp. nitida, longata etc.), nicht auf die vegetativen Zellen übergreifend; schon Anfang Mai sind die Oosporen reif, oft sind die Zygosporen ganz vollgestopft damit.

Sollte sich, was ja nicht zu bezweifeln, die Angabe von Zopf über das Fehlen der Antheridien bestätigen, so läge hier ein Parallelfall zu Saprolegnia Thureti vor. Diese Form ist bereits 1856 von Carter beobachtet und abgebildet, fälschlich aber als Entwickelungsstadium einer Astasia ähnlichen Flagellate betrachtet worden (Annals and Mag. of nat. hist. 2. Serie XVII. Taf. IX, 9 u. 10).

63. **L. gracile** Zopf, 1884 (Nova Acta Acad. Leop. XLVII. p. 158).

Der vorigen Species sehr ähnlich. Vegetationskörper dünner und weniger unregelmässig verzweigt und gelappt, daher Sporangien und Oogonien nicht so mannigfaltig gestaltet. Oogonien meist intercalar und fast immer kugelig. Antheridien fehlen. Oosporen kleiner als bei voriger Art, mit farbloser, glatter Membran; ca. 11 μ Durchmesser.

Wie vorige Art in reifen und sich entwickelnden Zygosporen, sowie in copulirenden Zellen von Spirogyra-Arten; nicht auf die vegetativen Zellen übergehend.

XV. **Ancylistes** Pfitzer, 1872 (Monatsb. d. Berliner Acad. d. Wiss. p. 379).

Vegetationskörper von Anfang an mit Membran umgeben, ein cylindrischer, unverzweigter oder mit wenigen Ausstülpungen versehener, einzelliger Schlauch, farblos; meist mehrere Individuen in derselben Wirthszelle. Der ganze Vegetationskörper zerfällt später durch Querwände in cylindrische oder schwach tonnenförmige Glieder, die entweder zu Sporangien oder zu Sexualorganen werden. Sporangien von der Form der Glieder, treiben je einen langen, die Wirthsmembran durchbohrenden Schlauch, der sich schnell verlängert und zu neuen Wirthspflanzen hinwächst, in dieselben sich einbohrt und hier einen neuen Vegetationskörper erzeugt (Infectionsschlauch). Schwärmsporen werden nicht mehr gebildet, der ganze Inhalt eines Sporangiums wird durch einen Infectionsschlauch in die ergriffene Wirthszelle entleert. Sexualorgane diöcisch, dünnere, männliche Individuen und dickere, weibliche in derselben Wirthszelle zerfallen in Glieder, deren jedes zum Sexualorgan wird. Oogon meist bauchig aufgetrieben, vor der Befruchtung ohne besonderes Ei, welches sich erst während derselben bildet. Antheridien cylindrisch, treiben einen geraden oder schwach gebogenen Befruchtungsschlauch zum nächsten Oogon, in das der gesammte Inhalt entleert wird. Oosporen bald kugelig, bald ellipsoidisch, farblos, mit zweischichtiger, dicker, glatter Membran, keimen mit einem Infectionsschlauch.

Die Gattung Ancylistes führt in der Reihe der Holochytrieen eine Erscheinung vor, welche auch sonst bei den Siphomyceten auftritt, nämlich die Rückbildung eines Zoosporangiums zu einer Conidie, denn einer solchen sind die einzelnen schlauchtreibenden Glieder von Ancylistes vergleichbar.

Fig. 15.

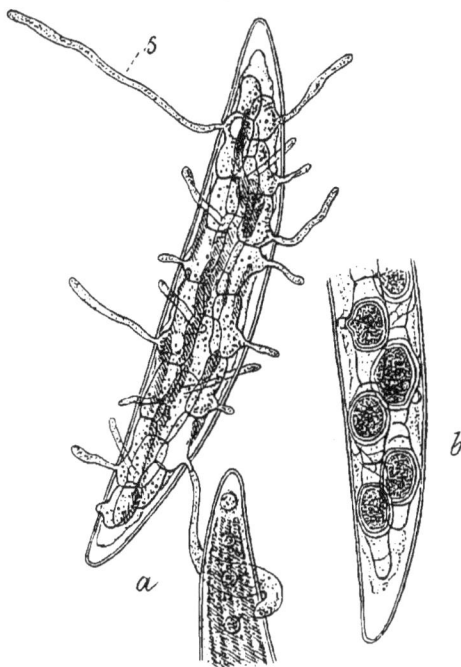

Ancylistes. — A. Closterii. a Ein Closterium erfüllt mit Schläuchen, deren einzelne Sporangien hier nicht Schwärmer bilden, sondern lange Schläuche (s) treiben, welche neue Closterien erfassen (Infectionsschläuche). b Ein Stück mit reifen Oosporen. (Vergr. ca. 700, nach Pfitzer.)

64. A. Closterii Pfitzer, 1872 (l. c. p. 379).

Abbild.: Pfitzer, l. c. Fig. 1—16. Dangeard, A. sc. nat. 7. Serie IV. Taf. XIV, 1—10. Sorokin, Revue mycol. XI. Taf. 83, Fig. 146—151.

Vegetationskörper meist zu mehreren in einer Zelle, bilden cylindrische, farblose, bis 10 μ dicke, unverzweigte oder selten mit einigen Ausstülpungen versehene Schläuche. Sporangien tonnenförmig-cylindrisch, an den Querwänden schwach eingeschnürt, ca. 40 μ lang, bilden keine Schwärmer, sondern treiben einen nach neuen Closterien hinwachsenden Schlauch, in dessen schnell sich verlängernder Spitze der Inhalt des Sporangiums weiter wandert, gegen die entleerten hinteren Theile sich durch Querwände abschliessend. Sexualorgane diöcisch, männliche Fäden ca. 6 μ dick, in cylindrische Antheridien zerfallend, weibliche Fäden dicker, mit längeren und aufgetriebenen Oogonien; das während der Befruchtung entstehende Ei durch Querwände von den leeren Theilen der grossen Oogonien abgegrenzt. Oosporen bald kugelig, bald ellipsoidisch, 15—24 μ Durchmesser, mit dicker, zweischichtiger, farbloser, glatter Membran und grossem, centralen Fetttropfen. Keimen mit einem unverzweigten Infectionsschlauch, in dessen Spitze der Inhalt fortwandert, nach hinten durch Querwände sich abschliessend. Keimschlauch zuweilen mit kurzen Seitenästchen.

In Closterium-Arten, meist gesellig und schnell auf neue Individuen übergreifend; richtet in kurzer Zeit grossen Schaden an.

Unvollständig bekannte Gattung.

Resticularia Dangeard, 1890 (Le Botaniste II. p. 96).

Vegetationskörper von Anfang an mit Membran, meist ein unverzweigter, nur hier und da kurze, lappige Aestchen tragender Schlauch, der die Querwände des Wirthes durchbohrt, entweder gleichmässig dick, cylindrisch, oder in den einzelnen Zellen blasig erweitert; zerfällt durch Querwände in eine Anzahl Glieder. Sporangium entweder Schwärmer bildend, mit kurzem Entleerungshals, an dessen Mündung der in eine Blase entleerte Inhalt in Schwärmer zerfällt, oder wie bei Ancylistes einen andere Fäden ergreifenden Infectionsschlauch treibend. Schwärmer ziemlich gross, lang eincilig, Bewegung unregelmässig. Sexualorgane zwitterig, aus benachbarten Gliedern desselben Schlauches entstanden, Antheridien und Oogonien gleichgestaltet; letztere ohne besonderes Ei, in toto zur Dauerspore (Zygospore) werdend. Dauerspore kugelig, mit grossem, centralen Fetttropfen.

R. nodosa Dangeard, l. c. p. 96.

Abbild.: Dangeard, l. c. Taf. IV, 24—31.

Sporangien, Schwärmer und Sexualorgane siehe Gattungsdiagnose. Dauersporen 6—10 μ Durchmesser, zuweilen länglich oder elliptisch, mit zweischichtiger, glatter Membran, grossem Fetttropfen; Keimung nicht bekannt.

In den Fäden von Lynbya aestuarii, die Rasen gelblich oder weisslich färbend.

Diese, weiterer Untersuchung bedürftige Gattung scheint ein Zwischenglied zwischen Lagenidium und Ancylistes zu sein, da bei ihr die einzelnen Glieder die Fähigkeit haben, entweder Schwärmer oder einen Infectionsschlauch zu bilden. Freilich spricht gegen eine solche Verwandtschaft die abweichende Form der Sexualorgane, welche nach Dangeard's Beschreibung in der Weise entstehen, dass in einem aufgeschwollenen Fadenstück das Protoplasma sich in zwei gleiche Theile verdichtet, die mit einander verschmelzen und die Dauerspore (Zygospore) erzeugen. Wenn sich diese Beobachtungen bestätigen sollten, so würde Resticularia als ein Vorläufer der Zygomyceten anzusehen sein.

2. Familie. **Sporochytriaceae** (Rhizidiaceae, Polyphagaceae).

Vegetationskörper besteht aus zwei Theilen, einem kugeligen, der erstarkten Schwärmspore, und einem dünnfädigen, oft sehr zarten, mycelialen Theil. Der kugelige Theil wächst zum einzigen Sporangium oder zur einzigen Dauerspore aus. Dauersporen auch auf andere Weise entstehend am mycelialen Theil oder durch Copulation zweier Pflänzchen. Der myceliale Theil geht nach einmaliger Fructification immer zu Grunde, streng monocarpisch, aber eucarpisch.

1. Unterfamilie. *Metasporeae.*

Dauersporen wie die Sporangien und an deren Stelle aus dem kugeligen Theil des Vegetationskörpers entstehend. Sexualität fehlt. Fast immer monophag.

XVI. **Rhizophidium** (A. Schenk, 1858 Ueber das Vorkommen contractiler Zellen etc.).

Vegetationskörper von Anfang an mit Membran, besteht aus einem aufsitzenden, extramatricalen, meist kugeligen Theil (der erstarkten, zur Ruhe gekommenen Schwärmspore) und einem dünnfädigen, unverzweigten oder fein verzweigten, intramatricalen Theil, dem Haustorium oder primitiven Mycel; der ganze Vegetationskörper einzellig; monophag. Der extramatricale Theil vergrössert sich weiter und wird allein zum Sporangium oder zur Dauerspore, das intramatricale Haustorium perennirt nicht, sondern geht nach der Sporenbildung zu Grunde. Zoosporangium aufsitzend, kugelig oder länglich-keulig oder von besonderer Gestalt, mit farbloser, glatter, nicht allzu dünner Membran, öffnet sich mit einem oder mehreren Löchern, zuweilen unter vorheriger Halsbildung. Schwärmsporen treten fertig einzeln und sehr langsam hervor, die

Fig. 16.

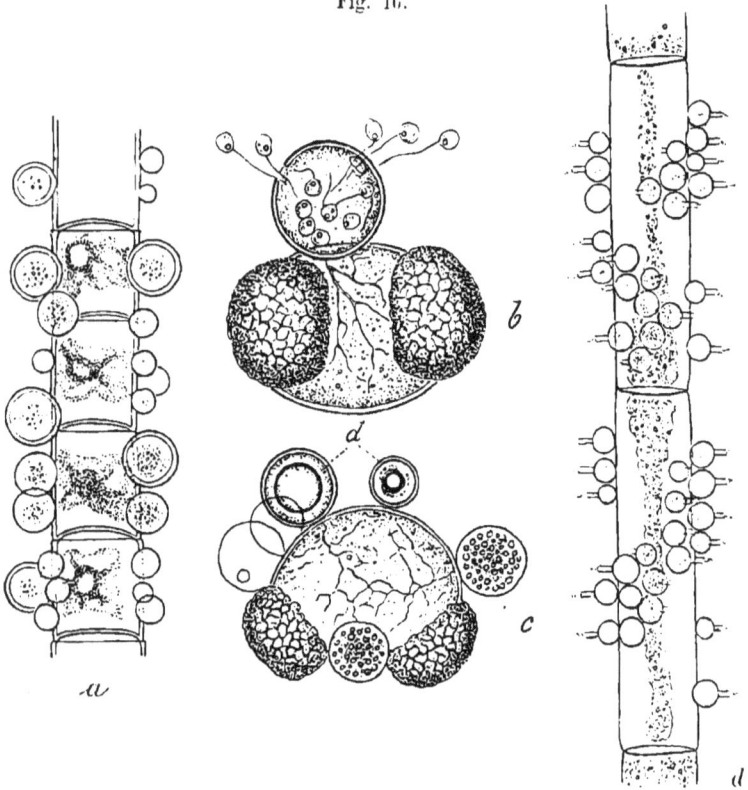

Rhizophidium. — a Rh. globosum. Sporangien verschiedener Entwickelungsstadien, einem Faden von Oedogonium aufsitzend, das intramatricale Mycel ist hier nicht zu sehen (Vergr. 400, nach A. Braun). b und c Rh. pollinis auf einem Pollen von Pinus, b ein Zoosporangium mit dem verzweigten, intramatricalen Mycel und zwei sichtbaren Löchern, aus denen die eineiligen Schwärmer hervortreten. c Aufsitzende Dauersporen (d) mit grossem, centralen Fetttropfen und intramatricalen Mycel (Vergr. 350, nach Zopf). d Rh. ampullaceum. Sporangien heerdenweise einer Mougeotia aufsitzend (Vergr. 400, nach A. Braun).

einzige lange Cilie nachschleppend; Schwärmer kugelig, mit farblosem, glänzenden Fetttropfen, Bewegung hüpfend und springend, nicht ruhig. Dauersporen aufsitzend, kugelig, dem Zoosporangium ähnlich gestaltet, mit farbloser oder schwach bräunlicher, meist glatter, dicker Membran und grossem, centralen Fetttropfen; Keimung mit Zoosporen. Sexualität fehlt.

Die Gattung Rhizophidium umfasst in der hier befolgten Umgrenzung die Gattungen Rhizophidium, Phlyctidium, Sphaerostylidium und Rhizophyton, welche in Schröter's Kryptfl. III. 1 und in Saccardo's Sylloge VII. 1 aufgeführt werden. Meine obige Diagnose setzt voraus, dass bei allen zu Phlyctidium und Sphaerostylidium gestellten Formen ein intramatricales Mycel vorhanden und bisher nur den ja zum Theil aus älterer Zeit herrührenden Beobachtungen entgangen ist. Wo solche, wie z. B. bei dem nach Braun wurzellosen Phlyctidium Pollinis, in neuerer Zeit wiederholt worden sind, hat sich immer ein intramatricaler, mycelialer Theil des Vegetationskörpers nachweisen lassen.

Sphaerostylidium vereinige ich ausserdem mit Rhizophidium, weil die Bildung eines Entleerungshalses allein für eine generische Trennung mir nicht genügt.

Auch das von Zopf aufgestellte Rhizophyton, dessen Gattungsmerkmal in der Einzahl der Entleerungsöffnungen an den Sporangien liegen soll, ziehe ich hierher, da dieses Merkmal allein die Aufstellung einer neuen Gattung nicht zu fordern scheint. Mit demselben Recht könnte man auch neue Gattungen nach der Gestalt der Sporangien unterscheiden, die dann den von mir aufgestellten Sectionen entsprechen würden.

Dagegen scheint es mir geboten, diejenigen Formen, wie Rh. roseum oder Rh. Braunii, bei denen die Rhizoiden nicht bloss an einer Stelle, an der Basis der Sporangien, sondern auch an anderen Stellen seiner Oberfläche entspringen, in einer neuen Gattung (Rhizophlyctis) zu vereinigen. Die in derselben vereinigten Formen sind ausserdem alle polyphag, während die echten Rhizophidien monophag sind, auf die vom Schwärmer inficirte Zelle beschränkt bleiben.

Nach der Gesalt der reifen Sporangien und ihrer Oeffnungsweise lassen sich die zahlreichen Species folgendermassen gruppiren:

Sectio I. **Globosa.** Sporangien kugelig oder annähernd kugelig, ellipsoidisch, höchstens 1½ mal so lang als breit, mit glatter Oberfläche, ohne Ausbuchtungen und ohne Hals; Oeffnung mit einem oder mehreren Löchern. Species 65—79.

a. **Multiporia.** Sporangien öffnen sich mit 2—4 Löchern, von denen meist eins am Scheitel, die anderen an anderen Stellen der Oberfläche entstehen. Die Austrittsstellen sind vorher als kurze Papillen oder als Tüpfel erkennbar. Species 65—69.

b. **Uniporia.** Sporangien öffnen sich mit einem mehr oder weniger weiten Loch am Scheitel, der oft als kurze Papille vorgewölbt ist, wodurch die Sporangien breit-citronenförmig werden. Rand des Loches ohne Verzierung. Species 70—78.

c. **Dentata.** Sporangien öffnen sich mit einem Loch am Scheitel; Rand des Loches mit zahnartigen Wandstücken besetzt. Species 79.

Sectio II. **Longata.** Sporangien glatt mit ausgesprochener Längsachse, mindestens noch einmal, meist mehrere Mal so lang als breit,
entweder lang bauchig-cylindrisch, spindelförmig oder im unteren
Theile kugelig und in einen deutlichen dünnen Hals verlängert;
Entleerung durch ein Loch am Scheitel. Species 80—86.

 a. **Fusiformia.** Sporangien schlank, mindestens dreimal so
  lang als breit, bauchig-cylindrisch oder spindelförmig.
  Species 80—82.

 b. **Collifera.** Sporangien im unteren Theil kugelig oder
  ellipsoidisch, nach oben in einen deutlichen dünnen Hals
  verlängert, mehr oder weniger von der Form einer Kochflasche. Species 83—86.

Sectio III. **Lobata.** Sporangien im Umriss kugelig oder ellipsoidisch oder niedergedrückt-scheibenförmig, mit zwei oder mehr
kürzeren oder längeren, seitlichen Ausstülpungen, daher lappig oder
gehörnt; Oeffnung mit einem Loch am Scheitel oder mit mehreren
Löchern, je eins an den Enden der Ausstülpungen. Species 87—91.

Eine Bestimmungstabelle der Species nach morphologischen
Merkmalen auszuarbeiten, dürfte bei dem jetzigen Stande der Kennt-
nisse verfehlt sein und könnte nur zu scheinbar günstigen, in
Wirklichkeit aber trügerischen Unterscheidungen führen.

Sectio I. **Globosa.**

Sporangium kugelig oder annähernd kugelig, ellipsoidisch,
höchstens $1\frac{1}{2}$ mal so lang als breit, mit glatter Oberfläche, ohne
Ausbuchtungen und Hals; Oeffnung mit einem oder mehreren
Löchern.

 a. **Multiporia.** Sporangien öffnen sich mit 2—4 Löchern,
  von denen meist eins am Scheitel, die anderen an anderen
  Stellen der Oberfläche entstehen. Die Austrittsstellen sind
  vorher als kurze Papillen oder als Tüpfel erkennbar.

65. **Rh. pollinis** (A. Braun, 1855, Abh. d. Berl. Acad. p. 381)
Zopf, 1888 (Abh. naturf. Ges. Halle XVII. p. 82).

Synon.: Chytridium pollinis Pini A. Braun, 1855, l. c. p. 381.
Chytridium vagans A. Braun, 1856, Monatsb. Berl. Acad. p. 588.
Phlyctidium pollinis Pini (A. Braun) Schröter, 1886, Kryptfl. v. Schles.
 III. 1, p. 190.
Abbild.: A. Braun, 1855, Abh. Berl. Acad. Taf. III, 1—15. Zopf,
l. c. Taf. I, 1—20.

Intramatricales Mycel sehr reich und dicht verästelt, zuletzt ausserordentlich feinfädig. Sporangien aufsitzend, gehäuft, immer zu mehreren, selbst bis zu 12 auf einem Pollenkorn, meist genau kugelig, zuweilen auch stumpfeckig-kugelig oder kurz eiförmig, mit farbloser, glatter Membran, sehr verschieden gross, 8—36 μ Durchmesser: öffnen sich durch 2—4 Löcher, die vorher schon als 4—7 μ breite Tüpfel der Sporangienwand sichtbar sind; die kleinsten Sporangien nur mit einem Loch am Scheitel. Schwärmer kugelig, 4—6 μ Durchmesser, mit einer langen Cilie und Fetttropfen, 12—100, selbst bis 150 in einem Sporangium. Dauersporen aufsitzend. schwach röthlich schimmernd. niedergedrückt-kugelig, mit dicker, farbloser und glatter Membran und grossem, centralen Fetttropfen. 9—20 μ Durchmesser, also kleiner als die Sporangien. Keimung unbekannt. — Fig. 16 b und c.

Auf Pollenkörnern verschiedener Phanerogamen; in der freien Natur den auf die Oberfläche von Tümpeln und Teichen gewehten Pollen von Pinus silvestris zerstörend. In der Cultur, durch Aussaat des Pollens auf Wasserproben einfangbar, auch auf Pollen folgender Pflanzen: Pinus Laricio, P. austriaca, P. Pinaster. P. Pallasiana; Phlox, Tropaeolum majus, Helianthus annuus, Populus nigra. Amaryllis formosissima. Nicht übertragbar auf Sporen von Trichia und von Lycopodium.

Schröter (Hedwigia XVII. 1879, p. 84) hat auf zur Keimung auf Wasser ausgesäten Sporen von Sclerospora graminicola eine Chytridiacee gefunden, welche er als die obige Species betrachtet.

Schröter (Kryptfl. Schles. III. 1, p. 190) giebt die kleineren, von A. Braun (l. c.) mitgetheilten Maasse an und deshalb zweifelt Zopf (l. c.) an der Gleichheit der von ihm und Schröter auf Pinus-Pollen beobachteten Species. Es ist doch wahrscheinlicher, dass dieselbe Species beiden Autoren vorlag.

Nach Cornu (A. sc. nat. 5. Serie XV. p. 121) soll obige Species intramatricale. nicht aufsitzende Dauersporen haben; es liegt wohl hier eine Verwechselung mit den Dauersporen von Olpidium pendulum oder luxurians oder Lagenidium pygmaeum vor. Die Angaben, dass Rh. pollinis auch auf Conferva bombycina (A. Braun, Monatsb. Berl. Acad. 1856, p. 588) und auf Chlamydomonas (Schenk, Würzb. med.-phys. Ges. 1857, IX.) vorkommen soll, beruhen wohl auf einer Verwechselung mit Rh. globosum.

66. **Rh. Sphaerotheca** Zopf, 1888 (Abhandl. naturf. Ges. Halle XVII. p. 92).

Abbild.: Zopf, l. c. Taf. II. 33—41.

Intramatricales Mycel sehr reich und dicht verästelt. Sporangien gehäuft, bis 12 auf einer Spore, genau oder niedergedrückt-kugelig, kleinste 4—5 μ Durchmessser, die grössten wohl nicht über 22 μ, mit farbloser, glatter Membran, öffnen sich mit 2—5 Löchern. Schwärmer kleiner als bei voriger Art. 2,5—3 μ Durchmesser, kugelig, mit einer Cilie und grossem, glänzenden Fetttropfen, 150—300 Stück in den grössten Sporangien. Dauersporen unbekannt.

Auf im Wasser liegenden Microsporen von Isoëtes lacustris und I. echinospora; dieselben tödtend und eine fettige Degeneration hervorrufend.

Zopf (l. c.) fand auch einen Monadinen-ähnlichen Parasiten in den Microsporen und warnt davor, dessen intramatricale Dauersporen mit den noch unbekannten des Rhizophidium zu verwechseln. Nach Analogie zu schliessen, werden die letzteren wohl wie die von Rh. pollinis aufsitzen.

Wahrscheinlich gehört der von Schenk (1858, Contractile Zellen p. 8) auf zum Keimen ausgelegten Sporen von Aspidium violascens gefundene und als Rh. subangulosum A. Braun bezeichnete Pilz gleichfalls hierher.

67. Rh. globosum (A. Braun, 1855, Abh. Berl. Acad. p. 34) Schröter, 1886 (Kryptfl. Schles. III, 1, p. 191).

Synon.: Chytridium globosum A. Braun. 1855. l. c.
Abbild.: A. Braun, l. c. Taf. II, 14—20. Cohn, Nova Acta Acad.
Leop. 1856, XXIV. 1, Taf. XVI, 10—20. Sorokin, Revue mycol. XI.
Taf. LXXIX, 93, LXXX, 100.

Intramatricales Mycel feinfädig, verästelt. Sporangien gehäuft, oft in grosser Zahl dicht nebeneinander, aufsitzend, genau kugelig mit farbloser, glatter Membran, mit 1—5 kurzen Papillen in der oberen Hälfte, die sich später lochartig öffnen; sehr verschieden gross, 15—50, meist gegen 25 μ Durchmesser. Schwärmer kugelig, 2,5 μ Durchmesser, mit einer langen Cilie, farblos, mit Fetttropfen. Dauersporen unbekannt. — Fig. 16 a.

Auf verschiedenen Süsswasseralgen aufsitzend; bisher gefunden auf: Desmidien (Closterium Dianae, Cl. Lunula, Penium Digitus), Cladophora, Oedogonium (Oed. fonticola, rivulare, tumidulum). Sphaeroplea annulina (Sporen), Diatomeen (Melosira varians, Eunotia amphioxys, Pinnularia viridis).

Ob die auf den verschiedenen Substraten beobachteten Formen alle zu einer Species gehören, bedarf noch weiterer Untersuchung. Besonders gilt dies noch für folgende Substrate.

Dangeard (Le Botaniste I, p. 61, Taf. III, 12—15) giebt an Rh. globosum auf Chlamydomonas gefunden zu haben. Sporangien 8—12 μ Durchmesser. Schwärmer 1 μ, befällt die schwärmenden Individuen ohne zunächst deren Bewegung zu hemmen. Entleerung der Schwärmer durch 4—5 kleine Löcher. Eine Verwechselung mit Rh. acuforme, welches ebenfalls auf Chlamydomonas schmarotzt, scheint zwar dadurch ausgeschlossen, dass die letztere Species sich unipor, die

Dangeard'sche Form aber multipor öffnen soll. Die Masse, welche Zopf für Rh. acuforme angiebt, stimmen ungefähr mit den von Dangeard veröffentlichten überein. Eine erneute Untersuchung scheint hier erwünscht.

Dangeard (l. c. p. 61) fand ferner Rh. globosum auf Phacotus und Corbierea, zwei Peridinien, sowohl auf den ruhenden Eiern, als auch auf den vegetativen Zuständen. Auch auf den Cysten einer Vampyrella, welche auf Gloeocystis vesiculosa schmarotzte, fand Dangeard einen Rh. globosum ähnlichen Parasiten, dessen systematischer Werth ihm zweifelhaft blieb; er schwankt zwischen Rh. globosum und einer eventuell neuen Species Chytridium Vampyrellae.

Weiterhin hat Dangeard (Journal de bot. II. p. 8, Taf. V, 16 -18) auf den schwärmenden Zuständen und den Cysten einer anderen Peridinice. Glenodinium cinctum, einen Parasiten gefunden, den er zu Rh. globosum stellt. Sporangien kugelig, 15—20 μ. Hier fand er auch kugelige, glattwandige, aufsitzende Dauersporen von 10—12 μ Durchmesser.

Endlich giebt Schenk (1858, Contractile Zellen) an, auch auf Oscillaria und Anabaena Rh. globosum gefunden zu haben.

Aus dieser Zusammenstellung dürfte hervorgehen, dass das Rh. globosum entweder ein sehr verbreiteter, kein Substrat verschmähender Parasit ist oder dass diese Species vorläufig nur eine Collectivspecies ist, die weiterer Sichtung bedarf.

Nach Beschreibung und Abbildung zu schliessen, sind folgende beiden von A. Braun aufgestellten Species wohl mit Rh. globosum zu vereinigen.

Chytridium (Rhizophidium) laterale A. Braun, 1855 (Abh. Berl. Acad. p. 41, Taf. III, 20—26).

Sporangien gehäuft, kugelig, mit 1 - 3 stumpfkegeligen, zitzenartigen Papillen, den späteren Austrittsstellen der Sporen, 14 - 17 μ Durchmesser. Schwärmer kugelig-länglich, 2,5 μ Durchmesser, mit einer fünf- bis sechsmal so langen Cilien. Intramatricales Mycel seit A. Braun nicht untersucht, von ihm als unverzweigt geschildert.

Auf Ulothrix zonata. Nach Sorokin (Revue mycol. XI. Taf. 80, Fig. 106) auch auf Stigeoclonium. Nach Schenk (l. c.) auch auf Mougeotia.

Chytridium (Rhizophidium) subangulosum A. Braun, 1855 (Abh. Berl. Acad. p. 44, Taf. III, 27—31).

Sporangien kugelig, einzeln oder zu mehreren, mit 2—3 kurzen Papillen und dadurch stumpflich-eckig erscheinend, 20—25 μ Durchmesser. Schwärmer kugelig, 2,5 μ Durchmesser, mit einer sechsbis siebenmal so langen Cilie. Intramatricales Mycel nicht beobachtet.

An den Spitzen der Fäden von Oscillaria tenuis var. subfusca.

Dangeard (A. sc. nat. 7. Serie IV. p. 292, Taf. XIII, 1—5) beschreibt für diese Form ein langes, unverzweigtes, sehr kräftiges, intramatricales Mycel; er beobachtete sie auf Lyngbya aestuarii. Ein sorgfältiger Vergleich seiner Abbildung auf Taf. XIII.

Fig. 5 und einer seiner späteren Abbildungen (Le Botaniste II. Taf. IV, 27) zeigt, dass Dangeard seine spätere Resticularia nodosa für das intramatricale Mycel des Ch. subangulosum ansah. Die Frage nach dem Mycel dieser Species ist deshalb noch ungelöst.

68. Rh. Haynaldii (Schaarschmidt. 1883, Hedwigia p. 125).

Synon.: Phlyctidium Haynaldii Schaarschmidt, l. c.

Intramatricales Mycel nadelförmig, unverzweigt, soweit bekannt. Sporangien heerdenweise, länglich-eiförmig oder stumpflich-dreieckig, mit flachgewölbtem oder eingedrücktem Scheitel, rechts und links davon je eine kurze Papille tragend, mit farbloser, glatter Membran. 12 μ breit, 14 μ lang; Entleerung durch die beiden geöffneten Papillen. Schwärmer elliptisch zugespitzt, 2 μ lang, 0,7 μ breit, mit einer ca. 4 μ langen Cilie an der Spitze und excentrischem Fetttropfen. Dauersporen unbekannt.

Haufenweise auf Ulothrix zonata.

Das von A. Braun auf Ulothrix gefundene Chytridium laterale hat grosse Aehnlichkeit mit dieser Species. Es fragt sich sehr, ob bei dieser die Sporangien wirklich immer nur zwei Papillen, die streng sich gegenüberstehen sollen, tragen. Wäre dies nicht der Fall, dann würde unbedingt Rh. Haynaldii mit Rh. laterale, resp. sogar mit Rh. globosum zu vereinigen sein.

69. Rh. Cyclotellae Zopf, 1888 (Abh. naturf. Ges. Halle XVII. p. 94).

Abbild.: Zopf, l. c. Taf. II, 13—22 a.

Intramatricales Mycel feinfädig, reich verzweigt. Sporangien aufsitzend, gehäuft, nie genau kugelförmig, kurz breitbirnenförmig, nicht über 12 μ Durchmesser, mit farbloser, glatter Membran, je nach der Grösse mit 1—3 Löchern sich öffnend. Schwärmer kugelig, farblos, in der Ruhe amoeboid, 1,8—2,5 μ Durchmesser, mit einer nachschleppenden Cilie, Fetttropfen. Dauersporen unbekannt.

Auf Cyclotella. Dem Rh. globosum sehr ähnlich und nahe verwandt, aber doch von ihm verschieden; ein strenger Parasit, geht (nach Zopf) auf Melosira und andere Diatomeen (Synedra, Navicula) nicht über, liess sich durch Pinuspollen und Lycopodiumsporen nicht einfangen.

b. Uniporia. Sporangien öffnen sich mit einem mehr oder weniger weiten Loch am Scheitel, der oft als kurze Papille vorgewölbt ist, wodurch die Sporangien breit-citronenförmig werden. Rand des Loches ohne Verzierungen.

α. Sporangien mit papillenartig vorgewölbtem Scheitel, mehr oder weniger citronenförmig, geöffnet urnenförmig mit kleinem Loch am Scheitel.

70. **Rh. acuforme** (Zopf, 1884, Nova Acta Acad. Leop. XLVII. p. 209).

Synon.: Rhizidium acuforme Zopf, 1884, l. c.
Abbild.: Zopf, l. c. Taf. XXI, 33—44.

Intramatricales Mycel sehr kurz und winzig, verzweigt. Sporangien aufsitzend, gehäuft, kuglig-citronenförmig, mit kurzer Scheitelpapille, farbloser, glatter Membran, 6—16 *μ* Durchmesser. Schwärmer kugelig, 2 *μ* Durchmesser, mit einer langen Cilie und einem glänzenden Fetttropfen. Dauersporen kugelig, etwas kleiner als die Sporangien, ohne Scheitelpapille, mit dicker, farbloser, glatter Membran und grossem, centralen Fetttropfen. Keimung unbekannt.

Auf einer Chlamydomonas ähnlichen Alge, schon im März in einem noch mit Eis bedeckten Teiche Pommerns von Zopf gefunden. Befällt ebenso wie Entophlyctis apiculata und Rh. transversum auch die schwärmenden Zustände, ohne zunächst die Bewegung zu sistiren.

Man vergleiche auch die Anmerkung bei Rhizophidium globosum.

Von A. Braun ist ein Chytridium Chlamydococci (Abh. Berl. Acad. 1855, p. 45) allerdings sehr mangelhaft beschrieben, welches wahrscheinlich nur Jugendzustände der obigen Species darstellt. Da Braun nur sehr spärliches und schlecht entwickeltes Material vor sich hatte, so ist es wohl am besten, die von ihm aufgestellte Species zu streichen.

Chytridium Haematococci A. Braun (l. c. p. 46) hat Braun nicht selbst gesehen, er erschliesst nur sein Vorkommen und seine Gestalt aus Abbildungen bei Desor (Excursions et séjour dans les glaciers etc. des alpes, 1844, p. 215—219), der selbst das Chytridium für Organe des Haematococcus hielt. Auch diese Species ist vorläufig zu streichen.

71. **Rh. mamillatum** (A. Braun, 1855, Abh. Berl. Acad. p. 32).

Synon.: Chytridium mamillatum A. Braun, 1855, l. c.
Phlyctidium mamillatum Schröter, 1886, Kryptfl. Schles. III. 1, p. 190.
Abbild.: A. Braun, l. c. Taf. II, 9—12. Dangeard, Le Botaniste
II. Taf. XVI, 32.

Intramatricales Mycel fein verzweigt. Sporangien aufsitzend, citronenförmig, mit gerader Scheitelpapille, mit farbloser, glatter Membran, 25—30 *μ* lang, 16—20 *μ* breit. Schwärmer kugelig, eincilig. Dauersporen nicht beschrieben.

Auf Confervoideen: Coleochaete pulvinata, Stigeoclonium, Conferva bombycina, Draparnaldia glomerata.

Während des Druckes hat Dangeard (Le Botaniste 1891, II. p. 243.
Taf. XVII, 1) ein Chytridium assymetricum beschrieben, welches entschieden
zu Rhizophidium gehört und wahrscheinlich nur eine unregelmässige Form der
obigen Species ist. Intramatricales Mycel fein verästelt. Sporangien aufsitzend,
assymetrisch-citronenförmig, mit schiefer Scheitelpapille. Schwärmer wie gewöhnlich.
Auf Conferva bombycina.

72. **Rh. Braunii** (Dangeard, 1887, Bull. soc. bot. France XXXIV.
p. XXII und Le Botaniste 1888, I. p. 57).

> Synon.: Chytridium Braunii Dangeard, l. c.
> Abbild.: Dangeard, Le Botaniste 1888, I. Taf. III, 11.

Intramatricales Mycel vorhanden, über seine nähere Beschaffenheit nichts bekannt. Sporangien aufsitzend, citronenförmig,
mit schiefer Scheitelpapille, farbloser, glatter Membran, 4—6 μ breit,
6—10 μ lang. Schwärmer kugelig, ca. 2 μ Durchmesser, mit einer
langen Cilie und Fetttropfen; 15—25 Stück in einem Sporangium.
Dauersporen unbekannt.

Auf Apiocystis Brauniana, der blasenförmigen Hülle der Colonie
aufsitzend und in dieselbe die Rhizoiden treibend.

73. **Rh. Sciadii** (Zopf, 1888. Abh. naturf. Ges. Halle XVII. p. 91).

> Synon.: Rhizophyton Sciadii Zopf, l. c.
> Abbild.: Zopf, l. c. Taf. II, 23—32.

Intramatricales Mycel feinfädig, weit ausgebreitet, reich
verzweigt. Sporangien gehäuft, breit verkehrt-eiförmig, mit breiter,
stumpfer Scheitelpapille, bis 17 μ breit, 20 μ hoch, mit farbloser,
glatter Membran. Schwärmer kugelig, 2,3—4 μ Durchmesser, mit
einer langen Cilie und grossem Fetttropfen. Dauersporen unbekannt.

Auf Sciadium Arbuscula, in süssem und salzigen Wasser.

74. **Rh. zoophthorum** (Dangeard, 1887, Bull. soc. bot. France
XXXIV. p. XXII).

> Synon.: Chytridium zoophthorum Dangeard 1887 u. 1888 (Le Botaniste
> I. p. 58).
> Abbild.: Dangeard, Le Botaniste I. Taf. III, 10, 21.

Intramatricales Mycel kräftig, reich verzweigt. Sporangien
aufsitzend, gehäuft, citronenförmig, mit schiefer, länglicher Scheitelpapille, farbloser, glatter Membran, 15—17 μ breit, 20—25 μ lang.
Schwärmer kugelig, eiförmig, 3 μ Durchmesser, mit einer zehnmal
so langen Cilie und einem weniger als bei anderen Species glänzenden Fetttropfen. Dauersporen unbekannt.

Saprophytisch auf todten Rotatorieneiern.

β. Sporangien kugelförmig, ohne papillenartig vorgewölbten
Scheitel, das obere Viertel oder Drittel der Wand ver-
quillt gallertartig; Sporangien geöffnet mit weitem Loch,
tief schüssel- oder becherförmig.

75. **Rh. sphaerocarpum** (Zopf, 1884, Nova Acta Acad. Leop.
XLVII. p. 202).

Synon.: Rhizidium sphaerocarpum Zopf, l. c.

Abbild.: Zopf, l. c. Taf. XIX, 16—27.

Intramatricales Mycel vorhanden, besteht aus einem kurzen,
geraden, nadelartig eindringenden Haupttheil, der an seinem unteren
Ende wenige und sehr kurze, zarte Verzweigungen trägt. Sporangien aufsitzend, gehäuft, genau kugelig, mit farbloser, zweischichtiger Wandung; von der äusseren, derben Schicht vergallert
ein calottenartiges Stück am Scheitel und die zarte Innenschicht
stülpt sich bruchsackartig hervor, bald sich auflösend und die
Schwärmer entlassend: geöffnete Sporangien tief schüsselförmig.
Schwärmer kugelig, mit einer sehr langen Cilie und stark glänzendem Fetttropfen, während der Bewegung gleichzeitig amoeboid.
Dauersporen aufsitzend, kugelig, dickhäutig, farblos. Keimung
unbekannt.

Heerdenweise auf verschiedenen Süsswasseralgen (Spirogyra,
Mougeotia, Oedogonium etc.).

Die von Zopf mitgetheilten Beobachtungen rufen zunächst den Eindruck
hervor, als ob die von ihm beschriebenen Sporangien mit ihrer eigenthümlichen
Oeffnungsweise Dauersporen gewesen wären, die ja in der gleichen Weise keimen.
Auch die Form und ganze Structur der Sporangien spricht dafür. Die von Zopf
als Dauersporen beschriebenen Gebilde stimmen ja vollkommen mit den Sporangien
überein. Eine erneute Untersuchung dürfte hier zu wünschen sein, um so mehr
als ja hier der Fall vorliegen könnte, dass der Pilz überhaupt nur noch Dauersporen, gar keine Sporangien mehr bildet.

Der von Dangeard (Le Botaniste II. p. 244, Taf. XVI, 9) als Chytridium
sphaerocarpum (Zopf) beschriebene Pilz gehört wohl nicht hierher, da seine
Sporangien sich mit einem Deckel öffnen. Es ist ein echtes Chytridium.

76. **Rh. carpophilum** (Zopf, 1884, Nova Acta Acad. Leop. XLVII.
p. 200).

Synon.: Rhizidium carpophilum Zopf, l. c.

Abbild.: Zopf, l. c. Taf. XX, 8—16.

Intramatricales Mycel vorhanden, unverzweigt bis zu den
Oosphären, in diese eindringend und sich hier schwach verzweigend.
Sporangien aufsitzend, gesellig, genau kugelförmig, mit farbloser,
glatter Membran, mit weitem Loch sich öffnend, geöffnet tief schüssel-

förmig, bis 20 μ Durchmesser. Schwärmer kugelig oder ellipsoidisch, 4 – 5 μ Durchmesser, mit einer langen, nachschleppenden Cilie und grossem Fetttropfen; ausnahmsweise ohne Cilie. Dauersporen unbekannt.

Auf den Oogonien von Saprolegniaceen, heerdenweise und die Oosphären vernichtend; auch reife Oosporen werden zerstört. Zuweilen gemeinschaftlich mit Rhizidiomyces apophysatus, worauf wegen etwaiger Verwechselungen zu achten ist.

Zopf (l. c. p. 23) nennt auch noch ein Rhizidium leptorhizum Zopf auf den Oogonien von Saprolegnien, eine Beschreibung desselben ist aber noch nicht veröffentlicht.

γ. Sporangien kugelförmig, aber stumpfeckig, an der Basis meist etwas verjüngt und dadurch breit-birnenförmig, stumpfeckig, mit breiten oder sogar weit klaffendem Loch sich öffnend, geöffnet verkehrt-glockig.

77. **Rh. agile** (Zopf. 1888. Nova Acta Acad. Leop. LII. p. 343).

Synon.: Rhizophyton agile Zopf, l. c.
Abbild.: Zopf, l. c. Taf. XX, 1—7.

Intramatricales Mycel fein verzweigt. Sporangien aufsitzend, gesellig, kugelig, aber unregelmässig stumpfeckig, ohne Papille, an der Basis oft verjüngt und dann breit-birnenförmig, mit dünner, farbloser Membran, klein, 10—15 μ Durchmesser, öffnen sich am Scheitel mit breitem Loch, geöffnet weit-glockig. Schwärmer kugelig, 2,5 μ Durchmesser, mit einer langen, nachschleppenden Cilie und grossem Fetttropfen, bis 50 in einem Sporangium. Dauersporen unbekannt.

Auf Chroococcus turgidus, eine schnelle Verfärbung in Olivengrün bis Schmutziggelbgrün und starke Vergallertung der Membran hervorrufend; oft massenhaft.

78. **Rh. echinatum** (Dangeard. 1888, Journ. de Bot. II. p. 7).

Synon.: Chytridium echinatum Dangeard, l. c.
Abbild.: Dangeard, l. c. Taf. V, 11—15.

Intramatricales Mycel sehr fein, nadelartig, Verzweigung ungewiss. Sporangien aufsitzend, gesellig, an der Basis verjüngt, birnenförmig, mit breitem Scheitel, fast rundlich-gleichseitig dreieckig, mit dünner, farbloser Membran, 10,8 μ breit, 13,5 μ lang, am Scheitel mit weit klaffendem Loch sich öffnend, Rand der Mündung zurückgeschlagen, geöffnete Sporangien verkehrt-glockenförmig.

Schwärmer kugelig, 2,5 μ Durchmesser, mit einer langen Cilie und glänzendem Fetttropfen. Dauersporen aufsitzend, kugelig, ca. 10 μ Durchmesser, mit dichtem, schwach gelblichen Inhalt, grossem Fetttropfen und dicker, mit ziemlich langen, farblosen Stacheln besetzter Membran. Keimung unbekannt.

Auf Glenodinium cinctum.

c. Dentata. Sporangien öffnen sich mit einem weit klaffenden Loch am Scheitel; Rand des Loches mit zahnartigen Wandstücken besetzt.

79. **Rh. Brebissonii** (Dangeard, 1888, Le Botaniste I. p. 59).

Synon.: Chytridium Brebissonii Dangeard, l. c.
Abbild.: Dangeard, l. c. Taf. III. 17.

Intramatricales Mycel nadelförmig, Verzweigung ungewiss. Sporangien aufsitzend, gesellig, kugelig, am Scheitel mit einer Krone von 4—8 kleinen, hornartigen Membranverdickungen, mit farbloser, glatter Membran; die weite Oeffnung am Scheitel zwischen den Zähnen, von ihnen umsäumt. Schwärmer kugelig, 2,7 μ Durchmesser, mit einer langen Cilie und Fetttropfen, bis zu 100 in einem Sporangium. Dauersporen unbekannt.

Auf Coleochaete scutata, nur der peripherischen Seite der Randzellen aufsitzend.

Unvollständig bekannte Species der Sectio Globosa.

Rh. microsporum (Nowakowski, 1876, Cohn's Beitr. z. Biol. II. p. 81).

Synon.: Chytridium microsporum Nowakowski, l. c.
Phlyctidium microsporum (Nowak.) Schröter, 1886, Kryptfl. III. 1. p. 190.
Abbild.: Nowakowski, l. c. Taf. IV, 11.

Intramatricales Mycel unbekannt. Sporangien aufsitzend, kugelig oder oval, 30—50 μ Durchmesser, mit farbloser, glatter Membran, ohne Papille, Austrittsstellen der Schwärmer unbekannt. Schwärmer länglich, sehr klein, 2 μ lang, 0,7 μ breit, mit einer Cilie und glänzendem Fetttropfen. Dauersporen unbekannt.

Auf Fäden von Mastigothrix aeruginea, welche die Gallerte von Chaetophora elegans bewohnte.

Die Form der Sporangien lässt vermuthen, dass sie sich multipor öffnen.

Rh. Elodeae (Dangeard, 1888, Le Botaniste I. p. 61).

Synon.: Chytridium Elodeae Dangeard, l. c.
Abbild.: Dangeard, l. c. Taf. III, 25.

7

Intramatricales Mycel unbekannt. Sporangien aufsitzend, gehäuft, fast kugelig, mit farbloser, glatter Membran, ohne Papille, bis 30 μ Durchmesser, Austrittsstellen der Schwärmer unbekannt. Schwärmer kugelig, 3 μ Durchmesser, mit einer langen Cilie und Fetttropfen. Dauersporen unbekannt.

Auf Elodea canadensis.

Es ist nicht ausgeschlossen, dass diese Sporangien zu einem Cladochytrium aus der Abtheilung Urophlyctis gehören.

Rh. xylophilum (Cornu, 1872, A. sc. nat. 5. Serie XV. p. 116).

Synon.: Chytridium xylophilum Cornu, l. c.
Rhizidium xylophilum Dangeard, 1886, A. sc. nat. 7. Serie IV, p. 300.
Abbild.: Dangeard. l. c. Taf. XIII, 6—9.

Intramatricales Mycel unbekannt, aber wohl verzweigt, wie die jungen Keimlinge der Schwärmsporen schliessen lassen. Sporangien aufsitzend, gesellig, citronenförmig oder auch mit etwas längerer, halsartiger Scheitelpapille, mit einem Loch am Scheitel, farbloser, glatter Membran. Schwärmer kugelig, mit einer Cilie und einem excentrischen Fetttropfen, bei der Entleerung zunächst vor der Mündung gehäuft, bald davoneilend. Dauersporen frei, kugelig, mit dicker, glatter Membran, grossem Fetttropfen, schwach bräunlich.

Auf im Wasser liegenden, verfaulenden Stücken von Corylus Avellana, Tilia und Cannabis, den herausgelösten Bastfasern heerdenweise aufsitzend.

Diese, leider mangelhaft bekannte Form verdient ihres eigenartigen Vorkommens wegen besondere Beachtung; sie ist eine der wenigen saprophytisch lebenden Chytridiaceen. Ob die von Cornu (l. c.) beschriebenen Dauersporen wirklich hierher gehören, ist zweifelhaft. Nach Cornu sollen die Sporangien zuweilen einen langen Hals haben, über dessen Länge freilich jede Angabe fehlt. Die Beschreibungen von Cornu und Dangeard und die Abbildungen bei letzterem stimmen am besten für die Sectio: Globosa, Uniporia.

Sectio II. Longata.

Sporangien glatt, mit ausgesprochener Längsachse, mindestens noch einmal, meist mehrere Mal so lang als breit, entweder lang bauchig-cylindrisch, spindelförmig, oder im unteren Theile kugelig und in einen deutlichen, dünneren Hals verlängert; Entleerung durch ein Loch am Scheitel.

    a. Fusiformia. Sporangien schlank, mindestens dreimal so lang als breit, bauchig-cylindrisch oder spindelförmig, mit einem Loch am Scheitel sich öffnend.

80. **Rh. Fusus** (Zopf, 1884, Nova Acta Acad. Leop. XLVII. p. 199).

Synon.: Rhizidium Fusus Zopf, l. c.

Abbild.: Zopf, l. c. Taf. XVIII, 9—12.

Intramatricales Mycel die ganze Wirthszelle durchziehend, reich verzweigt, zart. Sporangien aufsitzend, schlank, spindelförmig, in der Mitte am breitesten, an Basis und Scheitel verjüngt, aber ohne deutlichen Stiel und Hals, dreimal so lang als breit; mit einem Loch am Scheitel, mit farbloser, glatter Membran. Schwärmer kugelig, mit einer Cilie und Fetttropfen. Dauersporen unbekannt.

Auf grossen Synedra-Arten; gemeinschaftlich mit Ectrogella.

81. **Rh. Lagenula** (A. Braun, 1855, Abb. Berl. Acad. p. 31).

Synon.: Chytridium Lagenula A. Braun, l. c. p. 31.

Phlyctidium Lagenula A. Braun, l. c. p. 71.

Abbild.: A. Braun, l. c. Taf. II, 2—4.

Intramatricales Mycel unbekannt. Sporangien aufsitzend, schlank, spindelförmig, in der Mitte am breitesten, an der Basis und Scheitel schnabelartig verjüngt, einer Navicula ähnlich, so dass ein kurzer Stiel und Hals sich absetzt, mit farbloser, glatter Membran, 30—33 μ lang, 8 μ in der Mitte dick; mit einem Loch am Scheitel. Schwärmer kugelig, 1,7—2 μ Durchmesser, mit einer Cilie und glänzendem Fetttropfen, circa 30 in einem Sporangium. Dauersporen unbekannt.

Auf Melosira varians.

Diese und die vorige Species haben viel Aehnlichkeit mit einander und gehören vielleicht zusammen.

Eine ähnliche Form beschreibt A. Braun (l. c. Taf. II, 5) auf Conferva bombycina aus demselben Tümpel. Die aufgefundenen Exemplare waren noch nicht ausgewachsen. Auch scheint eine Verwechselung mit schwach gefärbten Keimpflänzchen der Conferva nicht ganz ausgeschlossen.

82. **Rh. Coleochaetes** (Nowakowski, 1876, Cohn's Beitr. z. Biol. II. p. 80).

Synon.: Chytridium Coleochaetes Nowakowski, l. c.

Olpidium Coleochaetes Schröter, 1886, Kryptfl. Schles. III. 1, p. 182.

Abbild.: Nowakowski, l. c. Taf. IV, 5—10.

Intramatricales Mycel unbekannt. Sporangien einzeln oder paarweise, selten 3 oder 4, der Gestalt der Nährzelle (Oogonien) entsprechend geformt, im Oogonium bis an die Mündung des Oogonhalses cylindrisch, dann spindelförmig aufschwellend und in einen längeren, halsartigen Theil verjüngt, im Ganzen gestreckt-spindelförmig, mit lang cylindrischer Basis und Spitze, farbloser, glatter

7 *

Membran, die längsten 125 μ, die mittleren 80 μ lang, im dicksten Theil über der Oogonmündung nur 12 μ breit: am Scheitel mit einem Loch sich öffnend. Schwärmer kugelig, 2 μ Durchmesser, mit einer Cilie und glänzendem Fetttropfen. Dauersporen unbekannt.

In den geöffneten Oogonien von Coleochaete pulvinata, der Oosphäre aufsitzend und diese zerstörend; niemals auf die vegetativen Zellen übergehend.

Die Einwanderung der Schwärmer erfolgt erst nach der Oeffnung des Oogoniums, dessen Weiterentwicklung natürlich gehemmt wird; so unterbleibt auch die Berindung des Oogons.

Schröter (l. c.) stellt diese Species zu Olpidium, wohl mit Unrecht, denn die jungen Sporangien scheinen von Anfang an mit Membran umgeben zu sein und leben ja auch nicht intramatrical, da erst die bereits geöffneten Oogonien befallen werden. Der Nachweis eines intramatricalen Mycels ist bei dieser und der folgenden Species noch zu erbringen.

b. **Collifera.** Sporangien im unteren Theile kugelig oder ellipsoidisch nach oben in einen deutlichen, dünnen Hals verlängert, mehr oder weniger von der Form einer Kochflasche. Entleerung durch den an der Spitze sich öffnenden Hals.

83. **Rh. decipiens** (A. Braun, 1855, Abh. Berl. Acad. p. 54).

Synon.: Chytridium decipiens A. Braun, l. c. p. 54.
Phlyctidium decipiens A. Braun, l. c. p. 72.
Abbild.: A. Braun, l. c. Taf. V, 1—4. Sorokin, Revue mycol. XI. Taf. 81, Fig. 115, 116, 121.

Intramatricales Mycel unbekannt. Sporangien einzeln oder paarweise, gedrückt-kugelig, mit farbloser, glatter Membran, bis 40 μ Durchmesser, mit einem aus der Oeffnung des Oogoniums hervorragenden Entleerungshals, einem Olpidium ähnlich. Schwärmer kugelig, 2,5 μ Durchmesser, weitere Structur nicht beschrieben. Dauersporen länglich-eiförmig, farblos, mit glatter Membran. Keimung unbekannt.

In den geöffneten Oogonien von Oedogoniaceen, der Oosphäre aufsitzend und diese zerstörend; nicht auf die vegetativen Zellen übergehend. Bisher beobachtet auf Oedogonium tumidulum, Oed. Vaucherii, Oed. echinospermum; Bulbochaete spec.

Die Infection erfolgt auch hier, wie es scheint, erst nach der Oeffnung der Oogonien. Das biologische Verhalten ist das gleiche wie bei der vorigen Species.

Ob die von Cornu (A. sc. nat. 5. Serie XV. p. 121) beschriebenen Dauersporen wirklich hierher gehören, bedarf noch der entwickelungsgeschichtlichen Bestätigung.

Wie A. Braun (l. c. p. 56) bemerkt, gab dieser Parasit Derbès und Solier Veranlassung zur Aufstellung der neuen Oedogoniaccengattung Bretonia. Die Autoren hielten den Parasiten für ein Fortpflanzungsorgan von Oedogonium.

84. Rh. ampullaceum (A. Braun, 1855, Abh. Berl. Acad. p. 66).

Synon.: Chytridium ampullaceum A. Braun, l. c. p. 66.
Sphaerostylidium ampullaceum A. Braun, l. c. p. 75, Saccardo, Sylloge VII. 1, p. 309.
Abbild.: A. Braun, l. c. Taf. V, 24—27.

Intramatricales Mycel unbekannt. Sporangien aufsitzend, heerdenweise, oft in dichter Stellung die Algenfäden bedeckend, im unteren Theile kugelig, höchstens 7 μ dick, nach oben in einen dünnen, dickwandigen Hals scharf abgesetzt, die Spitze desselben conisch verjüngt und undeutlich, der Flamme eines Lichtes vergleichbar, mit farbloser, glatter Membran. Oeffnungsweise der Sporangien, Schwärmer und Dauersporen unbekannt. — Fig. 16 d.

Haufenweise auf Oedogonium vesicatum und undulatum, auf Mougeotia und anderen Fadenalgen.

Dieser häufige Organismus bedarf noch weiterer Untersuchung, gehört wohl aber sicher zu Rhizophidium; er ist die kleinste aller bisher beobachteten Sporochytriaceen.

Als Olpidium caudatum hat Reinsch (1876, Journal of Linnaean Society XV. p. 215) eine kleine Chytridiacee von den Kerguelen beschrieben. Dieselbe sass den Fäden von Schizosiphon kerguelensis auf und unterschied sich nach dem Autor nur durch den grösseren Durchmesser (11—13 μ) der Sporangien von der obigen Species zu der sie wohl gehört.

85. Rh. simplex (Dangeard, 1888, Le Botaniste I. p. 60).

Synon.: Chytridium simplex Dangeard, l. c.
Abbild.: Dangeard, l. c. Taf. III, 18—20.

Intramatricales Mycel dünn, fadenförmig, soweit bekannt unverzweigt. Sporangien aufsitzend, gesellig, eiförmig, mit ziemlich langem, dünnen, schwach gebogenen Hals, mit farbloser, glatter Membran, 10—15 μ lang, 7 μ breit. Schwärmer kugelig, 1,5 μ Durchmesser, mit einer Cilie; 30—40 Stück in einem Sporangium. Dauersporen unbekannt.

Auf den Cysten von Cryptomonas; befällt nicht die schwärmenden Zustände des Wirthes.

86. Rh. appendiculatum (Zopf, 1884, Nova Acta Acad. Leop. XLVII. p. 203).

Synon.: Rhizidium appendiculatum Zopf, l. c.
Abbild.: Zopf, l. c. Taf. XV, 17—27.

Intramatricales Mycel mit einem unverzweigten, nadelförmigen, zuweilen etwas aufgetriebenem Hauptspross, der im grünen Inhalte des Wirthes sich verliert und hier sich sehr spärlich und fein verzweigt. Sporangien aufsitzend, kochflaschenförmig, unten kugelig-bauchig, oben dünn, mit einem längeren oder kürzeren Hals, seitlich an diesem ein kleines, kugeliges oder ellipsoidisches, durch einen feinen, kurzen Isthmus verbundenes Anhängsel tragend; sehr verschieden gross, bis 14 μ hoch, 11 μ breit, mit farbloser, glatter Membran und einem Loch an der Spitze des Halses. Schwärmer kugelig, mit einer nachschleppenden Cilie und glänzendem Fetttropfen, bis 30 in einem Sporangium. Dauersporen aufsitzend, kugelig, mit dicker, farbloser, glatter Membran und grossem, centralen Fetttropfen, ebenfalls mit einem Anhängsel, wie die Sporangien. Keimung unbekannt.

Auf einer Chlamydomonas, alle Zustände, besonders die Dauersporen befallend.

Das eigenthümliche Anhängsel entspricht dem Körper der ausgekeimten Spore. Näheres über diese abweichende Keimung bei Zopf (l. c.). Zuweilen fehlt das Anhängsel, dann hat die Schwärmspore in gewöhnlicher Weise gekeimt.

Sectio III. Lobata.

Sporangien im Umriss kugelig oder ellipsoidisch oder niedergedrückt-scheibenförmig, mit zwei oder mehreren, kürzeren oder längeren seitlichen Ausstülpungen, daher lappig oder gehörnt; Oeffnung mit einem Loch am Scheitel oder mit mehreren Löchern, je eines an den Enden der Ausstülpungen.

87. Rh. gibbosum (Zopf, 1888, Nova Acta Acad. Leop. LII. p.343).
Synon.: Rhizophyton gibbosum Zopf, l. c.
Abbild.: Zopf, l. c. Taf. XX, 8—20.

Intramatricales Mycel sehr zart, verästelt. Sporangien aufsitzend, büschelig gehäuft, im Umriss ei-, birn- oder spindelförmig, mit zahlreichen, buckelartigen Hervortreibungen, daher unregelmässig warzig oder seicht lappig, mit farbloser Membran, 8 μ dick, 11 μ lang, zuweilen bis 22 μ lang und noch grösser, öffnen sich durch ein Loch am Scheitel. Schwärmer kugelig, 2,5—4 μ Durchmesser, mit einer nachschleppenden, sehr zarten Cilie und winzigem Fetttropfen. Dauersporen unbekannt.

Auf Desmidieen (Cylindrocystis, Phycastrum, Penium), einer unbestimmten Palmellacee, an Pinnularien; sogar auf Rotatorieneiern.

Meist büschelig, 15 und mehr Sporangien zusammengehäuft, zuweilen auch einzeln und dann viel grösser.

88. Rh. cornutum (A. Braun, 1855, Abh. Berl. Acad. p. 50).

Synon.: Chytridium cornutum A. Braun, l. c. p. 50.
Phlyctidium cornutum A. Braun, l. c. p. 75.
Abbild.: A. Braun, l. c. Taf. IV, 8—19.

Intramatricales Mycel unbekannt. Sporangien meist einzeln, aufsitzend, in der Jugend kugelig, reif mit mehreren ungleichen, hornartigen, ziemlich langen Ausstülpungen, daher unregelmässig lappig-sternförmig, vielhörnig, einer erstarrten Amöbe nicht unähnlich, mit farbloser Membran; kugelige, junge Sporangien 3 μ Durchmesser, reife ohne die Hörner 10—12,5 μ Durchmesser, die längsten der letzteren ungefähr ebenso lang. Entleerungsweise unbekannt. Schwärmer und Dauersporen unbekannt.

Auf Wasserblüthe verursachender Sphaerozyga circinalis, aber nur auf den Grenzzellen.

In Saccardo's Sylloge VII. 1, p. 306 wird nach einer mir unbekannten Arbeit Sorokin's die obige Species als Parasit von Hormidium varium aufgeführt.

89. Rh. transversum (A. Braun, 1855, Abh. Berl. Acad. p. 44).

Synon.: Chytridium transversum A. Braun, l. c. p. 44.
Phlyctidium transversum A. Braun, l. c. p. 75.
Abbild.: A. Braun, l. c. Taf. IV, 1—6.

Intramatricales Mycel unbekannt. Sporangien aufsitzend, gesellig, jung kugelig, reif breiter als hoch, mit zwei diametralen, seitlichen, kurzen Ausstülpungen, also quer-spindelförmig, zweihörnig, 17 μ breit, mit farbloser, glatter Membran; Entleerung durch die beiden Hörner. Schwärmer und Dauersporen unbekannt.

Auf Chlamydomonas Pluvisculus und einer kleinen Colonie von Gonium pectorale; auch an die schwärmenden Zustände des Wirthes sich festsetzend.

90. Rh. Barkerianum (Archer, 1867, Quart. Journ. of micr. sc., new series VII. p. 89).

Synon.: Chytridium Barkerianum Archer, l. c.

Intramatricales Mycel sehr zartfädig, ungenau bekannt. Sporangien aufsitzend, gesellig, stark niedergedrückt, scheibenförmig, mit 3 oder 4 lappigen, breit abgerundeten, dem Substrat aufliegenden Aussackungen, daher das Sporangium 3 - 4-lappig, sternförmig, im Centrum auf der schwach concaven Oberseite ein senkrechtes, sehr zartes, farbloses, schwachkopfiges Spitzchen tragend,

mit farbloser, glatter Membran; Entleerung durch die geöffneten
Enden der Lappen. Schwärmer und Dauersporen unbekannt.
Auf Zygnema, den Inhalt bräunend und zerstörend.

Das kleine knopfige Anhängsel im Centrum des Sporangiums dürfte dem
Anhängsel bei Rh. appendiculatum entsprechen und wie dort durch die Keimung
entstehen.

91. **Rh. Dicksonii** Wright, 1877 (Transact. royal Irish Acad.
XXV. p. 369).

Abbild.: Wright, l. c. Taf. VI.

Intramatricales Mycel unbekannt. Sporangien einzeln,
aufsitzend, anfangs kugelig, später länglich-eiförmig, am Scheitel
meist mit zwei längeren, hornartigen Ausstülpungen, zuweilen auch
nur mit hornartig vorgewölbtem Scheitel, mit farbloser, glatter
Membran; Entleerung durch die geöffneten Enden der Hörner.
Schwärmer kugelig, farblos, mit einer Cilie. Dauersporen
unbekannt.

Auf Ectocarpus (confervoides, crinitus, granulosus, pusillus).
Nach Hauck (Oesterr. bot. Zeit. 1878, p. 321) vom Februar bis Mai
häufig im adriatischen Meere.

Die Sporangien dieser Species sind sehr unregelmässig gestaltet, auch scheint
ihr Verhalten zur Wirthszelle noch neuer Untersuchung zu bedürfen. Nach Wright's
Bildern scheinen die Sporangien zum Theil auch in den Zellen zu sitzen.

Nach Wright gehören einige der von Harvey und Kützing beschriebenen
Fructificationen der Meeresalgen hierher.

Unvollständig bekannte und zweifelhafte Species der Gattung
Rhizophidium.

Rh. (Phlyctidium) volvocinum A. Braun, 1856 (Monatsb. Berl.
Acad. p. 588).

Sporangien aufsitzend, mit kurz stielartig verschmälerter Basis
kugelig-bauchig, nach oben kurz flaschenartig zugespitzt; in der
Jugend erinnert es an Rh. Lagenula, reif mehr an Rh. mammillatum.
Weiteres nicht bekannt.

Auf Volvox globator.

Rh. (Chytridium) anatropum A. Braun, 1856 (Monatsb. Berl.
Acad. p. 588).

Sporangien aufsitzend, länglich, fast birnenförmig, meist etwas
schief oder selbst gekrümmt, am oberen, dicken Ende abgerundet,
am unteren, schmäleren spitz und seitlich neben dem unteren Ende

angeheftet; 13 µ dick, 25—30 µ lang. Schwärmer kugelig, 3 µ Durchmesser, eine dreimal so lange Cilie. Dauersporen kürzer, kurz eiförmig, mit dicker Membran und grossem, centralen Fetttropfen, schwach gelblichbraun.

Auf Chaetophora elegans; nach Schenk (Contractile Zellen) auch auf Oscillaria.

Rh. (Chytridium) depressum A. Braun, 1855 (Abh. Berl. Acad. p. 46, Taf. IV, 7).

Sporangien aufsitzend, niedergedrückt-kugelig, breiter als hoch, 38 µ breit, 25 µ hoch, mit gerader oder etwas gebogener Scheitelpapille. Näheres nicht bekannt.

Auf Coleochaete prostrata.

Rh. (Phlyctidium) minimum Schröter, 1886 (Kryptfl. Schles. III. 1, p. 191).

Sporangien gesellig, aufsitzend, kugelig, ca. 6 µ Durchmesser, mit kurzem, geraden Haustorium, welches am Ende kugelig aufschwillt. Näheres unbekannt.

Auf Mesocarpus pleurocarpus.

Möglicher Weise nur Jugendzustände des Chytridium Mesocarpi Fisch.

Rh. (Chytridium) rostellatum Wildeman, 1890 (Ann. soc. Belge d. Microsc. p. 19, Fig. 6).

Sporangien aufsitzend, eiförmig, meist mit zwei kurzen divergirenden Hörnern am Scheitel, zuweilen nur ein Horn, welches dann unsymmetrisch an einer Seite entspringt; Entleerung durch die Hörner. Intramatricales Mycel dünn, verzweigt.

Auf Spirogyra crassa.

Rh. (Chytridium) irregulare Wildeman, 1890 (A. soc. Belge microsc. p. 21).

Sporangien aufsitzend, niedergedrückt-kugelig, mit zwei diametralen Hörnern, oft nur mit einem seitlichen Horn; ca. 9 µ Durchmesser.

Auf einer kleinen Diatomee; dem Rh. transversum nahestehend.

Rh. (Chytridium) sporoctonum A. Braun, 1855 (Abh. Berl. Acad. p. 39, Taf. II, 13).

Sporangien kugelig, 5—7 µ Durchmesser. Nach Braun's eigner Ansicht wahrscheinlich nur Jugendzustände einer anderen Form, vielleicht des Rhizophidium globosum.

Auf Oedogonium Vaucherii, aber nur auf den Oogonien, in grosser Menge und die Oospore tödtend.

Rh. (Rhizidium) algaecolum Zopf, 1884, Nova Acta Acad. Leop. XLVII. p. 204 auf Spirogyren, ist überhaupt nur mit dem Namen erwähnt.

XVII. Rhizidium (A. Braun, 1856, Monatsb. d. Berl. Acad. p. 591).

Vegetationskörper von Anfang an membranumgeben, besteht aus einem aufsitzenden, extramatricalen Theil (der erstarkten Spore) und einem intramatricalen Mycel (oder Haustorium). Dasselbe besteht aus einer kugeligen, subsporangialen Blase, welche sich unmittelbar an die extramatricale anschliesst, und aus verzweigten,

Fig. 17.

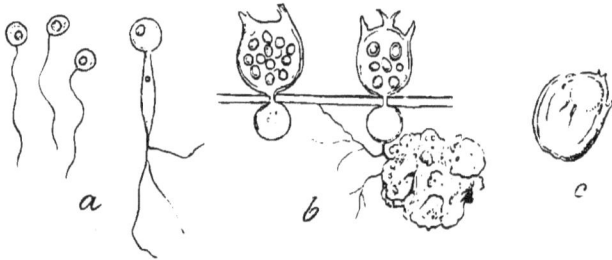

Rhizidium. — a Rh. Zygnematis. Eineilige Schwärmer mit Fetttropfen Vergr. 800, nach Rosen). b und c Rh. quadricorne. b Links eine im Wasser keimende Schwärmspore, unterhalb des kugeligen Sporenkörpers die Entstehung der subsporangialen Blase zeigend; rechts zwei aufsitzende mit 4 Doppelzähnen gekrönte Sporangien, mit intramatricalem Mycel bestehend aus subsporangialer Blase und einem fädigen Theil. c Eine leere Sporangienhaut. (Vergr. ca. 500, nach de Bary und Rosen.)

dünnfädigen Rhizoiden, welche von der intramatricalen Blase ausgehen und in der Wirthszelle sich ausbreiten; der ganze Vegetationskörper einzellig, monophag. Die extramatricale Blase vergrössert sich weiter und wird allein zum Zoosporangium oder zur Dauerspore, der intramatricale Theil des Mycels perennirt nicht, sondern geht nach der Sporenbildung zu Grunde. Zoosporangien aufsitzend, kugelig oder länglich-keulig oder von besonderer Gestalt, oft mit Scheitelpapille, mit farbloser Membran, öffnen sich durch ein Loch am Scheitel oder in dessen Nähe. Schwärmsporen treten einzeln und sehr langsam hervor, die einzige lange Cilie nachschleppend: kugelig, mit farblosem, glänzenden Fetttropfen, Bewegung hüpfend, ruckweise, nicht gleichmässig. Dauersporen aufsitzend, kugelig oder ellipsoidisch, mit dicker, farbloser oder gebräunter, glatter oder warziger Membran und grossem Fetttropfen; Keimung mit Zoosporen. Sexualität fehlt.

Die Gattung Rhizidium ist hier enger gefasst, als bisher üblich und auch von Zopf geschehen. Es scheint mir durchaus geboten, alle jene Rhizidium ähnlichen Formen, deren ganzer Vegetationskörper in der Wirthszelle lebt, deren Sporangien und Dauerzellen also auch nicht aufsitzen, sondern intramatrical sich entwickeln, aus der Gattung Rhizidium mit aufsitzenden Sporangien abzutrennen. Für diese Formen wurde die neue Gattung Entophlyctis aufgestellt. Auch ist eine andere Gruppe von Formen, welche von Zopf und in Saccardo's Sylloge zu Rhizidium gerechnet werden, davon aus- und Rhizophidium anzuschliessen, nämlich alle jene mit aufsitzenden Sporangien und intramatricalem Mycel, aber ohne intramatricale, subsporangiale Blase. Die Ausbildung der letzteren ist unbedingt als ein wesentlicher Fortschritt in der morphologischen Differenzirung des Vegetationskörpers anzusehen und liefert einen der wichtigsten Gattungscharaktere für Rhizidium. Man vergleiche auch Rhizophlyctis.

Die Gattung zerfällt in die beiden folgenden Sectionen:

Sectio I. **Nuda.** Mündung des geöffneten Sporangiums nackt, ohne zahnartige Verzierungen.

Setio II. **Dentata.** (Dentigera Rosen.) Mündung des geöffneten Sporangiums mit einer Anzahl von Zähnen peristomartig gekrönt.

Sectio I. **Nuda.**

Mündung des geöffneten Sporangiums nackt, ohne zahnartige Verzierungen.

92. Rh. Schenkii Dangeard, 1886 (A. sc. nat. 7. Serie IV. p. 297).

Synon.: Rhizidium intestinum Schenk, 1858, Contractile Zellen, pro parte.
Abbild.: Dangeard, l. c. Taf. XIII, 24—30.

Intramatricales Mycel mit subsporangialer Blase und einem von ihrer Basis ausgehenden, reichverzweigten, feinfädigen Würzelchen. Sporangien aufsitzend, birnenförmig oder elliptisch, mit kurzer Scheitelpapille, von sehr variabler Grösse und Form, mit farbloser, glatter Membran, Oeffnung durch ein Loch am Scheitel. Schwärmer kugelig, 3 μ Durchmesser, mit einer langen Cilie und Fetttropfen. Dauerzustände unbekannt.

Ursprünglich auf Oedogoniaceen (Oedogonium, Bulbochaete); in den Culturen auch auf Spirogyra, Zygnema, Closterium und Cladophora übergehend (nach Dangeard).

93. **Rh. Hydrodictyi** (A. Braun, 1855. Abh. Berl. Acad. p. 52).

Synon.: Chytridium Hydrodictyi A. Braun, 1855, l. c. p. 52.
Phlyctidium Hydrodictyi A. Braun, 1855, l. c. p. 74; Schröter, Kryptfl.
Schles. III. 1, p. 190.
Abbild.: A. Braun, l. c. Taf. IV. 20—25.

Intramatricales Mycel stellt eine subsporangiale Blase dar, an der fädige Rhizoiden bisher nicht gefunden worden sind. Sporangien aufsitzend, heerdenweise, anfangs kuglig, reif kurz eiförmig oder verkehrt birnenförmig, mit papillenartigem Scheitel, farbloser, glatter Membran, 30 μ hoch, 20—25 μ breit; Oeffnung durch ein Loch am Scheitel. Schwärmer und Dauersporen nicht bekannt.

Heerdenweise auf Hydrodictyon utriculatum, seine Zellen tödtend.

Seit Braun's Untersuchungen ist diese Form nicht wieder auf die Structur des intramatricalen Mycels untersucht worden. Es ist möglich, dass auch hier von der subsporangialen Blase feinfädige Würzelchen ausgehen. Sollte dies nicht der Fall sein, dann läge hier eine Haustorienbildung wie bei manchen Peronosporeen (Cystopus) vor.

94. **Rh. Euglenae** Dangeard, 1886 (A. sc. nat. 7. Serie IV. p. 301).

Abbild.: Dangeard, l. c. Taf. XIII, 11—19, Le Botaniste I. Taf. III, 22.

Intramatricales Mycel nur als 6 μ breite, subsporangiale Blase bekannt, davon ausstrahlende Rhizoiden sollen fehlen. Sporangien aufsitzend, gesellig, meist ei- bis citronenförmig, mit Scheitelpapille, zuweilen auch gestreckter und geschnabelt, 10 μ breit, 30 μ lang, mit farbloser, glatter Membran; Oeffnung durch ein Loch am Scheitel. Schwärmer sehr klein, kugelig, 2 μ Durchmesser, mit einer langen Cilie und glänzendem Fetttropfen. Dauersporen aufsitzend, mit subsporangialer Blase, kugelig, mit dicker, bräunlicher, schwach warziger Membran und trübem Inhalt. Keimung unbekannt.

Auf ruhenden Zuständen von Euglena.

Nach Dangeard (Le Botaniste I. p. 64, Taf. III, 22) entwickelt sich die subsporangiale Blase zuweilen extramatrical; ob dann überhaupt ein intramatricales Mycel vorhanden ist, giebt Dangeard nicht an.

Chytridium Euglenae A. Braun, 1855 (Abh. Berl. Acad. p. 47) gehört nicht hierher, sondern zu Polyphagus Euglenae Nowakowski.

95. **Rh. vernale** Zopf, 1884 (Nova Acta Acad. Leop. XLVII. p. 234).

Abbild.: Zopf, l. c. Taf. XXI, 12—20.

Intramatricales Mycel mit kleiner, subsporangialer Blase und einem an deren Basis sich anschliessenden, spärlich verzweigten feinen Würzelchen. Sporangien aufsitzend, kugelig, ohne Scheitel-papille, mit farbloser, glatter Membran; Oeffnung durch ein Loch an der Seite. Schwärmer kugelig, eincilig, mit Fetttropfen. Dauer-sporen unbekannt.

Auf Chlamydomonas.

Da Zopf ausser in der Figurenerklärung gar nichts über die Species erwähnt, so musste obige Diagnose nach den Figuren entworfen werden.

96. **Rh. Pandorinae** (Wille, 1884, Abh. Schwedisch. Acad. VIII. p. 64).

Synon.: Phlyctidium Pandorinae Wille, l. c.

Abbild.: Wille, l. c. Taf. II, 86.

Intramatricales Mycel mit subsporangialer Blase, Würzel-chen nicht beobachtet. Sporangien aufsitzend, kugelig, mit Scheitel-papille; Entleerung durch ein seitliches Loch unterhalb des Scheitels. Mehr nicht beschrieben.

Auf Pandorina, bisher nur in Südamerika.

Diese unvollständig bekannte Species steht der vorigen sehr nahe und gehört vielleicht zu ihr.

97. **Rh. catenatum** Dangeard, 1888 (Le Botaniste I. p. 65).

Abbild.: Dangeard, l. c. Taf. III. 24.

Intramatricales Mycel mit subsporangialer Blase und einem an ihrer Basis entspringenden, fein verzweigten Würzelchen. Spo-rangien aufsitzend, birnenförmig, mit breitem, abgerundeten, eine niedrige Papille tragenden Scheitel, mit farbloser, glatter Membran, an der Basis mit 1—4 unregelmässig gestellten, kleinen, aufsitzenden Blasen zweifelhaften Ursprunges; Oeffnung am Scheitel. Schwärmer kugelig, 3 μ Durchmesser, eincilig. Dauersporen unbekannt.

Auf Nitella tenuissima.

Die kleinen Blasen an der Basis des Sporangiums verdanken wohl nur abnormen Keimungen ihre Entstehung; so dass es mir sehr ungerechtfertigt erscheint, hierauf eine neue Species zu gründen.

Sectio II. **Dentata.** (Dentigera Rosen.)

Mündung der geöffneten Sporangien mit einer Anzahl von Zähnen peristomartig gekrönt.

98. **Rh. Zygnematis** (Rosen, 1887, Cohn's Beitr. z. Biol. IV. p. 253).

Synon.: Chytridium Zygnematis Rosen, l. c.

Abbild.: Rosen, l. c. Taf. XIII, 1—14, XIV, 15—27.

Intramatricales Mycel mit subsporangialer Blase und einem von deren Basis entspringenden, feinfädigen, verzweigten Würzelchen.

Sporangien aufsitzend, entweder direct der Nährzelle aufsitzend oder von ihr durch ein oder zwei, bisweilen stielartige Bläschen getrennt, mehr oder weniger kugelig, am Scheitel mit 4 zweispaltigen Zähnen (Membranverdickungen) gekrönt, mit sonst glatter, farbloser Membran; Oeffnung durch ein Loch am Scheitel, die Mündung peristomartig von den Zähnen umsäumt. Schwärmer kugelig, 3—4 μ Durchmesser, mit einer 6—10 mal so langen Cilie und einem grossen, excentrischen, schwach grünlichen Fetttropfen. Dauer-sporen unbekannt. — Fig. 17 a.

Auf Zygnema-Arten (Z. cruciatum und stellinum), deren Inhalt in eine kastanienbraune, formlose Masse umwandelnd: befällt mit Vorliebe bereits schwache, kränkliche Zellen; nur auf den an der Oberfläche des Wassers liegenden Fäden, nicht tiefer unten. Auf Spirogyren und andere Algen nicht übergehend.

Beim Einfrieren der Algen sterben Mycel und reife Sporangien des Parasiten ab, die jüngeren aber bleiben lebendig und entwickeln sich, wieder erwärmt, zu kleinen Sporangien weiter (Frostsporangien Rosen's).

99. Rh. dentatum (Rosen, 1887, l. c. p. 266).

Synon.: Chytridium dentatum Rosen, l. c.
Abbild.: Rosen, l. c. Taf. XIV, 29.

Intramatricales Mycel mit subsporangialer Blase und einem von deren Basis entspringenden, feinfädigen, verzweigten Würzelchen. Sporangien aufsitzend, lang-elliptisch oder schmal-eiförmig, mit 4 dicken, stark convergirenden Doppelzähnen gekrönt; auch hier zwischen Wirthszelle und Sporangium gelegentlich eine Blase ein-geschaltet. Näheres nicht bekannt.

Auf Spirogyra orthospira; weder auf Zygnema noch Oedogonium übertragbar.

100. Rh. quadricorne (de Bary, 1879, mitgetheilt bei Rosen 1884, l. c. p. 265).

Synon.: Chytridium quadricorne de Bary u. Rosen, l. c.
Abbild.: Rosen, l. c. Taf. XIV, 28.

Intramatricales Mycel wie bei voriger Species. Sporangien aufsitzend, gesellig, aus abgerundeter Basis, breit-cylindrisch, im Umriss kugelig, mit 4 langen, aufrechten, starken Doppelzähnen; Oeffnung am Scheitel. Näheres nicht bekannt. — Fig. 17 b, c.

Auf Oedogonium rivulare; von Rh. Zygnematis verschieden, dieses liess sich nicht auf Oedogonium übertragen.

XVIII. **Rhizidiomyces** Zopf, 1884 (Nova Acta Acad. Leop. XLVII. p. 188).

Vegetationskörper von Anfang an membranumgeben, besteht aus einem aufsitzenden, extramatricalen, kugeligen Theil (der erstarkten Schwärmspore) und einem intramatricalen, der selbst wiederum aus einer kleinen, kugeligen oder birnförmigen Blase und einem von deren Basis ausgehenden, verzweigten, fadenförmigen Theil zusammengesetzt ist; farblos, einzellig, später wird der extramatricale Theil durch eine Wand abgegrenzt. Die extramatricale Blase wird zum Zoosporangium. Zoosporangien aufsitzend, anfangs kugelig, später mit langem Entleerungshals und dann bauchig-flaschenförmig, öffnen sich am Scheitel des Halses und entleeren ihren gesammten Inhalt in eine sich vorstülpende Blase, woselbst er in Sporen zerfällt, welche durch das Platzen der Blase frei werden. Schwärmsporen ohne Fetttropfen, farblos, kugelig, mit einer kurzen, aber dicken, nach vorn zeigenden Cilie; Bewegung gleichmässig. Dauersporen unbekannt.

Unterscheidet sich von Rhizidium durch die pythiumartige Entleerung der Sporangien und die abweichend gebaute Schwärmspore.

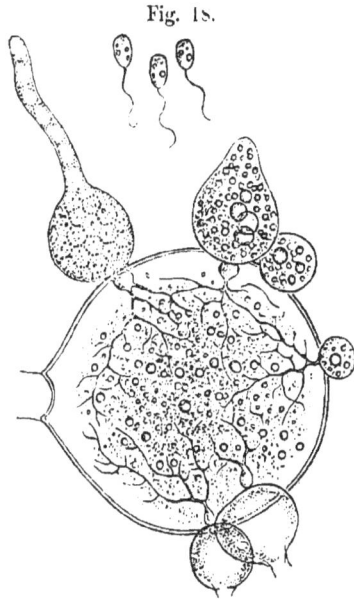

Fig. 18.

Rhizidiomyces.— Rh. apophysatus. Ein Oogon von Achlya mit aufsitzenden Sporangien. Links oben ein reifes mit Entleerungshals, rechts unten zwei entleerte. Die rechts seitlich sitzenden sollen einem Rhizidium angehören. Die Schwärmer mit kurzer Cilie (in der Copie etwas zu lang gerathen). (Vergr. 540, nach Zopf.)

101. **Rh. apophysatus** Zopf, 1884 (Nova Acta Acad. Leop. XLVII. p. 188).

Abbild.: Zopf, l. c. Taf. XX, 1—7.

Intramatricales Mycel mit birnförmiger, subsporangialer Blase und einem von dessen Basis ausgehenden, zarten, reich verästelten Würzelchen. Sporangien aufsitzend, gesellig, anfangs kugelig, später in einen langen, deutlich abgesetzten Hals ausgezogen und dann kochflaschenförmig, mit farbloser, glatter Membran. Schwärmer breit-ellipsoidisch, 5—6 μ lang, mit einer kurzen, dicken, vorwärts gerichteten Cilie, farblos, ohne Fetttropfen. Dauersporen unbekannt. — Fig. 18.

Auf den Oogonien von Saprolegnieen (Saprolegnia ferax, S. asterophora, Achlya polyandra); ihren Inhalt vor, während und nach der Oosphärenbildung aufzehrend.

XIX. **Achlyella** Lagerheim, 1890 (Hedwigia p. 143).

Vegetationskörper wie bei voriger Gattung. Sporangien aufsitzend, aus der erstarkten Spore sich entwickelnd, kugelig, mit Entleerungshals. Schwärmer ordnen sich vor der Mündung zunächst zu einer Hohlkugel an, umgeben sich mit Membran, aus der sie nach kurzer Zeit hervorschlüpfen. Näheres nicht bekannt.

Diese schlecht bekannte Gattung wiederholt in Bezug auf die Entleerung der Schwärmer den Typus von Achlya und entspricht in dieser Beziehung der Gattung Achlyogeton unter den Holochytriaceen.

102. **A. Flahaultii** Lagerheim, 1890, l. c.

Abbild.: Lagerheim, l. c. Taf. II, 5—7.

Intramatricales Mycel mit subsporangialer Blase, der Rhizoiden aber fehlen sollen. Sporangien aufsitzend, kugelig, mit langem Entleerungshals, also flaschenförmig, mit ziemlich dicker, farbloser, glatter Membran. Schwärmer und Dauersporen unbekannt.

Auf Pollen von Typha, der auf Wasser ausgesät war.

XX. **Septocarpus** Zopf, 1888 (Nova Acta Acad. Leop. LII. p. 348).

Vegetationskörper von Anfang an mit Membran, besteht aus einem aufsitzenden, extramatricalen, anfangs kugeligen, später birnförmigen, ziemlich langgestielten Theil und einem intramatricalen, feinfädig verzweigten, ohne subsporangiale Blase, farblos; anfangs einzellig, später zweizellig durch eine Querwand, welche den oberen, extramatricalen, keulen- oder birnförmigen Theil von seinem Stiele trennt. Nur dieser obere Theil wird zum Sporangium, der übrige Vegetationskörper scheint nach der Schwärmerentleerung zu Grunde zu gehen, ist also monocarpisch. Zoosporangien extramatrical, birnförmig, deutlich gestielt, vom cylindrischen Stiel durch eine

Querwand abgegrenzt, am Scheitel mit einem weiten Loch sich öffnend, geöffnet becherförmig. Schwärmsporen klein, kugelig, mit grossem, centralen Fetttropfen und einer nachschleppenden Cilie, einzeln und fertig hervortretend; Bewegungen wahrscheinlich hüpfend, unregelmässig. Dauerzustände unbekannt.

Die Entwickelung dieser Gattung zeigt einen bemerkenswerthen Fortschritt in der Reihe der Sporochytrieen. Während nämlich bei den meisten Gattungen die zur Ruhe gekommene, aufsitzende Schwärmspore erstarkt und selbst zum Sporangium wird, treibt diese bei Septocarpus eine keulige, zum Sporangium werdende Sprossung und wird selbst nur zum Stiele desselben. Es erinnert diese Entwickelung an diejenige von Obelidium.

Fig. 19.

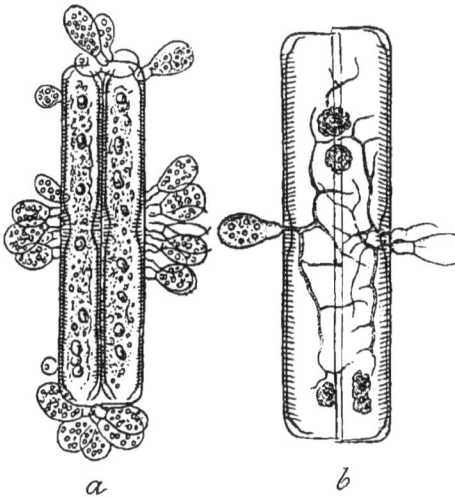

Septocarpus. — S. corynephorus. *a* Zwei noch zusammenhängende Pinnularien mit gehäuften, gestielten, zweizelligen Sporangien. *b* Eine Pinnularia mit auseinander gerückten Schalenhälften, das verzweigte, intramatricale Mycel zeigend. (Vergr. 510, nach Zopf.)

103. S. corynephorus Zopf, 1888 (l. c. p. 348).

Abbild.: Zopf, l. c. Taf. XX, 21—28.

Intramatricales Mycel ohne subsporangiale Blase, feinfädig, reich verzweigt. Sporangien aufsitzend, gehäuft, birnförmig, deutlich gestielt, vom cylindrischen Stiel durch eine Querwand abgegrenzt, der obere bauchige Theil allein Sporen bildend, am Scheitel mit weitem Loch, geöffnet becherförmig. Schwärmer kugelig, mit einer nachschleppenden Cilie und Fetttropfen. Dauer-sporen unbekannt. — Fig. 19 *a*, *b*.

Auf Pinnularia-Arten.

Harpochytrium Lagerheim, 1890 (Hedwigia p. 142), eine sehr mangelhaft bekannte neue Gattung, welche sich hier anschliesst. Die Gattungsdiagnose wird aus der Beschreibung der Species hervorgehen.

H. **Hyalothecae** Lagerheim, 1890 (l. c. Taf. II, 1—4). Intramatricales Mycel nicht sicher gesehen. Sporangien aufsitzend, kurz gestielt, sehr stark ge-krümmt, haken- oder sichelförmig, kurz zugespitzt; Oeffnung an der Spitze (ob Deckel?). Schwärmer und Dauerzustände nicht beschrieben.

In der Gallertscheide von Hyalotheca dissiliens, über dieselbe nicht hervor-ragend.

XXI. **Entophlyctis** nov. gen.

Vegetationskörper von Anfang an membranumgeben, voll-ständig intramatical, besteht aus einer der Wirthszellwand innen anliegenden, kugeligen Blase, aus welcher das fädige Zweigsystem der Rhizoiden entweder direct oder zunächst als Zwischenglied eine zweite kleine, die Rhizoiden tragende Blase entspringt, der ganze Vegetationskörper einzellig, farblos, meist monophag. Die einzige, oder bei zweiblasigem Vegetationskörper die obere, aus der ein-gedrungenen Spore hervorgegangene Blase vergrössert sich und wird zum Zoosporangium oder zur Dauerspore, der übrige Theil des Vegetationskörpers geht dann zu Grunde, scheint nicht poly-carpisch zu sein. Zoosporangien intramatrical, kugelig-blasig, birnförmig oder quer-ellipsoidisch, treiben einen kurzen, oft nur papillenförmigen Entleerungshals durch die Wand der Wirthszelle ins Freie. Schwärmer kugelig, farblos, mit einer sehr langen, nachschleppenden Cilie, einem Fetttropfen, fertig und einzeln aus-tretend; Bewegungen sprungweise. Dauersporen intramatrical, an Stelle der Sporangien, kugelig, mit dicker, zweischichtiger Hülle, einem farblosen, glatten Endospor, einem dicken, gelblichen oder bräun-lichen, glatten oder kurzstacheligen Exospor, farblosem Inhalt, grossem Fetttropfen. Keimung mit einciligen Zoosporen. Sexualität fehlt.

In dieser neuen Gattung stelle ich diejenigen bisherigen Rhizidium-Species zusammen, deren ganzer Vegetationskörper und mithin auch Sporangien und Dauer-sporen innerhalb des Wirthes sich entwickeln; sie stimmen alle ausserdem in der Entwickelung eines recht ansehnlichen Mycels überein.

Anfangs ist auch hier der Vegetationskörper einzellig, später aber wird die zum Sporangium sich entwickelnde Blase durch eine Wand abgegrenzt. Endgiltige Beobachtungen darüber, ob der Vegetationskörper monocarpisch oder polycarpisch

Fig. 20.

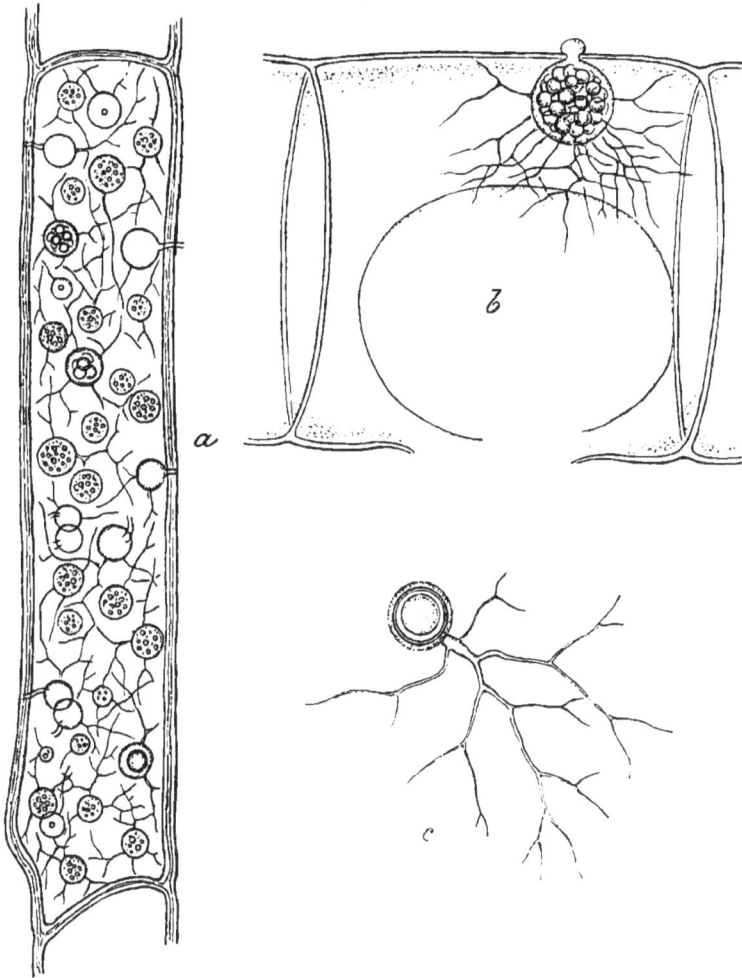

Entophlyctis. — *a* E. Cienkowskiaua. Habitusbild, eine Cladophorazelle mit 37, theils Sporangien, theils Dauersporen bildenden Parasiten (Vergr. 180, nach Zopf). *b* E. bulligera. In einer Spirogyrazelle ein reifes, polyrhizes Sporangium mit zahlreichen, von seiner ganzen Oberfläche ausstrahlenden Mycelfäden und kurzem, knopfartigen Scheitel (Vergr. 540, nach Zopf). *c* E. Cienkowskiana. Eine reife Dauerspore mit einem einzigen, verzweigten Mycelast, monorhize Form (Vergr. 300, nach Zopf).

8*

ist, fehlen noch; es wäre wohl bei der kräftigen Entfaltung des Mycels möglich, dass dasselbe perennirte und mehrere Sporangien erzeugte. Dagegen spricht freilich die Entwickelung des Sporangiums aus dem erstarkenden Körper der eingedrungenen Spore, wodurch auch diese Gattung als echte Sporochytriee sich erweist.

104. **E. intestina** (Schenk, 1858, Contractile Zellen).

Synon.: Rhizidium intestinum Schenk, l. c. pr. p.
Abbild.: Schenk, l. c. Fig. 1—9. Zopf, Nova Acta Acad. Leop. XLVII. Taf. XIX, 1—15.

Vegetationskörper mit zwei Blasen, einer grösseren oberen, die zum Sporangium wird, und einer kleineren subsporangialen; aus letzterer entspringen eine Mehrzahl kräftiger Schläuche, die sich reich monopodial verzweigen, ein deutliches, strahliges Mycelium bildend, alle Aeste desselben ungefähr in einer Ebene liegend, der Wand der Nährzelle angeschmiegt. Sporangien intramatrical, niedergedrückt-kugelig oder birnförmig oder quer-ellipsoidisch, mit farbloser, glatter Membran, bis 40 μ Durchmesser, mit einem kurzen, wenig hervorragenden Entleerungshals. Schwärmer kugelig, ziemlich gross, 5—6 μ Durchmesser, mit einer sechsmal so langen, nachschleppenden Cilie und grossem Fetttropfen. Dauersporen intramatrical, kugelig oder quer-ellipsoidisch, mit dicker, zweischichtiger Wand, deren gelbliches Exospor mit kurzen, farblosen Stacheln besetzt ist. Keimung mit kurzem, dicken Entleerungsschlauch und Schwärmern.

In todten und absterbenden Zellen von Nitella mucronata, flexilis, tenuissima, Chara polyacantha; wahrscheinlich nur Halbparasit.

105. **E. bulligera** (Zopf, 1884, Nova Acta Acad. Leop. XLVII. p. 195).

Synon.: Rhizidium bulligerum Zopf, l. c.
Abbild.: Zopf, l. c. Taf. XVIII, 5—8.

Vegetationskörper mit einer Blase, die mit einem kleinen, knopfigen Fortsatz nach aussen hervorragt, nach innen einen kräftigen Schlauch treibt; dieser verzweigt sich dicht hinter seiner Ursprungsstelle und liefert ein kräftiges, allseitig entwickeltes, reich verzweigtes Mycelium, das auch auf die Nachbarzellen polyphag übergreift; oft auch mehrere Myceläste aus der Blase hervorbrechend. Sporangien intramatrical, kugelig, mit kurzem, über die Oberfläche hervorragenden, knopfigen Fortsatz, durch den die Entleerung erfolgt. Schwärmer wie gewöhnlich. Dauersporen unbekannt. — Fig. 20 b, eine polyrhize Form darstellend.

In vegetativen und copulirenden Zellen der Spirogyra crassa;
nicht in den reifen Zygosporen; besonders in bereits krankhaften
Zellen.

Als Rhizidium tetrasporum hat Sorokin (Revue mycol. XI. p. 137,
Taf. LXXX, 98) eine Form in Spirogyren beschrieben, welche der flüchtigen
Schilderung nach wohl eine nur 4 Schwärmer producirende Zwergform obiger Species
sein könnte.

106. E. Vaucheriae (Fisch. 1884. Beitr. z. Kenntn. Chytrid. p. 26).

Synon.: Rhizidium Vaucheriae Fisch. l. c.
Abbild.: Fisch. l. c. Fig. 10—23.

Vegetationskörper mit einer Blase und einem an ihrer
Basis entspringenden feinen, reich verzweigten Würzelchen, mit
äusserst feinen, kaum erkennbaren Enden. Sporangien intramatrical, kugelig, mit farbloser, glatter Membran, einem kurzen,
wenig hervorragenden Entleerungshals. Schwärmer nicht beschrieben. Dauersporen intramatrical, kugelig, mit dicker, brauner
Membran. Keimung mit Schwärmern, welche in einer aus der auf-
gerissenen Spore hervorgewölbten Blase sich bilden sollen.

In Vaucheria.

Nach Fisch sollen nicht selten auch intercalar oder an kurzen Aestchen des
Myceliums Sporangien oder Dauersporen entstehen. Eine Bestätigung dieser Angaben wäre erwünscht.

Eine der vorigen in allen Entwickelungsstadien gleiche Form soll nach Fisch
(l. c.) auf Spirogyren vorkommen. Er bezeichnet dieselbe als Rhizidium Spirogyrae. Da jede Beschreibung fehlt, ist es unmöglich, eine besondere Diagnose
dieser Form zu geben.

107. E. apiculata (A. Braun, 1855, Abh. Berl. Acad. p. 57).

Synon.: Chytridium apiculatum A. Braun, l. c. p. 57.
Olpidium apiculatum A. Braun, l. c. p. 75.
Rhizidium apiculatum Zopf, 1884, Nova Acta Acad. Leop. XLVII. p. 207.
Abbild.: A. Braun, l. c. Taf. V, 5—20. Zopf, l. c. Taf. XXI, 21—31.

Vegetationskörper mit einer Blase und einem kurzen und
feinen, spärlich verzweigten Würzelchen, die Blase zwischen Wand
und Protoplast des Wirthes liegend, nur das Würzelchen in den
letzteren eindringend. Sporangien intramatrical, zwischen Wand
und Protoplast, den letzteren zur Seite drängend, birnförmig, mit
kurzem, bis 3 μ hervorragenden Entleerungshals, 11—13 μ Durchmesser, mit farbloser, glatter Membran. Schwärmer sehr klein,
kugelig, mit einer Cilie und Fetttropfen. Dauersporen intramatrical, wie die Sporangien zwischen Wand und Protoplast, kugelig
oder birnförmig, mit dicker Membran, farblos. Keimung unbekannt.

Auf Glocococcus mucosus von Braun entdeckt und von Zopf auf einem zweifelhaften Glocococcus wiedergefunden; auch die schwärmenden Zustände befallend.

Hierher gehört wohl auch der von Dangeard (Le Botaniste I. p. 65, Taf. III. 26) auf Phacotus viridis beobachtete Parasit. Dangeard möchte ihn zu Olpidium stellen. Die schwache Entwickelung des Myceliums, welche diese Species von allen anderen Entophlyctis-Arten unterscheidet, erklärt sich wohl aus der Kleinheit des Wirthes. Die Lage der Sporangien zwischen Wand und Protoplast kommt z. B. auch bei Olpidium zygnemicolum und O. Plumulae vor.

108. **E. Cienkowskiana** (Zopf, 1884, Nova Acta Acad. Leop. XLVII. p. 196).

Synon.: Rhizidium Confervae glomeratae Cienkowski, 1857, Bot. Zeit. p. 233.

Rhizidium Cienkowskianum Zopf, 1884, l. c.

Abbild.: Cienkowski, l. c. Taf. V, 1—6. Zopf, l. c. Taf. XVII, 14—24, XVIII, 1—4. Sorokin, Revue mycol. XI. Taf. LXXVIII, 75.

Vegetationskörper nur mit einer (ausnahmsweise zwei oder gar drei) Blase, von der mehrere (bis fünf) verzweigte Mycelfäden ausgehen, mit ausserordentlich feinen Endzweiglein, zuweilen treten im Verlaufe des Mycels bauchige Anschwellungen auf. Sporangien intramatrical, gesellig, aus der einzigen, resp. obersten Blase hervorgehend, kugelig oder birnförmig, mit farbloser, glatter Membran, sehr verschieden gross, 5—25 μ Durchmesser, mehrere Rhizoiden tragend; Entleerung durch einen kurzen, wenig über die Oberfläche der Wirthszelle hervorragenden, 3 μ dicken Hals. Schwärmer kugelig, 3—5 μ Durchmesser, mit einer langen, nachschleppenden Cilie und grossen Fetttropfen; 4—30 in einem Sporangium. Dauersporen intramatrical, an Stelle der Sporangien, stets kugelig, 5—25 μ Durchmesser, mit dicker Membran und grossem, fast die ganze Spore ausfüllenden Fetttropfen, gelblichbraun; mit Rhizoiden. Keimung unbekannt. — Fig. 20 a, c.

In den Zellen von Cladophora-Arten, das ganze Jahr hindurch, von November ab nur Dauersporen. Heerdenweise, oft über 100 Pflänzchen in einer Zelle, diese ganz erfüllend. Befällt mit Vorliebe bereits krankhafte, absterbende Zellen und ist wohl nur Halbparasit.

109. **E. heliomorpha** (Dangeard, 1888, Journ. de Bot. II. p. 8).

Synon.: Rhizidium helioformis Dangeard, 1886, A. sc. nat. 7. Serie IV. p. 289.

Chytridium heliomorphum Dangeard, 1888, Journ. de Bot. II. p. 5.

Abbild.: Dangeard, Journ. de Bot. II. Taf. V, 19—23.

Vegetationskörper mit einer Blase, von der 6 oder 7 einfache oder wenig verzweigte Fäden ausstrahlen. Sporangien intramatrical, kugelig, 10—12 μ, höchstens 20 μ Durchmesser, mit farbloser, glatter Membran und kurzem, papillenartig hervorragenden Entleerungshals; 6—7 Rhizoiden. Schwärmer kugelig, 3 μ Durchmesser, mit einer sehr langen, nachschleppenden Cilie, glänzendem Fetttropfen. Dauersporen intramatrical, mit dicker, zweischichtiger, glatter Membran, mit mehreren Rhizoiden. Keimung unbekannt.

In Nitella, Chara und Vaucheria.

XXII. **Rhizophlyctis** nov. gen.

Vegetationskörper von Anfang an mit Membran, immer extramatrical und nur ausnahmsweise aufsitzend, meist frei, besteht aus einer kugeligen oder anders geformten Centralblase (der erstarkten Spore) und einer Mehrzahl von dieser meist nach allen Seiten ausstrahlenden, mehr oder weniger verzweigten Fäden, deren feine Enden in das Nährsubstrat sich einbohren, einzellig, polyphag; die Centralblase wird zum Sporangium oder zur Dauerspore, das Mycel geht mit Ausnahme einer Species zu Grunde, also eucarpisch, aber monocarp. Zoosporangien frei, selten aufsitzend, kugelig oder ellipsoidisch oder ei- oder birnförmig, mit Papille oder kurzem Hals. Schwärmer kugelig oder länglich, mit einer langen Cilie, glänzendem Fetttropfen, einzeln und fertig hervortretend; Bewegungen etwas unregelmässig. Dauersporen frei, kugelig oder länglich, mit dicker Membran. Keimen mit Schwärmern. Sexualität fehlt.

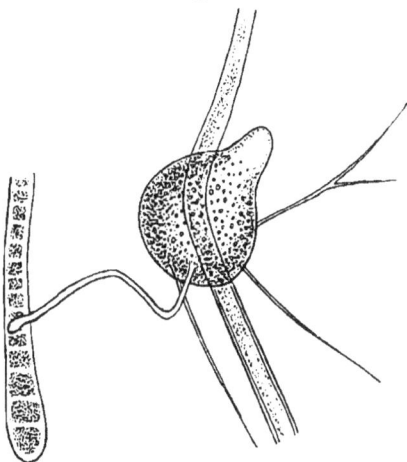

Fig. 21.

Rhizophlyctis. — Rh. Mastigotrichis. Ein auf einem Faden von Mastigothrix sitzendes Sporangium mit mehreren aus seiner Oberfläche hervortretenden Mycelfäden, von denen der eine (links) einen neuen Wirthsfaden erfasst hat (Vergr. 620, nach Nowakowski).

In dieser neuen Gattung sind alle diejenigen bisher zu Rhizidium gestellten Formen vereinigt, welche vollkommen extramatrical sich entwickeln und nur mit den Enden ihrer Mycelfäden polyphag in die Nährsubstrate eindringen; ferner sind alle dadurch charakterisirt, dass von der zur Centralblase erstarkten Spore meist mehrere gleichstarke oder neben einem Hauptast doch noch einige feinere verzweigte Myceläste ausstrahlen, welche auch später noch an den Sporangien und der Dauerspore sich erhalten oder doch wenigstens kurze Reste an ihren Ansatzstellen zurücklassen. Sporangien- und Dauersporenbildung ist die gleiche wie bei den anderen Rhizidiaceengattungen.

Die Aehnlichkeit mit Polyphagus ist unverkennbar, sowohl morphologisch als auch biologisch dadurch, dass ein Individuum zugleich mehrere Wirthsindividuen vernichtet.

110. Rh. Braunii (Zopf, 1888. Nova Acta Acad. Leop. LII. p. 349).

Synon.: Rhizidium Braunii Zopf, l. c.

Abbild.: Zopf, l. c. Taf. XXIII, 1—7.

Vegetationskörper frei, mit 2 oder 3 von der Centralblase ausgehenden, mehrfach verzweigten und sich mehrere Millimeter weit strahlig ausbreitenden Mycelästen, sehr feinfädig, mit den Enden in kleine Diatomeen eindringend. Sporangien kugelig oder ellipsoidisch, ei- oder birnförmig, 12—24 μ Durchmesser, mit farbloser, glatter Membran, mit einem Loch sich öffnend. Schwärmer kugelig, 2,7—4 μ Durchmesser, mit einer Cilie und glänzendem Fetttropfen. Dauersporen kugelig, 9—16 μ Durchmesser, gelbbraun, die äussere Schicht der dicken Wand gallertig gequollen, gelblich, die innere derb, glänzend, gelbbraun; mit Resten der Mycceläste. Inhalt grobkörnig. Keimung unbekannt.

Zwischen Diatomeen.

111. Rh. vorax (Strasburger, 1878, Wirkung des Lichtes und der Wärme auf Schwärmsporen p. 13).

Synon.: Chytridium vorax Strasburger, 1878. l. c.

Vegetationskörper frei, mit mehreren von der Centralblase allseitig ausstrahlenden, reich verzweigten, feinen Mycelästen, deren zarte Enden in die zur Ruhe gekommenen Schwärmer von Chlamydococcus eindringen; einzelne Mycläste oft stark aufgeschwollen. Sporangien kugelig-keulig, ca. 40 μ Durchmesser, mit farbloser, glatter Membran und kurzer Entleerungspapille. Schwärmer kugelig, 6,6 μ Durchmesser, farblos, mit einer langen nachschleppenden Cilie und einem grossen, excentrischen Fetttropfen, bleiben erst vor der Mündung des Sporangiums kurze Zeit liegen und eilen dann davon. Dauersporen unbekannt.

Zwischen Chlamydococcus pluvialis, ein Parasit kann 30- 40 zur Ruhe gekommene Schwärmer vernichten. Greift gelegentlich auch ruhend Chilomonas an.

Diese Form hat, wie bereits Strasburger erwähnt, zwar Aehnlichkeit mit Polyphagus und würde mit ihm vielleicht zu vereinigen sein, wenn ein Sexualact sich nachweisen liesse. Freilich unterscheidet sie sich von Polyphagus dadurch, dass die Centralblase noch selbst zum Sporangium wird.

112. **Rh. Mastigotrichis** (Nowakowski, 1876, Cohn's Beitr. z. Biol. II. p. 83).

Synon.: Chytridium Mastigotrichis Nowakowski, l. c.
Rhizophidium Mastigotrichis Schröter, 1886, Kryptfl. III. 1, p. 191.
Abbild.: Nowakowski, l. c. Taf. IV, 14—21.

Vegetationskörper mit der Centralblase locker aufsitzend, einige unverzweigte oder schwach gabelige Myceläste aus dieser hervortretend, welche entweder dünn auslaufend blind endigen oder kugelig anschwellend anderen Mastigothrix-Fäden anhaften. Sporangien aufsitzend, kugelig oder breit-ellipsoidisch, 40 μ Durchmesser, mit farbloser, glatter Membran und bald papillenartig kurzem, bald langröhrigen Entleerungshals; mit einigen Mycelfäden. Schwärmer vor der Mündung kurze Zeit zusammengeballt, eiförmig, gross, 5 μ breit, 8 μ lang, eine nachschleppende Cilie am schmäleren Ende, hier grosser Fetttropfen. Dauersporen unbekannt. — Fig. 21.

An Mastigothrix aeruginea, die in Chaetophora-Gallerte lebte.

Das Sporangium sitzt einem Faden auf, den es zerstört und trägt die oben geschilderten Aestchen, welche benachbarte Fäden ergreifen und gleichfalls vernichten. Nach Nowakowski sitzt das Sporangium seinem Tragfaden nur locker auf, ohne in ihm Haustorien zu treiben.

113. **Rh. mycophila** (A. Braun, 1856, Monatsb. Berl. Acad. p. 591).

Synon.: Rhizidium mycophilum A. Braun, 1856, l. c.
Abbild.: Nowakowski, Cohn's Beitr. z. Biol. II. Taf. V, 6—12, VI, 1—5.

Vegetationskörper frei, mit einem von der Blase ausgehenden, reich verzweigten, bis 150 μ langen Mycel, dessen Hauptast pfahlwurzelartig die verästelten Seitenzweige trägt und an seiner Ursprungsstelle aus der Blase rübenartig angeschwollen ist, einzellig, farblos; kürzere Myceläste entspringen gelegentlich auch an anderen Stellen der Blase. Sporangien rundlich oder länglich-eiförmig, mit papillenartigem Schnabel, farbloser, glatter Membran, meist ca. 25 μ breit, 40 μ hoch, zuweilen auch sehr lang gezogen, bis 88 μ lang und nur halb so breit oder noch schmäler. Schwärmer kugelig, 5 μ Durchmesser, mit einer Cilie und grossem, excentrischen Fetttropfen, bleiben zunächst mit Schleim vermengt vor der Mündung des Sporangiums liegen und schwärmen dann fort. Dauersporen kugelig, 15—30 µ Durchmesser, farblos, mit zweischichtiger Membran, deren äussere Schicht dicht mit feinen Härchen bedeckt ist. Bei der Keimung tritt an der Spitze eine kleine Blase hervor, welche alles Protoplasma der Spore in sich aufnimmt und allmählich sack- oder schlauchartig sich verlängert; in diesem Keimschlauch entstehen Schwärmer. Die Sporenmasse fliesst in Schleim gebettet zu einem unregelmässig wurmförmigen Körper sich dehnend hervor; später eilen dann die Schwärmer einzeln davon.

In der Gallerte von Chaetophora elegans, das Mycel in der Gallerte ausgebreitet; vielleicht nur saprophytisch.

Diese Form, welche besser vielleicht eine eigene Gattung bildete, steht nur einstweilen hier. Nowakowski hat bei der Bildung der Dauersporen eigenartige Vorgänge beobachtet, deren Mittheilung er für später in Aussicht stellte, aber meines Wissens bisher noch nicht gegeben hat. Nach Nowakowski stirbt das Mycel nach der ersten Sporangienbildung nicht ab, sondern bildet zuweilen ein zweites Durchwachsungssporangium.

114. Rh. rosea (de Bary u. Woronin, 1863, naturf. Ges. Freiburg III.).

Synon.: Chytridium (Rhizophidium) roseum de Bary u. Woronin, l. c.

Abbild.: de Bary u. Woronin, l. c. Taf. II, 17—20.

Vegetationskörper frei, genauer nicht bekannt, eine Blase und mehrere von ihr ausgehende, kurze, verzweigte Myceläste sind beobachtet. Sporangien frei, kugelig, oval oder breit-keulig, 20—30 µ Durchmesser, mit mehreren (bis 8—10) dicken, kurzen, cylindrischen oder kegelförmigen Entleerungshälsen und dünnen Mycelfäden; farblose, glatte, derbe Wand, schön rosenrother Inhalt. Schwärmer kugelig, 3 µ Durchmesser, eine Cilie, wahrscheinlich farblos. Dauersporen unbekannt.

Saprophytisch auf Blumentöpfen mit humusreicher Gartenerde, diese rosenroth färbend.

Cornu fand diese Form wieder, scheinbar parasitisch zwischen ausgesäten Sporen von Equisetum arvense; ein Eindringen oder festes Anlegen der zahlreichen verzweigten Rhizoiden in oder an die Sporen war nicht zu erkennen. (Bull. soc. bot. 1869, XVI.)

Diese Species stelle ich auch nur einstweilen hierher; sie passt besser hierher als die vorige.

Nowakowskia Borzi, 1885 (Bot. Centralbl. XXII. p. 23, Taf. I).

N. Hormothecae Borzi, 1885, l. c.

Vegetationskörper frei, eine kleine kugelige Centralblase trägt meist 3, höchstens 5 feine, einfache oder am Ende gegabelte Myceläste, deren Enden in die Nährzellen eindringen. Sporangien kugelig, 4—16 μ Durchmesser, mit farbloser, glatter Membran, öffnen sich durch Auflösung oder Verquellung der Membran. Schwärmer länglich zugespitzt, 1 μ lang, am Vorderende eine vier- bis fünfmal so lange, sehr dünne Cilie, mit Fettkugel. Die Schwärmer eines Sporangiums werden zusammen ausgestossen und rollen volvoxähnlich davon, allmählich zerfällt die Masse in die einzelnen Schwärmer. Dauersporen unbekannt.

Parasitisch zwischen keimenden Zoosporen von Hormotheca sicula; bisher nur in Sicilien.

Wenn Borzi's Beobachtungen sich bestätigen, dann liegt hier auch eine Rhizophlyctis vor, denn die abweichende Entleerungsweise der Schwärmer war vielleicht nur ein Ausnahmefall Vorläufig mag sie den von Borzi gegebenen Namen beibehalten. Es könnte allerdings auch ein kleiner Rhizopode vorliegen.

XXIII. **Obelidium** Nowakowski, 1876 (Cohn's Beitr. z. Biol. II. p. 86).

Vegetationskörper von Anfang an mit Membran umgeben, einzellig, farblos, durchweg extramatrical - saprophytisch, besteht aus einem in der Jugend schmal - eiförmigen, centralen Theil (der erstarkten Spore) und einem von dessen Basis allseitig ausstrahlenden, dichotomisch reich verzweigten, zuletzt äusserst feinfädigen Mycelium, welches mit 5—7 kräftigen Primärästen an die Centralblase ansetzt; die letztere allein entwickelt sich zum Sporangium, nachdem sie durch eine Querwand vom entleerten und absterbenden Mycel getrennt worden ist; monocarpisch. Zoosporangien reif einzellig, im oberen Theil kegelförmig, mit solidem, kräftigen Stachel endend, dünnwandig, im unteren Theile stielartig cylindrisch, dickwandig, mit kugeliger Basalanschwellung; diese letztere stellt die zur Ruhe gekommene Spore dar, aus deren Scheitel das übrige Sporangium hervorgesprosst ist. Das Sporangium öffnet sich mit einem Loch seitlich unterhalb des Endstachels. Schwärmsporen einzeln und fertig hervortretend, kugelig, mit kleinem excentrischen Fetttropfen und wahrscheinlich einer Cilie, Bewegungen schnell, zickzackförmig, unregelmässig. Dauerzustände unbekannt.

Fig. 22.

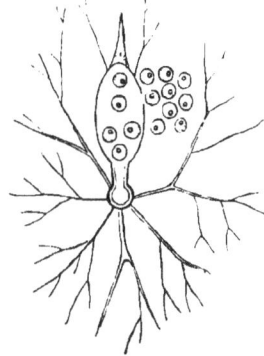

Obelidium. — O. mucronatum. Ein reifes, seine Sporen entleerendes Sporangium, welches mit einem soliden Stachel gekrönt und in drei Theile abgesetzt ist, die kugelige Basis mit den allseits ausstrahlenden Mycelfäden, den cylindrischen Stiel und den oberen, ellipsoidischen, schwärmerbildenden Theil (Vergr. 620, nach Nowakowski).

115. **O. mucronatum** Nowakowski, 1876 (l. c. p. 86).

Abbild.: Nowakowski, l. c. Taf. V, 1—5. Sorokin, Revue mycol. XI. Taf. LXXVIII, 77.

Vegetationskörper siehe Gattungsdiagnose; Mycelfäden allseitig sich ausbreitend, bis 160 *µ* lang. Sporangien wie oben, 32—56, im Mittel 42 *µ* lang, 8—15 *µ* breit. Schwärmer kugelig, 2,5 *µ* Durchmesser.

Auf todten Fliegen, auf der leeren Haut einer Mückenlarve im Wasser.

Dangeard (A. sc. nat. 7. Serie IV, p. 309) möchte diese Gattung mit Rhizidium vereinigen. Ich kann diese Ansicht nicht theilen, denn es liegt doch zweifellos hier ein grosser Fortschritt in der morphologischen Gliederung des Sporangiums vor, welches zum Theil als Neubildung aus der erstarkten Spore entsteht und dadurch zu Polyphagus überführt.

2. Unterfamilie. *Orthosporeae.*

Dauersporen nicht an Stelle der Sporangien entstehend, entweder auf noch unbekannte Weise am mycelialen Theil des Vegetationskörpers oder als Zygosporen durch Copulation zweier Individuen.

XXIV. Chytridium (A. Braun, 1850, Erscheinungen der Verjüngung p. 198) A. Braun, 1855 (Abh. Berl. Acad. p. 74).

Vegetationskörper von Anfang an mit Membran, besteht aus einem aufsitzenden, extramatricalen, meist kugeligen Theil (der erstarkten, zur Ruhe gekommenen Schwärmspore) und einem intramatricalen Theil, der entweder unverzweigt schlauchförmig oder feinfädig verzweigt ist, mit oder ohne intramatricale, subsporangiale Blase; der ganze Vegetationskörper wahrscheinlich einzellig, farblos. Der extramatricale Theil allein wird zum Sporangium oder zur Dauerspore und wird vielleicht hierbei durch eine Querwand vom intramatricalen Haustorium abgegrenzt. Zoosporangien kugelig-eiförmig, urnen- oder birnförmig, extramatrical aufsitzend, am Scheitel schwach spitzlich, mit einem Deckel sich öffnend. Schwärmer kugelig, farblos, mit grossem Fetttropfen und einer sehr langen, dünnen Cilie, einzeln und fertig hervortretend; Bewegung hüpfend, unregelmässig. Dauersporen soweit bekannt, intramatrical am Mycel, kugelig, dickwandig, keimen mit einem kurzen, ein Sporangium bildenden Schlauche. Sexualität nicht ausgeschlossen.

Nach Kny (Bot. Zeit. 1871, p. 870) soll Chytridium Olla zweizellig sein, eine Querwand soll das aufsitzende Sporangium und den intramatricalen Theil trennen.

Es ist zu vermuthen, dass ursprünglich der Vegetationskörper einzellig ist und dass erst kurz vor der Schwärmerbildung, nachdem der ganze Inhalt aus dem intramatricalen Theile in das junge Sporangium übergewandert ist, eine Querwand entsteht. Es schliesst sich dann dieser Fall anderen Siphomyceten, z. B. auch Septocarpus an.

Die ursprünglich alle Sporochytriceen umfassende Gattung Chytridium ist hier nach dem Vorgange A. Braun's selbst auf die mit einem Deckel sich öffnenden, Rhizophidium am nächsten stehenden Formen beschränkt und entspricht der provisorischen Untergattung Euchytridium A. Braun's. Ein wesentliches Charakteristicum sind die intramatrical am Mycel entstandenen Dauersporen.

Die wenigen, zum Theil schlecht bekannten Species in Sectionen einzuordnen, ist wohl nicht nöthig. Nur sei bemerkt, dass Ch. Epithemiae Now. mit typisch zwei gedeckelten Oeffnungen den multiporen Rhizophidien entspricht, Ch. Lagenaria Schenk nach den bei Rhizophidium und Rhizidium befolgten Principien in eine besondere, Rhizidium entsprechende Gattung gestellt werden müsste.

Fig. 23.

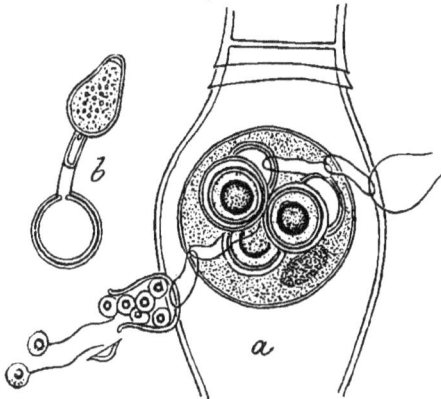

Chytridium. — Ch. Olla. a Oogonium von Oedogonium rivulare mit einer vom Parasiten getödteten Oospore; zwei aufsitzende Sporangien, links unten die Sporen entleerend, nachdem ein Deckel abgeworfen worden ist. Im Innern der Oospore Dauersporen des Parasiten, durch deren Keimung die Sporangien entstanden sind. Bei b eine keimende Dauerspore, mit jungem Deckelsporangium. (Vergr. 375, nach de Bary.)

116. Ch. Olla A. Braun, 1850 (Ersch. d. Verjüngung p. 198).

Abbild.: A. Braun, 1855, Abh. Berl. Acad. Taf. I, 1—10. de Bary, 1884, Morphol. d. Pilze, p. 177, Fig. 76.

Intramatricales Mycel von der Wand des Oogons bis zur Oospore unverzweigt, hier und da erweitert, schlauchförmig, 10—13 μ dick, in die letztere eindringend und hier wahrscheinlich feinfädig verzweigt. Sporangien aufsitzend, meist gesellig, eiförmig, mit farbloser, glatter Membran, sehr gross, 50—67 μ lang, 25—33 μ breit, selbst 100 μ lang, 55 μ breit, mit einem kurzen, leicht gewölbten, stumpf-genabelten Deckel, der bei der Reife abgeworfen wird, ein weites Loch zurücklassend. Schwärmer kugelig, 3—4 μ Durchmesser, mit einer 4—5 mal so langen Cilie und glänzendem Fetttropfen. Dauersporen intramatrical, in den Oosporen, gehäuft, kugelig, mit dicker, zweischichtiger, glatter Membran und grossem, centralen Fetttropfen. Entstehung unbekannt. Keimung mit kurzem, ein gedeckeltes Sporangium treibenden Keimschlauch. — Fig. 23.

Auf den Oogonien verschiedener Oedogonium-Species (Oed. rivulare, etc.), die Oosphäre oder bereits reife Oospore vernichtend, meist in grösserer Zahl (bis 24) einem Oogon aufsitzend, nicht auf die vegetativen Zellen übergehend.

Ueber die Entwickelung der intramatricalen Dauersporen ist sicheres nicht bekannt, besonders auch weiss man nicht, ob eine Sexualität damit verbunden ist. De Bary (l. c. p. 77) fand die Dauersporen eingeschlossen „in einen blasigen Behälter, der sich als intercalares Glied sehr dünner, ästiger Fäden erweist".

Als Ch. brevipes führt A. Braun (Monatsb. Berl. Acad. 1856, p. 587) eine auf den Oogonien von Oedogonium flavescens (?) gefundene Form an, welche Ch. Olla sehr nahe steht und sich nur durch die geringe Grösse und einen kürzeren Wurzelfuss unterscheidet. Es liegt hier wohl nur ein kleineres, schlechter genährtes Ch. Olla vor, dessen Dimensionen ja ebenfalls sehr variabel sind. Kny (Bot. Zeit. 1871, p. 570) fand z. B. isolirte Sporangien 100 μ lang, 55 μ breit, in gedrängter Stellung wachsende zuweilen nur noch 11,9 μ lang, 10,7 μ breit.

117. Ch. acuminatum A. Braun, 1855 (Abh. Berl. Acad. p. 29).

Abbild.: A. Braun, l. c. Taf. I, 11.

Intramatricales Mycel unbekannt. Sporangien aufsitzend, denen der vorigen Art ähnlich, aber durchweg kleiner, bis 17 μ lang, mit einem spitzig und länger geschnabelten Deckel. Weiteres unbekannt.

Auf den Oogonien von Oedogonium echinospermum und Oed. Rothii.

Diese sehr lückenhaft bekannte Form steht der vorigen jedenfalls sehr nahe und ist vielleicht nur eine Varietät.

Sorokin (Revue mycol. XI. Taf. LXXIX, 94) bildet ein gedeckeltes Chytridium auf einer Diatomee ab, welches er als Ch. acuminatum bezeichnet; ein langgeschnäbelter Deckel ist freilich vorhanden.

118. Ch. Mesocarpi Fisch, 1884 (Sitzungsb. d. phys.-med. Soc. Erlangen).

Intramatricales Mycel sehr feinfädig, mit schwer nachweisbaren Verzweigungen. Sporangien aufsitzend, klein, flaschenförmig, im unteren Theile bauchig-kugelig, oben in einen kurzen Hals ausgezogen, mit glatter, bräunlich gefärbter Membran, öffnen sich durch Abwerfung eines Deckels am Scheitel. Schwärmer ziemlich gross, eincilig, mit grossem Fetttropfen, meist nicht über 8 in einem Sporangium. Dauersporen intramatrical, kugelig, mit dicker Membran und grossem, centralen Fetttropfen; liefern bei der Keimung Schwärmsporen.

Auf Mesocarpus.

Hierher gehört wahrscheinlich auch das von Cornu kurz erwähnte Chytridium auf den Zygosporen von Mesocarpus scalaris, mit gedeckelten Sporangien und intramatricalen Dauersporen. Nähere Beschreibung fehlt auch bei Cornu (A. sc. nat. 1872, 5. Serie XV. p. 121).

Nach Fisch (l. c.) soll bei dieser Species eine Copulation der in den aufsitzenden Sporangien erzeugten Schwärmer stattfinden; ihr Product, die schwärmende Zygote, soll in die Mesocarpusfäden eindringen und zur intramatricalen Dauerspore werden, aus deren Schwärmern erst wieder aufsitzende Sporangien entstehen sollen. Es handelt sich wohl hier, ebenso wie bei Reessia, um sehr zweifelhafte Beobachtungsresultate. Zopf (Abh. naturf. Ges, Halle 1888, XVII. p. 85) hat bei Rhizophidium pollinis und einigen anderen das Verhalten der Schwärmer genau verfolgt, hat aber niemals eine Copulation beobachten können.

119. **Ch. Polysiphoniae** Cohn, 1865 (Hedwigia IV. p. 169).

Abbild.: Cohn, Archiv f. mikrosk. Anat. 1867, III. Taf. II, 2.

Intramatricales Mycel unbekannt. Sporangien aufsitzend, meist gesellig, fast kugelig oder rundlich-eckig, mit breiter, flacher Basis aufsitzend, mit schwärzlicher, dicht punktirter Membran, 25—33 μ Durchmesser; werfen am Scheitel einen Deckel von circa 13 μ Durchmesser ab. Schwärmer kugelig, 2.5 μ Durchmesser, farblos, mit einer Cilie und centralem Fetttropfen. Dauersporen unbekannt.

Auf Polysiphonia violacea.

Ist früher für Antheridien des Wirthes gehalten worden (conf. Cohn, Archiv p. 41).

120. **Ch. Epithemiae** Nowakowski, 1876 (Cohn's Beitr. z. Biol. II. p. 82).

Abbild.: Nowakowski, l. c. Taf. IV, 12, 13.

Intramatricales Mycel unbekannt. Sporangien aufsitzend, radieschenförmig, unten in einen schmalen Stiel ausgezogen, oben kugelig, mit zwei Deckeln, einen auf dem Scheitel, einen seitlich, mit farbloser, glatter Membran, 12 μ Durchmesser. Schwärmer und Dauersporen unbekannt.

Auf Epithemia Zebra.

121. Ch. Lagenaria Schenk. 1858 (Verhandl. med.-phys. Ges.
Würzburg VIII. p. 241).

Synon.: Rhizidium Lagenaria Dangeard, 1888 (Le Botaniste I. p. 64).
Abbild.: Schenk, Contractile Zellen 1858, Fig. 11—15. Dangeard,
l. c. Taf. III, 23.

Intramatricales Mycel wie bei Rhizidium gebaut, eine subsporangiale Blase, von der mehrere verzweigte, feine Fäden ausgehen. Sporangien aufsitzend, kugelig oder breit-urnenförmig,
mit farbloser, glatter Membran. 15 μ Durchmesser, mit einem wie
beim Bierglas zurückschlagenden Deckel. Schwärmer kugelig, mit
einer Cilie und glänzendem Fettropfen. Dauersporen unbekannt.

Auf Nitella flexilis; nach Dangeard (l. c.) auch auf Vaucheria.

Betreffs der systematischen Stellung dieser Species vergleiche man die Anmerkung hinter der Gattungsdiagnose.

122. Ch. spinulosum Blytt. 1882 (Verhandl. wissensch. Ges.
Christiania p. 27).

Intramatricales Mycel mit subsporangialer Blase und daraus
entspringendem, fein verzweigten Würzelchen. Sporangien aufsitzend, kugelig, in einen kurzen Hals ausgezogen, 16—27 μ Durchmesser, mit farbloser, feinstacheliger Membran; Entleerung am
Scheitel. Schwärmer wie gewöhnlich. Dauersporen intramatrical, kugelig, 11—22 μ Durchmesser, mit 1,3 μ dicker, glatter
Membran und grossem Fettropfen. Liefern bei der Keimung einen
kurzen Schlauch, der ein Sporangium bildet.

Auf den Zygosporen einer Spirogyra, die Dauersporen in
denselben.

Leider giebt Blytt nicht an, ob sich das Sporangium mit einem Deckel öffnet.
Ich stelle diese Form gleichwohl zu Chytridium wegen der intramatricalen Dauersporen. Auch liegt, abgesehen von der feinstacheligen Membran der Sporangien,
eine grosse Aehnlichkeit mit Ch. Mesocarpi vor, besonders mit dem von Cornu
erwähnten, die Zygosporen von Mesocarpus scalaris bewohnenden.

Zweifelhafte Species.

Ch. pyriforme Reinsch. 1876 (Journ. of Linn. Soc. XV. p. 215).

Intramatricales Mycel vorhanden. Sporangien an der Basis
verjüngt, mit dicker Membran. 13—17 μ breit, 26—28 μ lang;
öffnen sich am Scheitel durch Abwerfung eines stumpf abgerundeten,
nicht geschnabelten Deckels. Weiteres nicht bekannt.

Auf Vaucheria sessilis und geminata (von den Kerguelen).

Diese lückenhaft bekannte Form könnte sich auch im Gebiet finden.

XXV. **Polyphagus** Nowakowski, 1876 (Cohn's Beitr. z.
Biol. II. 2, p. 203).

Vegetationskörper frei, von Anfang an mit Membran umgeben, farblos, extramatrical, besteht aus einer meist kugeligen oder
auch unregelmässig gestalteten Centralblase (der erstarkten, zur
Ruhe gekommenen Schwärmspore) und einer Mehrzahl von dieser
nach allen Seiten ausstrahlenden, mehr oder weniger verzweigten
Fäden, welche in sehr feine, meist gabelige Enden auslaufen und
in die Körper der Wirthe eindringen; der ganze Vegetationskörper
einzellig. Sporangien aus der vergrösserten Centralblase als
kugelige, meist aber länglich-keulenförmige, oft wurstartige Sprossung
hervorwachsend, von verschiedener Gestalt und Grösse, öffnen sich
am Scheitel mit einem Loch. Jeder Vegetationskörper erzeugt nur
ein den gesammten Inhalt aufnehmendes Sporangium, ist also monocarpisch. Schwärmsporen einzeln und fertig hervortretend, ziemlich gross, länglich, mit einem grossen, excentrischen Fetttropfen
und einer langen nachschleppenden Cilie, Bewegungen ziemlich
gleichmässig, schwach hüpfend. Dauersporen entstehen, soweit
bekannt, durch einen Sexualact, derart, dass zwei Individuen von
gewöhnlicher Structur des Vegetationskörpers mit einander copuliren.
Das weibliche, meist grössere, entleert seinen gesammten Inhalt
aus der Centralblase als nackte Protoplasmakugel, an welche sich
einer der Mycelstrahlen des oft kleineren männlichen Individuums
anlegt, den gesammten Inhalt desselben in das nackte Ei ergiessend.
Reife Dauersporen kugelig, meist oval, mit dicker, zweischichtiger,
farbloser, glatter oder dicht feinstacheliger Membran, farblosem
Protoplasma und grossem, gelblichen Fetttropfen. Liefern bei der
Keimung wieder ein neutrales, schlauchförmiges, oft gekrümmtes
Zoosporangium.

Diese Gattung schliesst sich in der Gliederung des Vegetationskörpers eng
an Rhizophlyctis und Obelidium an. Als weiterer Fortschritt ist zu bemerken, dass
die Centralblase (erstarkte Spore) nicht mehr selbst zum Sporangium wird, sondern
dasselbe als Aussprossung trägt. Durch die eigenartige Sexualität steht Polyphagus
allen anderen Sporochytriaceen gegenüber.

123. **P. Euglenae** Nowakowski, 1876, l. c. p. 203.

Synon.: Chytridium Euglenae A. Braun, 1855, Abh. Berl. Acad. p. 46.
Abbild.: A. Braun, l. c. Taf. IV, 26. 27. Nowakowski, 1876, l. c.
Taf. VIII und IX, ferner derselbe in Abh. polnische Acad. Wissensch.
1878, Taf. I—IV (Text polnisch).

Fig. 24.

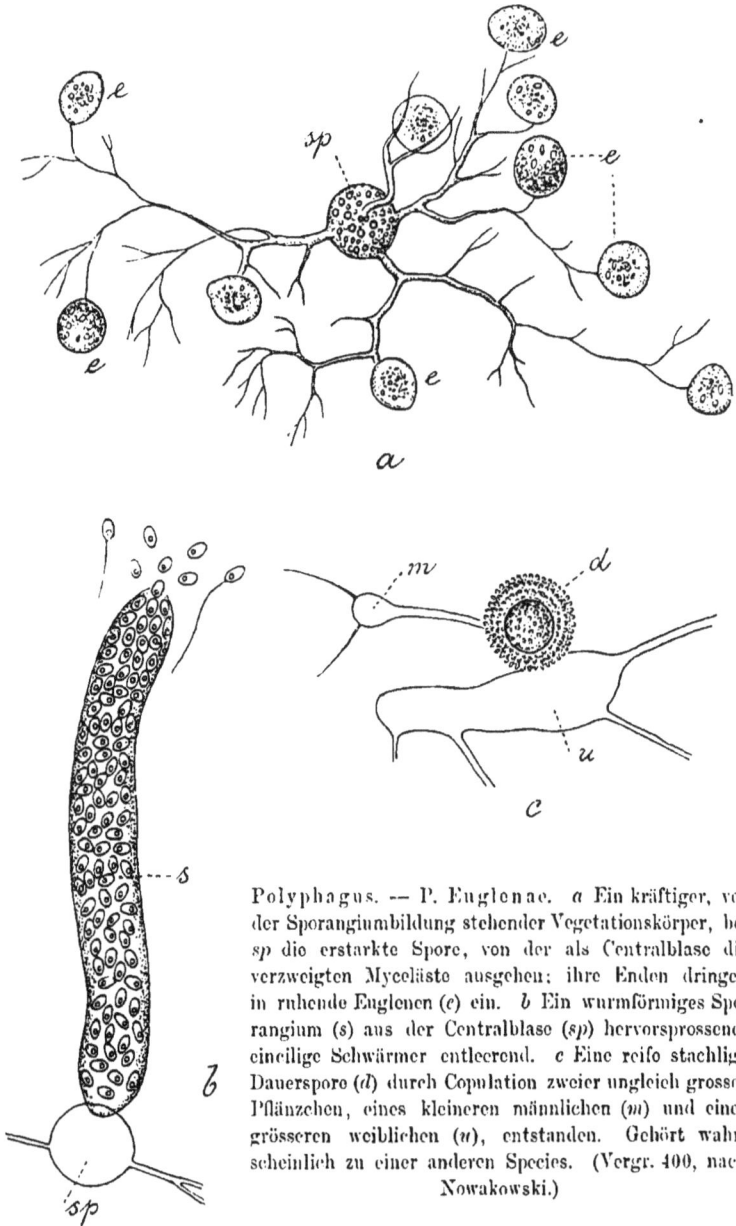

Polyphagus. — P. Euglenae. *a* Ein kräftiger, vor
der Sporangiumbildung stehender Vegetationskörper, bei
sp die erstarkte Spore, von der als Centralblase die
verzweigten Mycelästo ausgehen; ihre Enden dringen
in ruhende Euglenen (*e*) ein. *b* Ein wurmförmiges Sporangium (*s*) aus der Centralblase (*sp*) hervorsprossend,
cinzeilige Schwärmer entleerend. *c* Eine reife stachlige
Dauerspore (*d*) durch Copulation zweier ungleich grosser
Pflänzchen, eines kleineren männlichen (*m*) und eines
grösseren weiblichen (*u*), entstanden. Gehört wahrscheinlich zu einer anderen Species. (Vergr. 400, nach
Nowakowski.)

Vegetationskörper frei, einzellig, Centralblase meist kugelig, auch elliptisch oder selten langgestreckt, bis 37 μ Durchmesser; Myceläste in verschiedener Zahl, bis 6 μ dick, reich verzweigt, in sehr feine, meist gabelige Enden auslaufend und mit diesen in die Wirthszellen eindringend, Membran und Protoplasma farblos, mit gelblichen Fetttropfen. Sehr variabel in Bezug auf Grösse und Gestalt der Centralblase, Zahl, Dicke und Verzweigung der Myceläste. Sporangien sehr variabel in Gestalt und Grösse, seltener oval oder elliptisch, meist stark verlängert, schlauchförmig, gekrümmt, die längsten bis 275 μ lang, nur $^1/_7$ so dick. Schwärmer länglichellipsoidisch, an den Enden abgerundet, 6—13 μ lang, 3—5 μ breit, contractil, mit einer langen nachschleppenden Cilie und excentrischem, gelblichen Fetttropfen. Dauersporen meist oval, zuweilen unregelmässig, 30 μ lang, 20 μ breit, mit glatter, zweischichtiger Membran, farblosem Protoplasma und grossem, gelblichen Fetttropfen, lange Zeit die entleerten Häute der Sexualpflänzchen tragend. Keimung mit Schlauchsporangium.

Zwischen Euglena viridis, die ruhenden Zustände mit seinen Mycelenden erfassend und bis auf kleine bräunliche Reste verzehrend; sehr verheerend. — Fig. 24.

Nowakowski (l. c. p. 213) giebt ausserdem noch feinstachelige Dauersporen an, welche nach seiner Vermuthung zu einer andern Species gehören. Diese sind kugelig, meist 30 μ Durchmesser, mit dunkelgelbem, dicht feinstacheligen Exospor.

In einer polnisch geschriebenen Abhandlung, der leider ein verständliches Resumé fehlt, führt Nowakowski zwei neue Arten und eine Varietät auf, von denen hier nur die Namen genannt werden können:

P. Euglenae var. minor, P. parasiticus auf Conferva bombycina und P. endogenus. (Abh. polnisch. Acad. 1878.)

Chytridium Euglenae A. Braun, l. c. gehört hierher und nicht zu Rhizidium Euglenae Dangeard.

3. Familie. Hyphochytriaceae (Cladochytriaceae).

Vegetationskörper ein mehr oder weniger verzweigtes, anfangs einzelliges Mycel, welches terminal und intercalar gleichzeitig eine grössere Zahl von Anschwellungen und aus diesen Zoosporangien oder Dauersporen bildet, eucarpisch, aber meist monocarpisch, nicht perennirend. Sexualität fehlt.

XXVI. **Cladochytrium** (Nowakowski, 1876, Cohn's Beitr. z. Biol. II. p. 92) de Bary, 1884 (vergl. Morphol. d. Pilze p. 178).

Vegetationskörper (Mycel) von Anfang an mit Membran umgeben, saprophytisch oder parasitisch und dann intracellular lebend und von eigenthümlicher Structur; besteht im ausgewachsenen Zustande vor der Fructification aus sehr dünnen, höchstens 5 μ, meist nur 0,7 μ dicken, unverzweigten oder schwach ästigen, die Zellwände durchbohrenden Fäden und sie aussendenden kleinen, ellipsoidischen oder eiförmigen, einzelligen, meist zwei-, seltener drei- oder vierzelligen Anschwellungen. Diese als Sammelzellen bezeichneten Anschwellungen liegen gleich hinter der Eintrittsstelle der dünneren Fäden in eine neue Wirthszelle und sitzen diesen anfangs terminal auf; sie bestehen fast immer nur aus 2 ungleichen Zellen, einer grösseren und inhaltreicheren und einer kleineren, inhalt-ärmeren, zuletzt leeren Zelle, welche der Eintrittsstelle des Fadens in die neue Zelle meist abgewendet ist und auf ihrem Scheitel einen Schopf ausserordentlich winziger, kaum unterscheidbarer Fädchen trägt; zuweilen ist die inhaltsreichere Zelle noch durch eine Längswand halbirt. Die Sammelzellen treiben aus allen ihren Theilen neue, meist unverzweigte Fäden, welche, die Zellwände durchbohrend, wiederum Sammelzellen erzeugen und so fort. Zoosporangien fehlen bei vielen Species; von zweierlei Formen: entweder intracellular, theils aus einer ganzen, ungetheilten Anschwellung, theils durch die Vergrösserung der inhaltreichen Zelle der zweigliedrigen Sammelzellen entstanden und dann eine leere, kleinere Anhangszelle tragend, mit einem Hals sich nach aussen entleerend; oder ganz abweichend, äusserlich aufsitzend und nur mit einem rhizoidenartigen Haustorium in die Nährzelle eindringend, rhizophidiumartig. Schwärmer kugelig oder länglich, mit einer langen Cilie und grossem Fetttropfen; Bewegung gleichmässig. Dauersporen meist zu mehreren oder vielen in einer Zelle, bei der Reife ohne jede Spur des sie erzeugenden, vergänglichen Mycels, kugelig oder elliptisch, mit farblosem, fetthaltigen Inhalt und derber, meist gebräunter Membran, von braunen Inhaltsresten der Wirthszelle eingehüllt. Die Dauersporen entstehen entweder an Stelle der Sporangien aus der inhaltreichen Zelle der zweizelligen Anschwellungen und tragen dann ebenfalls eine kleinere, leere Anhangszelle, oder terminal an kurzen, von den Sammelzellen ausgehenden, unverzweigten Fäden, deren Enden anschwellen und ohne sich wieder zu theilen zur Dauerspore werden. Eine so entstandene Dauerspore entspricht einem ganzen Complex von Sammelzellen, resp. einem Zoosporangium oder einer Dauerspore mit Anhangszelle. Keimung mit einciligen Zoosporen. Sexualität fehlt.

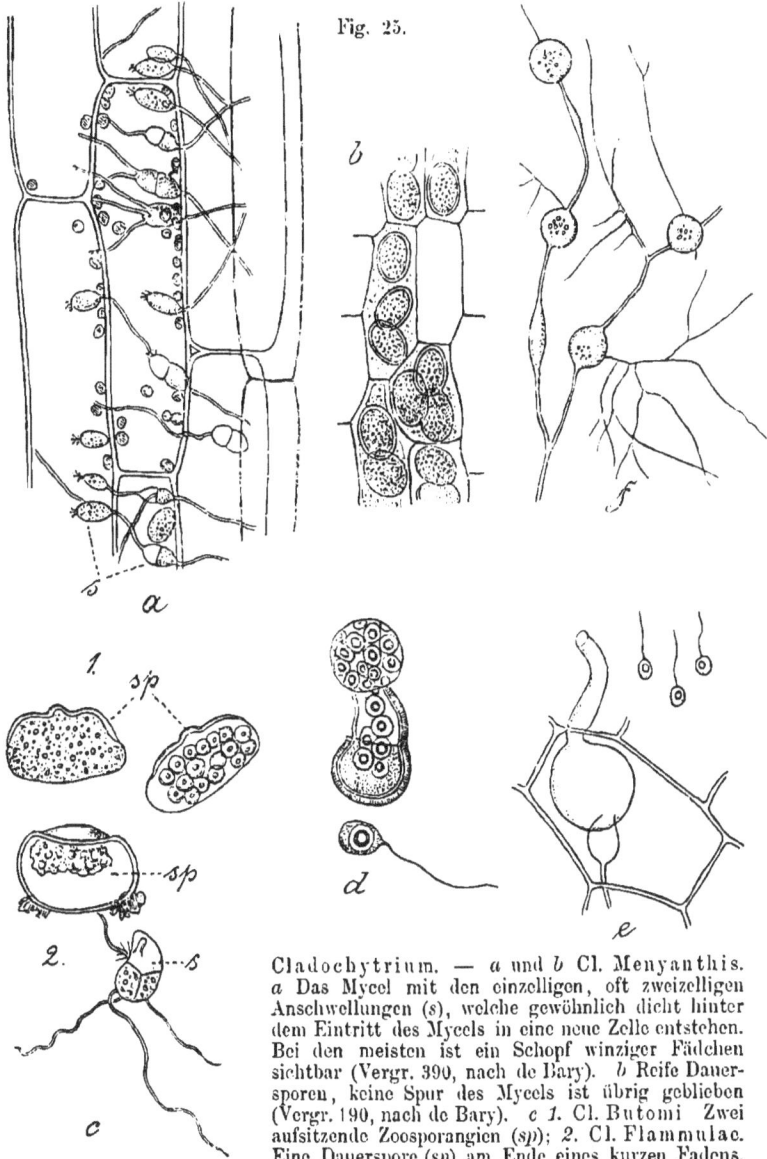

Fig. 25.

Cladochytrium. — *a* und *b* Cl. Menyanthis.
a Das Mycel mit den einzelligen, oft zweizelligen Anschwellungen (*s*), welche gewöhnlich dicht hinter dem Eintritt des Mycels in eine neue Zelle entstehen. Bei den meisten ist ein Schopf winziger Fädchen sichtbar (Vergr. 390, nach de Bary). *b* Reife Dauersporen, keine Spur des Mycels ist übrig geblieben (Vergr. 190, nach de Bary). *c 1.* Cl. Butomi Zwei aufsitzende Zoosporangien (*sp*); *2.* Cl. Flammulae. Eine Dauerspore (*sp*) am Ende eines kurzen Fadens, der von der dreizelligen Anschwellung (*s* Sammelzellen) ausgeht (Vergr. 520, nach Büsgen). *d* Cl. Iridis. Eine keimende Dauerspore mit Schwärmer; die Wand deckelartig sich öffnend (Vergr. 375, der Schwärmer 600, nach de Bary). *e* und *f* Cl. tenue. *e* Eine Zelle von Iris mit einem durch langen Hals entleerten Sporangium mit Anhangszelle. *f* Mycel aus dem Gewebe von Iris hervorgewachsen und Anschwellungen bildend, welche zu Sporangien werden (Vergr. 400, nach Nowakowski).

Die Gattung Cladochytrium umfasst in der hier befolgten Umgrenzung ausser den von Nowakowski aufgestellten Species eine Mehrzahl von Formen aus den alten unsicheren Gattungen Protomyces Unger und Physoderma Wallroth, ferner die von Schröter aufgestellte Gattung Urophlyctis. Die von letzterem Autor beschriebenen sog. Copulationsvorgänge bei der Bildung der Dauersporen entsprechen doch wohl nur der Theilung der Sammelzellen in eine inhaltreichere und inhaltärmere, zuletzt leere Zelle, von denen die erstere dann zur Dauerspore wird, nachdem sie den Inhalt der anderen aufgenommen hat. Ein Sexualact liegt hier wohl ebensowenig vor wie bei Rhizidium, wo ja ebenfalls der Inhalt der subsporangialen Blase in das junge Sporangium oder die sich entwickelnde Dauerspore überwandert. Der subsporangialen Blase der Sporochytrieen entspricht aber wohl auch die leere Anhangszelle der Dauersporen bei Urophlyctis.

In dem hier gegebenen Umfang zeigt Cladochytrium ein ähnliches Verhalten wie Synchytrium. Wie bei dieser Formen mit Zoosporangien und ohne solche vorkommen, bei denen dann ausschliesslich noch Dauersporen entstehen, so scheint es auch bei Cladochytrium zu sein; bei der Untergattung Physoderma entstehen nur noch Dauersporen. Freilich gestattet die immer noch lückenhafte Kenntniss vieler Species heute noch keine endgültige Gruppirung.

Die Gattung Cladochytrium zerfällt in folgende drei Untergattungen:

1. Untergattung: Cladosporangium. Zoosporangien terminal oder intercalar am Mycel, intracellular, mit einem Hals nach aussen sich entleerend, oft mit kleiner, leerer Anhangszelle. (Fig. 25 c und f).

2. Untergattung: Urophlyctis. Zoosporangien aufsitzend, extramatrical, mit kurzer Papille, mit einem Büschel sehr feiner, zarter Rhizoiden in der Nährzelle wurzelnd. (Fig. 25 c 1.)

3. Untergattung: Physoderma. Zoosporangien fehlen; es werden nur noch Dauersporen gebildet, welche zu mehreren in den Wirthszellen liegen, reif ohne jede Spur des vergänglichen Mycels. (Fig. 25 a, b. c 2., d.)

Die Cladochytrien leben meist parasitisch in den Zellen von Sumpf- und Wasserpflanzen oder von Landpflanzen auf feuchten, zeitweise überschwemmten Standorten. Sie rufen gröbere Verunstaltungen nicht hervor und bilden kleine, oft nur punktförmige, meist dunkel gefärbte Wärzchen, welche oft in Menge die Wirthspflanze bedecken und dadurch ausgedehntere dunkle Flecken bilden. Die Dauersporen finden sich im Gegensatz zu Synchytrium nicht bloss in der Epidermis, sondern auch in tiefer gelegenen Parenchymzellen.

1. Untergattung: Cladosporangium. Zoosporangien terminal oder intercalar am Mycel, intracellular, mit einem Hals nach aussen sich entleerend, meist mit kleiner, leerer Anhangszelle.

124. Cl. tenue Nowakowski, 1876 (Cohn's Beitr. II. p. 92).

Abbild.: Nowakowski, l. c. Taf. VI, 6—13.

Mycel intracellular, die Zellwände durchbohrend, mit farblosem Protoplasma, dünne, zarte, 2 μ dicke, verästelte Fäden mit spindelförmigen Anschwellungen, auch aus dem Substrat hervorwachsend. Sporangien intracellular, entweder aus der ganzen Anschwellung oder nur aus deren inhaltreicher Hälfte entwickelt und dann mit leerer Anhangszelle, kugelig oder spindelförmig, 18 – 66 μ Durchmesser, mit einem langen, die Wand durchbohrenden Entleerungshals. Nicht selten auch Sporangien an den aus dem Substrat hervorwachsenden Fäden. Schwärmer kugelig, 5 μ Durchmesser, farblos, eine Cilie und einen excentrischen Fetttropfen. Dauersporen unbekannt. — Fig. 25 e und f.

In fauligen Stücken von Acorus Calamus, Iris Pseudacorus, Glyceria spectabilis.

Nowakowski hat auch eine Durchwachsung bereits entleerter Sporangien beobachtet. Diese Form hat wohl in der That ein perennirendes, wenigstens mehrere Male fruchtendes Mycelium und erinnert an Pythium de Baryanum, mit dem ja überhaupt die Hyphochytrieen, abgesehen von der Sexualität, manche Aehnlichkeit haben.

125. Cl. polystomum Zopf, 1884 (Nova Acta Acad. Leop. XLVII. p. 234).

Abbild.: Zopf, l. c. Taf. XXI, 1—11.

Mycel intracellular, die Zellwände durchbohrend, mit einzelligen, terminalen und intercalaren Anschwellungen. Sporangien meist intercalar, im Innern der Wirthszellen, mit mehreren (4—6) meist sehr ungleich langen Entleerungshälsen, Inhalt mit mennigrothem Oel. Schwärmer eincilig, mit einem gelbrothen Fetttropfen. Dauersporen unbekannt.

In der Epidermis von Trianea bogotensis.

Diese von Zopf nur abgebildete und in der Figurenerklärung erwähnte, sonst gar nicht beschriebene Form bedarf noch sehr weiterer Untersuchung; gehört wohl nicht hierher.

126. Cl. elegans Nowakowski. 1876 (Cohn's Beitr. Biol. II. p. 95).
Abbild.: Nowakowski, l. c. Taf. VI, 14—17.

Mycel saprophytisch, 2,5—5 μ dicke, verästelte, einzellige Fäden mit spindelförmigen oder kugeligen, intercalaren und terminalen Anschwellungen. Sporangien fast nur terminal, kugelig oder oval, 22—37 μ Durchmesser, durch Abwerfung eines Deckels sich öffnend. Schwärmer kugelig, 7,5 μ Durchmesser, mit einer langen Cilie. Dauersporen unbekannt.

In der Gallerte von Chaetophora elegans.

Sehr mangelhaft bekannt, gehört wahrscheinlich gar nicht hierher.

2. Untergattung: Urophlyctis. Zoosporangien aufsitzend, extramatrical, mit kurzer Papille, mit einem Büschel sehr feiner, zarter Rhizoiden in der Nährzelle wurzelnd.

127. Cl. pulposum (Wallroth, 1833, Flora crypt. germ. II. p. 192).
Synon.: Physoderma pulposum Wallroth, 1833, l. c.
Urophlyctis pulposa Schröter, 1886, Kryptfl. III. 1, p. 197.

Sporangien gehäuft, aufsitzend, von warzenförmigen Zellwucherungen der Wirthspflanze umgeben, die oft zu grösseren Leisten oder Krusten zusammenfliessen, kugelig, bis 200 μ Durchmesser, mit farbloser, glatter Membran und hell gelbrothem Inhalt, in die erweiterte Nährzelle einen Büschel zarter Rhizoiden treibend. Schwärmer kugelig, 4 μ Durchmesser, mit einer langen Cilie. Dauersporen in glasigen, 1—2 mm grossen, halbkugeligen oder flachen Schwielen, zu mehreren in einer Parenchymzelle, deren Wand gitterartig durchlöchert ist, reif ohne jede Spur des Mycels, höchstens noch mit einer kleinen leeren Anhangszelle, kugelig, einseitig abgeflacht, 35—38 μ Durchmesser, mit glatter, kastanienbrauner Membran. Keimung unbekannt.

Auf Blättern, Stengeln und Blüthen von Chenopodiaceen (Chenopodium glaucum, rubrum, urbicum, Atriplex patula).

Die obige Beschreibung nach Schröter (l. c.); es war mir unmöglich, diese Form selbst zu untersuchen. Entwickelungsgeschichtliche Beobachtungen fehlen.

128. Cl. Butomi Büsgen, 1887 (Beitr. z. Biol. IV. p. 269).
Synon.: Physoderma Butomi Schröter, 1882, Ber. d. schles. Ges. f. vaterl· Cultur p. 195.
Abbild.: Büsgen, l. c. Taf. XV, 1—20.
Exsicc.: Krieger, Fungi saxon. 545.

Sporangien aufsitzend, aus der erstarkten, zur Ruhe gekommenen Schwärmspore entstehend, mit büscheligem, sehr kurzen

Haustorium, flach, mit der breiteren Seite aufsitzend, 300 μ breit, 15 μ hoch, mit farblosem Inhalt und farbloser, ziemlich dicker Membran, mit Scheitelpapille. Schwärmer oval, 7 μ lang, mit einer dreimal so langen Cilie und farblosem Fetttropfen. Dauersporen in ovalen, bis 1,5 mm langen, oft zusammenfliessenden Anfangs blassgelben, später braunen, zuletzt schwarzen Flecken, meist zu mehreren in einer Zelle, ohne jede Spur des Mycels, rundlich-oval, mit einem seichten Nabel an einer der Breitseiten, 20 μ breit. 13 μ hoch, mit derber, gebräunter Membran und einem oder mehreren mattglänzenden Fetttropfen. Bei der Keimung hebt sich die äussere Membran deckelartig ab und die innere Membran wölbt sich flaschenartig, mit dickem, gekrümmten Hals hervor, Schwärmer aus dem geöffneten Scheitel hervortretend. — Fig. 25 c 1. Auf den Blättern von Butomus umbellatus.

Die Dauersporen entstehen nach Büsgen (l. c.) an dem zweizellige Sammelzellen tragenden Mycel dadurch, dass von jenen aus kurze Zweige ausgehen, deren Ende kugelig anschwillt und zur Dauerspore wird.

Hauptkeimzeit der Dauersporen ist das Frühjahr (Mai). Den Winter hindurch ausgetrocknete Dauersporen keimen schlecht oder gar nicht. Protomyces punctiformis Niessl (Hedwigia 1873, p. 118) ebenfalls auf Butomus ist nach de Toni (Journal of Mycol. IV, 1889, p, 17) eine Doassansia (D. Niesslei de Toni).

3. Untergattung: Physoderma. Zoosporangien fehlen; es werden nur noch Dauersporen gebildet, welche zu mehreren in den Wirthszellen liegen, ohne jede Spur des vergänglichen Mycels.

129. Cl. Menyanthis de Bary (1853) 1884 (Morphol. d. Pilze p. 178).

Synon.: Protomyces Menyanthis de Bary, 1853, Unters. über Brandpilze p. 19.
Protomyces Menyanthidis Cooke, Fungi britannici 295.
Physoderma Menyanthis de Bary, 1874, Bot. Zeit. p. 106.
Exsicc.: Fuckel, Fungi rhen. 260, Kunze, Fungi sel. exs. 390, Rabh., Fungi europ. 1500, 2566.
Abbild.: de Bary, 1865, Abh. Senckenb.-Ges. V. Taf. XXVII, 1—7. Büsgen, Cohn's Beitr. z. Biol. IV. Taf. XV, 23.

Mycelium sehr fein, farblos, kaum über 0,8 μ dick, intracellular, die Querwände durchbohrend und ungetheilte oder zweizellige Anschwellungen bildend, diese mit einem Schopf äusserst feiner Fädchen, 6—8 Anschwellungen in einer Wirthszelle. Dauersporen meist zu mehreren (bis 16) in einer Zelle, von den braunen Inhaltsresten

derselben eingehüllt, ohne Mycelreste, breit eiförmig, 22 - 30 μ breit.
28—35 μ lang, mit seitlicher Nabelung, dicker, brauner, glatter
Membran und farblosem Inhalt. Keimung mit Schwärmsporen wie
bei Cl. Butomi. — Fig. 25 a und b.

In den Blättern von Menyanthes trifoliata. Erzeugt auf den
Blättern und Blattstielen anfangs gelblichweisse, dann braune, zuletzt
schwarze, punktförmige. 0.5 — 2 mm grosse Wärzchen, welche in der
Epidermis und den darunterliegenden Zellschichten die Dauersporen
enthalten. Die befallenen Blätter sind meist schmächtiger und
bleicher als die gesunden; stärkere Verunstaltungen kommen
nicht vor.

Nach Cooke (Grevillia III. p. 181) sollte diese Form auch auf Comarum vorkommen; sie gehört aber nach de Toni zu Doassansia (D. Comari de Toni, 1888,
Journal of Mycol. IV, p. 18).

130. Cl. Flammulae Büsgen, 1887 (Cohn's Beitr. z. Biol. IV.
p. 277).

Abbild.: Büsgen, l. c. Taf. XV, 21, 22.
Exsicc.: Krieger, Fungi saxon. 393.

Mycel, soweit bekannt, wie bei voriger Art. Dauersporen
rundlich-oval, an einer Seite genabelt, an der andern mit einem
Büschel kurzer Anhängsel, 21 μ breit, 32 μ lang. Weiteres nicht
bekannt. — Fig. 25 c 2.

In den langgestielten Wasserblättern von Ranunculus Flammula:
kleine schwarze, punktförmige Wärzchen bildend. Man vergleiche
Cl. vagans.

131. Cl. Kriegerianum (Magnus, 1888, Sitzungsb. naturf. Freunde
Berlin).

Synon.: Urophlyctis Kriegeriana Magnus l. c.
Exsicc.: Krieger, Fungi saxon. 393.

Mycel zarte, verzweigte Fäden mit intercalaren Anschwellungen,
nicht genau bekannt. Dauersporen zu mehreren und vielen in
einer Zelle, kugelig, mit einseitiger, starker Abflachung, 43 μ Durchmesser, mit derber, glatter, brauner Membran.

Auf allen Theilen von Carum Carvi, kleine glashelle, perlen-
ähnliche Auswüchse mit grosser Nährzelle, welche allein die Dauersporen enthält, die übrigen Zellen der Wärzchen pilzfrei. Siehe auch
Cl. vagans.

Zwischen Carum Carvi wachsende Rumex acetosa war nicht befallen. Nach
Magnus gehört hierher der von Thümen (Fungi austr. exsicc. 434) als Synchytrium
aureum f. Dauci herausgegebene Pilz, dessen Substrat ebenfalls Carum, nicht
Daucus ist.

132. Cl. Sparganii ramosi Büsgen, 1887, l. c. p. 279.

Mycel soweit bekannt wie Cl. Butomi. Dauerporen länglich-rund, einseitig abgeflacht, 20 μ breit, 25 μ lang, bis 16 Stück in einer Parenchymzelle, keine in den niedrigen Epidermiszellen. Keimung unbekannt.

Auf Sparganium ramosum, flache schwärzliche Flecken bildend.

133. Cl. Iridis de Bary, 1884 (Morphol. d. Pilze p. 179).

Abbild.: de Bary, l. c. Fig. 77.

Mycel unbekannt. Dauersporen zu mehreren in einer Zelle, 17 μ breit, 27 μ lang. Keimung wie bei Cl. Butomi. — Fig. 25 d.

In Blättern von Iris Pseud-Acorus, schwärzliche Flecken bildend. Gehört vielleicht zu Cl. tenue Now.

134. Cl. graminis Büsgen, 1887, l. c. p. 280.

Exsicc.: Krieger, Fungi saxon. 441.

Mycel fädig, mit Anschwellungen. Dauersporen 30 μ breit, 40 μ lang; nähere Beschreibung fehlt.

In einer Graswurzel.

Ferner schliessen sich jedenfalls hier noch folgende Species an, von denen nur die Dauersporen bekannt sind:

135. Cl. Alismatis (Büsgen, 1887, Cohn's Beitr. Biol. IV. p. 280).

Synon.: Physoderma maculare Wallroth, 1833, Fl. crypt. germ. II. p. 192.

Exsicc.: Fuckel, Fungi rhen. 1609.

Abbild.: de Bary, Abh. Senckenberg V. Taf. XXVII, 13.

Mycel unbekannt. Dauersporen einzeln oder meist zu 3—8 in einer Zelle, ellipsoidisch, einseitig abgeflacht, 25—35 μ lang, 17—30 μ breit, mit dicker, glatter, brauner Membran und farblosem, fettreichen Inhalt. Keimung unbekannt.

Auf Stengeln und Blättern von Alisma Plantago; bildet längliche 1—2 mm lange, 0,5 mm breite schwarzbraune, flache Schwielen.

136. Cl. Heleocharidis (Fuckel, 1866, Fungi rhen. 1610) Büsgen, 1887, l. c. p. 280.

Synon.: Protomyces Heleocharidis Fuckel, 1866, Fungi rhen. 1610 u. 1869, Symb. p. 75.
Physoderma Heleocharidis Schröter, 1886, Kryptfl. III. 1, p. 194.

Exsicc.: Fuckel, Fungi rhen. 1610. Sydow, Mycoth. march. 2207.

Mycel unbekannt. Dauersporen einzeln oder zu mehreren in den grösseren Parenchymzellen, kugelig oder ellipsoidisch, 18 bis 28 µ lang. 13—18 µ breit, mit glatter, brauner, circa 1,5 µ dicker Membran, hellgelblichem Inhalt. Keimung unbekannt.

In den Stengeln von Scirpus paluster, bildet flache, meist zu 2 bis 6 mm langen schwarzbraunen Flecken zusammenfliessende Schwielen.

Physoderma Schroeteri Krieger (Fungi saxon. 546) auf Scirpus maritimus gehört vielleicht hierher; eine Untersuchung des Krieger'schen Materials ist unterblieben, eine Diagnose des Autors mir nicht bekannt geworden.

137. Cl. vagans (Schröter, 1882, Jahresb. schles. Ges. vaterl. Cultur LX. p. 198).

> Synon.: Physoderma vagans Schröter, l. c.
> Exsicc.: Krieger, Fungi saxon. 544.

Dauersporen meist zu mehreren in einer Nährzelle, kugelig oder kurz ellipsoidisch, 15—30 µ breit, 20—35 µ lang. Keimung unbekannt.

Auf Blättern von Pflanzen verschiedener Familien, anfangs farblose, später trübbraune Schwielen und mancherlei Verunstaltungen hervorrufend.

Nach Schröter auf Ranunculus Flammula, acer, repens. Potentilla anserina. Cnidium venosum, Silaus pratensis; ferner auf Sium latifolium.

Welche Gründe Schröter bestimmt haben, die auf verschiedenen Familien wachsenden Formen in eine Collectiv-Species zu vereinigen, weiss ich nicht; analoge Fälle sind ja in der That bei Synchytrium bekannt. Vielleicht bestätigen weitere Untersuchungen die Ansicht Schröter's; dann würde es auch zu prüfen sein, ob Cl. Flammulae und Cl. Kriegerianum nicht ebenfalls hierher gehören.

138. Cl. Gerhardti (Schröter, 1886, Kryptfl. III. 1, p. 194).

> Synon.: Physoderma Gerhardti Schröter l. c.
> Exsicc.: Krieger, Fungi saxon. 541, 542, 543, 592, 593.

Dauersporen je nach der Gestalt der Nährzelle verschieden, wenn diese regelmässig dann gleichfalls regelmässig kugelig oder ellipsoidisch, 15—20 µ Durchmesser, in den unregelmässig geformten Nährzellen ebenfalls sehr unregelmässig, eckig oder fast lappig: mit glatter, hellbräunlicher Membran. Keimung unbekannt.

Auf Blättern und Blattscheiden von Phalaris arundinacea, Glyceria aquatica und fluitans, Alopecurus pratensis; bildet flache, länglichrunde, 0,5—1,5 cm lange, schwarzbraune Flecken.

139. Cl. speciosum (Schröter, 1886, l. c. p. 195).

Synon.: Physoderma speciosum Schröter l. c.

Dauersporen meist zu mehreren in einer Zelle, kugelig oder kurz ellipsoidisch, 18—22 μ breit, 20—28 μ lang mit glatter, dicker, hellbrauner Membran und farblosem Inhalt. Keimung unbekannt. Auf Blättern, Blattstielen und Stengeln von Symphytum officinale; Schwielen flach, länglichrund, 0,5—1,5 mm lang, anfangs röthlich, später dunkelbraun, gehäuft, doch nicht zusammenfliessend.

140. Cl. Menthae (Schröter, 1870, cf. Kryptfl., 1886, III. 1, p. 195).

Synon.: Physoderma Menthae Schröter l. c.

Dauersporen zu mehreren in einer Zelle, kugelig oder kurz ellipsoidisch, 22—33 μ Durchmesser, mit dicker, glatter, lebhaft gelbbrauner Membran. Keimung unbekannt.

An Stengeln und zuweilen auch an Blättern von Mentha aquatica, dicke schwarzbraune, Ustilago-ähnliche Schwielen bildend, welche mit dem Sporenpulver erfüllt sind.

141. Cl. majus (Schröter, 1882, Jahresb. d. schles. Gesellsch. LX. p. 198),

Synon.: Physoderma majus Schröder l. c.
Urophlyctis major Schröter, 1886, Kryptfl. III. 1, p. 197.

Dauersporen fast kugelig, einseitig abgeflacht, 38—44 μ Durchmesser, mit glatter, gelbbrauner Membran. Keimung unbekannt.

Auf den Wurzelblättern, seltener Stengeln und Stengelblättern von Rumex acetosa, R. arifolius, R. maritimus; bildet meist rundliche, bis 1 mm breite, flache, rothbraune, zerstreute Pusteln oder längliche Schwielen.

Ferner hat Krieger noch ein Physoderma Allii auf Allium Schönoprasum herausgegeben. (Fungi saxon. 594).

Anmerkung. Es wird weiterer Untersuchung bedürfen, um den unter Nummer 135—141 aufgeführten Species ihren rechten Platz im System anweisen zu können; es ist nicht ausgeschlossen, dass einige derselben zu Protomyces oder zu Entyloma gehören.

Cladochytrium tuberculorum Vuillemin, 1888 (An. d. sc. agronom. I), in den viel untersuchten Leguminosenknöllchen, ist nach Dangeard (Le Botaniste II. p. 69) ein sehr zweifelhaftes Gebilde. Es scheint den bekannten fädigen Elementen der Knöllchen zu entsprechen.

XXVII. **Amoebochytrium** Zopf, 1884 (Nova Acta Acad·
Leop. XLVII. p. 181).

Vegetationskörper von Anfang an mit Membran umgeben,
durchaus extramatrical und wahrscheinlich nur saprophytisch: besteht aus einem kugeligen, centralen Theil, der erstarkten Spore,
und einem von diesem ausstrahlenden, monopodial verzweigten,

Fig. 26. feinfädigen, querwandlosen Mycel, mit intercalaren

Anschwellungen. Sporangien aus der centralen
Blase und aus den intercalaren Anschwellungen entstehend, die durch zwei Querwände beiderseits sich
abschliessen. Beiderlei Sporangien reif farblos, kugelig-
keulig, mit cuticularischer, ziemlich dicker Membran,
werden durch Verquellung des Mycels isolirt, wobei
ein kurzes, halsartiges, cuticularisirtes Stück eines Mycelastes als Entleerunghals erhalten bleibt. Schwärmer,
soweit bisher beobachtet, ohne Cilie, sehr gross und
stark amöboid, kriechen einzeln aus den geöffneten
Sporangien hervor. Dauerzustände unbekannt.

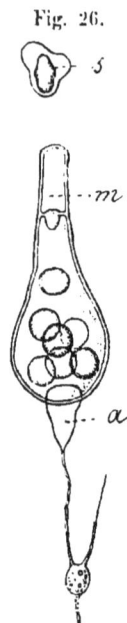

Amoebochytrium. — A. rhizidioides. Bei s eine amöboide,
cilienlose Schwärmspore. Unten ein Sporangium mit leerer Anhangszelle a und Entleerungshals m, der übrig gebliebenen Basis
des Mycelastes, welcher das Sporangium als intercalare Anschwellung erzeugte und später aufgelöst wurde. Unter a ist noch ein
Stück des Mycels mit kleiner Anschwellung vorhanden. (Vergr.
720, nach Zopf.)

Diese Gattung steht den Sporochytrieen am nächsten, da bei ihr auch noch
die zur Ruhe gekommene Schwärmspore erstarkt und einen centralen blasigen
Theil des Vegetationskörpers liefert. Die Bildung von intercalaren Sporangien am
Mycel rechtfertigt die Einreihung in die Familie der Hyphochytrieen, an deren
Spitze die Gattung eigentlich zu stellen wäre, wenn sie besser bekannt wäre.
Selbst das Vorhandensein einer Cilie an den Schwärmern ist nach Zopf's eigener
Bemerkung nicht ganz ausgeschlossen.

142 **A. rhizidioides** Zopf. 1884, l. c. p. 181.

Abbild.: Zopf, l. c. Taf. XVII, 1—13.

Sporangien kugelig-keulig, mit cuticularisirter, ziemlich dicker,
glatter Membran; Oeffnung siehe Gattungsdiagnose. Schwärmer
ohne Cilie, sehr gross und stark amöboid.

In den Schleimmassen von Chaetophora-Arten, wohl nur saprophytisch, da keinerlei krankhafte Erscheinungen an den Algenfäden
hervorgerufen werden.

XXVIII. **Catenaria** Sorokin, 1876 (A. sc. nat. 6. Serie IV. p. 67).

Vegetationskörper von Anfang an mit Membran, ein gabelig reich verzweigtes, anfangs einzelliges, von der Spore ausstrahlendes Mycel, mit zuerst gleich dicken Fäden, welche in sehr zarte, feine Enden auslaufen; später entstehen intercalare, spindelförmige Aufschwellungen, welche sich mit Protoplasma füllen und durch Querwände abgegrenzt zu Sporangien werden; monocarpisch. Sporangien

Fig. 27.

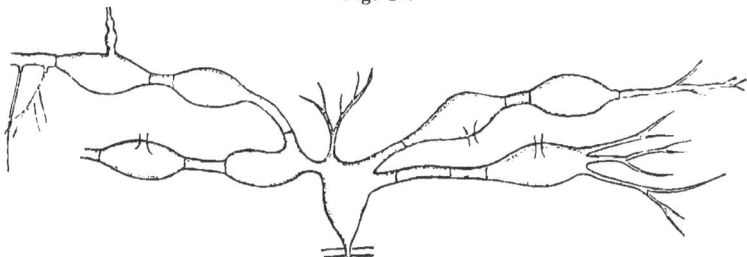

Catenaria. — C. Anguillulae. Ein fast vollständiges in Nitella wachsendes Pflänzchen mit spindelförmigen, intercalaren Sporangien, welche durch kurze, annähernd gleich grosse, ein- oder zweizellige, cylindrische Glieder von einander getrennt werden. Sporangien mit Entleerungshals, die Enden des gabeligen Vegetationskörpers sehr dünn. (Vergr. 550, nach Dangeard.)

so geordnet, dass zwischen je zwei benachbarten gleich lange, dünne, kurze, cylindrische Fadenstücke liegen, welche oft selbst wieder durch eine Querwand in zwei Glieder gespalten sind; mit kurzem Entleerungshals. Schwärmer kugelig, mit einer Cilie und Fetttropfen, werden fertig und einzeln oder durch Schleim zusammengeballt entleert, Bewegung unregelmässig. Dauerzustände unbekannt.

Diese Gattung hat in ihrem reifen Zustande eine grosse Aehnlichkeit mit einer Holochytrie, z. B. mit Myzocytium, ist aber von dieser dadurch leicht zu unterscheiden, dass sie eucarpisch, nicht holocarpisch ist. Dazu kommt ja ferner die reiche myceliale Gliederung der Vegetationskörper vor der Sporangienbildung.

143. **C. Anguillulae** Sorokin, 1876, l. c. p. 67.

Abbild.: Sorokin, l. c. Taf. III, 6—25; Revue mycol. XI, Taf. LXXIX, 95. Dangeard, A. sc. nat., 7. Serie IV, Taf. XIV, 12—16.

Sporangien länglich blasig oder spindelförmig, 10—17 μ lang, 8—10 μ breit, meist durch zwei kurze cylindrische Glieder von einander getrennt, zuweilen auch nur durch eines, oder unmittelbar

sich berührend, mit kurzem, kaum über die Oberfläche hervortretenden Entleerungshals. Schwärmer kugelig, 1,5—2 μ Durchmesser mit einer langen Cilie und glänzendem Fetttropfen. Dauerzustände unbekannt. — Fig. 27.

In Anguillulen, in Cysten von Infusorien, in Rotatorieneiern
und auch in Nitella (nach Dangeard).

Ob hier wirklich nur eine Species vorliegt, bedarf weiterer Untersuchung.

XXIX. **Hyphochytrium** Zopf, 1884 (Nova Acta Acad.
Leop. XLVII. p. 187).

Vegetationskörper ist ein reich verzweigtes, relativ weit-
lumiges Mycel, welches allseitig im Substrat sich ausbreitet und
zunächst überall, auch an den Enden, von gleicher Dicke ist. Sehr

Fig. 28.

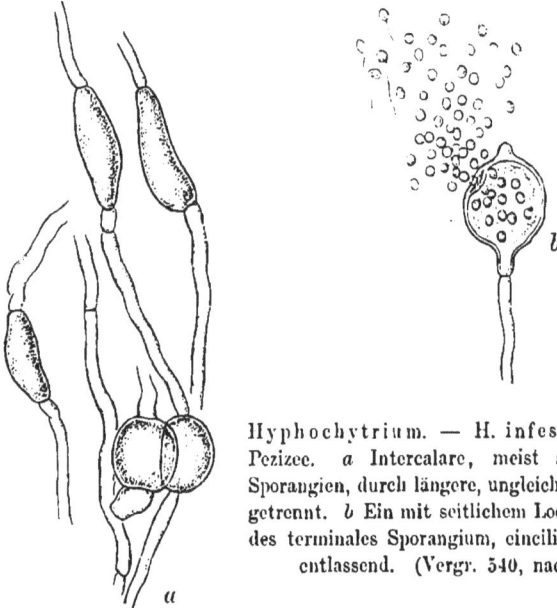

Hyphochytrium. — H. infestans in einer
Pezizee. *a* Intercalare, meist spindelförmige
Sporangien, durch längere, ungleiche Fadenstücke
getrennt. *b* Ein mit seitlichem Loch sich öffnen-
des terminales Sporangium, eincilige Schwärmer
entlassend. (Vergr. 540, nach Zopf.)

bald entstehen aber terminale kugelige und intercalare spindelförmige
Anschwellungen, welche sich mit Protoplasma füllen, durch Querwände abgrenzen und zu Sporangien werden. Sporangien terminal oder intercalar und dann durch dünnere, sehr verschieden
lange Fadenstücke getrennt; Oeffnung durch ein Loch, ohne Hals.

Schwärmer sehr klein, mit einer Cilie. Dauerzustände unbekannt.

Diese Gattung steht Pythium, speciell P. de Baryanum, sehr nahe und bildet einen Uebergang zu den Peronosporeen, wenn sie nicht selbst bei genauerer Kenntniss zu Pythium gestellt werden muss.

144. II. infestans Zopf, 1884, l. c.

Abbild.: Zopf, l. c. Taf. XVIII, 13—20.

Sporangien terminal und dann kugelig mit kurzer Scheitelpapille oder intercalar und dann bald kugelig, bald spindelförmig, mit farbloser, glatter, ziemlich dicker Membran und dichtem, farblosen Inhalt, öffnen sich durch ein seitliches Loch, auch die terminalen unterhalb der Papille. Schwärmer sehr klein, farblos, mit einer Cilie, 60—100 in einem Sporangium.

Parasitisch in den Ascusfrüchten einer Pezizee aus der Verwandtschaft von Helotium, auf faulenden Pappelstümpfen (Februar). Das Mycel breitet sich überall im Fruchtkörper des Wirthes aus und bildet reichlich terminale und intercalare Sporangien.

Nachträgliche Anmerkung zu Septocarpus.

Nachdem bereits die ersten beiden Lieferungen dieses Werkes erschienen waren, fand ich eine Notiz Pfitzer's (Sitzungsb. niederrh. Ges. Natur- u. Heilkunde, Bonn 1870, p. 62) in der er einen Parasiten auf Pinnularien als Podochytrium clavatum kurz beschreibt. Bereits 1869 hatte Pfitzer diesen Parasiten neben Cymbanche Fockei erwähnt, ohne ihn zu taufen. Da die damals gegebene Beschreibung noch sehr unvollständig war, wurde sie nicht beachtet, und auch nicht bei Septocarpus bereits darauf hingewiesen. Die zweite Mittheilung Pfitzer's zeigt unzweifelhaft, dass er denselben Organismus vor sich hatte, der später von Zopf als Septocarpus beschrieben wurde. Dieser Gattungsname hätte mithin nach Prioritätsregeln der älteren Pfitzer'schen Gattung Podochytrium zu weichen. Auch Zopf scheint diese Notiz Pfitzer's übersehen zu haben.

Ungenau bekannte und zweifelhafte Gattungen der Hyphochytriaceae.

Nephromyces Giard, 1888 (Comptes rendus, Paris, p. 1180).

Mycel einzellig, sehr feinfädig, verzweigt und verfilzt mit kugeligen Anschwellungen der Astenden und dickeren, unregelmässig cylindrischen Aesten, welche zu Zoosporangien werden. Schwärmer klein, sehr lebhaft, mit einer langen Cilie und Fetttropfen, kugelig. Dauersporen mit zuweilen stacheliger Membran, sollen durch Copulation entstehen.

Die Species dieser weiterer Untersuchung bedürftigen Gattung leben parasitisch in den Nieren von Molgulideen (Ascidien) und sind seit langer Zeit bekannt. Nach Lacaze-Duthiers (Archives de zoolog. experiment. 1874. III, p. 309, Taf. XI, 4—11) gehören die parasitischen Gebilde verschiedenen Organismen an; Beschreibung und Abbildung gestatten aber keine weiteren Schlüsse. Giard stellt die neue Gattung auf und bringt sie in die Verwandtschaft von Catenaria. Er unterscheidet, nach den Wirthen, folgende 3 Species, von denen nur die erste besser bekannt ist: 1) Nephromyces Molgulorum in Molgula socialis, 2) N. Sorokini in Lithonephyra eugyranda, 3) N. Roskovitanus in Anurella Roscovitana.

Aphanistis Sorokin, 1889 (Revue myc. XI. p. 137).

Mycel fädig, unverzweigt oder verzweigt, mit Querwänden, die vegetativen Zellen von Oedogoniumfäden durchwuchernd und nur in den Oogonien fructificirend, ein einziges terminales Sporangium bildend. Schwärmer kugelig, mit einer nachschleppenden Cilie, Bewegung unregelmässig. Dauerzustände unbekannt.

A. Oedogoniorum Sorokin, l. c. Taf. LXXIX, 79—83, 85.

Sporangien kugelig oder eiförmig mit kurzer, gegen die Mündung des Oogonium gerichteter Entleerungspapille.

A. (?) pellucida Sorokin, l. c. Taf. LXXIX, 84.

In jungen Keimpflanzen von Oedogonien; Sporangien mit kurzem, die Wand durchbohrenden Entleerungshals.

Die ganze Gattung ist, wie viele der Sorokin'schen Formen, so lückenhaft bekannt, dass über ihre systematische Stellung ein sicheres Urtheil unmöglich ist.

Saccopodium Sorokin, 1877 (Hedwigia XVI. p. 89).

S. gracile Sorokin, l. c., Fig. 1—3 u. Revue myc. XI. Taf. LXXXI, 114.

Mycel verzweigt, einzellig, intramatrical. Einzelne Aeste treten nach aussen hervor und tragen ein Köpfchen von 6—12 runden, 4—5 μ grossen Sporangien. Jedes Sporangium producirt eine Menge kleiner, 1—1,5 μ langer Schwärmer von unbekannter Structur, welche an dem Scheitel der Sporangien hervortreten. Die leeren Häute der letzteren bleiben zum Köpfchen vereinigt zurück.

Wie bei der vorigen Gattung ist auch hier die systematische Stellung unbestimmbar wegen der unzuverlässigen Beobachtung.

In Cladophora und Spirogyra, bei Kasan und Taschkend.

Zygochytrium Sorokin, 1874 (Bot. Zeit. p. 305).

Z. aurantiacum Sorokin, l. c. Tafel VI, 1—22.

Vegetationskörper ist eine cylindrische schlauchförmige Zelle, welche mit einem lappigen Haftorgan dem Substrat aufsitzt. Der Schlauch gabelt sich einmal und jeder Gabelast trägt ein ovales, mit farblosem Deckel geschlossenes Sporangium. Unter jedem Sporangium der Anfang eines zweiten, aber sterilen Gabelastes. Membran farblos, Inhalt goldgelbes Protoplasma mit zinnoberrothen Körnchen. (Ganzes Pflänzchen 78—97 μ hoch, Gabelaste 5—7 μ dick. Sporangium oval oder kugelig, 19 μ Durchmesser, entleert seinen Inhalt in eine Blase, woselbst er in

Schwärmer zerfällt. Schwärmer kugelig, 5 μ Durchmesser, goldgelb mit rothen Fetttropfen, einer nachschleppenden Cilie. Dauerspore entsteht als Zygospore durch Copulation zweier kurzer, sich entgegenwachsender, gleichgestalteter Aestchen. Reife Zygospore kugelig, 17—19 μ Durchmesser, mit farblosem Endosporium und dicken, warzigen, blutrothen Exosporium und gelbem Plasma mit rothen Fetttröpfchen. Keimung mit Schlauch.

Bildet auf todten Fliegen, Mücken, Wespen im Wasser orangerothe, gallertartige Ueberzüge.

Diese zweifelhafte Form würde, wenn die Sorokin'schen Beobachtungen sich bestätigen, als ein Vorläufer der Mucorineen aufzufassen sein.

Tetrachytrium Sorokin, 1874 (Bot. Zeit. p. 311).

T. tric eps Sorokin, l. c. Taf. VI, 23—35.

Vegetationskörper dem Substrat mit lappigem Haftorgan senkrecht aufsitzend, einzellig, im unteren Theile unverzweigt, oben mit drei je ein Sporangium tragenden Aestchen und einem vierten, nach abwärts gekrümmten Anhängsel, Inhalt graublau. Ganzes Pflänzchen 39—97 μ hoch, Aestchen 5—9 μ dick. Sporangien kugelig, 15—17 μ Durchmesser, mit farblosem schnabeligen Deckel sich öffnend, den Inhalt in eine Blase entleerend, woselbst er in 4 Schwärmer zerfällt. Schwärmer gross, kugelig, 11 μ Durchmesser, blau mit hellem Centrum, einer langen, nachschleppenden Cilie. Schwärmer copuliren paarweise und bilden eine runde Zygospore, die sogleich wieder zu einem neuen Pflänzchen auswächst.

Auf im Wasser liegenden faulenden Gegenständen (Holz, Grasstengeln, Käfern).

Anmerkung. Die beiden zuletzt aufgeführten Gattungen sind von allen competenten Mycologen bisher mit vielem Misstrauen betrachtet worden. Es ist niemals gelungen, auch nur eine Spur davon wiederzufinden. Sie sind hier nur aufgeführt, um von Neuem die Aufmerksamkeit auf sie zu lenken.

Aus der Reihe der Archimyceten auszuschliessende Formen.

Olpidium destruens Nowakowski, 1876 (Cohn's Beitr. z. Biol. II. p. 75. Taf. IV. 1) in den Zellen von Chaetonema irregulare ist nach Dangeard (A. sc. nat. 7. Serie IV. p. 242 und Le Botaniste II, p. 240, Taf. XVI) kein Pilz, sondern eine Monadine, für welche er die neue Gattung Minutularia aufstellt.

Chytridium minimum A. Braun, 1855 (Monatsb. Berl. Acad. p. 381) stellt, wie A. Braun auf Pringsheim's Urtheil hin selbst hervorhebt (Berl. Abh. 1855. p. 34) die Antheridien der Coleochaeta pulvinata vor.

Chytridium oblongum A. Braun, 1855 (Abh. Berl. Acad. p. 30) ist zu streichen, denn es liegt hier nach A. Braun (1856, Monatsber. Berl. Acad. p. 587) eine Verwechselung mit den Zwergmännchen von Oedogonium vesicatum vor.

Ferner sind folgende Gattungen, die in Saccardo's Sylloge VII. 1 zu den Chytridiaceen gestellt sind, auszuschliessen.

1. Siphopodium (dendroides) Reinsch, 1875 (Contrib. ad Alg. et Fungol. p. 96, Taf. IV. 2) ist sicher keine Chytridiacee, sondern dürfte am besten wohl als zweifelhafte Peronosporee aufzufassen sein.

2. Hapalocystis (mirabilis) Sorokin, 1875 sec. Sacc. Syll. VII. 1, p. 313)
kann gleichfalls nicht hier gelassen werden, soweit aus der Diagnose bei Saccardo
ein Schluss erlaubt ist. Wo es hingehört, kann ich nicht angeben.

3. Rhizogaster (muscicola) Reinsch, 1875 (Contrib. ad Alg. et Fungol.
p. 97, Taf. VIII) ist nicht minder räthselhaft wie die vorige Gattung, aber sicherlich keine Chytridiacee.

4. Polyrrhina (multiformis) Sorokin, 1876 (A. sc. nat. 6. Serie IV, p. 67,
Taf. III, 29—30) ist Harposporium Anguillulae (conf. Zopf, Nova Acta Acad Leop.
LII. p. 334).

5. Protochytrium (Spirogyrae) Borzi, 1884 (Nuovo Giorn. bot. ital. XVI.
p. 5, Taf. I) ist eine Monadine, die Zopf zu Protomonas zieht (Schenk's Handb.
III. 2, p. 123).

Uebersicht über die Nährsubstrate der Archimyceten.

I. Thiere.

1. Protozoen.

Arcella	Olpidium Arcellae
Nuclearia simplex	
Heterophrys dispersa	
Phacus alata, Ph. pyrma	Sphaerita endogena
Trachelomonas	
Cryptomonas (Cysten)	Rhizophidium simplex
Chilomonas	Rhizophlyctis vorax
	Pseudolpidium glenodinianum
Glenodinium cinctum	Rhizophidium globosum
	— echinatum
Phacotus	
Corbieria	— globosum
Phacotus viridis	Entophlyctis apiculata (?)
	Sphaerita endogena
Euglena	Rhizidium Euglenae
	Polyphagus Euglenae.

2. Würmer.

	Olpidium zootocum
	Myzocytium vermicolum
Anguillula	Achlyogeton rostratum
	— entophytum (?)
	Catenaria Anguillulae

Rotatorien-Eier	Olpidium gregarium — macrosporum Rhizophidium gibbosum — zoophthorum Catenaria Anguillulae
Philodina roseola (Rotatorie)	Woronina elegans.

3. Tunicaten.

Ascidien: Molgula socialis	Nephromyces Molgularum
Lithonephyra eugyranda	— Sorokini
Anurella Roskovitana	— Roskovitanus.

II. Pflanzen.

1. Pilze.

a. *Chytridineen.*

Sphaerita endogena (Dauersporen)	Pseudolpidium Sphaeritae.

b. *Mucorineen.*

Pilobolus crystallinus	Pleotrachelus fulgens.

c. *Saprolegniaceen.*

Saprolegnia (Schläuche)	Olpidium Borzianum Pseudolpidium Saprolegniae Olpidiopsis Saprolegniae Woronina polycystis Rozella septigena
Saprolegnia und Achlya (Oogonien)	Rhizophidium carpophilum Rhizidiomyces apophysatus
Achlya (Schläuche)	Pseudolpidium fusiforme Olpidiopsis minor — Index Rozella simulans
Aphanomyces	Pseudolpidium Aphanomycis
Apodya brachynema	Pleolpidium Apodyae
Rhipidium spinosum (Sporangien)	— Rhipidii
Monoblepharis polymorpha	— Monoblepharidis.

d. *Ascomyceten.*

Helotium ähnliche Pezizee	Hyphochytrium infestans.

2. Algen.

A. Diatomeen.

Pinnularia-Arten	Ectrogella Bacillariacearum Lagenidium enecans Rhizophidium gibbosum — globosum Septocarpus corynephorus (Po- dochytrium)
Synedra-Arten	Ectrogella Bacillariacearum Rhizophidium Fusus
Stauroneïs Phoenicenteron Cocconema lanceolatum	Lagenidium enecans
Epithemia Zebra	Chytridium Epithemiae
Melosira varians	Rhizophidium Lagenula — globosum
Eunotia amphioxys	— globosum
Cyclotella	— Cyclotellae
Gomphonema	Ectrogella Bacillariacearum
Verschiedene Diatomeen	Rhizophidium irregulare Rhizophlyctis Braunii Chytridium acuminatum (?).

B. Cyanophyceen.

Chroococcus turgidus	Rhizophidium agile
Oscillaria	— anatropum — globosum — subangulosum
Lynbya aestuarii	— subangulosum Resticularia nodosa
Sphaerozyga circinalis	Rhizophidium cornutum
Anabena	— globosum
Mastigothrix aeruginea	— microsporum Rhizophlyctis Mastigotrichis

C. Chlorophyceen.

1. Volvocineen.

Chlamydococcus pluvialis	Rhizophlyctis vorax Rhizophidium Chlamydococci
(Haematococcus) nivalis	— Haematococci

Chlamydomonas	Rhizophidium transversum — appendiculatum — acuforme — globosum (?) Rhizidium vernale
Volvox globator	Rhizophidium volvocinum
Gonium pectorale	— transversum
Pandorina	Rhizidium Pandorinae.

2. Protococcaceen.

Hydrodictyon utriculatum	Rhizidium Hydrodictyi
Sciadium arbuscula	Rhizophidium Sciadii
Hormotheca sicula	Nowakowskia Hormothecae.

3. Palmellaceen.

Gloeococcus mucosus	Entophlyctis apiculata
Apiocystis Brauniana	Rhizophidium Braunii
Unbestimmt	— gibbosum.

4. Conjugaten.

a. Desmidiaceen.

Tetmemorus Pleurotaenium Docidium	Olpidium endogenum
Closterium	— endogenum Myzocytium proliferum Ancylistes Closterii Rhizophidium globosum Rhizidium Schenkii
Penium digitus — interruptum	Olpidium endogenum Rhizophidium globosum — gibbosum
Hyalotheca dissiliens	Harpochytrium Hyalothecae
Cosmarium	Olpidium endogenum Myzocytium proliferum — lineare
Arthrodesmus	— proliferum
Euastrum Micrasterias Arthrodesmus	Olpidium endogenum
Cylindrocystis Phycastrum	Rhizophidium gibbosum.

b. Zygnemaceen.

Spirogyra-Arten (vegetative Fäden)	Olpidium entophytum Olpidiopsis Schenkiana — parasitica Myzocytium proliferum Lagenidium Rabenhorstii Rhizophidium rostellatum — algaecolum Rhizidium dentatum — Schenkii — sphaerocarpum Entophlyctis bulligera Saccopodium gracile
Spirogyra-Arten (Zygosporen)	Olpidiopsis Schenkiana Lagenidium entophytum — gracile Chytridium spinulosum
Zygnema (Fäden)	Olpidium zygnemicolum Myzocytium proliferum Rhizophidium Barkerianum Rhizidium Schenkii — Zygnematis
Zygogonium (Fäden)	Micromyces Zygogonii
Mougeotia (Fäden)	Olpidiopsis Schenkiana Myzocytium proliferum Lagenidium Rabenhorstii Rhizophidium ampullaceum — laterale (?) Rhizidium sphaerocarpum
Pleurocarpus mirabilis (Fäden)	Rhizophidium minimum
Mesocarpus (Fäden)	Olpidiopsis Schenkiana — elliptica Myzocytium proliferum Lagenidium Rabenhorstii Chytridium Mesocarpi.

5. Siphoneen.

Vaucheria (Fäden)	Olpidium entophytum Woronina glomerata Entophlyctis Vaucheriae

Vaucheria (Fäden)   { Entophlyctis heliomorpha
    Chytridium Lagenaria
    — pyriforme

Bryopsis plumosa   Olpidium Bryopsidis.

6. Confervoideen.

a. Ulotrichaceen.

Conferva (bombycina)   { Rhizophidium mammillatum
    — pollinis (?)
    — Lagenula (?)
    — sphaerocarpum
    Polyphagus parasiticus

Ulothrix zonata   { Rhizophidium laterale
    — Haynaldii

— (Hormidium) penicilliformis   Olpidium entosphaericum

— (Hormidium) varians   Rhizophidium cornutum.

b. Cladophoraceen.

Cladophora   { Olpidium entophytum
    — Cladophorae
    — aggregatum
    Myzocytium proliferum
    Achlyogeton entophytum
    Rhizophidium globosum
    Rhizidium Schenkii
    Entophlyctis Cienkowskiana
    Saccopodium gracile.

c. Chaetophoraceen.

Chaetophora (Fäden oder Gallerte)   { Rhizophidium anatropum
    Rhizophlyctis mycophila
    Obelidium mucronatum
    Amoebochytrium rhizidioides
    Cladochytrium elegans

Stigeoclonium   { Rhizophidium mamillatum
    — subangulosum

Draparnaldia   — mamillatum.

d. Oedogoniaceen.

Bulbochaete { Fäden   Rhizidium Schenkii
    Oogonien   Rhizophidium decipiens

Oedogonium (vegetative Fäden)	Myzocytium proliforum Rhizophidium globosum — sphaerocarpum — ampullaceum — transversum (?) Rhizidium quadricorne — Schenkii Aphanistis Oedogoniorum — (?) pellucida
Oedogonium (nur auf und in den Oogonien)	Rhizophidium decipiens — sporoctonum Chytridium Olla — brevipes — acuminatum.

e. Sphaeropleaceen.

Sphaeroplea annulina'	Rhizophidium globosnm.

f. Coleochaetaceen.

Coleochaete (vegetative Zellen)	Rhizophidium mamillatum — depressum — Brebissonii
Nur in Oogonien	— Coleochaetes.

7. Characeen.

Nitella	Rhizidium catenatum Entophlyctis intestina — heliomorpha Chytridium Lagenaria Catenaria Anguillulae
Chara	Entophlyctis intestina — heliomorpha.

D. *Phaeophyceen.*

Ectocarpus	Rhizophidium Dicksonii
Sphacelaria Cladostephus	Olpidium sphacellarum.

E. *Rhodophyceen.*

Antithamnion Plumula	Olpidium Plumulae
Bangia fusco-purpurea	— entosphaericum.

Ceramium   Olpidium tumaefaciens
Polysiphonia   Chytridium Polysiphoniae.

3. Sporen und Pollenkörner.

Dauersporen von Sphaerita endogena	Pseudolpidium Sphaeritae
Oosporen von Sclerospora graminicola (Peronosporee)	Rhizophidium Pollinis
Uredosporen von Uredo Airae, Puccinia violacea, P. Rhamni	Olpidium Uredinis
Sporen von Aspidium violascens	Rhizophidium subangulosum (?)
Sporen von Equisetum	Rhizophlyctis rosea (?)
Sporen von Isoetes lacustris. I. echinospora	Rhizophidium sphaerotheca
Pollen von Pinus silvestris, Taxus baccata, Lilium candidum, L. lancifolium, Typha latifolia, Cannabis sativa	Olpidium luxurians
Pollen von Pinus silvestris	— pendulum
Pollen von Pinus silvestris, P. austriaca, P. Laricio, P. Pallasiana	Lagenidium pygmaeum
Pollen von Pinus silvestris, P. austriaca, P. Pinaster, P. Pallasiana, Amaryllis formosissima, Phlox, Tropaeolum majus, Helianthus annuus, Populus nigra	Rhizophidium pollinis
Pollen von Typha	Achlyella Flahaultii.

4. Phanerogamen.

Wurzeln zahlreicher Kräuter (Parenchym und Wurzelhaare)	Rhizomyxa hypogaea.

1. *Alismaceen:*
  Alisma Plantago   Cladochytrium Alismatis
  Butomus umbellatus   — Butomi.
2. *Araceen:*
  Acorus Calamus   — tenue.
3. *Asperifoliaceen:*
  Symphytum officinale   — speciosum
  Myosotis palustris   Synchytrium globosum
  — hispida   — aureum

Myosotis stricta Lithospermum arvense	} Synchytrium Myosotidis.

4. *Campanulaceen:*

Campanula patula, rotundifolia	— aureum.

5. *Caprifoliaceen:*

Adoxa Moschatellina	— anomalum.

6. *Caryophyllaceen:*

Stellaria media, nemorum	— Stellariae
Coronaria flos cuculi Mochringia trinervia Malachium aquaticum Cerastium triviale	— aureum.

7. *Chenopodiaceen:*

Chenopodium glaucum, rubrum, urbicum Atriplex patulum	Cladochytrium pulposum
Chenopodium album, poly- spermum Atriplex hastatum	Synchytrium aureum.

8. *Compositen:*

Taraxacum officinale	Olpidium simulans Synchytrium Taraxaci
Cirsium palustre Crepis biennis	— Taraxaci
Cirsium oleraceum Sonchus asper Achillea Millefolium	— globosum
Bellis perennis Bidens tripartitus Chrysanthemum Leucanthe- Erigeron canadense [mum Hieracium pilosella Lappa officinalis Leontodon hispidus Senecio vulgaris	— aureum.

9. *Cornaceen:*

Cornus sanguinea	— aureum.

10. *Cruciferen:*

Brassica oleracea	Olpidium Brassicae
Cardamine amara, pratensis	Synchytrium aureum.

11. *Cupuliferen:*
Betula alba — Synchytrium aureum.

12. *Cyperaceen:*
Scirpus palustris — Cladochytrium Heleocharidis.
— maritimus — — Schröteri.

13. *Dipsaceen:*
Succisa pratensis — Synchytrium Succisae.

14. *Euphorbiaceen:*
Mercurialis perennis — — Mercurialis

15. *Gentianeen:*
Menyanthes trifoliata — Cladochytrium Menyanthis.

16. *Geraniaceen:*
Erodium cicutarium — Synchytrium papillatum.

17. *Gramineen:*
Unbestimmte Graswurzel — Cladochytrium graminis.
Glyceria spectabilis — — tenue
— aquatica
— fluitans
Alopecurus pratensis
Phalaris arundinacea
} — Gerhardti.

18. *Hydrocharitaceen:*
Elodea canadensis — Rhizophidium Elodeae
Trianea bogotensis — Cladochytrium polystomum.

19. *Hypericaceen:*
Hypericum perforatum — Synchytrium aureum.

20. *Iridaceen:*
Iris Pseudacorus — { Cladochytrium tenue
— Iridis.

21. *Labiaten:*
Ajuga reptans
Betonica officinalis
Brunella vulgaris, grandiflora
Calamintha Clinopodium
Galeopsis Tetrahit
Glechoma hederacea
Scutellaria galericulata
Thymus Chamaedrys
Mentha aquatica
} Synchytrium aureum.

Mentha aquatica — Cladochytrium Menthae.

22. *Lemnaceen:*
Lemna minor, polyrhiza — Olpidium Lemnae.

23. *Liliaceen:*

Gagea lutea, arvensis, minima, pratensis	} Synchytrium laetum
— pratensis	— punctatum
Allium Schoenoprasum	Physoderma Allii.

24. *Oleaceen:*

Fraxinus excelsior	Synchytrium aureum.

25. *Onagraceen:*

Oenothera biennis	— fulgens
Epilobium adnatum, hirsutum, montanum, palustre	} — aureum.

26. *Oxalidaceen:*

Oxalis stricta	— aureum

27. *Papilionaceen:*

Lathyrus niger	— viride
Genista tinctoria	
Hippocrepis comosa	
Lotus corniculatus	} — aureum
Trifolium minus	
— pratense	
— repens	— Trifolii.

28. *Plantaginaceen:*

	{ — plantagineum
Plantago lanceolata	{ — punctum
	{ — aureum
— major	— aureum
— media	— punctum.

29. *Polygalaceen:*

Polygala vulgaris	— aureum.

30. *Polygonaceen:*

Polygonum lapathifolium, dumetorum	} — aureum
Rumex acetosa	{ — anomalum Cladochytrium majus
— arifolius, maritimus	— majus.

31. *Primulaceen:*

Lysimachia Nummularia, thyrsiflora, vulgaris, Primula officinalis	} Synchytrium aureum.

32. *Ranunculaceen:*

Ranunculus Flammula	Cladochytrium Flammulae
	— vagans
— acer, repens	— vagans
	Synchytrium aureum
Caltha palustris	
Thalictrum aquilegifolium	— aureum
Ranunculus Ficaria	
Isopyrum thalictroides	— anomalum
Anemone nemorosa, ranunculoides	— Anemones.

33. *Rhamnaceen:*

Rhamnus Frangula — aureum.

34. *Rosaceen:*

Potentilla anserina	Cladochytrium vagans
— Tormentilla	Synchytrium pilificum
— reptans	— globosum
	— aureum
— argentea	— cupulatum
Dryas octopetala	
Agrimonia odorata	
Geum urbanum	
Rubus caesius	
Sanguisorba officinalis	— aureum.
Ulmaria Filipendula, pentapetala	

35. *Rubiaceen:*

Galium Mollugo — globosum.

36. *Salicaceen:*

Populus alba — aureum.

37. *Saxifragaceen:*

Saxifraga granulata — rubrocinctum.

38. *Scrophulariaceen:*

Veronica Chamaedrys, Anagallis, Beccabunga, scutata	— globosum
Euphrasia officinalis	
Linaria vulgaris	
Pedicularis silvatica	— aureum.
Scrophularia nodosa	

39. *Solanaceen:*
Solanum Dulcamara — Synchytrium aureum.

40. *Typhaceen:*
Sparganium ramosum — Cladochytrium Sparganii ramosi.

41. *Ulmaceen:*
Ulmus campestris — Synchytrium aureum.

42. *Umbelliferen:*

Carum Carvi — { Cladochytrium Kriegerianum / Synchytrium aureum

Cnidium venosum
Sium latifolium — Cladochytrium vagans
Silaus pratensis

Aegopodium Podagraria
Angelica silvestris
Cnidium venosum
Daucus Carota — Synchytrium aureum.
Heracleum Sphondylium
Hydrocotyle vulgaris
Oenanthe Phellandrium

43. *Urticaceen:*
Urtica diocca — — Urticae
— urens — — aureum.
Humulus Lupulus

44. *Valerianaceen:*
Valeriana diocca — — aureum.

45. *Violaceen:*
Viola canina, hirta, silvestris, tricolor — — aureum
— canina, persicifolia, Riviniana silvestris, stagnina — — globosum
— biflora — — alpinum.

III. Andere Substrate.

Humusreiche Gartenerde — Rhizophlyctis rosea

Im Wasser liegende Bastfasern von Corylus, Tilia, Cannabis — Rhizophidium xylophilum

Im Wasser faulendes Holz und Grasstengel — Tetrachytrium triceps

Im Wasser faulende Insecten (Fliegen, Käfer, Mücken) — — triceps / Zygochytrium aurantiacum.

11. Reihe. **Zygomycetes.**

Vegetationskörper einzellig, ein reich verzweigtes, polycarpisches Mycel. Fortpflanzung durch Abschnürung von Conidien oder durch in Sporangien entstandene, bewegungslose Sporen; meist mit besonderen Fruchtträgern. Sexualität als Copulation gleichgestalteter Zellen; Zygosporen.[1]

1. Ordnung. **Mucorinae.**

Mycelium saprophytisch, oder parasitisch auf anderen Pilzen, reich verzweigt, anfangs einzellig, im Alter oft mit ordnungslosen Querwänden. Ungeschlechtliche Fortpflanzung durch Conidien oder in Sporangien gebildete, bewegungslose Sporen, mit besonderen einfachen oder verzweigten Fruchtträgern. Zygosporen am Mycel oder ebenfalls an besonderen Trägern.

Das Mycelium ist bei allen Mucorineen kräftig entwickelt und reich rispig verzweigt, gabelige Verzweigungen finden sich zuweilen bei Mortierella. Während das Mycel bei den meisten Mucoreen sehr starke Hauptäste und immer dünner werdende, zuletzt haardünne Zweige trägt, ist bei Mortierella und Syncephalis das ganze Mycel sehr dünnfädig und vergänglich. Blasige Auftreibungen finden sich, durch Querwände vom übrigen Mycelast getrennt, regelmässig nur bei Pilobolus, sonst nur ausnahmsweise. Ebenso ist die Bildung von Fusionen oder Anastomosen, d. h. die Verschmelzung sich berührender Myceläste an der Berührungsstelle nur bei einigen Gattungen beobachtet, bei diesen aber typisch (Mortierella, Syncephalis) und so häufig, dass die dünnfädigen Mycelien derselben nicht selten ein netzartiges Aussehen bekommen. Die Mycelien aller Mucorineen sind zunächst einzellig, scheidewandlos, bilden aber später bei grösserer Ausdehnung ordnungslose Querwände, durch welche die älteren, ihres Inhaltes ent-

---

[1] Die zweite Ordnung der Zygomyceten, die Entomophthorinae sind bereits in der ersten Abtheilung des I. Bandes p. 74 als Ordnung der Basidiomyceten von Winter bearbeitet worden.

leerten Abschnitte abgegrenzt werden; ebenso entstehen bei der Bildung der Fortpflanzungsorgane Scheidewände.

Gewöhnlich breiten sich die Mycelien der saprophytisch lebenden Mucorineen gleichmässig in dem Substrat und auf dessen Oberfläche aus und bilden keine besonderen Haft- und Saugorgane. Das auf der Oberfläche lebende Luftmycel ist sehr verschieden kräftig entwickelt, hat aber dieselbe Beschaffenheit wie das oft viel mächtigere Substratmycel; Ausnahmen bilden das dornige, filzige Luftmycel von Spinellus fusiger und die Luftmycelien einiger Mortierellen.

Einige Mucorineen haben die Eigenthümlichkeit über das Substrat hinauszuwachsen und alle ihnen erreichbaren Gegenstände (Culturgefässe etc.) zu überziehen. Die allseitig wuchernden Mycelien dieser Formen zeichnen sich dadurch aus, dass sie mehr oder weniger scharf gegliederte Ausläufer (Stolonen) bilden, welche aus einem unverzweigten Internodium und einem mit Haftwürzelchen (Appressorien) versehenen Knoten bestehen, aus dem neue Ausläufer hervortreten. Am deutlichsten ist diese Gliederung bei Rhizopus und Absidia ausgebildet, während bei den weit hinkriechenden Mycelien von Mortierella und Syncephalis die Rhizoiden zuweilen unregelmässiger vertheilt sind oder fehlen.

Die parasitisch und facultativ parasitisch lebenden Mucorineen (Chaetocladium, Piptocephalis, Syncephalis, Mortierella) treiben in die ihnen als Wirthe dienenden Mucorschläuche Saugorgane (Haustorien) verschiedener Structur.

Die Sporangien haben kugelige, ausnahmsweise birnförmige (Pirella) Gestalt und sind bei verzweigten Sporangienträgern entweder alle gleichartig und vielsporig (Mucor, Sporodinia, Mortierella) oder nur das die Hauptachse beschliessende (Hauptsporangium) ist vielsporig, die anderen kleineren (Sporangiolen) sind wenig- (1—10-) sporig (Thamnidieen). Die Wand des Sporangiums ist in den einzelnen Abtheilungen der Mucorineen verschieden gebaut. Bei den Mortierelleen stellt sie nur ein dünnes, farbloses, leicht im Wasser zerfliessendes Celluloschäutchen dar, dem keine Kalkoxalatkrystalle eingelagert sind. Bei den Piloboleen dagegen ist nur ein schmaler Theil der Basis dünn und quellbar, die ganze übrige, stark mit Oxalat incrustirte Sporangienhaut ist cuticularisirt, schwarzbraun und fest, unzerstörbar. Bei den Mucoreen und bei den Hauptsporangien der Thamnidien ist die Sporangienhaut zwar zart, aber immer mit Oxalat incrustirt und zwar oft so stark, dass die reifen

Sporen nur noch von einer dichten, augenblicklich im Wasser zerfliessenden Hülle aus lauter Krystallnadeln, die an die Stelle der Celluloschaut getreten sind, umschlossen werden. Nur die Basis der Sporangienwand bleibt auch hier wie bei Mortierella meistens fester und zerfliesst nicht mit, sie bildet an den geöffneten Sporangien eine Art Manschette oder Kragen, den Basalkragen. Die Sporangiolen der Thamnidien und zuweilen auch kleine Sporangien mancher Mucoreen (M. circinelloides, Circinella) besitzen eine zwar incrustirte, aber feste, nicht zerfliessende Membran und fallen geschlossen von den Trägern ab. Ebenso ist bei manchen Mucorarten (M. brevipes, M. racemosus) die Sporangienhaut resistenter, sie zerfliesst nicht, sondern zerbricht bei sanftem Druck schon in mehrere Stücke.

Das Sporangium wird bei allen Mucoraceen und Mortierellaceen durch eine Querwand von seinem Stiele abgegrenzt. Diese bleibt bei den Mortierellaceen gerade oder ist nur schwach uhrglasförmig gewölbt, sie ragt nicht als Columella in das Sporangium hinein. Dieselbe Form hat die Querwand auch bei den Sporangiolen der meisten Thamnidieen (Ausnahme: Dicranophora, Helicostylum repens). Bei den Hauptsporangien dieser Familie dagegen und bei den Sporangien der Mucoreen und Pilobolen ragt die Querwand als kugelige oder halbkugelige, birnförmige oder gewölbt-cylindrische Columella mehr oder weniger tief in das Sporangium hinein, sie bleibt, von den Resten der Sporangienwand umgeben, am Stiel zurück.

Wenn die Querwand, welche die kugelige Endanschwellung des jungen cylindrischen Trägers als Sporangium abgrenzt, genau an der Uebergangsstelle zwischen beiden entsteht, dann sind die Sporangien gewöhnlich genau kugelig, ihr Stiel bildet keine Apophyse. Die Columella wird in diesem Falle als „nicht aufsitzend" bezeichnet, sie kann jetzt genau Kugelform oder Birnform annehmen und ist ganz in das Sporangium eingeschlossen (die meisten Mucorarten, Phycomyces, Spinellus). Entsteht dagegen die Querwand in der kugeligen Anschwellung, so bildet sich nur der über ihr liegende Theil dieser zum Sporangium aus, der darunter liegende wird zur Apophyse, er bildet eine keulige oder halbkugelige Erweiterung des Stieles. Die Columella wird in diesem Falle als „aufsitzend" bezeichnet; je nachdem sie schmäler oder breiter aufsitzt, wird das Sporangium grösser oder kleiner und die Apophyse umgekehrt schmäler oder breiter. Die reifen Sporangien können jetzt nicht mehr genau Kugelform besitzen, sie sind halb- oder dreiviertelkugelig

11*

und sitzen mit flacher Basis der Apophyse auf. Solche aufsitzende
Columellen haben gewöhnlich eine breite Basis und halbkugelige
Form, sie bilden mit der Apophyse zusammen nach der Ausstreuung
der Sporen keulige oder birnförmige oder kugelige Körper am Ende
des Sporangienstieles (Rhizopus, Absidia, Mucor mollis, corymbifer,
Pilaira), die man gewöhnlich insgesammt als Columella bezeichnet
findet. Diese aufsitzenden Columellen verändern sich oft noch
eigenthümlich dadurch, dass sie sich entweder in die Apophyse
hineinstülpen (Absidia) oder über dieselbe sich zusammenstülpen
(Rhizopus). Im letzten Falle nimmt der grosse keulige, aus Columella und Apophyse bestehende Körper die Form eines Pilzhutes
an, was Wallroth zur Aufstellung der Gattung Pilophora veranlasste.
Noch aufgetriebene Columellen von Rhizopus lassen sich durch
wasserentziehende Mittel (Glycerin, Salzlösungen) zur Umstülpung
bringen, die bei Wasserzusatz wieder verschwindet.

Die Sporangien öffnen sich meistens so lange sie noch den
Trägern aufsitzen, steht dieser noch aufrecht, so genügt ein Wassertropfen, um die Membran zerfliessen zu lassen und das herab-
laufende Wasser mit Sporen zu beladen. Oft sinken aber die zarten
Träger vorher um und nun zerfliesst das Sporangium, sobald es das
Substrat berührt. Die Sporangiolen der Thamnidieen fallen geschlossen von den Trägern ab, ihre Sporen werden durch allmälige
Zerstörung der Hülle frei. Bei Pilaira sinken die Träger sehr
bald um und die Sporangien quellen an ihrer Basis ab, die Columella zurücklassend. Bei Pilobolus endlich werden die Sporangien
mitsammt der Columella geschlossen abgeschleudert und quellen
dann erst von dieser ab.

Die Sporen aller Mucorineen sind einzellig, farblos oder matt
gefärbt, lebhaftere Färbung kommt nur bei Pilobolus vor. Sie liegen
entweder frei im Sporangium oder sind durch eine im Wasser stark
aufquellende, sehr feinkörnige Zwischensubstanz (besonders bei Mucor
mucilagineus) vereinigt. Die Wand der Sporen ist meist dünn und
glatt, bei einigen durch zarte Verdickungen ausgezeichnet (Rhizopus).
Der Inhalt besteht gewöhnlich aus gleichmässig dichtem Protoplasma,
dem bei manchen grössere Fetttropfen (Mortierella) eingelagert sind.
Im Allgemeinen sind die Sporen eines Sporangiums einander gleich
in Form und Grösse, Abweichungen kommen aber vor, besonders
zeichnen sich die Mortierellen und Mucor heterosporus durch ungleiche Sporen aus. Die Sporen in den Sporangiolen der Thamnidien
haben dieselbe Form und Grösse wie die der Hauptsporangien (Aus-

nahme: Dieranophora). Die trockenen Sporen verlieren ihre Keimfähigkeit, soweit untersucht, erst nach mehreren Wochen, die von
Phycomyces nitens erst nach 1—10 Monaten, von Rhizopus nigricans nach einem Jahr. Doch sind hierin mancherlei·individuelle
Schwankungen beobachtet. Sie sind gleich nach ihrer Reife keimfähig und bedürfen keiner Nachreifung.

Conidien entstehen neben Sporangien bei der indischen Gattung
Choanephora[1]), die hier unberücksichtigt bleiben muss. Bei den
Familien der Chaetocladiaceen und Cephalidaceen sind sie an Stelle
der in Sporangien entstandenen Sporen die einzigen ungeschlechtlichen Fortpflanzungsorgane, welche regelmässig vorkommen. Bei
den Chaetocladiaceen entsteht an den kurzen Stielchen (Sterigmen)
nur eine kugelige Conidie, ein Nachschieben neuer Conidien findet
nicht statt. Auch bei den Cephalidaceen, deren Conidien in 2- bis
20gliederigen Ketten hintereinander sitzen, entstehen diese nicht
durch successive Abschnürung, wie die Acroconidien z. B. von
Penicillium glaucum oder Cystopus. Die Entwickelungsgeschichte
zeigt, dass zunächst ein einzelliger Ast von der Länge der zu-
künftigen Kette entsteht und dass in diesem erst nach vollendetem
Längenwachsthum simultan oder in schneller basifugaler Folge
die entsprechende Anzahl von Querwänden sich bildet, durch welche
der Ast in die einzelligen Conidien zerlegt wird. Es liegt also hier
eine ähnliche Art der Conidienbildung vor wie bei Oidium. Im
Gegensatz zu den durch successive Abschnürungen entstehenden
Acroconidien möchte ich für diese, bisher nicht benannten und
doch auf so besondere Art entstehenden Conidien, den Namen
Meroconidien vorschlagen.

Eine eigenthümliche Ansicht über die morphologische Natur
dieser Meroconidien hat van Tieghem (A. sc. nat. 5. Serie
XVII) entwickelt, ihr haben sich später auch Bainier, Schröter
(Kryptfl. III. 1), Berlese und de Toni (Saccardo, Sylloge VII. 1)
angeschlossen, während sie von de Bary bekämpft wurde. Zopf
(Pilze in Schenk's Handb. IV) nimmt die van Tieghem'sche
Deutung auch nicht an, betrachtet aber sonderbarer Weise die
Conidienketten der Cephalidaceen nicht als solche, sondern als mehr-
zellige Conidien. Diese Auffassung dürfte wohl nicht berechtigt
sein, denn mehrzellig kann man eine Conidie doch bloss dann
nennen, wenn sie mehrzellig vom Träger abfällt und auch bis zur

---

[1]) Vergl. Cunningham, Trans. Linn. Soc. 2. Serie I. Botany.

Keimung so bleibt. Bei den Cephalidaceen lösen sich aber bei
Syncephalis die Ketten oft noch auf den Trägern in ihre einzelnen
durch einen Wassertropfen zusammengehaltenen Conidien auf und
auch bei Piptocephalis zerfallen sie, freilich erst nachdem sie ganz
vom Träger sich abgelöst haben. Van Tieghem geht bei seiner Betrachtung von den kugeligen Conidien von Chaetocladium aus, er
vergleicht sie mit den zuweilen ja nur einsporigen Sporangiolen der
Thamnidieen, die wirklich geschlossen, conidienartig von den Trägern
abfallen. Die scheinbare Conidie ist nach van Tieghem also ein
Schliesssporangium, vergleichbar dem Achenium der Phanerogamen.
Eine weitere Stütze für diese Deutung ist die Erscheinung, dass
die feinstacheligen Conidien von Chaetocladium Jonesii bei der
Keimung das stachelige Exospor abstreifen und aus demselben wie
aus einer Sporangienhaut hervorschlüpfen. Weiter fortgeschritten
ist nach van Tieghem die Umbildung der Sporangiolen in conidien-
ähnliche monospore Sporangien bei Chaetocladium Brefeldii, dessen
glatte Conidien keine Membran bei der Keimung mehr abstreifen.
Für Chaetocladium ist diese phylogenetische Betrachtung und die
aus ihr abgeleitete Homologie entschieden zuzugeben. Auch Brefeld
hat soeben (Myc. Unters. IX. 1891, p. 59 etc.) die van Tieghem'sche
Ansicht wieder discutirt und durch neue Beobachtungen bestätigt.
Nur geht er nicht soweit wie van Tieghem, der die Conidien von
Chaetocladium Sporangien nennt, sondern behält den das thatsäch-
liche Verhalten allein richtig bezeichnenden Ausdruck Conidie bei.
Dieser Betrachtungsweise ist unbedingt zuzustimmen.

Anders liegen aber die Verhältnisse bei den Cephalidaceen, auf
die Brefeld nicht eingeht. Van Tieghem redet hier von cylindrischen Sporangien (den Conidienketten) mit mehreren endogenen
Sporen, deren eigene Wand mit der des Sporangiums später
verschmelzen soll, den Mericarpien der Phanerogamen vergleichbar. Den Thatsachen entsprechend ist auch hier die Bezeichnung
Conidie beizubehalten, mag man sich morphologische Homologien
construiren, soviel man will. Nebenbei sei bemerkt, dass es unter
den Mucorineen keine einzige Form mit cylindrischen Sporangien
giebt, aus denen die der Cephalideen sich ableiten liessen. Wenn
es in dem einen Falle (Chaetocladium) gelingt, die Homologie zwischen
Sporangien und Conidien zu erweisen, so müssen doch nun nicht
alle Conidien so aufgefasst werden. Eine gewissermassen selbst-
ständige Entstehung von Conidien, die nicht von Sporangien aus-
gegangen ist, ist doch sicher möglich und überhaupt doch das ein-

fachere. Näher auf diese morphologischen Fragen einzugehen, ist hier nicht der Ort.

Die Conidien der Mucorineen sind, wie die Sporen, immer einzellig, farblos oder matt gefärbt, mit glatter oder feinstacheliger oder streifiger Membran. Gewöhnlich haben die Conidien gleiche Form und Grösse, nur bei Syncephalis weicht die unterste Conidie der Kette, die Basidialconidie, oft von den übrigen ab. Hierüber wolle man die Beschreibung der Gattung vergleichen.

Sporangien- und Conidienträger sind sehr mannigfaltig gestaltet, unverzweigt oder in der verschiedensten Weise verzweigt. Bei manchen entspringen sie unvermittelt dem Mycel, von dem einzelne beliebige Fäden sich aufrichten und zu den Fruchtträgern auswachsen (Mucoreen, Thamnidieen); bei Pilobolus entsteht gewöhnlich zunächst eine blasige Anschwellung und diese treibt den Fruchtträger; bei Rhizopus, Syncephalis, Mortierella sind die einzelnen oder zu Gruppen vereinigten Träger durch besondere lappige Haftfüsschen (Appressorien) am Substrat befestigt; bei Absidia endlich bilden sich Sporangienträger nur auf den Scheiteln der bogenförmigen Ausläuferinternodien, nicht an den bewurzelten Knoten, wo sie dagegen bei Rhizopus entstehen.

Unverzweigte Träger finden sich in der Gattung Mucor (Sectio Mono-Mucor), ferner bei Spinellus, Phycomyces, Rhizopus, Absidia, Mortierella, Pilaira, Syncephalis und bei Pilobolus, bei letzterem mit grosser, straff gespannter, subsporangialer Blase. Gelegentlich treten bei diesen typisch unverzweigten Trägern einzelne Seitenäste auf, die entweder steril sind oder mit Sporangien abschliessen. Die Verzweigung der Träger ist sehr mannigfaltig, sowohl in Bezug auf den Reichthum, als auch auf die Art der Verästelung. Traubig verzweigte Träger mit einzelnen oder wirtelig gestellten Aesten kommen vor bei Mucor (Sectio Racemo-Mucor), Thamnidieen, Mortierella, durchgehends gabelige Träger bei Sporodinia und Piptocephalis, gabelige Verzweigung wirtelig gestellter Hauptäste bei Thamnidieen. Corymbische Verzweigung (Doldentrauben) haben die Träger bei Mucor corymbifer und bei Rhizopus arrhizus. Cymöse Verzweigung findet sich bei Mortierella, rein oder gemischt mit traubiger Astbildung in den höheren Zweigordnungen. Sympodialer und zwar wickeliger Wuchs ist charakteristisch für die schlaffen Sporangienträger von Circinella und Pirella, für Arten der Sectio Cymo-Mucor, ferner für Herpocladium. Reine und gemischte Verzweigungen kommen, wie bereits hervorgehoben, mehrfach vor.

Bei den meisten Mucorineen sind die Fruchtträger und ihre Aeste gerade, Krümmungen der ganzen Träger finden sich in der Gattung Syncephalis (S. Cornu); Krümmungen der die nickenden Sporangien tragenden Stiele bei Circinella, Helicostylum, Herpocladium, und vereinzelt auch bei Mucor (Sectio Cymo-Mucor). Die Fruchtträger der meisten Mucorineen stehen aufrecht und heben sich deutlich vom übrigen Mycel ab, bei einigen aber (Chaetocladium, Piptocephalis corymbifer) treten sie oft weniger hervor, weil sie selbst ranken und einige ihrer Aeste als Ausläufer weiter wachsen.

Die unverzweigten Träger sind fast immer scheidewandlos, bei den verzweigten entsteht gewöhnlich über oder unter der Ansatzstelle der Zweige eine Querwand, ausgenommen bei Mortierella. Die Wand der Träger ist bei den meisten Mucorineen zart, farblos und glatt, bei einigen treten später Verdickungen, Cuticularisirungen, Streifungen und auch Färbungen ein (Rhizopus, Piptocephalis, Phycomyces) oder es findet eine Incrustirung mit Kalkoxalat statt (Chaetocladium, Circinella), wodurch die Träger starr und zerbrechlich werden. Der Inhalt der jungen, sich entwickelnden Träger hat oft eine charakteristische, lebhafte Gelb- oder Orangefärbung (Mucor, Syncephalis, Pilobolus), die sich auch an den Inhaltsresten der ausgewachsenen Träger oft erhält und ihnen eine hervorstechende Farbe verleiht (Pilobolus oedipus, Syncephalis intermedia). Viele Mucorineen haben dagegen zeitlebens farblose, durchsichtige oder schwachgraue Träger (viele Mucorarten, Mortierella).

Die Zygosporen sitzen bei den meisten Mucorineen am gewöhnlichen Mycel in oder auf dem Substrat, nur bei einigen an besonderen aufrechten Fruchtträgern wie die Sporangien (Sporodinia, Dicranophora, Mucor heterogamus); bei Spinellus entstehen sie nur an dem dornigen Luftmycel. Die Bildung der Zygosporen beginnt mit der Copulation zweier ganz oder nahezu gleichgestalteter kurzer Aeste; nur bei Mucor heterogamus und Dicranophora sind die Aeste ganz ungleich. Der Verlauf der Copulationsäste ist ein verschiedener und für die einzelnen Gattungen charakteristisch. Man kann hiernach drei Typen der Copulation unterscheiden: die gerade, die zangenförmige und die spiralige. Zopf (Schenk's Handbuch IV. p. 341) schlägt hierfür die Bezeichnung orthotrop, campylotrop und spirotrop vor. Gerade Copulationsäste, die gewöhnlich von verschiedenen benachbarten Mycelästen gegeneinander wachsen und leiterförmig copuliren, haben folgende Gattungen: Mucor, Sporodinia, Rhizopus, Absidia, Thamnidium, Chaetocladium; zangenförmig (campylotrop), einmal sich kreuzend und dann sich gegeneinander krümmend, sind die Copulationsäste bei Spinellus, Phycomyces, Pilaira, Pilobolus, Mortierella, Piptocephalis; spiralige (spirotrop), vielmals sich dicht umschlingende und dann zangenförmig sich vereinigende Copulationsäste hat Syncephalis. Bei allen Mucorineen, mit Ausnahme der Cephalideen, entsteht die Zygospore aus den verschmolzenen Theilen (Copulationszellen) der Copulationsäste und ist zwischen diesen gleichsam aufgehängt; bei den Cephalidaceen aber sprosst sie als Neubildung aus den Copulationszellen hervor und sitzt ihrem Scheitel auf. Die an die eigentlichen Copulationszellen angrenzenden Theile der copulirenden Aeste, welche später die Zygosporen tragen, werden als Suspensoren bezeichnet, sie erleiden bei den meisten Mucorineen keine wesentliche Veränderung, abgesehen davon, dass sie bei einigen stark aufschwellen und sich färben (Chaetocladium, Spinellus). In diesen Fällen ist die Zygospore nackt. Anders dagegen verhalten sich die Suspensoren bei Phycomyces und Absidia, sie treiben hier mehr oder weniger kräftige dornige Auswüchse, welche über die Zygospore sich hinlegen und sie, allerdings locker, einhüllen; zur Bildung eines geschlossenen Fruchtkörpers kommt es hier noch nicht. Ein wirkliches, die Zygospore vollkommen einschliessendes Carpospor wird bei Mortierella gebildet, dasselbe hat die Form eines kleinen Knöllchens und entsteht durch reichliche, sich verflechtende Sprossungen von den Suspensoren und ihrer Nachbarschaft aus.

Die Zygosporen haben immer ein dickes, meist dunkel gefärbtes, verschiedenartig verdicktes Exospor und ein farbloses Endospor, dichten Inhalt, oft mit viel Fett. Bei der Keimung entsteht gewöhnlich ein neuer ungeschlechtlicher Fruchtträger, nicht ein Mycel. Ueber die eigenthümliche Keimung der Carposporien von Mortierella vergleiche die Anmerkung bei M. Rostafinskii. Ein regelmässiger Generationswechsel findet nicht statt, die Zygosporen entstehen, soweit bekannt, als Ruhezustände nur unter gewissen äusseren Bedingungen, es können viele asexuelle Generationen auf einander folgen. Bainier gelang die Zygosporenerzeugung bei Phycomyces und Mucor Mucedo besonders in den Monaten Februar bis April durch Aussaat der ungeschlechtlichen Sporen auf 5—6 cm dicke Schichten von Pferdemist in Krystallisirschalen. Näheres über die Bedingungen auch für andere Mucorineen bei Bainier (A. sc. nat. 6. Serie XV). Beachtenswerth ist die Beobachtung Zopf's, dass Pilobolus durch einen Parasiten (Pleotrachelus), der seine Sporangienanlagen vernichtet, zur Bildung der Zygosporen veranlasst wird. (Nova Acta Acad. Leop. LII. p. 352).

Zygosporen sind noch nicht von allen Gattungen der Mucorineen und überhaupt noch nicht von vielen Species gefunden worden, von folgenden Gattungen kennt man noch keine: Circinella, Pirella, Chaetostylum, Helicostylum, Herpocladium, Syncephalastrum. Im Ganzen kennt man die Zygosporen von 28 Species, die sich folgendermaassen auf die übrigen Gattungen vertheilen: Mucor (10), Sporodinia (1), Spinellus (1), Rhizopus (1), Absidia (2), Phycomyces (2), Thamnidium (1), Dicranophora (1), Pilaira (1), Pilobolus (1), Mortierella (2), Chaetocladium (2), Piptocephalis (1), Syncephalis (2).

Azygosporen, von demselben Bau wie die Zygosporen, entstehen dadurch, dass nur ein Copulationsast sich bildet und dessen Copulationszelle allein zur Spore wird, oder dass die beiden Copulationsäste zwar vorhanden sind, aber nicht wirklich verschmelzen, im ersteren Falle stehen die Azygosporen einzeln, im letzteren paarweise nebeneinander. Azygosporen sind beobachtet bei Rhizopus nigricans, Absidia capillata und septata, Sporodinia grandis, Spinellus fusiger, Mucor erectus. Nur Azygosporen, keine Zygosporen, sind bisher gefunden bei Mucor neglectus, Mucor tenuis. Ob die Gattung Azygytes Fries sich so erklärt, ist unentschieden, man vergleiche die Anmerkung bei Sporodinia grandis.

Myceleonidien (Stylosporen van Tieghém's) sind allgemein verbreitet bei den beiden Gattungen Mortierella und Syncephalis, zweifelhaft für Pilobolus crystallinus; bei anderen Mucorineen sind bisher keine gefunden worden. Die Myceleonidien sind kugelig, einzellig, meist feinstachelig und sitzen einzeln auf kurzen Seitenästen des Mycels, entweder zerstreut oder in traubig gehäuften Gruppen.

Gemmen (Chlamydosporen) entstehen intercalar und terminal am Mycel auf ausgesogenen Substraten dadurch, dass das Protoplasma sich stellenweise zu glänzenden, dichten Portionen zusammenzieht und durch Querwände vom leeren Mycel abgrenzt. Die Gemmen sind farblos, glattwandig und von sehr verschiedener, oft unregelmässiger Gestalt. Sie kommen allgemein vor bei Mortierella und Syncephalis und bei vielen Mucorarten (M. ambiguus, circinelloides, erectus, heterogamus, racemosus, spinosus); hier treten sie auch in den Sporangienträgern bis in die Columella hinein auf.

Kugelhefe bilden einige Mucorarten dann, wenn ihr Mycel untergetaucht in zuckerhaltigen, vergährungsfähigen Flüssigkeiten wächst. Das Mycelium bildet zahlreiche Scheidewände in ungefähr gleichen Abständen und alle Glieder schwellen kugelig auf, sodass Hefe ähnliche Bildungen entstehen. Eine Vermehrung durch Sprossung, wie bei Saccharomyces, findet dann später statt. Die Kugelhefe ruft schwache alkoholische Gährung hervor. Bisher nur bei der Gattung Mucor beobachtet (M. alternans, ambiguus, circinelloides, erectus, fragilis, racemosus, spinosus, tenuis).

Membran und Inhalt. Die Membran aller Theile besteht zunächst aus reiner Cellulose, erleidet aber bei Fruchtträgern und Sporen mancherlei Veränderungen durch Cuticularisirung, Incrustation mit Kalkoxalat (Sporangien und Fruchtträger) und Einlagerung bräunender Substanzen (Rhizopus, Zygosporen). Der Inhalt ist bei den meisten farbloses Protoplasma mit zahlreichen kleinen Zellkernen, dem ölige Tropfen beigemengt sind. Meist sind diese auch farblos, bei Pilobolus und Syncephalis aber, ebenso bei manchen Mucorarten sind sie orange oder rein gelb gefärbt und verleihen dem ganzen Inhalt eine mehr oder wenige tiefe, entsprechende Färbung. Besonders tritt diese in den ersten Entwickelungszuständen der Fruchtträger oft sehr lebhaft hervor.

Bei fast allen Mucorineen finden sich in den Fruchtträgern und den Suspensoren der Zygosporen Krystalloide vor, nach van Tieghem (A. sc. nat. 6. Serie I. p. 24—32) entweder Octaëder (Phycomyces, Spinellus, Sporodinia, Rhizopus, Mortierella tuberosa und pilulifera, Piptocephalis) oder dreieckig plattenförmige (Mucor, Thamnidium, Mortierella polycephala, Helicostylum, Chaetostylum); beide Formen bei Chaetocladium und Pilaira. Die grössten Krystalloide hat Pilobolus und Mucor. Im rein vegetativen Mycel fehlen sie, ihre Menge ist sehr variabel. Nähere experimentelle Untersuchungen fehlen.

Gattungsabgrenzung. In der Eintheilung in Gattungen habe ich mich van Tieghem angeschlossen, einmal weil die von ihm aufgestellten Gattungen gut charakterisirt sind und zweitens weil es mir für die Uebersicht bequemer erschien, nicht die Hälfte aller der zahlreichen Species in die so schon artenreiche Gattung Mucor zu stopfen. Es empfiehlt sich ja immer, anfangs viel zu unterscheiden, so lange eine monographische Durcharbeitung einer Gruppe noch in den Anfängen steckt. Eine übertriebene Gattungsmacherei kann man van Tieghem nicht vorwerfen.

In Saccardo's Sylloge VII. 1 sind eine Anzahl Gattungen älterer Autoren noch unter den Mucorineen aufgeführt, obgleich über einige schon von Fries gerechte Zweifel ausgesprochen sind.

Es dürfte an der Zeit sein, diese alten, zum Theil auf argen Verkennungen beruhenden Gattungen endlich nicht bloss aus der Familie der Mucorineen, sondern aus der ganzen Classe der Phycomyceten, ja sogar aus dem Pflanzenreich hinauszuwerfen. In einem Anhang hinter den Diagnosen der Mucorineen wird man diese Gattungen zusammengestellt finden.

Lebensweise. Die Mucorineen sind vorwiegend Saprophyten und zwar zum grossen Theil Bewohner von Excrementen der Fleisch- und Pflanzenfresser, ferner leben sie auf sich zersetzenden thierischen und pflanzlichen Resten aller Art, auf Kunstproducten aus thierischen und pflanzlichen Stoffen, sobald dieselben feucht stehen und der Fäulniss ausgesetzt sind. Einige wenige sind strenge oder doch facultative Parasiten auf anderen Mucorineen, z. B. Chaetocladium, Piptocephalis, Syncephalis und Mortierella. Die auf grösseren Hutpilzen lebenden Formen (Spinellus, Sporodinia, Mortierella) sind hier wohl nur Saprophyten. Auf chlorophyllhaltigen Pflanzen sind Mucorineen als echte entophytische Parasiten bisher nicht gefunden worden, abgesehen vielleicht von der in Indien beobachten Choanephora. Für den thierischen Organismus sind einige Mucorineen als pathogen nachgewiesen worden, ohne wohl aber obligate Schmarotzer zu sein (Mucor corymbifer, pusillus, septatus, racemosus; Rhizopus Cohnii).

Parasiten und Begleiter der Mucorineen können leicht Verwechselungen und Bedenken hervorrufen und desshalb mag auf diese Formen kurz hingewiesen werden. Die meisten gehören zu den Hyphomyceten und haben habituell manche Aehnlichkeit mit den in ihrer Gesellschaft wachsenden oder von ihnen bewohnten Mucorineen. Es wird genügen, hier die Gattungsnamen und hinter ihnen die wichtigste Literatur zu erwähnen. Man hat folgende zu beachten:

1. Martensella pectinata Coemans 1862 (Bull. Acad. Belgique 2. Serie XV, p. 540, Taf. II; van Tieghem, 1873, A. sc. nat. 5. Serie XVII, p. 313, Taf. XXV, 140).

2. Kickxella alabastrina Coemans 1862 (Bull. soc. bot. Belgique I, p. 155, Taf. I und van Tieghem, 1873, A. sc. nat. 5. Serie XVII, p. 385, Taf. XXV, 129—135).

3. Coemansia reversa van Tieghem, 1873 (l. c. p. 392, Taf. XXV, 136—139).

4. Dimargaris crystalligena van Tieghem, 1875 (A. sc. nat. 6. Serie I, p. 154, Taf. IV, 165—172).

5. Dispira cornuta van Tieghem, 1875 (l. c. p. 160, Taf. IV, 173—177).

6. Cephalosporium macrosporum Cornu, 1839 (Icon. Fung. III, p. 11, Taf. II, Fig. 30).

7. Sepedonium curvisetum Harz, 1871 (Bull. soc. imp. Nat. Moscou XLIV. p. 110, Taf. IV, 1); könnte vielleicht so wie Sepedonium mucorinum die Mycelconidien einer Syncephalis oder Mortierella darstellen.

Ferner ist auch der Myxomycet Dictyostelium ein häufiger Begleiter der Mucorineen und früher auch dafür gehalten worden (siehe Mucor microscopicus Tode, M. albus Micheli), ebenso ist Polysphondilium zu beachten.

Als Walzia ist ein Pilz von Sorokin (Bot. Zeitg. 1872, p. 240 u. 420) sehr unvollständig beschrieben worden, der parasitisch auf Mucorineen leben soll.

Endlich ist auch eine parasitische Chytridinee (Pleotrachelus fulgens) in Pilobolus gefunden worden.

Mit obiger Aufzählung ist natürlich die Zahl der Pilze, welche auf gemeinsamem Substrat mit Mucorineen sich finden können, lange nicht erschöpft, aber die übrigen werden nicht so leicht Verwechselungen herbeiführen. Diese vermeiden zu helfen, ist ja allein der Zweck obiger Aufzählung.

Sammeln und Präpariren. Aus den Bemerkungen über die Lebensweise der Mucorineen ergeben sich von selbst die Vorschriften für das Sammeln. Excremente von fleisch- und pflanzenfressenden Thieren aller Art tragen nicht selten in der freien Natur bereits Mucorineen, um diese aber sicher und in reicher Auswahl zu erhalten, darf man das unappetitliche Geschäft nicht scheuen, die Excremente unter Glasglocken bei geeigneter Temperatur zu „cultiviren". Wenn ein zoologischer Garten am Ort ist, so verschaffe man sich den Koth von möglichst viel verschiedenen Thieren. Ein verhältnissmässig sauberes und sehr dankbares Substrat ist frisch gefallener Pferdemist. Wird dieser unter einer Glasglocke mässig feucht gehalten, so erscheint nach und nach eine ganze Flora von Mucorineen, die gewöhnlich mit dem Auftreten von Coprinus abgeblüht hat. Neben den Excrementen beachte man verschimmelte Pflanzen und Thierreste und aus pflanzlichen und thierischen Stoffen bereitete verderbende Speisen etc. Auch hier kann man der Natur zu Hilfe kommen dadurch, dass man die genannten angefeuchteten Objecte bedeckt und sich selbst über-

lässt: besonders geeignet dazu, aus der Luft herabfallende Mucor-
sporen zur Entwickelung zu bringen, ist angefeuchtetes Weiss-
oder Schwarzbrod.

Man setze die Culturen der Beleuchtung aus, sorge aber dafür,
dass nicht zu starke Beleuchtungsdifferenzen entstehen, denn die
Fruchtträger vieler Mucorineen sind positiv heliotropisch und erleiden
dann zu starke Ablenkungen vom aufrechten Wuchs. Stellt man
die Culturen ins Finstere, so wird man manche Mucorineen nur in
stark etiolirten Zustande erhalten, besonders gilt das für Pilobolus-
arten, deren Fruchtträger stark vergeilen, sehr lang und dünn
werden, oft steril bleiben und jedenfalls ein ganz abnormes Aussehen annehmen.

Die Präparation der Mucorineen erfordert einige Vorsichts-
massregeln. Man hebe behutsam eine Spur des Substrates mit ab,
und fasse die zarten einzelligen Träger nicht selbst mit der Pincette
an. Zunächst lege man das Präparat trocken auf den Objectträger
und lasse erst während der Beobachtung mit schwacher Vergrösserung Wasser zufliessen. Für manche Zwecke empfiehlt es
sich, Stücke des mucorbewachsenen Substrates in kochendem Wasser
abzubrühen und so die Pilze zu fixiren. Man kann jetzt grössere
Mycelstücken aus dem Substrat herauspräpariren, ohne ein Aus-
fliessen des Inhaltes befürchten zu müssen. Dauerpräparate stellt
man sich aus solchem abgebrühten Material her durch allmälige
Verdrängung des Wassers mit Glycerin. Auch aus frischen Mucorineen kann man Dauerpräparate herstellen, wenn man einen
sehr kleinen Tropfen zunächst von verdünntem Glycerin an den
Rand des Deckglases setzt und nun das erstere, nachdem es ein-
gedrungen, durch Verdunstung des Wassers sich concentriren lässt.
Solche Präparate müssen Tage lang liegen, sie werden dann aber
auch sehr schön, vorhandene Luft kann man durch Kochen ver-
treiben. Natürlich ist dafür zu sorgen, dass das Deckglas die zarten
Objecte nicht zerdrückt.

Für die Anwendung der gebräuchlichen Fixirungs- und
Färbungsmethoden sind besondere Vorschriften hier nicht zu
geben.

Eine ausführliche Darstellung der von Brefeld benutzten Rein-
culturmethoden findet man in dessen Untersuchungen I. Band.

Uebersicht über das System und die Gattungen
der Mucorineen.

(Bestimmungstabelle.)

1. Unterordnung. Sporangiophorae.

Ungeschlechtliche Fortpflanzung durch bewegungslose, in Sporangien erzeugte Sporen.

1. Fam. **Mucoraceae.** Die den Träger vom Sporangium abgrenzende Querwand wölbt sich in dasselbe und ragt als Columella
oft weit hinein. Zygosporen nackt oder nur von einem lockeren
Fadengeflecht eingehüllt, nie in ein dichtes Gehäuse eingeschlossen
und einen Fruchtkörper bildend.

1. Unterfam. *Mucoreae.* Sporangien nur von einer Art, vielsporig, mit zerfliessender oder leicht zerbrechender Membran, auf
den Trägern sich öffnend, die Columella zurücklassend.

1. Ohne besondere, rhizoidentragende Ausläufer, Sporangienträger einzeln dem Mycel entspringend.

a. Sporangienträger unverzweigt oder verzweigt, aber nie
gabelig. Zygosporen am Mycel, nicht an besonderen aufrechten Trägern.

aa. Mycel in und auf dem Substrat gleich gebaut, Zygosporen im Substrat.

α. Suspensoren ohne Dornen. Sporangienträger seidenglänzend oder matt, grau oder braun.

αα. Sporangienträger unverzweigt oder verzweigt,
immer mit Sporangium abschliessend. Sporangien
aufrecht, ihre Membran meist zerfliessend.

XXX. *Mucor.*

ββ. Sporangienträger verzweigt, steril ohne Sporangium endend. Sporangien nickend, ihre Membran nie zerfliessend.

ααα. Sporangien kugelig, Columella nicht
klöppelförmig . . . XXXI. *Circinella.*

βββ. Sporangien birnförmig, Columella klöppelförmig . . . . . . XXXII. *Pirella.*

β. Suspensoren dornig. Sporangienträger metallisch
glänzend, grünlich oder olivenfarben, unverzweigt.

XXXIII. *Phycomyces.*

bb. Mycel im Substrat farblos, glatt, auf diesem braun, dornig (Luftmycel). Zygosporen nur ausserhalb des Substrates am Luftmycel . . . XXXIV. *Spinellus*.

b. Sporangienträger gabelig verzweigt, Zygosporen an besonderen aufrechten, ebenfalls gabeligen Trägern.

XXXV. *Sporodinia*.

2. Mit besondern Ausläufern, die in ungetheilte Internodien und Knoten mit Haftwurzeln gegliedert sind. Sporangien meist büschelig.

a. Sporangien nur an den Ausläuferknoten; Suspensoren ohne Dornen, Zygosporen nackt . . XXXVI. *Rhizopus*.

b. Sporangien nur auf dem Scheitel der bogigen Ausläuferinternodien; Suspensoren mit Dornen, Zygosporen davon eingehüllt . . . . XXXVII. *Absidia*.

2. Unterfam. *Thamnidieae*. Sporangien von zweierlei Art, vielsporige mit zerfliessender Membran und auf den Trägern sich öffnend, die Columella zurücklassend; wenigsporige (Sporangiolen) mit nicht zerfliessender Membran, meist ohne Columella, geschlossen vom Träger abfallend. Sporangienträger verzweigt.

a. Sporen in beiderlei Sporangien gleich gestaltet.

aa. Sporangiolen auf geraden Stielen.

α. Seitenäste gabelig verzweigt, alle Enden mit Sporangiolen abschliessend . . XXXVIII. *Thamnidium*.

β. Seitenäste lang pfriemlich borstenartig steril endend, an ihrer aufgeschwollenen Mitte die kurz gestielten, wirteligen Sporangiolen tragend. XXXIX. *Chaetostylum*.

bb. Sporangiolen auf bischofstabartig eingekrümmten Stielen.

XL. *Helicostylum*.

b. Sporen der beiderlei Sporangien verschieden gestaltet, die der Sporangiolen gross nierenförmig, die anderen elliptisch, klein . . . . XLI. *Dicranophora*.

3. Unterfam. *Pilobolcae*. Sporangien nur von einer Art, vielsporig, mit zum grössten Theil fester, nicht zerfliessender oder zerbrechender, nur an der Basis aufquellender Membran; quellen entweder von den Trägern ab, die Columella zurücklassend, oder werden mitsammt der Columella geschlossen abgeschleudert und öffnen sich dann erst durch Abquellen.

a. Sporangienträger schlaff, bald umsinkend, meist ohne subsporangiale Anschwellung, Sporangien abquellend, die Columella zurücklassend . . . . XLII. *Pilaira*.

b. Sporangienträger steif aufrecht, immer mit grosser subsporangialer Anschwellung; Sporangien werden mitsammt der Columella abgeschleudert . . . . XLIII. *Pilobolus.*

2. Fam. **Mortierellaceae.** Sporangium ohne Columella, mit zerfliessender Membran. Zygosporen einzeln in ein Gehäuse (Carposporium) vollständig eingeschlossen, eine kleine Knolle bildend.

    a. Sporangienträger unverzweigt oder verzweigt, immer mit Sporangien abschliessend, alle Sporangien an geraden Stielen.
                        XLIV. *Mortierella.*

    b. Sporangienträger sympodial verzweigt, mit steriler Spitze endend, alle Sporangien an eingekrümmten Stielen.
                    XLV. *Herpocladium.*

2. Unterordnung. Conidiophorae.

Ungeschlechtliche Fortpflanzung durch Conidien, welche einzeln oder in Ketten an besonderen Conidienträgern gebildet werden.

1. Fam. **Chaetocladiaceae.** Conidien einzeln, kugelig, in Gruppen an dem mittleren geschwollenen Theil der letzten Aeste der Conidienträger, Enden derselben dünn, steril. Zygosporen nackt, zwischen den geraden Copulationsästen . XLVI. *Chaetocladium.*

2. Fam. **Cephalidaceae.** Conidien in Ketten, an den kugelig-kopfig angeschwollenen Astenden unverzweigter oder verzweigter Träger. Zygosporen nackt, auf dem Scheitel der zangenförmigen Copulationsäste.

    a. Conidienträger immer gabelig verzweigt, an den Endgabeln mit einer kleinen, kugeligen oder knopfigen Anschwellung (Basidialzelle), welche die Conidienketten trägt und mit ihnen abfällt . . . . XLVII. *Piptocephalis.*

    b. Conidienträger unverzweigt oder verzweigt, mit grosser, kugelig-keuliger Endanschwellung und hier die Conidienketten tragend, die allein abfallen.

        α. Conidienträger am Grunde mit lappigen Haftfüsschen, meist unverzweigt . . . . . . XLVIII. *Syncephalis.*

        β. Conidienträger ohne Haftfüsschen, doldig verzweigt.
                  XLIX. *Syncephalastrum.*

1. Unterordnung. Sporangiophorae.

Ungeschlechtliche Fortpflanzung durch bewegungslose, in Sporangien erzeugte Sporen.

1. Familie. **Mucoraceae.**

Die den Träger vom Sporangium abgrenzende Querwand wölbt sich in dasselbe und ragt als Columella oft weit hinein. Zygosporen nackt oder nur von einem lockeren Fadengeflecht eingehüllt, nie in ein dichtes Gehäuse eingeschlossen und einen Fruchtkörper bildend.

1. Unterfamilie. *Mucoreae.*

Sporangien nur von einer Art, vielsporig, mit zerfliessender oder leicht zerbrechender Membran, auf den Trägern sich öffnend, die Columella zurücklassend.

XXX. **Mucor** (Micheli, 1729, Nova plant. genera etc. p. 215, Taf. 95) Link, 1824 (Spec. plant. VI. 1, p. 80).

Mycelium in und auf dem Substrat sich ausbreitend, aber ohne wurzelnde und besonders gegliederte Ausläufer, reich rispig verästelt, mit immer dünner werdenden, zuletzt haarfeinen, geraden oder knorrigen Aesten, anfangs einzellig, im Alter mit vereinzelten Querwänden, mit farblosem, ausnahmsweise orangerothen Inhalt, glatter, farbloser Membran. Sporangienträger einzeln dem Mycel entspringend, aber gewöhnlich dichte Rasen bildend, aufrecht, entweder unverzweigt mit Sporangium abschliessend oder verzweigt mit gleichen Sporangien an allen Astenden; Verzweigung theils monopodial, traubig oder unregelmässig rispig oder doldentraubig, theils cymös und mehr oder weniger sympodial, wickelig, mit Sporangium auch am Scheitel des Sympodiums; niemals gabelig verzweigt. Sporangien aufrecht, zuweilen bei sympodialen Trägern einzelne schwach nickend, gewöhnlich alle gleichartig, nur verschieden gross, vielsporig, kugelig, am Träger sich öffnend, nur einzelne bei den sympodialen Formen auch geschlossen abfallend; verschieden gefärbt. Sporangienwand nicht cuticularisirt, mit winzigen Kalkoxalatnadeln mehr oder weniger stark, gleichmässig incrustirt, im Wasser meist schnell zerfliessend und einen Basalkragen zurücklassend, oder zerbrechlich und dann zuweilen lange ganz bleibend.

Columella immer vorhanden, verschieden gestaltet, farblos oder gefärbt. Sporen kugelig oder ellipsoidisch, mit dünner, glatter Membran, farblos oder gefärbt. Zygosporen am Mycel, nicht an besonderen Trägern[1]), nackt, Suspensoren ohne Auswüchse, Copulationsäste gerade. Mycelconidien (Stylosporen) nicht bekannt. Gemmen (Chlamydosporen) terminal und intercalar, verschieden

Fig. 29 a, b.

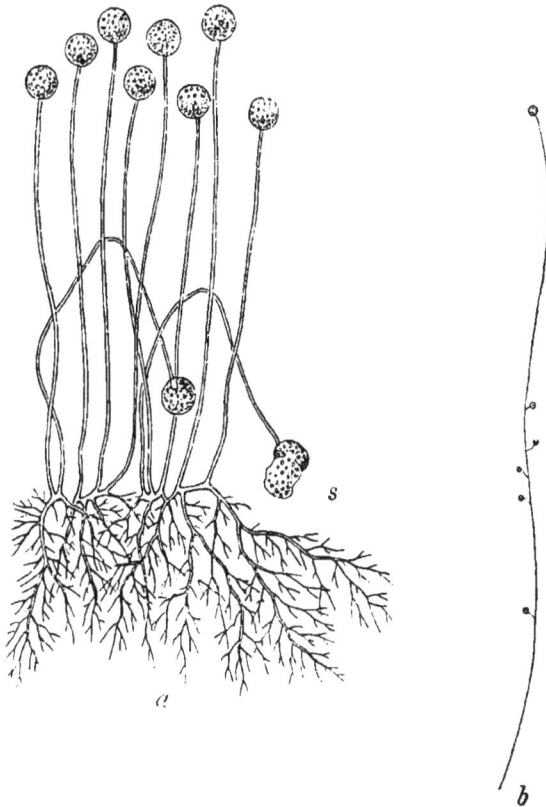

Mucor. — Sporangienträger. *a* M. Mucedo (Sectio Mono-Mucor). Eine Gruppe unverzweigter Träger mit zugehörigem Mycel; bei *s* ein zerfliessendes Sporangium (Vergr. 40, nach Kerner). *b* M. racemosus (Sectio Racemo-Mucor). Ein traubig verzweigter Träger mit grösserem Sporangium am Scheitel und kleineren, traubigen auf kurzen Seitenästchen (Vergr. 30, nach Fresenius).

[1]) Eine Ausnahme bilden M. heterogamus, M. neglectus, M. tenuis.

12*

gestaltet, farblos, glatt, nicht bei allen Arten. Kugelhefe mit Gährwirkung durch Zergliederung des untergetauchten Mycels einiger
Arten in kugelige oder ellipsoidische Zellen entstehend.

Historisches und Systematisches. Micheli stellte in seine neue Gattung Mucor einen Pilz als M. vulgaris, der wohl mit Recht mit dem M. Mucedo
der neuen Forscher identificirt wird. Später wurde dann in diese Gattung alles
Mögliche und Unmögliche zusammengeworfen, wie besonders deutlich Bulliard's
Histoire des Champignons de la France (1791) zeigt. Den ersten, wenn auch
missglückten Versuch, die überfüllte Gattung zu säubern unternahm Tode (Fungi
Mecklenb. select. 1790, 1791), indem er für einige dem Mucor vulgaris ähnliche Pilze
die beiden neuen Gattungen Ascophora und Hydrophora schuf. Die erstere
entsprang einer falschen Deutung des Sporangiums und der Columella von Rhizopus
nigricans (Ascophora Mucedo Tode's). Tode übersah die vergängliche, leicht zer-

Fig. 29 c, d.

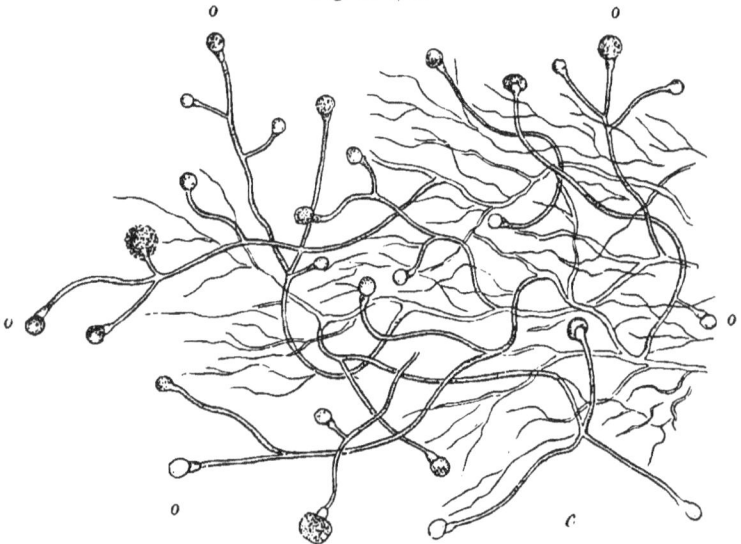

Mucor. — Sporangienträger. c M. corymbifer
(Sectio Racemo-Mucor). Mycel mit niederliegenden,
corymbisch verzweigten Trägern; deutliche Apophyse
unterhalb des Sporangiums, bei o sind die Sporangien
bereits zerflossen, die Columella bildet mit der Apophyse einen birnförmigen Körper (Vergr. 270, nach
Lichtheim). d M. alternans (Sectio Cymo-Mucor).
Ein sympodialer Träger mit alternirend zweizeiligen,
kurzgestielten, Sporangien, die nach aufwärts immer
kleiner werden (Vergr. 100, nach Gayon u. Dubourg).

Fig. 30.

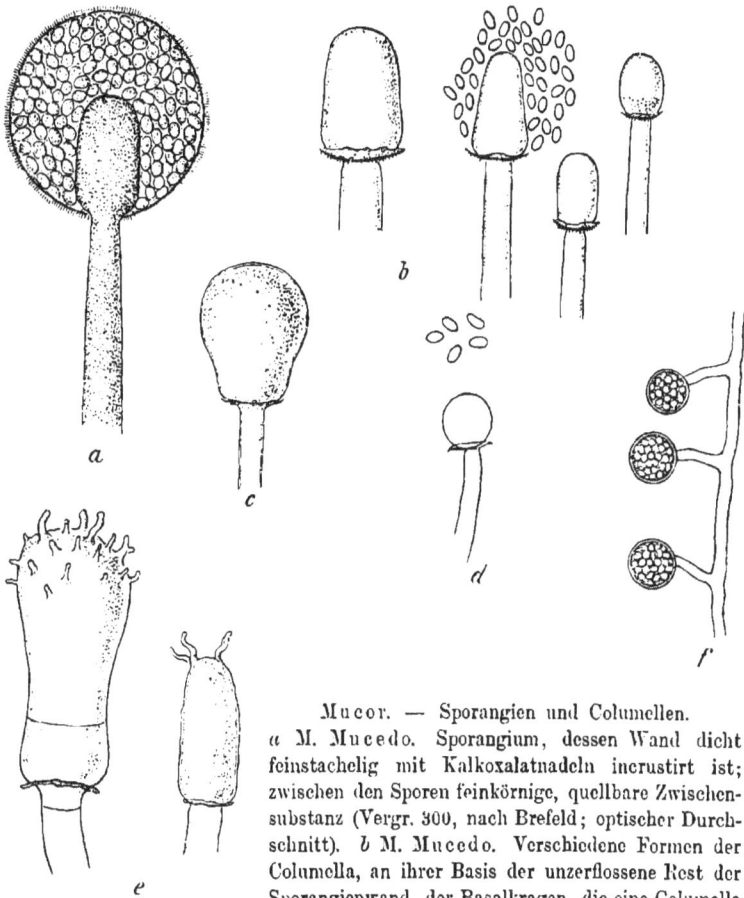

Mucor. — Sporangien und Columellen.
a M. Mucedo. Sporangium, dessen Wand dicht
feinstachelig mit Kalkoxalatnadeln incrustirt ist;
zwischen den Sporen feinkörnige, quellbare Zwischensubstanz (Vergr. 300, nach Brefeld; optischer Durchschnitt). *b* M. Mucedo. Verschiedene Formen der
Columella, an ihrer Basis der unzerflossene Rest der
Sporangienwand, der Basalkragen, die eine Columella
mit Sporen (Vergr. 300, nach Brefeld). *c* M. piriformis. Stark birnförmige,
sehr grosse Columella (Vergr. 100, nach der Natur). *d* M. alternans. Kugelige
Columella mit Basalkragen und Sporen (Vergr. 500, nach Gayon und Dubourg).
e M. spinosus. Columella mit stumpfen, kurzen Ausstülpungen, links mit zahlreichen, aspergillusartigen, die Querwand in der Columella hat eine Gemme abgegrenzt (Vergr. 540, nach Zopf); rechts mit wenigen zipfelartigen Ausstülpungen
(Vergr. 540, nach der Natur). *f* M. racemosus. Drei traubige Sporangien mit
nicht zerfliessender, durchsichtiger Membran, durch die die Sporen durchschimmern
(Vergr. 230, nach der Natur).

fliessende Sporangienwand und hielt für das eigentliche Sporangium die Columella, welche „externe fructificante" die ihr anhaftenden Sporen hervorgetrieben haben sollte. Die Gattung Hydrophora dagegen umfasste Formen mit wasserhellen Köpfchen und unbekannter Fructification. Beide Gattungen haben sich später als Synonyme von Mucor im weiteren Sinne herausgestellt; es ist das Verdienst Link's (Spec. plant. 1824, VI. 1, p. 90) ihre Species wieder mit der von Anderen und besonders auch von ihm gesäuberten Gattung Mucor vereinigt zu haben. Als ein Rückschritt aber ist es zu betrachten, dass Fries (1829, Syst. myc. III. und auch 1849, Summa veg. Scand.) die Gattungen Tode's wieder aufnahm und so die alte Verwirrung durch seine Autorität wieder begünstigte. Seinem Vorgange folgend haben die späteren Autoren lange noch die drei Gattungen Mucor, Ascophora, Hydrophora mehr oder weniger missverstanden beibehalten. So findet sich in Bonorden's Arbeiten bis 1870 dieses schöne mycologische Kleeblatt immer noch vor. Link hatte eine Anzahl neuer Mucorineengattungen (Sporodinia, Thamnidium) mit guten Merkmalen aufgestellt, die nun später auch wieder in eine der drei alten

Fig. 31.

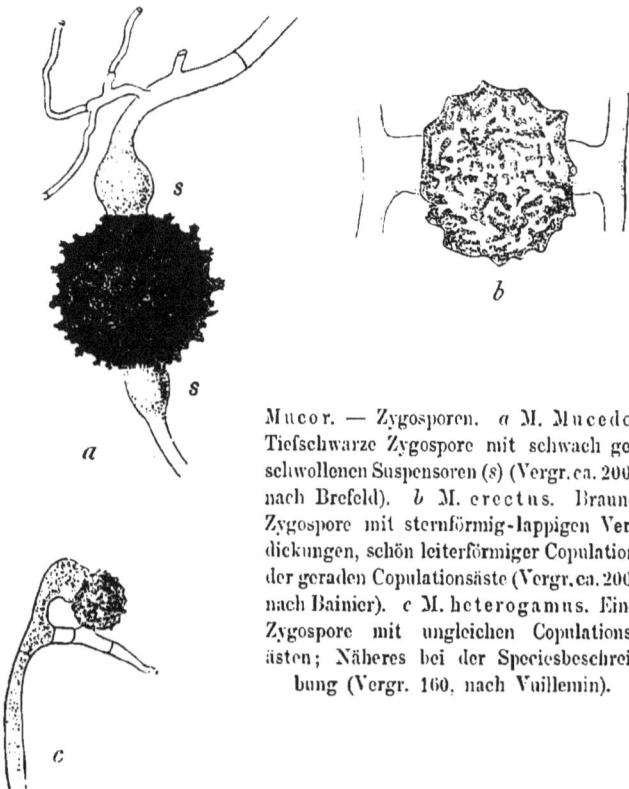

Mucor. — Zygosporen. a M. Mucedo. Tiefschwarze Zygospore mit schwach geschwollenen Suspensoren (s) (Vergr. ca. 200, nach Brefeld). b M. erectus. Braune Zygospore mit sternförmig-lappigen Verdickungen, schön leiterförmiger Copulation der geraden Copulationsäste (Vergr. ca. 200, nach Bainier). c M. heterogamus. Eine Zygospore mit ungleichen Copulationsästen; Näheres bei der Speciesbeschreibung (Vergr. 160, nach Vuillemin).

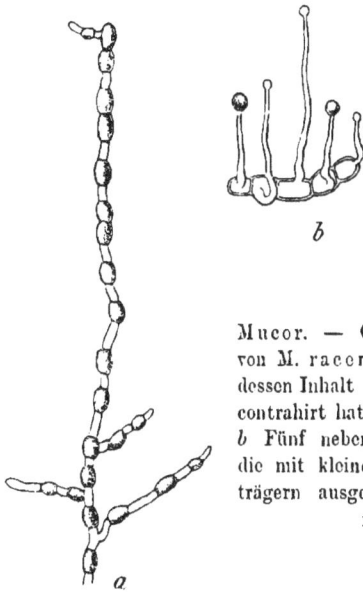

Fig. 32.

Mucor. — Gemmen (Chlamydosporen)
von M. racemosus. *a* Ein Mycelstück,
dessen Inhalt zu zahlreichen Gemmen sich
contrahirt hat (Vergr. 200, nach Brefeld).
b Fünf nebeneinanderliegende Gemmen,
die mit kleinen ungetheilten Sporangienträgern ausgekeimt haben (Vergr. 120,
nach Brefeld).

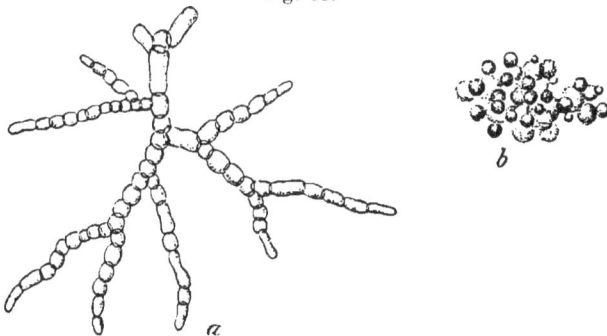

Fig. 33.

Mucor. — Kugelhefe von M. racemosus. *a* Ein Stück des in zuckerhaltiger
Lösung untergetauchten Mycels, in Kugelhefe gegliedert. *b* Kugelhefe durch
Sprossung sich vermehrend, ein Sprossverband. (Vergr. 120, nach Brefeld.)

Gattungen eingestellt wurden. So war mit der Zeit eine fürchterliche Verwirrung entstanden, die besonders durch Brefeld und van Tieghem beseitigt wurde. Mehr und mehr wurde durch diese Forscher die von Link gegebene Umgrenzung der Gattung Mucor zu Ehren gebracht, so dass man wohl, wie auch hier geschehen ist, Link als den zweiten Autor dieser Gattung betrachten kann.

Ausser den Tode'schen Gattungen sind noch folgende im Laufe der Zeit als Synonyme hinzugekommen:

Bonorden stellte (1851, Handb. Mycol. p. 124) für die Formen mit mehreren kurzgestielten Sporangien die Gattung Pleurocystis auf, die er aber später (1864, Abh. naturf. Ges. Halle VIII. p. 112) selbst wieder beseitigt hat.

Brefeld (1890, Untersuch. VIII. p. 223) schlägt für den gemmenbildenden M. racemosus und Verwandte die neue Gattung Chlamydomucor vor.

Die verschiedenen Species der hier genannten mit Mucor synonymen Genera sind nicht in der jetzigen Gattung Mucor allein untergebracht, so dass sie auch für andere Mucoreen als Synonyme anzuführen wären.

Schlimmer noch als um die Gattungsumgrenzung steht es aber mit der Unterscheidung der Species. Die früher beliebte laconische Kürze der Diagnosen macht es oft unmöglich, die alten Formen mit den jetzt genau bekannten zu vergleichen und doch ist das nothwendig, damit endlich der schwere Ballast dieser zweifelhaften Species definitiv aus der Systematik hinausgeworfen wird. Ich habe mich, gestützt auf vielfache Andeutungen bei älteren Autoren, bemüht reine Wirthschaft zu machen, damit der Hilfesuchende nicht durch die Menge solcher inhaltsloser Diagnosen abgeschreckt wird. Was von den alten Species nicht als Synonym untergebracht werden konnte, findet man hinter den guten Arten zusammengestellt, dort sind auch die zu streichenden Species aufgeführt. Ich glaube auf diese Weise der Systematik und einem späteren Monographen der Gattung Mucor bessere Dienste zu leisten, als Berlese und de Toni, welche den ganzen alten Wust mit Vermeidung aller Kritik in Saccardo's Sylloge 1887 wieder aufgezählt haben.

Uebersicht über die Species.

Die hier aufgezählten Species bedürfen noch sehr einer gründlichen Durcharbeitung. Die Eigenschaften der Sporangienmembran sind noch nicht in ihrer Abhängigkeit vom Wassergehalt und der chemischen Zusammensetzung des Substrates studirt, ebenso die Form der Verzweigung und der Sporen. Die folgende Zusammenstellung kann deshalb nur als eine provisorische betrachtet werden.

Sectio I. **Mono-Mucor.** Sporangienträger unverzweigt (ausnahmsweise mit vereinzelten sterilen oder fertilen Aesten).

1. Sporangienträger bis zuletzt aufrecht, weissliche oder graue Rasen bildend oder vereinzelt.

    a. Sporen nicht mit Oeltropfen und Protoplasmaresten vermengt.

        aa. Columella gewölbt cylindrisch oder kegelig, mittelgross.

α. Sporangienwand sehr schnell zerfliessend, wenig Quellsubstanz, Columella meist mit orangegelbem Inhalt . . . . *M. Mucedo.*

β. Sporangienwand langsam zerfliessend. viel Quellsubstanz, Columella farblos . . *M. mucilagineus.*

bb. Columella sehr gross, breit birnförmig. *M. piriformis.*

b. Sporen mit Oeltropfen und Protoplasmaresten vermengt. *M. plasmaticus.*

2. Sporangienträger bald umsinkend, einen wolligen, verworrenen, rostfarbenen Ueberzug bildend . . . *M. rufescens.*

Sectio II. **Racemo-Mucor.** Sporangienträger traubig-verzweigt, monopodial.

1. Verzweigung rein traubig, Seitenäste nur gelegentlich so lang wie die Hauptachse.

a. Sporen gleichförmig.

aa. Sporangienwand nicht zerfliessend, sondern in Stücke zerbrechend, oft sich lange erhaltend. Sporen gelblich, kugelig . . . . . . *M. racemosus* (u. *M. tenuis*).

bb. Sporangienwand zerfliessend, Sporen farblos oder grau, nie gelblich.

α. Sporen ellipsoidisch, doppelt so lang als breit, Zygosporen am Mycel, im Substrat.

αα. Columella nicht oder sehr schmal aufsitzend, Sporen grau.

ααα. Sporangien gelblich-grau. durchsichtig, Sporen meist einseitig abgeflacht *M. erectus.*

βββ. Sporangien schwarz. Sporen gleichmässig ellipsoidisch . . . . . . *M. fragilis.*

ββ. Columella sehr breit aufsitzend. knopfförmig, Sporen farblos . . . . . . *M. mollis.*

β. Sporen kugelig, Zygosporen an besonderen Trägern. *M. heterogamus.*

b. Sporen sehr ungleichförmig und unregelmässig gestaltet. *M. heterosporus.*

2. Verzweigung doldentraubig.

a. Sporangienträger niederliegend; Sporangien birnförmig, farblos, zerfliessend . . . . *M. corymbifer.*

b. Sporangienträger aufrecht; Sporangien kugelig.

α. Sporangien schwarz, zerfliessend . . *M. pusillus.*

β. Sporangien hellbraun, zerbrechend. *M. corymbosus.*

Sectio III. **Cymo-Mucor.** Sporangienträger cymös verzweigt, mehr oder weniger sympodial, wickelig.

1. Sporangienträger undeutlich sympodial, gemischt traubig-cymös. Sporangienwand immer zerfliessend, Sporen kugelrund.

   a. Columella glatt . . . . *M. globosus.*

   b. Columella am Scheitel mit 1 bis mehreren, kurzen Ausstülpungen . . . . *M. spinosus.*

2. Sporangienträger rein cymös, oft rein sympodial, wickelig. Sporangienwand nur an den zuerst entstandenen untersten Sporangien zerfliessend, nach aufwärts fester und weniger zerfliesslich, zerbrechend oder ganz fest, einzelne Sporangien geschlossen abfallend. Sporangienstiele oft schwach gekrümmt.[1]

   a. Wand der ersten Sporangien zerfliessend.

      aa. Zygosporen am Mycel, Sporen ellipsoidisch, Sporangienstiele schwach gekrümmt.

         α. Sporangien unregelmässig angeordnet, Sporen feinpunktirt . . . . *M. ambiguus.*

         β. Sporangien gewöhnlich in zwei alternirenden Reihen, Sporen glatt.

            αα. Sporen kurz ellipsoidisch, fast kugelig.

            M. circinelloides.

            ββ. Sporen noch einmal so lang als breit.

            M. alternans.

      bb. Zygosporen (Azygosporen) an besonderen, aufrechten Trägern, Sporen kugelig, Sporangienstiele gerade.

         M. neglectus.

   b. Wand aller Sporangien unzerfliesslich, zerbrechend oder fest . . . . *M. brevipes.*

Sectio I. **Mono-Mucor.** Sporangienträger unverzweigt (ausnahmsweise mit vereinzelten sterilen oder fertilen Aesten).

145. M. Mucedo (Linné, 1762, Spec. plant. II. p. 1655 pro parte) Brefeld, 1872 (Unters. I. p. 7).

Synon.: Mucor vulgaris Micheli, 1729, Nova plant. genera p. 215, Taf. 95.

Mucor sphaerocephalus Bulliard, 1791, Champ. de France p. 112, Taf. 480, Fig. 2.

[1] Die fünf folgenden Species sind sehr ungenügend von einander unterschieden und würden sich vielleicht mehr zusammenziehen lassen.

Mucor Mucedo (L.) Person, 1801, Synopsis fung. I. p. 201 pr. p.
Mucor Mucedo (L.) Link, 1824, Spec. plant. VI. 1, p. 85 pr. p.
Mucor Mucedo (L.) Fries, 1829, Syst. myc. III. p. 320 pr. p.
Mucor Mucedo (L.) Fresenius, 1850, Beitr. z. Mycol. p. 7 pr. p.
Mucor Mucedo (Fresen.) de Bary, 1866, Abh. Senckenb. Ges. V. p. 345 pr. p.
Mucor Mucedo Brefeld bei Schröter, 1886, Kryptfl. III. 1, p. 204.
Mucor Mucedo L. bei Saccardo, 1888, Syll. VII. 1, p. 191.

Zu diesen nur die historische Entwickelung des Speciesnamens betreffenden Synonymen kommen noch viele andere hinzu, über die man
die Aufzählung hinter der Speciesdiagnose vergleichen wolle.

Exsicc.: Rabh., Fungi europ. 2270 (Herb. myc. I. edit. 273 ist
Rhizopus nigricans, ebenso Thümen, Fungi austr. 2345 u. Mycoth. univ.
1466).

Abbild.: Fresenius, 1850, l. c. Taf. I, 1—12, de Bary, 1866, l. c.
Taf. XLIII, 1—12, Brefeld, 1872, l. c. Taf. I u. II, Bainier, 1882, Étude,
Taf. I, 1—5; fast alle Lehrbücher der Botanik.

Sporangienträger bis zuletzt steif aufrecht. einen dichten
bis 15 cm hohen silbergrauen, glänzenden, das ganze Substrat bedeckenden Rasen bildend, unverzweigt, 2—15 cm hoch, 30—40 μ
dick ohne Querwände, Membran farblos, glatt und straff, Inhalt
spärlich, farblos oder schwach orangegelb; zuweilen, besonders die
ersten Träger auf neuen Mycelien viel niedriger, gelegentlich auch
mit einigen unregelmässigen Seitenästen mit kleineren, oft sehr
kleinen Sporangien. Sporangien gross, kugelig, 100—200 μ Durchmesser. anfangs gelblich, später feucht heller, trocken dunkler graubraun oder schwärzlichbraun, zuweilen mit grünlichem Schimmer,
dicht feinstachelig. Sporangiumwand schnell zerfliessend, meist
einen kleinen Basalkragen zurücklassend, ursprünglich aus einer
zarten, allmälig schwindenden Cellulosemembran bestehend, die
dicht mit feinen, zuletzt allein übrig bleibenden Kalkoxalatnadeln
incrustirt ist. Columella nicht aufsitzend, hoch gewölbt cylindrisch
oder glockig oder stumpfkegelig, 70—140 μ hoch, 50—80 μ breit,
mit glatter. farbloser Membran und meist orangegelbem Inhalt.
Sporen abgerundet cylindrisch oder gestreckt ellipsoidisch, noch
einmal so lang als breit, sehr gleichartig gestaltet, aber sehr verschieden gross, selbst in demselben Sporangium, 6—12 μ lang. 3—6 μ
breit (extreme Formen bis 16,8 μ lang) mit farbloser, glatter Membran, schwach gelblichem oder farblosem Inhalt, gehäuft sehr schwach
gelblich. Zygosporen kugelig, 90—250 μ (nach Bainier bis 1 mm)
Durchmesser, Exospor schwarz, mit dicken. weit hervorragenden,
warzig-stacheligen Verdickungen, hart und brüchig, Endosporium
farblos, mit kegeligen, in die hohle Basis der Exosporauswüchse

passenden Warzen; Inhalt farbloses, dichtes Protoplasma mit grossen Oeltropfen. Bei der Keimung entsteht ein unverzweigter Sporangienträger. Gemmen und Kugelhefe werden nicht gebildet. — Fig. 29a, 30a, b, 31a.

Auf Excrementen von Fleisch- und Pflanzenfressern, unfehlbar auf Pferdemist; ferner auf allen sich zersetzenden organischen Substanzen pflanzlichen und thierischen Ursprunges, auf kohlehydratreichen Substraten leicht durch Rhizopus nigricans überwuchert.

Dieser sehr häufige Mucor ist im Ganzen leicht zu erkennen, kann aber doch unter abnormen Verhältnissen ein fremdartiges Aussehen annehmen. Für gewöhnlich unverzweigt, bilden die Sporangienträger zuweilen einige unregelmässige Seitenäste mit viel kleineren, oft columellalosen, winzige Sporen enthaltenden Sporangien oder es tritt eine Gabelung ein, deren Aeste je ein grosses Sporangium tragen. Solche Abnormitäten haben frühere Mycologen zur Aufstellung neuer Species veranlasst. Auch ist zu beachten, dass auf einem frisch befallenen Substrat zunächst kleinere und niedrigere Sporangienträger sich entwickeln, denen erst später die normalen grösseren folgen.

Viel verführerischer aber war es in früheren Zeiten, neue Species von diesem Mucor, je nach dem Substrat, das er zufällig bewohnte, aufzustellen. So kommt es, dass eine grosse Anzahl von Mucor-Species der älteren Autoren gestrichen werden müssen. Ich lasse hier eine Aufzählung aller derjenigen Species folgen, welche nach der Ansicht anderer neuerer Forscher oder nach meiner eigenen Meinung, mit M. Mucedo zu vereinigen sind. Die mangelhaften Beschreibungen der Autoren gestatten freilich nicht immer eine sichere Entscheidung.

1. **Hydrophora stercorea** Tode, 1791 (Fungi Mecklenb. sel. II. p. 6).

Synon.: Mucor stercoreus Link, 1824, Spec. plant. VI. 1, p. 90.
Ascophora stercorea Corda, 1854, Icones fung. VI. p. 11, Taf. II, 31.

Auf menschlichen Excrementen. Die Beschreibungen der Autoren passen sehr gut für M. Mucedo. Von mir untersuchtes altes Material des Berliner Herbars gehört entschieden zu M. Mucedo; desgleichen das Exemplar von Fuckel, Fungi rhenani 31. Berkeley (Outlines of british Fungol. 1860, p. 407) und ebenso Cooke (Handbook of british Fungi 1871, II. p. 634), beschrieben als Hydrophora stercorea die früher oft mit M. Mucedo verwechselte Pilaira anomala. Auch Fries (Syst. myc. III. p. 314) scheint bei seiner Beschreibung theilweise Pilaira vor sich gehabt zu haben.

2. Mucor murinus Persoon, 1801 (Synopsis Fung. p. 201).

Synon.: Hydrophora murina Fries, 1829, Syst. myc. III. p. 315.

Auf Mäusekoth. Selbstverständlich bieten die kleinen Kothballen nicht so viel Nährstoff, um viele Centimeter hohe Sporangienträger zu erzeugen; dieselben bleiben niedrig, einige Millimeter hoch. Von Ehrenberg gesammeltes Material des Leipziger Herbariums bestand zweifellos aus M. Mucedo. Das Exemplar von Fuckel, Fungi rhen. 50, trug einen kleinen Aspergillus ähnlichen Hyphomyceten, einen Mucor habe ich nicht gefunden.

3. Mucor caninus Persoon, 1796 (Observat. I. p. 96, Taf. VI, 3, 4).

Auf Hundekoth. Die Beschreibungen der Autoren, besonders diejenigen von Bonorden (Abh. naturf. Ges. Halle 1864. VIII. p. 106) passen sehr gut auf M. Mucedo. Diese Species liegt auch als M. caninus vor in Fuckel, Fungi rhen. 52. Eine hierher gehörige Form mit schwach verzweigten Sporangienträgern ist wohl der von Link (1824, Spec. plant. VI. 1, p. 84) als Mucor oosporus beschriebene Pilz auf Hundekoth.

4. Mucor aquosus Martius, 1817 (Flora cryptog. Erlangensis p. 362).

Auf einem todten, im Wasser faulenden Falken. Fries (Syst. myc. III. p. 314) stellt diese Form zu Hydrophora stercorea, was ja hinreichend für unsere Ansicht spricht.

Die Oberfläche im Wasser schwimmender todter Insecten (Fliegen etc.) bedeckt sich auch oft mit einem Ueberzug von Mucor, besonders M. Mucedo, während der untergetauchte Theil mit Saprolegnia bewachsen ist. Diese Thatsache hat bekanntlich früher zu falschen Ansichten über die verwandtschaftlichen Beziehungen zwischen Mucor, Saprolegnia und Empusa geführt.

5. Mucor microcephalus Wallroth, 1833 (Flora cryptog. germ. II. p. 321).

Auf mit Seife überzogenen Schweinsborsten; nach der Diagnose Wallroth's zu schliessen, nur ein gewöhnlicher M. Mucedo.

6. Ascophora subtilis Corda, 1838 (Icon. fung. II. p. 20, Taf. XI, 81).

Synon.: Rhizopus subtilis Bonorden, 1851, allgem. Mycol. p. 123.

Auf modernden Fichtenholzspähnen, dem unbewaffneten Auge fast unsichtbar. Diese Hungerform von M. Mucedo auf schlecht nährenden Holzspähnen ist leicht zu beobachten und als solche an den grossen Sporen kenntlich, die ihre für M. Mucedo characteristische Grösse und Form beibehalten haben, während die Dimensionen des Sporangiums und seines Stieles sehr vermindert sind. Dieser A. subtilis ähnliche, sehr zarte Sporangien entstehen auch oft zuerst auf einem frisch ergriffenen Substrat.

7. Ascophora fructicola Corda, 1838 (Icon. fung. II. p. 20, Taf. XI, 82).

Synon.: Rhizopus ? fructicolus (Corda) Berlese et de Toni, 1888, Saccardo, Syll. VII. 1, p. 214.

Im Sommer auf faulenden Beeren von Sambucus nigra.

Die Abbildung des Autors ist zwar etwas phantastisch, lässt aber doch den gewöhnlichen M. Mucedo erkennen.

8. Ascophora Rhizopogonis Corda, 1854 (Icon. fung. VI. p. 11, Taf. II, 30).

Auf faulenden Rhizopogon albus.

9. Ascophora Candelabrum Corda, 1839 (Icon. fung. III, p. 15, Taf. II, 44).

Synon.: Pleurocystis Candelabrum Bonorden, 1851, allgem. Myc. p. 124.

Mucor Candelabrum Bonorden, 1864, Abh. naturf. Ges. Halle VIII. p. 112.

Auf abgestorbenen Melanconium bicolor. Nach Corda sind die Sporangien-träger einfach oder schwach ästig, was ja keineswegs gegen die Annahme spricht, dass auch diese Form ein schlecht ernährter M. Mucedo ist.

10. Mucor bifudus Fresenius, 1850 (Beitr. z. Mycol. p. 10, Taf. I, 13—23).

Auf einem Stück Strachino.

Nach dem Autor sind die Sporangienträger einfach oder an der Spitze zwei- oder dreitheilig, der eine Ast oft steril, die Sporen rundlich. Auch hier scheint ein kümmerlich ernährter M. Mucedo vorzuliegen, dessen Sporen nach Brefeld (Untersuch. I. p. 20) unter solchen Umständen mehr kugelig werden.

11. Mucor glandifer Bonorden, 1864 (Abh. naturf. Ges. Halle VIII, p. 110 Taf. II, 2).

Auf verschiedenem Substrat.

Nach der Abbildung und Diagnose des Autors dürfte auch hier nur M. Mucedo mit schwach verzweigtem Sporangienträger vorliegen.

12. Mucor ciliatus Bonorden, 1864 (l. c. p. 105, Taf. I, 18).

Auf Schwarzbrod.

Der Autor giebt später, 1870 (Beitr. z. Mycol. II. p. 36) selbst an, dass diese Form dem M. Mucedo Fresenius entspricht. Die Beschreibung passt ausgezeichnet für diese Annahme.

13. Mucor Dimicii Schulzer v. Müggenburg. 1866 (Verh. zool.-bot. Ges., Wien XVI, p. 36) ohne jede Beschreibung; auf frischem Schweinefleisch im Keller. Wird gleichfalls M. Mucedo sein, denn diese Form ist auch auf Fleisch bereits vielfach beobachtet worden.

146. M. mucilagineus Brefeld, 1881 (Untersuch. IV. p. 58).

Abbild.: Brefeld, l. c. Taf. II, 9—12.

Sporangienträger bis zuletzt steif aufrecht, meist vereinzelt, unverzweigt, viel kürzer als bei voriger Art, ohne Querwände, mit farbloser, glatter Membran und spärlichen farblosen, nie gelblichen Inhalt, an der ganzen Oberfläche dicht mit Wassertropfen besetzt, besonders vor der Streckung. zuletzt unter dem Sporangium eine tropfenfreie Zone. Sporangien gross, kugelig, dicker als bei voriger Art, aber niemals, auch in der Jugend nicht, gelblich gefärbt, reif dunkel bräunlich oder schwärzlich, mit dicht feinstachliger Oberfläche. Sporangienwand sehr langsam zerfliessend, oft lange nach der Sporenreife noch als zusammenhängende Haut vorhanden. Columella nicht aufsitzend, hoch gewölbt glockig, wie bei voriger Art, ohne orangegelben Inhalt. Sporen gross, länglich oval 30 bis 33 μ lang, 15 μ breit mit farbloser glatter Membran und schwach gelblichweissem Inhalt, in viel langsam zerfliessender, körniger, schleimiger, fadenziehender Zwischensubstanz eingebettet. Zygosporen unbekannt.

Auf Pferdemist.

Vereinzelte Sporangienträger zwischen M. Mucedo und anderen Mucorineen, leicht kenntlich an den dicht mit Thautropfen besetzten Sporangienträgern.

147. M. piriformis nov. spec.

Sporangienträger bis zuletzt aufrecht, aber nicht steif gerade, sondern schwach hin- und hergebogen, lockere Rasen bildend, untersetzt, 2—3 cm hoch, 35—50 μ dick, unverzweigt oder mit einem oder zwei kurzen sterilen Seitenästen, von denen zuweilen einer Sporangien trägt, ohne Querwände, mit farbloser, glatter Membran und farblosem Inhalt, an der ganzen Oberfläche stark blutend. Sporangien gross, kugelig, 250—350 μ Durchmesser, anfangs weiss, dann grünlich-grau, zuletzt schwarz mit dicht feinstachliger Oberfläche. Sporangienwand schnell zerfliessend wie bei M. Mucedo; keinen Basalkragen zurücklassend. Columella nicht aufsitzend, sehr gross, breit birnförmig, 200—300 μ hoch, an der Basis 80—110 μ, an dem breiten oberen Theil 140 –280 μ dick, mit farbloser, glatter Membran und farblosem Inhalt. Sporen ellipsoidisch, gleichförmig, 5—13 μ lang, 4—8 μ breit, glatt, gehäuft farblos. Weiteres unbekannt. — Fig. 30 c.

Auf faulenden Aepfeln.

Es scheint, dass der Mucor tenuis Link, 1824 (Spec. plant. VI. 1, p. 86) mit obiger Form identisch ist. Eine sichere Entscheidung gestattet freilich die kurze Diagnose Link's nicht.

148. M. plasmaticus van Tieghem, 1875 (A. sc. nat. 6. Serie I. p. 33).

Abbild.: Costantin, 1881, Bullet. soc. bot. France XXXIV, Taf. I, 13—20.

Sporangienträger bis zuletzt steif aufrecht, dicht, unverzweigt, zuweilen mit einem oder zwei kurzen Seitenästen, 6 −7 cm hoch, ohne Querwände, mit farbloser, glatter Membran. Sporangien sehr gross, kugelig, 0,5—1 mm Durchmesser, anfangs gelblich, später gelblichgrau, mit feinstachliger Oberfläche. Sporangienwand zerfliessend, incrustirt, keinen Basalkragen zurücklassend, die Oxalatnadeln zuweilen zu γ-ähnlichen Figuren vereinigt. Columella nicht aufsitzend, oval oder birnförmig, 160 μ breit, 250 μ hoch, mit farbloser glatter Membran. Sporen meist sehr gross, oval, durchschnittlich 15—16 μ breit, 25—31 μ lang, sehr ungleich, zuweilen sehr klein (6 μ lang, 4 μ breit), farblos; mit Oeltropfen und unverbrauchten, verschieden grossen Protoplasmakörnchen vermengt. Weiteres unbekannt.

Auf Kaninchenkoth.

Diese bisher nur bei Paris gefundene Form ist eine der grössten und zeichnet sich durch die den Sporen beigemengten Oeltropfen und unverbrauchten Protoplasmakörnchen aus.

Nach Costantin (l. c. p. 33) sehr variabel in der Grösse; Zwergexemplare in der feuchten Kammer hatten eine nur 17 μ breite, 21 μ lange Columella und 7—9 μ lange, 4—6 μ breite Sporen.

149. M. rufescens nov. spec.

Sporangienträger schlaff, schon während der Streckung umsinkend und wollig-flockige, verworrene, schwach rostfarbene Ueberzüge bildend, die einzelnen Sporangienträger in dem Gewirr nicht erkennbar, unverzweigt, schätzungsweise 2—5 cm lang, 15 bis 25 μ dick, oft mit regellosen Querwänden, durch welche die unteren entleerten und geknickten Theile abgegrenzt werden, mit farbloser Membran und vielen orangerothen Oeltropfen im Inhalt. Sporangien gross, kugelig, 120—150 μ Durchmesser, schwach gelblichweiss, durchsichtig. Sporangienwand langsam zerfliessend, schwach incrustirt, farblos, durchsichtig. Columella nicht aufsitzend, kugelig oder gewölbt-ellipsoidisch, fast kugelig, 45—65 μ Durchmesser mit farbloser, glatter Membran und intensiv goldgelb gefärbtem, dichten Inhalt; durch die farblose Sporangienhülle durchscheinend und die Farbe des Sporangiums bedingend. Sporen genau planconvex mit stumpfen Enden, lang gestreckt, mindestens noch einmal so lang als breit, sehr ungleich gross, von 4 μ breit, 10 μ lang bis 8 μ breit, 21 μ lang, einzeln und gehäuft farblos, glatt. Weiteres unbekannt.

Auf Elephantenmist.

Diese sehr charakteristische Form hat den Habitus von Pilaira Cesatii und bildet wie diese einen verworrenen Ueberzug auf dem Substrat.

Mucor rubens Vuillemin, 1887 (Bull. Soc. myc. III. p. 111) gehört wohl hierher, freilich ist aber die Beschreibung des Autors zu unvollständig.

Sectio II. **Racemo-Mucor**. Sporangienträger traubig verzweigt. monopodial.

150. M. racemosus Fresenius, 1850 (Beitr. z. Mycol. p. 12).

Synon.: Pleurocystis Fresenii Bonorden, 1851, allgem. Mycol. p. 124. Chlamydomucor racemosus Brefeld, 1890, Untersuch. VIII. p. 223.

Exsicc.: Thümen, Fungi austr. 1236.

Abbild.: Fresenius, l. c. Taf. I. 21—31. Brefeld 1876, Landwirthsch. Jahrb. V, Taf. I, 1—8. Bainier, 1883, A. sc. nat. 6. Serie XV,
Taf. V, 1—4, Taf. XVII, 1—10, XVIII, 1—10. Bainier, 1882, Étude
s. l. Mucor. Taf. I, 6—11.

Sporangienträger steif aufrecht, dichte, gelblich bräunliche
Rasen bildend, sehr verschieden hoch, 5—40 mm hoch, 8—20 μ dick,
oft niedriger und sehr zart, reich, aber unregelmässig traubig verzweigt, alle Aeste mit Sporangien abschliessend, Seitenäste sehr verschieden, meist kurz und unverzweigt bleibend, gerade oder zuweilen schwach nach abwärts gekrümmt, der ganze Sporangienträger
deutlich traubig, oder einzelne Aeste stark verlängert, unverzweigt
oder wiederum traubig verästelt; desshalb sind die Sporangienträger
ausserordentlich vielgestaltig in Zahl und Grösse der Aeste, oft
mit Querwänden über den Ansatzstellen der Seitenäste, mit farbloser, glatter Membran und farblosem Inhalt. Sporangien klein,
kugelig, sehr verschieden gross, 20—70 μ Durchmesser, aufrecht,
einzelne auch nickend, schmutzig hellgelblich oder wachsgelb oder
auch gelbbräunlich, durchsichtig, die Oberfläche von den durchscheinenden Sporen oft warzig-maschig gezeichnet, nicht feinstachlig.
Sporangienwand nicht zerfliessend, sondern zerbrechend, oft lange
intact bleibend, durchsichtig, mit winzigen Kalkincrustationen, mit
kurzem Basalkragen. Columella nicht aufsitzend, breit keulig,
verkehrt eiförmig, 17—60 μ lang, unten 7—30 μ, oben 9—42 μ
breit, zuweilen auch kugelig oder breit glockig, mit farbloser, glatter
Membran und farblosem Inhalt. Sporen kugelig oder kurz ellipsoidisch, zuweilen rundlich-eckig, 5—8 μ breit, 6—10 μ lang, glatt,
einzeln farblos, gehäuft gelblich, durch die Sporangienhülle deutlich
unterscheidbar. Zygosporen kugelig, 70—85 μ Durchmesser,
bräunlich, mit gelblichem, von rothbraunen, stumpf-conischen
Warzen besetztem Exospor, Suspensoren viel schmäler als die
Spore, nicht aufgeblasen; Keimung nicht beobachtet, Azygosporen
sehr vereinzelt. Gemmen (Chlamydosporen) immer reichlich vorhanden, sowohl im Mycel, als auch oft in den Sporangienträgern bis
in die Columella hinein, farblos oder gelblich, mit dicker, deutlich
geschichteter, glatter Membran und farblosem, meist glänzenden
Inhalt; sehr verschieden gestaltet, bald cylindrisch oder tonnenförmig, bald ellipsoidisch, unregelmässig rundlich, birnförmig, eiförmig, z. B. kugelig mit 20 μ Durchmesser oder tonnenförmig,
11—20 μ breit, 20—30 μ lang; keimen mit Mycel oder mit winzigen

Sporangienträgern. Kugelhefe an, in zuckerhaltigen Flüssigkeiten, untergetauchten Mycelien entstehend, das ganze Mycel in kurze, kugelige oder ellipsoidische Zellen getheilt, mit Gährwirkung. — Fig. 29 *b*, 30 *f*, 32 *a*, *b*, 33 *a*, *b*.

Auf faulenden Substanzen, weit verbreitet, besonders auf vegetabilischem Substrat (Brod, faulige Stengel, faulende getrocknete Morcheln und Steinpilze, Compot etc.), auch auf Mist unter M. Mucedo und auf thierischem Substrat (Fleisch, todte, auf Wasser schwimmende Fliegen). Ueber die Gährwirkung der Kugelhefe vergleiche man Brefeld, Landwirthsch. Jahrb. V. Kommt nach Bollinger (Vorträge über Infectionskrankh. 1881, p. 63) gelegentlich auch in den Athmungsorganen lebender Vögel vor und ruft bei massenhafter Entwickelung schwere Erkrankungen (sog. Schnörchel) und Tod hervor. Was der bei Bollinger nur mit Namen aufgeführte Mucor conoideus Harz ist, der an denselben Orten vorkommt, vermag ich nicht anzugeben.

Eine der gemeinsten und variabelsten Mucorspecies, über deren systematische Umgrenzung weitere Studien anzustellen sind.

Bainier hat in drei Aufsätzen (A. sc. nat. 6. Serie XV, p. 71, Taf. V, 1—4; l. c. p. 347, Taf. XVII u. XVIII; 6. Serie XIX, p. 203, Taf. VIII, 1) die Zygosporen beschrieben und abgebildet. Hiernach sind diese sehr variabel sowohl in der Grösse, als auch in den Verdickungen ihres Exospores. Im ersten Aufsatz werden diese als kräftige, stumpfe, kegelförmige Warzen abgebildet, deren Oberfläche mit längsverlaufenden Streifchen gezeichnet ist. Im zweiten Aufsatz erscheinen diese Warzen viel kleiner, im dritten endlich spricht Bainier von mehr plattenförmigen Verdickungen des Exospores. Ob wirklich eine so grosse Variabilität besteht oder ob verschiedene Species vorlagen, ist wohl nicht hinreichend geprüft worden. Auch die Sporangienträger und Sporangien sind nach Bainier ausserordentlich variabel; im zweiten Aufsatz unterscheidet er zwei Formen, eine mit blassen oder farblosen Sporangien und ebensolchen Sporen und eine mit dunkleren Sporangien, bräunlichgelben Sporen und schwärzlicher Columella. Jedenfalls zeigen diese keineswegs abgeschlossenen Beobachtungen, wie unsicher die Umgrenzung des M. racemosus noch ist. Ich habe nach eigenen Beobachtungen und den Angaben der Autoren die obige Diagnose entworfen, ohne damit eine endgiltige Umgrenzung der schwierigen Species geben zu wollen.

Sie ist einstweilen mehr als Collectivspecies aufzufassen.

Bei der allgemeinen Verbreitung dieser Form ist anzunehmen, dass viele der von älteren Autoren knapp beschriebenen, oft nur durch das Substrat unterschiedenen Formen hierher zu rechnen sind. Soweit ein Urtheil möglich, gehören folgende Species hierher:

1. Mucor truncorum Link, 1809 (Observationes I. p. 30; 1824, Spec. plant. VI. 1, p. 81).

Auf fauligen Baumstümpfen. Die Beschreibung des Autors: die verzweigten, kaum sich abhebenden Sporangienträger, die braunen, lange sich erhaltenden, nicht zerfliessenden Sporangien mit den durch ihre sehr dünne Haut durchscheinenden kugeligen Sporen; passt ausgezeichnet auf M. racemosus.

2. Mucor Juglandis Link, 1809 (Observat. I. p. 30).
Synon.: Hydrophora Juglandis Link, 1824, Spec. plant. VI. 1, p. 82.
Auf ranzigen Kernen von Juglans. Die Beschreibung stimmt vollständig zu M. racemosus. Altes Material aus dem Berliner Herbarium gehörte gleichfalls zu diesem. Ascophora nucuum Corda, gehört nicht hierher, sondern zu Rhizopus nigricans.

3. Mucor ferrugineus Link, 1824 (Spec. plant. VI. 1, p. 82).
Auf einer Schwefelblume und Weinstein enthaltenden Paste.

4. Mucor carnis Link, 1824 (Spec. plant. VI. 1, p. 82).
Auf gebratenem Fleische. Soll sich nach dem Autor durch die olivengrünbräunlichen Sporangien von voriger unterscheiden, worauf bei der Veränderlichkeit des M. racemosus natürlich kein Werth zu legen ist.

5. Mucor gracilis Link, 1824 (Spec. plant. VI. 1, p. 82).
Auf Honigkuchen und ähnlichen Substraten. Ist vom Autor selbst nur mit Zweifeln aufgestellt und vielleicht nur als Varietät des M. carnis betrachtet worden.

6. Mucor pygmaeus Link, 1824 (Spec. plant. VI. 1, p. 83).
Auf einer Schwefelblume und gepulverten Anis enthaltenden Paste. Von Ehrenberg gesammeltes Material des Berliner Herbariums war der gewöhnliche M. racemosus.
Fries, 1829 (Syst. myc. III. p. 319) vereinigt mit M. pygmaeus, die unter 3—5 aufgeführten Species, so dass der M. pygmaeus (Link) Fries am nächsten mit dem M. racemosus sich deckt.

7. Ascophora fungicola Corda, 1838 (Isc. fung. II. p. 20, Taf. XI. 80).
Synon.: Pleurocystis fungicola Bonorden, 1851, allgem. Myc. p. 124.
Mucor fungicolus Bonorden, 1864, Abh. nat. Ges. Halle VIII. p. 112.
Hydrophora fungicola Schulzer v. Müggenb., 1866, Verh. zool.-bot. Ges. Wien XVI, p. 36.
Auf faulenden Hutpilzen (Agaricus comatus etc., Boletus).

8. Ascophora Florae Corda, 1842 (Isc. fung. V. p. 54, Taf II, 27).
Synon.: Mucor Florae (Corda) Berlese et de Toni, 1888, Saccardo's Sylloge VII. 1, p. 200.
Auf Kleister. Gehört zweifellos hierher.

9. Ascophora cinerea Preuss, 1851 (Linnaea XXIV, p. 139).
Synon.: Mucor cinereus (Preuss) Berlese et do Toni, 1888, l. c. p. 204.
Auf Brodkrumen.
Obgleich die Diagnose des Autors mit M. racemosus nicht recht stimmt, liegt doch derselbe auch hier vor, wie eine Untersuchung des Preuss'schen Originales (Rabh. Herb. myc. ed. I, 1364) ergeben hat.

10. Mucor griseus Bonorden, 1864 (Abh. naturf. Ges. Halle VIII, p. 109, Taf. I, 15).
Auf Brod, auf Apfelsinenschalen. Die Beschreibung passt sehr gut auf M. racemosus.

11. Hydrophora septata Bonorden, 1864 (Abh. naturf. Ges. Halle VIII, p. 114).

Auf Weissbrod.

12. Mucor Vitis Hildebrand, 1867 (Jahrb. wissensch. Bot. VI, p. 272) ist sicherlich der gewöhnliche M. racemosus, auch der von Hildebrand dazu gerechnete, angeblich aus seinen Sporen erwachsene Syzygites ampelinus (l. c. p. 271, Taf. XVII, 1—7) stimmt mit den Zygosporen des M. racemosus gut überein.

13. Scitovskya Schulzer v. Müggenburg, 1866 (Verh. zool.-bot. Ges. Wien XVI, p. 36), als neue Gattung desshalb von Mucor abgetrennt, weil ausser den Sporangien an der Spitze auch noch andere stiellos unmittelbar an der Seite der Hyphe sitzen. Solche sehr kurz gestielte, fast sitzende oder ganz sitzende Sporangien kommen auch bei M. racemosus vor, wie Zimmermann (Genus Mucor p. 45) bemerkt und leicht zu beobachten ist. Diese Gattung mit den beiden Species Sc. Cucurbitae auf der Schale im Freien faulender Kürbisse und Sc. panis Zeae auf Maisbrod sind zu streichen und als Synonyme des M. racemosus zu betrachten. Ausser dem Erwähnten fehlt jede nähere Diagnose des Autors.

14. Hydrophora Brassicae acidae Schulzer, 1866 (l. c. p. 36) auf Brettchen im Keller, die früher auf Sauerkraut lagen, dürfte wohl gleichfalls hierher gehören. Eine Diagnose hat freilich der Autor nicht gegeben.

15. Mucor septatus Bezold (bei Siebenmann 1889, Schimmelmycosen des Ohres p. 97, Taf. IV, 3) gehört wahrscheinlich auch hierher.

Chionyphe nitens Thienemann (Nova Acta Acad. Leop. 1839, XIX. 1. p. 21, Taf. II) ist höchst wahrscheinlich Mucor racemosus.

151. M. tenuis Bainier, 1883 (A. sc. nat. 6. Serie XV, p. 353).

Abbild.: Bainier, l. c. Taf. XIX, 1—17.

Sporangienträger, Sporangien und Sporen wie bei voriger Species, nur sind die Sporangienträger oft unverzweigt. Zygosporen gewöhnlich in Form von Azygosporen entwickelt; diese an besonderen, senkrecht zum Substrat sich erhebenden Aesten an kurzen Stielchen traubig, 5—12 an einem solchen Träger, kugelig, braunroth mit kurzen, stachligen Warzen besetzt. Gemmen (Chlamydosporen) wie bei voriger Art, aber mit feinen, nur bei starker Vergrösserung erkennbaren Stacheln besetzt. Kugelhefe wird gebildet.

Auf Pferdemist.

Diese, weiterer Untersuchung wohl noch bedürftige Form zeichnet sich durch die senkrecht zum Substrat sich erhebenden Träger der traubig angeordneten Azygosporen aus, über deren weitere Eigenthümlichkeiten Bainier zu vergleichen ist. Auch das Mycelium soll sich nach dem Autor durch zahlreiche blasige oder spindelförmige Auftreibungen auszeichnen, aus denen zunächst neue Myceläste entspringen, später aber die Gemmen entstehen.

Da die Sporangienträger oft unverzweigt sind, so ist es sehr zweifelhaft, ob diese Form mit M. racemosus so nahe verwandt ist, wie Bainier annimmt.

152. M. erectus Bainier, 1884 (A. sc. nat. 6. Serie XIX. p. 207).

Abbild.: Bainier, l. c. Taf. VIII, 2—11.

Sporangienträger aufrecht, schlaff und sich gegenseitig stützend, dichtrasig, bis 1 cm hoch, reich traubig verzweigt, mit bald längeren, bald kürzeren, meist leicht gebogenen Aesten, sehr mannigfaltig in der Länge der Seitenäste, diese oft länger als der Hauptspross, alle mit aufrechten Sporangien abschliessend, immer mit einer Querwand über der Ansatzstelle eines jeden Seitenastes, mit farbloser, glatter Membran und farblosem Inhalt. Sporangien klein, kugelig, 50—120 μ, meist 80 μ Durchmesser, schwach gelblichgrau, durchsichtig, nicht feinstachlig. Sporangienwand zerfliessend, farblos, glatt, nicht oder sehr fein incrustirt, mit Basalkragen. Columella nicht aufsitzend, meist genau kugelig, 20—65, meist 40 μ Durchmesser, mit farbloser, glatter Membran, farblosem Inhalt. Sporen ellipsoidisch, meist einseitig abgeflacht, gleichgestaltet, aber verschieden gross, 2,5—5 μ breit, 5—10 μ lang, glatt, einzeln farblos, gehäuft schwach grauschwärzlich, durch die Sporangienwand durchscheinend. Zygosporen kugelig, 40—65 μ Durchmesser, undurchsichtig, Exosporium hell gelblich oder röthlich-braun, mit strahlig-sternförmigen, gelappten, flachen, viel dunkler rothbraun gefärbten Verdickungen. Azygosporen von derselben Structur häufig, meist zahlreicher als die Zygosporen. Gemmen farblos, von verschiedener Gestalt, mit sehr feinen, schwachen Stacheln besetzt. Kugelhefe beobachtet. — Fig. 31 b.

Auf Brod, Pflaumendecoct, faulenden Kartoffeln.

In der obigen Beschreibung sind die Maasse grösser angegeben, als in der Diagnose Bainier's. Schon Schröter (l. c. p. 204) hat bereits etwas grössere Maasse angeführt. Ich zweifle nicht, dass die von mir beobachtete grössere Form mit der Bainier's. zusammengehört, denn seine Abbildungen entsprechen auch grösseren Maassen, als er im Text angegeben. Bainier beschreibt Sporangien 21 μ Durchmesser (Schröter 15—35 μ), Columella 10,5 μ Durchmesser, Sporen 2,1 μ breit, 4,2 μ lang (Schröter 2,5—4 μ breit, 4—5 μ lang). Die Form der Sporen in Bainier's Abbildung entspricht genau den von mir beobachteten. Die Zygosporen stimmen vollkommen überein.

153. M. fragilis Bainier, 1884 (A. sc. nat. 6. Serie XIX. p. 208).

Abbild.: Bainier, l. c. Taf. VIII, 12—17.

Sporangienträger aufrecht, dichtrasig, niedrig, kaum 1 cm hoch, verästelt, ähnlich wie bei voriger Art. Sporangien klein, kugelig, reif schwarz. Sporangienwand zerfliessend, glatt, nicht oder sehr fein incrustirt, mit Basalkragen. Columella schmal aufsitzend, kugelig, an der Basis etwas abgeflacht, mit farbloser, glatter Membran. Sporen oval, klein, 4,2 μ lang, 2,1 μ breit, blaugrau, glatt. Zygosporen kugelig, circa 50 μ Durchmesser, schwarz. Exospor mit schwarzen, polygonalen, schwach ausgezackten Verdickungen dicht besetzt, welche durch hellere, weniger schwarze Linien getrennt sind. Kugelhefe vorhanden, wie bei M. racemus, alcoholische Gährung bewirkend. Gemmen nicht erwähnt.

Auf feuchtem Leinmehl, auf Pflaumendecoct (hier reichlich Zygosporen).

154. M. mollis Bainier, 1884 (A. sc. nat. 6. Serie XIX. p. 209).

Abbild.: Bainier, l. c Taf. VIII, 18—21.

Sporangienträger aufrecht, dichtrasig, über 1 cm hoch, verzweigt, mit 1—3 langen, bogig aufsteigenden Aesten, unterhalb der Sporangien etwas verjüngt. Sporangien kugelig, circa 100 μ Durchmesser. Sporangienwand zerfliessend, glatt, ohne Basalkragen. Columella breit aufsitzend, hoch gewölbt, halbkugelig oder knopfförmig, farblos, glatt. Sporen oval, farblos, 4,2 μ lang, 2,1 μ breit, glatt. Zygosporen kugelig, schwarz, circa 80 μ Durchmesser, Exospor schwärzlich, mit kleinen, tiefer schwarzen, polygonalen, flachen Verdickungen, welche zu 5—10 in Gruppen dicht beisammenstehen, die durch ebenso grosse oder grössere unverdickte Felder getrennt sind. Gemmen und Kugelhefe nicht erwähnt.

Auf Pflaumendecoct. Pferdemist.

155. M. heterogamus Vuillemin, 1886 (Bull. soc. bot. France XXIII. p. 236).

Abbild.: Vuillemin, Bull. soc. sc. Nancy 1886, Taf. II, 27—48.

Sporangienträger aufrecht, 2 mm lang, 12—15 μ breit, zuweilen einfach, mit Sporangium abschliessend oder meist noch mit einem oder zwei opponirten, seltener 3—4 annähernd quirligen, rechtwinkelig abstehenden kurzen Seitenästen, die ebenfalls mit Sporangien enden; später auch Zygosporen tragend. Sporangien alle gleichartig, kugelig, 50—60 μ Durchmesser, schwärzlich. Sporangienwand zerfliessend, incrustirt, mit Basalkragen, zur Zeit der Zygosporenbildung nimmt die Zerfliesslichkeit ab. Columella kugelig, glatt. Sporen kugelig, 2—3 μ Durchmesser, glatt. Zygosporen entweder später an den Sporangienträgern oder an

besonderen aufrechten, sympodialen Trägern, nicht am Substratmycel, kugelig, sehr verschieden gross, 45—150 μ Durchmesser,
Exospor braun, mit schwarzen, fast zusammenfliessenden, wellig ge-
randeten Platten besetzt, Endospor dünn, mit einfachen Höckerchen.
Gemmen (Chlamydosporen) intercalar oder terminal an kurzen
Seitenästchen, die erstern ellipsoidisch, die letztern kugelig, glatt,
dickwandig, die grössten 25 μ lang, 20 μ breit. — Fig. 31 c.

Auf Brod, Orangensaft, Pflaumendecoct.

Vuillemin nennt diese Species heterogamus, weil bei ihr die Copulationsäste,
abweichend von allen übrigen Mucorarten verschieden gestaltet sind. Die Bildung
dieser ungleichen Aeste geschieht folgendermaassen. Zunächst entsteht am Ende
eines Hauptastes oder eines seiner Seitenäste eine Querwand; die dadurch ab-
getrennte Spitze verlängert sich bedeutend, bleibt aber dünn, pfriemlich. Unterhalb der Querwand sprosst ein kurzer Seitenzweig hervor, der sich hakenförmig
aufwärts- und gegen die dünne, pfriemliche Spitze über der Querwand hinkrümmt.
Dieser gekrümmte Ast wird als der weibliche Copulationsast gedeutet, ihm wächst
aus dem pfriemlichen Astende ein kurzer, stummelförmiger männlicher Ast entgegen. Die Zygospore entsteht aus einem Theil des gekrümmten weiblichen Astes.
Nach der Copulation sprosst aus diesem ein neuer Ast hervor, der weiter aufwärts wieder Copulationsäste bildet, nachdem er das erste Paar zur Seite gedrängt hat. Dies wiederholt sich mehrmals und so entstehen sympodial verzweigte
Zygosporenträger mit mehreren seitlichen Zygosporen, die auf einem hakig gebogenen Aestchen sitzen. Die abweichende Gestaltung der Copulationsäste und
ihre Anordnung an besonderen aufrechten Zygosporenträgern dürfte wohl die Aufstellung einer neuen Gattung für diese Species rechtfertigen; einstweilen wurde
aber davon abgesehen, weil überhaupt die Gattung Mucor einer gründlichen systematischen Durchforschung noch bedarf. Eine gleichfalls heterogame Copulation
ist bei der Thamnidieengattung Dicranophora von Schröter beobachtet worden.

156. M. heterosporus nov. spec.

Sporangienträger steif aufrecht, einen dichten grauen,
schmutziggelb oder deutlich bräunlichgelb überlaufenen Rasen
bildend, meist 1—5 mm, auch bis 1 cm hoch, 30 μ dick, traubig
verzweigt, mit kürzeren oder längeren Seitenästen, über der Ansatzstelle eines jeden Astes eine Querwand, jeder Ast mit Sporangium
abschliessend, mit farbloser, glatter Membran und farblosem Inhalt.
Sporangien kugelig, 80—125 μ Durchmesser, reif gelblich oder rostfarben, wassertropfenartig, durchsichtig, glatt. Sporangienwand
schwer zerfliessend, farblos, mit winzigen Oxalatincrustationen, einen
Basalkragen zurücklassend. Columella nicht aufsitzend, hoch
ellipsoidisch oder eiförmig, sehr gross, bis 80 μ hoch, in der Mitte
45 μ breit, mit farbloser, glatter Membran, farblosem Inhalt. Sporen
sehr ungleichmässig, meist rundlich unregelmässig-stumpfkantig,

dazwischen aber immer anders gestaltete. nierenförmige oder sonst unregelmässig eingebuchtete, längliche, gekrümmte und ganz unregelmässig geformte, 4—15 μ Durchmesser, einzeln farblos, gehäuft bräunlichgelb, glatt. Weiteres unbekannt.

Auf Mist von Fleischfressern (gefleckte Hyäne, Tiger, Löwe).

Diese Form ist leicht und sicher an den ungleichmässig geformten Sporen zu erkennen.

157. M. corymbifer Cohn, 1884 (bei Lichtheim, Zeitschr. f. klin. Med. VII. p. 147).

Synon.: Mucor ramosus Lindt, 1886. Archiv f. experim. Pathol. u. Pharmak. XXI. p. 275).

Abbild.: Lichtheim, l. c. Taf. 6—8. Lindt, l. c. Taf. II, III, 7—10, 12.

Sporangienträger niederliegend, vom dichten, weisswolligen Mycel mit blossem Auge nicht zu unterscheiden, lang hingestreckt, doldentraubig verzweigt, an der Spitze mit einem, meist mehreren (bis 12) doldenförmig ausstrahlenden, mehr oder weniger lang gestielten Sporangien, unterhalb der Enddolde noch eine Anzahl einzelner, kurz gestielter, kleiner, zum Theil zwergartiger Sporangien in Abständen traubig entwickelnd; mit farbloser, glatter Membran, ohne Querwände. Sporangien aufrecht, farblos, birnförmig, allmählich in den Stiel verschmälert, mit Apophyse, die grössten 70 μ, die mittleren 45—60 μ, die kleinsten 10—20 μ Durchmesser, vielsporig. Sporangienwand farblos, durchsichtig, glatt, zerfliessend, oft mit Basalkragen. Columella breit aufsitzend, halbkugelig, hochgewölbt, 10—20 μ, glatt oder zuweilen warzig punktirt, rauchgrau oder bräunlich, auch die Apophyse des Stieles nimmt diese Färbung an und bildet zusammen mit der Columella einen fast kugeligen, bräunlichen Körper, der nach der Oeffnung der Sporangien am Stiele sitzen bleibt. Sporen länglichrund, glatt, einzeln oder gehäuft farblos, sehr klein, meist 2 μ breit, 3 μ lang, einzelne auch grösser, 4 μ breit, 6,5 μ lang. Zygosporen unbekannt. — Fig. 29 c.

Pathogen im Körper der Kaninchen, eine tödtlich verlaufende Mycose hervorrufend; am kräftigsten wuchert der Pilz in den Nieren und dem lymphatischen Apparate des Darmes, weniger kräftig in der Milz und dem Knochenmark, ausnahmsweise auch in der Leber, dagegen wurde er bisher nicht gefunden in der Lunge, dem Gehirn, dem Herz, dem Ohr und den Muskeln. Hunde sind immun.

Findet sich zuweilen als Verunreinigung auf bacteriologischen Nährsubstraten. Dieselbe Krankheit rufen auch Rhizopus Cohnii und Mucor pusillus hervor.

Der Pilz lässt sich auf den gebräuchlichen festen Nährsubstraten der Bacterio-
logie gut züchten, wächst am besten bei Körpertemperatur. Durch Injection der
Sporen lässt sich die Krankheit hervorrufen.

In den Culturen bildet der Pilz ein dichtes, wolliges, anfangs schneeweisses,
zuletzt hellgraues Mycel, mit bis 15 μ dicken, farblosen Fäden, an denen die nieder-
gestreckten Sporangienträger und die farblosen Sporangien mit blossem Auge gar
nicht zu unterscheiden sind.

M. ramosus Lindt, 1886 (l. c.), Synon.: Rhizopus ramosus (Lindt) Zopf,
1890, Schenk's Handb. IV. p. 557, ist zweifellos nur die obige Species, denn die
ganze Beschreibung des Autors passt für dieselbe, auch giebt der Autor (l. c. p. 277)
die vollkommene Uebereinstimmung zu, nur die Sporen sollen einen Unterschied
ergeben; M. corymbifer soll annähernd kugelige, M. ramosus ellipsoidische Sporen
haben, die 3—4 μ breit, 5—6 μ lang sind. Derartige Sporen kommen auch bei
M. corymbifer vor, so dass darauf allein eine neue Species nicht gegründet werden
kann. Der von Jakowski (Bacteriol. Centralbl. 1889, V. p. 388) als M. ramosus
Lindt bestimmte Pilz, der bei einer Frau eine Ohrenerkrankung hervorrief, ist nicht
dieser, sondern M. pusillus Lindt.

Siebenmann (Schimmelmycosen 1889, p. 96) berichtet, dass M. corymbifer
auch im menschlichen Ohr gefunden worden ist. Der (l. c. p. 97) beschriebene
Mucor septatus Bezold ist eine unsichere Species, könnte aber ganz gut der
gemeine M. racemosus sein.

158. M. pusillus Lindt, 1886 (Archiv f. experim. Pathol. u.
Pharmak. XXI. p. 272).

Abbild.: Lindt, l. c. Taf. II, III, 1—6.

Sporangienträger aufrecht, dichtrasig, 10—20 μ breit, ungefähr 1 mm hoch, anfangs unverzweigt, später spärlich verästelt
und leicht bogig gekrümmt, gewöhnlich nur mit einem, seltener
zwei Seitenästen, die bis zur Höhe des Hauptsprosses emporwachsen
und wie dieser mit einem, nur etwas kleineren Sporangium abschliessen; Sporangienträger anfangs weiss, zuletzt mit etwas verdickter Wand gelbbräunlich. Sporangien kugelig, anfangs weiss,
reif fast schwarz, 60—80 μ Durchmesser. Sporangienwand dicht
incrustirt feinstachelig, zerfliessend, gewöhnlich einen Basalkragen
zurücklassend. Columella nicht aufsitzend, meist eiförmig, zuweilen kugelig oder keulig, 50 μ breit, 60 μ hoch, mit glatter,
schwach gelblichgrauer, zuletzt hellbrauner Membran, farblosem
Inhalt. Sporen kugelrund, 3—3,5 μ Durchmesser, glatt, farblos.
Weiteres unbekannt.

Auf angefeuchtetem Weissbrod; pathogen, dieselbe Krankheit
am Kaninchen wie M. corymbifer hervorrufend. Bildet in der Cultur
kein dichtes, weisses Mycel mit davon nicht zu unterscheidenden
Sporangienträgern wie M. corymbifer, sondern hat den gewöhnlichen
Habitus eines Mucor.

159. **M. corymbosus** Harz. 1871 (Bull. soc. imp. Nat. Moscou XLIV. p. 143).

Synon.: Mucor Harzii Berlese u. de Toni, 1887, Saccardo, Sylloge VII. 1, p. 202.
(Mucor corymbosus Wallroth siehe bei Thamnidium elegans.)
Abbild.: Harz, l. c. Taf. V, 1 a—e.

Sporangienträger aufrecht, 1—4 mm hoch, ohne Querwände, an der Spitze doldentraubig verästelt. mit zahlreichen, bis 20 und mehr unverzweigten oder selbst wieder traubig verzweigten Aesten, von denen meist einer steril geblieben ist und über die übrigen, Sporangien tragenden mit seiner sterilen Spitze weit hinausragt. Sporangien alle gleichartig. kugelig. reif hellbraun. 100—150 μ Durchmesser. Sporangienwand nicht zerfliessend, sondern unregelmässig lappig zerreissend. Columella gross, kugelig. Sporen kugelig. 7 μ Durchmesser. Weiteres unbekannt.

Auf verschimmelndem Mutterkorn, als wolliger Ueberzug.

Die Berechtigung dieser Species wird von van Tieghem (A. sc. nat. 5. Serie XVII. p. 367) angezweifelt, weil M. bifidus von Piptocephalis befallen ähnliche abnorme Verzweigungen treibt, wie die oben beschriebenen. Jedenfalls ist die Species zu den weniger sicheren zu rechnen.

Sectio III. **Cymo-Mucor.** Sporangienträger cymös verzweigt, mehr oder weniger sympodial, wickelig.

160. **M. globosus** nov. spec.

Sporangienträger schlaff aufrecht, dicht. gegenseitig sich stützend, 1—2, auch 3 cm hoch, dünn, 6—10 μ dick, reich gemischt traubig-sympodial verästelt, mit bald längeren, bald kürzeren unverzweigten, ausnahmsweise einen Seitenzweig tragenden. bogig aufsteigenden, oft sehr langen Aesten, jeder Ast mit aufrechtem Sporangium abschliessend, über der Ansatzstelle eines jeden Astes eine Querwand. mit farbloser, glatter Membran, farblosem Inhalt. Sporangien kugelig, 75—120 μ Durchmesser, reif graubräunlich oder schwärzlichbraun, oft mit einem Stich ins Grünlichgelbe, dicht feinstachelig, alle gleichartig. Sporangienwand langsam zerfliessend, dicht incrustirt und dadurch schwach grau, fast farblos; mit Basalkragen. Columella nicht aufsitzend, gewöhnlich birnförmig, 20 bis 25, meist 40 μ hoch. an der schmalen Basis 6—16 μ. oben 14—32 μ breit. zuweilen auch mehr glockig, mit glatter, sehr schwach rauchgrauer Membran, farblosem Inhalt. Sporen genau kugelig, ungleich gross, 4 — 8 μ Durchmesser, glatt, einzeln schwach rauchgrau, gehäuft schwärzlich. Weiteres unbekannt.

Auf Brod, auf feuchten Samen von Aesculus, auf Kernen von Juglans regia.

161. **M. spinosus** van Tieghem, 1876 (A. sc. nat. 6. Serie IV. p. 390).

Synon.: Mucor plumbeus Bonorden, 1864, Abh. naturf. Ges. Halle VIII. p. 109.

Mucor aspergilloides Zopf, 1881, Verh. bot. Ver. Prov. Brandenb. XXIII. p. XXII.

Abbild.: Bonorden, l. c. Taf. I, 20 (Sporen). Bainier, A. sc. nat. 6. Serie XIX. Taf. VII, 1—8. Gayon, Mem. soc. phys. Bordeaux, 2. Serie II. Fig. 10—12.

Sporangienträger steif aufrecht, dicht, bis 1 cm hoch, gemischt traubig-monopodial und cymös-sympodial verzweigt, alle Aeste mit Sporangien abschliessend, gerade, seltener gebogen oder schwach zurückgekrümmt, mit einer Querwand an der Ansatzstelle jedes Astes; mit farbloser, glatter Membran, farblosem Inhalt. Sporangien kugelig, klein, circa bis 100 μ Durchmesser, anfangs farblos, reif dunkelbraun oder schwarz, feinstachelig, alle gleichartig. Sporangienwand zerfliessend, reich incrustirt, mit Basalkragen. Columella nicht aufsitzend, lang cylindrisch oder birnförmig, am Scheitel mit einem oder mehreren (bis 12 und noch mehr) unregelmässigen, stumpflichen, geraden oder gebogenen, oft knotig angeschwollenen, kurzen Ausstülpungen, daher dornig oder Aspergillus ähnlich, oft nur mit einer terminalen Ausstülpung und dann zipfelmützenförmig, 22—85 μ hoch, 8—65 μ breit, mit schwach rauchgrauer oder bräunlicher Membran, farblosem Inhalt. Ausstülpungen bis 5 μ lang, oft sehr kurz, stummelartig. Sporen kugelig, gleichartig, 5—8 μ, auch 9 μ Durchmesser, einzeln und gehäuft graubräunlich, glatt. Zygosporen kugelig, gelbbräunlich, Exospor mit unregelmässigen, plattenförmigen, in der Mitte kugelig zugespitzten, dunklen Verdickungen. Gemmen nicht selten, wie bei M. racemosus; auch am Sporangienträger bis in die Columella hinein. Kugelhefe beobachtet. — Fig. 30 c.

Auf Pferdemist, feuchtem Brod, Kartoffeln, gekochten Kohlrüben, auf Oelkuchen, auf Cochenillebrei, auf moderndem Torfmoos; häufig.

Die Kugelhefe dieser Form vermag nicht zu invertiren und kann infolge dessen nur Glycose vergähren; schwache Gährwirkung (vergl. Gayon, Mem. soc. phys. Bordeaux 2. Serie II).

Nach Vuillemin (Societ. Nancy 1886) treten bei reicher Verzweigung auch sehr kleine, an Sporangiolen erinnernde Sporangien auf.

Der Pilz müsste eigentlich mit dem älteren Namen Bonorden's belegt werden. Ich behalte aber den neuen Namen van Tieghem's als viel charakteristischer bei. Bainier (A. sc. nat. 6. Serie XIX. p. 203 Anmerkung) hat auch eine nicht näher beschriebene Form mit glatter oder kaum körniger Sporangienmembran beobachtet.

Mucor aspergilloides Zopf, 1881 (Verh. bot. Ver. Prov. Brandenb. XXIII. p. XXXII). Durch die Güte des Autors war ich in der Lage seine Zeichnungen und ein Präparat durchsehen zu können. Ich zweifle hiernach nicht mehr, dass Zopf der obige Pilz vorgelegen hat. Auch Bainier (l. c. p. 204) giebt für die Zahl und Anordnung der Ausstülpungen auf der Columella eine grosse Variabilität an, auch er hat Columellen mit sehr vielen Ausstülpungen gesehen, die wie die Sterigmen eines Aspergillus, die obere Hälfte der Columella bedeckten, was Zopf in dem Speciesnamen zum Ausdruck gebracht hat. Umgekehrt tragen aber manche Columellen (auch in Zopf's Präparat) nur eine einzige Ausstülpung und sehen dann oft zipfelmützenartig aus. Zopf's Vermuthung, dass die Sporen aus den Fortsätzen der Columella abgeschnürt werden, dürfte sich wohl nicht bestätigen.

162. **M. ambiguus** Vuillemin, 1886 (Bullet. soc. sciences Nancy p. 92).

Abbild.: Vuillemin, l. c. Taf. IV, 71—77.

Sporangienträger aufrecht, niedrige, schwärzliche Rasen bildend, etwas über 1 mm hoch, sympodial verzweigt, 4—5 Sporangien tragend auf sehr kurzen, geraden oder schwach gekrümmten Stielen, mit einer Querwand an der Ansatzstelle jedes Seitenastes. Sporangien kugelig, ca. 100 μ Durchmesser, grauschwarz. Sporangienwand verschieden stark incrustirt und im Verhältniss dazu zerfliesslich, die des ersten Sporangiums stark incrustirt und leicht zerfliessend, bei den folgenden Sporangien immer weniger incrustirt und zuletzt nicht mehr zerfliessend, sondern in Stücke zerbrechend. Columella nicht aufsitzend, kegelig-glockig. Sporen ellipsoidisch, 4,5 μ breit, 7 μ lang, mit sehr fein punktirter Membran. Zygosporen unbekannt. Gemmen und Kugelhefe wie bei M. racemosus.

Auf Brod.

163. **M. circinelloides** van Tieghem, 1875 (A. sc. nat. 6. Serie I. p. 94).

Abbild.: Gayon, 1878, Mem. soc. phys. et nat. Bordeaux, 2. Serie II. Fig. 1—8. Bainier, 1884, A. sc. nat. 6. Serie XIX. Taf. VII, 9—15. Vuillemin, 1886, Bull. soc. sc. Nancy, Taf. IV, 78—89.

Sporangienträger aufrecht, niedrige, dichte, dunkelgraue Räschen bildend, bis 1 cm hoch, mehr oder weniger reich sym-

podial verzweigt, mit oft regelmässig abwechselnd nach rechts
und links stehenden, kurzen, geraden oder schwach bogig gekrümmten Seitenästchen, die mit Sporangium abschliessen; Verzweigung des Trägers und Länge der Sporangienstiele sehr mannigfaltig, letztere oft so kurz, dass das Sporangium sitzend erscheint;
mit glatter, farbloser Membran. Sporangien kugelig, reif graubraun, aufrecht oder schwach nickend, verschieden, die älteren
grösseren mit zerfliessender Membran, die letzten kleineren (obersten)
mit fester Membran und oft geschlossen abfallend, bald erst nach
erfolgter Bildung der Sporen, bald noch vor dieser. Sporangienwand feinkörnig incrustirt und dann zerfliessend, meist mit Basalkragen oder nicht incrustirt, fest und glatt. Columella nicht aufsitzend, halbkugelig oder fast kugelig, farblos, glatt. Sporen kugelig
oder rundlich-ellipsoidisch, 3 μ breit, 4—5 μ lang, glatt, einzeln
farblos, gehäuft schwach grau. Zygosporen kugelig. Exospor
rothbraun, mit langen, spitzen, dornartigen Warzen besetzt, die
längsfaltig oder längsstreifig sind. Gemmen (Chlamydosporen) intercalar, tonnenförmig, glatt, farblos. Kugelhefe wie bei M. racemosus.
Auf Pferdemist, faulenden Kartoffeln.

Bringt in glycosehaltigen Flüssigkeiten eine schwache alcoholische Gährung
hervor unter Bildung von Kugelhefe. Rohrzucker wird nicht vergohren, da der
Pilz kein invertirendes Ferment entwickelt. (Näheres hierüber bei Gayon, Mem.
soc. phys. et nat. Bordeaux, 2. Serie II. 1878).

Bemerkenswerth ist auch bei dieser Species das verschiedene Verhalten der
Sporangienwand, die bei den zuerst entstandenen Sporangien stark incrustirt ist
und leicht zerfliesst, bei den späteren aber mit abnehmender Incrustation auch
mehr und mehr ihre Zerfliesslichkeit verliert, bis sie zuletzt fest bleibt und die
Sporangien geschlossen abfallen. Man vergleiche hiermit auch M. brevipes Riess
und die folgenden Species.

Bietet viele Aehnlichkeit mit Circinella simplex, von der sie sich aber dadurch
unterscheidet, dass der sympodiale Sporangienträger mit Sporangien abschliesst,
während er bei Circinella in eine sterile Spitze endet und dass die Sporangienstiele
nur zuweilen und schwach, nicht immer und nicht so stark gekrümmt sind.

Einige Species älterer Autoren, die zu M. racemosus gezogen worden sind,
könnten vielleicht auch hierher gehören. Eine Entscheidung ist unmöglich.

164. M. alternans van Tieghem. 1887 (bei Gayon u. Dubourg
in Ann. l'Instit. Pasteur I. p. 534).

Abbild.: Gayon u. Dubourg, l. c. Fig. 1—10.

Der vorigen Species sehr nahe stehend. Sporangienträger
aufrecht, dichte niedrige Räschen bildend, wickelig sympodial
verzweigt, bis 10—12 Sporangien tragend, die meist genau ab-

wechselnd nach rechts und links stehen, mit Sporangium abschliessend, Sporangienstiele kurz, wagerecht oder zurückgekrümmt: Verzweigung des Trägers und Länge der Sporangienstiele sehr wechselnd, zuweilen einer sehr lang oder auch gabelig getheilt, wodurch die wickelige Verzweigung undeutlich wird; Membran glatt, farblos. Sporangien kugelig, verschieden, die älteren grösser mit zerfliessender, die letzten klein mit fester Membran, vielsporig. Sporangienwand feinkörnig incrustirt und dann zerfliessend, mit Basalkragen, oder nicht incrustirt, fest und glatt. Columella nicht aufsitzend, kugelig, farblos, glatt. Sporen ellipsoidisch, 2—3 μ breit, 5—7 μ lang, glatt, farblos. Zygosporen und Gemmen unbekannt. Kugelhefe wie bei voriger Species. — Fig. 29 d, 30 d.

Auf Mist, cultivirt auf Zuckerwasser, Bierwürze, Raulin'scher Flüssigkeit, Hefeextract.

Ruft wie die vorige Species schwache alcoholische Gährung hervor, vermag aber gleichfalls nur Glycose und Dextrin zu verarbeiten, nicht Rohzucker (vergl. hierüber Gayon u. Dubourg l. c.).

Steht auch morphologisch der vorigen Species sehr nahe und ist vielleicht sogar identisch mit ihr. Die Verschiedenheit beruht auf der alternirend zweizeiligen Anordnung der Sporangien und der gestreckten ellipsoidischen Form der Sporen.

165. M. neglectus Vuillemin, 1886 (Bull. soc. Nancy p. 83).

Abbild.: Vuillemin, l. c. Taf. IV, 66—70.

Sporangienträger aufrecht, dichte Rasen bildend, sympodial verzweigt, mit kurzen aufrechten Seitenästen, die mit Sporangien abschliessen. Sporangien ähnlich wie bei den vorigen Arten. Sporen sehr klein, kugelig, 3 μ Durchmesser. Zygosporen, bisher nur als Azygosporen beobachtet, an aufrechten, gleichfalls sympodialen Trägern, kugelig, 54 μ Durchmesser, Exospor gelbbraun mit dunkler gefärbten, flachen, plattenartigen Verdickungen, keinen dornigen Warzen.

Substrat nicht angegeben.

Diese Species steht M. circinelloides sehr nahe, unterscheidet sich aber durch die anders gebauten Zygosporen; genaueres über die Sporangien ist nicht beschrieben. Ueber Gährwirkungen ist nichts bekannt.

166. M. brevipes Riess, 1853 (Bot. Zeit. p. 136).

Abbild.: Riess, l. c. Taf. III, 1—3.

Sporangienträger aufrecht, dichte niedrige schwarze Rasen bildend, ¹⁄₃ bis höchstens 2 mm hoch, robust, 8 μ dick, schwach sympodial verzweigt, oft nur 2 oder 3 Sporangien tragend, die

Sporangienstiele kurz, gerade oder vereinzelt zurückgekrümmt, mit einer Querwand an der Ansatzstelle eines jeden Astes, mit farbloser, durch Kalkincrustation sehr feinkörnig-rauher Membran, farblosem Inhalt. Sporangien kugelig, 50—150 μ, meist 90 μ Durchmesser, anfangs weiss, zuletzt tiefschwarz, dicht und ziemlich lang feinstachelig. Sporangienwand nicht zerfliessend, schwärzlich, stark incrustirt, feinstachelig, in 2 oder mehrere Stücke zerbrechend, welche sich meist kahnförmig einrollen und die Sporen theilweise festhalten; mit Basalkragen; die Sporangien, besonders die kleinen, fallen leicht ungeöffnet vom Träger ab. Columella nicht aufsitzend, verhältnissmässig klein, breit keulig oder birnförmig, verkehrt-eiförmig, 14 bis 28 μ hoch, 12—20 μ breit, zuweilen grösser 38 μ breit, 55 μ lang, mit glatter, schwach rauchgrauer Membran, farblosem Inhalt. Sporen breit-ellipsoidisch, gleichförmig, 5,5—6,5 μ breit, 8,8—10,7 μ lang, glatt, einzeln farblos, gehäuft schwach rauchgrau. Weiteres unbekannt.

Auf altem Stärkekleister, Brod; dichte tiefschwarze niedrige Rasen bildend.

Es kommen bei dieser Form oft kleinere, später entstandene Sporangien vor, mit kleiner oder fehlender Columella und schwächer incrustirter Membran. Diese kleinen, glattwandigen Sporangiolen ähnlichen Sporangien fallen meist geschlossen vom Träger ab.

Die von mir beobachtete Form stimmt bis auf das von Riess nicht näher beschriebene Verhalten der Sporangienhülle so gut mit M. brevipes überein, dass ich ohne Bedenken die beiden Formen identificire.

O. E. R. Zimmermann (Das Genus Mucor, 1871, p. 11) hält die Riess'sche Species nur für eine Form des M. Mucedo.

Diese und die letzten 4 Species (No. 162 bis No. 165) bilden den Uebergang zur Gattung Circinella.

I. Unvollständig beschriebene Species neuerer Autoren seit 1876.

M. tristis Bainier, 1884 (A. sc. nat. 6. Serie XIX. p. 210).

Sporangien tiefschwarz, Structur ihrer Träger und der Sporen nicht beschrieben. Zygosporen schwarz, Suspensoren mit fingerigen Ausstülpungen.

Nähere Angaben, auch über das Substrat fehlen.

M. modestus Bainier, 1884 (l. c. p. 210).

Sporangien farblos, Träger und Sporen nicht beschrieben. Zygosporen schwarz, mit strahligen, sternförmigen Verdickungen.

Nähere Angaben, auch über das Substrat fehlen.

M. parasiticus Bainier, 1884 (l. c. p. 212, Taf. IX, 11).

Jede Beschreibung fehlt, es wird nur auf den eigenthümlichen Parasitismus vorläufig hingewiesen. Die Fäden des Pilzes sollen terminale oder intercalare Blasen tragen, durch deren Berührung mit anderen Mucorineen, diese letzteren, also der zukünftige Wirth zur Bildung fingeriger, an die Blase sich anlegender Fortsätze veranlasst werden soll. Nähere Beschreibung ist abzuwarten und für später in Aussicht gestellt, bisher aber nicht erfolgt.

M. rubens Vuillemin, 1887 (Bull. soc. myc. France III. p. 111).

Sporangienträger unverzweigt. Sporangien mit incrustirter, zerfliessender Membran. Sporen länglich, 8—18 μ lang, 3—7 μ breit, Inhalt der Columella von ziegelrothen Oeltropfen gefärbt, ebensolche aber spärlicher im Sporangienträger. Diese Form ist wohl sicher mit M. rufescens nov. spec. identisch. Freilich hat dieser einige so charakteristische Merkmale, die in Vuillemin's Beschreibung fehlen, dass eine Vereinigung der beiden Formen einstweilen nicht geschehen kann.

M. septatus Bezold (bei Siebenmann, 1889, Schimmelmycosen des Ohres p. 97, Taf. IV, 3) ist wahrscheinlich der gemeine M. racemosus. Nach der etwas unklaren Beschreibung lassen sich folgende Merkmale aufstellen: Sporangienträger meist traubig verzweigt, zuweilen an der Spitze eine Dolde von drei oder vier kurzgestielten Sporangien, mit Querwänden an den Verzweigungsstellen. Sporangien blass bräunlichgelb, kugelig, mit durchsichtiger Membran, glatter oder nur schwach maulbeerförmiger Oberfläche, 32 μ Durchmesser. Sporen kugelig oder schwach oval, glatt, hellgelb oder schwach bräunlich, 2,5—4 μ Durchmesser. Dies passt alles sehr schön auch auf M. racemosus.

II. Unvollständig beschriebene Species älterer Autoren bis 1875.

(Da die Zugehörigkeit der folgenden Species zu einer der jetzt genauer bekannten Mucor-Arten sich nicht entscheiden liess, so sind sie hier als zweifelhafte Formen aufgeführt, deren Beschreibung nach der Angabe ihrer Autoren entworfen wurde.)

1. Grössere Formen mit verzweigten Sporangienträgern.

Mucor Castaneae Rabenhorst, 1844 (Kryptfl. Deutschl. I. p. 132).

Sporangienträger aufrecht, gabeltheilig, schmutzig-gelb, an den Gabelungsstellen geschwollen, Aeste anfangs steif, später übergeneigt. Sporangien verkehrt eiförmig, undurchsichtig, trübe. Sporen zahlreich, länglich, durchsichtig, mit trübem, an beiden Enden ein helles Spitzchen tragenden Kern.

Auf gerösteten Kastanien. Mailand.

Mucor albus (Preuss, 1851) Berlese u. de Toni, 1887 (Saccardo, Sylloge VII. 1, p. 199).

Synon.: Thelactis alba Preuss, 1851, Linnaea XXIV. p. 110.

Sporangienträger aufrecht, mit Querwänden, Hauptspross mit Sporangium abschliessend, unterhalb mit 5—8 wirteligen, abstehenden Aesten, die ebenfalls Sporangien tragen, Sporangien undurchsichtig, bräunlich. Sporen farblos, fast eiförmig.

Auf Dacryomyces lacrymans.

Mucor glaucus Bonorden, 1864 (Abh. naturf. Ges. Halle VIII. p. 111, Taf. I, 17).

Synon.: Mucor glaucescens Berlese u. de Toni, 1887, Sacc., Syll. VII. 1, p. 199.

Sporangienträger aufrecht, ziemlich dick, gabelig und traubig verästelt, mit einzelnen Querwänden, schwach blaugrünlich. Sporangien kugelig, schwach blaugrün, mit Basalkragen. Columella halb eiförmig, Sporen verschieden, kugelig oder eiförmig, schwach blaugrünlich.

Auf Schwarzbrod.

2. Grössere Formen mit unverzweigten Sporangienträgern.

Mucor microsporus Bonorden, 1864 (Abh. naturf. Ges. Halle VIII. p. 106, Taf. I, 16).

Sporangienträger aufrecht, seidenglänzend, weiss, unverzweigt. Sporangien kugelig, anfangs gelbbräunlich, zuletzt schwarz, mit kleiner, kugelrunder, farbloser Columella. Sporen sehr klein, ellipsoidisch, einzeln farblos, gehäuft grau.

Auf verschiedenen Substanzen.

Es wird wohl hier der gewöhnliche M. Mucedo vorliegen, nur spricht die ausdrücklich hervorgehobene Kleinheit der Sporen dagegen.

Mucor microcephalus Bonorden, 1861 (l. c. p. 108).

Synon.: Mucor Bonordenii Berlese u. de Toni, 1887, Sacc., Syll. VII. 1, p. 194.

Sporangienträger aufrecht, schlank, unverzweigt, dunkelbraun. Sporangien kugelig, schwarzbraun, mit durchscheinenden, länglichen, braunen Sporen.

Substrat nicht angegeben. Von M. microcephalus Wallroth nach Bonorden durch die braune Färbung unterschieden.

Hydrophora chlorospora Bonorden, 1864 (l. c. p. 113, Taf. II, 3).

Sporangienträger aufrecht, einfach, lang, pfriemlich. Sporangien ohne Columella, anfangs grau-grünlich, zuletzt olivenfarbig. Sporen klein, ellipsoidisch, grünlich.

Auf verschiedenen Substraten. (Vielleicht ein Hyphomycet?)

3. Ungenügend bekannte, parasitische Species, die vielleicht als metamorphosirte Mucoreen aufzufassen sind.

Mucor melittophthorus Hoffmann, 1857 (Hedwigia I. p. 119, Taf. XVI).

Besondere Sporangienträger fehlen, Sporangien an den Enden kürzerer Seitenäste des reich verästelten, spärlich septirten Mycels. Sporangien farblos, birnförmig, 21 μ breit, 45 μ lang, ganz erfüllt mit der gelblichgrauen, durchschimmernden Sporenmasse, ohne Columella, meist geschlossen abfallend, später aufreissend. Sporen elliptisch, farblos, 3 μ breit, 5 μ lang. Ausserdem soll der Pilz Conidien (Oidium Leuckarti Hoffm.) bilden, die meist statt der selteneren und hinfälligen Sporangien sich entwickeln sollen.

Im Chylusmagen der Honigbiene.

Die aus der Zeit des Pilzpleomorphismus stammende Beschreibung dürfte nicht den Verhältnissen genau entsprechen.

Mucor helminthophthorus de Bary u. Keferstein, 1861 (Zeitschr. wiss. Zool. XI. Taf. XV, A).

Besondere Sporangienträger fehlen, Sporangien an den Enden von Seitenästen des reich verästelten Mycels einzeln oder oft bis 3 hinter einander, kugelig oder länglichrund, 20—40 μ Durchmesser, ohne Columella, meist geschlossen abfallend und oft jetzt erst die Sporen bildend. Sporen klein, farblos, 2 μ breit, 4—5 μ lang.

Auf der Darmwand und in den Geschlechtsorganen von Ascaris mystax (Katzen-Spulwurm); die kleinen Sporen sollen in Unmassen als milchweisse Anhäufung die Eingeweide erfüllen.

Die beiden Species haben viele Aehnlichkeit mit einander, weichen aber vom Typus Mucor so erheblich ab, dass sie unbedingt aus dieser Gattung gestrichen werden müssen. Ob sie überhaupt zu den Mucorineen gehören ist zweifelhaft und weiterer Untersuchung bedürftig; vielleicht könnten sie infolge ihrer parasitischen Lebensweise wesentliche Reductionen erfahren haben.

4. Winzige Formen Berkeley's, deren Zugehörigkeit zu den Mucorineen sehr zweifelhaft ist.

Mucor delicatulus Berkeley, 1826 (Smith, English Flora V. p. 332).

Fertile Aeste aufrecht, kurz, Sporangien kugelig, blassgelb, Sporen kugelig. Au faulenden Kürbissen.

So klein, dass mit blossem Auge kaum erkennbar, einen sammetartigen, von dem faulen Kürbissaft durchtränkten Filz bildend; zuweilen sitzen die Sporangien den septirten Mycelfäden unmittelbar auf. (Nach Cooke, Fungi brit. II. p. 633.)

Es liegt wohl hier ein Hyphomycet vor.

Mucor succosus Berkeley, 1841 (Ann. and Magaz. nat. hist. 1. Serie VI. p. 430. Taf. XII, 15).

Bildet kleine, gelblichbraune Filze, die bei üppiger Ernährung gar nicht fructificiren, sonst aber einen dichten Rasen sehr winziger, dem blossen Auge nicht erkennbarer, anfangs gelber, zuletzt olivenfarbener Sporangien bilden; Columella sehr klein, kaum mehr als eine leichte Anschwellung des Stieles.

Auf den Stumpfen abgeschnittener Aeste von Aucuba japonica.

Möglicherweise sind hier zwei Pilze vermengt. Aus der Abbildung ist nichts zu ersehen.

Mucor tenerrimus Berkeley, 1841 (Hooker's Journal of botany III. p. 78, Taf. I, Fig. B).

Winzig, dem blossen Auge kaum erkennbar, unter der Lupe als zarte weisse Fäden mit wässerigen, farblosen Sporangien am oberen Ende erscheinend.

Auf abgefallenen Zweigen, besonders der Esche, bei feuchtem Wetter.

Aus der wortreichen, aber unklaren Beschreibung Berkeley's und aus der Abbildung lässt sich über die Natur dieses Pilzes nichts erkennen. Es könnte ein kleiner Myxomycet sein (vielleicht Dictyostelium), aber auch sonst ein anderer Pilz vorliegen.

Mucor subtilissimus Berkeley, 1848 (Horticult. Journ. III. p. 98, Fig. 1—5).

Der kleinste bisher in England gefundene Pilz. Fertile Sprosse verzweigt, Aeste kurz, abstehend, jeder mit einem winzigen Sporangium abschliessend, dessen Hülle bald schwindet; Sporen länglich-elliptisch. (Nach Cooke, Fungi britan. II. p. 633.)

Auf schimmelnden Zwiebeln. Soll sich aus Sclerotium cepaevorum entwickelt haben.

Mucor pruinosus Berkeley et Broome, 1875 (Ann. and Magaz. nat. hist. 4. Serie XV. p. 40).

Winzig, weiss. Sporangien kugelig, netzig; Sporen unregelmässig, 7—12 μ lang.

Auf der Erde von Blumentöpfen, in denen faulende Samen von Phaseolus vulgaris lagen.

Die obigen fünf von Berkeley aufgestellten Mucorspecies stimmen in der ausserordentlichen Kleinheit überein, ob sie vielleicht in eine Species sich vereinigen liessen, ist gar nicht zu sagen, da die kurzen Diagnosen des Autors für alle möglichen kleinen Pilze passen. Ich vermuthe, dass keine einzige dieser fünf Species ein Mucor ist, dass sie alle zu den Hyphomyceten gehören.

III. Aus der Gattung Mucor und aus der ganzen Familie auszuschliessende Species.

Mucor albus Micheli, 1729 (Nova plantar. genera etc. p. 215. Taf. 95) von Fries (Syst. myc. III. p. 314) mit Hydrophora tenella Tode vereinigt, ist wohl gar kein Mucor, sondern Dictyostelium mucoroides Brefeld. Wenigstens passt Micheli's Abbildung sehr gut für diesen kleinen Myxomyceten. Ueber Hydrophora tenella Tode vergleiche die Anmerkung bei Pilaira nigrescens, zu der meiner Ansicht nach Tode's Pilz gehört. Hydrophora tenella Fuckel, Fungi rhen. 2104 scheint theils Mucor racemosus, theils ein Hyphomycet zu sein.

Mucor microscopicus Tode, 1783 (Schrift. naturf. Freunde Berlin IV. p. 162, Taf. IX, 2) ist sicherlich Dictyostelium, wie die Beschreibung Tode's, ergänzt durch die rohe, aber doch charakteristische Abbildung, erkennen lässt.

Mucor ? nigrescens Schumacher, 1803 (Enumer. plant. Saellandiae II. p. 237) auf der Unterseite lebender Blätter und auf jungen Zweigen von Rhamnus Frangula wird vom Autor selbst mit einem Fragezeichen, das freilich in den Citaten späterer Autoren verschwunden ist, zu Mucor gestellt. Da auch Fries (Syst. myc. III. p. 322) angiebt, diesen Pilz auf lebenden Blättern gefunden zu haben, ohne ihn freilich hinreichend beobachten zu können, so hat wohl keine Mucorinee vorgelegen, denn diese kommen ja, mit Ausnahme der indischen Choanophora, nicht als endophytische Parasiten vor. Es ist wohl das Beste, diese zweifelhafte Form, aus deren kurzer Beschreibung nichts und alles sich herauslesen lässt, aus der Gattung Mucor herauszuwerfen.

Botrytis carnea Schumacher, 1803 (l. c. p. 235).

Synon.: Polyactis carnea Ehrenberg, 1818, Sylvae myc. Berol. p. 13, 25.
Mucor carneus Link, 1824, Spec. plant. VI. 1, p. 88.
Botrytis carnea (Schumacher) Fries, 1829, Syst. myc. III. p. 405.
Sporodinia carnea (Ehrenberg) Wallroth, 1833, Flora crypt. germ. II. p. 317.
Sporodinia carnea (Ehrenberg) Wallroth in Saccardo, Syll. fung. 1887, VII. 1, p. 208.

Auf faulenden Kiefernadeln, auf faulendem Holz und abgefallenen Blättern; ist kein Mucor, sondern neuerdings wieder als Botrytis anerkannt (conf. Saccardo, Syll. 1886, IV. p. 119).

Mucor albovirens Fries, 1815 (Observ. I. p. 209; Syst. myc. III. p. 319) ist wohl Eurotium, aber die Conidienform. Ein echter Mucor liegt sicher nicht vor. Auf getrockneten Schwämmen.

Mucor lateritius Link, 1824 (Spec. plant. VI. 1, p. 84) auf Honigkuchen ist nach Fries (Syst. myc. III. p. 333) Eurotium herbariorum und entspricht dessen gelben Perithecien, auf die Link's Diagnose allerdings sehr gut passt.

Mucor terrestris Link, 1824 (Spec. plant. VI. 1, p. 83) auf vertrocknenden Conferven wird von Fries (l. c. p. 319) mit M. albovirens vereinigt; es könnte allerdings auch Link ein Eurotium vorgelegen haben. Wohl nicht von Link selbst gesammeltes, aber altes Material aus dem Berliner Herbar entpuppte sich als Helicostylum elegans Corda.

Mucor fodinus Link, 1824 (Spec. plant. VI. 1, p. 84) ist nach Fries (l. c. III. p. 319) ein Synonym von Racodium fodinum, jedenfalls kein Mucor und desshalb zu streichen. Material aus dem Berliner Herbar bestand aus einem dickfilzigen Racodium, auf dem kleine gestielte, weissliche Köpfchen verstreut vorkamen. Diese gehören aber zu keinem Mucor, sondern sind Conidienträger eines Aspergillus ähnlichen Pilzes.

Mucor Fimbria Nees, 1816 (Syst. fung. p. 82, Fig. 78; Link, Spec. plant. VI. 1, p. 91).

Synon.: Hydrophora Fimbria Fries, 1829, Syst. myc. III. p. 316.

An der Perithecienmündung von Ceratostoma-Arten, ist wohl sicherlich kein Mucor. Im Berliner Herbar fand sich unter dem obigen Namen ein kleiner Hyphomycet mit einfachem, kopfig-angeschwollenen Conidienträger. Nach den Angaben der Autoren könnte ihnen wohl eine ähnliche Form vorgelegen haben. Die Abbildung bei Nees giebt keinen weiteren Aufschluss.

Mucor acicularis Wallroth, 1833 (Flora crypt. germ. II. p. 319) stellt die jungen, nadelförmigen Entwickelungsstadien des Pilobolus crystallinus dar, wie aus der folgenden Bemerkung Wallroth's sicher hervorgeht: „ad fimum equinum stabulorum udorum qui hyphis acicularum porrectarum instar inhorrescere videtur".

Mucor sphaerocephalus (?) bei Schleiden (Grundzüge d. Botanik, 3. Aufl. II. p. 38, Taf. 107) ist gar kein Mucor, sondern ein Conidienträger eines Ascomyceten.

Mucor scarlatinosus Hallier, 1869 (Zeitschr. f. Parasitenkunde I. Taf. IV, Fig. 45) ist, wie die Abbildung zeigt, ein M. racemosus, der auf Scharlachblut gewachsen ist. Der aus den pleomorphistischen Anschauungen der damaligen Zeit entstandene Name ist zu streichen.

Mucor hyalinus Cooke, 1871 (Handb. of british Fungi II. p. 632). Eine Untersuchung des Materials in Cooke, Fungi britan. exs. 359 ergab, dass kein Mucor, auch nicht eine Mortierella, sondern ein Haplomycet vorliegt, vielleicht aus der Verwandtschaft von Stachylidium.

Mucor Pontiae Sorokin, 1871 (Mycol. Skizzen, Ref. Bot. Zeit. 1872, p. 336) auf den Augen lebender Motten (Pontia Brassicae). Verschiedene Fortpflanzungsorgane, Gemmen, Sporangiolen und Sporangien hat der Autor zwar beobachtet, aber eine genaue, brauchbare Diagnose auch diesmal nicht gegeben. Ist zu streichen.

Mucor Pilobolus Sorokin, 1871 (l. c.) wie die vorige ohne Diagnose und desshalb zu streichen.

Mucor Penicillium Schnetzler, 1877 (Comptes rendus Acad. Paris p. 1141) ist vom Autor nur mit dem Namen erwähnt und nur das gemeine Penicillium glaucum, wie aus einer Anmerkung zweifellos hervorgeht. Die Species ist also zu streichen.

XXXI. Circinella van Tieghem u. Le Monnier, 1872 (Ann. sc. nat. 5. Serie XVII. p. 298).

Mycel reich rispig verzweigt, mit immer dünner werdenden Aesten, allseitig in und auf dem Substrat sich ausbreitend, ohne Ausläufer, anfangs einzellig, später zerstreute Querwände; farbloser Inhalt, farblose, glatte Membran. Sporangienträger einzeln dem Mycel entspringend, unbegrenzt an der Spitze weiterwachsend, nicht mit Sporangien abschliessend, sympodial verzweigt, mit traubig angeordneten Sporangien oder sporangientragenden, sympodialen Seitenästen, mehr oder weniger an einander emporkletternd, schlaff, mit später blassbrauner, schwach mit Oxalat incrustirter Membran. Sporangien alle gleichartig, vielsporig, kugelig, nickend auf bischofstabartig eingekrümmten, kurzen Stielchen, auf dem Träger sich öffnend. Sporangienwand mit Oxalat incrustirt, nicht zerfliessend, bei der Reife ungefähr in der Mitte abreissend, einen grossen Basalkragen zurücklassend. Columella gross, aufsitzend, cylindrisch-kegelig. Sporen kugelig oder elliptisch, glatt, mehr oder weniger schieferblau. Zygosporen noch unbekannt.

Diese von van Tieghem aufgestellte, von Schröter mit Mucor vereinigte Gattung ist durch die sympodialen, mit steriler Sympodiumachse endenden, unbegrenzt weiter wachsenden Träger und die stets nickenden Sporangien mit ihren unzerfliessenden Wänden hinreichend charakterisirt.

Fig. 34.

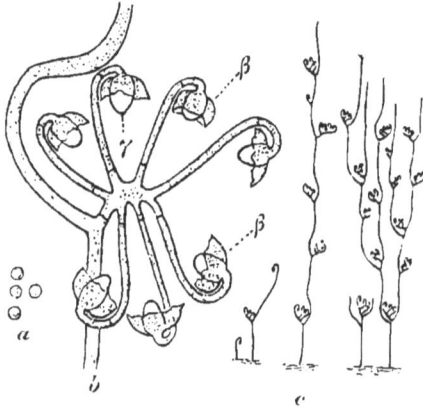

Circinella. — C. umbellata. *a* Sporen (Vergr. 250). *b* Ein Stück der Sympodiumachse mit einem kurzen Seitenast, der einen doldenartigen Büschel nickender Sporangien trägt; diese sind bereits geöffnet, haben eine eiförmige Columella (γ) und einen grossen Basalkragen (β); Querwände sind an der Basis des Seitenastes und der Sporangienstiele, sowie kurz unter den Sporangien vorhanden; die Wand des ganzen Trägers ist mit Kalkoxalat incrustirt und erscheint desshalb fein punktirt, ebenso der Basalkragen (Vergr. 90). *c* Verschieden reiche Verzweigung der Träger, vergleiche die Anmerkung hinter der Speciesdiagnose (natürl. Grösse). Alles nach van Tieghem und Le Monnier.

167. **C. simplex** van Tieghem, 1875 (A. sc. nat. 6. Serie I. p. 92).

Abbild.: van Tieghem, l. c. Taf. 11. 52—54.

Sporangienträger aufrecht, dichte, niedrige, bräunliche Räschen bildend, 2—3 mm hoch, mit einer ca. 0,5 mm hohen, sporangienfreien Basis, ohne Sporangium abschliessend, mit zwei Reihen alternirender, nickender Sporangien, auf kurzen, nach abwärts gekrümmten, nach oben immer kürzer werdenden Stielchen, bis 15—20 Sporangien tragend, ohne Querwände und im Uebrigen unverzweigt, mit verdickter, cuticularisirter, bräunlicher, mit Oxalat incrustirter Membran, farblosem Inhalt. Sporangien klein, kugelig, nickend, bräunlich. Sporangienwand nicht zerfliessend, in Stücke zerbrechend, incrustirt, bräunlich, mit grossem Basalkragen. Columella schmal aufsitzend, gewölbt kegelig, glockig, mit glatter

Membran. Sporen kugelig, 3 μ Durchmesser, glatt, einzeln farblos, gehäuft bläulichgrau. Weiteres unbekannt.

Auf Hundekoth, cultivirbar auf Brod und Pferdemist.

168. C. spinosa van Tieghem u. Le Monnier, 1873 (A. sc. nat. 5. Serie XVII. p. 305).

Synon.: Mucor spinulosus Schröter, 1886, Schles. Kryptfl. III. 1, p. 206. Abbild.: van Tieghem, l. c. Taf. XXI, 21—39, XXII, 40—49. Bainier, 1882. Étude sur les Mucor, Taf. VI, 8, 9. Sorokin, Revue mycol. XI. Taf. LXXXV, 151—156.

Sporangienträger schlaff aufrecht, dicht, an einander und andern Gegenständen weiter rankend, bis 2 cm hoch, in eine sterile Spitze auslaufend, mit zwei Reihen alternirender Sporangien, welche einzeln an spiralig oder schneckenförmig eingerollten kurzen Seitenästen hängen, die selbst wieder ein kurzes, nach aufwärts gerichtetes, dornähnliches, gewöhnlich unverzweigtes Aestchen tragen; weiter aufwärts sind die Sporangienstiele dornenlos; mit gebräunter, cuticularischer und incrustirter Membran, Inhalt farblos; Sympodiumachse des Sporangienträgers ohne Querwände, die Sporangienstiele und ihre Dornen sind meist durch Querwände abgegrenzt. Sporangien klein, kugelig, nickend, 60 μ Durchmesser, bräunlich, feinstachelig. Sporangienwand nicht zerfliessend, im Aequator zerreissend und die untere Hälfte als Basalkragen zurücklassend, incrustirt, bräunlich. Columella schmal aufsitzend, cylindrisch abgerundet oder kegelig, in der Mitte oft schwach eingeschnürt, mit schwach bräunlicher, glatter Membran, farblosem Inhalt. Sporen kugelrund, 4 μ Durchmesser, bräunlichgrau. Näheres unbekannt.

Auf Excrementen von Menschen, Pferden, Ratten, feuchtem Leder; cultivirbar auf feuchtem Brod, Orangen.

Die Sporangienträger zeigen zuweilen mancherlei Abweichungen von dem oben beschriebenen Bau. Gelegentlich wächst der Dornfortsatz der Sporangienstiele zu einem zweiten Sporangium aus oder es unterbleibt im Gegensatz hierzu an manchen oberen Aestchen die Sporangienbildung ganz, so dass eine Gruppe nur dornentragender, steriler Aestchen zwischen die fertilen sich einschiebt. Endlich sind auch Verzweigungen des Sporangienträgers beobachtet, die aber, wie es scheint, nur in Kammerculturen sich entwickeln (vergl. van Tieghem, l. c. p. 306).

Bainier (Étude p. 77) beobachtete ausnahmsweise, dass der Sporangienträger mit einem grossen Endsporangium von 147 μ Durchmesser abschloss.

Nach van Tieghem (l. c. p. 309) gehört hierher Helicostylum Muscae Sorokin (Bull. soc. nat. Moscou 1870, p. 256) auf einer todten Fliege.

169. **C. umbellata** van Tieghem u. Le Monnier, 1873 (A. sc. nat. 5. Serie XVII. p. 300).

Synon.: Helicostylum Moreliae Berkeley et Broome (nach Grevillea, XII. p. 12).
Mucor umbellatus Schröter, 1886, Schles. Kryptfl. III. 1, p. 206.
Abbild.: van Tieghem, l. c. Taf. XXI, 18—23. Bainier, Étude Taf. VI, 1—7.

Sporangienträger schlaff, aufrecht, zerstreut, 0,5—6, selbst 8—10 cm hoch, rankend, in eine sterile Spitze auslaufend, mit zwei Reihen alternirender, fast wagerecht abstehender, an der Spitze aufsteigender und gekrümmter Seitenäste, mit einer grösseren Zahl (2—20), meist auf der Oberseite entspringender kurzer, unverzweigter, aufrechter, bischofstabförmig eingekrümmter Aestchen, die ebenso wie der Seitenast selbst mit je einem Sporangium abschliessen; die Sporangiumstiele entspringen sehr nahe neben einander und sind gleichlang, wodurch die Seitenzweige ein doldenartiges Aussehen bekommen; Membran des gesammten Sporangiumstandes zuletzt incrustirt und blassbräunlich; Scheidewände fehlen in der Sympodiumachse, bilden sich aber regelmässig am Grunde der einzelnen Sporangiumstiele und eine zweite meist dicht unter dem Sporangium. Sporangien nickend, kugelig, 70—80 μ Durchmesser, reif weisslich. Sporangienwand nicht zerfliessend, im Aequator zerreissend, mit grossem Basalkragen, feinkörnig incrustirt, schwach bräunlich. Columella schmal aufsitzend, gross, cylindrisch-kegelig oder birnförmig, mit feinkörniger, bräunlicher Membran. Sporen rein kugelig, 6—8 μ Durchmesser, glatt, bläulichgrau, ältere bräunlich. Näheres unbekannt. — Fig. 34.

Auf Excrementen von Menschen, Hunden, Gazellen, Ratten, oft gesellig mit M. Mucedo; ferner auf modernden Pflanzenresten; cultivirbar auf nassem Brod, Orangen, Pflaumendecoct.

An jungen Mycelien entwickeln sich zunächst sehr niedrige, unverzweigte Sporangienträger, welche auf ihrer eingekrümmten Spitze ein einziges nickendes Sporangium tragen und mit kleiner C. simplex verwechselt werden können. Wie bei voriger Species kommen auch hier mancherlei Unregelmässigkeiten im Bau des Sporangienträgers vor. Gelegentlich steht an Stelle eines Döldchens nur ein einziges Sporangium, manchmal entsteht neben dem einen das Sympodium erzeugenden Ast noch ein zweiter auf der andern Seite, der ein zweites Sympodium liefert. So können reichere Sprosssysteme entstehen (conf. van Tieghem l. c.).

var. **asperior** Schröter, 1886 (Schles. Kryptfl. III. 1, p. 206).

Columella am Scheitel mit mehr oder weniger stark und zahlreich entwickelten spitzen oder stumpfen Ausstülpungen. Sonst wie die Species.

Auf Raubthiermist (Löwe, Hyäne).

Diese, dem Mucor spinosus, in Bezug auf die Columella entsprechende Form wird vielleicht später als besondere Species abzutrennen sein.

XXXII. **Pirella** Bainier, 1882 (A. sc. nat. 6. Serie XV, p. 84).

Mycel allseitig in und auf dem Substrat ausgebreitet, verzweigt, farblos. Sporangienträger unbegrenzt an der Spitze weiter wachsend, nicht mit Sporangium abschliessend, sympodial verzweigt, mit traubig ansitzenden Sporangien, schlaff, trocken zusammengeschnurrt. Sporangien alle gleichartig, vielsporig, nickend, lang birnförmig. Sporangiumwand dicht mit Oxalatnadeln incrustirt, aber nicht zerfliessend, sehr fest und lange sich erhaltend. Columella sehr gross, breit aufsitzend, klöppelförmig oder gestreckt-sanduhrförmig, weit in das Sporangium hineinragend, im trockenen Zustande zusammengedreht. Sporen ellipsoidisch, farblos, glatt. Zygosporen noch nicht gefunden.

Fig. 35.

Pirella. — P. circinans. Ein nickendes, birnförmigesSporangium mit grosser, klöppel- oder sanduhrförmiger Columella (Vergr. ca. 250, nach Bainier).

Diese Gattung steht Circinella nahe, unterscheidet sich aber von ihr durch die Form der Columella, die birnförmigen Sporangien und ihre feste Membran.

170. **P. circinans** Bainier, 1882 (l. c. p. 84).

Abbild.: Bainier, l. c. Taf. V, 11—14; Étude Taf. X, 1—4.

Sporangienträger schlaff aufrecht, trocken zusammengeschnurrt, sympodial, mit traubig angeordneten Sporangien, niedrig, ohne Querwände, mit farbloser, glatter Membran, Sporangien nickend, auf unverzweigten, nach abwärts gebogenen, unter dem Sporangium zu einer Apophyse erweiterten Stielen, welche am Scheitel der Krümmung gewöhnlich einen langen, gleichfalls gekrümmten, sterilen Seitenzweig tragen. Sporangien birnförmig, ca. 48 μ breit, 126 μ lang, mit feinstachliger Oberfläche. Columella breit aufsitzend, bis zu $^5/_6$ in das Sporangium hineinragend, sehr gross, klöppelförmig. Sporen ellipsoidisch, ziemlich ungleich, 2,1 μ breit, 6,3 μ lang, glatt, farblos.

Wahrscheinlich auf Mist. (Bainier giebt kein Substrat an.)

XXXIII. **Phycomyces** Kunze, 1823 (Mycol. Hefte II. p. 113).

Mycelium strahlenförmig nach allen Seiten in und auf dem Substrat sich ausbreitend, reich rispig verästelt, die letzten Aeste sehr dünn, fadenförmig, die Hauptäste sehr dick und kräftig, ohne Ausläufer, anfangs einzellig, im Alter mit vereinzelten Querwänden, mit glatter, farbloser Membran, farblosem oder schwach orangenen Inhalt. Sporangienträger mit begrenztem Wachsthum, mit grossem Sporangium abschliessend, immer unverzweigt, einzeln, broncegrün oder violettbraun, stark metallglänzend. Sporangien

Fig. 36.

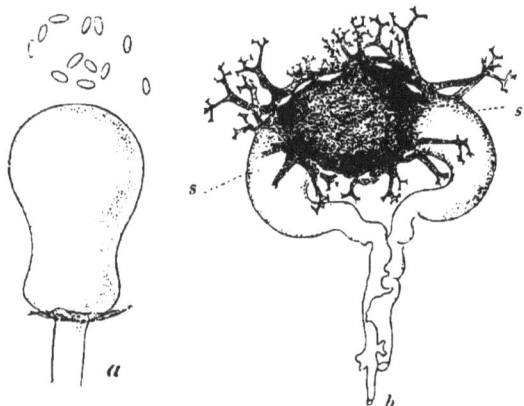

Phycomyces. — Ph. nitens. *a* Grosse, birnförmige Columella mit Basalkragen und einigen Sporen (Vergr. 100, nach der Natur). *b* Reife Zygosporen, aus deren Suspensoren (*s*) schwarze, gabelige Dornen hervorgesprosst sind; zangenförmige Copulationsäste (Vergr. 50, nach van Tieghem u. Le Monnier).

aufrecht, kugelig. vielsporig, am Träger sich öffnend. Sporangienwand nicht cuticularisirt, überall gleichmässig mit Nadeln von Kalkoxalat incrustirt, daher matt und sammetartig, zerfliessend. Columella nicht aufsitzend, deutlich birnförmig, breit abgerundet, zuweilen cylindrisch. Sporen ellipsoidisch, glatt, gelblich. Zygosporen am Mycel, Copulationsäste zangenförmig aufsteigend, Suspensoren mit dichotomischen, schwarzbraunen Dornen, welche die Zygospore theilweise einhüllen; keimen mit Sporangienträgern.

171. **Ph. nitens** (Agardh, 1817) Kunze, 1823 (Mycol. Hefte II. p. 113).
Synon.: Ulva nitens Agardh, 1817, Synops. Alg. Scand. p. 46.
Phycomyces nitens Kunze, 1823, l. c.: Fries, 1829, Syst. myc. III. p. 309.

Mucor nitens Sprengel, System. IV. p. 359.

Phycomyces splendens Fries, 1829, Syst. myc. III. p. 308.

Periconia Phycomyces Bonorden, 1851, Allg. Mycol. p. 113.

Mucor Phycomyces Berkeley, 1860. Outl. brit. Fung. p. 28.

Mucor romanus Carnoy, 1870, Bull. soc. royale Botan. Belg. IX. p. 157.

Mucor violaceus Brefeld, 1881, Untersuch. IV. p. 56, 92.

Phycomyces nitens (Agardh) Kunze bei Saccardo, Syll. fung. VII. 1,
p. 205; bei Schröter, Schles. Kryptfl. III. 1, p. 209 etc.

Exsicc.: Rabh., Fungi europ. 2269, 3377.

Abbild.: Kunze, l. c. Taf. XX, 2 u. 17. van Tieghem, 1873, A. sc.
nat. 5. Serie XVII. Taf. XX, 2—47. Bainier, 1882, Étude Taf. I, 12—15.

Sporangienträger einzeln, aus kurzen, mit Rhizoiden besetzten, oft aufgeschwollenen Aesten des Mycels entspringend, bis
zuletzt steif aufrecht, dichte, bis 30 cm hohe, stark metallglänzende,
olivenfarbige Rasen bildend, immer unverzweigt, 7—30 cm hoch,
50—150 μ dick, ohne Querwände, mit glatter, glänzender, rauchgrauer oder graugrünlicher, strafferr, unter dem Sporangium meist
farbloser Membran, schwach gelblichen Inhaltsresten. Sporangien
kugelig, gross, 0.25—1 mm Durchmesser, anfangs orangegelb, reif
schwarz, mit sammetartig feinstachliger Oberfläche, gewöhnlich ohne
Basalkragen. Columella nicht aufsitzend, deutlich breit birnförmig,
zuweilen auch glockig-cylindrisch, mit farbloser, glatter Membran,
schwach gelblichem Inhalt, in einem grossen Sporangium, z. B.
330 μ hoch, an der Basis 130 μ, oben 180 μ breit. Sporen ellipsoidisch, oft einseitig abgeflacht, 8—15 μ breit, 16—30 μ lang,
gleichförmig, mit farbloser, glatter Membran, gelblichem Inhalt,
einzeln schwachgelblich, gehäuft schön orange. Zygosporen am
Mycel auf der Oberfläche des Substrats, kugelig, bis 300 μ Durchmesser, schwarz, mit glatter oder schwach warziger, dicker, zweischichtiger, schwarzer Membran; Dornen der Suspensoren zahlreich, mehrmals gabelig, starr, schwarzbraun. Keimung unbekannt.
Gemmen verschieden gestaltet, intercalar, glattwandig. — Fig. 36.

Ursprünglich auf öligem Substrat aufgefunden, auf Mauern,
Holzwerk, Lappen in Oelmühlen, auf Oelkuchen, Palmkuchen, auf
Talg; auch auf Brod, Orangensaft, Pferdemist, Pflaumendecoct, Cochenille cultivirbar und in botanischen Laboratorien auch spontan auf
diesen Substraten erscheinend. Nach van Tieghem (l. c.) auch spontan
auf Kaninchen- und Rattenmist; nach Fries auf Gerberlohe, nach
Carnoy auf menschlichen Excrementen.

Die gewöhnlichen trockenen Sporen dieses beliebten Versuchsobjectes der
Pflanzenphysiologie verlieren ihre Keimfähigkeit erst nach längerer Zeit; van Tieghem
giebt 3 Monate an, nach de Bary kommen grössere Schwankungen, 1—10 Monate,

vor. Die Zygosporen erzog Bainier auf mit Oel getränktem Pferdemist, van Tieghem auf Cochenillelack und zerstossener Cochenille.

Beachtenswerth ist, dass die ersten Sporangienträger in einer neuen Cultur viel kleiner, nur 0,1 mm und noch weniger hoch sind, ihre Sporangien oft nur 25 μ Durchmesser haben. Die Sporen dieser Erstlingssporangien sind meist kugelig oder schwach eiförmig, 16 μ Durchmesser, erst später nehmen die Sporen ihre lang ellipsoidische Gestalt an. Die Grösse der Sporangienträger variirt auch sonst, ihre mittlere Höhe beträgt wohl 10—20 cm. Van Tieghem beobachtete folgende Längen: auf Orangensaft 8—10 cm, auf Orangen 10—12 cm, auf Pferdemist bis 20 cm, auf dickem Cochenillelack bis 30 cm.

Gelegentlich, meist wohl in Folge von Verletzungen, bilden die Sporangien-träger auch einen oder zwei, mit Sporangien abschliessende Seitenäste.

Ph. splendens Fries, 1829, Syst. Mycol. III. p. 308 ist nur ein kräftiger Ph. nitens, wie auch Schröter (l. c.) annimmt. Fries beobachtete ihn auf Gerberlohe.

172. Ph. microsporus van Tieghem, 1875 (A. sc. nat. 6. Serie I. p. 64).

Dem vorigen ähnlich, aber kleiner. Sporangienträger steif aufrecht, nur 4—5 cm hoch, metallglänzend, grünlichgrau oder olivenfarben, immer unverzweigt. Sporangien kugelig, anfangs gelblich, reif schwärzlich, sammetartig. Columella wie bei vorigem. Sporen kugelig, sehr klein, 8 μ Durchmesser, ungleich, einzeln farblos, gehäuft schwach gelblich. glatt. Zygosporen kugelig, circa 125 μ Durchmesser, schwarz, Suspensoren nur mit je drei gabeligen Dornen. Keimen mit Sporangienträgern.

Auf Pferdemist; auch auf Orangen cultivirbar.

Die Sporangienträger und Sporen behielten in der Cultur auf Pferdemist und Orangen die angegebenen Dimensionen bei, so dass hierdurch die specifische Ver-schiedenheit vom vorigen erwiesen ist. Bisher wurde nur eine einzige, gerade keimende Zygospore gefunden. (Vergl. van Tieghem l. c.)

XXXIV. Spinellus van Tieghem, 1875 (A. sc. nat. 6. Serie I. p. 66).

Mycelium aus einem im Substrat lebenden, farblosen, dornen-losen Theil und einem auf der Oberfläche ausgebreiteten Luftmycel bestehend, welches einen dicken, braunen Filz verzweigter, mit kurzen, dornigen Aestchen besetzter Fäden bildet. Sporangien-träger mit Sporangium abschliessend, unverzweigt, steif aufrecht, einzeln, meist bräunlich, reif mit vereinzelten Querwänden. Spo-rangien aufrecht, kugelig, vielsporig, auf dem Träger sich öffnend. Sporangienwand sehr zart, farblos, durchsichtig, ohne Krystall-incrustation, glatt, zerfliessend. Columella nicht aufsitzend, halb-kugelig oder hoch gewölbt-cylindrisch. Sporen spindelförmig oder

genau kugelig, glatt, bräunlich oder bläulichschwarz. Zygosporen
nur am dornigen Luftmycel, nackt, Suspensoren ohne Auswüchse,
aber blasig aufgeschwollen, bräunlich, Copulationsäste zangenförmig,
aber nicht spiralig sich umschlingend; Keimung mit Sporangienträgern.

Diese oft mit Mucor vereinigte Gattung zeichnet sich durch das dornige Luftmycel und dadurch hinreichend aus, dass die Zygosporen nur an diesem entstehen.
Hierdurch ist der erste Schritt zu besonderen Zygosporenträgern, wie bei Sporodinia, angedeutet.

Fig. 37.

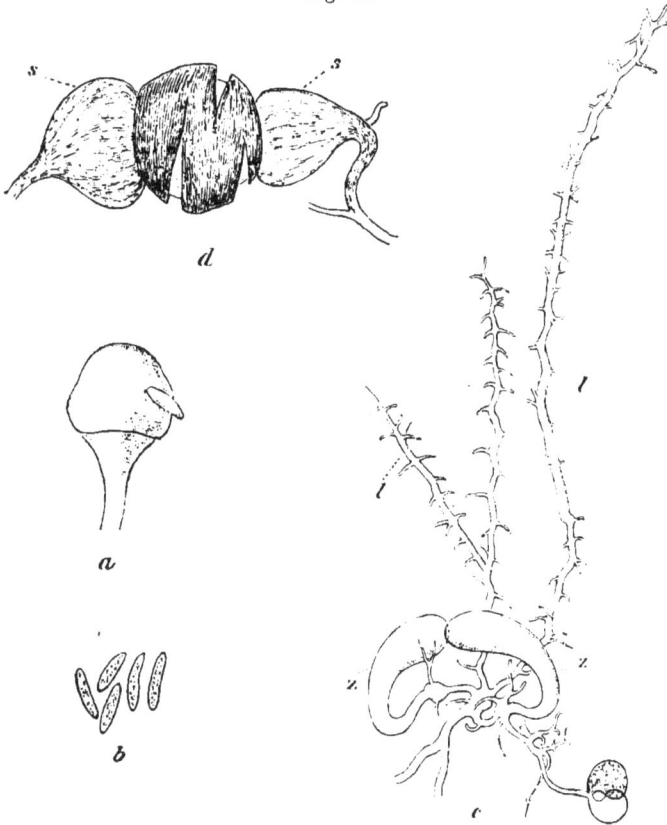

Spinellus. — Sp. fusiger. *a* Columella mit einer daran haftenden Spore
(Vergr. ca. 150, nach Bainier). *b* Einige spindelförmige Sporen (Vergr. 200, nach
van Tieghem). *c* Ein Stück des dornigen Luftmycels (*l*) mit zwei zangenförmigen
Copulationsästen (*z*) (Vergr. ca. 75, nach Bainier). *d* Eine reife Zygospore mit
spiralbandartig sich ablösendem, fein gestreiften Exospor und aufgeschwollenen,
netzig-streifigen Suspensoren (*s*) (Vergr. ungefähr 100, nach Bainier).

173. **Sp. fusiger** (Link, 1824) van Tieghem, 1875 (A. sc. nat.
6. Serie I. p. 66).

Synon.: Mucor rhombosporus Ehrenberg, 1818, Sylvae myc. Berol.
p. 25 nach Link, l. c.
Mucor fusiger Link, 1824, Spec. plant. VI. 1, p. 93.
Ascophora chalybea Dozy u. Molkenboer, 1845, Tydschr. voor Naturl.
Gesch. von Hoeven und Vriese, XII. p. 282.
Mucor macrocarpus Corda bei Harz, 1851, Flora p. 126.
Mucor fusiger Link bei Schröter, 1886, Schles. Kryptfl. III. 1, p. 208.
Spinellus fusiger (Link) van Tieghem in Saccardo, 1887, Sylloge fung.
VII. 1, p. 206.
Exsicc.: Fuckel, Fungi rhen. 53.
Abbild.: Dozy u. Molkenboer, l. c. Taf. VI, 4—10. Tulasne, 1866,
A. sc. nat. 5. Serie VI. Taf. XI. 1—11. van Tieghem, l. c. Taf. I, 29—37.
Bainier, Étude. 1882, Taf. III, 1—14.

Luftmycel als dicker, brauner Filz das Substrat überziehend
aus reich verzweigten Aesten gebildet, die mit zahlreichen einzelnen oder meist zu 2—4 quirligen, 15—150 μ langen, 11 μ dicken,
spitzen Aestchen besetzt sind und bei schwacher Vergrösserung
dornig erscheinen, mit gebräunter Membran. Sporangienträger
nur am dornigen Luftmycel, einzeln, unverzweigt, mit vereinzelten
Querwänden, 1—6 cm hoch, aber auch kleiner (1—2 mm), steif aufrecht, am Grunde bauchig geschwollen, den dünnen, dornigen Mycelfäden direct aufsitzend, nach oben bis auf die halbe Breite verjüngt,
lang-pfriemlich, ca. 30 μ dick, anfangs farblos, später bläulichgrau,
zuletzt chocoladenbraun, mit ebenso gefärbter, glatter Membran,
farblosem Inhalt. Sporangien kugelig, gross, 180—300 μ Durchmesser, vielsporig, reif schwarz, mit sehr zarter, farbloser, glatter,
schnell zerfliessender Membran. Columella hochgewölbt, halbkugelig, gross, z. B. 95 μ breit, 117 μ hoch, bis 150 μ breit, glatt,
braunschwärzlich. Sporen schmal spindelförmig, mit abgerundeten
Enden, zuweilen einseitig abgeflacht oder gekrümmt, vibrio-ähnlich,
32—42 μ lang, 9—14 μ breit, mit brauner oder bläulichschwarzer,
glatter Membran. Zygosporen nur am dornigen Luftmycel, oft
neben den Sporangien, kugelig oder tonnenförmig, 180—400 μ Durchmesser, tief schwarzbraun, Exospor dunkelbraun, mit dichten, wie
die Fäden eines Garnknäuels verlaufenden, feinen Streifen, nicht
warzig, in Spiralbänder später aufreissend; Suspensoren aufgeblasen,
fast so breit wie die Sporen, mit feiner netziger Zeichnung, bräunlich. Keimung mit Sporangienträgern. Azygosporen von gleichem
Bau, einzelne und auch paarweise vereinigte sind beobachtet.

Auf verschiedenen Hutpilzen (Agaricus rimosus, galericulatus, purus, laevigatus, fusipes, dryophilus; Boletus edulis); konnte von van Tieghem nicht auf Agaricus campestris cultivirt werden. Sommer und Herbst.

Die Zygosporen keimen nach 1—2 Monate langem Austrocknen.

Nach Ehrenberg's eigener Ansicht ist sein M. rhombosporus mit der obigen Species identisch (vergl. Verh. naturf. Freunde, Berlin 1829, I. p. 105), wesshalb Schröter's Vermuthung. jener Pilz gehöre zur folgenden Species, wohl nicht zutrifft.

Der von Harz (Flora 1881) als M. macrocarpus Corda besprochene Pilz ist ebenfalls die obige Form, wie aus der ganzen Beschreibung hervorgeht.

174. Sp. macrocarpus (Corda, 1838) Karsten, 1878 (Myc. fenn. IV. p. 73).

Synon.: Mucor macrocarpus Corda, 1838, Icon. fung. II. p. 21, ebenso bei Schröter, 1886, Schles. Krypt. III. 1, p. 208.

Abbild.: Corda, l. c. Taf. XII, 84. Zimmermann, 1871, Das Genus Mucor, Fig. 36—39.

Luftmycel bisher nicht aufgefunden. Sporangienträger einzeln, aber dichte Rasen bildend, unverzweigt, mit einigen ordnungslosen Querwänden, 0,5--1,5 cm hoch, steif aufrecht, am Grunde bauchig geschwollen, dem dünnen Mycel direct aufsitzend, nach oben verjüngt, anfangs farblos, später bräunlich. Sporangien kugelig, 120–300 μ Durchmesser, erst weiss, reif glänzend schwarz, mit durchsichtiger, glatter, farbloser, zerfliessender Membran. Columella hochgewölbt-cylindrisch oder halbkugelig, zuweilen birnförmig, gelblich, glatt oder etwas höckerig. Sporen breit spindelförmig mit spitzen Enden, nachenförmig, oft ungleichartig, 34 bis 50 μ lang, 15—20 μ (selbst 24 μ) breit, mit glatter, brauner Membran. Zygosporen unbekannt.

Wie vorige auf Hutpilzen (Agaricus galericulatus, leucogalus, pseudopurus, sanguinolentus, polygrammus); Sommer und Herbst.

Diese der vorigen sehr nahe stehende Species unterscheidet sich von ihr eigentlich nur durch die Sporen, denn das Fehlen des dornigen Luftmycels ist noch nicht ausser Zweifel gestellt, so lange man die Zygosporen noch nicht gefunden hat.

Ueber die Beschaffenheit der Sporen herrschen, ebenso wie für vorige Species, bei den verschiedenen Autoren grosse Abweichungen; so giebt Grove (Journal of Botany 1884, XXII. Taf. 245, Fig. 8) für die Sporen 50 μ Länge, 16—20 μ Breite an, Karsten dagegen 39—65 μ Länge, 12—18 μ Breite, nach dem ersteren sind die Sporen bräunlich, nach dem letzeren und Corda (l. c.) gelblich. Auch andere Differenzen in den Beschreibungen bestehen noch, so dass diese Species weiterer Untersuchung bedarf. Obige Diagnose ist nach den vorhandenen Beschreibungen entworfen.

175. **Sp. sphaerosporus** van Ti eghem. 1875 (A. sc. nat. 6. Serie l. p. 75).

Abbild.: van Tieghem, l. c. Taf. I, 38, 39.

Luftmycel genau wie bei Sp. fusiger. Sporangienträger nur am dornigen Luftmycel, einzeln, unverzweigt, ohne Querwände, kaum 1 cm hoch, steif aufrecht, dünn. Sporangien viel kleiner als bei Sp. fusiger, schwärzlich, vielsporig. Columella hoch halbkugelig, glatt, blauschwärzlich. Sporen genau kugelig, ungleich gross, durchschnittlich 10 μ Durchmesser, glatt, einzeln schieferblau, gehäuft blauschwarz. Zygosporen wie bei Sp. fusiger, aber kleiner, 100—150 μ Durchmesser.

Auf Agaricus (Mycena) fusipes.

Durch die genau kugeligen Sporen und die geringere Grösse leicht von den beiden andern Arten zu unterscheiden.

XXXV. **Sporodinia** (Link, 1824, Spec. plant. VI. 1, p. 94) Tulasne, 1855 (Compt. rend. Acad. Paris XV. p. 617).

Mycelium im Substrat verbreitet, derbe, reich verzweigte, geschlängelte, stellenweise eingeschnürte Fäden, hier und da mit Querwänden, farblos, glattwandig. Sporangienträger aufrecht, bäumchenartig mit mehrfach gabeliger Krone, jede Endgabel mit Sporangium abschliessend. Sporangien alle gleichartig, aufrecht, kugelig, vielsporig, auf den Trägern sich öffnend. Sporangienwand sehr zart, nicht incrustirt, zerfliessend. Columella breit aufsitzend, halbkugelig. Sporen rundlich, glatt, schwarzbräunlich. Zygosporen auf besonderen, aufrechten, 5–6fach gabeligen Trägern, wie die Sporangien, nackt, Suspensoren ohne Auswüchse, Copulationsäste seitlich von den Gabelästen entspringend, gerade oder schwach gebogen, nicht zangenförmig; Keimung mit Sporangienträger oder Mycel. (Abbild. bei der Species.)

Die Gattung Sporodinia in der hier befolgten Umgrenzung entspricht nicht mehr der Diagnose Link's. Dieser stellte nur die dichotomen Sporangienträger in die Gattung Sporodinia, die Zygosporenträger wurden dann von Ehrenberg in eine besondere Gattung (Syzygites) gebracht, da man den Zusammenhang dieser beiden Fruchtformen noch nicht kannte. Erst die beiden Tulasne deckten den wahren Sachverhalt auf (Compt. rend. Acad. Paris 1855, XV. p. 617 und Selecta Fung. Carp. I. p. 64), der von de Bary ausführlich bestätigt, aber erst durch Brefeld experimentell durch die Keimung der Zygosporen bewiesen wurde.

176. **Sp. grandis** Link, 1824 (Spec. plant. VI. 1, p. 94).

Synon.: Mucor Aspergillus Scopoli, 1772, Flora Carniola ed. II. p. 494. Mucor ramosus Bulliard, 1791, Hist. Champ. d. Fr. p. 116, Taf. 480, Fig. 3.

Mucor flavidus Persoon, 1796, Observ. myc. I. p. 95, Taf. VI, 5.
Mucor rufus Persoon, 1801, Synops. meth. Fung. p. 200.
Aspergillus globosus Link, 1809, Observ. in ord. plant. I. p. 11.
Aspergillus maximus Link, 1818, bei Ehrenberg, Sylvae etc. p. 24.
Syzygites megalocarpus Ehrenberg, 1818, Sylvae myc. Berol. p. 25.
Monilia spongiosa Persoon, 1822, Mycol. europ. I. p. 30.
Aspergillus laneus Link, 1824, Spec. plant. VI. 1, p. 66.
Mucor Syzygites de Bary, 1864, Abh. Senckenb. Ges. V. p. 75.
Sporodinia grandis Link bei van Tieghem, 1875, A. sc. nat. 6. Serie I. p. 85.
Mucor dichotomus Brefeld, 1881, Untersuch. IV. p. 95.
Sporodinia Aspergillus (Schrank) Schröter, 1886, Schles. Kryptfl. III. 1,
    p. 209.
Sporodinia Aspergillus (Scop) Schröter in Saccardo, 1887, Sylloge fung.
    VII. 1, p. 207.

Exsicc.: Fuckel, Fungi rhen. 149, Rabh., Herb. myc. ed. I. 874,
ed. II. 772, Rabh., Fungi europ. 3475, Thümen, Mycoth. univ. 1277.

Abbild.: Ehrenberg, 1829, Verhandl. Ges. naturf. Freunde, Berlin, I.
Taf. II. u. III. Corda, 1839, Prachtflora europ. Schimmel, Taf. XXIII.
Bonorden, 1851, Handb. allg. Mycol. Taf. VII, 160, X, 200. Sturm,
1862, Deutschl. Flora III. Heft 36, Taf. VIII. de Bary, 1864, Abhandl.
Senckenb. Ges. V. Taf. XXX, XXXI. van Tieghem, 1875, A. sc. nat.
6. Serie I. Taf. I, 40—42. Brefeld, 1881, Unters. IV. Taf. VI, 23—25.
Bainier, 1882, Étude Taf. IV. 1—10.

Sporangienträger aufrecht, zuletzt umsinkend, einzeln, 1 bis
3 cm hoch, von der Mitte ab mehrmals (fünf- bis mehrfach) gabelig,
mit kurzen, stumpfwinkelig abstehenden Gabelzweigen und rechtwinkeliger Schneidung der aufeinander folgenden Verzweigungsebenen, die spindelförmig geschwollenen Endgabeln mit Sporangien
abschliessend und unter diesen zur kurzen Apophyse erweitert, der
ganze Sporangienträger anfangs farblos und ohne Querwände, zuletzt
gelbbräunlich, mit verdickter, brauner, glatter Membran und Querwänden am Grunde aller Gabelzweige. Sporangien alle gleichartig,
vielsporig, kugelig, jung oft blassröthlich oder orange gefärbt, reif
bräunlich oder bräunlichschwarz, mit farbloser, sehr zarter, schnell
zerfliessender Membran und halbkugeliger, farbloser, glatter oder
unregelmässig grobwarziger Columella. Sporen kugelig oder ellipsoidisch, sehr verschieden und oft von wunderlich unregelmässiger
Form. 11—40 μ Durchmesser (nach Schröter 17—24 μ breit, 20 bis
30 μ lang), mit dicker, glatter, bräunlicher Membran. Zygosporenträger aufrecht, einzeln, aber gesellig, 2—3 cm hoch, mehrfach
gabelig, ausnahmsweise trichotom, zuletzt braun, die Enden der
Gabeln in lange pfriemliche Spitzen auslaufend, mit zahlreichen
Querwänden. Zygosporen in grosser Zahl an jedem Träger an-

gelegt, aber nur 2—6 reif werdend, zwischen den als Seitenäste
der Gabelzweige entspringenden, kurzen, geraden Copulationsästen
aufgehängt, kugelig oder tonnenförmig. 300 μ Durchmesser und
kleiner, Exospor dick, braun, mit zahlreichen hohlen, stumpfkegeligen,
groben Auftreibungen, in die die massiven Warzen des dicken, farblosen Endospores hineinpassen. Keimung mit Sporangienträgern

Fig. 38.

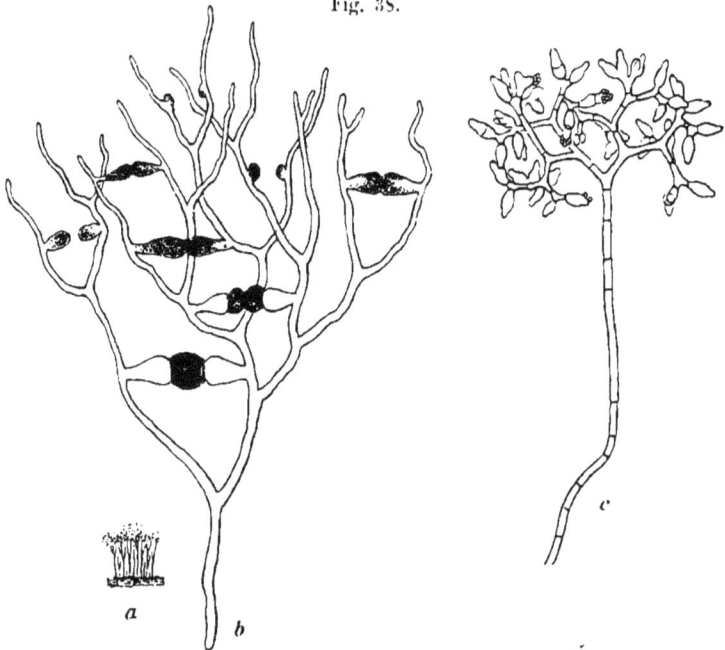

Sporodinia. — Sp. grandis. a Eine Gruppe von Zygosporenträgern (Natürl.
Grösse, nach Bonorden). b Ein einzelner gabeliger Zygosporenträger mit steril
endenden Aesten und verschiedenen Stadien der Copulation (Vergr. ca. 15, nach
Bonorden). c Ein gabeliger Sporangienträger, dessen Sporangien bereits sich
geöffnet haben (Vergr. ca. 15, nach de Bary).

oder mit Mycel. Azygosporen wie die Zygosporen gebaut, oft
kleiner, nur an einer Seite befestigt. Andere Fortpflanzungsorgane
(Mycelconidien, Gemmen, Kugelhefe) nicht beobachtet.

Auf verschiedenen fleischigen absterbenden Pilzen, besonders
in Wäldern; beobachtet auf: Agaricus (aurantius, campestris), Cor-
tinarius, Russula, Cantharellus, Lactarius, Hydnum, Clavaria, Boletus;
Lepiota procera. Sommer und Herbst. Kommt wohl gelegentlich
auch auf faulenden Früchten (Birnen) fort.

Die zwar einzeln dem Mycel entspringenden, aber dicht gedrängten, mit ihren Zweigen sich verwirrenden Träger der Sporangien und Zygosporen bilden zuletzt einen bräunlichen Filz auf den befallenen Pilzen und sind infolge dessen leicht aufzufinden.

Zu den bereits angeführten Synonymen sind noch folgende zweifelhafte hinzuzufügen:

1. Azygites Mougeotii Fries, 1829 (Syst. myc. III. p. 330) sind wahrscheinlich Zygosporenträger mit lauter Azygosporen und gehören vielleicht zu obiger Species (conf. dagegen Tulasne, Sel. Fung. Carp. I. p. 64).

2. Sporodinia dichotoma Corda, 1837 (Icon. fung. I. p. 22, Taf. VI, 284) auf faulendem Boletus, ist nach Beschreibung und Abbildung nur Sp. grandis.

3. Nematogonium simplex und N. fumosum Bonorden, 1851 (Handb. allg. Myc. p. 116, Taf. IX, 186, 187) auf Agaricus gehört vielleicht zur Gattung Sporodinia, ob zu der obigen Species ist freilich nicht sicher zu entscheiden. Saccardo, Sylloge fung. IV. p. 170 rechnet sie auch hierher.

4. Aspergillus (Sporodinia) Bollomontii Montagne, 1859 (A. sc. nat. 4. Serie XII. p. 181) auf Mycena, stimmt in den meisten Punkten mit Sp. grandis überein. Sie soll sich nach dem Autor unterscheiden durch die graue Farbe, die Querwandlosigkeit und die oft trichotome Verzweigung der Sporangienträger, durch die kugelige Form der die Sporangien tragenden Endgabeln und die Anordnung der Sporen, die meist nur eine Schicht in den Sporangien bilden. Bei der Uebereinstimmung im Uebrigen halte ich die Selbstständigkeit dieser Species einstweilen nicht für berechtigt. Trichotome Verzweigung ist auch bei der gewöhnlichen Sp. grandis schon beobachtet worden.

5. Sporodinia candida Wallroth, 1833 (Flora crypt. germ. II. p. 317) auf faulenden Blättern von Sambucus nigra ist vielleicht nur eine Hungerform der obigen Species, denn die Beschreibung passt ganz gut auf diese. Ich glaube, auch diese Species einstweilen mit Sp. grandis vereinigen zu dürfen. Freilich könnte auch ein Haplomycet vorliegen.

Auszuschliessende Species.

Sporodinia carnea Link, 1824 (Spec. plant. VI. 1, p. 94) ist gar kein Phycomycet, sondern ein Haplomycet; Fries (Syst. myc. III. p. 405; Summa veg. Scand. p. 491) stellt ihn zu Botrytis als B. carnea (Synon.: Polyactis carnea Ehrenberg). Man vergleiche auch p. 212 dieses Bandes.

Aspergillus (Sporodinia) Pouchetii Montagne, 1859 (A. sc. nat. 4. Serie XII. p. 182) ist wohl überhaupt keine gute Art, jedenfalls keine Sporodinia, kein Phycomycet, sondern ein Haplomycet. Eine Aehnlichkeit mit Sp. grandis ist aus der ganzen Beschreibung des Autors nicht zu erkennen.

XXXVI. **Rhizopus** Ehrenberg, 1820 (Nova Acta Acad.
Leop. X. 1, p. 198).

Mycel aus zwei Theilen bestehend, einem kleineren aus der
keimenden Spore entstandenen Substratmycel und einem die Hauptmasse bildenden, über das Substrat hinauskriechenden Luftmycel,
das aus unbegrenzt weiterwachsenden, in unverzweigte Internodien
und bewurzelte Knoten gegliederten Ausläufern besteht; diese anfangs

Fig. 39.

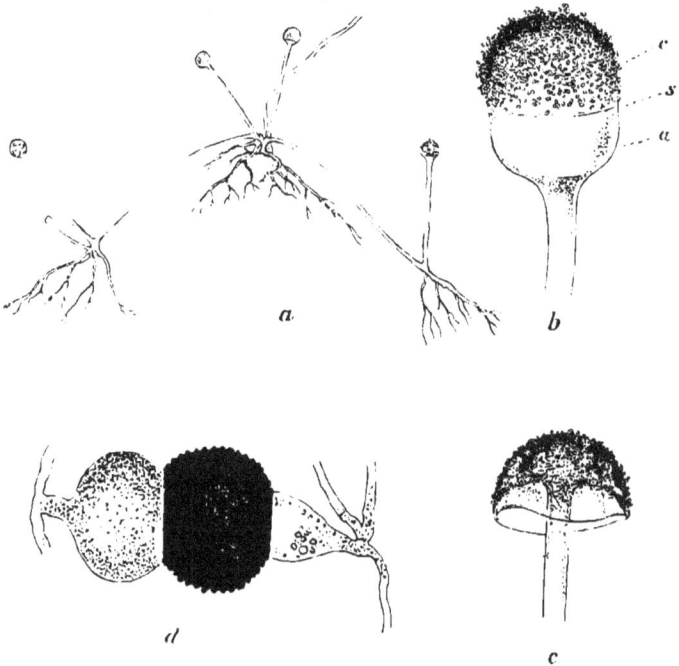

Rhizopus. — Rh. nigricans. *a* Ausläufer mit bewurzelten Knoten, an denen
die Sporangienträger entspringen, gewöhnlich mehr (3—5) als in der Figur, am
mittleren Knoten setzt der ältere Ausläufer an, nach rechts und links entspringen
zwei jüngere, nur ein Internodium lange (Vergr. ca. 5, nach de Bary). *b* Eine
Columella (*c*) mit der Apophyse (*a*) einen keulig-würfeligen Körper bildend, bei *s*
die Ansatzstelle der zerflossenen Sporangienwand (Vergr. 100, nach der Natur).
c Eine zusammengesunkene, hutpilzartige Columella, ebenso wie die vorige mit
Sporen bedeckt (Vergr. 100, nach der Natur). *d* Reife, warzige Zygospore, einer
der beiden Suspensoren stärker aufgeschwollen als der andere, die Copulationsäste
waren von zwei benachbarten Ausläuferknoten entsprungen, deren Basis noch abgebildet ist (Vergr. 90, nach de Bary).

schneeweiss, später mausgrau oder grauschwarz, mit schwarzbraunen Rhizoiden, Inhalt farblos. Sporangienträger seltener einzeln, meist zu mehreren büschelig, nur an den Ausläuferknoten entspringend, spitzwinkelig nach aufwärts divergirend, einfach oder traubig verzweigt, mit Sporangium abschliessend und unter diesem zu einer Apophyse erweitert, anfangs weiss, später bräunlich oder braunschwarz. Sporangien alle gleichartig, halb- oder dreiviertelkugelig, vielsporig, aufrecht oder nickend, am Träger sich öffnend. Sporangienwand nicht cuticularisirt, überall gleichartig incrustirt, ganz zerfliessend, ohne Basalkragen. Columella breit aufsitzend, halbkugelig, nach der Oeffnung der Sporangien mit der Apophyse einen breit-keuligen Körper bildend, oft hutpilzartig umgestülpt und lange mit Sporen bedeckt. Sporen kugelig oder rundlich-eckig, stumpf-zweispitzig, farblos oder gefärbt, mit glatter oder fein leistenartig verdickter oder stacheliger Membran. Zygosporen im Substrat und an den Ausläufern, nackt, Suspensoren sehr breit und gross, ohne Auswüchse; Copulationsäste gerade; Keimung unbekannt.

Durch die scharf gegliederten Ausläufer halte ich diese Gattung für wohl charakterisirt, ihre Wiedervereinigung mit Mucor, wie Schröter gethan, nicht gerechtfertigt. Sie bildet mit der folgenden Gattung Absidia eine kleine Gruppe, die durch die scharf gegliederten Ausläufer und die ebenso scharf bestimmten Ursprungsstellen der Sporangienträger ausgezeichnet ist und allen andern Mucoreen gegenübersteht.

Pilophora Wallroth, 1833 (Flora crypt. germ. II. p. 332), als neue Gattung, beruht auf den hutpilzartig umgestülpten Columellen, die bei dem damaligen Stande der Kenntnisse nicht richtig gedeutet wurden. Die beiden von Wallroth beschriebenen Species sind als Synonyme für Rh. nigricans aufzufassen.

Tabelle zum Bestimmen der Arten.

I. Sporen unregelmässig rundlich oder breit oval, mit einer oder zwei stumpfen Ecken, gestreift.
  a. Sporangien aufrecht.
    aa. Sporangienträger büschelig, Sporen gross, jedenfalls über 4 μ Durchmesser.
      α. Ausläufer deutlich gegliedert, mit kräftigen, braunschwarzen Rhizoidenbüscheln . . *Rh. nigricans.*
      β. Ausläufer undeutlich gegliedert, höchstens mit kurzen, lappigen, blassen Haftfüsschen *Rh. arrhizus.*
    bb. Sporangienträger einzeln, Sporen klein, nie über 4 μ Durchmesser.

α. Sporangienträger meist 0,5—0,6 mm hoch
$\qquad$ *Rh. microsporus.*

β. Sporangienträger nicht über 0,3 mm hoch
$\qquad$ *Rh. minimus.*

b. Sporangien nickend.

aa. Sporangienträger büschelig, 2—2,5 mm hoch
$\qquad$ *Rh. reflexus.*

bb. Sporangienträger einzeln, höchstens 0,2 mm hoch
$\qquad$ *Rh. circinans.*

II. Sporen rund, ohne Ecken, glatt oder dichtstachelig, nicht gestreift.

a. Sporen stachelig $\qquad$ *Rh. echinatus.*

b. Sporen glatt.

α. Sporangienträger traubig verzweigt, mit mehreren Sporangien . . . . *Rh. elegans.*

β. Sporangienträger unverzweigt . . *Rh. Cohnii.*

I. Sporen unregelmässig rundlich oder breit oval, mit einer oder zwei stumpfen Ecken, gestreift.

a. Sporangien aufrecht.

177. Rh. nigricans Ehrenberg (1818) 1820 (Nova Acta Acad. Leop. X. 1, p. 198).

Synon.: Ascophora Mucedo Tode, 1790, Fungi Mecklenb. sel. I. p. 13, Taf. III, 22.

Mucor stolonifer Ehrenberg. 1818, Sylvae myc. Berol. p. 25.

Weitere Synonyme hinter der Diagnose.

Exsicc.: Fuckel, Fungi rhen. 54, Rabh., Herb. myc. ed. I. 273, 1381, Rabh., Fungi europ. 1170, 3378, Thümen, Fungi austr. 234, Thümen, Mycoth. univ. 1466.

Abbild.: Ehrenberg, Nova Acta l. c. Taf. XI, 1—7. de Bary, Abh. Senckenb. Ges. V. Taf. XXXXIII, 20—22, XXXXV, 1—9. Zopf, Schenk's Handb. IV. Fig. 5, p. 251; Fig. 6 I, II, p. 253. Brefeld, Unters. IX. Taf. III A, 1, 2.

Ausläufer weithin kriechend, das Substrat und seine Umgebung dicht spinnewebig überziehend, auf die Culturgefässe übergreifend, mit 1—3 cm langen und noch längeren, einfachen oder zerstreut ästigen, zuweilen gabeligen Internodien mit glatter, anfangs farbloser, zuletzt brauner Membran, farblosem Inhalt; Rhizoiden mehr oder weniger reich verzweigt, anfangs farblos, später mit brauner oder braunschwärzlicher, glatter, dicker Membran, die dicksten 16 *μ*, die Enden unter 5 *μ* dick, später mit einzelnen Querwänden.

Sporangienträger selten einzeln, meist büschelig zu 3—5, selten bis 10 an jedem Knoten, aufrecht, unverzweigt, 0,5—4 mm hoch, 24—42 µ dick, mit glatter, zuletzt brauner oder schwarzbrauner Membran, farblosem Inhalt, Apophyse breit keulig. Sporangien halbkugelig, gross, 100—350 µ breit, anfangs schneeweiss, reif schwarz, aufrecht. Columella breit aufsitzend, sehr gross, breit halbkugelig, hoch gewölbt, mit der Apophyse einen stumpf-würfeligen, keuligen Körper bildend, nach der Oeffnung des Sporangiums oft hutpilzartig umgestülpt, fast bis an den Scheitel des Sporangiums ragend, mit der Apophyse 70 µ breit, 90 µ hoch bis 250 µ breit, 320 µ hoch, mit brauner, glatter Membran, oft von festklebenden Sporen bedeckt. Sporen unregelmässig rundlich oder breit oval, meist mit einer oder zwei stumpfen Ecken, sehr verschieden gross, 6—17 µ Durchmesser, meist etwas länger als breit, mit dicker, zweischichtiger Membran, auf der feine leistchen- oder streifenförmige Verdickungen meridianartig verlaufen, leicht blassgrau, Inhalt farblos. Zygosporen kugelig oder tonnenförmig, 160—220 µ Durchmesser; Exospor derb, braunschwarz, undurchsichtig, mit ziemlich dichtstehenden, halbkugeligen, hohlen Warzen, Endospor farblos, dick, mit soliden, die Höhlungen des Exospor ausfüllenden Warzen. Suspensoren aufgeschwollen, gewöhnlich ungleich gross, fast so breit wie die Sporen. Azygosporen beobachtet. Keimung unbekannt. Gemmen und Kugelhefe nicht beobachtet. — Fig. 39.

Auf vegetabilischem Substrat aller Art sehr gemein, dichte, grosse, schwärzliche Ueberzüge bildend (Brod, Früchte, Pflanzen, Erdnusskuchen). Auf Excrementen und thierischen Substanzen nicht gern wachsend, bevorzugt kohlehydrathaltige Substrate.

Dieser gemeine Schimmel bildet oft sehr kleine Sporangien, gelegentlich auch einzelne Seitenzweige mit oder ohne Sporangien. Eine Abnormität führt Schröter (Schles. Kryptfl. III. 1, p. 207) als var. luxurians auf. Dieselbe besteht darin, dass das junge Sporangium sich nicht weiter entwickelt, sondern zwei oder mehrere unverzweigte Aeste treibt, die mit Sporangien abschliessen. (Auf Erdnusskuchen beobachtet.) Die Sporen dieser abnorm entstandenen Sporangien lieferten wieder die gewöhnliche Form. Den Werth einer Varietät kann diese Missbildung keinesfalls beanspruchen.

Die von Coemans (Bull. Acad. Belgique 2. Serie XVI. p. 182, Fig. 8, 10—21) beschriebenen anderen Fruchtformen, Pycniden, Micro- und Macroconidien, Chlamydosporen gehören nicht zu Rhizopus, sondern zu mehreren anderen Organismen. Fig. 8 ist eine Syncephalis, auch Guttulina und Dictyostelium scheinen dabei zu sein.

Bei der allgemeinen Verbreitung des Pilzes ist nicht zu verwundern, dass er in früheren Zeiten unter verschiedenen Namen beschrieben und ohne triftige Gründe in mehrere Species zerrissen worden ist. Als Synonyme dieser Art sind folgende zu betrachten:

1. Ascophora Mucedo Tode, 1790 (Fungi Mecklenb. sel. I. p. 13, Taf. III, 22) ist zweifellos hierher zu stellen, wie die Abbildung Tode's zeigt und auch aus der Beschreibung besonders dadurch hervorgeht, dass die Umstülpung der Columella (dort Sporangium) als wichtiges Merkmal hervorgehoben wird. Unter demselben Namen kommt der Pilz dann ferner vor bei C. G. Nees, 1816 (Syst. d. Pilze u. Schwämme p. 53, Taf. VI, 80). Fries, 1829 (Syst. myc. III. p. 310), F. L. Nees, 1837 (Syst. d. Pilze p. 35, Taf. V), Corda, 1838 (Icon. fung. II. p. 20, Taf. XI, 78). Link, 1824 (Spec. plant. VI. 1, p. 85) citirt Asc. Mucedo Tode als Synonym für seine neue Species Mucor ascophorus, wobei allerdings ältere Synonyme mehrfach vermengt werden mit den zu M. Mucedo L. gehörigen. Dass der Tode'sche Pilz mit Rhizopus nigricans Ehrenberg übereinstimmt, hat weder Ehrenberg selbst, noch einer der genannten Autoren hervorgehoben. Hierdurch aber musste allmälig eine grosse Verwirrung entstehen, weil derselbe Pilz unter zwei verschiedenen Namen als zwei Pilze aufgeführt wurde. Gesteigert wurde diese Verwirrung besonders noch dann, als Fresenius 1850 (Beitr. z. Myc. I. p. 7) Asc. Mucedo Tode als Synonym für Mucor Mucedo L. citirte, was entschieden falsch war. Obgleich bereits O. E. R. Zimmermann 1870 (Genus Mucor p. 10) diesen Fehler berichtigt hat, so sei doch hier nochmals nach eigenen Studien darauf hingewiesen.

2. Mucor clavatus Link, 1824 (Spec. plant. VI. 1, p. 92).
Auf faulenden Birnen.
Link schliesst hier noch zwei andere ähnliche Species an, M. globifer (l. c. p. 92) auf faulenden Birnen und M. lutescens (l. c. p. 93) auf fauligen Kohlstengeln, die wohl beide zu M. stolonifer gehören, dem sie Link auch anreiht.

3. Ascophora Todeana Corda, 1838 (Icon. fung. II. p. 20, Taf. XI. 79) auf faulenden Vegetabilien, Früchten von Cucurbita und Cucumis. Beschreibung und Abbildung lassen den obigen Pilz mit einzelnen Seitenästen an einigen Trägern wieder erkennen.

4. Ascophora nucuum Corda, 1842 (Icon. fung. V. p. 54, Taf. II, 25).
Synon.: Mucor Nucum (Corda) Berlese u. de Toni, 1888, Saccardo, Sylloge VII. 1, p. 199.
Auf Wallnussschalen. Mit Sicherheit geht aus der Beschreibung und der Abbildung hervor, dass Rh. nigricans dem Autor vorgelegen hat.

5. Ascophora glauca Corda, 1842 (Icon. fung. V. p. 54, Taf. II, 26).
Synon.: Mucor glaucus (Corda) Berlese u. de Toni, 1888, Saccardo, Sylloge VII. 1, p. 197.
Auf moderndem Opiumextract.
Nach der Abbildung liegt hier ein missverstandener Rh. nigricans vor.

6. Pilophora agaricina Wallroth, 1833 (Flora crypt. germ. II. p. 133).
Synon.: Ascophora agaricina (Wallr.) Rabenhorst, 1844, Deutschl. Kryptfl. I. p. 129.
Mucor agaricinus (Wallr.) Berlese u. de Toni, 1888, Saccardo, Sylloge VII. 1, p. 203.
Auf schimmeligem, öligen Brode.

7. Pilophora rorida Wallroth, 1833 (l. c. p. 332).
Auf fauligen Früchten.

Die etwas unklare Beschreibung des Autors lässt vermuthen, dass er Rhizopus nigricans vor sich hatte mit hutpilzartig umgestülpten Columellen, woraufhin die neue Gattung Pilophora gegründet ist.

8. Mucor amethysteus Berkeley, 1832 (Engl. Flora V. p. 332).
Auf fauligen Birnen.

Die in Cooke's British Fungi II. p. 631 gegebene Diagnose scheint auch auf Rhizopus nigricans hinzudeuten, ist aber so unklar, dass eine sichere Entscheidung über die Natur des englischen Pilzes ausgeschlossen ist. Es scheint auch hier die umgestülpte Columella mit den ihr anklebenden Sporen mit dem Sporangium verwechselt worden zu sein.

9. Ascophora arachnoidea Regel, 1854 (Gartenflora III. p. 150, Taf. 87, Fig. 1—4) auf verschiedenen Keimpflanzen im Gewächshaus ist, wie Abbildung und Beschreibung unzweideutig lehren, der gewöhnliche Rhizopus nigricans, besonders in noch nicht gebräuntem Zustand.

10. Ascophora fuliginosa Bonorden, 1870 (Abh. Mycol. II. p. 12).
　　Synon.: Mucor fuliginosus (Bon.) Berlese u. de Toni, 1888, Saccardo,
　　　　　Sylloge VII. 1, p. 198.
Auf Brod und vegetabilischem Substrat.

11. Ascophora nigrescens Bonorden, 1870 (l. c. p. 43).
　　Synon.: Mucor nigropunctatus Berlese u. de Toni, 1887, Saccardo,
　　　　　Sylloge VII. 1, p. 202.
Auf zuckerigem Brod, eingemachten Früchten.

12. Ascophora de Baryi Bonorden, 1870 (l. c. p. 44).
　　Synon.: Mucor de Baryi (Bon.) Berlese u. de Toni, 1888 (l. c. p. 195).

13. Ascophora Rhizopus Bonorden, 1870 (l. c. p. 44).

14. Ascophora Cordana Bonorden, 1870 (l. c. p. 44).

15. Ascophora Coemansii Bonorden, 1870 (l. c. p. 44).

Die von Bonorden aufgestellten Formen No. 10—15 sind, wie aus der ganzen Darstellung bei Bonorden hervorgeht, alle identisch mit Rhizopus nigricans. Bonorden glaubte, dass verschiedene Beobachter vor ihm nicht den echten Rhizopus nigricans, sondern andere Species vor sich gehabt hätten. Die ganze Auseinandersetzung Bonorden's läuft auf eine kritiklose Haarspalterei und Speciesmacherei hinaus.

178. Rh. arrhizus nov. spec.

Bei dichtem Wuchs dem vorigen ähnlich, nur etwas heller gefärbt und nicht so weit sich ausbreitend, wenig über das Substrat hinausgreifend. Ausläufer nicht so scharf ausgebildet und von den Fruchtträgern geschieden, wie bei voriger Art, ohne deutliche Knotenbildung, hier und da mit ganz kurzen, stumpfen, weniglappigen, blassen Haftfüsschen und an denselben Stellen oder auch an beliebigen anderen die Sporangienträger und neue Ausläufer entwickelnd, mit farbloser oder hellbräunlicher Membran. Sporangienträger nicht aufrecht, sondern schlaff emporsteigend oder auch ausläuferartig niederliegend, selten einzeln, meist zu mehreren (2—10) in doldiger oder corymbischer Anordnung von den Ausläufern entspringend, 0,5—2 mm lang, einfach oder einmal gabelig oder auch dreitheilig, alle Aeste mit Sporangien abschliessend, unter denselben zu schwacher Apophyse erweitert; an den Verzweigungsstellen mit Querwänden und auch sonst hier und da septirt, mit hellbräunlicher oder graubräunlicher, glatter Membran. Sporangien kugelig, gross, 120—250 μ Durchmesser, anfangs schneeweiss, reif schwarz, aufrecht. Columella mit der Apophyse gedrückt-kugelig, 40—75 μ hoch, 60—100 μ breit, mit brauner, glatter Membran, bei Wasserentziehung sofort hutpilzartig sich umstülpend, mit Sporen bedeckt. Sporen wie bei voriger Art, rundlich oder oval, mit ein oder zwei stumpfen Ecken, längsgestreifter Membran, 4,8—7 μ lang, 4,8 bis 5,6 μ breit, rauchgrau. Weiteres unbekannt.

Auf faulenden unreifen Kapseln von Liliaceen, auf unreifen Johannisbeeren.

Diese Form ist als gute Species zu betrachten, obgleich sie ja in vielen Punkten der vorigen gleicht und als eine Varietät derselben erscheinen könnte. Die fast immer zwei- oder dreitheiligen Sporangienträger, die ganz andere Form der Columella und besonders auch die geringe Gliederung der Ausläufer liefern scharfe Unterscheidungsmerkmale. Sie stellt eine Parallelform zu Mucor corymbifer dar. In Bezug auf den Wuchs steht sie Rhizopus Cohnii nahe.

179. **Rh. microsporus** van Tieghem, 1875 (A. sc. nat. 6. Serie I. p. 83).

Abbild.: van Tieghem, l. c. Taf. II, 46—48.

Dem Rh. nigricans sehr nahe stehend, in allen Theilen so gefärbt wie dieser. Ausläufer kürzer und an jedem Knoten nur einer entspringend, dessen Längsachse auf der vorigen annähernd senkrecht steht, weshalb die Ausläufer zickzackförmig weiterkriechen. Rhizoiden kürzer, fingerig-lappig. Sporangienträger meist einzeln, ausnahmsweise 2, selten 3 an einem Knoten, aufrecht, unverzweigt, höchstens 0,8, meist 0,5—0,6, nicht unter 0,4 mm hoch. Sporangien aufrecht, in allen Theilen wie bei Rh. nigricans, nur kleiner, etwa $\frac{1}{3}$ so gross. Sporen ebenso, nur 4 μ Durchmesser. Weiteres unbekannt.

Auf Pferdemist, cultivirt auf Brod, Apfelsinen.

Diese Form ist Rh. nigricans sehr ähnlich, da aber nach van Tieghem's Beobachtungen (l. c. p. 84) die kleineren Dimensionen auch auf den besten Substraten beibehalten wurden, so muss sie doch als besondere Art behandelt werden. Dasselbe gilt von der folgenden.

Rh. minimus van Tieghem, 1875 (l. c. 6. Serie I. p. 84).

Abbild.: van Tieghem, l. c. Taf. II, 49—51.

Der vorigen Art sehr ähnlich, aber noch kleiner, die kleinste Form der ganzen Gattung. Ausläufer im Zickzack wachsend; Rhizoiden sehr kurz, lappig, zwei- bis viertheilig. Sporangienträger immer einzeln, aufrecht, unverzweigt, höchstens 0,3, meist 0,2, selbst 0,1 mm hoch. Sporangien aufrecht, in allen Theilen wie bei Rh. nigricans, aber viel kleiner, ca. nur $\frac{1}{10}$ so gross. Sporen sehr klein, nur 3 μ Durchmesser, sonst wie bei voriger Art. Weiteres unbekannt.

Auf Pferdemist; cultivirt auf Brod, Apfelsinen.

Vergleiche die Anmerkung bei voriger Species.

b. Sporangien nickend.

180. **Rh. reflexus** Bainier, 1880 (Bull. soc. bot. France p. 226).

Abbild.: Bainier, l. c.. ferner Étude 1882, Taf. V, 1—4 und A. sc. nat. 6. Serie XV. Taf. IV, 1—4.

Habituell dem Rh. nigricans sehr ähnlich. Ausläufer bis 2 cm lang, weithin sich ausbreitend, vor der Bewurzelung senkrecht zum Substrat sich herabbiegend und schmal keulig aufschwellend. Rhizoiden mehr oder weniger wurzelartig verzweigt, anfangs farblos, später mit brauner, glatter, dicker Membran. Sporangienträger selten einzeln, meist zu 4—5, unverzweigt, unter dem Sporangium hakig nach abwärts gebogen und zu einer Apophyse erweitert, 2—2,5 mm lang, mit glatter, bräunlicher, an der concaven Seite der Krümmung verdickter Membran. Sporangien kugelig, 200 μ Durchmesser, nickend, anfangs weiss, reif schwarz. Columella sehr gross, halb- bis dreiviertelkugelig. ca. 157 μ Durchmesser, mit glatter, bräunlicher Membran, oft mit fest klebenden Sporen bedeckt. Sporen rundlich oder länglich, unregelmässig eckig, 8,4—10,5 μ Durchmesser, mit zweischichtiger, fein und kaum erkennbar gestreifter Membran, bläulichgrau. Weiteres unbekannt.

Auf faulenden Blättern von Arum maculatum; cultivirt auf Brod.

Diese Form hat die Eigenthümlichkeit, bei grösserer Wärme im Sommer nur spärlich zu wachsen, am besten sich bei niedriger Temperatur im Winter zu entwickeln.

181. **Rh. circinans** van Tieghem, 1876 (A. sc. nat. 6. Serie IV. p. 369).

Abbild.: van Tieghem, l. c. Taf. XII, 69—73.

Ausläufer vor der Bewurzelung weit bogig eingekrümmt; Rhizoiden fingerig-lappig getheilt. Enden nicht sehr zart, braun.

Sporangienträger einzeln, selten zu zwei, aufrecht, unverzweigt, unter dem Sporangium hakig nach abwärts gebogen und zu einer Apophyse erweitert, nur 180 μ hoch, mit glatter, bräunlichschwarzer, Membran. Sporangien kugelig, klein, nickend, reif schwarz, feinstachelig. Columella gewölbt-kegelig, bräunlich, mit Sporen bedeckt. Sporen rundlich, stumpf-eckig, 5—6 μ Durchmesser, mit streifigen Verdickungen, bräunlich oder schwärzlich. Weiteres unbekannt.

Auf keimenden Dattelkernen in Torfmoos.

II. **Sporen rund, ohne Ecken, glatt oder dichtstachelig nie gestreift.**

182. **Rh. echinatus** van Tieghem, 1876 (A. sc. nat. 6. Serie IV. p. 370).

Abbild.: van Tieghem, l. c. Taf. XII, 64—68.

Färbung und Wuchs wie bei Rh. nigricans. Sporangienträger unverzweigt, länger und dünner, ihre Membran weniger stark gefärbt und cuticularisirt. Sporangien kugelig, kleiner. Sporen genau kugelig, durchschnittlich 15 μ Durchmesser, mit dicht stacheliger Membran, graubraun. Zygosporen unbekannt. Gemmen beobachtet, glattwandig, verschieden geformt.

Auf todten Fliegen in feuchter Luft; wächst schlecht auf Brod.

Diese dem Rh. nigricans sehr ähnliche Form, unterscheidet sich sehr leicht durch die kugeligen, stacheligen Sporen.

182a. **Rh. elegans** Eidam, 1883 (Jahresb. schles. Ges. vaterl. Cultur LXI. p. 232).

Synon.: Mucor elegans (Eidam) Schröter, 1886, Schles. Kryptfl. III. 1, p. 207.

Ausläufer dick und lang, mit brauner Membran. Rhizoiden büschelig, wurzelartig verzweigt. Sporangienträger selten einzeln, meist büschelig, aufrecht, gewöhnlich traubig verzweigt mit mehreren kurzen, geraden Seitenästen, 1—2 mm hoch, mit glatter, brauner Membran und Querwänden an den Verzweigungsstellen. Sporangien kugelig, klein, das Endsporangium 50—70 μ Durchmesser, die kleineren, seitenständigen nur 33 μ Durchmesser, braun, dicht- und elegant wimperig-stachelig. Columella mit der Apophyse kugelig, glatt, hellbraun. Sporen kugelig, 5—7 μ, glatt, hellbräunlich. Weiteres unbekannt.

Auf keimenden Samen (Bohnen, Erbsen, Mais).

183. **Rh. Cohnii** (1884) Berlese u. de Toni, 1888 (Saccardo, Sylloge VII. 1, p. 213).

Synon.: Mucor rhizopodiformis Cohn, 1884, bei Lichtheim, Zeitschr. f. klinische Medicin VII. p. 118.
Abbild.: Lichtheim, l. c. Taf. III, 1—5.

Mycel erst schneeweiss, dann mausgrau, auf dem Substrat hinwachsend, dieses einspinnend, auf die Culturgefässe übergreifend. Ausläufer nicht scharf abgesetzt, zwischen andern Mycelfäden und den Sporangienträgern sich verlierend, aber mit deutlichen Knoten, bogenförmig über das Mycelgewirr sich erhebend und dann zum Substrat niedersenkend, an der Berührungsstelle mit diesem einen Büschel kurzer, bräunlicher, verzweigter Rhizoiden mit geraden, spitzen Aesten tragend. Sporangienträger einzeln oder zu mehreren, büschelig, aufrecht oder bogig aufsteigend, kurz, nur 120—125 μ hoch, unverzweigt, ausnahmsweise eingabelig, mit glatter, bräunlicher Membran, farblosem Inhalt, unter dem Sporangium zur Apophyse erweitert. Sporangien kuglig, 60—110, meist gegen 66 μ Durchmesser, anfangs schneeweiss, reif schwarz, glatt, aufrecht, mit sehr fein incrustirter, daher glatter Wand. Columella mit der Apophyse ei- oder birnförmig, 50—75 μ breit, mit glatter, bräunlicher Membran. Sporen meist kugelig, klein, 5—6 μ Durchmesser, ohne stumpfe Ecken, glatt, farblos. Zygosporen unbekannt.

Von Lichtheim (l. c.) in Kaninchen gefunden, pathogen; auf Brod, Blutserum etc. cultivirbar.

Erzeugt durch Injection der Sporen in die Blutbahnen des Kaninchens dieselbe tödtlich verlaufende Krankheit wie Mucor corymbifer; Hund ist immun. Näheres bei M. corymbifer, pag. 200.
Versuche, die pathogenen Eigenschaften dieses Pilzes abzuschwächen, sind von Ziegenhorn angestellt worden (Archiv f. experim. Pathol. u. Pharmakol. XXI. 1886), haben aber ein negatives Resultat ergeben.

XXXVII. **Absidia** van Tieghem, 1876 (A. sc. nat. 6. Serie IV. p. 350).

Mycelium wie bei Rhizopus aus einem strahlig im Substrat sich ausbreitenden Theil und aus unbegrenzt weiter wachsenden, weit über das Substrat hinauskriechenden, anfangs weissen, später blauschwärzlichen Ausläufern bestehend; Ausläufer mehr oder weniger hochgewölbte Bogen bildend, an den Berührungsstellen mit dem Substrat (Knoten) mit Wurzelbüscheln. Sporangienträger selten einzeln, meist zu 2—5, nur auf dem Gipfel der bogenartig gekrümmten Ausläuferinternodien, unverzweigt, aufrecht, mit Sporangien abschliessend, unter demselben zur Apophyse erweitert, anfangs weiss, später blauschwärzlich. Sporangien aufrecht oder nickend, alle gleichartig, birnförmig, vielsporig, am Träger sich öffnend. Sporangienmembran weder cuticularisirt, noch mit Krystallen incrustirt, zerfliesslich, mit kurzem, aufrechten Basalkragen. Columella breit aufsitzend, spitz, kegelig, cuticularisirt, blauschwarz, nach der Oeffnung oft in die Apophyse eingestülpt.

Fig. 40.

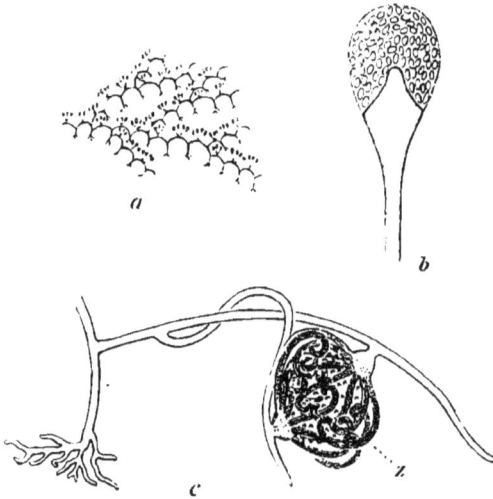

Absidia. — a A. capillata. Eine Gruppe von Ausläufern mit bewurzelten Knoten und bogig gewölbten Internodien, auf deren Scheitel ein Sporangienbüschel steht (ungefähr natürliche Grösse, nach van Tieghem). b A. capillata. Ein einzelnes Sporangium mit konischer Columella und Apophyse (Vergr. ca. 250, nach van Tieghem). c A. septata. Die bewurzelte Basis eines Ausläufers, über der ein neuer verzweigter Ausläufer entspringt, der eine Zygospore (z) trägt; diese ist eingehüllt in bischofstabartig gekrümmte Auswüchse der Suspensoren (Vergr. ca. 250, nach van Tieghem).

Sporen sehr klein, oval oder kugelig, farblos, glatt. Zygosporen im Substrat und an den Stolonen, reif eingehüllt in eine von den beiden Suspensoren hervorsprossende Hülle einzelliger, an der Spitze hakig-bogig zurückgekrümmter, brauner, cuticularisirter Fäden, die sich gegenseitig durchdringen; Copulationsäste gerade; Keimung mit Mycel oder Sporangien tragenden Ausläufern.

Diese Gattung steht in der Bildung der Ausläufer Rhizopus nahe, unterscheidet sich aber davon durch die Anordnung der Sporangienträger auf dem

Scheitel der Ausläuferinternodien, durch die Einstülpung der Columella in die Apophyse und durch die dornigen Suspensoren.

1. Sporangien aufrecht.

184. A. capillata van Tieghem, 1876 (A. sc. nat. 6. Serie IV. p. 362).

Abbild.: van Tieghem, 1. c. Taf. XI, 23—36.

Ausläufer kreisförmige, zweimal so weite als hohe Bogen beschreibend, Rhizoiden kräftig, reich kurzästig. Sporangienträger meist zu 3 (2—5), gerade, ohne Querwand, unverzweigt, unter dem Sporangium zu einer schmalen Apophyse langsam erweitert. Sporangium mit der Apophyse birnförmig, aufrecht. Columella kegelförmig, stumpf-spitzig, mit cuticularisirter, blauschwarzer, glatter Membran. Sporen länglich, ellipsoidisch abgerundet, 4—5 μ lang, 2—2,5 μ breit, glatt, farblos. Zygosporen tonnenförmig, schwarz, 80 μ Durchmesser, von kleinen conischen Warzen rauh, Fadenhülle schwarz, aus einfachen, langen und dünnen, gebogenen und eingekrümmten, cuticularirten, zerbrechlichen Fäden bestehend, welche sich verflechtend in grosser Zahl mehrquirlig aus den beiden bräunlichen Suspensoren hervorbrechen. Azygosporen beobachtet, natürlich nur mit einseitiger Fadenhülle. Keimung mit Mycelfäden oder mit sporangientragendem Ausläufer. — Fig. 40 a, b.
Auf Pferdemist.

A. dubia Bainier, 1882 (Étude sur les Mucor p. 73).
Ausläufer nur vereinzelt und unregelmässig auftretend. Sporangienträger nicht von den Ausläufern, sondern direct dem Mycel entspringend, mit Sporangien abschliessend, einen Quirl von 4 oder 5 wagerechten Seitenästen tragend, die entweder mit kleineren Sporangien abschliessen oder erst selbst noch einen Quirl von Aesten entwickeln; unter dem Sporangium zur blauschwarzen Apophyse erweitert. Sporangien birnförmig, schwärzlich; Columella halbkugelig, blauschwärzlich, Sporangienwand mit Oxalat, zerfliessend. Sporen sehr klein, ungleich, rund oder länglich, 2,2—4,2 μ lang, 2,2 μ breit. Zygosporen unbekannt.
Die nach Bainier gegebene Beschreibung zeigt, dass eine zweifelhafte Form hier vorliegt. Sie soll nach dem Autor der A. capillata am nächsten stehen.

185. A. septata van Tieghem, 1876 (A. sc. nat. 6. Serie IV. p. 362).

Abbild.: van Tieghem, 1. c. Taf. XI, 37—48.

Ausläufer ebenso hohe, wie breite Spitzbogen bildend. Sporangienträger zu 2—5, unverzweigt, mit einer Querwand unterhalb des Sporangiums, bis zu welcher oft nur die Schwärzung der Membran reicht, so dass nur die Apophyse gefärbt ist. Sporangium

birnförmig, aufrecht. Columella geschweift kegelig-spitzig, fast
zitzenförmig, bläulich, oft in die Apophyse eingestülpt. Sporen
kugelig, 2,5—3 μ Durchmesser, glatt. Zygosporen kugelig-tonnen-
förmig, 50 μ Durchmesser, schwarz, warzig, Fadenhülle aus dicken,
weniger bischofstabförmig nach der Spore eingekrümmten, bräunlichen, zerbrechlichen Fäden gebildet, welche sich nicht verflechten
und zu 8—12 in einem Quirl an jedem der braunen Suspensoren
entspringen. Azygosporen beobachtet. — Fig. 40 c.

Auf Pferdemist.

186. **A. repens** van Tieghem, 1876 (A. sc. nat. 6. Serie IV. p. 363).

Synon.: Tieghemella repens Berlese u. de Toni, 1888, Saccardo.
Sylloge VII. 1, p. 215.
Abbild.: van Tieghem, l. c. Taf. XII, 55—63.

Ausläufer sehr kräftig, nach allen Seiten sich ausbreitend,
mit sehr niedrigen, flachgedrückten, nur $^1/_8$ so hohen als breiten
Bogen, fast kriechend, zuletzt mit brauner und cuticularisirter
Membran. Sporangienträger zu 3—5, lang, gerade, unverzweigt,
unterhalb des Sporangiums mit einer Querwand und zur Apophyse
erweitert. Sporangien aufrecht, birnförmig. Columella im
unteren Theil flachkegelig, nach oben in einen dünnen, am Ende
kugelig angeschwollenen Fortsatz verlängert, nagelförmig, fast bis
an den Scheitel des Sporangiums reichend, mit glatter, bräunlicher
Membran; oft eingestülpt. Sporen länglich-rund, 6 μ Durchmesser.
Zygosporen unbekannt. Accessorische Sporangien entstehen
nach der Oeffnung der gewöhnlichen vereinzelt an den Stolonen und
und auch an den Trägern: sehr kurz gestielt, sehr klein, länglich,
mit zerbrechlicher, incrustirter Membran und wenigen, fast kugeligen,
3 μ breiten, 4 μ langen, blauschwarzen Sporen.

Auf Bruchstücken der Samen von Bertholletia excelsa, welche
auf feuchtem Torfmoos ausgelegt waren.

Berlese und de Toni (l. c. p. 215) haben wegen der accessorischen Sporangien
eine neue Gattung Tieghemella aufgestellt. Ich halte dies um so mehr für
überflüssig, als die Bedeutung dieses Gebilde noch gar nicht durch die Cultur
erforscht ist. Vielleicht gehört auch Bainier's A. dubia hierher.

2. Sporangien nickend.

187. **A. reflexa** van Tieghem, 1876 (A. sc. nat. 6. Serie IV. p. 363).

Abbild.: van Tieghem, l. c. Taf. XII, 49—54.

Ausläufer lang gezogen, halb so breite als hohe Spitzbogen
bildend. Sporangienträger einzeln, mit einigen kurzen Papillen

unentwickelter Sporangienträger in der Nähe ihrer Basis, ziemlich
kurz, an der Spitze abwärts gekrümmt, mit einer Querwand unter
der Apophyse, unverzweigt. Sporangien nickend, birnförmig.
Columella stumpf kegelförmig, oft eingestülpt, bläulichschwarz.
Sporen kugelig, 6 μ Durchmesser, glatt, farblos. Zygosporen
unbekannt.
Auf Pferdemist.

2. Unterfamilie. *Thamnidieae.*

Sporangien von zweierlei Art, vielsporige mit zerfliessender
Membran und auf den Trägern sich öffnend, die Columella zurücklassend; wenigsporige (Sporangiolen), mit nicht zerfliessender Membran, meist ohne Columella, geschlossen vom Träger abfallend;
Sporangienträger verzweigt.

XXXVIII. **Thamnidium** Link, 1809 (Observ. in ord. plant. I,
Berliner Magazin d. naturf. Freunde III, p. 31).

Mycelium reich verzweigt, im Substrat sich ausbreitend,
anfangs einzellig, im Alter mit zerstreuten Querwänden, ohne Aus-
läufer, farblos, glattwandig. Sporangienträger mit begrenztem
Wachsthum, mit grossem Sporangium abschliessend, verzweigt, ohne
Querwände, unterhalb einzelne oder quirlig gestellte Aeste tragend,
die meist mehrfach gabelig sind und an ihren Enden je ein kleines
Sporangium, Sporangiole, tragen, alle Aeste gerade; mancherlei
Variationen sind vorhanden; weiss. Hauptsporangium gross,
kugelig, vielsporig mit zerfliessender, dicht mit Oxalat incrustirter
Membran und grosser Columella, auf dem Träger sich öffnend.
Sporangiolen klein, kugelig, meist 4, aber auch nur eine oder
bis 10 Sporen enthaltend, mit incrustirter, aber nicht zerfliessender
Membran und flacher Querwand, also ohne Columella, fallen ge-
schlossen vom Träger ab, später zerreist dann die Membran. Sporen
der beiderlei Sporangien gleich, farblos, glatt. Zygosporen am
Mycel, nackt, Suspensoren ohne Auswüchse, Copulationsäste gerade;
Keimung unbekannt.

188. **Th. elegans** Link, 1809 (l. c. p. 21).

Synon.: Melidium subterraneum Eschweiler, 1821. De fructif. generis
Rhizomorphae.
Mucor elegans Fries. 1829, Syst. myc. III. p. 322.

Ascophora elegans Corda, 1839. Icon. fung. III. p. 14.
Mucor Mucedo de Bary, 1865 pr. p., Abh. Senckenb. Ges. V. p. 345.
Thamnidium elegans van Tieghem. 1873, A. sc. nat. 5. Serie XVII. p. 321.
Thamnidium van Tieghemii Berkeley et Broome, 1875, An. and Mag.
    nat. hist. 4 Serie XV. p. 40.
Thamnidium elegans Bainier, 1882, Étude p. 94.
Thamnidium elegans Schröter, 1886, Schles. Krypttl. III. 1. p. 210.
Thamnidium elegans Berlese et de Toni, 1888, Saccardo, Sylloge VII. 1,
    p. 211.
Exsicc.: Rabh., Herb. myc. I. ed. 1363.
Abbild.: Link, l. c. Taf. II. 45. Eschweiler, l. c. Corda, l. c.
Taf. II, 13. de Bary, l. c. Taf. XLIII, 13—16, XLIV, 1—5, 7—9.
van Tieghem, l. c. Taf. XXIII, 57—60. Bainier, l. c. Taf. VIII, 1—7
und A. sc. nat. 6. Serie XIX, Taf. X, 1 –9. Vuillemin, Bull. soc. Nancy
1886, Taf. IV, 84—87. Brefeld, Untersuch. IX. 1891, Taf. II, 1—8.

Sporangienträger bis zuletzt gerade aufrecht, meist vereinzelt
zwischen anderen Mucorineen oder lockere, weisse, flockige Räschen
bildend, mit grossem Sporangium abschliessend, unterhalb desselben,
im mittleren oder unteren Theil mit einzelnen, zerstreuten, meist
aber zu 2—5 wirtelig angeordneten, wagerechten Seitenzweigen, die
selbst mehrfach, 3–10fach, stumpfwinklig gabelig sind und an den
Endgabeln Sporangiolen tragen. Der ganze Sporangienträger 0.5 bis
3 cm, selbst bis 6 cm hoch, 25–35 μ dick, die weissen flockigen
Gruppen der gabeligen Wirteläste verhältnissmässig klein, 0,25—1 mm
breit, die Wirteläste bis zur ersten Gabelung 150–200 μ lang,
ca. 8 μ breit, die Gabeln erster Ordnung 40—60 μ lang, die letzter
nur 4–6 μ lang, 2 μ breit. Membran des Sporangienträgers und
seiner Gabeläste farblos, glatt. Inhalt farblos, Sporangien immer
aufrecht, Aeste immer gerade, die Verzweigungsebenen aufeinander-
folgender Gabelordnungen schneiden sich ungefähr rechtwinklig. Verzweigung der Sporangienträger sehr variabel. Hauptsporangien
kugelig, gross, 100–200 μ Durchmesser, auch kleiner, reif weiss
mit grosser eiförmiger oder glockiger, farbloser, glatter Columella.
Sporangiolen kugelig, klein, weiss, 8—16 μ Durchmesser, meist 4,
aber auch nur 1 oder bis 10 Sporen enthaltend. Sporen aus
beiderlei Sporangien gleichgestaltet und annähernd gleichgross, ellipsoidisch, 8—10 μ lang, 6—8 μ breit, glatt, schwach graubräunlich,
in den einsporigen Sporangiolen kugelig, diese ganz ausfüllend, 8 bis
16 μ Durchmesser. Zygosporen am Mycel, kugelig, schwarz, mit
dickem, schwarzen, flach warzigen Exospor, gelblichem Endospor.
Keimung unbekannt. Gemmen und Kugelhefe sind nicht beobachtet. — Fig. 41.

Auf Mist von Pferden, Hunden, auf allerlei mehlhaltigen Substraten (Kleister, Roggenmehlpaste, gekochten Kartoffeln, Brod); ferner auf Hanfsamen, Kohlstengeln, Orangensaft; auf faulenden Pilzen (Russula, Mitrula paludosa), auf der Rhizomorpha subterranea (Melidium Eschweiler's). Häufig, aber meist vereinzelt, kleine reinweisse Flöckchen bildend.

Fig. 41.

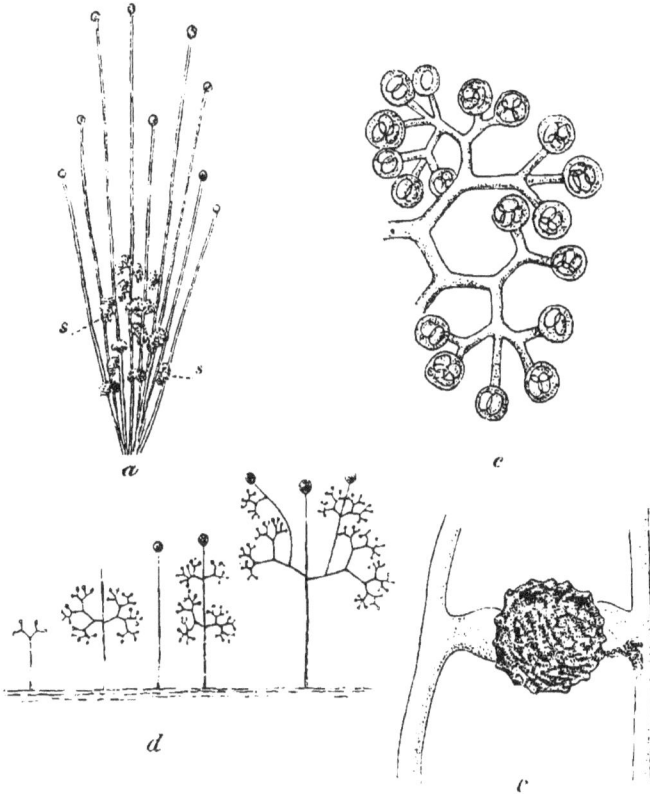

Thamnidium. — Th. elegans. *a* Eine Gruppe von Sporangienträgern, die mit Hauptsporangien abschliessen und bei *s* die gabeligen Sporangienbüschel tragen (schwach vergrössert, nach Corda). *c* Ein Stück eines gabeligen Sporangiolenastes mit den kleinen, wenigsporigen Sporangiolen (Vergr. ca. 400, nach Corda). *d* Schematische Darstellung der wichtigsten Verzweigungsmodificationen der Sporangienträger; vergleiche die Anmerkung hinter der Speciesdiagnose (natürliche Grösse, nach van Tieghem). *e* Eine reife Zygospore mit geraden Copulationsästen (Vergr. ca. 200, nach Bainier).

Variationen der Sporangienträger. Die Verzweigung der Sporangienträger ist sehr variabel. In dem einen extremsten Falle trägt derselbe nur ein Endsporangium und gar keine Sporangiolen, er gleicht dann einem gewöhnlichen Mucor, im anderen Falle fehlt das Endsporangium, der Träger schliesst entweder mit einem Schopf von Sporangiolen oder mit einer sterilen Spitze und trägt unterhalb derselben die Sporangiolen. Zuweilen schliessen die Seitenäste erster Ordnung gleichfalls mit einem grossen Sporangium und gabeln sich nicht, sondern tragen selbst erst an Aesten zweiter Ordnung die Dichotomien. Wenn der Hauptspross allein ein grosses Sporangium trägt, ist wiederum die Zahl und Anordnung der gabeligen Seitenäste eine mannigfaltige; bald stehen die Seitenäste vereinzelt, bald sind sie zu einem oder mehreren vollständigen oder einseitigen Quirlen vereinigt. Der in der obigen Diagnose beschriebene Fall ist der gewöhnlichste, die eben geschilderten Variationen kommen aber häufig vor und können leicht zu Verwechselungen führen. Die Zusammengehörigkeit der verschiedenen Trägerformen ist durch Culturen von van Tieghem (l. c.) und Vuillemin (Soc. Nancy 1886, p. 100) nachgewiesen: vergleiche neuerdings auch Brefeld, Untersuch. IX. 1891, p. 59.

Mucor corymbosus Wallroth, 1833 (Flora crypt. germ. II. p. 320) auf feuchten Rindenstücken von Rhamnus Frangula dürfte wohl hierher gehören, denn auf Th. elegans passt die verworrene Beschreibung noch ganz gut.

189. **Th. verticillatum** van Tieghem, 1876 (A. sc. nat. 6. Serie IV. p. 376).

Abbild.: van Tieghem, l. c. Taf. XIII, 81—88.

Sporangienträger bis zuletzt gerade aufrecht, mit grossem Sporangium abschliessend, unterhalb desselben, in $^3/_4$ Höhe, mit einem Wirtel von 4—6 unter 45° aufstrebenden, langen Seitenästen, welche das Endsporangium überragen und sich zweimal gabelig theilen, an den Enden die Sporangiolen tragend; unter diesem Wirtel, oft noch ein zweiter und dritter Wirtel, dessen Aeste mit dem des nächst oberen alterniren, aber meist nur einfach gabelig sind. Der ganze Sporangienträger 8—10 mm hoch, mit farbloser, glatter Membran, farblosem Inhalt, Sporangien immer aufrecht, Aeste immer gerade. Verzweigung sehr variabel. Hauptsporangien kugelig, gross, weiss, mit grosser conisch-cylindrischer Columella. Sporangiolen kugelig, klein, weiss, circa 20 Sporen enthaltend, mit schwach uhrglasförmig gewölbter Querwand. Sporen kugelig, 5—6 μ Durchmesser, mit glatter Membran, farblos. Zygosporen unbekannt.

Auf Pferdemist.

Unterscheidet sich von der vorigen Art, durch den niedrigen Wuchs, die langen, das Endsporangium überwachsenden, wenig-gabeligen Wirteläste und die kugelrunden Sporen. Auch hier kommen, wie bei Th. elegans, mancherlei Variationen der Sporangienträger vor: zuweilen fehlt das Endsporangium, der Träger schliesst entweder mit einem Wirtel gabeliger Aeste, gleicht also einer Dolde, oder mit steriler Spitze und trägt unterhalb die Wirteläste; ferner fehlen die letzten zuweilen gänzlich und der unverzweigte Träger schliesst mit einem grossen Sporangium, wie bei Mucor.

190. Th. simplex Brefeld, 1881 (Untersuch. IV. p. 58).

Abbild.: Brefeld, 1. c. Taf. II, 6.

Sporangienträger aufrecht, mit grossem Sporangium oder steriler Spitze abschliessend, im untern Drittel an einer Aufschwellung einen Wirtel von 10—20 kurzen, unverzweigten Aestchen tragend, welche mit Sporangiolen abschliessen. Hauptsporangien gross, kugelig, mit kugeliger Columella. Sporangiolen kugelig, 12—24 Sporen enthaltend. Sporen ellipsoidisch. Zygosporen unbekannt.

Auf Mist.

Da Brefeld eine nähere Beschreibung nicht giebt, so musste die obige Diagnose vorwiegend nach seinen Zeichnungen entworfen werden.

Nachträgliche Anmerkung.

Nachdem bereits das Manuscript vollendet und zum Theil schon gedruckt war, wurde ich durch die Güte des Herrn Zukal auf ein neues Thamnidium aufmerksam gemacht, welches ich übersehen hatte. Ich lasse eine kurze Beschreibung nach des Autors Angabe folgen und füge einige Bemerkungen hinzu.

Thamnidium mucoroides Zukal, 1890 (Verh. zool.-bot. Ges. Wien p. 587).

Abbild.: Zukal, 1. c. Taf. IX.

Sporangienträger aufrecht, schlaff, an anderen Gegenständen sich festhaltend und sie umwindend, 0,5—1 cm hoch, traubig verzweigt, mit grossem Sporangium oder steriler Spitze abschliessend, Seitenäste 2—5, unverzweigt oder abermals schwach verzweigt, gekrümmt, an den Enden Sporangiolen tragend. Hauptsporangien aufrecht, kugelig, 70—80 μ Durchmesser, weiss oder hellgrau, mit incrustirter, zerfliessender Membran und nicht aufsitzender, birnförmiger, ca. 52 μ langer Columella, die dicht mit kleinen nadelförmigen Ausstülpungen besetzt ist. Sporangiolen aufrecht oder nickend, 25—30 μ Durchmesser, weiss, mit incrustirter Membran ohne Columella, mehr als 10 Sporen enthaltend; zuweilen viel kleiner (15—18 μ Durchmesser) und glattwandig, Oeffnungsweise nicht angegeben. Sporen aus beiderlei Sporangien gleich, elliptisch, 5—7 μ lang, 4—6 μ breit, glatt, farblos. Zygosporen am Mycel, meist im Substrat, aber auch ausserhalb desselben, länglich-kugelig, zuweilen auch cylindrisch oder tonnenförmig, 70—130 μ Durchmesser. Exospor dunkelbraun, dicht mit kegelförmigen Höckern besetzt: Keimung nicht beschrieben. Suspensoren nicht geschwollen; Azygosporen beobachtet.

Auf Alligatorenmist (Wien).

Aus den Abbildungen (Fig. 1 u. 3) und aus dem vom Verfasser gewählten Vergleich der verzweigten Sporangienträger mit denen von Mucor circinelloides, geht unzweifelhaft hervor, dass die Verzweigung nicht monopodial ist, wie der Verfasser annimmt, sondern sympodial. Meiner Ansicht nach liegt überhaupt kein Thamnidium, sondern ein Mucor aus der Sectio Cymo-Mucor vor. Zu einer der bereits beschriebenen Formen dieser Sectio scheint Zukal's Pilz nicht zu gehören.

XXXIX. **Chaetostylum** van Tieghem u. Le Monnier, 1873 (A. sc. nat. 5. Serie XVII. p. 328).

Mycelium reich verzweigt, in und auf dem Substrat ausgebreitet, ohne Ausläufer, im Alter mit einzelnen Querwänden.

Fig. 42.

Chaetostylum. — Ch. Fresenii. *a* Ein Sporangienträger, mit Hauptsporangium abschliessend, abwärts mit mehreren steril endenden Sporangiolenästen (schwach vergrössert, nach van Tieghem und Le Monnier). *b* Das Ende eines Sporangiolenastes erster Ordnung mit einem solchen zweiter Ordnung, der ebenfalls steril borstenförmig endet und weiter abwärts auf einer Anschwellung kurz gestielte Sporangiolen trägt (Vergr. 400, nach van Tieghem und Le Monnier).

farblos, glattwandig. Sporangienträger mit begrenztem Wachsthum, mit grossem Sporangium endend, verzweigt, ohne Querwände, unterhalb mit einzelnen oder wirtelig gestellten Seitenzweigen, die

steril lang pfriemlich-borstenartig enden und an ihrer bauchig aufgeschwollenen Mitte wiederum wirtelig gehäufte Aestchen tragen,
die entweder direct die Sporangiolen entwickeln oder wie die vorigen
steril borstenartig endend, nahe der Basis aufgetrieben sind und einige
Wirtel kurzgestielter, aufrechter Sporangiolen tragen; Variationen
mancherlei Art vorhanden; weiss. Hauptsporangium gross,
kugelig, vielsporig mit incrustirter, zerfliessender Membran und
Columella, auf den Trägern sich öffnend. Sporangiolen klein,
kugelig, meist 3—5, auch 1—20 Sporen enthaltend, mit incrustirter,
aber fester, nicht zerfliessender Membran, ohne Columella, fallen
geschlossen ab. Sporen der beiderlei Sporangien gleich, oval,
farblos, glatt. Zygosporen unbekannt.

Schröter (l. c.) und Brefeld (l. c.) vereinigen diese Gattung mit Thamnidium.
Der durchaus andere Bau der Sporangienträger rechtfertigt wohl aber die Aufstellung einer neuen Gattung, wenngleich nicht zu leugnen ist, dass Thamnidium
simplex eine Uebergangsform bildet.

191. **Ch. Fresenii** van Tieghem u. Le Monnier, 1873 (l. c.
p. 328).

Synon.: Mucor Mucedo Fresenius, 1850, Beitr. z. Mycol. p. 96 pr. p.
Ascophora pulchra Preuss, 1851, Linnaea XXIV. p. 139.
Bulbothamnidium elegans Klein, 1870, Verh. zool.-bot. Ges. Wien XX.
Thamnidium chaetocladioides Brefeld, 1881, Untersuch. IV. p. 57.
Chaetostylum Fresenii Bainier, 1882, Étude p. 89.
Thamnidium Fresenii Schröter, 1886, Kryptfl. III. 1, p. 210.
Chaetostylum Fresenii Berlese u. de Toni, 1888, Sacc., Syll. VII. 1, p. 208.
Exsicc.: Rabh., Fungi europ. 1265.
Abbild.: Fresenius, l. c. Taf. XII, 13—16. van Tieghem u. Le Mon-
nier, l. c. Taf. XXIII, 61—63. Brefeld, l. c. Taf. II. 5. Bainier, l. c.
Taf. VII, 1—6. Brefeld, Untersuch. IX. 1891, Taf. II, 9—19.

Sporangienträger bis zuletzt gerade aufrecht, meist vereinzelt, mit grossem Sporangium abschliessend, einen oder mehrere
Wirtel weit abstehender Seitenäste tragend, die mit einer langen
pfriemlichen Spitze steril enden und in ihrer bauchig aufgetriebenen
Mitte entweder wirtelig gehäufte, kurzgestielte Sporangiolen oder
zunächst wiederum steril endende Wirteläste tragen, an deren aufgeschwollenen mittleren Theil die Sporangiolenwirtel sitzen. Der
ganze Sporangienträger 1—3 cm hoch, mit farbloser, glatter Membran,
farblosem Inhalt. Hauptsporangien gross, kugelig, weiss, mit
Basalkragen und grosser gewölbt-cylindrischer oder birnförmiger,
farbloser, glatter Columella. Sporangiolen kugelig, klein, weiss,
kurz gestielt, meist 3—5, aber auch nur 1 oder bis 20 Sporen ent-

haltend. Sporen ellipsoidisch, 8—12 μ lang, 5—6 μ breit, glatt, farblos oder schwach bläulich. Zygosporen unbekannt. — Fig. 42. Auf Mist (Pferd, Zebra, Hund).

Variationen des Sporangienträgers. Wie bei Thamnidium kommen auch hier mancherlei Abweichungen von dem in der Diagnose beschriebenen Bau der Träger vor. Das Endsporangium fehlt zuweilen, der Träger endet mit einer sterilen Spitze und entwickelt nur Sporangiolen, zuweilen ist das Endsporangium allein vorhanden. Auch kommen in der Zahl und Anordnung der Wirteläste mancherlei Unregelmässigkeiten vor. Nach Brefeld (Untersuch. IX. p. 61) werden zuweilen die sterilen Spitzen fertil und entwickeln grössere Sporangiolen.

Ascophora pulchra Preuss (l. c.) ist nicht, wie die Autoren annehmen, Thamnidium elegans, sondern gehört hierher, wie eine Untersuchung Preuss'scher Originale (Rabh., Fungi europ. 1265) ergab.

Chaetostylum echinatum Sorokin, 1889 (Revue myc. XI. p. 141, Taf. X, 154—156) auf fauligen Weinbeeren bei Taschkend, ist wohl nur die obige Species mit stärkerer Incrustation der Sporangiolenmembran, wodurch dieselbe stacheliger wird als gewöhnlich.

XL. **Helicostylum** Corda, 1842 (Icon. fung. V. p. 18 u. 55).

Mycelium in und auf dem Substrat sich ausbreitend, reich verzweigt, einzellig, farblos, glattwandig. Sporangienträger meist monopodial, zuweilen sympodial verzweigt, mit grossem, meist aufrechten Sporangium abschliessend, entweder mit einzeln oder wirtelig gestellten Seitenästen, die in verschiedener Art angeordnete, auf bischofstabartig eingekrümmten, zerbrechlichen Stielchen sitzende, nickende Sporangiolen tragen; Verzweigung der Sporangienträger sehr variabel. Hauptsporangium gross, aufrecht, kugelig, vielsporig, mit zerfliessender, incrustirter Membran und Columella, auf dem Träger sich öffnend. Sporangiolen klein, nickend, kugelig oder birnförmig, mit 1—20 Sporen, mit incrustirter, aber fester, nicht zerfliessender Membran, Columella fehlt oder nur durch schwache Wölbung der die Sporangiolen abgrenzenden Querwand angedeutet; geschlossen mit Bruchstücken ihrer starren Stiele abfallend, später durch Zerreissung der Membran sich öffnend. Sporen der beiderlei Sporangien gleich, oval, farblos, glatt. Zygosporen unbekannt.

Diese Gattung entspricht Circinella unter den Mucoreen.

Fig. 43.

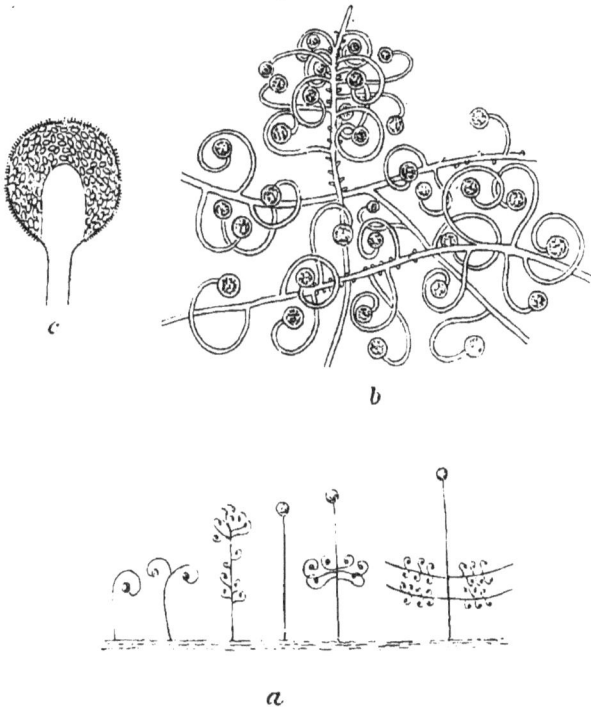

Helicostylum. — *a* H. elegans. Schematische Darstellung einiger Ver-
zweigungsarten der Sporangienträger (schwach vergrössert, nach van Tieghem und
Le Monnier). *b* H. elegans. Ein Stück eines reich verzweigten Sporangiolenastes
mit stark gekrümmten Stielen der Sporangiolen (Vergr. ca. 200, nach Corda).
c H. glomeratum. Ein Hauptsporangium mit hoch gewöbter Columella (Vergr.
ca. 200, nach van Tieghem).

Tabelle zum Bestimmen der Arten.

I. Sporangienträger monopodial verzweigt, gerade aufrecht.
  a. Sporangienträger bis zuletzt farblos.
    aa. Sporangiolen kugelig, locker neben einander auf steril
    endenden Seitenästen . . . . *H. elegans.*
    bb. Sporangiolen birnförmig, dicht büschelig am Ende der
    Seitenäste.
      a. Seitenäste lang, am Ende keulig geschwollen, un-
      verzweigt, die dichtgestellten Sporangiolen tragend
            H. glomeratum.

β. Seitenäste kurz, am Ende strahlig lappig-gabelig, an den kurzen Aestchen die langgestielten Sporangiolen tragend . . . . *H. piriforme.*

b. Sporangienträger zuletzt braun, cuticularisirt. starr
H. nigricans.

II. Sporangienträger sympodial verzweigt, rankend oder niederliegend . . . . *H. repens.*

I. Sporangienträger monopodial verzweigt. gerade
aufrecht.

192. **H. elegans** Corda, 1842 (Icon. fung. V. p. 55).

Synon.: Pleurocystis Helicostylum Bonorden, 1851, Allg. Mycol. p. 124.
Ascophora amoena Preuss, 1852, Linnaea XXV. p. 77.
Haynaldia umbrina Schulzer v. Müggenburg, 1866, Verh. zool.-bot. Ges.
Wien XVI. p. 37.
Helicostylum elegans van Tieghem u. Le Monnier, 1873, A. sc. nat.
5. Serie XVII. p. 311.
Helicostylum elegans Berlese u. de Toni, 1888, Sacc., Syll., VII. 1. p. 209.
Abbild.: Corda, l. c. Taf. II, 25. van Tieghem, l. c. Taf. XXIII, 51—56.

Sporangienträger bis zuletzt gerade aufrecht, oft dichte. verfilzte, gelbliche Rasen bildend, monopodial verzweigt, mit grossem Sporangium abschliessend, unterhalb desselben mit mehreren, einander genäherten langen und dicken, wagerechten Seitenästen, welche stumpf, sich schwach nach oben biegend, enden und an ihrem unteren Theil mit einer grossen Zahl spiralig eingerollter, senkrechter. Sporangiolen tragende Aestchen besetzt sind. Der ganze Sporangienträger 0,5—4 cm hoch, 30—60 μ dick, die eingerollten Stiele der Sporangiolen 50—210 μ lang, 3—4 μ dick, starr, zerbrechlich. Membran farblos oder schwach gelblich, glatt, ziemlich stark, Inhalt farblos, ohne Querwände. Verzweigung der Sporangienträger sehr variabel. Hauptsporangium kugelig, gross, bräunlich, mit grosser, verkehrt-eiförmiger. farbloser, glatter Columella. Sporangiolen kugelig, klein, schwach grau oder gelblich, 8—22 μ Durchmesser. mit wenigen, 4—20 Sporen, ohne Columella, Querwand gerade oder uhrglasförmig. Sporen breit-ellipsoidisch, 6—8 μ lang, 4—6 μ breit, mit glatter Membran, schwach gelblich oder farblos. Zygosporen unbekannt. Gemmen (Chlamydosporen) intercalar. am Mycel, verschieden gestaltet, glattwandig. — Fig. 43 a, b.

Auf verschiedenen Substraten gefunden (faulige Dachschindeln, Katzenkoth, todtem Regenwurm, Holzstücken in Mist, auf Kiefernholz im Keller); auf Orangen cultivirbar.

Variationen der Sporangienträger. In frischen Culturen entwickeln sich zuerst nur unverzweigte Träger mit aufrechtem oder nickenden Endsporangium, ohne Sporangiolen, später treten die complicirteren Sprosssysteme auf. Am häufigsten tragen die Aeste zweiter Ordnung die Sporangiolen, wie in der Diagnose angegeben, es kommen aber auch reichere Zweigbildungen vor mit den Sporangiolen an den Aestchen fünfter Ordnung, wodurch unentwirrbare Sprosssysteme entstehen. Zuweilen sitzen die Sporangiolen bereits an den Seitenzweigen erster Ordnung. Auch das Endsporangium kann fehlen und die Sporangiolen beschliessen dann auch die Hauptachse.

Mucor helicostylus Saccardo, 1877 (Michelia I. p. 13).

Synon.: Helicostylum ? Saccardoi Berlese u. de Toni. 1888, Saccardo, Sylloge VII. 1, p. 210.

Mit kurzen unverzweigten Sporangienträgern, die ein nickendes, ziemlich grosses Sporangium tragen, Sporen länglich-eiförmig, 10—12 μ breit, 18—20 μ lang. könnte wohl eine einfache Form obiger Species sein. Nur die Grösse der Sporen spricht dagegen. Auf Menschen- und Katzenkoth.

Haynaldia umbrina Schulzer, 1866 (l. c.) auf eingesottenen Paradiesäpfeln ist ohne allen Zweifel identisch mit H. elegans, denn auch bei diesem sind die Fruchtträger derbwandig, die Sporangiolen und ihre Stiele spröde und zerbrechlich. Gerade auf diese Merkmale gründet der Autor seine neue Gattung.

193. **II. glomeratum** van Tieghem, 1876 (A. sc. nat. 6. Serie IV. p. 371).

Synon.: Circinella glomerata van Tieghem u. Le Monnier, 1873. A. sc. nat. 5. Serie XVII.

Helicostylum glomeratum Berlese u. de Toni, 1888, Sacc., Syll. VII. 1, p. 209.

Abbild.: van Tieghem, l. c. 5. Serie XVII. Taf. XXII, 50—53, 6. Serie IV. Taf. XIII, 74—78.

Sporangienträger bis zuletzt aufrecht, vereinzelt, monopodial verzweigt, mit grossem aufrechten Sporangium abschliessend, unterhalb desselben mit einem oder mehreren vereinzelten oder quirligen, unverzweigten, fast wagerechten, dicken und langen Seitenästen, welche am Ende keulig sich erweitern und einen doldenähnlichen Büschel vieler (bis 100) nickender Sporangiolen tragen. Der ganze Sporangienträger 1—2 cm hoch, 30 μ dick, mit farbloser, glatter Membran, farblosem Inhalt, ohne Querwände. Hauptsporangium kugelig, gross, mit grosser, gewölbt kegeliger, farbloser, glatter Columella. Sporangiolen birnförmig, nickend, 26 μ lang, 20 μ breit, wenig (4—20) sporig, ohne Columella, Querwand fast eben, auf circa 100 μ langen, 2 μ dicken, eingekrümmten, starren Stielen. Sporen ellipsoidisch, klein, 2 μ breit, 3 μ lang, glatt, farblos. Zygosporen und Gemmen unbekannt. — Fig. 43 c.

Auf Pferdemist, vereinzelt zwischen andern Mucorineen.

Variationen der Sporangienträger. Nach van Tieghem (l. c. 6. Serie IV) kommen zuweilen nur ein grosses Endsporangium, ohne Sporangiolen, oder nur die letzteren ohne Endsporangium zur Entwicklung; ferner endet der Träger zuweilen nicht mit grossem Sporangium, sondern mit einem Döldchen von Sporangiolen und ist dabei bald unverzweigt, bald mit einzelnen oder quirligen Seitenästen besetzt.

194. **H. piriforme** Bainier, 1880 (Bull. soc. bot. France XXVII. p. 226).

Abbild.: Bainier, A. sc. nat. 6. Serie XV. Taf. IV, 5—11. Étude Taf. V, 5—11.

Sporangienträger bis zuletzt aufrecht, monopodial verzweigt, mit grossem aufrechten Sporangium abschliessend, dicht unter demselben schwach apophysenartig erweitert und leicht schwärzlich, sonst farblos, unregelmässig verzweigt mit zweierlei Aesten, erstens langen, aufsteigenden, vereinzelten Seitenästen, die ebenfalls mit einem grossen Sporangium abschliessen oder steril enden, zweitens sehr kurzen und dicken, meist quirlig angeordneten, wagerechten Seitenästen, die an ihrem Ende dicht mit quirlig angeordneten, sehr verkürzten gabelig-lappigen Aestchen besetzt sind, welche eine grosse Zahl (bis 100) langgestielter, nickender Sporangiolen tragen, Membran glatt, farblos, ohne Querwände. **Hauptsporangium** kugelig, schwärzlich, ca. 168 μ Durchmesser, mit eiförmiger, farbloser, glatter Columella. **Sporangiolen** birnförmig, nickend, 21 μ Durchmesser, weiss, ohne deutliche Columella, Querwand anfangs uhrglasförmig, später flach oder sogar eingedrückt. **Sporen** ellipsoidisch, 8,4 μ lang, 4.2 μ breit, glatt, einzeln farblos, gehäuft schwärzlich. **Zygosporen** und **Gemmen** unbekannt.

Auf Excrementen, cultivirt auf Brod und Pferdemist.

Variationen der Sporangienträger wie bei den vorigen Arten.

195. **H. nigricans** van Tieghem, 1876 (A. sc. nat. 6. Serie IV. p. 374).

Abbild.: van Tieghem, l. c. Taf. XIII, 79—83.

Sporangienträger bis zuletzt gerade aufrecht, monopodial verzweigt, mit grossem aufrechten Sporangium abschliessend, unterhalb mit einseitigen oder vollständigen Anschwellungen, welche zahlreich lang gestielte, nickende Sporangiolen tragen, so dass der Träger mit einseitigen oder vollständigen Quirlen von Sporangiolen besetzt ist; der ganze Sporangienträger anfangs farblos, später mit cuticularisirter, brauner glatter Membran, starr, bis 1 cm hoch, ohne Querwände. **Hauptsporangium** kugelig, gross, mit hoch kegeliger, glatter Columella. Sporangiolen kugelig, nickend, wenigsporig, mit schwach uhrglasförmiger Querwand. Sporen breit-elliptisch. 8—9 μ lang, 5—6 μ breit, farblos, glatt. Zygosporen und Gemmen unbekannt. — Fig. 43 a, b.

Auf Excrementen.

Variationen des Sporangienträgers wie bei den vorigen Arten.

II. Sporangienträger sympodial verzweigt, rankend oder niederliegend.

196. **H. repens** van Tieghem, 1876 (A. sc. nat. 6. Serie IV. p. 389).

Sporangienträger schlaff aufrecht, rankend, oft niederliegend und sich mit den sterilen Enden kurzer Seitenästchen bewurzelnd, sympodial verzweigt, mit grossem aufrechten Sporangium oder einem doldigen Köpfchen von Sporangiolen abschliessend, abwärts mit kurzen, aufsteigenden, abwechselnd nach rechts und links fallenden Seitenästchen besetzt, die entweder und besonders nahe der Basis des Trägers steril enden und sich bewurzeln oder einen doldigen Büschel von Sporangiolen tragen; der ganze Träger bis 5 cm lang, anfangs milchweiss, später mit brauner, cuticularisirter Membran, mit einer Querwand über der Ansatzstelle eines neuen Astes, starr, zerbrechlich. Hauptsporangium gross, kugelig, mit grosser, halbkugeliger, schwärzlicher Columella, auf einer apophysenartigen schwärzlichen Erweiterung des Stieles. Sporangiolen birnförmig, nickend, bräunlich, wenigsporig, mit deutlicher halbkugeliger, bräunlicher Columella. Sporen länglich-kugelig, sehr ungleichförmig, 12 μ lang, 10 μ breit. Zygosporen und Gemmen unbekannt.

Auf Weinpresshefe.

Variationen des Sporangienträgers kommen auch hier in der für die Gattung üblichen Ausdehnung vor.

Diese Species unterscheidet sich von allen andern durch die sympodiale Verzweigung des rankigen, oft kriechenden Sporangienträgers und durch die deutliche Columella der Sporangiolen.

XLI. **Dicranophora** Schröter, 1886 (Jahresb. d. schles. Ges. f. vaterl. Cultur LXIV. p. 184).

Mycel verzweigt, im Substrat verbreitet, mit gelblichrothem Inhalt, einzellig. Sporangienträger verschieden gestaltet, aber immer mit begrenztem Wachsthum, meist mit grossem Sporangium abschliessend, unverzweigt oder spärlich unregelmässig verzweigt.

254

an den Astenden Sporangiolen tragend. alle Aeste gerade. Hauptsporangium gross, kugelig, vielsporig, mit glatter, zerfliessender
Wand und birnförmiger Columella. Sporangiolen klein, kugelig,
ein-, seltener zweisporig, mit zwei-. selten dreizackiger, gabeliger
Columella. Sporen der beiderlei Sporangien verschieden, die des
mucorartigen Endsporangiums elliptisch, die der Sporangiolen gross,
nierenförmig, mit der concaven Seite der Einsenkung der Columella, wie einem Sattel aufsitzend. Zygosporen am Mycel, nackt,
Copulationsäste ungleich, der eine Ast im obern Theile dick.
sackartig, durch Wand abgegrenzt, liefert die Zygospore, der andere
dünn, fadenförmig, als Antheridium functionirend; Keimung unbekannt.

Diese durch zahlreiche Eigenthümlichkeiten ausgezeichnete Gattung ist hetero-
gam und schliesst sich in der Ungleichheit der Copulationsäste an Mucor heterogamus Vuillemin an. Ihre Wiederauffindung würde sehr erwünscht sein, um so
mehr als Schröter gar keine Abbildungen gegeben hat.

197. **D. fulva** Schröter, 1886, l. c.

Sporangienträger aufrecht, ziemlich dichte, gelbrothe Rasen
bildend, mannigfach verzweigt, entweder mit grossem Sporangium
abschliessend und einzelnen Sporangiolen tragenden Seitenästen oder
durchweg mehrfach gabelig und nur Sporangiolen tragend, mit
glatter, farbloser Membran, lebhaft gelbrothem Inhalt. Hauptsporangium und Sporangiolen wie in der Gattungsdiagnose.
Sporen der beiderlei Sporangien verschieden, die des Haupt-
sporangiums elliptisch, verschieden gross, lebhaft gelbroth, glatt, die
der Sporangiolen gross, nierenförmig, der Columella aufsitzend.
Zygosporen kugelig, mit kastanienbraunem, fast glatten, durch
zarte Linien gezeichneten Exospor, glattem, dicken Endospor, farblosem Inhalt. Der dünne Antheridienast haftet dem Exospor als
kleines braunes Hörnchen an.

Auf Paxillus involutus. Bisher nur bei Rastatt (October-
November 1877—1879) von Schröter beobachtet.

3. Unterfamilie. *Pilobolcae.*

Sporangien nur von einer Art, vielsporig, mit zum grössten
Theil fester, nicht zerfliessender oder zerbrechender, nur an der
Basis aufquellender Membran; quellen entweder von ihren Trägern
ab, die Columella zurücklassend, oder werden mitsammt der Columella abgeschleudert und öffnen sich dann erst durch Abquellen.

XLII. **Pilaira** van Tieghem, 1875 (A. sc. nat. 6. Serie I. p. 51).

Mycelium allseitig ausgebreitet, reich verästelt, mit immer dünner werdenden Aesten, ohne Anschwellungen oder Ausläufer, zuletzt mit einzelnen Querwänden, mit glatter, farbloser Membran, farblosem Inhalt. Sporangienträger einzeln dem Mycel entspringend, immer unverzweigt, mit Sporangium abschliessend, weiss, schlaff, bald umsinkend. Sporangien nass kugelig, trocken niedergedrückt, vielsporig, abquellend. Sporangienwand im oberen,

Fig. 44.

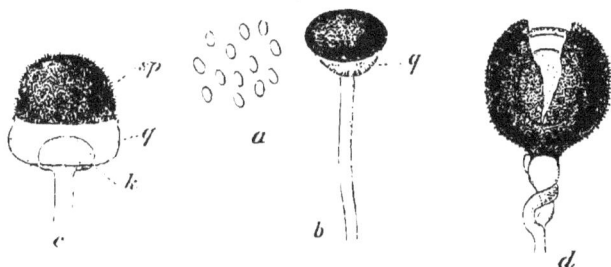

Pilaira. — P. anomala. *a* Sporen (Vergr. 300). *b* Oberer Theil eines Sporangienträgers mit reifem Sporangium, dessen Wand bis auf die farblose Quellschicht bei *q* cuticularisirt und schwarz gefärbt ist (Vergr. 30). *c* Ein abquellendes Sporangium (*sp*) mit knopfförmiger Columella (*k*), durch Aufquellen der Schicht bei *q* sich ablösend (Vergr. 80). *d* Eine reife Zygospore mit gesprengtem Exospor, aus dem Riss sieht das glatte Endospor und der grosse centrale Fetttropfen hervor (Vergr. 150). Alle Bilder nach Brefeld.

grösseren Theil schwarz, cuticularisirt, fest, nicht zerfliessend oder zerbrechend, dicht incrustirt, die Sporenmasse der abquellenden Sporangien schalenartig bedeckend, im unteren, kleineren Theil farblos, zart, verquellend und hierdurch die Loslösung des Sporangiums von der Columella vermittelnd. Columella breit aufsitzend, knopfförmig. Sporen meist ellipsoidisch, farblos, glatt. Zygosporen im Substrat, nackt, Suspensoren ohne Auswüchse, Copulationsäste zangenförmig mit Neigung zu spiraliger Umschlingung; Keimung mit Sporangienträgern.

198. **P. anomala** (Cesati, 1851) Schröter, 1886, Schles. Kryptfl. III. 1, p. 211.

Synon.: Pilobolus anomalus Cesati, 1851, Rabh.. Herb. myc. ed. I. 1542.
Ascophora Cesatii Coemans, 1861, Mem. Acad. Belgique XXX, p. 63.
Pilobolus Mucedo Brefeld, 1872, Untersuch. I. p. 27, IV. p. 66.

Pilaira Cesatii van Tieghem, 1875, A. sc. nat. 6. Serie I. p. 51.
Pilaira Cesatii Bainier, 1882, Étude p. 29.
Pilaira Cesatii Grove, 1884, Midland Nat. p. 37.
Pilaira anomala Berlese u. de Toni, 1888, Sacc., Sylloge VII. 1, p. 188.
Exsicc.: Fuckel, Fungi rhen. 2203. Rabh., Herb. myc. ed. I. 1542.
Abbild.: Coemans. l. c. Taf. II. Fig. E. Brefeld, l. c. I. Taf. 1, 25. 26.
IV. Taf. IV, 18, 23—28. van Tieghem, l. c. Taf. I, 14—24. Bainier, l. c.
Taf. I. 16—18. Grove, l. c. Taf. VI, 7, 8.

Sporangienträger nur anfangs, bei höchstens 2 cm Höhe.
vor ihrer völligen Streckung steif aufrecht. einen Mucor ähnlichen
Rasen bildend, sehr bald umsinkend und auf dem Substrat ein
hohes. lockeres, wollig-krauses, hyalines Fadengewirr bildend, auf
welchem sich die schwarzen Sporangien als schwarze Punkte abheben. Sporangienträger ausgestreckt gedacht. 10—12, selbst bis
20 cm lang, cylindrisch, 30—80 μ dick, ohne basale und subsporangiale Anschwellung, mit farbloser, dünner, seicht welliger
Membran, zur Zeit der Sporenreife völlig entleert. Sporangium
anfangs weiss, dann gelb, reif schwarz. mit farbloser Basis, nass
kugelig. 100—250 μ Querdurchmesser, trocken halbkugelig, vielsporig, abquellend, an den noch aufrechten Trägern zuweilen nickend.
Columella 100—150 μ breit. 40—60 μ hoch, flach halbkugelig oder
knopfförmig, glatt, farblos. Sporen länglich-oval, 8—13 μ lang.
5—8 μ breit, einzeln farblos, gehäuft gelblich, mit farbloser, dünner.
glatter Membran. Zygosporen reif schwarz. rund oder schwach
oval, 120 μ lang, 100 μ breit. mit glattem, dicken, farblosen Endospor und schwarzem, warzigen Exospor. Keimung mit einem kurzen
Sporangienträger. — Fig. 44.

Auf Excrementen von Herbivoren (Pferd. Esel, Kuh, Kaninchen.
Hase, Schaf. Ziege, Gazelle, Elephant), leicht erkennbar an dem
lockeren wollig-krausen, weissen Gewirr der umgesunkenen Sporangienträger mit den als schwarze Punkte erscheinenden Sporangien.

Diese leicht unterscheidbare Form, deren genauere Kenntniss van Tieghem
und Brefeld zu verdanken ist, ist auch von den älteren Mycologen gefunden, aber
unrichtig beschrieben und oft verwechselt worden. Immerhin ist es möglich, aus
ihren Angaben einige ältere Synonyme festzustellen. Es gehören hierher:

1. Mucor fimetarius Link, 1809 (Observ. I. p. 30; Spec. plant. VI. 1, p. 80).
Synon.: Hydrophora fimetaria Fries, 1829. Syst. myc. III. p. 313.
Die Beschreibung der festen. nicht zerfliessenden, schwarzen, abgeplatteten
Sporangien, welche auch nach dem Schwinden des Mycels noch sich erhalten, zeigt
unzweifelhaft, dass dem Autor die obige Species vorgelegen hat.
Altes Material aus dem Berliner Herbar erwies sich als P. anomala.

2. Die Diagnose von Hydrophora stercorea Tode bei Fries (Syst. myc. III. p. 314) spricht von den harten, Pilobolus ähnlichen Sporangien dieser Species: es hat Fries jedenfalls wenigstens theilweise Pilaira, theilweise wohl aber Mucor Mucedo vorgelegen. Desgleichen entspricht die Beschreibung der II. stercorea bei Cooke (Handb. of brit. Fungi 1871, II. p. 634) und bei Berkeley (Outl. brit. Fungol. 1860, p. 407) der Pilaira anomala.

199. P. nigrescens van Tieghem, 1875 (A. sc. nat. 6. Serie I. p. 60).

> Abbild.: van Tieghem, l. c. Taf. I, 25—28. Grove, Midl. Nat. 1884, Taf. VI, 19.

Sporangienträger dünner und zarter als bei der vorigen Art, aber wie bei dieser schlaff und bald umsinkend zu einem lockeren, wolligen Fadengewirr, ausgestreckt 1,5—2 cm lang, stark wellige Membran. Sporangium halb so gross wie bei P. anomala, höchstens 100 μ breit, schwarz, vielsporig, abquellend, anfangs zuweilen nickend. Columella uhrglasförmig, mit breit kegelförmigem Spitzchen, blau- oder violettschwärzlich. Sporen kugelig, sehr ungleich, durchschnittlich 5—6 μ Durchmesser, einzeln farblos, gehäuft gelblich, mit farbloser, glatter Membran. Zygosporen unbekannt.

Auf Kaninchen- und Hasenmist.

> Hydrophora tenella Tode, 1791 (Fungi Mecklenb. sel. II. p. 6).
> Synon.: Mucor tenellus Albertini u. Schweinitz, Consp. p. 111.
> Mucor tenellus Schumacher, 1803, Enum. plant. Saelland. II. p. 237.
> Diese Art mit schwach nickenden, anfangs weissen, zuletzt schwarzen Sporangien auf sehr zarten, welligen Stielen ist sehr wahrscheinlich derselbe Pilz; die Sporangien sind auch hier beständig und zerfliessen nicht (conf. Fries, Syst. myc. III. p. 315). Freilich scheint Tode selbst eine andere Form, d. h. ein Mucor vorgelegen zu haben, während Fries und schon Schumacher wohl eine Pilaira vor sich hatten.

200. P. dimidiata Grove, 1884 (Journ. of bot. XXII. p. 132).

> Synon.: Pilobolus anomalus Brefeld, 1881, l. c. pro parte, sec. Grove. Pilaira inosculans Grove, 1883, Midl. Nat. VI. p. 119.
> Abbild.: Grove, Journ. of bot. XXII. Taf. 245, Fig. 7 und Midl. Nat. 1884, VII. Taf. VI, 10.

Sporangienträger dünn und zart, bei der Reife der Sporangien ½—1 mm hoch und aufrecht, später bis auf 3—4 mm sich streckend, schlaff, umsinkend, unter dem Sporangium halbkugelig bis zu 100 μ aufgeschwollen. Sporangium anfangs gelb, dann schwarz, zuweilen nickend, 100—120 μ breit, halbkugelig, der halbkugeligen, apophysenartigen Anschwellung des Sporangienträgers aufsitzend, vielsporig.

abquellend. Columella flach halbkugelig. schwach grau. Sporen
länglich-elliptisch, 12—14 μ lang, 5—6 μ breit, mit farbloser, glatter
Membran, einzeln farblos, gehäuft gelblich. Zygosporen unbekannt.
Auf Hundekoth; bisher nur in England.

Diese von Grove (l. c.) aufgefundene Form scheint mir eine interessante
Uebergangsform zu Pilobolus darzustellen. Die halbkugelige Apophyse des Sporangiums möchte ich nämlich nicht wie Grove als reine Columella deuten, sondern
als eine subsporangiale Anschwellung des Sporangienträgers, ähnlich, nur kleiner
als bei Pilobolus, welcher die Columella aufsitzt. Grove's Auffassung ist mir nicht
verständlich und entspricht nicht dem Begriff der Columella, die doch nur die in
das Sporangium vorgestülpte Querwand ist, die das Sporangium vom Stiel trennt;
nur der obere, von der Sporangienwand umschlossene Theil der fraglichen Apophyse
entspricht der Columella, der untere Theil dagegen stellt eine Anschwellung des
Trägers dar.

XLIII. **Pilobolus** Tode, 1784 (Schrift. naturf. Freunde Berlin V. p. 46).

Mycelium im Substrat verbreitet, weit sparrig verzweigt,
stellenweise mit blasigen oder wurmförmigen, durch Querwände
abgegrenzten, orange- oder goldgelben Inhalt führenden Anschwellungen, ohne Ausläufer, glattwandig. Sporangienträger einzeln,
den Anschwellungen des Mycels entspringend, im unteren Theil
cylindrisch, zuweilen mit basaler knolliger Anschwellung, unter dem
Sporangium zu einer grossen ellipsoidischen Blase aufgeschwollen,
unverzweigt, mehr oder weniger bethaut, farblos oder orange.
Sporangien halbkugelig oder linsenförmig, vielsporig, werden bei
der Reife mit der Columella geschlossen abgeschleudert, wobei
zugleich der aufgeschwollene Sporangienträger erschlafft. Sporangienwand zum grössten Theil cuticularisirt und incrustirt,
weder zerfliessend, noch zerreissend, schwarz, zuweilen gelb, an der
Basis farblos, dünn, nicht cuticularisirt und hier nach der Ab-
schleuderung des Sporangiums verquellend. Columella kegelig, oft
sehr flach, schwach rauchgrau oder bläulichgrau. Sporen kugelig
oder ellipsoidisch, mit glatter Membran und mehr oder weniger
orangenem Inhalt. Zygosporen am Mycel, nackt, Suspensoren ohne
Auswüchse, Copulationsäste zangenförmig; Keimung unbekannt.

Für die Präparation der Columella empfiehlt es sich, die Sporangienträger
behutsam vom Substrat abzuheben und in einen Wassertropfen zu legen, dem
etwas Kali zugesetzt ist. Nach kurzer Zeit beginnt das Sporangium an der Basis
abzuquellen und lässt sich leicht mit einer Nadel völlig vom Träger ablösen. Die
Columella wird auf diese Weise frei gelegt.

Die Sporangien werden geschlossen, mit der Columella, abgeschleudert und erst nachher quillt der zarte basale Theil der Sporangienhaut auf; die cuticularisirte obere Kappe löst sich von der Columella ab und die Sporen werden frei. Näheres über den Schleudermechanismus bei Brefeld (Untersuch. IV).

Eine sorgfältige und interessante Zusammenstellung der älteren Literatur über diese lange bekannten Pilze findet man in der Monographie du genre Pilobolus von Coemans (Mémoires couron. et mém. des sav. étrang. Acad. de Belgique XXX. 1858—61).

Die neueste monographische Bearbeitung der Gattung lieferte Grove 1884 (Midland Naturalist).

Kugelhofe wird nach Zopf (Nova Acta Acad. Leop. LII. p. 358) bei P. crystallinus (microsporus) gebildet.

Fig. 45.

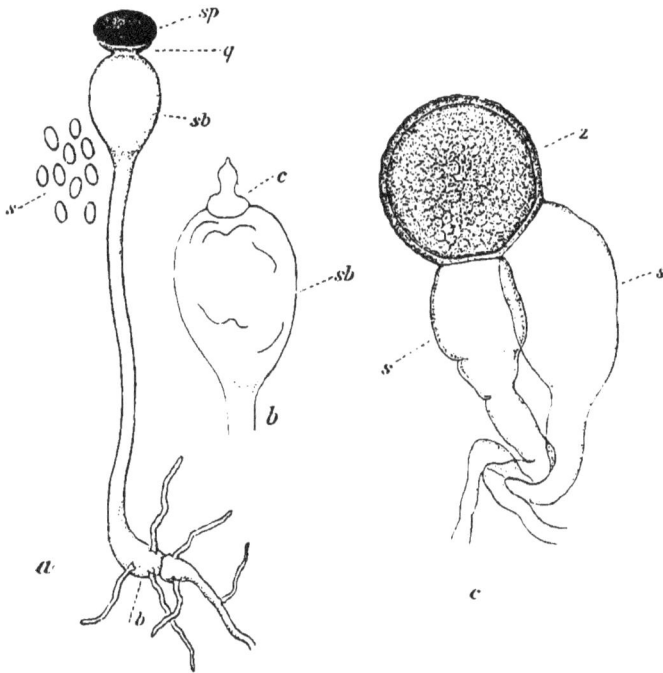

Pilobolus. — a P. Kleinii. Ein Sporangienträger, aus der basalen Anschwellung b entspringend; sb subsporangiale Blase, q Quellschicht des Sporangiums sp, s Sporen (Vergr. 25, s 250, nach Brefeld). b P. Kleinii. Subsporangiale Blase (sb), bereits schwach faltig, mit aufsitzender, charakteristischer, zapfenförmiger Columella (c) (Vergr. circa 50, nach Bainier). c P. crystallinus. Zygospore (z) mit aufgeschwollenen Suspensoren (s) und zangenförmigen Copulationsästen (Vergr. ca. 200, nach Zopf).

17*

Tabelle zum Bestimmen der Arten.

1. Sporangien schwarz, Sporangienträger einzeln.
   a. Sporen ellipsoidisch, noch einmal so lang als breit oder doch fast so gestaltet.
      aa. Sporen klein, nur 5—10 μ lang, fast farblos.
         α. Sporangien etwa ¹/₂ so breit als die ellipsoidische, subsporangiale Blase . . . . *P. erystallinus.*
         β. Sporangien nur ¹/₃ so breit als die fast kugelige, subsporangiale Blase . . . . . . *P. roridus.*
      bb. Sporen grösser. 12—20 μ lang, lebhaft orange.
         α. Sporangienträger 20—30 mm hoch, aus einer grossen wurmförmigen, auf dem Substrat liegenden Anschwellung entspringend . . . . . *P. longipes.*
         β. Sporangienträger 2—5 mm hoch, aus einer kleinen, rübenartig im Substrat steckenden Anschwellung entspringend . . . . *P. Kleinii.*
   b. Sporen kugelig, lebhaft orange.
      aa. Sporen mit glatter, einschichtiger Membran
         P. Kleinii var. sph aerospora
      bb. Sporen mit derber, zweischichtiger Membran
         P. Oedipus (P. exiguus).
2. Sporangien gelb, Träger zu 2—5 neben einander *P. nanus.*

201. **P. erystallinus** (Wiggers, 1780) Tode, 1784 (l. c. p. 96).

Synon.: Mucor obliquus Scopoli, 1772, Flora Carniol. II. p. 494.
Hydrogera crystallina Wiggers, 1780, Primitiae Flor. Holsat. p. 110.
Mucor urceolatus Dickson, 1785, Fasc. Plant. Crypt. I. p. 25, Taf. III, 6.
Pilobolus urceolatus Purton, 1821, Midland Fl. III. p. 325.
Pilobolus crystallinus Coemans, 1861, Mem. sav. étrang. Acad. Bruxelles XXX. p. 57.
Pilobolus crystallinus van Tieghem, 1876, A. sc. nat. 6. Serie IV. p. 335.
Pilobolus microsporus (Klein) Brefeld, 1881, Untersuch. IV. p. 70.
Pilobolus crystallinus Bainier, 1882, Étude p. 41.
Pilobolus crystallinus Grove, 1884, Midl. Nat. p. 34.
Pilobolus crystallinus Schröter, 1886, Schles. Kryptfl. III. 1, p. 212.
Pilobolus crystallinus Berlese u. de Toni, 1888, Saccardo's Syll. VII. 1, p. 185.
Pilobolus crystallinus Zopf, 1888, Nova Acta Acad. Leop. LII. p. 352.
Nicht Pilobolus crystallinus Cohn, 1851, Nova Acta Acad. Leop. XV. 1.
Exsicc.: Rabh., Herb. myc. ed. I. 1630, ed. II. 78, Rabh., Fungi europ. 270, Fuckel, Fungi rhen. 49.

Abbild.: Tode, l. c. Taf. I, Coemans, l. c. Taf. II, 1—20. van Tieghem, l. c. Taf. X, 4, 5. Brefeld, l. c. Taf. IV, 16, 19—22. Grove, l. c. Taf. IV, 16. Zopf, l. c. Taf. XXII, 1—19.

Sporangienträger einzeln aus einer blasigen oder wurmförmigen, ca. 200 μ dicken, zwei- bis dreimal so langen, durch zwei Querwände abgetrennten, im Substrat verborgenen, intercalaren Anschwellung des Mycels senkrecht hervorwachsend, schlank, aufrecht, an der Basis nicht angeschwollen, im Ganzen 5—10 mm hoch, subsporangiale Blase ellipsoidisch oder eiförmig, 0,6—0,85 mm breit, 0,85—1,3 mm hoch, cylindrischer Stiel 0,1—0,15 mm dick, 3—8 mm lang, mit farbloser, glatter Membran und farblosem oder nur schwach orangerothen Inhaltsresten, ohne orangerothen, körnigen Ring in der Basis der subsporangialen Blase. Sporangium planconvex, mit der flachen Seite der Blase aufsitzend, 0,3—0,4 mm breit, 0,1—0,15 mm hoch, schwarz oder braunschwarz, zuweilen auf dem Scheitel mit hexagonalem Netzwerk weisser Leistchen gezeichnet. Columella niedrig, breit-kegelig oder zitzenförmig, mit glatter, schwach rauchgrauer Membran. Sporen elliptisch, 3—6 μ breit, 5—10 μ lang, gleichförmig, einzeln farblos oder sehr schwach gelblich, gehäuft schwach schmutzig-gelblich oder grünlichgelb, mit dünner, farbloser, glatter Membran. Zygosporen kugelig, mit deutlich abgeflachten Ansatzstellen der Suspensoren, 67—293 μ Durchmesser, mit dicker, gelbbrauner, nur sehr schwach und flach warziger Membran. Keimung nicht beobachtet. — Fig. 45 c.

Auf Mist von Pflanzenfressern aller Art, besonders leicht auf Pferdemist zu züchten; beobachtet auf Mist von Pferd, Kuh, Hirsch, Damhirsch, Elen, Reh, Schaf, Schwein, Kaninchen, Elephant; seltener auf Menschenkoth, ausnahmsweise auch auf Katzenkoth.

Die von van Tieghem (l. c.) als charakteristisch angegebene Zeichnung des Sporangiumscheitels mit einem hexagonalen Netzwerk weisser Leistchen findet sich nach Grove (l. c.) nur zuweilen und kann nicht als specifisches Merkmal dienen. Sie kommt auch bei Pilobolus Oedipus vor.

Von Pilobolus Kleinii, mit dem diese Form oft verwechselt worden ist, schon durch die viel schwächere oder ganz fehlende orangegelbe Färbung der Blase und der jungen Zustände zu unterscheiden.

Zopf (Nova Acta Acad. Leop. LII. p. 352) hat beobachtet, dass der Pilz durch zwei Parasiten (Pleotrachelus und eine unbestimmte Syncephalis), welche seine Sporangien vernichteten, zu einer ausgiebigen Zygosporenbildung veranlasst wurde.

Roze und Cornu (Bull. soc. bot. France 1871, XVIII. p. 298) haben kugelige, sternförmige, auf kurzen, gebogenen Stielchen sitzende Gemmen (Chlamydosporen) beobachtet, über deren Zugehörigkeit zu Pilobolus neuere Untersuchungen erwünscht sind (vergl. van Tieghem, l. c. p. 342).

Der von Cohn (l. c.) als P. crystallinus aufgeführte Pilz ist P. Oedipus.
Als Mucor acicularis hat Wallroth (1833. Flora crypt. germ. II. p. 319)
die jungen nadelförmigen Entwicklungsstadien der Sporangienträger eines Pilobolus.
wahrscheinlich des P. crystallinus beschrieben.
Nach Zopf (Nova Acta Acad. Leop. LII. p. 358) bildet ein P. microsporus,
wahrscheinlich die obige Form, hefeartige Sprossverbände (Kugelhefe), wenn er in
Wasser oder besser noch Zuckerlösungen cultivirt wird.

202. P. Kleinii van Tieghem, 1876 (A. sc. nat. 6. Serie IV. p. 337).

Synon.: Pilobolus crystallinus aut. pro parte.
Pilobolus roridus Currey, 1857, Journ. Linn. Soc. I. p. 162, Taf. II.
Pilobolus crystallinus, a Klein, 1872, Jahrb. wiss. Bot. VIII. p. 360.
Pilobolus crystallinus Brefeld, 1881, Untersuch. IV. p. 70.
Pilobolus Kleinii Bainier, 1882, Étude p. 43.
Pilobolus Kleinii Grove, 1884, Midl. Nat. p. 35.
Pilobolus Kleinii Schröter, 1886, Schles. Kryptfl. III. 1, p. 212.
Pilobolus Kleinii Berlese u. de Toni, 1888, Sacc., Syll. VII. 1, p. 155.
Abbild.: Klein, l. c. Taf. XXIII—XXVII. 1—52. van Tieghem, l. c.
Taf. X, 6—10. Brefeld, l. c. Taf. IV, 15. Bainier, l. c. Taf. II, 14, 15.
Grove, l. c. Taf. IV, 1—8, 10—13.

Dem vorigen sehr ähnlich, aber sicher zu unterscheiden. Sporangienträger einzeln aus einer im Substrat verborgenen, mit
orangerothem Inhalt erfüllten Anschwellung des Mycels entspringend,
welche gewöhnlich nicht wie bei voriger Art intercalar, sondern
terminal am Mycelast entsteht und deshalb mehr oder weniger
senkrecht im Substrat steckt; Anschwellung sehr unregelmässig
gestaltet, meist rübenförmig, einzellig, durch je eine Querwand gegen
das Mycel und den Sporangienträger abgegrenzt, selten zweizellig,
0,15—0,3 mm breit, 0,55—0,8 mm lang, mit dünnen, wurzelähnlichen
Mycelfäden besetzt. Sporangienträger selbst an der Basis nicht
angeschwollen, 2,5—5 mm hoch, niedriger als bei voriger Art, subsporangiale Blase ellipsoidisch oder eiförmig, 0,4—0,7 mm breit,
0,5—0,86 mm hoch, cylindrischer Stiel 0,09—0,15 mm breit, 2—3,5 mm
lang; mit farbloser, glatter Membran und orangerothen Inhaltsresten,
gewöhnlich mit einer ringförmigen Anhäufung orangerothen Inhalts
in der Basis der subsporangialen Blase. Sporangium gewölbt
kappenförmig, höher als bei voriger Art, 0,3—0,36 mm breit, 0,17
bis 0,26 mm hoch, schwarz, niemals weiss gefeldert. Columella
unten breit-kegelförmig, am Scheitel in einen längeren oder kürzeren zapfenförmigen oder eingeschnürten Schnabel ausgezogen,
40 μ breit, 80 μ hoch, mit glatter, schwach rauchgrauer Membran.
Sporen ellipsoidisch oder abgerundet-cylindrisch, noch einmal so

lang als breit, 6—10 μ breit, 12—20 μ lang, einzeln hell-, gehäuft dunkelorange, lebhaft gefärbt, mit dünner, glatter, farbloser Membran. In den grösseren Sporangien sehr gleichförmig, in den zuerst entstehenden kleinen nahezu kugelig und verschieden gestaltig. Zygosporen unbekannt. — Fig. 45 a, b.

Auf Mist von Pflanzenfressern (Pferd, Kuh etc.) auch auf Menschenkoth.

Durch die orangerothe Färbung, die grösseren, gefärbten Sporen, die zapfenförmige Columella und die sonst geringeren Dimensionen sicher von der vorigen Art zu unterscheiden.

var. sphaerospora Grove, 1884 (Journ. of bot. XXII. p. 132, Taf. 245, Fig. 5).

Synon.: Pilobolus lentiger Corda, var. macrosporus Berlese u. de Toni. 1888, Sacc., Syll. VII. 1. p. 188.

Von der Hauptform nur durch die kugeligen, 12—20 μ Durchmesser habenden Sporen und den niedrigen Wuchs verschieden.

Grove und ebenso vor ihm van Tieghem (l. c. p. 337) geben an, dass nur die ersten auf frischem Substrat entstehenden Sporangien solche kugelrunde Sporen produciren, dass später die normal ellipsoidischen Sporen entstehen. Wenn sich diese Beobachtung weiterhin durch Reinculturen bestätigen liesse, so würde natürlich diese Varietät nicht aufrecht zu erhalten sein; es läge dann ein Fall von Anisosporie vor, entsprechend der Anisophyllie bei höheren Pflanzen. Nach Grove gehören hierher die von Klein (l. c.) beschriebenen Formen b und c seines P. crystallinus. Dazu die Abbildungen Taf. XXVI, 46, 48, XXVII, 49, 50. Ferner ist nach Grove hierher zu rechnen der von Brefeld (l. c. p. 69, Taf. III, 1—10, Taf. IV, 11—14) als P. Oedipus beschriebene Pilz.

Pilobolus lentiger Corda, 1837 (Icon. fung. I. p. 22, Taf. VI, 286).

Synon.: Pycnopodium lentigerum Corda, 1842, Icon. fung. V, p. 18.

Diese Form ist als Species zu streichen; nach der Abbildung bei Corda und dem Substrat (vertrocknete menschliche Excremente) ist zu schliessen, dass ein durch Wassermangel leidender Pilobolus vorliegt, dessen Beschreibung am besten mit P. Kleinii übereinstimmt und zwar eine Uebergangsform mit kurz ellipsoidischen Sporen, die zwischen der Hauptform und Grove's Varietät sphaerospora steht. Die erschlaffte subsporangiale Blase in Corda's Bild ist doch keinesfalls normal. Coemans (Acad. Bruxelles l. c. XXX. p. 14) rechnet den Pilz zu P. Oedipus, dessen Habitus freilich Corda's Bild nicht recht zeigt. Auch die Diagnose bei Karsten (Mycol. fenn. IV. p. 71) passt am besten auf P. Kleinii var. sphaerospora. Den von Thümen als P. lentiger herausgegebenen Pilz (Mycoth. univ. 1917) halte ich für P. Oedipus, wegen der kugeligen, dickwandigen Sporen.

Pilobolus Oedipus var. intermedia Coemans, 1863 (Bull. Acad. Belg. II. Serie XVI. p. 71) mit rundlichen, 14—16 μ langen, 11—14 μ breiten Sporen gehört nach Grove (l. c. p. 35) zu P. Kleinii. Auch die Diagnose bei Karsten (Myc. fenn. IV. p. 71), welcher die Varietät zu einer neuen Species P. intermedius erhebt, entspricht dieser Deutung. Als Species zu streichen.

203. **P. longipes** van Tieghem. 1876 (A. sc. nat. 6. Serie IV. p. 338).

Synon.: Pilobolus roridus Brefeld, 1881, Untersuch. IV. p. 70.
Pilobolus longipes Bainier, 1882, Étude, p. 46; Grove, 1884, Midl. Nat.
p. 35; Berlese u. de Toni, 1888, Saccardo's Syll. VII. 1, p. 185.
Abbild.: van Tieghem, l. c. Taf. X, 11—15. Brefeld, l. c. Taf. IV. 17.
Bainier, l. c. Taf. II, 11—13. Grove, l. c. Taf. VI, 1.

Sporangienträger einzeln aus einer grossen, auf dem Substrat liegenden, schön goldgelben Anschwellung des Mycels entspringend, welche gewöhnlich das Ende eines Mycelastes und von
diesem durch eine Querwand abgegrenzt ist; Anschwellung wurmförmig, horizontal kriechend, 1,5—2 mm lang, $^{1}/_{4}$ so dick, zuweilen
kleiner, mit mehreren gabeligen Haftfüsschen. Sporangienträger
selbst an der Basis nicht angeschwollen, aufrecht, 2—3, sogar bis
7 cm hoch, subsporangiale Blase kurz ellipsoidisch, zuweilen fast
kugelig, 1 mm und mehr breit, mit farbloser, glatter Membran und
orangenen Inhaltsresten, ohne gefärbtes Band in der Blase. Sporangien gewölbt, über halbkugelig, 0,5 mm breit, schwarz, ohne
weisse Felderung, glatt. Columella lang conisch, mit glatter,
schwach blauschwarzer Membran. Sporen ellipsoidisch, fast kugelig,
gleichförmig, 10—12 μ breit, 12—14 μ lang, mit ziemlich dicker,
schwach blauschwarzer Membran und lebhaft orangegelbem Inhalt;
gehäuft dunkelgrün. Zygosporen unbekannt.

Auf Hunde- und Pferdemist; die grösste aller bekannten Species.
Schleuderkraft gering, die meisten Sporangien quellen ab, ohne
vorher abgeschleudert worden zu sein.

204. **P. roridus** (Bolton, 1789) Persoon. 1801 (Synops. p. 117).

Synon.: Mucor roridus Bolton, 1789, Hist. Fung. III. p. 168, Taf. 132,
Fig. 4.
Polibolus roridus Coemans, 1861, l. c. p. 61.
Pilobolus microsporus Klein, 1872, Jahrb. wiss. Bot. VIII. p. 360.
Pilobolus roridus van Tieghem, 1875, A. sc. nat. 6. Serie I. p. 46.
Pilobolus roridus Bainier, 1882, Étude p. 44.
Pilobolus roridus Grove, 1884, Midl. Nat. p. 36.
Pilobolus roridus Schröter, 1886, Schles. Kryptfl. III. 1, p. 212.
Pilobolus roridus Berlese u. de Toni, 1888, Saccardo's Syll. VII. 1, p. 185.
Abbild.: Coemans, l. c. Taf. II, Fig. B. Klein, l. c. Taf. XXVII,
XXVIII, 53—67. van Tieghem, l. c. Taf. I, 7—13. Bainier, l. c. Taf. II, 16.
Grove, l. c. Taf. VI, 4—6.

Sporangienträger einzeln aus einer im Substrat verborgenen,
schwach gelblichen, blasigen Anschwellung des Mycels entspringend,

welche gewöhnlich intercalar liegt und rechts und links an ähnliche, aber sterile Anschwellungen angrenzt; gegen den Sporangienträger ist die Anschwellung durch keine Querwand abgegrenzt, so dass der erstere gelegentlich eine geschwollene Basis hat. Sporangienträger aufrecht, oft 1, selbst 2 cm hoch, subsporangiale Blase sehr kurz ellipsoidisch, fast kugelig, plötzlich fast rechtwinkelig in den cylindrischen Stiel abgesetzt; mit farbloser, dünner, glatter Membran, fast farblosen Inhaltsresten, besonders stark bethaut. Sporangien gedrückt, kappenförmig, sehr klein, augenförmig, nur $^1/_3$ so breit als die subsporangiale Blase, ca. 0,2 mm breit, blauschwarz, ohne weisse Felderung, von feinen Oxalatnädelchen zart wimperig. Columella flach, kugelig gewölbt, sehr wenig in das Sporangium hineinragend, mit glatter, schwach blauschwarzer Membran. Sporen ellipsoidisch, 3—4 μ breit, 6—8 μ lang, mit dünner, glatter, farbloser Membran, einzeln farblos, gehäuft schwach gelblich.

Auf Koth von Pflanzenfressern (Pferd, Hase, Kaninchen, Schaf).

Diese Form steht durch die schwache allgemeine Färbung und auch durch die Kleinheit der farblosen Sporen dem P. crystallinus sehr nahe; unterscheidet sich aber leicht und sicher davon durch die plötzliche Erweiterung des Sporangienträgers zur Blase und durch das sehr kleine, der Blase wie ein Auge aufsitzende Sporangium. Von vielen Autoren sind oft andere, stark bethaute hohe Pilobolusspecies als P. roridus bezeichnet worden. So gehört Brefeld's P. roridus (Untersuch. IV. p. 70) zu P. longipes, P. roridus Currey (Linn. Journ. I. p. 162) zu P. Kleinii: meistens gehört der P. roridus der Autoren zu P. crystallinus (conf. Grove, l. c.).

205. **P. Oedipus** Montagne, 1828 (Mem. soc. Linn. Lyon p. 1).

Synon.: Pilobolus crystallinus Cohn, 1851, Nova Acta Leop. XV. 1.
Pilobolus Oedipus Coemans, 1861, Mem. sav. étrang. Acad. Bruxelles XXX. p. 59.
Pilobolus Oedipus van Tieghem, 1875, A. sc. nat. 6. Serie I. p. 43.
Pilobolus reticulatus van Tieghem, 1876, A. sc. nat. 6.Serie IV. p. 336 Anm.
Pilobolus Oedipus Bainier, 1882, Étude p. 43.
Pilobolus Oedipus Grove, 1884, Midl. Nat. p. 33.
Pilobolus Oedipus Schröter, 1886, Schles. Kryptfl. III. 1, p. 212.
Pilobolus Oedipus Berlese u. de Toni, 1888, Saccardo's Syll. VII. 1, p. 186.
Hydrophora vexans Auerswald in Collect. sec. Fuckel.
Exsicc.: Fuckel, Fungi rhen. 2204, Rabh., Fungi europ. 382, Sydow, Mycoth. march. 2205.
Abbild.: Cohn, l. c. Taf. LI, LII. Coemans, l. c. Taf. I, 1—20. Bainier, l. c. Taf. II, 1—10. Grove, l. c. Taf. IV, 14, 15.

Sporangienträger dichte röthliche Rasen bildend, einzeln aus einer nahezu senkrecht im Substrat steckenden, mit dem oberen

Theil hervorragenden, knollen- oder rübenförmigen, terminalen Anschwellung des Mycels entspringend: Anschwellung zweitheilig, aus einem dicken, oberen, über das Substrat hervorragenden und einem dünnen, unteren, als Anhang des ersteren erscheinenden Theile bestehend, beide Theile durch eine Querwand von einander getrennt, der kleinere, untere in den Mycelfaden sich verjüngend, zur Sporenreife gewöhnlich noch dicht mit gelblichem Inhalt erfüllt, der obere leer knollenförmig, ohne Querwand in den cylindrischen Theil des Sporangienträgers übergehend und dessen angeschwollene Basis bildend. Sporangienträger aufrecht, niedrig 1—3 mm, selbst bis 5 mm hoch, die basale rübenförmige Anschwellung mit Anhangszelle 0,2—0,35 mm breit, 0,6—2 mm lang, cylindrischer Stiel 0,09 bis 0,13 mm breit, 0,7—2 mm lang, subsporangiale Blase eiförmig, 0.47—0,66 mm breit, 0,57—0,85 mm lang, mit farbloser, dünner, glatter Membran und schön orangerothem Inhalt des Stieles und der subsporangialen Blase. Sporangium gedrückt halbkugelig, gross, fast so breit wie die Blase, 0,38—0,55 μ breit, 0,2—0,25 mm hoch, schwarz, gelegentlich mit einem hexagonalen Maschenwerk weisser Leistchen gezeichnet. Columella hoch-kegelig, mit sanfter medianer Einschnürung, breit stumpf-schnabelig, zuweilen bis an den Scheitel des Sporangiums reichend, bis 0,2 mm hoch, an der Basis ebenso, an dem stumpf-schnabeligen Scheitel noch 0,15 mm breit, mit glatter, schwach rauchgrauer Membran. Sporen genau kugelig, ungleich gross, 8—14 μ Durchmesser, mit kräftiger, glatter, zweischichtiger Membran und orangerothem Inhalt, einzeln stark orange. Zygosporen unbekannt.

Auf Excrementen (Mensch, Pferd, Kuh, Ziege, Elephant, Schwein), auf faulenden Algen.

Dieser kleine Pilz besitzt von allen bekannten Species die grösste Schleuderkraft, seine Sporangien schiesst er bis 75 cm hoch senkrecht empor.

Coemans (Bull. Acad. Belgique 2. Serie XVI. p. 73, Taf. I, 1—4) beschreibt kugelige Stylosporen mit schwach stacheliger Membran, welche im Substrat einzeln am Ende kurzer Aeste entstehen. Die andern von Coëmans (l. c.) beschriebenen Conidien und Chlamydosporen gehören nicht zu Pilobolus.

P. reticulatus van Tieghem, 1876 (A. sc. nat. 6. Serie IV. p. 336 Anm.) soll sich durch die weisse, netzige Zeichnung des Sporangiums unterscheiden. Wie bei P. crystallinus ist dieselbe wohl auch hier nicht constant und zur Speciesunterscheidung unbrauchbar.

Die von Klein (l. c.) als P. Oedipus bezeichnete Form gehört zu P. Kleinii orma sphaerospora; ebenso nach Grove (l. c.) Brefeld's P. Oedipus.

P. Oedipus var. intermedia Coemans, 1863 (Bull. Acad. Belg. 2. Serie XVI. p. 71) gehört nicht hierher, sondern ist eine Form des P. Kleinii, mit Sporen, die zwischen den typisch ellipsoidischen und den kugeligen der Form sphaerospora den Uebergang bilden.

Der P. Kleinii var. sphaerospora ist dem P. Oedipus sehr ähnlich und unterscheidet sich nur durch die dünne Membran der Sporen.

206. P. exiguus Bainier, 1882 (Étude p. 47).

Abbild.: Bainier, l. c. Taf. II, 17; A. sc. nat. 6. Serie XV. Taf. V, 5, 6.

Dem vorigen sehr ähnlich. Sporangienträger einzeln, wie bei voriger Species, die grössere, basale Anschwellung aber im Substrat verborgen; niedriger als bei voriger Art, subsporangiale Blase schwach, kleiner als die basale. Sporangien halbkugelig, mit durchsichtiger, schwärzlicher Membran. Sporen rund, sehr gross, ungleich, 14,7 — 21 μ Durchmesser, orangegelb. Zygosporen unbekannt.

Auf Mist.

Weitere Untersuchung wird zu entscheiden haben, ob hier wirklich eine gute Species vorliegt. Ich möchte den Pilz nur für eine grosssporige Form von P. Oedipus halten. Auch die Abbildung bei Bainier spricht dafür.

207. P. nanus van Tieghem, 1876 (A. sc. nat. 6. Serie IV. p. 340).

Abbild.: van Tieghem, l. c. Taf. X, 16—22. Grove, 1884, Midl. Nat. Taf. VI, 2.

Sporangienträger gruppenweise, zu 2—5 nebeneinander aus einer intercalaren, durch Querwände in ebensoviel Zellen getheilten Anschwellung des Myceliums entspringend, jede Zelle einen Träger bildend; Anschwellung im Substrat, fast farblos, sehr schwach gelblich. Sporangienträger aufrecht, kurz, nicht über 1 mm hoch, subsporangiale Blase fast kugelig, unter dem Sporangium zu einer kurzen Apophyse eingeschnürt, mit farbloser, glatter Membran, farblosem Inhalt. Sporangien kugelig, ebenso gross wie die subsporangiale Blase, klein, gelb, mit gelblicher, durch feine Oxalatnädelchen wimperigen Membran, ohne weisse Maschen. Columella flach, niedergedrückt. Sporen kugelig, sehr klein, 3,5—4 μ Durchmesser, farblos, glatt. Zygosporen unbekannt. Dauersporen (Stylosporen) im Substrat, einzeln an kurzen, am Scheitel geschwollenen, zurückgekrümmten Seitenästchen, kugelig, 15—20 μ Durchmesser, farblos oder gelblich, mit grob warzig verdickter Membran.

Auf Rattenkoth.

Diese kleinste aller bekannten Species zeichnet sich aus durch die gruppenweise angeordneten Sporangienträger mit den nicht schwarz, sondern gelb gefärbten Sporangien.

Die von van Tieghem (l. c. pag. 341, Taf. X, 22) beschriebenen Dauersporen (Stylosporen) möchte ich für Azygosporen halten. Die von Bainier (A. sc. nat. 6. Serie XV. Taf. XIX, Fig. II) abgebildeten Azygosporen von Mucor tennis bieten ein ähnliches Bild dar.

Auszuschliessende Species.

Pilobolus pestis bovinae Hallier, 1872 (Zeitschr. f. Parasitenk. p. 57 etc.; Synon.: P. Hallierii Rivolta, Paras. Veget. ed. II. p. 497, Fig. 200) ist natürlich zu streichen, denn an einen Zusammenhang eines Pilobus mit Rinderpest ist jetzt nicht mehr zu denken. Die beobachtete Form scheint nach der Abbildung Pilobolus Kleinii var. sphaerospora gewesen zu sein.

2. Familie. Mortierellaceae.

Sporangium ohne Columella, mit zerfliessender Membran. Zygosporen einzeln in ein Gehäuse (Carposporium) vollständig eingeschlossen, eine kleine Knolle darstellend.

XLIV. Mortierella Coemans, 1863 (Bullet. Acad. Belgique 2. Serie XV. p. 536).

Mycelium in dem Substrat, besonders aber auf dessen Oberfläche als spinnewebig-wolliges Luftmycel sich ausbreitend, auch über das Substrat hinaus auf andere Gegenstände übergreifend, reich verzweigt, mit dünnen, schlanken, ausläuferartigen Zweigen, mit zahlreichen Fusionen zwischen benachbarten Mycelästen und deshalb mehr oder weniger maschig, einzellig, im Alter mit Querwänden, meist farblos, glattwandig. Sporangienträger einzeln

Erklärung nebenstehender Abbildungen.

Mortierella. — *a* M. Rostafinskii. Ein unverzweigter Sporangienträger mit zerflossenem Sporangium, am Scheitel eine Anzahl Sporen, ein zurückgeschlagener Basalkragen und keine Columella, an der Basis ein Faserbüschel (Vergr. 100, nach Brefeld). *b* M. Candelabrum. Ein verzweigter Sporangienträger mit weissen Sporangien (Vergr. 75, nach van Tieghem und Le Monnier). *c—g* M. Rostafinskii. *c* Entwicklung der Zygosporenfrucht durch Verflechtung zahlreicher, aus der Umgebung der Copulationsäste vorsprossender Fäden, zwischen denen die ersteren noch durchschimmern (Vergr. 300). *d* Eine reife, knollenförmige Zygosporenfrucht (Vergr. 5). *e* Keimung einer Zygosporenfrucht, aus deren Hülle zahlreiche Sporangienträger hervorbrechen (Vergr. 15). *f* Eine Myceleonidie, wahrscheinlich zu Mortierella gehörig (Vergr. 300). *g* Gemmen verschiedener Form (Vergr. 300). *c—g* nach Brefeld.

Fig. 46.

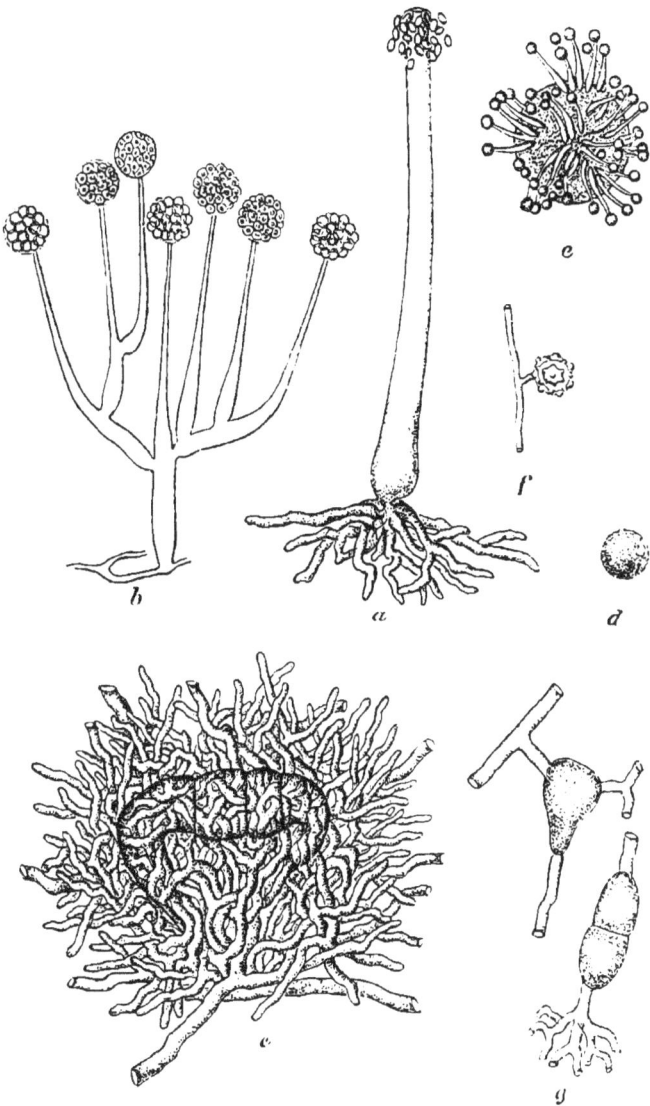

oder büschelig, mit oder ohne lappige Haftfüsschen, am Grunde geschwollen, aufrecht, einfach oder in verschiedener Weise traubig oder cymös verzweigt, alle Aeste mit Sporangien abschliessend. meist weiss. Sporangien alle gleichartig, gewöhnlich viel-, manchmal wenigsporig, aufrecht, weiss oder gelblich, am Träger sich öffnend. Sporangienwand farblos, glatt, ohne Oxalatincrustation, zart, sehr zerfliesslich, ihre Basis fester und als zurückgeschlagener Basalkragen an dem Stiele sitzen bleibend. Columella fehlt, die das Sporangium vom Stiele trennende Scheidewand flach oder schwach uhrglasförmig. Sporen kugelig oder elliptisch, seltener spindelförmig oder stumpfeckig, meist sehr ungleichförmig, farblos, glatt, meist mit grosser glänzender Fettkugel im Centrum. Zygosporen am Mycel, kugelig, nur mit einschichtiger, dicker Membran, in eine geschlossene Hülle (Carposporium) verflochtener Mycelfäden eingeschlossen, die den Suspensoren und ihren Tragfäden entsprungen sind; Copulationsäste gleich gestaltet, zangenförmig; Keimung siehe M. Rostafinski. Mycelconidien (Stylosporen) häufig, am Luftmycel, kugelig, mit feinstachliger Membran, einzeln auf kurzen Stielchen. Gemmen (Chlamydosporen) im Substrat, besonders an untergetauchten Mycelien, verschieden gestaltet, glatt, farblos, terminal und intercalar.

Lebensweise. Die nach Knoblauch riechenden Mortierellen sind Saprophyten auf Excrementen, faulenden Pflanzen, einige besonders auf absterbenden Schwämmen und anderen Mucorineen; sie überziehen das Substrat mit einem weissen, nur bei M. nigrescens braun gefärbten, dichten, wolligen Filz, aus dem die Sporangienträger und die Mycelconidien entspringen. Das Luftmycel mit seinen feinen, vielfach maschenartig fusionirenden Fäden erinnert an dasjenige von Syncephalis, besonders auch in der Eigenthümlichkeit über das eigentliche Substrat hinauszuwachsen und in dessen Nachbarschaft sich auszubreiten. Eine weitere Aehnlichkeit mit Syncephalis besteht in der grossen Beständigkeit der Sporangienträger, die durch ein Haftfüsschen am Substrat befestigt wochen- und monatelang sich erhalten, nachdem das zarte Mycel längst abgestorben ist. Die Sporen werden durch einen Wassertropfen zu einem glänzenden Kügelchen zusammengehalten, nachdem die vergängliche Sporangienmembran zerflossen ist.

Nach van Tieghem (A. sc. nat. 6. Serie I. p. 97) sollen die Mortierellen auch halbparasitisch leben, sich an andere Mucorineen (Mucor, Pilobolus) anlegen und sogar büschelige Rhizoiden in diese treiben. Piptocephalis soll, ebenfalls nach van Tieghem, die Mortierellen intact lassen.

Morphologisches. Ueber die eigenthümliche Keimung der Zygosporenfrüchte vergleiche man die Anmerkung bei M. Rostafinskii.

Die Sporangienträger entspringen nur bei wenigen Species unmittelbar einem gewöhnlichen Mycelfaden, meist entstehen sie büschelig an kurzen, dicken, lappiggabelig verästelten Seitenästen des dünnfädigen Mycels, von denen nicht alle zu

Trägern auswachsen, sondern einestheils zum Haftfüsschen desselben, anderntheils zu blasigen, leeren Anhängseln werden. Die dünnen Fäden des Luftmycels sind gabelig mit langen Zwischenstücken und an den Gabelungsstellen aufgetrieben; in das Substrat dringt oft gar kein kräftiger Theil des Mycels ein, sondern es werden nur büschelige Rhizoiden hinein getrieben.

Systematisches. Die gestielten Mycelconidien haben grosse Aehnlichkeit mit der Gattung Sepedonium; besonders ist S. mucorinum Harz (1871, Bull. soc. imp. Nat. XLIV. p. 110, Taf. III, 4), welches nach seinem Autor ein Mucorparasit sein soll, nach van Tieghem nur eine Mortierella (conf. A. sc. nat. 5. Serie XVII. p. 360).

Eine Mortierella, die unter den hier beschriebenen freilich nicht unterzubringen ist, scheint auch die Hydrophora umbellata Bonorden's (Abh. Mycol. II. 1870, p. 45) zu sein; man findet ihre Beschreibung unter den zweifelhaften Arten. Auch andere Arten der älteren Gattung Hydrophora mit columellafreien Sporangien dürften hierher gehören.

Bestimmungstabelle.

I. Sporangienträger unverzweigt.

  a. Sporen höchstens doppelt so lang als breit.

    aa. Sporangienträger am Grunde kahl oder von fädigen Rhizoiden, aber nicht von leeren, kugeligen Blasen umgeben.

      α. Sporangienträger unter dem Sporangium nicht eingeschnürt . . . . *M. simplex.*

      β. Sporangienträger unter dem Sporangium scharf eingeschnürt.

        αα. Sporen gleichmässig, ellipsoidisch
                            M. Rostafinskii.

        ββ. Sporen sehr ungleich, stumpf dreieckig
                            M. strangulata.

    bb. Sporangienträger am Grunde von leeren, kugeligen Blasen umgeben.

      α. Sporangienträger nicht über 5 mm hoch, leere Blasen klein . . . . *M. pilulifera.*

      β. Sporangienträger 20—30 mm hoch, Blasen sehr gross, schon mit blossem Auge erkennbar . *M. tuberosa.*

  b. Sporen viermal so lang als breit, spindelförmig
                               M. fusispora.

II. Sporangienträger verzweigt.

  A. Verzweigung einförmig, entweder traubig oder cymös.

a. Sporangienträger traubig verzweigt, mit mehr oder weniger wirteligen Seitenästen, Sporangien 4—20sporig.

  aa. Sporen mit glatter Membran, Sporangien 4—20sporig
                        M. polycephala.

  bb. Sporen mit netzig verdickter oder stachliger Membran, Sporangien 4—8sporig.

    α. Sporenmembran netzig verdickt   *M. reticulata.*

    β. Sporenmembran feinstachlig . . *M. echinulata.*

b. Sporangienträger cymös verzweigt, die Seitenäste den Mutterspross übergipfelnd, Sporangien meist vielsporig.

  aa. Mycel weiss, Sporangienträger bis zuletzt farblos.

    α. Sporangienträger 1—3 mm hoch, reich verästelt.

      αα. Aeste zunächst wagerecht und dann aufsteigend, Sporen kugelig *M. Candelabrum.*

      ββ. Aeste spitzwinklig, Sporen ellipsoidisch
                        M. Bainieri.

    β. Sporangienträger nur 0,1 mm hoch, unverzweigt oder schwach verästelt . . . *M. minutissima.*

  bb. Mycel braun, Sporangienträger braun *M. nigrescens.*

B. Verzweigung gemischt, Haupt- und Seitenäste oben traubig quirlig, unten cymös (schraubelig) verzweigt *M. biramosa.*

Betreffs der Verzweigung zeigt Mortierella dieselbe Mannigfaltigkeit wie Mucor, nur kommt es bei den cymösen Trägern nicht zur Bildung eines Sympodiums.

I. Sporangienträger unverzweigt.

208. M. simplex van Tieghem u. Le Monnier, 1873 (A. sc. nat. 5. Serie XVII, p. 350).

    Abbild.: van Tieghem u. Le Monnier, l. c. Taf. XXIV, 103—106.

Sporangienträger einzeln, aufrecht, unverzweigt, ohne Querwände, mit schwachen Haftfüsschen, 0,7—1 mm hoch, unten geschwollen ca. 70 μ dick, nach oben bis auf 15 μ verjüngt, farblos, ohne Einschnürung unter dem Sporangium. Sporangien kugelig, weiss, mit kleinem Basalkragen, vielsporig. Sporen kugelig, mit vielen unregelmässig gestalteten Sporen gemischt, 10 μ Durchmesser, farblos, mit glatter Membran und einem grossen, glänzenden Fetttropfen im Centrum. Zygosporen unbekannt. Mycelconidien (Stylosporen) kugelig, 16 μ Durchmesser, mit dicken, kegelförmigen Warzen besetzt, farblos, einzeln auf ziemlich langen, unverzweigten Stielchen, zerstreut am Mycel. Gemmen (Chlamydosporen) mehr oder weniger kugelig, glattwandig, farblos, dicht mit Fetttropfen erfüllt, die durch gegenseitigen Druck zellnetzähnliche, polygonale Umrisse bekommen haben.

Auf feuchtem Dünger und Pflanzenerde, auf modernden Zweigen und Moos. Die Sporen, Myceleonidien und Gemmen keimen gut auf Orangensaft und Mistdecoct.

Nach van Tieghem (l. c. p. 359) entstehen die gestielten Myceleonidien auf dem an der Oberfläche der Nährflüssigkeit sich ausbreitenden Mycel und ragen auf ihren Stielen frei in die Luft (chlamydospores aériennes). Die Gemmen dagegen entstehen am untergetauchten Mycel (chlamydospores aquatiques).

209. M. Rostafinskii Brefeld, 1881 (Untersuch. IV. p. 81).

Abbild.: Brefeld, l. c. Taf. V u. VI, Unters. IX. 1891, Taf. III A, 3, 4.

Sporangienträger einzeln, aufrecht, unverzweigt, ohne Querwände, am Grunde mit einem dichten Büschel langer, fädiger, getheilter, farbloser Rhizoiden, die oft das unterste Viertel des Trägers hüllenartig umschliessen; aus geschwollener Basis cylindrisch, dicht unter dem Sporangium auf die halbe Breite scharf eingeschnürt, farblos. Sporangien kugelig, weiss, vielsporig, mit nach abwärts zurückgeschlagenem Basalkragen. Sporen gleichmässig, ellipsoidisch, 6 μ lang, 5 μ breit, glänzend, farblos, glattwandig. Zygosporen kugelig, 1 mm Durchmesser, mit sehr dicker, schwach gelblicher, einschichtiger, glatter Membran, sehr fettreichem Inhalt, eingehüllt in ein braunes, kugeliges, 1,5 mm grosses Carposporium, eine gelbbraune Knolle darstellend. Gemmen beobachtet. — Fig. 46 a, c—g.

Auf Pferdemist.

Bei gedrängtem Wuchs verschmelzen die oft stark entwickelten, fädigen Hüllen an der Basis benachbarter Sporangienträger mit einander und erzeugen eine Art Stroma mit vielen Trägern (Brefeld IX. l. c.).

Die einzige Species der ganzen Gattung, deren vollständige Entwicklungsgeschichte durch Brefeld's Untersuchungen bekannt ist. Sehr merkwürdig verläuft die Keimung der Zygosporenfrucht; die Zygospore selbst functionirt nur noch als fettreicher Reservestoffbehälter, sie keimt niemals selbst, gleichviel ob sie in der Hülle gelassen oder herauspräparirt wird. Die Hülle (Carpospor) allein ist es, welche auskeimt und zahlreiche Sporangien entwickelt.

210. M. strangulata van Tieghem, 1875 (A. sc. nat. 6. Serie I. p. 402).

Abbild.: van Tieghem, l. c. Taf. II. 70—76.

Sporangienträger einzeln, aufrecht, unverzweigt, ohne Querwände, am Grunde mit einem dichten Büschel gabeliger, kurzer Haftwürzelchen; 0,8—1 mm hoch, mit breit geschwollener, 75 μ dicker

Basis, nach oben bis auf 25 μ verjüngt, dicht unter dem Sporangium stark, auf 8 μ eingeschnürt und hier dickwandig, farblos. Sporangien kugelig, 80—120 μ Durchmesser, milchweiss, mit zerfliessender Membran, deren unterster Theil aber verdickt ist, nicht zerfliesst und später als faltiger Kragen sich zurückschlägt; die das Sporangium vom Träger trennende Querwand liegt in der starken Einschnürung des letzteren: vielsporig. Sporen sehr ungleich in Form und Grösse meist stumpf dreieckig, zuweilen elliptisch oder spindelförmig oder auch stumpf viereckig, 9 μ lang, 6 μ breit, farblos, glatt. Zygosporen unbekannt. Mycelconidien (Stylosporen) kugelig, gross, 18—20 μ Durchmesser, auf ebenso langen ungetheilten Stielchen, zerstreut am Mycel, mit feinpunctirter oder feinstachliger Membran, farblos.

Auf Rattenkoth; cultivirbar auf Pferdemist und auf Decoct daraus. Die Sporen keimten nicht in Orangensaft.

Der vorigen Species nahestehend, aber davon durch die kräftige Anschwellung der Basis, die stärkere Einschnürung der Träger unterhalb des Sporangiums und durch die Sporen hinreichend unterschieden.

211. M. pilulifera van Tieghem, 1875 (A. sc. nat. 6. Serie I. p. 105).

Abbild.: van Tieghem, l. c. Taf. II, 63—69.

Sporangienträger einzeln, aufrecht, unverzweigt, zunächst ohne, nach der Reife meist mit einigen Querwänden, besonders in der Basis; am Grunde von einem dichten Haufen, kurzgestielter, kugeliger Blasen umgeben, die terminal oder intercalar an kurzen Gabelästen sitzen, anfangs dicht mit Protoplasma erfüllt und farblos, zuletzt aber völlig leer und braunhäutig sind; 5 mm hoch, aus schwach geschwollener Basis cylindrisch, dicht unter dem Sporangium abermals schwach erweitert, farblos, mit glatter Membran, die zuletzt cuticularisirt und starr ist, aber farblos bleibt. Sporangien kugelig, weiss, vielsporig, geöffnet ohne oder nur mit einem sehr kleinen Basalkragen. Die Scheidewand des Sporangiums flach oder schwach gewölbt, in der Mitte meist mit einem glänzenden Knötchen. Sporen gleichmässig, elliptisch, 7—9 μ lang, 4—5 μ breit, farblos, glatt. Mycelconidien kugelig, stachlig, auf kurzen, ungetheilten Stielchen. Weiteres unbekannt.

Auf Kaninchenmist; cultivirt auf Mistdecoct.

Das Mycelium wuchert auf die Culturgefässe, auf Wasser über und bildet hier besonders reichlich Sporangienträger.

212. **M. tuberosa** van Tieghem, 1875 (A. sc. nat. 6. Serie I. p. 106).

Abbild.: van Tieghem, l. c. Taf. II, 55—62.

Sporangienträger einzeln, aufrecht, unverzweigt, zunächst ohne, später mit mehreren ordnungslosen, zarten Querwänden; am Grunde von einem dichten Haufen kurz gestielter kugeliger Blasen umgeben, wie bei voriger Species, aber die Blasen grösser, bis zuletzt weiss und schon dem blossem Auge als weisse Knöllchen erkennbar; 2—3 cm hoch, aus schwach geschwollener Basis cylindrisch, dicht unter dem Sporangium wieder schwach erweitert, farblos, mit glatter Membran, die zuletzt cuticularisirt und starr ist, aber farblos bleibt. Sporangien kugelig, milchweiss, vielsporig, mit deutlichem Basalkragen; die Scheidewand des Sporangiums flach oder schwach gewölbt, in der Mitte meist mit einem glänzenden Knöpfchen. Sporen ungleichmässig, meist ellipsoidisch, 11—16 μ lang, 6—9 μ breit, fast noch einmal so gross, als bei voriger Species, farblos, glatt. Zygosporen unbekannt. Mycelconidien kugelig, stachlig, 20—25 μ Durchmesser, auf ebenso langen, unverzweigten Stielchen, zerstreut am Mycel. Gemmen kugelig oder eiförmig, ungleich gross, glatt, grau.

Auf Rattenkoth; cultivirt auf Pferdemist.

Diese grösste aller bekannten Species hat Mucorhabitus, entwickelt den schwächsten Knoblauchgeruch. Die starren Sporangienträger erhalten sich wochen- und monatelang aufrecht, nachdem das feine Mycel längst verschwunden ist. Die durch Schleim zusammengehaltenen Sporen krönen als weisslichgraue Köpfchen die Träger und keimen zuweilen schon auf ihnen aus.

Von der vorigen, ihr sehr nahestehenden Art durch die Grösse der Träger, die grösseren Blasen am Grunde und die Sporen unterschieden.

213. **M. fusispora** van Tieghem, 1876 (A. sc. nat. 6. Serie IV. p. 385).

Abbild.: van Tieghem, l. c. Taf. XIII, 105—107.

Sporangienträger einzeln, aufrecht, unverzweigt, ohne Querwände, mit einem kurzen, lappigen Haftfüsschen, nur 0,5 mm hoch, aus schwach geschwollener Basis cylindrisch, unter dem Sporangium kaum erweitert, farblos. Sporangien kugelig, milchweiss, vielsporig, mit fast ganz zerfliessender, glatter Membran; die Scheidewand schwach uhrglasförmig, mit glänzendem Knöpfchen in der Mitte. Sporen spindelförmig, viermal so lang als breit, 22—24 μ lang, 5—6 μ breit, farblos, glatt. Mycelconidien kugelig, 12 μ Durchmesser, mit groben conischen Warzen besetzt, auf kurzen, unverzweigten Stielchen, zerstreut am Mycel. Weiteres unbekannt.

Auf Kaninchenkoth: das vergängliche Mycel breitet sich weit,
auch über das Substrat hinaus, aus.

II. Sporangienträger verzweigt.

214. M. polycephala Coemans, 1863 (Bull. Acad. Belgique,
2. Serie XV. p. 536).

Abbild.: Coemans, l. c. Taf. I, 1—6. van Tieghem u. Le Monnier,
1873, A. sc. nat. 5. Serie XVII. Taf. XXIV, 80—89.

Sporangienträger büschelig, zu 5—20 neben einander, aufrecht, traubig verzweigt, ohne Querwände, mit oder ohne kurzes,
lappiges Haftwürzelchen, 0,2—0,6 mm hoch, Hauptspross an der
Basis angeschwollen, allmälig nach aufwärts stark verjüngt, oben
fadenförmig, mit grossem Sporangium abschliessend, im oberen Theil
mit einigen (2—10) kurzen, unverzweigten, weit abstehenden, einzelnen oder wirteligen, einander genäherten Seitenästen, die mit
einem kleinen Sporangium abschliessen; farblos. Sporangien alle
gleichartig, kugelig, milchweiss, wenigsporig, 4—20 sporig, mit sehr
kleinem Basalkragen; Scheidewand flach. Sporen kugelig oder
eiförmig, verschieden gross, gewöhnlich 10—12 μ Durchmesser,
farblos, glatt, mit einem grossen, glänzenden Fetttropfen. Zygosporen unbekannt. Mycelconidien kugelig, dicht feinstachlig,
farblos, 20 μ Durchmesser, auf ebenso langen, unverzweigten Stielchen, einzeln oder gruppenweise gehäuft auf kurzen, angeschwollenen
Seitenästen des an der Luft wachsenden Mycels. Gemmen wie
gewöhnlich.

Auf Mist, modernden Pflanzen, besonders gern auch auf absterbenden Schwämmen (Polyporus perennis, Daedalea), auf diesen
im Spätherbst und Winter.

Mortierella crystallina Harz, 1871 (Bull. soc. imp. Nat. Moscou XLIV.
p. 145, Taf. I, 2) stimmt nach der Beschreibung und Abbildung des Autors vollkommen mit der obigen Species überein, so dass wohl van Tieghem's Vermuthung,
dass dieselbe Species vorgelegen habe, gerechtfertigt ist. Der Autor selbst giebt
die Uebereinstimmung zu, gründet seine neue Species aber auf den Mangel eines
Mycels und die gleichartige Beschaffenheit der Sporen innerhalb eines Sporangiums.
Das feinfädige, vergängliche Mycel ist vielleicht schon verschwunden gewesen, ein
diagnostisches Merkmal kann hieraus nicht abgeleitet werden. Die Sporen beschreibt
der Autor als kugelig und von ziemlich gleicher Grösse; da er keine Maasse angiebt, so ist dieses „ziemlich gleich" eine sehr blasse Angabe, die sich ganz gut
mit der in der obigen Diagnose beschriebenen Sporenbeschaffenheit verträgt. Harz
fand seinen Pilz im Januar auf Trametes suaveolens und auf modernden Eichen-
und Buchenblättern, die von Mucoreen übersponnen waren. Ich betrachte diese
Species nur als Synonym der M. polycephala.

Hydrophora alba Bonorden, 1861 (Abh. naturf. Ges. Halle VIII. p. 111) auf lebendem Mucor ist nach der Beschreibung sicher eine Mortierella und zwar die obige Species.

215. **M. reticulata** van Tieghem u. Le Monnier, 1873 (A. sc. nat. 5. Serie XVII. p. 350).

Abbild.: van Tieghem u. Le Monnier, l. c. Taf. XXIV, 90—98.

Sporangienträger büschelig, zu mehreren von einem Ast des Mycels zugleich mit einigen kurzen, fingerartigen Aesten entspringend, aufrecht, traubig verzweigt, ohne Querwände, ca. 0,15 mm hoch, untersetzt, Hauptspross an der Basis geschwollen, nach aufwärts verjüngt, aber nicht dünn fadenförmig wie bei voriger Art, mit grossem Sporangium abschliessend, mit wenigen, sehr kurzen, horizontalen oder sogar etwas nach abwärts geneigten, unverzweigten Seitenästen, die mit einem etwas kleineren, fast sitzenden Sporangium abschliessen; farblos. Sporangien alle gleichartig, kugelig, milchweiss, wenigsporig, nur 2—8, meist 4 Sporen enthaltend, mit sehr kleinem Basalkragen; Scheidewand flach. Sporen gross, kugelig oder stumpf-tetraëdrisch, 16—25 μ Durchmesser, mit zierlich netzig verdickter, starker Membran, farblos. Zygosporen unbekannt. Mycelconidien gross, kugelig, dicht-stachelig, 25 μ Durchmesser, auf ebenso langen, unverzweigten Stielchen, zerstreut am Mycel. Gemmen noch nicht beobachtet.

Auf Hundekoth, auf Bierhefe, die auf feuchten Platten ausgestrichen war; cultivirt auf Mistdecoct, keimt nicht auf Orangensaft.

216. **M. echinulata** Harz, 1871 (Bull. soc. imp. Nat. Moscou XLIV. p. 145).

Abbild.: Harz, l. c. Taf. V, 4, 4a.

Sporangienträger büschelig, aufrecht, traubig verzweigt, ohne Querwände, Hauptspross mit Sporangium abschliessend, mit einigen kurzen, kleinere Sporangien tragenden Seitenästchen, farblos. Sporangien alle gleichartig, kugelig, milchweiss, wenigsporig, nur 4—8 Sporen enthaltend. Sporen gross, kugelig oder fast kugelig, 12—15 μ Durchmesser, mit dicker, feinstachliger Membran, farblos. Weiteres unbekannt.

Auf dem Mycelium verschiedener Mucorarten.

Steht der vorigen sehr nahe und unterscheidet sich besonders von ihr durch die feinstachligen Sporen. Die Verzweigung soll nach Harz der von M. crystallina Harz (M. polycephala) ähnlich sein.

217. **M. Candelabrum** van Tieghem u. Le Monnier, 1873
(A. sc. nat. 5. Serie XVII. p. 351).

Abbild.: van Tieghem u. Le Monnier, 1. c. Taf. XXIII, 99—102.
Bainier, 1883, A. sc. nat. 6. Serie XV. Taf. V, 7—10.

Sporangienträger einzeln, aufrecht, cymös verzweigt, ohne
Querwände, mit oder ohne lappiges Haftfüsschen, 1—2 mm hoch,
Hauptspross aus angeschwollener Basis allmälig verjüngt, oben
pfriemlich-fädig, mit Sporangium abschliessend, unter demselben
weder eingeschnürt noch verbreitert, im unteren, geschwollenen
Theil mit einem oder mehreren, an der Basis geschwollenen, fast
wagerecht abstehenden und weit bogig aufsteigenden Seitenästen,
die sich pfriemlich verjüngend senkrecht aufsteigen, den Hauptspross überwachsen und wieder mit Sporangium abschliessen.
Diese Seitenäste 1. Ordnung tragen wiederum aufsteigende, unverzweigte oder verzweigte, pfriemliche Aeste 2. Ordnung, die über
sie hinauswachsen, mit Sporangium abschliessend, bis zu Zweigen
4. Ordnung. Das ganze mannigfach gestaltete Sprosssystem ist einem
vielarmigen Candelaber ähnlich und kann bis 12 Sporangien tragen,
farblos. Sporangien alle gleichartig, vielsporig, kugelig, milchweiss, mit kleinem Basalkragen. Sporen kugelig oder elliptisch,
klein, meist 6 μ Durchmesser, aber sehr verschieden in Grösse und
Form, farblos, glatt, mit einer grossen Fettkugel in der Mitte.
Zygosporen unbekannt. Stylosporen unbekannt. Gemmen
(Chlamydosporen) kugelig oder tonnenförmig, 25—48 μ, glatt, terminal oder intercalar, oft fast terminal und mit einem kurzen
Spitzchen, dem Astende, gekrönt. — Fig. 46*b*.

Auf Excrementen, modernden Pflanzen, besonders Hutpilzen
(Amanita phalloides, A. muscaria, Lepiota procera), auf todten Fliegen
auf Wasser, auf Hefe; entwickelt den stärksten Knoblauchgeruch
unter allen bekannten Arten. Das weit ausgebreitete Mycel bildet
lockere, weisse Rasen.

Die Grösse und Form der Sporen scheint sehr variabel zu sein, sie sind nach
van Tieghem (l. c.) rund, 4—10 μ, meist 6 μ Durchmesser, nach Bainier (l. c. p. 89)
oval, selten rund, 6,3 μ lang, 2,1 μ breit, nach Schröter (Kryptfl. III. 1, p. 214)
kurz elliptisch oder kugelig, 5—6 μ lang, 3—5 μ breit. Ob den Genannten immer
die gleiche Species vorgelegen hat, ist freilich nicht sicher zu entscheiden; immerhin
liegen aber die angegebenen Sporengrössen innerhalb der auch bei andern Mucorineen beobachteten Grenzen.

M. Candelabrum var. minor Grove, 1885 (Journ. of Bot. XXIII. p. 131,
Taf. 256. Fig. 1). Sporangienträger 0,2—0,3 mm hoch, fast vom Grunde aus
candelaberartig vorzweigt, Sporen genau kugelig, farblos, glatt, 10—12 μ Durch-

messer. Auf faulendem Holz. Diese durch ihre niedrigen Sporangienträger und die grossen, kugeligen Sporen charakterisirte Form ist natürlich vom Autor nicht auf die Beständigkeit dieser Merkmale geprüft worden und könnte wohl auch nur eine Hungerform sein.

218. **M. Bainieri** Costantin, 1889 (Bull. soc. myc. France IV. p. 150; auch Revue myc. XI. p. 165).

Abbild.: Bull. soc. myc. IV. Taf. XXII, 7—15.

Sporangienträger einzeln, aufrecht, cymös verzweigt, ohne Querwände und Haftfüsschen, 2—3 mm hoch, Hauptspross und Seitenäste aus geschwollener Basis pfriemlich, alle mit Sporangium abschliessend, unter demselben weder eingeschnürt noch verbreitert, Seitenäste nicht wagerecht abstehend, sondern in spitzem Winkel aufsteigend, einzeln oder paarweise, länger oder wenigstens so lang als der Hauptspross und wie dieser sich verzweigend, farblos. Sporangien alle gleichartig, vielsporig, kugelig, milchweiss, mit Basalkragen. Sporen ellipsoidisch, ziemlich unregelmässig in der Form, 6—9 μ lang, 4—5 μ breit, farblos, glatt, ohne glänzende Kugel. Weiteres unbekannt.

Auf Tremellodon gelatinosum, kleine weisse Räschen bildend; cultivirt auf Kartoffeln und Pferdemist.

Steht der vorigen sehr nahe, unterscheidet sich durch die steiler aufsteigenden Aeste und die Sporen. Nach Costantin hat bereits Bainier diese Form vor sich gehabt, aber für M. Candelabrum gehalten, woraus sich dessen Angaben über die Sporengrösse erklären sollen.

219. **M. minutissima** van Tieghem, 1876 (A. sc. nat. 6. Serie IV. p. 385).

Abbild.: van Tieghem, l. c. Taf. XIII, 89, 90.

Sporangienträger einzeln, aufrecht, einfach oder spärlich cymös verzweigt, ohne Querwände, ohne besonderes Haftfüsschen einem Mycelfaden entspringend, nur 0,1 mm hoch, Hauptspross aus geschwollener Basis pfriemlich, mit Sporangium abschliessend, unter diesem weder eingeschnürt noch verbreitert; zuweilen unverzweigt, meist mit ein oder zwei gleichartigen, ihn übergipfelnden Nebenästen, die ebenfalls mit Sporangium abschliessen; farblos. Sporangien alle gleichartig, wenigsporig, circa bis 20 Sporen enthaltend, kugelig, weiss. Sporen kugelig, 8—10 μ Durchmesser, farblos, glatt, meist mit grosser Fettkugel im Centrum. Weiteres unbekannt.

Auf Daedalea im Laboratorium gewachsen: die kleinste aller bekannten Species!

Steht jedenfalls der M. Candelabrum sehr nahe und ist vielleicht nur eine Hungerform dieser.

220. **M. nigrescens** van Tieghem, 1876 (A. sc. nat. 6. Serie IV. p. 380).

Abbild.: van Tieghem, l. c. Taf. XIII, 91—104.

Sporangienträger einzeln, aufrecht, einfach oder cymös verzweigt, ohne Querwände, ohne besondere Haftfüsschen einem Mycelfaden entspringend, 1—1,5 mm hoch. Hauptspross an der Basis geschwollen, bis 50 μ dick, nach oben allmälig auf 7—9 μ verjüngt, mit Sporangium abschliessend, unter diesem weder eingeschnürt noch verbreitert; zunächst unverzweigt, später nach der Sporenreife aus dem unteren Drittel einen oder mehrere angeschwollene, nach oben pfriemliche Seitenäste treibend, die ihn überwachsen, mit Sporangium abschliessen und zuweilen ebensolche Aeste 2. Ordnung treiben, so dass kleine candelaberartige Sprosssysteme entstehen. Der ganze Sporangienträger anfangs weiss, später mit brauner, glatter Membran. Sporangien alle gleichartig, vielsporig, kugelig, 60—100 μ Durchmesser, gelblich, mit oder ohne zurückgeschlagenen Basalkragen, Scheidewand uhrglasförmig, mit glänzendem Knötchen. Sporen ellipsoidisch, 6—8 μ lang, 2—4 μ breit, farblos, glatt; zuweilen nierenförmig oder sonst abweichend gestaltet. Zygosporen kugelig, 0,1—0,125 mm Durchmesser, mit dicker, glatter, farbloser oder grauer, einschichtiger Membran, eingehüllt in ein anfangs gelbliches, später chocolatbraunes, 0,125 mm grosses Carposporium. Mycelconidien und Gemmen nicht beobachtet.

Auf absterbenden Pilzkörpern (Agaricus, Boletus, Lycoperdon, Paxillus involutus), im Herbst. Cultivirt auf Agaricus campestris und Tuber (van Tieghem).

Das weit sich ausbreitende Mycel bildet dicke, anfangs weisse, später braune, filzige Ueberzüge, an die von Spinellus fusiger erinnernd.

Die Wände des zunächst scheidewandlosen, später ordnungslos septirten Mycels sind anfangs farblos, bräunen sich aber, cuticularisiren und werden dicker, der Inhalt schwindet vollständig, so dass zuletzt der braune, die Sporangienträger tragende Filz nur noch aus diesen leeren, 5—12 μ dicken Fäden besteht. Aus diesem Luftmycel entstehen zahlreiche büschelige, in das Substrat eindringende Haustorien. Die Zygosporen finden sich in den tieferen Schichten des filzigen Mycels; sie keimen wie die von M. Rostafinskii aus der Hülle mit zahlreichen Sporangienträgern.

221. **M. biramosa** van Tieghem, 1875 (A. sc. nat. 6. Serie I. p. 110).

Abbild.: van Tieghem, l. c. Taf. II, 77—81.

Sporangienträger einzeln, aufrecht, gemischt racemös und cymös verzweigt, ohne Querwände, mit lappigem Haftfüsschen, 0,8

bis 1 mm hoch, Hauptspross aus breit geschwollener Basis pfriemlich
verdünnt, mit grossem Sporangium abschliessend, unter diesem weder
eingeschnürt noch verbreitert, im oberen Theil mit 4—6 einander
genäherten, 2—6zähligen Quirlen kurzer, gerader, unter 45° aufsteigender, unverzweigter Seitenäste, die mit etwas kleinerem Sporangium abschliessen, im unteren Drittel dagegen mit einem kräftigen,
weit bogig aufsteigenden Seitenast, der ihn überwächst, mit einem
grossen Sporangium abschliesst und wiederum in gleicher Weise
sich verzweigt, also im oberen Theil einige Quirle kurzer, sporangien-
tragender Seitenäste, im unteren einen aufsteigenden, ihn überwachsenden Ast treibt; diese Verzweigung kann sich an kräftigen
Exemplaren bis zu 4. oder 5. Ordnung fortsetzen, es resultirt ein einseitig cymöses, schraubeliges System traubig-quirlig verzweigter
Aeste, von grosser Mannigfaltigkeit im einzelnen; das ganze Sprosssystem farblos. Sporangien alle gleichartig, nur die an den
Wirtelästen kleiner, vielsporig, kugelig, weiss, gewöhnlich ohne
Basalkragen, Scheidewand flach. Sporen kugelig, 6—9 μ, meist
7,5 μ Durchmesser, ziemlich ungleich, farblos, glatt. Zygosporen
unbekannt. Mycelconidien kugelig, stachelig, 9—10 μ Durchmesser, auf ebenso langen, unverzweigten Stielen, zerstreut oder
gruppenweise auf kurzen, blasig geschwollenen Seitenästen des
Mycels.

Auf Rattenkoth; cultivirt auf Pferdemist.

Ungenau bekannte und auszuschliessende Arten.

Zweifelhafte Mortierellen.

M. diffluens Sorokin, 1874 (Arb. d. naturf. Ges. Kasan). Die
Originalarbeit war mir nicht zugänglich. Nach Saccardo's Sylloge
VII. 1, p. 224 sind die Sporangien 15—18sporig, im Wasser schnell
zerfliessend, die Sporen 9—10 μ gross, farblos, dickwandig. Auf
Mucor Mucedo. Es ist kaum anzunehmen, dass Sorokin's Original-
beschreibung nähere Angaben enthält. Die zweifelhafte Species dürfte
wohl zu streichen sein.

M. arachnoides Therry u. Thierry, 1882 (Compt. rend. soc.
bot. Lyon, auch Revue mycol. IV. p. 160) ist, wie schon die Beschreibung der Autoren zeigt, die nur ein steriles Mycel vor sich
hatten, keine Mucorinee, sondern nach Roumeguère (Revue mycol.
VII. p. 245) Spicaria arachnoidea Sacc. et Therry, der Spinnewebspilz
der Gewächshäuser.

M. Ficariae Therry u. Thierry, 1882 (l. c., auch Revue myc.
IV. p. 160. Taf. XXX, 1) auf lebenden Blättern von Ficaria ranun-
culoides ist wie die vorige kein Phycomycet, sondern irgend ein
Hyphomycet.

Hierher dürften auch gehören:

Hydrophora umbellata Bonorden, 1870 (Abh. Mycol. II. p. 45).
Sporangienträger doldig verästelt mit 3—7 den aufrechten Hauptspross überwachsenden, ungetheilten oder abermals getheilten Aesten,
ohne Querwände, graubraun; alle Aeste mit Sporangien. Sporangien
alle gleichartig, vielsporig, kugelig, anfangs milchweiss, zuletzt schwarz,
ohne Columella. Sporen kugelig, grauschwarz. Auf Weissbrod.
Eine sichere Entscheidung über die systematische Stellung dieses
Pilzes ist nach Bonorden's Beschreibung nicht möglich: es könnte
eine Mortierella vorgelegen haben. Später ist der Pilz wohl nicht
wieder beobachtet worden.

Hydrophora hyalina Harz, 1871 (Bull. soc. imp. Nat. Moscou
XLIV. p. 144, Taf. III, 5).

Synon.: Mucor Paolettianus Berlese u. de Toni, 1887, Sacc., Syll.
VII. 1, p. 203.

Sporangienträger aufsteigend oder aufrecht, bis 1,5 mm hoch,
einfach oder verästelt, scheidewandlos, farblos. Sporangien farblos
und fast durchsichtig, kugelig, 15—30 μ Durchmesser, mit schnell
schwindender Membran, ohne Columella. Sporen kugelig, 15—20
oder auch viel mehr in einem Sporangium.

Bildete einen weissen, spinnewebigen, fast filzigen Ueberzug
auf gekochten Kartoffeln.

Da Harz ausdrücklich das Fehlen der Columella hervorhebt, so
dürfte wohl auch hier eine Mortierella vorgelegen haben, die nach
der Abbildung mit M. polycephala verwandt ist.

XLV. **Herpocladium** Schröter, 1886 (Schles. Kryptfl. III. 1,
p. 213).

Mycelium nicht näher beschrieben. Sporangienträger unbegrenzt an der Spitze weiter wachsend, nicht mit Sporangium abschliessend, sympodial verzweigt mit traubig angeordneten Sporangien
an kurzen, geschlängelten oder spiralig gewundenenen Stielen, schlaff,
rankend, weiss. Sporangien alle gleichartig, vielsporig, kugelig,
selten aufrecht, meist mehr oder weniger nickend. Sporangienwand glatt, farblos, ohne Oxalat, zerfliesslich. Columella fehlt,

die das Sporangium vom Stiele trennende Wand flach. Sporen farblos, glatt. Zygosporen unbekannt.[1]

Diese von Schröter aufgefundene, noch unvollständig bekannte Form verhält sich zu Mortierella wie Circinella zu Mucor; die sympodiale Verzweigung der Sporangienträger und das unbegrenzte Wachsthum derselben stimmen bei Herpocladium und Circinella überein.

222. H. circinans Schröter, 1886 (l. c. p. 213).

Sporangienträger weit rankend, 40 μ dick, an der Basis nicht geschwollen, mit zahlreichen, einzelnen, kurzen, gebogenen oder fast spiralig gekrümmten Seitenästchen, farblos, ohne Querwände. Sporangien kugelig, weiss, 200 μ Durchmesser. Sporen ellipsoidisch, 3,5—4 μ lang, 2—2,5 μ breit, farblos, glatt. Weiteres unbekannt.

Auf Hasenmist, auf Moose, Zweige etc. übergreifend.

2. Unterordnung. Conidiophorae.

Ungeschlechtliche Fortpflanzung durch Conidien, welche einzeln oder in Ketten an besonderen Conidienträgern gebildet werden.

1. Familie. Chaetocladiaceae.

Conidien einzeln, kugelig, in Gruppen an dem mittleren, geschwollenen Theil der letzten Aeste der Conidienträger, Enden derselben dünn, steril. Zygosporen nackt, zwischen den geraden Copulationsästen.

XLVI. **Chaetocladium** Fresenius, 1863 (Beitr. z. Mycologie p. 97).

Mycelium parasitisch oder saprophytisch auf andern Mucorineen, reich verzweigt, dünn, farblos, an den Berührungsstellen mit einem andern Mucorfaden einen traubigen Büschel dicker, kurzer, sackartiger Haustorien bildend und durch Auflösung der Membran in offene Verbindung mit dem Wirth tretend, weithin rankend, auch die sterilen Spitzen der Conidienträger zu neuen Stolonen

---

[1] Leider kann ich von dieser Gattung und ebenso von Syncephalastrum keine Abbildungen geben, da meine wiederholten Bitten um Material oder Zeichnungen von Herrn Professor Schröter nicht erhört wurden.

auswachsend. Conidienträger selten aufrecht, meist rankend, mehrfach sparrig-quirlig verästelt, ihre Aeste in eine sterile, borstenförmige Spitze auslaufend, die letzten Aeste sehr kurz, geschwollen morgensternartig, eine grössere Zahl von Conidien abschnürend,

Fig. 47.

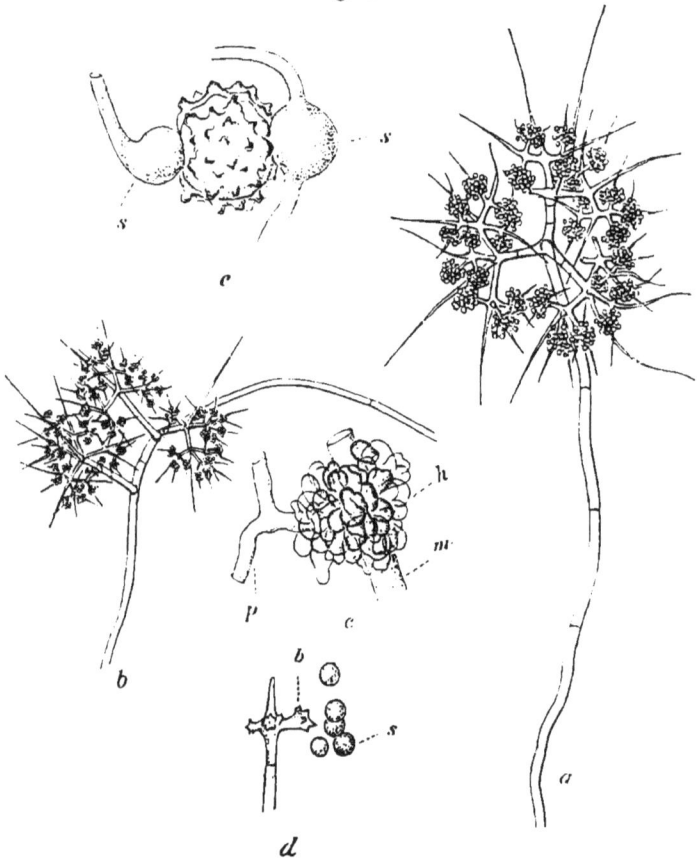

Chaetocladium. — a—c Ch. Brefeldii. a Ein aus einer keimenden Zygospore hervorgewachsener aufrechter Conidienträger (Vergr. 150, nach Brefeld). b Ein Stück eines rankenden, ausläuferartigen Conidienträgers (Vergr. 80, nach Brefeld). c Ein Stück eines Mucorfadens (m) mit dem Haustorienknäuel (h) des parasitischen Mycels (p) (Vergr. 300, nach Brefeld). d Ch. Jonesii. Morgensternartiges Astende eines Conidienträgers, mit den kurzen Basidien (b), an denen die Conidien (s) abgeschnürt werden (Vergr. 390, nach de Bary). e Ch. Brefeldii. Eine reife Zygospore mit ihren ungleich aufgeschwollenen Suspensoren (s). (Vergr. 470, nach Brefeld.)

farblos oder bräunlich. Conidien einzeln, durch einmalige Abschnürung entstehend, kugelig, abfallend, glatt oder feinstachelig.
Zygosporen am Mycel und besonders an den Ausläufern, nackt,
Suspensoren ohne Auswüchse, aufgeschwollen, Copulationsäste
gerade; Keimung mit Conidienträgern.

223. Ch. Jonesii Fresenius, 1863 (l. c. p. 97).

Synon.: Botrytis Jonesii Berkeley u. Broome, 1854, Ann. and Magaz.
nat. hist. 2. Serie XIII.

Chaetocladium Jonesii Fres., van Tieghem u. Le Monnier, 1873, A. sc.
nat. 5. Serie XVII. p. 332.

Chaetocladium Fresenianum Brefeld, 1881, Untersuch. IV. p. 55.

Chaetocladium Jonesii Fres., Bainier, 1882, Étude p. 100.

Chaetocladium Jonesii Fres., Schröter, 1886, Schles. Kryptfl. III. 1, p. 215.

Chaetocladium Jonesii Fres., Berlese u. de Toni, 1888, Saccardo, Syll.
VII. 1, p. 220.

Exsicc.: Rabh., Fungi europ. 659.

Abbild.: Fresenius, l. c. Taf. XII, 5—12. de Bary, Abh. Senckenb.
naturf. Ges. V, Taf. XLIV, 11—20. van Tieghem u. Le Monnier, l. c.
Taf. XXIII, 63—70. Brefeld, l. c. Taf. II, 1—4. Untersuch. IX. 1891,
Taf. II, 22, 23.

Conidienträger seltener schlaff aufrecht, meist zwischen den
Sporangienträgern anderer Mucorineen rankend, ganze Mucorrasen
mit bläulich-weissflockigen Guirlanden durchwuchernd, seltener alle
ihre Aeste mit borstenförmiger Spitze endend, meist einige derselben
zu neuen Ausläufern auswachsend, welche neue Stützen ergreifen
und neue Conidienträger produciren, so dass der einzelne Conidienträger seine Selbstständigkeit verliert und zum Conidien tragenden
Ausläufer wird. Am meist weiter rankenden Hauptstamm des
Trägers sitzen ein oder mehrere zwei- bis sechs-, meist dreigablige
Wirtel wagerechter, sparriger, gerader Aeste, welche in eine lange
borstenförmige Spitze auslaufen und selbst wieder 3 oder 4 abstehende, kürzere Wirteläste tragen. Auch diese laufen in eine
borstenartige, sterile Spitze aus und tragen so nochmals kürzere
Wirteläste 3. Ordnung ebenfalls mit borstiger Spitze, unter der
meist 3 kurze rechtwinkelig abspringende Wirteläste 4. Ordnung
entspringen, mit schwach aufgeschwollenen, morgensternartigen
Enden, die auf 15—20 kurzen Stielchen je eine Conidie abschnüren,
ein kleines, von der Borste des Tragastes überragtes, weissliches
Köpfchen bildend. Länge und Verzweigung der Conidienträger sehr
variabel, Membran anfangs farblos, im Alter meist mit sehr feinkörniger Oxalatincrustation und schwach graubräunlich, Inhalt farblos,

Aeste immer gerade, mit Querwänden unter den Verzweigungsstellen. Conidien kugelig, 6,5—10 μ Durchmesser, mit äusserst feinkörnigem, incrustirten, dunklen Exospor, glattem, farblosen Endospor, einzeln farblos, gehäuft bläulich. Zygosporen am Mycel und den Stolonen, kugelig, dunkelgelb, grösser als bei folgender Art, mit dichtwarzigem, dunkelgelben Exospor, glattem, farblosen Endospor; Suspensoren wenig aufgeblasen. Keimung mit Conidienträgern. — Fig. 47 d.

Auf Mist, zwischen andern Mucorineen, saprophytisch und meist parasitisch ihre Fruchtträger befallend. Greift nach Brefeld die meisten Mucor- und Rhizopus-Arten an, nicht Phycomyces nitens.

Wächst nach van Tieghem auch rein saprophytisch und vollkommen üppig auf Orangensaft, Mistdecoct etc.

Variationen der Conidienträger sind vielfach zu beobachten. Bald ist die Zahl der wirteligen Seitenäste und der Wirtel eine verschiedene, bald stehen die Conidien erst an den Aesten 5. Ordnung oder die Verzweigung ist ärmer.

Unterscheidet sich von der folgenden durch die noch einmal so grossen Conidien mit feiner, körnig-rauher, incrustirter Membran, deren äussere Schicht (Exospor) bei der Keimung zerreisst und abgestossen wird.

224. Ch. Brefeldii van Tieghem u. Le Monnier, 1873 (A. sc. nat. 5. Serie XVII. p. 342).

Synon.: Syzygites echinocarpus Hildebrand, 1867, Jahrb. wiss. Bot. VI. p. 277 (Zygospore).
Chaetocladium Jonesii Fres. bei Brefeld, 1872, Untersuch. I. p. 29.
Chaetocladium Brefeldii Bainier, 1882, Étude p. 98.
Chaetocladium Brefeldii Schröter, 1886, Kryptfl. III. 1, p. 215.
Chaetocladium Brefeldii Berlese u. de Toni, 1888, Sacc., Syll. VII. 1, p. 220.
Abbild.: Brefeld, 1. c. Taf. III. u. IV, Untersuch. IX. 1891, Taf. II, 20, 21. van Tieghem u. Le Monnier, 1. c. Taf. XXIII, 71—79. Bainier, 1. c. Taf. IX, 1—4; A. sc. nat. 6. Serie XIX. Taf. IX. 1—10.

Conidienträger wie bei voriger Art, aber durchweg etwas kleiner und schmächtiger. Conidien kugelig oder kurz-ellipsoidisch, nur 2—5 μ Durchmesser, mit glatter, einschichtiger Membran, farblos. Zygosporen kugelig, 30—50 μ Durchmesser, gelb, Exospor gelb, cuticularisirt, mit groben stumpfeckigen Warzen besetzt, Endospor glatt, farblos, dick, Suspensoren blasig aufgetrieben, bisweilen grösser als die Zygosporen, oft ungleich gross. Keimen mit Conidienträger. — Fig. 47 a—c, e.

Auf Mist und modernden Pflanzenresten, echt parasitisch auf Mucor Mucedo und Rhizopus nigricans, die schwarze Farbe des letzteren im Mycel ablagernd. Andere Mucorineen und Pilobolus bleiben nach Brefeld intact.

Die glatten Conidien dieser Art stossen bei der Keimung kein Exosporium ab. Unter dem Einfluss des die jungen Mucorsporangien umspinnenden Parasiten bilden sich diese nicht weiter aus, treiben aber nicht selten neue Zweige, welche kleine, columellalose Sporangien mit kleinen, kugeligen, von Mucor Mucedo abweichenden Sporen tragen (siehe Brefeld, l. c. p. 34, Taf. III, 11). Oft findet man diese zwerghaften Sporangien vollkommen eingeschlossen in die Conidienträger des Parasiten.

Nach van Tieghem (l. c.) gelingt es, auch diese Species saprophytisch in Orangensaft oder Mistdecoct zu ziehen. Spontan tritt sie immer als obligater Schmarotzer auf, ihr Mycel befällt das Mycel, die Conidienträger, besonders die Sporangien der Mucorineen.

Bainier (A. sc. nat. 6. Serie XIX. p. 211) beschreibt zwei Varietäten von Zygosporen, die eine blassgelb, mit feinen, zahlreichen, unregelmässigen Streifen und blasigen Suspensoren, die andere braun, mit weniger zahlreichen, dickeren Streifen und etwas unregelmässig aufgetriebenen Suspensoren. Beide Formen stimmen nicht zu der Beschreibung, welche Brefeld von seinen nach exacter Methode gewonnenen Zygosporen gegeben hat. Es dürften wohl bei Bainier's Beobachtungen unreine Culturen vorgelegen haben, welche vielleicht eine neue dritte Species enthielten, denn auch die Zygosporen von Ch. Jonesii sind nach Brefeld anders gebaut.

Syzygites echinocarpus Hildebrand, 1867 (Jahrb. wiss. Bot. VI. p. 277, Taf. VII, 8—20) stellt die Zygosporen obiger Species vor, wie aus Beschreibung und Abbildung hervorgeht.

Chaetocladium elegans bei Zopf, 1890 (Schenk's Handb. IV. p. 373) ist mir nicht bekannt und wohl nur ein Druckfehler.

2. Familie. Cephalidaceae.

Conidien in Ketten, an den kuglig-kopfig angeschwollenen Astenden unverzweigter oder verzweigter Träger. Zygosporen nackt, auf dem Scheitel der zangenförmigen Copulationsäste.

XLVII. Piptocephalis de Bary, 1865 (Abhandl. Senckenb. naturf. Ges. V. p. 356).

Mycel parasitisch auf anderen Mucorineen, dünn, verzweigt, mit oder ohne Ausläufer, oft weit sich ausbreitend, an den Berührungsstellen die Mucorfäden mit einem unentwirrbaren Knäuel kurzer Aestchen umspinnend, von denen einige zwiebelartig aufschwellen und einen Büschel haarfeiner, meist einfacher Rhizoiden in den Mucor entsenden, farblos, Ausläufer oft bräunlich. Conidienträger bäumchenartig, mehrfach gabelig verästelt, später mit gebräunter, cuticularisirter Membran und zahlreichen Querwänden im Stiel und an den Gabelungsstellen; Gabelenden mit einer kugeligen oder knopfigen, durch eine Querwand abgegrenzten Anschwellung.

der Basidialzelle, welche die Conidienketten meist in grosser
Zahl trägt und mit ihnen vom Conidienträger abfällt. Conidien
in Ketten, cylindrisch oder kugelig, glattwandig. Zygosporen am
Mycel, nackt. Suspensoren ohne Auswüchse, nicht aufgeschwollen,
Copulationsäste zangenförmig, die Zygospore auf ihrem Scheitel
tragend; keimen mit Conidienträger.

Ueber die Ansicht van Tieghem's betreffs der morphologischen Natur der
Conidienketten vergleiche man die Einleitung zu den Mucorineen, Abschnitt Conidien.

Fig. 48.

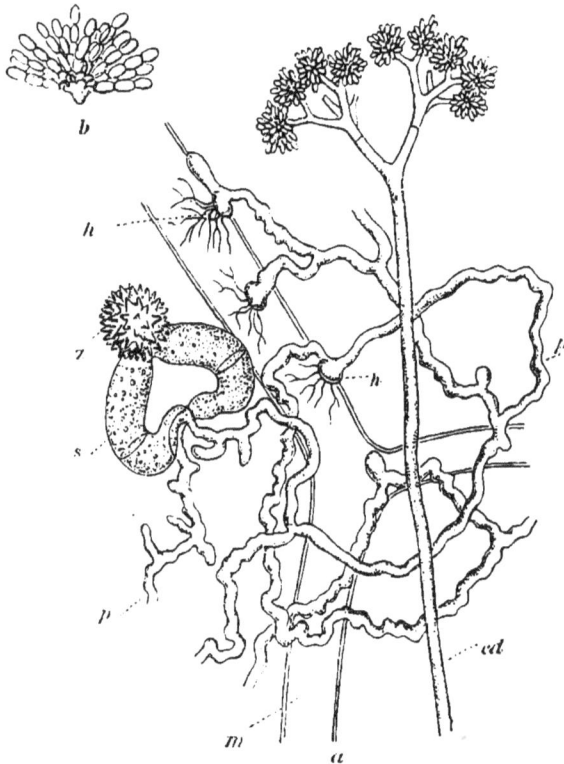

Piptocephalis. — P. Freseniana. *a.* Ein gabeliger Conidienträger (*cd*), eine
Zygospore (*z*), die auf dem Scheitel der zangenförmigen Copulationsäste (*s*) sitzt;
m ein Mucorschlauch mit den Hausorien (*h*) des dünnen parasitischen Pilzes (*p*).
(Vergr. 630, des Conidienträgers (*cd*) nur 300, nach Brefeld und Sachs.) *b* Ein
abgefallenes Köpfchen mit den Conidienketten, die den kleinen warzigen Hervor-
ragungen aufsitzen (Vergr. 630, nach Brefeld).

Bestimmungstabelle.

1. Conidienträger aufrecht, nicht selbst rankend.
   a. Conidienträger ohne Rhizoidenbüschel an der Basis, die unmittelbare Fortsetzung eines Mycelfadens bildend.
   aa. Conidien cylindrisch.
    α. Basidialzelle verkehrt - kegelförmig, mit breitem Scheitel.
     αα. Basidialzelle am Rande seicht gekerbt
                P. Freseniana.
     ββ. Basidialzelle am Rande tief vierlappig aus-
      gebuchtet . . . . *P. cruciata.*
    β. Basidialzelle kugelig . *P. cylindrospora.*
   bb. Conidien genau kugelig . . . . *P. sphaerospora.*
   b. Conidienträger mit Rhizoidenbüschel an der Basis, an Ausläufern entstehend.
   aa. Conidien cylindrisch.
    α. Basidialzelle mit zahlreichen Conidienketten
                 P. repens.
    β. Basidialzelle nur mit 3—4 Ketten *P. microcephala.*
   bb. Conidien spindelförmig . . . . . . *P. fusispora.*
2. Conidienträger selbst Ausläufer treibend und rankend, nicht scharf abgesetzt, stellenweise mit Rhizoiden . . *P. corymbifer.*

225. P. Freseniana de Bary, 1865 (l. c. p. 356).
 Abbild.: de Bary, l. c. Taf. XLIII, 17—19. Brefeld, Untersuch. I. Taf. V. u. VI.

Mycelium ohne besonders gegliederte Ausläufer. Conidienträger an der Basis ohne Rhizoiden, die unmittelbare Fortsetzung der 0,8—5 μ dicken Mycelfäden bildend, die sich über das Substrat erheben und bis auf 19 μ Dicke anschwellen; 9—15 mm hoch, aufrecht, mit hohem, ungetheilten, ⁴/₅ des ganzen Trägers bildenden, cylindrischen Stiel, im oberen Fünftel 5—8 fach gabelig mit rechtwinkeliger Kreuzung der successiven Gabelungsebenen und kurzen, zuletzt sehr kurzen und rechtwinkelig abgehenden Gabelästen, anfangs weiss, reif mit verdickter, cuticularisirter, tiefbrauner Membran mit breiten hellen Längsstreifen, Inhalt farblos, mit Querwänden im Stiel und an den Gabelungsstellen. Basidialzelle breit verkehrt-kegelig, am Rande leicht ausgebuchtet, auf der Oberfläche mit vielen, bis 30, schwachen warzigen Höckern, den Insertionsstellen der Conidienketten. Conidienketten zahlreich, bis 30 auf einer Basidialzelle gleichmässig vertheilt, 15—25 μ lang, drei- bis fünfgliedrig. Conidien länglich-cylindrisch, sehr verschieden gross. 4—8 μ lang. 1,8—4 μ breit, mit einfacher, glatter Membran, farblos oder schwach hellbräunlich. Zygospore kugelig, 20—37 μ Durchmesser, goldgelb oder gelbbraun, mit dicht stachelig-warzigem, ablösbaren, gelben Exospor und glattem, farblosen Endospor. Keimt mit Conidienträger. — Fig. 48.

Obligat parasitisch auf dem Mycel anderer Mucoreen und Pilobolcen, auch auf Chaetocladium; nach van Tieghem nicht auf Mortierelleen. Ergreift niemals die Fruchtträger der Mucorineen, schmarotzt nur auf deren Mycel.

P. arrhiza van Tieghem, 1873 (A. sc. nat. 5. Serie XVII. p. 366, Taf. XXV, 110, 111). Diese Form stimmt, wie van Tieghem selbst zugiebt, in allen Merkmalen so gut mit der vorigen überein, dass wirklich nicht einzusehen ist, worauf die Species sich gründen soll. Das einzige ist die grössere Breite der Conidien. welche bei P. Freseniana nach de Bary 2,6—3,3 μ, bei P. arrhiza 4—5 μ breit sind. Ich kann bei der sonstigen vollkommenen Uebereinstimmung diesen geringen Differenzen, die innerhalb der Beobachtungsfehler und der Variabilitätsamplitude liegen, einen specifischen Werth nicht beimessen und streiche deshalb diese Species. Brefeld giebt nur 1,5—2,3 μ Breite für die Conidien an, so dass nach van Tieghem's Princip hier noch eine andere Species ausgeschieden werden müsste. Das spitzwinkelige Zusammenneigen der Endgabeln ist auch nicht charakteristisch genug.

226. P. cruciata van Tieghem, 1875 (A. sc. nat. 6. Serie I. p. 149).

Synon.: Piptocephalis Freseniana var. cruciata (van Tieghem) Schröter, 1886, Kryptfl. III.1, p. 215.
Piptocephalis Freseniana var. cruciata Schröter in Sacc., Syll. VII. 1, p. 227.
Abbild.: van Tieghem. l. c. Taf. IV, 151—159.

Mycelium ohne Ausläufer. Conidienträger so wie bei P. Freseniana, aber mit fast gleichmässig rothbrauner, sehr fein längsstreifiger Membran, die letzten Gabelzweige sehr lang, länger als die vorletzten, wodurch die einzelnen Köpfchen auseinander gerückt werden, der ganze Träger lockerer wird. Basidialzelle gross, breit, am Rande mehrfach tief und weniger tief eingebuchtet, von oben gesehen sternförmig 4—8lappig, meist tief gekreuzt 4lappig mit ein- oder zweimal seicht ausgebuchteten Lappen, auf der Oberseite mit gabelig angeordneten Höckern, den Insertionsstellen der Conidienketten. Conidienketten zahlreich, meist 40 in 4 den Lappen der Basidialzelle entsprechenden Gruppen. drei- bis fünfgliederig, gerade. Conidien stäbchenförmig, 3 μ breit, 6 μ lang, mit glatter Membran, farblos oder schwach bräunlich. Zygosporen unbekannt.

Parasitisch auf Mucor, der auf Kaninchen- und Rattenkoth wuchs.

Schröter (l. c.) betrachtet diese Form nur als Varietät der P. Freseniana. Die von van Tieghem aufgeführten Merkmale rechtfertigen wohl hinreichend die Aufstellung einer neuen Species.

227. P. cylindrospora Bainier, 1882 (A. sc. nat. 6. Serie XV. p. 92).

Abbild.: Bainier, l. c. Taf. V, 15—17, Étude Taf. X, 8.

Mycel ohne Ausläufer. Conidienträger an der Basis ohne Rhizoiden, aufrecht, niedrig, mehrfach gekreuzt gabelig, mit recht-winkelig abzweigenden, immer kürzer werdenden Gabelästen, anfangs weiss, später mit braungelblicher, undeutlich oder gar nicht ge-streifter Membran, mit Querwänden, Inhalt farblos. Basidialzelle kugelig, klein, auf der obern Hälfte mit zahlreichen conidientragenden Höckerchen, nicht immer abfallend. Conidienketten zahlreich, ca. 25 μ lang, drei- bis fünfgliederig, gerade, aufrecht. Conidien cylindrisch, 2 μ breit, 4 μ lang, glatt, farblos. Zygosporen un-bekannt.

Auf Leinsamen und verschiedenen anderen Substraten, wahr-scheinlich parasitisch auf andern Mucoreen.

228. P. sphaerospora van Tieghem, 1875 (A. sc. nat. 6. Serie I. p. 150).

Abbild.: van Tieghem, l. c. Taf. IV, 160—164.

Mycelium ohne Ausläufer. Conidienträger an der Basis ohne Rhizoiden, aufrecht, höchstens 0,5 mm hoch, von der Mitte aus zwei- und dreimal weit spitzwinkelig-gabelig, Endgabeln lang, länger als die vorletzten; anfangs weiss, später mit fast gleich-mässig gebräunter, undeutlich gestreifter Membran, Inhalt farblos; mit Querwänden im Stiel und an den Gabelungsstellen. Basidial-zelle kugelig, nicht ausgebuchtet, auf der oberen Hälfte mit höcke-rigen Insertionsstellen der Ketten. Conidienketten zahlreich, 5—8gliederig, gerade, aufrecht. Conidien genau kugelig. 2—3 μ Durchmesser, mit glatter Membran, farblos. Zygosporen unbekannt.

Auf Katzenkoth, parasitisch auf Mucor-Arten und auf Chacto-cladium Jonesii.

229. **P. repens** van Tieghem, 1873 (A. sc. nat. 5. Serie XVII. p. 364).

Abbild.: van Tieghem, l. c. Taf. XXV. 107—109. Bainier, Étude Taf. X. 5—7.

Mycelium mit weit sich ausbreitenden, rankenden oder kletternden Ausläufern, über das Substrat hinauswachsend, auf die Culturgefässe übergreifend: Ausläufer hier und da 3—4fach gabelige, septirte Rhizoidenbüschel bildend mit langen Endgabeln und an diesen Stellen einen Ast als Conidienträger senkrecht emportreibend. Conidienträger an der Basis mit einem Rhizoidenbüschel, aufrecht, im oberen Viertel mehrfach (3—6fach) bis zuletzt rechtwinkeliggabelig mit rechtwinkeliger Kreuzung der successiven Gabelungsebenen und immer kürzer werdenden, zuletzt sehr kurzen Gabelästen: Membran anfangs weiss, später längsstreifig mit abwechselnd glatten und weissen und durch Oxalatincrustation körnigen, gelben Streifen, im Ganzen gelblich erscheinend; Inhalt farblos; mit zahlreichen Querwänden im Stiel und an den Gabelungsstellen. Basidialzelle kurz birnförmig, auf dem breiten Scheitel mit zahlreichen höckerigen Insertionsstellen der Conidienketten. Conidienketten zahlreich, 4—5gliederig, ca. 23 μ lang, aufrecht, gerade. Conidien stäbchenförmig, ungleich lang, 3—4 μ breit, mit glatter Membran, gelblich. Zygosporen unbekannt.

Auf Pferdemist, parasitisch zwischen anderen Mucorineen: mit diesen auch auf süssen Mandeln, Leinmehl, Brod cultivirbar.

Bainier (l. c. p. 109) giebt an, dass die Gabeläste der Träger alle in eine Ebene fallen, wodurch die letzten eine spalierobstartige Tracht bekommen sollen. Nach van Tieghem (l. c.) kreuzen sich die Gabelungsebenen rechtwinkelig. Ob hier zwei verschiedene Arten vorliegen, ist nicht zu entscheiden.

230. **P. microcephala** van Tieghem. 1875 (A. sc. nat. 6. Serie I. p. 147).

Abbild.: van Tieghem, l. c. Taf. IV. 146—153.

Mycelium mit Ausläufern wie bei voriger Art, nur weniger üppig wuchernd. Conidienträger an der Basis mit einem zwei- bis dreifach gabeligen Büschel gefächerter, krallenartiger Rhizoiden, aufrecht, im oberen Drittel mehrfach (4—6fach) gabelig, mit immer kürzer werdenden, fast rechtwinkelig abzweigenden Gabelästen und rechtwinkelig gekreuzten Gabelungsebenen; Membran anfangs weiss, später gelbbraun mit kräftigen, helleren Längsstreifen, farblosem Inhalt: mit zahlreichen Querwänden, von denen einige eine aufrecht gerichtete, offene, kurzröhrige Ausstülpung in der Mitte tragen.

Basidialzelle klein, nur 3—4 μ Durchmesser, dreieckig-herzförmig, auf der Oberfläche mit wenigen (3—5) conidientragenden Höckern. Conidienketten zu 3—5, meist zwei- bis drei-, zuweilen nur eingliederig, aufrecht, gerade. Conidien cylindrisch, 3 μ breit, 6 μ lang, mit glatter Membran, schwach gelblich. Zygosporen unbekannt.

Parasitisch auf Pilobolus roridus.

231. **P. fusispora** van Tieghem, 1875 (A. sc. nat. 6. Serie I. p. 146).

Abbild.: van Tieghem, l. c. Taf. IV, 137—145.

Mycelium mit Ausläufern wie bei P. repens, nur weniger üppig. Conidienträger an der Basis mit einem mehrfach gabeligen Büschel septirter, krallenartiger Rhizoiden, aufrecht, im obern Drittel mehrfach (4—8fach) gabelig mit rechtwinkeliger Kreuzung der Gabelungsebenen; Gabeläste fast rechtwinkelig, das unterste Gabelpaar sehr kurz, die nächsten sehr lang, so dass die 4 langen Aeste des zweiten Theilungsschrittes sehr nahe bei einander stehen, weiter aufwärts wiederholt sich dies noch einige Mal, die Gabelpaare sind abwechselnd sehr kurz und sehr lang, zuweilen trichotom, die letzten Gabeln dichotom und successive kürzer werdend; Membran anfangs weiss, später längsstreifig mit abwechselnd glatten und weisslichen und körnigen, gelben Streifen; Inhalt farblos, mit Querwänden. Basidialzelle klein, 5—7 μ Durchmesser, kugelig, auf der obern Hälfte mit zahlreichen, conidientragenden Höckerchen. Conidienketten zahlreich, 3—5gliedrig, gerade, aufrecht. Conidien spindelförmig, 3 bis 4 μ lang, 2 μ breit, glatt, schwach gelblich. Zygosporen unbekannt.

Parasitisch auf einem Mucor, der eine absterbende Helvella crispa bewohnte.

232. **P. corymbifer** Vuillemin, 1887 (Bull. soc. mycol. France III. p. 111).

Mycelium mit Ausläufern weit sich ausbreitend, rankend, Rhizoidenbüchel tragend. Conidienträger gleichfalls rankend und ausläuferartig im untern Theil mit 3—4fach gabeligen, septirten Rhizoidenbüscheln, von denen Gabeläste ausgehen, die zunächst entweder wiederum ausläuferartig sich verhalten oder sich aufrichten und zu den fertilen Theilen der Conidienträger werden; gewöhnlich stehen 4 (oder mehr) solcher Aeste beisammen und bilden eine Art Dolde, deren Strahlen selbst sich 3—6fach in gekreuzten Ebenen gabelig verzweigen, Gabeläste letzter Ordnung nur noch 4 μ breit, die ersten bis 15 μ breit, alle Gabelenden fertil, mit Conidien besetzt, aber oft ungleich lang. Conidienträger überall mit Querwänden, die aber besonders im untern Theil in der Mitte eine kurze, handschuhfingerartige Ausstülpung, im obern nur eine knopfige Verdickung haben, Wand des Trägers zuletzt zimmtbraun, sehr stark längsgestreift. Basidialzelle kurz birnförmig, oben breit abgeflacht, mit lappig gekerbtem Rande und kleinen Höckern auf der Oberseite, oben 14—16 μ breit, meist erst nach den Conidien abfallend. Conidienketten zahlreich, gewöhnlich circa 20, dreigliederig, 20 μ lang, 3 μ breit, aufrecht, gerade. Conidien cylindrisch, 5 bis 7,5 μ lang, 3 μ breit, glatt. Weiteres unbekannt.

Zwischen verschiedenen Mucorineen auf Pferdemist.

Die Conidien der einzelnen Gabelenden werden durch Wassertropfen, wie bei den andern Arten auch zusammengehalten, es kommt aber bei dem dichten Gewirr der vielen Zweige oft dazu, dass später alle Köpfchen einer solchen vierstrahligen Trägergruppe verschmelzen, ein grösseres, gelbliches, mucorähnliches Köpfchen bildend.

Diese Form ist durch die rankenden und deshalb weniger scharf sich abhebenden Conidienträger gut charakterisirt.

XLVIII. **Syncephalis** van Tieghem u. Le Monnier, 1873 (A. sc. nat. 5. Serie XVII. p. 372).

Mycelium parasitisch auf andern Mucorineen oder saprophytisch, sehr dünnfädig, verzweigt, an den Berührungsstellen mit Mucorfäden länglich keulig anschwellend, ein kurzes Aestchen in dieselben treibend, welches blasig aufschwillt und eine grosse Zahl ziemlich dicker, sich verzweigender Aestchen treibt, welche im Mucorschlauch fortwuchern, ihn oft ganz erfüllend. Das Mycelium wächst über das Mucor tragende Substrat weit hinaus, greift auf Glasgefässe, Wasser etc. über und bildet hier reichlich fructificirende, sehr feinfädige, bewurzelte Ausläufer, welche vielfach mit einander fusioniren, ein deutliches, knotiges, weitläufiges Maschenwerk bildend mit kleinen Knoten an den Fusionsstellen. Conidienträger meist unverzweigt oder einmal gegabelt, gerade oder gekrümmt, ohne Querwände, mit einem Büschel kurzer, dicker, krallenartiger, gabeliger Aestchen am Substrat festhaftend, am Scheitel kugelig-kopfig oder keulig erweitert und dicht gestellte Conidienketten tragend; ein Wassertropfen hält sämmtliche Conidien eines Kopfes zusammen; die Conidienträger halten sich monatelang in feuchter Luft, wenn das Mycelium, denen sie entsprungen, schon längst zu Grunde gegangen ist, oft mit gelbem oder röthlichgelben Inhalt, als ebenso

gefärbter Ueberzug erscheinend. Conidien in Ketten, meist zweigestaltig, die unterste Conidie, die Basidialconidie, entweder ebenso
gestaltet wie die übrigen oder meist von abweichender Form, mit
zwei oder mehreren Höckern, denen dann ebensoviel Conidienketten
aufsitzen; die andern Conidien cylindrisch oder spindelförmig oder
kugelig. Die Conidienketten fallen später mit der Basidialconidie
ab, auf der kopfigen Endanschwellung kleine warzige Erhebungen,
ihre Insertionsstellen zurücklassend. Zygosporen nackt, einzeln
oder in Gruppen am Mycel, meist von einigen blasig aufgeschwollenen
Aesten gestützt, Suspensoren ohne Auswüchse, nicht erweitert,
Copulationsäste spiralig sich umschlingend, zangenförmig, die Zygospore auf ihrem Scheitel tragend. Keimung mit Conidienträger.
Mycelconidien (Stylosporen) am Mycel, auf kurzen, unverzweigten
Stielchen, zerstreut oder gehäuft, kugelig. Gemmen (Chlamydosporen) meist kugelig, terminal und intercalar.

Zur Terminologie. Ueber van Tieghem's Deutung der Conidienketten
als einreihige Sporangien, gewissermassen als Merisporangien, vergleiche man den
allgemeinen Abschnitt über die Morphologie der Mucorineen. Die unterste Conidie
ist verschieden gestaltet, wie aus der obigen Diagnose hervorgeht, sie soll als
Basidialconidie deshalb bezeichnet werden, weil sie bei vielen Species (z. B.
S. cordata, depressa, nodosa) mehrere Ketten von Conidien trägt und gewissermassen
als Basidie functionirt. Schröter (Schles. Kryptfl. III. 1), der die van Tieghem'sche
Deutung vertritt, bezeichnet die unterste Conidie als Basidialspore. Dass die
Basidialconidien auch wirklich keimfähig sind und den übrigen Conidien entsprechen, ist noch nicht festgestellt, dürfte aber daraus zu schliessen sein, dass
sie bei manchen Arten dieselbe Form haben wie die übrigen und dass sie dort,
wo sie abweichend gestaltet sind, doch sonst die Structur der andern Conidien
annehmen; z. B. hat bei S. nodosa die herzförmige Basidialconidie dieselbe dicke,
fein warzig-körnige Membran wie die andern Conidien. Nach Bainier (Étude p. 128)
soll bei S. depressa die breite Basidialconidie später in einige stäbchenförmige
Conidien zerfallen.

Bainier (Étude 1882, p. 121 u. 126) schlägt vor, die grosse Gattung in
mehrere Untergattungen resp. besondere Gattungen zu zerlegen. Als Monocephalis möchte er alle Species mit ungetheilten, als Syncephalis im engern
Sinne diejenigen mit höckerigen, mehrere Conidienketten tragenden Basidialconidien
zusammenfassen. Ferner schlägt er für S. nodosa die Gattung Calvocephalis
vor, S. fusiger stellt er in die neue Gattung Microcephalis. Mir scheint dieser
Classificirungsversuch verfehlt, denn Formen wie S. intermedia, S. ramosa zeigen,
dass die Basidialconidien auf denselben Trägern verschieden gestaltet sein können,
so dass schon die beiden Gattungen Monocephalis und Syncephalis durch Ueberzüge
verbunden sind. Alle Species der hier in van Tieghem's Umgrenzung behandelten
Gattung Syncephalis haben so viel Aehnlichkeit mit einander, dass eine weitere
Trennung unnöthig ist. Auch die Anordnung der Zygosporen, welche Bainier
weiterhin als Unterscheidungsmerkmal benutzt, scheint mir soviel Bedeutung einstweilen nicht zu haben.

Fig. 49.

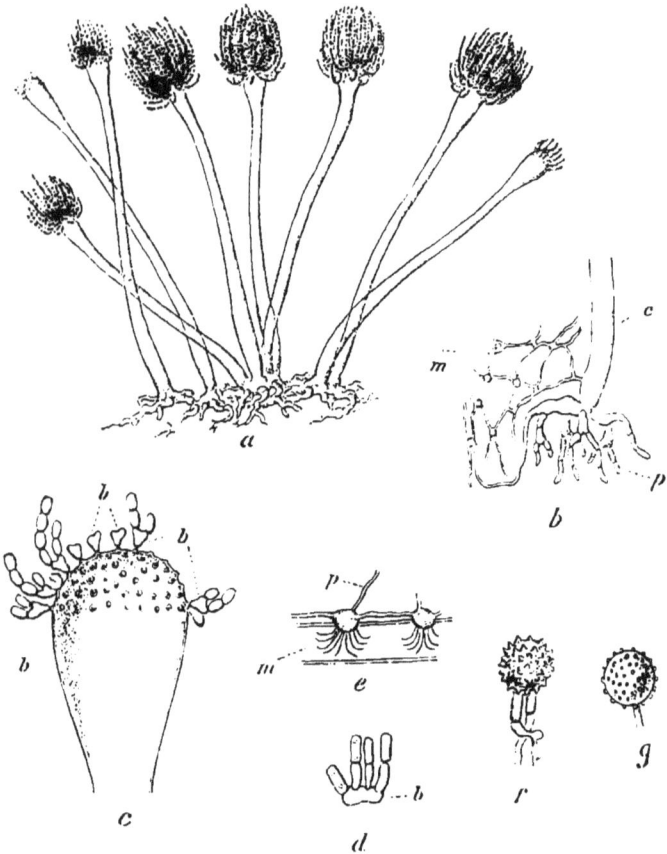

Syncephalis. — *a—c* S. cordata. *a* Eine Gruppo von Conidienträgern mit den aufrechten, vielgliederigen Conidienketten (Vergr. 60). *b* Basis eines Conidienträgers (*c*) mit lappigen Haftfüsschen (*p*) und einem Stück des feinfädigen, durch zahlreiche Anastomosen netzartigen Mycels (*m*) (Vergr. 120). *c* Keulig geschwollenes Ende eines Conidienträgers mit herzförmigen Basidien (*b*), die zwei Conidienketten tragen und auf kurzen, warzigen Erhebungen der Trägeranschwellung inserirt sind (Vergr. ca. 300). *d* S. depressa. Eine niedergedrückte, vierhöckerige Basidialconidie (*h*) mit vier Conidienketten (Vergr. 670). *e* S. cordata. Ein Mucorschlauch (*m*), in dem der parasitische Pilzfaden (*p*) Haustorien getrieben hat (Vergr. 120). *f* u. *g* S. Cornu. *f* Eine reife Zygospore, auf dem Scheitel der Copulationsäste sitzend (Vergr. 300). *g* Eine Mycelconidie (Stylospore) auf kurzem, unverzweigten Stielchen (Vergr. ca. 450). *a* und *c* nach der Natur, *b*, *d-f* nach van Tieghem, *g* nach Bainier.

Lebensweise. Die Syncephalis-Arten scheinen insgesammt facultative Parasiten zu sein, die nach van Tieghem's Untersuchungen sehr gern parasitisch auf andern Mucorinen sich festsetzen, die aber auch vollkommen saprophytisch auf Mist sich cultiviren lassen; in der Natur treten sie meist als Parasiten von Mucorineen auf. Selbst die verschiedenen Species der Gattung Syncephalis können sich gegenseitig befallen, z. B. wurde S. cordata auf S. Cornu beobachtet.

Die Syncephalis-Species können, einmal im Laboratorium eingenistet, zu einer grossen Plage von Mucorineenculturen werden. Ihre Conidienträger erhalten sich in einigermassen feuchter Luft monatelang, nachdem das feine maschenbildende Mycel schon lange abgestorben ist; sie bilden gelbliche, bräunliche Ueberzüge auf den zusammengesunkenen Mucorfäden, auf dem Substrat und den zur Cultur benutzten Tellern und Glasglocken.

Historisches. Es wäre zu verwundern, wenn diese häufigen Pilze nicht bereits den älteren Autoren aufgefallen wären. Eine sichere Entscheidung hierüber lässt sich freilich nicht gewinnen, aber in einem Falle scheint mir doch die Annahme, dass eine Syncephalis vorgelegen habe, durchaus berechtigt. Tode hat als Hydrophora minima (1791, Fungi Mecklenb. sel. II. p. 5) einen winzigen, dem blossen Auge kaum erkennbaren Pilz beschrieben, der auf dürren Buchenästen nach Regenwetter sich entwickelt hatte. Die sog. Sporangienstiele waren unverzweigt, gelblich, ziemlich steif und trugen ein kugeliges, krystallhelles, aus einem Wassertropfen bestehendes Köpfchen; in diesem Zustande blieb der Pilz selbst 7 Wochen ganz unverändert. Link, der den Tode'schen Pilz als Mucor minimus (1824, Spec. plant. VI. 1, p. 89) bezeichnet, führt noch an, dass das Mycelium unscheinbar sei. Persoon (Synops. fung. p. 202) nennt den Tode'schen Pilz Mucor ? hydrophora. Aus dem Angeführten dürfte mit Gewissheit hervorgehen, dass Tode eine winzige, gelbbraune Syncephalis, vielleicht S. nodosa vorgelegen hat und dass der Name Hydrophora minima Tode (Mucor minimus Link) als Speciesname gestrichen werden muss.

Bestimmungstabelle.

I. **Rectae.** Conidienträger gerade, nicht gekrümmt, einfach oder verzweigt.

1. Conidienträger unverzweigt.

A. Conidienketten aufrecht.

a. Conidienträger einzeln, jeder mit einem lappigen Haftfüsschen.

aa. Basidialconidien gleichförmig, alle ungetheilt, mit je einer Conidienkette.

α. Basis der Conidienträger aufgeschwollen, aber höchstens viermal so breit als der mittlere cylindrische Theil. Conidien stäbchenförmig

S. *sphaerica.*

β. Basis der Conidienträger breit bauchig aufgeschwollen, zehnmal so breit als der mittlere
cylindrische Theil. Conidien kugelig

S. ventricosa.

bb. Basidialconidien gleichförmig, alle getheilt, zweihöckerig herzförmig oder mehrhöckerig, mit 2 und
mehr Conidienketten.

α. Basidialconidien zweihöckerig, mit zwei Ketten.

αα. Conidienträger reif gelb oder bräunlich, nicht
unter 500 *μ* hoch, mit zahlreichen Basidialconidien.

ααα. Basidialconidien symmetrisch, herzförmig, mit zwei gleichen Höckern.

1. Conidienketten meist 12gliederig,
Conidien cylindrisch . *S. cordata.*

2. Conidienketten nur zweigliederig,
Conidien spindelförmig *S. fusiger.*

βββ. Basidialconidien unsymmetrisch, mit
zwei sehr ungleich grossen Höckern
S. asymmetrica.

ββ. Conidienträger reif farblos, höchstens 50 *μ*
hoch, nur mit 4 herzförmigen Basidialconidien . . . . *S. tetrathela.*

β. Basidialconidien mit 3—5 Höckern und ebensoviel Conidienketten.

αα. Conidienträger cylindrisch, ohne knotige
Anschwellungen, Conidien glatt.

ααα. Basidialconidien verkehrt-kegelig, höher
als breit . . . . . . *S. minima.*

βββ. Basidialconidien niedergedrückt, doppelt so breit als hoch . *S. depressa.*

ββ. Conidienträger mit 2—4 knotigen Anschwellungen, Conidien warzig-körnig *S. nodosa.*

cc. Basidialconidien verschieden gestaltet, theils einfach,
theils zwei- und mehrhöckerig, mit einer oder
mehreren Conidienketten.

α. Conidienketten ungetheilt. . . . *S. intermedia.*

β. Conidienketten schwach verästelt . *S. ramosa.*

b. Conidienträger gruppenweise, zu 3 und mehreren auf
    einem gemeinsamen Haftfüsschen. Basidialconidien ver-
    schieden gestaltet . . . . *S. fascirulata.*
B. Conidienketten federbuschartig herabhängend. Basidial-
    conidien ungetheilt . . . . *S. pendula.*
2. Conidienträger verzweigt, einmal gabelig, Conidienketten auf-
    recht, Basidialconidien einfach . . . . *S. furcata.*

II. **Curvatae.** Conidienträger gekrümmt, Endanschwellung abwärts gerichtet; unverzweigt.
1. Conidienträger an der Krümmungsstelle blasig aufgeschwollen,
    hornförmig gekrümmt, mit farbloser Membran . *S. Cornu.*
2. Conidienträger an der Krümmungsstelle nicht aufgeschwollen,
    mit bräunlicher Membran.
    α. Conidienträger oben hornförmig, in weitem Bogen ge-
        krümmt; Conidien braun . . . . . . *S. nigricans.*
    β. Conidienträger dicht unter der Anschwellung plötzlich
        nach abwärts gebogen: Conidien farblos oder schwach
        gelblich . . . *S. reflexa.*

I. **Rectae.** Conidienträger gerade, nicht gekrümmt.
    einfach oder verzweigt.

1. Conidienträger unverzweigt.

A. Conidienketten aufrecht.

233. S. sphaerica van Tieghem, 1875 (A. sc. nat. 6. Serie I.
p. 125).
    Abbild.: van Tieghem, l. c. Taf. III, 105—109.

Conidienträger einzeln, aufrecht, unverzweigt, ohne Querwände, mit einem Büschel krallenartiger Haftwürzelchen, 0,4 bis
0,72 mm hoch, aus breiter Basis stark verschmälert und an der
Spitze plötzlich kugelig aufgeschwollen, Basis 28 μ, schmälster Theil
unter dem genau kugeligen Kopfe 8 μ breit. letzterer 40 μ Durchmesser; der ganze Träger farblos, mit farbloser, glatter Membran,
farblosem Inhalt. Basidialconidien cylindrisch oder schmal verkehrt-kegelig, ungetheilt, zahlreich, je eine Kette tragend. Conidien
in einfachen, aufrechten, meist fünfgliederigen Ketten, cylindrisch,
stäbchenförmig, 8—10,5 μ lang, 3—4 μ breit, mit glatter Membran,
einzeln farblos, gehäuft schwach gelblich. Weiteres unbekannt.
    Parasit auf Pferdemist bewohnendem Mucor.

234. S. ventricosa van Tieghem, 1875 (A. sc. nat. 6. Serie I. p. 133).

Abbild.: van Tieghem. l. c. Taf. III, 132—135.

Conidienträger einzeln, aufrecht, unverzweigt, ohne Querwände, mit krallenartigen Haftwürzelchen, 0,08 mm hoch, mit breit bauchig, fast kugelig aufgeschwollener Basis, welche fast die halbe Höhe des ganzen Trägers einnimmt und circa zehnmal so breit ist als der sich an sie ziemlich scharf abgesetzt anschliessende dünne, cylindrische Stiel. Kopf kugelig oder kegelig, höchstens halb so breit als die Basis, mit abgeflachter Oberseite, welche allein die Conidienketten trägt; mit farbloser, glatter Membran und farblosem Inhalt. Basidialconidien ungetheilt, verkehrt-kegelig, zahlreich, je eine Kette tragend. Conidien in einfachen, aufrechten, 6—10-gliederigen Ketten, kugelig, sehr klein, nur 3 μ Durchmesser, mit glatter Membran, farblos. Weiteres unbekannt.

Parasitisch auf Mucorineen auf Hundekoth; gemeinsam mit Syncephalis reflexa. Scheint nach van Tieghem selten.

235. S. cordata van Tieghem u. Le Monnier, 1873 (A. sc. nat. 5. Serie XVII. p. 374).

Abbild.: van Tieghem u. Le Monnier, l. c. Taf. XXIX, 113—117. Bainier, 1882, Étude Taf. XI, 27—29.

Conidienträger einzeln, aufrecht, unverzweigt, ohne Querwände, mit krallenartigen Haftwürzelchen, gross, 0,5—3 mm hoch, schon mit blossem Auge erkennbar, durchweg cylindrisch, ca. 30 μ dick, an der Spitze mit kopfiger, 50—60 μ breiter Anschwellung, zuweilen an der Basis schwach aufgetrieben: anfangs der ganze Träger mit den Haftwürzelchen schön zeisiggelb, später gelb- bis chocoladenbraun, Membran bis zuletzt glatt, farblos, Inhalt entsprechend gefärbt. Basidialconidien zahlreich, keilförmig oder dreieckig, oben ausgebuchtet und deshalb mehr oder weniger deutlich herzförmig, zwei Ketten tragend, je eine rechts und links von der medianen Ausbuchtung. Conidien in einfachen, aufrechten, meist 12gliederigen, 60—80 μ langen Ketten, cylindrisch tonnenförmig, sehr gleichartig, 8—10 μ lang, 6 μ breit, gelblich, mit fein wellig quergestreifter, farbloser Membran. Weiteres unbekannt. — Fig. 49 a—c, e.

Auf Mucorineen, auf Mist verschiedener Pflanzenfresser (Pferd, Antilope etc.), weit sich ausbreitend und auch auf die Culturgefässe und andere in der Cultur vorhandenen Objecte (Moos, Grashalme) übergreifend; dem Substrat eine gelbliche oder bräunliche Farbe verleihend und dadurch leicht auffallend.

236. **S. fusiger Bainier**, 1882 (A. sc. nat. 6. Serie XV. p. 98).

Abbild.: Bainier, l. c. Taf. VI, 18—20; Étude Taf. X, 9—13.

Conidienträger einzeln, aufrecht oder schwach bogig aufsteigend, unverzweigt, ohne Querwände, mit Haftwürzelchen, circa 2,5 mm hoch, cylindrisch, unter der Mitte schwach erweitert, mit birnförmiger Endanschwellung; reif schön goldgelb, Membran glatt, farblos. Basidialconidien zahlreich, dreieckig-herzförmig, mit mehr oder weniger tiefer Ausbuchtung, zwei Ketten tragend, je eine rechts und links von dieser. Conidien in einfachen, aufrechten Ketten, immer nur zu zwei, sehr gross, lang spindelförmig, mit abgerundeten Enden, 35—44 μ, meist 44 μ lang, 8,4 μ breit, mit glatter Membran, goldgelbem Inhalt. Weiteres unbekannt.

Am Grunde von Agaricus-Arten, auf die Nachbarschaft, z. B. Moose übergreifend, weit sich ausbreitend, lebhafte Färbung hervorrufend. Ende Herbst.

Bainier (Étude 1882, p. 126) stellt für diese Species die Gattung Microcephalis auf.

237. **S. asymmetrica** van Tieghem u. Le Monnier, 1873 (A. sc. nat. 5. Serie XVII. p. 375).

Synon.: Syncephalis cordata van Tieghem u. Le Monnier, var. minor Schröter, 1886, Schles. Kryptfl. III. 1, p. 216.
Syncephalis asymmetrica van Tieghem u. Le Monnier in Sacc., Sylloge VII. 1, p. 230.
Abbild.: van Tieghem u. Le Monnier, l. c. Taf. XXV, 120, 121.

Conidienträger einzeln, aufrecht, unverzweigt, ohne Querwände, mit Haftwürzelchen, 0,6—1 mm hoch, aus breiterer Basis cylindrisch, mit keulig-kopfiger Endanschwellung, anfangs gelb, später braun, mit glatter, farbloser Membran. Basidialconidien zahlreich, dreieckig-herzförmig, tief eingeschnitten, meist mit zwei ungleich grossen Erhebungen zu beiden Seiten der Einbuchtung, die eine oft viel kleiner als die andere, daher unsymmetrisch, mit zwei Ketten. Conidien in einfachen, aufrechten, 3—5gliederigen Ketten, cylindrisch-tonnenförmig, 5—6 μ lang, 4 μ breit, gelblich, mit wahrscheinlich glatter Membran.

Auf von Mucor bewohntem Pferdemist.

Diese Species betrachtet Schröter nur als eine Varietät von S. cordata, mit der sie allerdings nahe verwandt ist. Die geringe Grösse der Conidienträger und

Conidien, die unsymmetrische Form der Basidialconidien und die geringe Zahl der zu einer Kette vereinigten Conidien scheinen mir einstweilen die Beibehaltung dieser Species zu rechtfertigen.

238. S. tetrathela van Tieghem, 1875 (A. sc. nat. 6. Serie I. p. 134).

Abbild.: van Tieghem. 1. c. Taf. III, 102—104.

Conidienträger einzeln, aufrecht, unverzweigt, ohne Querwände, mit einem dürftigen, aus vier kurzen, ungetheilten Aestchen bestehenden Haftfüsschen, nur 40—50 μ hoch, durchweg cylindrisch, mit keuliger, oberseits abgeflachter Endanschwellung, farblos, mit glatter Membran. Basidialconidien meist 4 (3—5), gleichmässig auf der abgeflachten Oberseite der Anschwellung angeordnet, mehr oder weniger tief herzförmig, mit zwei Ketten. Conidien in einfachen, aufrechten, 6—10gliederigen Ketten, kugelig, 4 μ Durchmesser, mit glatter Membran, farblos.

Auf Mucorineen auf Pferdemist; die kleinste Form, kaum mit der Lupe erkennbar und infolge ihrer Farblosigkeit auch keine besondere Färbung hervorrufend.

239. S. minima van Tieghem u. Le Monnier, 1873 (A. sc. nat. 5. Serie XVII. p. 376).

Abbild.: van Tieghem u. Le Monnier, 1. c. Taf. XXV, 126—128.

Conidienträger einzeln, aufrecht, unverzweigt, ohne Querwände. mit einem kleinen, lappigen Haftfüsschen, nicht über 100 μ hoch, unten cylindrisch, im oberen Drittel mit breit keuliger, auf der Oberseite abgeflachter Anschwellung, farblos, mit glatter Membran. Basidialconidien mehr als 4, aber in geringer Zahl, verkehrtkegelig, stumpf dreieckig, mit 2—5, meist 3 seichten Erhebungen auf der Oberseite und ebensoviel anfangs spreizenden, später parallel aufgerichteten Conidienketten. Conidien in einfachen, aufrechten, 3—5gliederigen Ketten, cylindrisch-stäbchenförmig, 6 μ lang, 1,5 bis 2 μ breit, mit glatter Membran, farblos.

Auf Mucorineen: nächst der vorigen die kleinste bisher bekannte Species und wie diese schwer auffindbar.

240. S. depressa van Tieghem u. Le Monnier. 1873 (A. sc. nat. 5. Serie XVII. p. 375).

Abbild.: van Tieghem u. Le Monnier, l. c. Taf. XXV, 122, 123. Bainier, Étude 1882, Taf. XI, 22—26.

Conidienträger einzeln, aufrecht, unverzweigt, ohne Querwände, mit kräftigem, lappigen Haftfüsschen, 0,4—0,7 mm hoch, aus

303

schwach aufgeschwollener, circa 20 μ dicker Basis cylindrisch, bis auf 10 μ Breite sich verjüngend und dann zu einer kugeligen, 30—40 μ breiten Endanschwellung erweitert, farblos, mit glatter Membran. Basidialconidien zu 12—15 und mehr auf einem Träger, niedergedrückt, unförmlich, circa 6 μ breit und nur 2—3 μ hoch, mit 2—5 niedrigen Höckern und ebensoviel auf diesen entspringenden Conidienketten. Conidien in einfachen, aufrechten, meist 12gliederigen Ketten, stäbchenförmig-cylindrisch, zuweilen schwach tonnenförmig, 5—7 μ lang, 2—3 μ breit, farblos, mit glatter Membran. — Fig. 49 d.

Auf Mucorineen (Pferdemist); wie die beiden vorigen infolge seiner Farblosigkeit und Kleinheit leicht zu übersehen.

241. S. nodosa van Tieghem, 1875 (A. sc. nat. 6. Serie I. p. 131).

Abbild.: van Tieghem, l. c. Taf. III, 123—131. Bainier, A. sc. nat. 6. Serie XV. Taf. VI, 12—17 und Étude 1882, Taf. XI, 12—20.

Conidienträger einzeln, aufrecht, unverzweigt, mit kräftigen, lappigen Haftfüsschen, in der Jugend glatt, cylindrisch, später mit 2—4, meist 3 in gleichmässigen Abständen auftretenden, knotigen oder ringartigen Anschwellungen, ohne Querwände, 100—160 μ hoch, an den aufgeschwollenen Stellen 8 μ, sonst 5 μ dick, mit einer keuligen, circa 20 μ breiten Endanschwellung, mit glatter, farbloser, im Alter faltigen und schwach gelblichen Membran, Inhalt schwach gelblich oder röthlichgelb. Basidialconidien zu 10—12 auf der Endanschwellung, dreieckig, auf der Oberseite seicht 3—5köckerig, mit ebensoviel Conidienketten; reif wie die Sporen mit runzeligwarziger Membran, schwach rostfarbig. Conidien in einfachen, aufrechten, meist nur zweigliederigen, höchstens fünfgliederigen Ketten, tonnenförmig, stumpf-rechteckig, verhältnissmässig sehr gross, 8—10 μ lang, 6 μ breit, mit zweischichtiger, schwach warziger oder körniger Membran, einzeln schwach gefärbt, gehäuft rostfarbig. Zygosporen gehäuft, zu 10—12 in kleinen, als weissliche Flöckchen erscheinenden Gruppen vereinigt, von sterilen, blasig geschwollenen Aesten am Grunde umgeben; kugelig, 21 μ Durchmesser, mit spitzwarzigem, dicken Exospor. Mycelconidien (Stylosporen) meist traubig gehäuft, dicht nebeneinander, auf kurzen, ungetheilten Stielchen an schwach aufgeschwollenen Mycelstücken, kugelig, 6 μ Durchmesser, feinstachelig, einzeln farblos, gehäuft gelblichgrau, oft das über das Substrat hinauswuchernde Mycel wie feinpulveriger Staub bedeckend.

Auf verschiedenen Mucorineen (Pilobolus, Mucor), die befallenen Rasen deutlich rostfarben; die einzelnen Conidienträger sind wegen ihrer Kleinheit dem blossen Auge nicht erkennbar. Auf Mist verschiedener Pflanzenfresser (Pferd. Elephant. Zebra). Sehr häufig und bald zum lästigen Schmarotzer aller Culturen werdend.

Nach Bainier (A. sc. nat. 6. Serie I. p. 98) entstehen die Zygosporen nur bei streng parasitischer Ernährung des Pilzes.

Die Bildungsbedingungen für die Myceleonidien schildert van Tieghem (l. c. p. 118).

Zuweilen fehlen an einzelnen Conidienträgern die sonst so charakteristischen knotenförmigen Anschwellungen.

Bainier (Étude p. 121) brachte für diese Species die neue Gattung Calvocephalis in Vorschlag.

242. S. intermedia van Tieghem, 1875 (A. sc. nat. 6. Serie I. p. 127).

Abbild.: van Tieghem, l. c. Taf. III, 110—115.

Conidienträger einzeln, aufrecht, unverzweigt, mit kräftigen, lappigen Haftfüsschen, ohne Querwände, 0,4—0,75 mm hoch, an der Basis 25—35 μ dick, nach aufwärts bis auf 12 μ allmälig verdünnt, mit keuliger, bis 190 μ breiter Endanschwellung; anfangs schön zeisiggelb, später gelblichbraun, mit glatter, anfangs farbloser, später gelbbräunlicher Membran, gelbem Inhalt. Basidialconidien zahlreich, verschieden gestaltet, entweder einfach, stumpf-dreieckig oder regelmässig herzförmig oder auch unsymmetrisch zweihöckerig, alle drei Formen neben einander auf demselben Conidienträger, je nach der Gestalt mit nur einer oder mit zwei Conidienketten. Conidien in aufrechten, einfachen, meist 12gliederigen Ketten, cylindrisch, schwach tonnenförmig, 5—12 μ lang, 5—6 μ breit, von sehr ungleicher Länge in derselben Kette, mit fein wellig quergestreifter Membran, schwach gelblichbraun. Weiteres unbekannt.

Auf Pferdemist bewohnenden Mucorineen, auch auf die Culturgefässe übergreifend. Dem blossen Auge als kurzgestielte, licht gelbbraune Köpfchen von glashellem Glanz erscheinend, so lange die Conidien durch einen Wassertropfen noch zusammengehalten werden, später unscheinbarer.

Diese Species ist durch die verschiedenartige Form der Basidialconidien ausgezeichnet, die bald an S. cordata, bald an S. asymmetrica erinnern.

243. S. ramosa van Tieghem, 1875 (A. sc. nat. 6. Serie I. p. 129).

Abbild.: van Tieghem, l. c. Taf. III, 116—119.

Conidienträger einzeln, aufrecht, unverzweigt, mit kräftigen, lappigen Haftfüsschen, ohne Querwände, 0,5—0,6 mm hoch, aus

schwach aufgeschwollener Basis cylindrisch, mit keuliger Endanschwellung, anfangs lebhaft hellgelb, später orange, mit farbloser,
glatter Membran und gefärbtem Inhalt. Basidialconidien nicht
sehr zahlreich, verschieden gestaltet, theils einfach, schmal dreieckig,
theils herzförmig zweihöckerig, theils dreihöckerig, alle drei Formen
neben einander auf demselben Conidienträger, je nach der Gestalt
mit 1—3 Conidienketten. Conidien in aufrechten, ungetheilten
oder einfach verzweigten, 6—12gliederigen Ketten, von der Basis
zur Spitze der Kette länger werdend, abgerundet cylindrisch, 6 bis
12 μ lang, 6—8 μ breit, mit glatter Membran, gelblich. Weiteres
unbekannt.

Auf Hundekoth; cultivirt auf gekochtem Pferdemist.

Die Verzweigung der Conidienketten besteht darin, dass sie
1—3 kurze, aus wenigen (1—3) Conidien zusammengesetzte Seitenästchen tragen. Ursprünglich sind die Ketten unverzweigt, später
schieben sich seitlich die Conidien hervor, die Seitenästchen bildend.

244. **S. fasciculata** van Tieghem, 1875 (A. sc. nat. 6. Serie I.
p. 130).

Abbild: van Tieghem, l. c. Taf. III, 120—122.

Conidienträger gruppenweise, zu 3 und mehreren einem
einzigen kräftigen Haftfüsschen entspringend und hier meist von
leeren, blasig angeschwollenen, kurzen Aestchen umgeben, aufrecht,
unverzweigt, ohne Querwände, 0,3—0,4 mm hoch, an der Basis
16—20 μ dick aufgeschwollen und bis auf 4—6 μ nach oben verjüngt, mit kugeliger, etwas flach gedrückter, 28 μ breiter Endanschwellung, mit farbloser, glatter Membran und farblosem Inhalt.
Basidialconidien zahlreich, verschieden gestaltet, bald einfach,
schmal keilförmig, bald herzförmig, ähnlich wie bei S. intermedia, mit
1 oder 2 Conidienketten. Conidien in aufrechten, einfachen, wenig-
(2—4)gliederigen Ketten, cylindrisch, 6 μ lang, 4 μ breit, mit glatter
Membran, farblos. Weiteres unbekannt.

Auf Mist, auf die Culturgefässe überwuchernd.

B. Conidienketten federbuschartig herabhängend.

245. **S. pendula** van Tieghem, 1876 (A. sc. nat. 6. Serie IV.
p. 388).

Abbild.: van Tieghem, l. c. Taf. XIII, 112, 113.

Conidienträger einzeln, aufrecht, einfach, mit kleinem, lappigen Haftfüsschen, mit einer Querwand über diesem, sonst scheide-

wandlos, niedrig, aus schwach angeschwollener Basis nach aufwärts sich verjüngend, mit fast genau kugeliger Endanschwellung, mit farbloser, glatter Membran, farblosem Inhalt. Basidialconidien zahlreich, dicht gestellt, aber nur auf dem Scheitel der Anschwellung, cylindrisch, ungetheilt, je eine Kette tragend. Conidien in federbuschartig herabhängenden, unverzweigten, 20—40 gliederigen, langen Ketten, stäbchenförmig, 4 μ lang, 2 μ breit, mit glatter Membran, farblos. Weiteres unbekannt.

Parasitisch auf Absidia repens, welche auf Torfmoos keimende Samen bewohnte.

Diese Species ist gut charakterisirt durch die langen, zierlich nach Art eines Federbusches herabhängenden Conidienketten; sie ist die einzige bisher bekannte Species mit hängenden Ketten.

2. Conidienträger verzweigt.

246. S. furcata van Tieghem, 1876 (A. sc. nat. 6. Serie IV. p. 386).

Abbild.: van Tieghem, l. c. Taf. XIII, 108, 109.

Conidienträger einzeln, aufrecht, einfach gabelig, ohne Querwände, mit kleinem, lappigen Haftfüsschen, 0,25 mm hoch, aus schwach angeschwollener Basis nach aufwärts allmälig dünner werdend, in zwei gleich lange Gabeläste getheilt, jeder mit kugeliger Endanschwellung, mit farbloser, glatter Membran, farblosem Inhalt. Basidialconidien zahlreich, ungetheilt, schmal verkehrt-kugelig oder cylindrisch, eine Kette tragend. Conidien in aufrechten, einfachen, 3—5 gliederigen Ketten, tonnenförmig, 6 μ lang, 3 μ breit, farblos, mit glatter Membran. Weiteres unbekannt.

Auf Pferdemist, parasitisch auf Mucor. Die einzige bisher bekannte Species mit verzweigten Conidienträgern.

II. Curvatae. Conidienträger gekrümmt, Endanschwellung nach abwärts gerichtet, unverzweigt.

247. S. Cornu van Tieghem u. Le Monnier, 1873 (A. sc. nat. 5. Serie XVII. p. 376).

Synon.: Syncephalis curvata Bainier, 1882, A. sc. nat. 6. Serie XV. p. 93.
Abbild.: van Tieghem u. Le Monnier, l. c. Taf. XXV, 124, 125. van Tieghem, 1875, A. sc. nat. 6. Serie I. Taf. III, 83—95. Bainier, 1882, l. c. Taf. VI, 1—11 und Étude, Taf. X, 1—11.

Conidienträger einzeln, einfach, mit lappigem Haftfüsschen, ohne Querwände, unten aufrecht, oben bogenförmig gekrümmt oder

eingerollt, so dass die conidientragende Endanschwellung nach abwärts gekehrt oder sogar horizontal eingekrümmt ist, 0,17—0,2 mm
hoch, unten dünn, nur 11 μ dick, nach aufwärts bis zur stärksten
Krümmungsstelle auf ca. 26 μ erweitert, dann wieder bis auf 9 μ
eingeschnürt und plötzlich zur kugeligen Endanschwellung auf
30—33 μ erweitert, mit glatter, farbloser Membran, farblosem oder
schwach gelblichen Inhalt. Basidialconidien zahlreich, nur auf
dem Scheitel der Anschwellung sitzend, einfach, spindelförmig wie die
Conidien, je eine Kette tragend. Conidien in einfachen, geraden,
4—6gliederigen Ketten, die je nach der Stärke der Krümmung des
ganzen Trägers nach abwärts oder horizontal nach der concaven
Seite desselben gerichtet sind; spindelförmig oder elliptisch, 10 bis
12 μ lang, 4—6 μ breit, mit glatter, dicker, gelblicher Membran.
Zygosporen einzeln, meist von mehreren kurzen, blasigen Anschwellungen der nächsten Aeste umgeben, kugelig, 24—32 μ Durchmesser, mit dickem, gelbbraunen, von spitzkegeligen Warzen stacheligen Exospor. Keimen mit einem Conidienträger. Mycelconidien
(Stylosporen) auf kurzem Stielchen unregelmässig angeordnet, kugelig,
16,8 μ Durchmesser, stachelig. Gemmen (Chlamydosporen) terminal
und intercalar, kugelig, 21 μ Durchmesser, mit grossen, stumpf ge-
rundeten, ca. 6 μ langen Warzen besetzt. — Fig. 49 *f, g.*

Parasitisch auf Mucorineen auf Pferdemist und auf Hülsen
von Erbsen.

Die von Bainier 1882 beschriebene S. curvata stimmt vollkommen mit der
früher von van Tieghem beschriebenen Species S. Cornu überein; ich folge dem
Vorgange Schröter's (Kryptfl. Ill. 1, p. 217), der beide Arten mit einander vereinigt.

Die Stylosporen fand Bainier mit den Zygosporen zusammen. Die Gemmen
beobachtete er einmal auf Rhizopus nigricans, die Fäden der Syncephalis drangen
theilweise in die Fäden des Wirthes ein und entwickelten sowohl hier, wie auch
extramatrical die Gemmen.

248. S. nigricans van Tieghem, 1876 (A. sc. nat. 6. Serie IV. p. 387).

Abbild.: van Tieghem, l. c. Taf. XIII, 110, 111.

Conidienträger einzeln, einfach, mit lappigem Haftfüsschen,
ohne Querwände, 80 μ hoch, unten aufrecht, aus schwach geschwollener Basis gleichmässig cylindrisch, oben in weitem Bogen gekrümmt, mit kugeliger, nickender Endanschwellung, reif braun, mit
glatter, brauner Membran. Basidialconidien zahlreich, abgerundet,
cylindrisch, einfach, je eine Kette tragend. Conidien in einfachen,
geraden, nach abwärts gerichteten 3—5gliederigen Ketten, elliptisch,

6 μ lang, 4 μ breit, braun, mit fein wellig gezeichneter Membran. Weiteres unbekannt.

Auf verschiedenen Mucorineen auf Pferdemist.

Von der vorigen durch die braune Färbung der Träger und Conidien und durch die gleichmässige, cylindrische Form der ersteren sicher zu unterscheiden.

249. **S. reflexa** van Tieghem, 1875 (A. sc. nat. 6. Serie I. p. 134).

Abbild.: van Tieghem, l. c. Taf. III, 96—101. Bainier, Étude. Taf. XI, 21.

Conidienträger einzeln, einfach, mit lappigem Haftfüsschen, ohne Querwände, 100—120 μ hoch, an der Basis schwach geschwollen, dann gleichmässig cylindrisch aufrecht, 9—12 μ dick, oben plötzlich halbkreisförmig oder noch mehr herabgekrümmt, mit nickender, 40—45 μ breiter, kugeliger Endanschwellung, ohne Verbreiterung an der Krümmungsstelle, mit glatter, bräunlicher Membran, Inhalt farblos, im Ganzen bräunlich. Basidialconidien auf dem nach abwärts oder nach der Concavität des Trägers gewendeten Scheitel der Anschwellung, zahlreich, conisch, einfach. Conidien in einfachen, geraden, meist senkrecht nach abwärts gerichteten, meist 5gliederigen Ketten, cylindrisch oder schwach tonnenförmig, 7—8 μ lang, 3—4 μ breit, mit glatter Membran, farblos oder gelblich. Mycelconidien (Stylosporen) wie bei S. nodosa traubig gehäuft, auf kurzen, ungetheilten Stielchen intercalar auf schwach erweiterten Mycelstücken, 20—30 neben einander, kugelig, 6 μ Durchmesser, feinstachelig, gehäuft gelblichgrau, das über das Substrat hinaus-wuchernde Mycel staubartig bedeckend.

Auf Mist von Pflanzenfressern auf Mucorineen.

Die Stylosporen nach van Tieghem (l. c. p. 120) reichlich auf Pilobolus.

XLIX. **Synccphalastrum** Schröter. 1886 (Schles. Kryptfl. III. 1, p. 217).

Mycel saprophytisch, verzweigt, dick, weithin sich ausbreitend. Conidienträger aufrecht, ohne Haftbüschel am Grunde, verzweigt, an den Enden kopfartig angeschwollen und dicht mit Conidien-ketten besetzt. Conidien eingestaltig, fast kugelig. Zygosporen unbekannt.[1]

250. **S. racemosum** Cohn in sched. (Schröter, l. c.).

Conidienträger doldig verzweigt, mit gleichmässig 13—16 μ dicken Aesten, deren farblos bleibende Enden kugelig-keulig auf

[1] Vergl. die Anmerkung auf p. 283 dieses Bandes.

33—35 μ anschwellen. Conidienketten strahlig nach allen Seiten abstehend, gerade, 5—8gliederig. Conidien fast kugelig, 3—4 μ Durchmesser, farblos, glatt. Näheres unbekannt. Auf Reis und Brod zwischen Aspergillus Oryzae. Wahrscheinlich mit Asp. Oryzae aus Japan eingeführt.

251. **S. nigricans** Vuillemin, 1887 (Bull. soc. sc. Nancy, 2. Serie IX. p. XXXIV).

Conidienträger graue Rasen bildend, verzweigt, aber nicht doldig, sondern unregelmässig mit sehr verschieden langen Aesten, unter denen die dünnsten oft hakig gekrümmt sind, kugelige End-anschwellung schwärzlich nach dem Abfallen der Conidien; mit Querwänden. Conidienketten gerade, zahlreich, meist 5- (selten 2—3-) gliederig. Conidien kugelig, 2,5—3 μ Durchmesser, farblos, glatt, zuweilen viel grösser. Weiteres unbekannt.

Als Verunreinigung auf einer Gelatineplatte.

Ob die Mittheilung Vuillemin's im Journal de Botanique 1887 p. 336 aus-führlicher ist, als die oben citirte, weiss ich nicht, da mir die Zeitschrift nicht zugänglich war.

Anhang.

Aus der Ordnung der Mucorinae zu streichende Gattungen.

Der Vollständigkeit halber sollen an dieser Stelle diejenigen Gattungen älterer Autoren aufgeführt werden, welche früher zu den Mucorineen gestellt wurden, aber weder hierher noch zu den Phycomyceten überhaupt gehören. Einige von ihnen sind gar keine Pflanzen. In Saccardo's Sylloge VII. 1 sind diese Gattungen noch bei den Mucorineen behandelt.

1. Chordostylum Tode, 1790 (Fungi Mecklenb. sel. I. p. 37, VII, 52—55), später von Corda erweitert (Icon. fung. II. p. 22). Gebilde von theilweise sehr paradoxem Aussehen umfassend, wohl zum Theil thierischen Ursprunges (Eier).

2. Thelactis Martius, 1821 (Nova Acta Acad. Leop. X, 2).

3. Didymocrater Martius, 1821 (l. c.).

4. Diamphora Martius, 1821 (l. c.).

Diese drei brasilianischen Gattungen scheinen sehr heterogene Dinge zu um-fassen. Thelactis, deren Species von Fries (Syst. myc. III. p. 322) mit Mucor ver-einigt und in die Verwandtschaft von M. elegans (Thamnidium elegans) gestellt werden, könnte vielleicht wirklich eine Mucorinee sein, obgleich auch ihre Arten durch die bunte Färbung des sog. Endsporangiums ein fremdartiges Aussehen bekommen. Möglicherweise liegen auch hier thierische Bildungen vor.

Die Gattungen Didymocrater und Diamphora haben in Martius' Bildern einen ganz absonderlichen Habitus und sind wohl kaum pflanzlicher Natur. Mucorineen im heutigen Sinne sind sie jedenfalls nicht.

5. Aërophyton Eschweiler (Sylloge Flor. Ratisb. I). Die Originalarbeit habe ich nicht gesehen; eine Beschreibung und Abbildung, jedenfalls Copie, bei F. L. Nees (Syst. d. Pilze p. 32, Taf. V) zeigt sicher soviel, dass keine Mucorinee vorgelegen hat.

6. Hemicyphe Corda, 1837 (Sturm, Deutschl. Fl. III. 3, p. 55, Taf. XXVIII) könnte nach der Beschreibung Corda's sehr wohl ein Mucor, sogar M. Mucedo mit grossem Basalkragen sein; die Abbildung ist aber so fremdartig, dass man wohl besser thut, diese Form ebenfalls auszuschliessen. Das in Saccardo's Sylloge zu Hemicyphe gezogene Calyssosporium Corda, 1837 (l. c. p. 53, Taf. XXVII) ist doch sicherlich ein Myxomycet und hat mit der Hemicyphe Corda's so wenig Aehnlichkeit wie ein Eichbaum mit einer Tanne.

7. Crateromyces Corda, 1837 (l. c. p. 59, Taf. XXX) stellt Insecteneier dar. Bereits Fries (Summa veg. Scand. p. 458 Anm.) sagt, dass ein erfahrener Entomologe keinen Unterschied zwischen den gestielten Eiern von Hemerobius und Corda's Abbildung finden konnte.

8. Caulogaster Corda, 1837 (l. c. p. 61, Taf. XXXI), ebenfalls wohl thierischen Ursprunges, eine sehr ergötzliche Mucorinee. Fries (Summa veg. Scand. p. 457) erwähnt, dass auch diese Form von Entomologen für Insecteneier erklärt wird.

9. Endodromia Berkeley, 1841 (Hooker's Journ. of bot. III. p. 79, Taf. I, Fig. C) ist sicherlich ein Myxomycet, denn Berkeley bildet sogar Capillitiumfasern ab. Er sagt: „The genus is evidently a higher development of Mucor and seems to be an anticipation of Stemonitis." Wie dieses Ding unter die Mucorineen gerathen und sich bis jetzt hier behaupten konnte, ist mir räthselhaft.

10. Sclerocystis Berkeley u. Broome (sec. Sacc., Syll. VII. 1. p. 218) aus Ceylon. Die Diagnose bei Saccardo passt so wenig auf eine Mucorinee, dass auch diese Gattung beseitigt werden muss.

III. Reihe. Oomycetes.

Vegetationskörper einzellig, ein reich verzweigtes, polycarpisches Mycel. Ungeschlechtliche Fortpflanzung durch Conidien oder durch Schwärmsporen, welche in besonderen Sporangien erzeugt werden. Sexualität als Befruchtung in ein Oogon eingeschlossener Eier durch verschiedenartig gestaltete Antheridien oder durch Spermatozoiden; Oosporen.

1. Ordnung. Saprolegninae.

Saprophytisch im Wasser auf faulenden Thier- und Pflanzenresten lebend, Mycel reich verzweigt, einzellig,

polycarpisch. Ungeschlechtliche Fortpflanzung durch
Schwärmsporen, Sporangien an den Astenden, besonders
gestaltete Sporangienträger fehlen. Oogonien meist vieleiig, ihr gesammter Inhalt zu Eiern umgewandelt.
Antheridien liefern Befruchtungsschlauch oder Spermatozoiden.

Das Mycelium ist bei allen Saprolegniaceen mehr oder weniger
reich verzweigt und besitzt, ausser bei Rhipidium und Blastocladia,
keine Gliederung in mehrere scharf abgesetzte Theile. Bei diesen
beiden Gattungen aber besteht der Vegetationskörper aus einem
dicken, unverzweigten, kurzen Hauptspross, der an der Basis mit
reich verästelten Haftwürzelchen auf dem Substrat befestigt ist und
an seiner oft keulig verbreiterten Spitze einen Wirtel langer dünner
Aeste trägt, die selbst unverzweigt sind oder an ihrem Scheitel
wiederum Wirteläste bilden. Diese seltenen und genauerer Untersuchung noch bedürftigen Formen nähern sich den complicirter
gebauten Siphoneen.

Bei allen übrigen Saprolegniaceen stimmen die Wuchsverhält-
nisse des Mycels überein, so dass auch die äussere Erscheinung
aller Formen die gleiche ist. Senkrecht zu der Oberfläche des
Substrats und nach allen Seiten gleichmässig ausstrahlend, wachsen
lange, verzweigte oder unverzweigte, steife oder schlaffe Fäden oder
Schläuche, die sog. Hauptschläuche, hervor, an denen sich später
die Fortpflanzungsorgane bilden. So entsteht ein kleinere Substrate
allseitig umsäumender, weisser, feinfädiger Rasen, der bis 2 und
3 cm Breite erreichen kann, umfangreicheren Substraten sitzen Rasen
von sehr verschiedener Ausdehnung auf. Die Ausbreitung des
Mycels im Innern und auf der Oberfläche des Substrats richtet sich
nach seiner mehr oder weniger leichten Durchdringbarkeit. Wenn
das Substrat dem Vordringen der Mycelfäden grosse Hindernisse
bietet, sei es durch eine undurchdringliche, nur an bestimmten
Stellen unterbrochene Oberfläche (Fliegen, Mehlwürmer etc.), sei
es durch ein festeres inneres Gefüge (Holz) überhaupt, so dringen
auch nur einige Fäden in das Substrat haustorienartig ein und
breiten sich oft nur spärlich in diesem aus. In diesem Falle
überziehen gewöhnlich horizontal auf der Oberfläche hinkriechende,
verzweigte Schläuche das Substrat mehr oder weniger dicht und
senden an den geeigneten Stellen die bereits geschilderten Saug-
fäden hinein. Die Hauptschläuche treten dann gewöhnlich nicht

aus dem Substrat hervor, sondern entspringen von dem Mycel auf seiner Oberfläche. Ist dagegen das Substrat weich (kleine Würmer, Ephemeridenlarven, faulende krautige Pflanzentheile) und leichter durchdringbar, so entwickelt sich auch ein kräftiges, reich verzweigtes, intramatricales Mycel, die Hauptschläuche brechen dann direct aus dem Substrat hervor. Dass zwischen diesen beiden Wuchsformen zahlreiche Uebergänge bestehen, braucht wohl kaum erwähnt zu werden. Ueber die massenhafte Entwicklung und den abweichenden Habitus von Apodya vergleiche man die Speciesbeschreibung.

Die Mycelien bleiben einzellig bis zur Entwicklung der Fortpflanzungsorgane, abgesehen vielleicht von einzelnen durch Verletzungen hervorgerufenen Ausnahmen. Dagegen treten in sehr alten, verwahrlosten Mycelien Querwände nicht selten auf, durch welche der übrig gebliebene und an einzelnen Stellen contrahirte Inhalt gemmenartig abgegrenzt wird. Regelmässig und schon kurz nach der ersten Schwärmsporenbildung tritt eine Segmentirung der Schläuche bei Saprolegnia torulosa ein.

Bei allen Saprolegnieen sind die Mycelfäden und die Hauptschläuche gleichmässig cylindrisch, nach der Spitze oft nur wenig sich verjüngend, die Hauptschläuche erreichen bei den kräftigsten Arten eine Dicke von 100—200 μ. Die Verzweigung ist rispig, aber sehr verschieden reich, sehr kräftig gewöhnlich an dem horizontal auf dem Substrat sich ausbreitenden Theil, sehr gering oft an den Hauptschläuchen, die dann unverzweigten Langtrieben gleichen. Bei der Bildung der Fortpflanzungsorgane wird die Verzweigung oft reichlicher und geht in einen andern Typus über (z. B. bei Achlya in sympodial-wickeligen bei den Sporangien, gehäuft traubigen bei den Oogonien).

Bei der kleinen Unterfamilie der Apodyeen sind die Mycelfäden und Hauptschläuche durch Einschnürungen in ungefähr gleich lange Glieder äusserlich abgesetzt, bleiben aber auch einzellig bis zur Sporangienbildung. Die Verzweigung ist auch hier rispig, nicht gabelig und erfolgt immer kurz unter den Einschnürungen aus dem obersten Ende der Glieder. Die gleiche Gliederung zeigt die Gattung Gonapodya unter den Monoblepharideen. Monoblepharis selbst hat gleichmässig cylindrische, sympodial verästelte Fäden.

Die Sporangien haben im Allgemeinen eine langgestreckte, cylindrische oder keulige Form, nur bei Pythiopsis sind sie kurz keulig oder eiförmig. Ihrer Entstehung nach kann man primäre und secundäre Sporangien unterscheiden. Die ersten entstehen bei den Saprolegnieen immer terminal, aus dem durch eine Querwand abgegrenzten, mit Inhalt erfüllten Ende der Hauptschläuche, das hierbei seine Form nicht ändert oder keulig aufschwillt. Im ersten Falle sind die Sporangien cylindrisch oder fadenförmig (Achlya, Aphanomyces, Leptolegnia), so dick wie die Schläuche und enthalten oft nur eine Längsreihe von Sporen (Aphanomyces, Leptolegnia, Monoblepharis), im andern Falle sind sie keulig, dicker als die Fäden (Saprolegnia, Dictyuchus clavatus).

Bei den Apodyeen entstehen die primären Sporangien aus dem Endgliede der Fäden dadurch, dass dieses durch einen die Einschnürung ausfüllenden Cellulinpfropf abgeschlossen wird.

Nach der Entleerung der primären entwickeln sich die secundären Sporangien in verschiedener und für die Gattungen charakteristischer Weise. Die Erneuerung der Sporangien erfolgt bei Saprolegnia, Leptolegnia und den Monoblepharideen mittelst sogenannter Durchwachsung, wobei die das entleerte Sporangium abtrennende Querwand in dieses sich hervorstülpt und zu einem zweiten Sporangium hineinwächst. Dieser Process kann sich mehrmals hintereinander (2—8 mal) wiederholen und entspricht der successiven Abschnürung von Conidienketten z. B. bei Cystopus. Die leeren Häute der aufeinander folgenden Sporangien werden so in einander eingeschachtelt und erhalten sich oft lange, die Zahl der bereits gebildeten Sporangien angebend. Eine Aenderung der Verzweigungsart ist mit dieser Erneuerungsform nicht verbunden. Bei Pythiopsis, Achlya, Aphanomyces und Dictyuchus entstehen die secundären Sporangien durch seitliche Aussprossung, wobei unterhalb der Querwand des entleerten Sporangiums ein dieses zur Seite schiebender Seitenast hervorsprosst. Dieser entwickelt sich eintweder direct zu einem zweiten Sporangium oder wächst erst ein Stück vegetativ weiter und bildet dann ein neues terminales Sporangium. Nach dessen Entleerung wiederholt sich derselbe Vorgang und so mehrere Male hinter einander weiter. Auf diese Weise entsteht ein Sympodium, welches seitlich, wickelig oder schraubelig gruppirt, durch grössere oder kleinere Sympodialinternodien von einander getrennt, die bereits entleerten älteren Sporangien trägt. Es bilden sich hier gewissermaassen primitive Sporangienstände aus. Diese Form der Erneuerung, mit der eine Aenderung der Verzweigungsart verbunden ist, entspricht der sympodialen Conidienabschnürung z. B. bei Phytophthora. Bei den Apodyeen endlich und gelegentlich auch bei

Dictyuchus und Monoblepharis erneuern sich die Sporangien einfach in basipetaler Folge dadurch, dass das nächste Glied, resp. Fadenstück zum Sporangium wird und so fort. Die Sporangien liegen dann in einer Reihe hinter einander.

Ueber die feineren Vorgänge bei der Bildung der Sporen und ihrer Entleerung vergleiche man die neuen Arbeiten von Büsgen, Hartog und Rothert.[1])

Besonders wichtig für die systematische Unterscheidung der Gattungen ist die Art der Sporenentleerung. Es lässt sich hier eine Reihe aufstellen, welche mit Formen beginnt, deren Sporen fertig entleert werden (Pythiopsis, Saprolegnia) und mit solchen schliesst, bei denen die Schwärmer nicht mehr ausschwärmen (Aplanes). Näheres hierüber im nächsten Abschnitt. Die Membran des Sporangiums öffnet sich bei allen ausser Dictyuchus nur an einer Stelle, gewöhnlich am Scheitel, und alle Sporen treten durch diese einzige Oeffnung hervor. Bei Dictyuchus aber tritt jede Spore zu einem besonderen Loch hervor, ja bei einer Species (D. clavatus) ist die Wand des Sporangiums zerbrechlich und zerfällt schon vor dem Ausschlüpfen der Schwärmer. Dieselbe Species bietet eine weitere Ausnahme noch dadurch, dass die einzelnen Sporen durch eine zarte, homogene Zwischensubstanz, ähnlich wie bei Mucor von einander getrennt sind, während diese bei allen übrigen Saprolegnieen fehlt.

Verschiedene Formen von Sporangien giebt es nicht, auch bei der zweierlei Schwärmsporen bildenden Saprolegnia anisospora sind die Sporangien äusserlich ganz gleich in Form und Grösse.

Die lebhafteste Sporangienbildung findet immer an jüngeren, noch kräftig ernährten Rasen statt, deren Schlauchspitzen zu dieser Zeit schon dem blossen Auge durch ihre weisse Färbung auffallen. So lange reichlich Sporangien entstehen, sind noch die Rasen gewöhnlich dicht und straff, später zur Zeit der Oosporenbildung erschlaffen die Schläuche mehr und mehr, der Rasen wird verworrener.

Bei wenigen Formen tritt die Sporangienbildung von Anfang an nur spärlich auf und es beginnt schon an jüngeren Rasen dafür eine um so reichlichere Oosporenbildung (Saprolegnia monilifera, Achlya spinosa, Aplanes Braunii). An älteren Rasen kann es zuweilen dazu kommen, dass die Sporangien nicht mehr entleert,

---

[1]) Büsgen, Jahrb. wiss. Bot. XIII; Hartog, Quart. Journ. micr. sc. 1887; Rothert, Cohn's Beitr. z. Biol. V, hier auch die ausführliche Literatur.

sondern geschlossen vom Mycel abgestossen werden, sie liegen dann
oft massenhaft auf dem Substrat oder zwischen den abgestorbenen
Fäden des Rasens (z. B. Dictyuchus monosporus und andere).

Die Schwärmsporen verhalten sich nicht nur bei den beiden
Familien und ihren Unterfamilien verschieden, sondern auch bei
den einzelnen Gattungen der Saprolegnieae zeigen sie ein verschiedenes, zur Gattungsunterscheidung benutztes Verhalten. Die kleine
Familie der Monoblepharideen hat eincilige Schwärmer, die fertig
und einzeln aus dem Sporangium hervortreten, sich sofort zerstreuen
und ohne sich zu häuten keimen, sie sind monoplanetisch.

Bei der Unterfamilie Saprolegnieae sind folgende Fälle beobachtet. Pythiopsis hat eiförmige Schwärmer mit 2 Cilien am Vorder-
ende; sie treten einzeln und fertig hervor und kommen nach einiger
Zeit zur Ruhe, um ein neues Mycel zu liefern, sie sind monoplanetisch. Die Schwärmer der Gattungen Saprolegnia und Leptolegnia haben zwei durch eine kurze Ruheperiode unterbrochene
Schwärmstadien, sie sind diplanetisch. Sie treten fertig aus dem
Sporangium hervor, zerstreuen sich sofort und haben jetzt denselben
Bau wie die Schwärmer bei Pythiopsis. Aber schon nach wenigen
Minuten kommen sie zur Ruhe, runden sich ab und umgeben sich
mit einer Membran, aus der sie nach einiger Zeit (1—4 Stunden)
hervorschlüpfen, um in das zweite Schwärmerstadium einzutreten.
Mit dieser sog. Häutung ist auch eine Aenderung der Structur verbunden, die gehäuteten Schwärmer sind bohnen- oder nierenförmig
und tragen zwei Cilien in der seitlichen Ausbuchtung. Die Diplanie
ist Regel für die Schwärmer der beiden Gattungen Saprolegnia und
Leptolegnia; zuweilen fällt aber die zweite Schwärmperiode weg,
es tritt sogleich Schlauchkeimung ein.

Die Gattungen Achlya und Aphanomyces haben monoplanetische
Schwärmer von bohnenförmiger Gestalt mit zwei seitlichen Cilien.
Die Schwärmer treten aber nicht fertig, sondern noch ohne Cilien
und bewegungslos aus dem Sporangium hervor, bleiben zu einer
Hohlkugel angeordnet vor deren Mündung liegen und umgeben
sich hier mit einer Membran. Aus dieser schlüpfen sie dann fertig
hervor, um nach kurzer Schwärmzeit zur Ruhe zu kommen und
zu einem neuen Mycel auszukeimen. Die Häutung der Schwärmer
erfolgt auch hier noch extrasporangial, das erste Schwärmstadium
aber ist weggefallen.[1])

[1]) Nach Humphrey (Bot. Gazette 1891 p. 71) sollen die Schwärmer bei Achlya
zuweilen mit zwei polaren Cilien austreten.

Bei Dictyuchus häuten sich die Schwärmer intrasporangial: nachdem der Inhalt des Sporangiums in die einzelnen Sporen zerfallen ist, umgeben sich diese mit einer Membran, das ganze Sporangium mit einem parenchymatischen Zellnetz erfüllend. Dieses bleibt in dem Sporangium zurück, nachdem die Schwärmer jeder durch ein besonderes Loch der Sporangienwand ausgeschlüpft sind. Sie haben die gleiche Structur wie bei Achlya und sind auch monoplanetisch. Die mit dem leeren Zellnetz erfüllten Sporangien werden als Netzsporangien bezeichnet. Zuweilen kommen auch bei andern Gattungen (Saprolegnia, Achlya, Aphanomyces) solche Netzsporangien zur Beobachtung, worüber die Bemerkung hinter Dictyuchus zu vergleichen ist.

Aplanes endlich hat, wie schon der Name sagt, unbewegliche „Schwärmer", die gar nicht mehr entleert werden und in den Sporangien keimen. Unter ungünstigen Bedingungen unterbleibt auch bei andern Saprolegnieen die Geburt der Schwärmer, die dann ebenfalls im Sporangium auskeimen. Das sind aber Ausnahmen, während bei Aplanes niemals schwärmende Sporen beobachtet worden sind.

In der Unterfamilie der Apodyeen wiederholt sich bei Apodya der Typus von Pythiopsis, bei Apodachlya der von Achlya; bei Rhipidium endlich entstehen die Schwärmer erst vor dem Sporangium, dessen Inhalt noch ungetheilt in eine Blase entleert wird, woselbst er in die einzelnen Sporen zerfällt (Typus von Pythium).

Die Bewegung der Schwärmsporen ist bei allen Saprolegniaceen gleichmässig und ruhig, bei den Monoblepharidaceen dagegen unregelmässig, ruck- und sprungweise, wie bei den Chytridiaceen.

Die Zahl der in einem Sporangium erzeugten Schwärmer ist sehr verschieden, sie kann in Zwergsporangien bis auf 2 und 3 herabsinken, in kräftigen Sporangien bis auf 700 und 800 steigen. Specifische Merkmale lassen sich hieraus nicht ableiten.

Bei allen Saprolegniaceen und Monoblepharidaceen wird nur eine Sorte Schwärmsporen gebildet; nur eine Ausnahme ist bisher bekannt geworden bei Saprolegnia anisospora, worüber die Speciesbeschreibung zu vergleichen ist.

Im Allgemeinen verlieren die zur Ruhe gekommenen Schwärmsporen ihre Keimfähigkeit schon nach kurzer Zeit. Nach de Bary's (Morphol. d. Pilze p. 369) Angaben können aber die diplanetischen Schwärmer von Saprolegnia während ihrer ersten Ruheperiode längere Zeit, Tage und Wochen lang, lebensfähig liegen bleiben,

wenn sie vor Austrocknung geschützt und nur durch andere ungünstige Verhältnisse in ihrer Weiterentwicklung gehemmt werden.
Nach meinen allerdings nicht abgeschlossenen Beobachtungen
können auch die Sporenköpfchen von Achlya in einen Ruhezustand
übergehen. Im zeitigen Frühjahr fand ich in einem eben auf-
gethauten Tümpel zwischen Moosen kugelige Anhäufungen von
Sporen, welche den Sporenköpfchen von Achlya glichen. Die
Wände der ruhenden Sporen waren etwas dicker wie sonst. Diese
trieben im Zimmer bald Keimschläuche aus, welche zweifellos zu
einer Saprolegniacee gehörten. Leider hatte ich keine Gelegenheit,
die Weiterentwicklung bis zur vollendeten Mycelbildung zu verfolgen.

Sexualorgane entwickeln sich bei den meisten Saprolegniaceen
leicht und in meist grossen Mengen an älteren Rasen, die dann
etwas schlaffer und verworrener sind, als zur Zeit der Zoosporenbildung. Ein regelmässiger Generationswechsel besteht aber nicht.
Noch nicht sind die Sexualorgane gefunden worden bei Apodya
und Apodachlya.

Die Vertheilung der Geschlechter wird als androgyn und diklin
bezeichnet; im ersten Falle entspringen die Antheridien entweder
direct an den Stielen der Oogonien oder doch wenigstens mit diesen
an denselben Hauptschläuchen. Bei Diklinie entstehen die Oogonien
auf anderen Schläuchen als die mit den Antheridien endenden
Aeste. Ob diese letzteren überhaupt an einem anderen rein männlichen Mycel entspringen, ob also Dioicie vorliegt, ist noch nicht
festgestellt. Näheres hierüber in den Anmerkungen hinter Saprolegnia dioica und S. anisospora.

Bei einigen Species (Saprolegnia Thureti, S. torulosa, S. monilifera, Achlya stellata) werden Antheridien gar nicht mehr oder ganz
vereinzelt nur als sehr seltene Ausnahme entwickelt. Dennoch entstehen die Oogonien ebenso zahlreich, wie sonst, und reifen ihre
Eier ohne Befruchtung. Es ist hier Apogamie, Verlust des Sexual-
actes eingetreten und zwar infolge von Apandrie (Unterdrückung
der männlichen Organe). Die Eier reifen parthenogenetisch, ähnlich
wie bei Chara crinita, nur dass bei letzterer nicht Apogamie, sondern
das Fehlen der männlichen Pflanzen überhaupt an den meisten
Standorten die Parthenogenesis bedingt.

Besondere Beachtung verdienen diejenigen Arten, bei denen
die Apandrie noch nicht vollständig ist und ungefähr die Hälfte
der Oogonien mit, die andere Hälfte ohne Mitwirkung von Antheridien die Oosporen bilden. Es sind hier zu nennen Saprolegnia

mixta. Achlya spinosa. Bei anderen Saprolegniaceen kommen gelegentlich, bald seltener, bald häufiger vereinzelte apandrische Oogonien vor (z. B. Aphanomyces stellatus, Saprolegnia hypogyna, S. asterophora, Aplanes Braunii). Endlich sind Saprolegnia monoica, Achlya racemosa, A. polyandra als solche Arten hervorzuheben, bei denen das Fehlen von Antheridien bisher nicht ein einziges Mal beobachtet worden ist.

Die Oogonien stehen fast immer terminal, seltener intercalar, und meist einzeln, nur bei wenigen zu mehreren in einer Reihe hinter einander (Saprolegnia torulosa, S. monilifera, Achlya spinosa, Aplanes Braunii). Selten entwickeln sich die Oogonien am Ende der Hauptschläuche selbst, gewöhnlich sitzen sie auf kurzen, unverzweigten Stielen, welche von den Hauptschläuchen abzweigen und zwar oft in traubiger Anordnung und so dichter Stellung, dass deutliche, traubige Oogonträger mit vielen (bis 100) Oogonien entstehen (Achlya racemosa, A. polyandra, Saprolegnia monoica). Die Oogonien sind meist kugelrund, bei einigen Arten aber auch birnförmig (Achlya oblongata) oder tonnenförmig (Aplanes Braunii) und auch unregelmässiger gestaltet. Entweder ist ihre Oberfläche glatt oder durch Ausstülpungen der Wand warzig oder stachelig, so dass die Oogonien morgensternartig aussehen (Saprolegnia asterophora, Aphanomyces stellatus, Achlya spinosa etc.).

Die Wand der Oogonien ist dicker als die der Schläuche und wie diese farblos, nur bei Achlya racemosa ist sie immer gelblich oder bräunlich gefärbt. Die Oogonien der Saprolegniaceen bleiben immer geschlossen, die früher als Löcher gedeuteten Stellen der Membran haben sich als Tüpfel erwiesen. Bei den meisten Species fehlen diese; sehr schön getüpfelt ist die Oogonmembran bei Achlya prolifera, Saprolegnia monoica, mixta, Thureti. Die Oogonien der Monoblepharidaceen dagegen öffnen sich vor der Befruchtung mit einem Loch, um den Spermatozoiden den Zutritt zu ermöglichen. Bei Monoblepharis polymorpha wird das Ei nach der Befruchtung aus dem Oogon ausgestossen und reift vor dessen Mund zur Oospore.

Bei allen Saprolegnieae wird der ganze Inhalt des Oogons zur Bildung der Eier verbraucht, Periplasma fehlt. Die Zahl der Eier ist bei den meisten Arten der Gattungen Achlya und Saprolegnia eine grössere (3—12) und kann bei einigen bis auf 40 und mehr steigen (Saprolegnia hypogyna, Thureti, Achlya gracilipes, Aplanes Braunii). Immer oder fast immer cinciig sind die Oogonien bei Saprolegnia asterophora, Achlya stellata, Dictyuchus monosporus.

Eineiige Oogonien sind bisher ausschliesslich beobachtet worden bei den Gattungen Pythiopsis, Leptolegnia, Aphanomyces, Rhipidium und bei der Familie der Monoblepharidaceen.

Die Oogonien bleiben bis nach der Sporenreife im Zusammenhang mit dem Mycel und werden erst durch dessen Zerfall isolirt. Erst viel später und durch langsame Zerstörung der Oogonwand werden die Oosporen selbst frei; oft keimen sie noch in dem noch nicht zerfallenen Oogon. Eine bemerkenswerthe Ausnahme ist bei Saprolegnia monilifera beobachtet worden. Hier wird der Verband der apandrischen Oogonien mit dem Mycel schon vor der Eibildung gelockert oder ganz gelöst, so dass diese erst an den bereits abgestossenen Oogonien eintritt. Näheres hierüber und über das gleichzeitige Zurücktreten der Schwärmsporenbildung findet man hinter der Speciesbeschreibung.

Die Antheridien sind nur bei wenigen Arten cylindrisch und entstehen dann meist intercalar, gewöhnlich hypogynisch, als Abschnitte des Oogonstieles (Saprolegnia hygogyna, Monoblepharis sphaerica). Bei Monoblepharis polymorpha kommen sehr verschiedene Stellungen der cylindrischen Antheridien vor, worüber die Speciesbeschreibung zu vergleichen ist.

Bei allen Saprolegniaceen mit alleiniger Ausnahme der bereits genannten S. hypogyna sind die Antheridien keulig, meist gekrümmt oder schief keulig und mit der concaven Seite dem Oogon angeschmiegt; sie sitzen immer am Ende dünner Aeste, der sogen. Nebenäste, die an das Oogon heranwachsen, von diesem angezogen werden. Der Ursprung dieser dünnen, oft verzweigten Nebenäste ist ein verschiedener, theils androgyn, theils diklin. An dem Oogonstiel selbst entspringen diese Nebenäste nur bei Achlya racemosa und A. gracilipes, bei ersterer gewöhnlich zu zwei und in charakteristischer Weise henkelartig gegen das Oogon gekrümmt. Bei allen andern androgynen Arten entstehen die Nebenäste als Zweige der die Oogonien tragenden Hauptschläuche (z. B. Saprolegnia monoica, Achlya polyandra). Die dünnen diklinen Nebenäste zweigen von oogonfreien Hauptschläuchen ab und sind oft sehr lang, sie winden sich unter mancherlei Krümmungen zwischen den Fäden des Rasens hindurch, umschlingen oft die Oogonien und die sie tragenden Hauptschläuche in regelmässigen Windungen und hüllen die ersteren oft vollständig ein.

Besonders erwähnenswerth ist noch, dass bei den reihenweise hinter einander stehenden Oogonien von Aplanes Braunii die Anthe-

ridien eines Oogons immer aus dem oberen Theil des nächst unteren
und nächst jüngeren Oogons entspringen.

Die Zahl der Antheridien, welche an ein Oogon sich anlegen,
richtet sich einmal nach der Zahl der an dieses herantretenden
Nebenäste und nach deren Verzweigung. Bei Achlya racemosa
hat gewöhnlich jedes Oogon zwei Antheridien, die auf zwei unverzweigten, meist opponirten Nebenästen stehen. Gewöhnlich ist aber
die Zahl der Nebenäste eine grössere. Da diese oft selbst verzweigt
sind und an allen Zweigenden ein, selbst zwei Antheridien tragen,
so sitzen oft viele Antheridien an einem Oogon (Achlya polyandra,
A. dioica).

Obgleich die Nebenäste sehr dünn sind und gewöhnlich nicht
über 12 μ dick werden, so zerreissen sie doch gewöhnlich nicht,
auch nachdem die Befruchtung vollendet ist. Regelmässig reissen
nur bei Achlya dioica die Antheridien von ihren Tragästen ab
und sitzen dann, Zwergmännchen ähnlich, frei an den Oogonien.

Die Befruchtung erfolgt nur bei den Monoblepharidaceen durch
Spermatozoiden von der Structur der Schwärmsporen. Bei allen
Saprolegniaceen treiben dagegen die an das Oogon sich anschmiegenden Antheridien einen oder mehrere unverzweigte oder verzweigte
Befruchtungsschläuche, die bis zu den Eiern vordringen und an
diese sich anlegen. Ob überhaupt hier noch ein Uebertritt von
Antheridiuminhalt stattfindet, ist noch nicht festgestellt. Nach
de Bary (Abh. Senckenb. XII) ist auch für die antheridientragenden
Saprolegniaceen Apogamie anzunehmen, derart, dass zwar die Geschlechtsorgane noch gebildet werden, aber nicht mehr vollständig
functioniren. Nach Pringsheim (Ber. Berl. Akad. 1882) sollen dagegen
bei Achlya racemosa in den Antheridien kleine Spermamoeben gebildet werden und durch die geöffneten Befruchtungsschläuche in
die Eier übertreten. Vielleicht sind beide Anschauungen zutreffend
insofern eben bei einigen Species noch volle Sexualität besteht, bei
andern eine beginnende Apogamie dadurch zum Ausdruck kommt,
dass die Befruchtungsschläuche geschlossen bleiben und kein Sub-
stanzübertritt mehr erfolgt. Das Ende dieser Rückbildungsreihe
würden dann die bereits genannten apandrischen Formen bilden.

Oosporen finden sich in einem Oogon so viel, als dieses Eier
gebildet hatte, ein Abortus tritt auch bei den ausnahmsweise ein-
oder wenigsporigen Oogonien typisch vielsporiger Arten nicht ein.
Bei allen Saprolegnieen ist die Wand der reifen Oosporen glatt und
farblos, verhältnissmässig dick und mehr oder weniger glänzend.

bei Rhipidium und den Monoblepharidaceen trägt die Membran
stachlige oder warzige Verdickungen. An der Wand lassen sich,
wie gewöhnlich, zwei Schichten unterscheiden, ein dünneres Endospor, ein dickeres Exospor. Die Oosporen haben meist eine bräunliche Farbe, ganz farblose kommen aber auch vor. Es bedarf noch
weiterer Beobachtungen darüber, ob hierin specifische Unterschiede
zu erblicken sind. Die Färbung der Oosporen wird hervorgerufen
durch die bräunliche oder gelblich-bräunliche Farbe der dem farblosen Protoplasma in feinster Vertheilung beigemengten Oeltröpfchen.
Ausser diesen enthält jede Oospore noch einen grossen, den grössten
Theil des ganzen Innern einnehmenden, gelblichen oder bräunlichgelben, zuweilen farblosen Oeltropfen. Meistens liegt derselbe genau
in der Mitte, die Oospore wird dann von de Bary als centrisch
bezeichnet. Bei einigen Arten dagegen befindet sich der Oeltropfen
seitlich an der Wand und ist gegen das Protoplasma abgeplattet,
die Sporen sind excentrisch (Achlya polyandra, A. prolifera, Saprolegnia anisospora).

Die Oosporen sind gleich nach der Reife nicht keimfähig und
bedürfen einer längeren Ruhezeit, Austrocknen vertragen sie nicht.
Nach de Bary's Beobachtungen schwankt diese Ruheperiode zwischen
8 bis über 200 Tagen; nach 8—10 Tagen keimten z. B. die Oosporen
von Achlya spinosa, nach 212 Tagen erst die von Achlya prolifera.
Ob diese Zahlen für die verschiedenen Species charakteristisch
sind, ist nach den vorliegenden Untersuchungen nicht zu sagen.
Soviel steht aber fest, dass die Ruheperiode, ebenso wie ja auch
die Entstehung der Oosporen unabhängig sind vom Wechsel der
Jahreszeiten.

Die Keimung der Oosporen verläuft gewöhnlich so, dass ein
kurzer, unverzweigt bleibender Keimschlauch hervorwächst, der an
seiner Spitze zu einem Zoosporangium wird. Zuweilen wächst aber
auch der Keimschlauch zu einem kleinen Mycel aus. Endlich ist
auch von Cornu für Saprolegnia spiralis (l. c. p. 109), von Cienkowski
für Saprolegnia ferax aut. (Bot. Zeit. 1855, p. 801, Taf. XII, 3) die
Bildung von Schwärmsporen direct aus dem Inhalt der Oosporen
beschrieben worden. Die verschiedenen Keimungsformen kommen
bei derselben Species vor und sind abhängig von äusseren Verhältnissen.

Gemmen und Dauerconidien können bei verschiedenen
Species und in verschiedener Form auftreten. Regelmässig kommen
sie bei Saprolegnia torulosa vor, deren Hauptschläuche sehr bald

durch Querwände getheilt werden. Näheres hierüber in der Speciesbeschreibung. Ferner hat Zopf bei Apodachlya pyrifera genau
kugelige, dickwandige Dauerconidien beschrieben, deren Keimung
noch unbekannt ist. Sie sollen nach Zopf die Oosporen vertreten
und regelmässig an älteren Rasen auftreten.

Gelegentlich entstehen in den Mycelschläuchen alter Rasen verschiedener Saprolegnieen Querwände, durch welche cylindrische oder
tonnenförmige oder kugelige, oft ganz unregelmässige, dicht mit
Inhalt erfüllte Glieder abgegrenzt werden. Ihre Wand verdickt
sich gewöhnlich etwas, sie lösen sich später oft aus dem Verbande.
Zuweilen stehen sie einzeln oder zu mehreren reihenweise hinter
einander am Ende der Schläuche und zeichnen sich dann durch
genaue Kugelform und beträchtliche Grösse aus. In dieser Form
sind sie beobachtet bei Achlya prolifera (de Bary), Saprolegnia spec.
(Walz, Bot. Zeit. 1870, p. 556, Taf. IX, 20, 21), Aphanomyces stellatus
(Sorokin, A. sc. nat. 6. Serie III) und gewöhnlich als Conidien oder
Dauerconidien bezeichnet worden. Pringsheim (Jahrb.IX) hat Gemmen
der verschiedenartigsten Formen bei Achlya polyandra beobachtet
und bezeichnet sie als Reihen- oder Dauersporangien. Da es sich
in allen diesen Fällen nicht um normale Bildungen handelt, sondern
um accessorische Ruheformen, welche die alten Mycelschläuche unter
ungünstigen äusseren Bedingungen bilden, so dürfte es sich empfehlen,
hier anstatt der Bezeichnungen Conidien und Sporangien, den indiffe-
renten Namen „Gemmen" zu gebrauchen. Hierdurch wird auch
zugleich auf die Uebereinstimmung mit den gleichnamigen Bildungen
einiger Mucorineen hingewiesen. Sobald wieder günstige Existenz-
bedingungen eintreten, zumal bei Zufuhr frischen, sauerstoffhaltigen
Wassers, entwickeln sich die Gemmen weiter, indem sie theils zu
Sporangien werden und Schwärmsporen bilden, theils einen oder
mehrere, ein neues Mycel bildende Keimschläuche treiben. Auch
Sporangien können, wenn ihre Weiterentwicklung gehemmt wird, in
einen gemmenartigen, transitorischen Ruhezustand übergehen.

Membran und Inhalt. Die Membran aller Theile besteht
bei allen Saprolegniaceen aus reiner Cellulose; nachträgliche Einlagerung anderer Substanzen findet nicht statt. Die kleine Familie
der Monoblepharidaceen soll sich dagegen nach Cornu dadurch auszeichnen, dass die Membranen keine Cellulosereaction ergeben und
in ihrem Verhalten der sog. Pilzcellulose entsprechen. Nur die
bräunliche Membran der Oosporen soll eine schwache Cellulosereaction besitzen.

Der Inhalt ist bei allen Saprolegninae farblos, in dicken Schichten, z. B. Sporangien, Oosporen, oft bräunlich gefärbt, nur ein einziges Mal hat de Bary bei Saprolegnia anisospora eine lebhafte, an Pilobolus erinnernde Gelbfärbung beobachtet. Das Protoplasma ist dicht, meist sehr feinkörnig und enthält eine grosse Zahl sehr kleiner Zellkerne. Jede Schwärmspore besitzt einen Kern, die Eier und die jungen Oosporen mehrere, die aber später nach den Beobachtungen von Schmitz und Strasburger zu einem einzigen verschmelzen.[1]) Die Oosporen enthalten ausserdem als Reservematerial fettes Oel, welches theils dem Protoplasma beigemengt ist, theils als grosser, farbloser, gelblicher oder bräunlicher Tropfen ausgeschieden ist.

Ein allgemein verbreiteter Inhaltsbestandtheil sind die zuerst von Pringsheim[2]) ausführlich beschriebenen Cellulinkörner. Sie treten in allen Theilen, besonders aber in älteren Schläuchen auf und haben gewöhnlich eine flache, scheibenförmige Gestalt. Ueber ihre Reaction und chemische Natur ist Pringsheim's Arbeit zu vergleichen. Bei den Apodyeen liegt gewöhnlich in jedem der mehrere Zellkerne enthaltenden Glieder ein Cellulinkorn, meist in der Nähe einer der Einschnürungen. In diese schiebt sich das Cellulinkorn pfropfartig hinein, wenn das Glied zum Sporangium sich umbildet. Derselbe Verschluss wird auch bei Verwundungen der Schläuche gebildet, die Cellulinpfropfen vertreten die Querwände.

Systematisches. Die Eintheilung der Saprolegninae in die beiden Familien der Saprolegniaceae und Monoblepharidaceae gründet sich auf die grossen Unterschiede in der geschlechtlichen Fortpflanzung. Die Monoblepharidaceen sind die einzigen Pilze, welche Spermatozoiden und demgemäss offene Oogonien bilden. In ihrer vegetativen Gliederung stehen sie aber den Saprolegniaceen doch so nahe, dass sie mit ihnen in eine Ordnung vereinigt werden müssen. Die Eintheilung der Saprolegniaceen in die beiden Unterfamilien ist zuerst von Cornu vorgeschlagen worden. Die Gattungen sind nach de Bary's Vorgange umgrenzt.

Gewöhnlich werden auch die Ancylistaceen als reducirte Formen zu den Saprolegninae resp. Oomyceten gestellt; ich habe sie als Holochytriaceen mit den Chytridiaceen vereinigt, wegen der geringen Gliederung ihres holocarpischen Vegetationskörpers. Als Vorläufer

---

[1]) Vergl. Strasburger, Zellbildung und Zelltheilung, III. Aufl. p. 56—61; in neuester Zeit hat auch Dangeard Zellkernstudien über die Saprolegniaceen veröffentlicht (Le Botaniste II. 1890, p. 100).

[2]) Ber. d. deutsch. bot. Ges. I.

der Saprolegniaceen und Peronosporaceen sind sie sicher zu betrachten. De Bary stellt die Peronosporaceen vor die Saprolegniaceen und betrachtet diese als das Endglied einer Reihe, in der die Apogamie mehr und mehr zunimmt. Meiner Ansicht nach ist Pythium diejenige Form, welche beide Ordnungen coordinirt mit den Chytridineen verbindet. Pythiopsis schliesst die Saprolegniaceen enger an Pythium an, dessen metasporangiale Species als echte Peronosporaceen zu betrachten sind.

Die beiden Ordnungen laufen divergent von gemeinsamem Ausgangspunkte aus, es lassen sich wohl kaum durchschlagende Gründe für eine bestimmte Reihenfolge geltend machen. Der apogamischen Tendenz, welche de Bary's Anordnung zum Ausdruck bringt, könnte man die reichere vegetative Gliederung der Peronosporeen, die Ausbildung besonderer Conidienträger und besonders auch die aufsteigende Umbildung von Sporangien in abfallende Conidien gegenüberstellen. Da eine der beiden meiner Ansicht nach coordinirten Ordnungen zuerst stehen muss, habe ich die Saprolegninae als die einfacher erscheinende vorangestellt.

Lebensweise. Alle Saprolegninae sind Wasserbewohner und leben saprophytisch auf in Wasser faulenden Thier- und Pflanzenresten. Nur eine einzige parasitische Form ist bisher bekannt geworden, der in Algen lebende Aphanomyces phycophilus. Besonders gern siedeln sich die Saprolegninae auf faulenden Thierkörpern (Insecten, Würmern, Schnecken, Fröschen, Fischen, Krebsen, Fisch- und Froschlaich etc.) an, einige Formen trifft man auch auf holzigen und krautigen Pflanzenresten (Achlya racemosa). Todte Fische und Krebse sind oft dicht mit Saprolegniaceen überzogen, eine Erscheinung, die zu der Ansicht geführt hat, dass diese Pilze die Ursache der verheerenden Fisch- und Krebspest sein könnten.[1] Die verschiedensten Species sind bereits unter solchen Umständen gefunden worden, aus den Abbildungen ergiebt sich, dass Unger eine Saprolegnia, Smith Saprolegnia Thureti, Huxley Saprolegnia monoica vor sich hatten; de Bary fand Saprolegnia mixta auf kranken Fischen, Saprolegnia hypogyna auf einem halbtodten Flusskrebs. Auch Achlya-Arten sind auf Fischen und Krebsen beobachtet worden. Das diese Saprolegniaceen die Ursache der Erkrankung und des Todes sind, ist sehr unwahrscheinlich, denn Goldfische bleiben in sehr viel

---

[1] Vergl. Unger, Linnaea XVII. 1843; Smith, Grevillea VI. 1878; Huxley, Quart. Journ. micr. sc. XXII. 1882; Murray, Journ. of Bot. XXIII. 1885.

Saprolegnia enthaltendem Wasser monatelang gesund, wie de Bary[1]) gezeigt hat. Es liegt wohl hier eine Bacterieninfection vor, die Saprolegnieen nisten sich später nur als Saprophyten ein. Besondere pathogene Species der Saprolegniaceen sind noch nicht beschrieben worden. Zopf[2]) erwähnt, dass er auf Regenwürmern, namentlich bei Ueberschwemmungen, Saprolegnia ähnliche Pilze gefunden hat, die zum Theil schon während des Lebens, meistens aber erst nach dem Tode sich festsetzen. Genauere Untersuchungen fehlen.

Alle bisher beschriebenen Saprolegninae sind Bewohner des süssen Wassers mit untergetauchtem Mycel; echte Meeres-Saprolegniaceen sind meines Wissens noch nicht bekannt geworden. Ihr Vorkommen ist wohl mit Sicherheit anzunehmen.

Parasiten der Saprolegniaceen sind in grösserer Zahl bekannt und haben früher zu mehrfachen Verwechselungen geführt. Sie gehören alle zu den Chytridineen und sind auf p. 149 dieses Werkes aufgezählt. Auch in den Antheridien und Oogonien sollen nach Zopf[3]) winzige, amöboide Parasiten (Vampyrellidium vagans) vorkommen, deren nähere Beschreibung aber noch fehlt.

Sammeln und Präpariren. Man findet in der freien Natur sehr oft Saprolegniaceen in Tümpeln und Teichen auf den bereits genannten Substraten. Um die verschiedenen, in einem Teich vorkommenden Arten zu erlangen, genügt es, etwas Schlamm und Algen oder andere Wasserpflanzen mit Wasser zu übergiessen und einige todte Fliegen oder Mehlwürmer darauf zu werfen. Schon nach 2 Tagen sind die jungen Rasen der Saprolegnieen mit Sporangien entwickelt. Zuweilen kann es länger dauern, wenn erst Oosporen auskeimen müssen; auch kommen die verschiedenen Arten nicht alle zugleich zum Vorschein, so dass eine länger fortgesetzte Versorgung der Cultur mit frischen Fliegen zu empfehlen ist. Die Präparation erfordert keine besonderen Vorschriften, nur sorge man für frisches Wasser, damit die Geburt der Schwärmer schneller erfolgt.

Das Auftreten der Saprolegniaceen ist, abgesehen von den für alle Pflanzen geltenden Regeln, an eine bestimmte Jahreszeit nicht gebunden. Auch im Winter kann man aus unter dem Eis hervorgeholten Schlammmassen Saprolegniaceen erlangen.

[1]) Morphol. d. Pilze 1884, p. 404.
[2]) Schenk's Handb. IV. p. 511.
[3]) Schenk's Handb. IV. p. 540 u. 565.

Uebersicht über das System und die Gattungen
der Saprolegnineen.

(Bestimmungstabelle.)

1. Fam. **Saprolegniaceae.** Antheridien nebenastartig, an das
Oogon sich anlegend und Befruchtungsschläuche in dasselbe treibend:
Oogonien geschlossen.

1. Unterfam. *Saprolegnieae.* Mycelschläuche gleichmässig dick,
cylindrisch, nicht durch Einschnürungen gegliedert.

I. Sporen aus dem Sporangium hervortretend, schwärmend und
ausserhalb desselben keimend.

1. Alle Schwärmsporen eines Sporangiums aus einer und
derselben Oeffnung hervortretend.

a. Schwärmsporen fertig und beweglich hervortretend, sofort sich zerstreuend.

aa. Monoplanetisch; Sporangien eiförmig, nach der Entleerung nicht durchwachsend, sondern durch sympodiale Sprossung erneuert . . . L. *Pythiopsis.*

bb. Diplanetisch; Sporangien lang, fadenförmig oder
keulig, nach der Entleerung durchwachsend.

α. Sporangien keulig, mehrere Reihen Sporen enthaltend, Oogonien meist vieleiig LI. *Saprolegnia.*

β. Sporangien fadenförmig, nur eine Reihe Sporen
enthaltend, Oogonien eineiig . LII. *Leptolegnia.*

b. Schwärmsporen noch ohne Cilien und bewegungslos
hervortretend, vor der Sporangienmündung zu einem
hohlkugeligen Köpfchen angeordnet liegen bleibend und
hier sich häutend; monoplanetisch.

aa. Sporangien keulig, mehrere Reihen Sporen enthaltend,
Oogonien vieleiig; Schläuche dick . LIII. *Achlya.*

bb. Sporangien fadenförmig, nur eine Reihe Sporen enthaltend, Oogonien eineiig; Schläuche sehr dünn
LIV. *Aphanomyces.*

2. Jede Schwärmspore durch ein besonderes Loch austretend,
sofort weiter schwärmend, monoplanetisch; ein polygonales
Netzwerk von Zellwänden im Sporangium zurückbleibend
LV. *Dictyuchus.*

II. Sporen aus dem Sporangium nicht hervortretend, nicht
schwärmend, innerhalb desselben keimend . LVI. *Aplanes.*

2. Unterfam. *Apodyeae.* Mycelschläuche durch Einschnürungen in ungefähr gleich lange, cylindrische Glieder getheilt.

1. Schwärmsporen in den Sporangien entstehend und alle aus ein und derselben Oeffnung hervortretend.

a. Schwärmsporen sofort sich zerstreuend . LVII. *Apodya.*

b. Schwärmsporen vor dem Sporangium liegen bleibend und sich häutend . . . . LVIII. *Apodachlya.*

2. Schwärmsporen vor dem Sporangium entstehend, dessen Inhalt noch ungetheilt in eine Blase entleert und hier erst in die Sporen getheilt wird . . . . . LIX. *Rhipidium.*

2. Fam. **Monoblepharidaceae.** Antheridien sporangienartig, Spermatozoiden bildend; Oogonien mit Oeffnung.

1. Mycelschläuche gleichmässig cylindrisch, ohne Einschnürungen
LX. *Monoblepharis.*

2. Mycelschläuche durch Einschnürungen in ungefähr gleich lange, spindelförmige Glieder getheilt LXI. *Gonapodya.*

In diese Tabelle sind die zweifelhaften und sehr ungenau bekannten Gattungen nicht aufgenommen, es sind dies: Blastocladia und Naegelia.

1. Familie. Saprolegniaceae.

Antheridien nebenastartig, an das Oogon sich anlegend und Befruchtungsschläuche in dasselbe treibend, Oogonien geschlossen.

1. Unterfamilie. Saprolegnicae.

Mycelschläuche gleichmässig dick, cylindrisch, nicht durch Einschnürungen gegliedert.

L. **Pythiopsis** de Bary, 1888 (Bot. Zeit. p. 609).

Mycelium sehr dünnfädig, mit dicht stehenden, strahlenden Hauptästen, Verzweigung rispig, bei der Sporangienbildung cymös, mit deutlicher Wickelbildung. Sporangien terminal, ei- bis keulenförmig, mit kurzem, terminalen Schnabel, durch den die Entleerung erfolgt; nach dieser nicht durchwachsend, sondern unter dem entleerten Sporangium ein neues hervortreibend und so durch mehrmalige Wiederholung einen wickeligen Sporangienstand erzeugend, zuweilen mit kopfiger Häufung der Sporangien. Schwärmer fertig hervortretend und sogleich davon eilend, eiförmig mit zugespitztem, zweieiligen Vorderende, monoplanetisch, ohne Häutung und zweites Schwärmstadium. Oogonien wie bei Saprolegnia, aber meist eineiig. Antheridien keulig, an kurzen Seitenästchen. Oosporen einzeln, excentrisch.

Diese Gattung, bisher nur mit einer und wahrscheinlich seltenen Species, stelle ich an die Spitze der Saprolegniaceen, denn sie zeigt, wie auch der Name andeutet, grosse Aehnlichkeit mit Pythium. Diese Gattung aber in ihrer jetzigen Umgrenzung vereinigt gewissermassen die Saprolegniaceen und Peronosporaceen in gemeinsamer Basis und führt weiter zurück zu den Holochytrieen. Pythiopsis unterscheidet sich von Pythium und den Peronosporeen überhaupt durch das Fehlen des Periplasmas, der ganze Inhalt des Oogons wird zum Ei (die reife Oospore hat deshalb auch kein Episporium), von Pythium besonders aber durch die andere, mit Saprolegnia übereinstimmende Art der Schwärmerentleerung.

252. P. cymosa de Bary, 1888 (l. c. p. 632).

Abbild.: de Bary, l. c Taf. IX, 1.

Sporangien terminal, zuweilen mehrere hinter einander, ei- bis kurz keulenförmig, mit Scheitelpapille, Erneuerung siehe Gattungsdiagnose. Oogonien erst in alten Rasen, an dünneren, gebogenen,

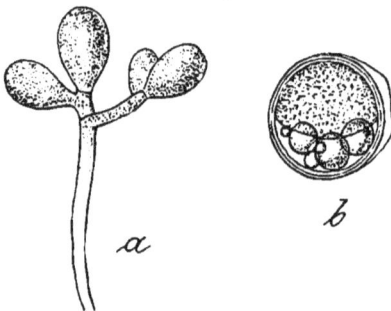

Fig. 50.

Pythiopsis. — P. cymosa. a Eine Gruppe cymös angeordneter junger Sporangien (Vergr. 160). b Eine reife excentrische Oospore mit mehreren seitlichen Fettkugeln (Vergr. 750). Beide nach de Bary.

aus deren Basis hervorwachsenden Aesten entstehend, zuweilen auch an den Seitenästen der Hauptfäden; terminal, kugelig, mit glatter, tüpfelfreier, farbloser Wand, manchmal mit wenigen, unregelmässig vertheilten, kurzen Papillen; gewöhnlich nur 1, selten 2 und 3 Eier bildend. Antheridien immer vorhanden, 1—4 an einem Oogon, schief keulenförmig, auf kurzen, dicht unter dem Oogon entspringenden Nebenästchen; zuweilen auch cylindrisch und hypogyn. Oosporen meist einzeln, gross, fast das ganze Oogon ausfüllend, kugelig, glatt, mit zahlreichen excentrisch gelegenen Fettkügelchen; Keimung nicht beobachtet.

Aus einem Schneewassertümpel über dem Lac noir (Vogesen) auf Fliegen isolirt und ein halbes Jahr lang in Cultur beständig. Ist anderswo bisher nicht beobachtet.

De Bary beobachtete, dass im October die Oogonien mehr Papillen als sonst trugen, dass ihre Wand zur Zeit der Sporenreife hellbraun sich färbte und mit einer sehr durchsichtigen, äussersten Schicht bedeckt war, die sonst fehlte. Näheres über den Ursprung dieser Verdickungsschicht konnte de Bary nicht feststellen.

LI. Saprolegnia Nees v. Esenbeck, 1823 (Nova Acta Acad. Leop. XI. 2, p. 513).

Mycel dickfädig, mit starken, strahlenden, an der Spitze breit abgerundeten, unverzweigten oder monopodial rispig verzweigten Hauptschläuchen; zur Zeit der Sporangienbildung nicht oder sehr selten sympodial. Sporangien an den Enden der Hauptschläuche und ihrer Aeste, cylindrisch oder keulenförmig, mehrere Reihen Sporen enthaltend, am Scheitel mit einem Loch sich öffnend, dessen Mündung oft kurz röhrig ausgezogen ist, nach der Entleerung wiederholt durchwachsend; Netzsporangien beobachtet. Schwärmsporen einzeln und fertig hervortretend, sofort sich zerstreuend, diplanetisch, zunächst eiförmig mit zugespitztem, 2 Cilien tragenden Vorderende, nach wenigen Minuten zur Ruhe kommend, kugelig sich abrundend und eine Membran ausscheidend. Nach kurzer Ruhepause schlüpft der Inhalt als neue Schwärmspore hervor, diese nieren- oder bohnenförmig mit zwei Cilien in der seitlichen Einbuchtung, längere Zeit schwärmend und später mit Mycel keimend. Oogonien meist terminal, zuweilen intercalar, verschieden angeordnet, meist auf kurzen Stielchen an den Hauptschläuchen traubig gehäuft, aber auch terminal an diesen selbst, kugelig oder birnförmig oder tonnenförmig, glatt oder stachelig, mit meist getüpfelter, ziemlich dicker Membran, meist vieleiig, selten eineiig. Antheridien ei- oder gekrümmt keulenförmig, klein, an Nebenästen, die entweder von den die Oogonien tragenden Hauptschläuchen (androgyn) oder getrennt davon (diklin) entspringen; zuweilen auch cylindrisch, nicht an Nebenästen, sondern als Theil des Oogonstieles (hypogynisch) gebildet. Antheridien fehlen bei einigen Arten oft oder immer, die Oosporen reifen apogamisch. Oosporen meist zahlreich, selten einzeln, kugelig, immer glatt, mit dickem, farblosen, glänzenden Exospor, dünnem Endospor, farblosem oder gelblichen oder bräunlichen Inhalt, Fetttropfen centrisch oder excentrisch., Gemmen sehr verschieden gestaltet, oft sehr unregelmässig.

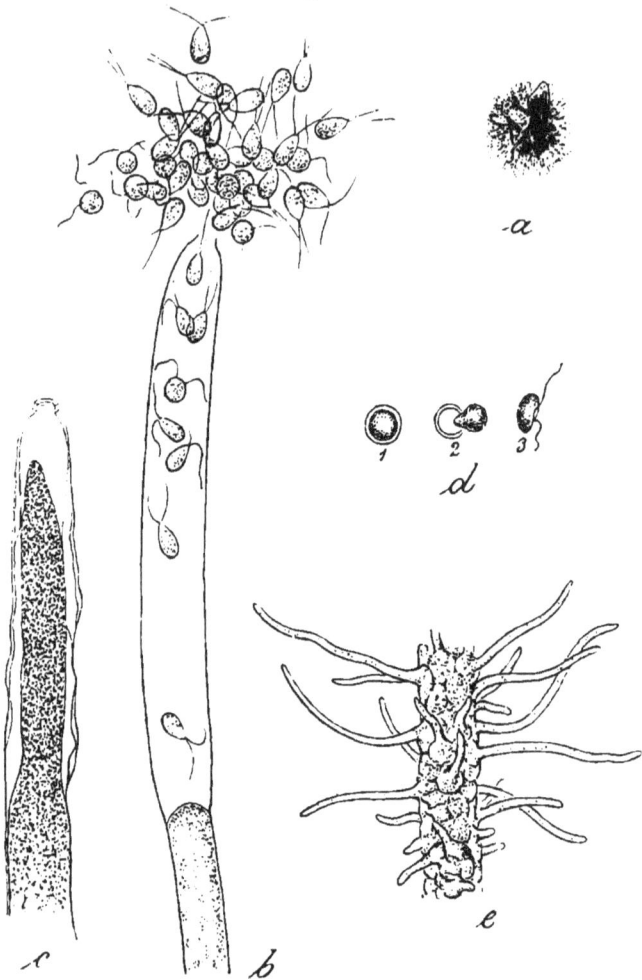

Saprolegnia. — a, b S. Thureti. a Eine Fliege mit einem Rasen des Pilzes (natürliche Grösse, nach Thuret). b Ein Sporangium während der Entleerung der diplanetischen Schwärmsporen; diese mit zwei terminalen Cilien in der ersten Schwärmperiode (Vergr. 330, nach Thuret). c S. ferax aut. Durchwachsung eines entleerten Sporangiums, das junge Sporangium von den zwei gefalteten Wänden älterer, bereits entleerter Sporangien umgeben (Vergr. 180, nach Pringsheim). d S. monoica (Diplanes saprolegnioides Leitgeb). Häutung der Schwärmer, bei 1 Ruhezustand nach der ersten Schwärmperiode mit zwei terminalen Cilien, bei 2 ausschlüpfender, bei 3 fertiger Schwärmer der zweiten Schwärmperiode mit zwei seitlichen Cilien (Vergr. 400, nach Leitgeb). e S. Thureti. Ein Stück eines Sporangiums, dessen Schwärmer ausnahmsweise nicht entleert worden sind und in diesem mit Schläuchen auskeimen (Vergr. 330, nach Thuret).

Historisches und Systematisches. Die beiden Gattungen Saprolegnia und Achlya wurden bereits im Jahre 1823 von Nees von Esenbeck aufgestellt und treffend durch die verschiedene Art der Schwärmerentleerung unterschieden (Nova Acta Acad. Leop. XI. 2, p. 514). Auch versuchte Nees die bereits von früheren Autoren unter verschiedenen Namen beschriebenen Saprolegnieen in seine beiden neuen Gattungen einzureihen. Schon im nächsten Jahr wurden von Agardh (Syst. Alg. p. 49) beide Gattungen mit der neuen Gattung Leptomitus vereinigt, die, wie später gezeigt wird, sehr verschiedenartige Dinge enthielt. Kützing trennte die Gattungen Saprolegnia und Achlya wieder ab, vereinigte aber beide unter dem ersteren Namen; er stellte eine Anzahl neuer Species auf, die als ungenügend begründet wieder gestrichen werden müssen (Phycol. gener. 1843; Spec. Alg. 1849). Allmälig stellte sich nun bei den Autoren eine grosse Verwirrung ein, die schliesslich zu einer vollkommenen Verwechselung der beiden von Nees wohl unterschiedenen Gattungen führte: als Achlya prolifera wurde die wirkliche Saprolegnia bezeichnet und umgekehrt. Erst de Bary hat 1852 (Bot. Zeit.) diese Verwirrung beseitigt und den beiden Nees'schen Gattungen zu ihrem Recht verholfen. Wer sich näher für diese historische Frage interessirt, findet ausführliche Darstellungen in der bereits citirten Arbeit de Bary's und bei Lindstedt (Synops. d. Saprol. 1872).

So leicht und sicher nun auch die beiden Gattungen Saprolegnia und Achlya sich von einander unterscheiden lassen, so schwer ist andererseits die Unterscheidung der Arten. Alle Species, die vor der Entdeckung der Sexualorgane (durch Schleiden, Grundzüge I. p. 314) und später ohne Berücksichtigung dieser aufgestellt worden sind, sind werthlos. Aber selbst die Verwerthung der Sexualorgane für die Diagnose konnte so lange keine Sicherheit gewähren, so lange man nicht die verschiedenen Species, welche meist gesellig in einem und demselben Rasen vorkommen, durch Cultur zu trennen vermochte. Erst den jahrelangen Bemühungen de Bary's, seiner letzten Arbeit, haben wir eine grundlegende Unterscheidung der Species zu verdanken (Bot. Zeit. 1888).

Es ergiebt sich hieraus von selbst, dass eine Zurückführung der älteren Namen

Fig. 52.

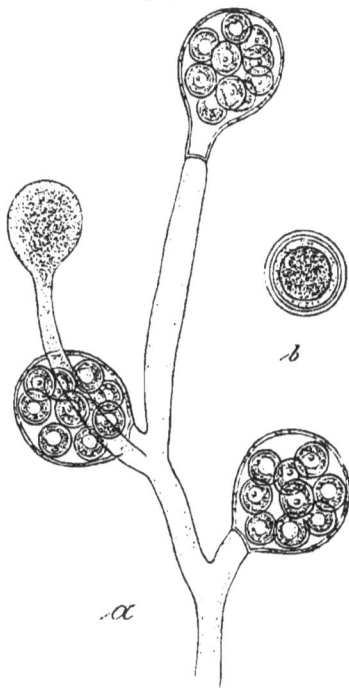

Saprolegnia. — a S. Thureti. Apandrische Oogonien mit zahlreichen reifen Oosporen, stark getüpfelter Wand (Vergr. 180, nach Pringsheim). b S. torulosa. Eine reife, centrisch gebaute Oospore, mit breitem, centralen Fetttropfen, zweischichtiger Wand (Vergr. 375, nach de Bary).

auf die neuen Species unmöglich ist; eine zuverlässige Synonymik ist erst seit den Arbeiten de Bary's und Pringsheim's möglich. Deshalb lasse ich hier eine kurze Uebersicht über die bis 1852 beschriebenen Algen und Pilze folgen, welche als Synonyme der beiden Gattungen Saprolegnia und Achlya zu betrachten sind.

1. Conferva piscina Schrank, 1789, Bayrische Flora II. p. 553.

2. Byssus aquatica Flora Danica V. Taf. 896. Die freilich etwas rohe Abbildung zeigt deutlich genug, dass eine Saprolegnia vorgelegen hat.

3. Mucor spinosus Schrank, 1813, Denkschr. Münchener Akad. Wissensch. p. 11, Taf. I, auf untergetauchten, fauligen Aesten (Daphne, Salix) und Fleisch ist wie die Abbildung, trotz ihrer Absonderlichkeiten, erkennen lässt, eine Achlya; deutlich erkennbar sind die sympodiale Anordnung der Sporangien und die Sporen-köpfchen an ihren Mündungen.

4. Mucor imperceptibilis Schrank, 1813, l. c. ist sicherlich nur ein kleineres Exemplar der vorigen Pflanze.

5. Vaucheria aquatica Lyngbye, 1819, Tent. Hydrophytol. danic. p. 79, Taf. XXII. Aus der Abbildung ist nicht mit Sicherheit zu ersehen, ob dem Autor Saprolegnia oder Achlya vorlag, wahrscheinlich war es die erstere. Nees vereinigt die Pflanze mit Achlya.

6. Conferva ferax Gruithusen, 1821, Nova Acta Acad. Leop. X. 2, p. 437, Taf. XXXVIII. Der Autor beobachtete zum ersten Male die Bildung und Ent-leerung der Schwärmsporen; seine Abbildung zeigt unverkennbar, dass er Sapro-legnia vor sich hatte.

7. Hydronema Carus, 1823, Nova Acta Acad. Leop. XI. 2, p. 493, Taf. LVIII, auf abgestorbenen Salamanderlarven ist der von Nees als Achlya prolifera be-zeichnete Pilz.

8. Saprolegnia molluscorum Nees, 1823, Nova Acta Acad. Leop. XI. 2. p. 513.
Synon.: Conferva ferax Gruithusen.
Ist die Originalspecies der Gattung Saprolegnia.

9. Achlya prolifera Nees, 1823, l. c. p. 514.
Synon.: Hydronema Carus.
Vaucheria aquatica Lynbye.
Ist die Originalspecies der Gattung Achlya; ob sie mit der Species A. proli-fera (Nees) de Bary zusammengehört, ist freilich nicht zu entscheiden.

10. Leptomitus clavatus Agardh, 1824, Syst. Alg. p. 49.
Synon.: Conferva piscina Schrank.
Byssus aquatica Flora Danica.
Vaucheria aquatica Lynbye.
Auf todten Fliegen und Fischen, ist eine Saprolegnia.

11. Leptomitus prolifer Agardh, 1824, l. c. p. 49 ist Achlya prolifera Nees.

12. Leptomitus ferax Agardh, 1824, l. c. p. 49 ist Saprolegnia mollus-corum Nees.

13. Saprolegnia ferax Kützing, 1843, Phycol. gener. p. 157, Taf. I und Spec. Alg. 1849, p. 159.
Synon.: Leptomitus clavatus, prolifer, ferax Agardh.
Saprolegnia molluscorum Nees.
Achlya prolifera Nees.

Ist, wie die Abbildung zeigt, reine Saprolegnia. Der Fehlgriff Kützing's, die beiden Gattungen von Nees zu verschmelzen, hat die spätere Verwirrung hervorgerufen.

14. Saprolegnia ferax aut. ist bis 1852 meist Achlya prolifera Nees, aber zuweilen auch Saprolegnia.

15. Achlya prolifera aut. bis 1852 ist Saprolegnia, z. B. bei Schleiden. Grundzüge I. p. 314. ferner bei Unger, Linnaea XVII. 1843, Taf. IV, ebenso bei Pringsheim, 1851, Nova Acta Acad. Leop. XXIII. 1, p. 397.

16. Saprolegnia xylophila Kützing, 1843, Phycol. gener. p. 157, Taf. II. ist sicherlich eine Achlya, wahrscheinlich A. racemosa.

17. Saprolegnia capitulifera A. Braun, 1851, Verjüngung p. 201, ist Achlya; Species natürlich nicht zu ermitteln.

Die später seit den grundlegenden Arbeiten de Bary's und Pringsheim's hinzugekommenen Synonyme findet man bei den betreffenden Species.

Eintheilung der Gattung.

De Bary (Bot. Zeit. 1888) unterscheidet drei Gruppen mit folgenden Merkmalen:

1. **Asterophora-Gruppe.** Oogonien morgensternförmig, eineiig. Sporangien nur mit Durchwachsung sich erneuernd.

2. **Ferax-Gruppe.** Oogonien glattwandig, rund, vieleiig, bis nach der Sporenreife mit dem Mycel in festem Verbande verbleibend. Sporangien nur mit Durchwachsung sich erneuernd.

3. **Monilifera-Gruppe.** Oogonien glattwandig, rund, vieleiig, nach oder schon vor der Oosporenbildung vom Mycel sich ablösend oder doch wenigstens im Zusammenhang mit ihm gelockert. Sporangien theils mit Durchwachsung, theils durch cymöse Sprossung sich erneuernd.

Diese Eintheilung ist auch der folgenden Darstellung zu Grunde gelegt, nur sind die Gruppen und ihre Species etwas anders angeordnet.

Uebersicht über die Species.

I. Oogonien glatt, vieleiig.

1. Oogon bis nach der Sporenreife mit dem Mycel in festem Verbande bleibend. Sporangien nur mittelst Durchwachsung sich erneuernd . . . . **Ferax-Gruppe.**

    a. Antheridien immer oder meistens vorhanden.

      aa. Antheridien hypogynisch, nicht auf Nebenästen

                                          S. hypogyna.

bb. Antheridien auf Nebenästen.

   α. Nebenäste diklinen Ursprunges.

      αα. Oosporen centrisch, Schwärmsporen alle

         gleichartig . . . . *S. dioica*.

      ββ. Oosporen excentrisch, Schwärmsporen von

         zweierlei Art . . . . . . *S. anisospora*.

   β. Nebenäste androgynen Ursprunges.

      αα. Nebenäste immer vorhanden . *S. monoica*.

      ββ. Nebenäste nur bei 50 % der Oogonien vor-

         handen . . . . *S. mixta*.

b. Antheridien immer oder meistens fehlend.

  aa. Oogonien einzeln, Hauptfäden immer gleichmässig

    cylindrisch . . . . *S. Thureti*.

  bb. Oogonien meist in Reihen, Hauptfäden gewöhnlich

    später in verschieden gestaltete Glieder getheilt, die

    zu Oogonien oder secundären Sporangien oder

    Gemmen werden . . . . *S. torulosa*.

2. Oogonien nach oder schon vor der Oosporenbildung vom
Mycel sich ablösend oder doch wenigstens im Zusammenhang mit ihm gelockert, vieleiig. Sporangien theils durch
Durchwachsung, theils durch cymöse Sprossung sich erneuernd . . . . **Monilifera - Gruppe.**

                           S. monilifera.

II. Oogonien morgensternartig, eineiig. Sporangien nur mit
Durchwachsung sich erneuernd . . **Asterophora - Gruppe.**

                           S. asterophora.

1. **Ferax - Gruppe** de Bary. Oogonien glatt, rund, vieleiig,
bis nach der Sporenreife mit dem Mycel in festem Verbande bleibend. Sporangien nur mittelst Durchwachsung
sich erneuernd.

  a. Antheridien immer oder meistens vorhanden.

253. **S. hypogyna** (Pringsheim, 1873) de Bary, 1883 (Bot. Zeit.
p. 56, ausführlicher Bot. Zeit. 1888, p, 615).

    Synon.: Saprolegnia ferax var. hypogyna Pringsheim, 1873, Jahrb.
      wiss. Bot. IX. p. 196.

    Abbild.: Pringsheim, l. c. Taf. XVIII, 9, 10.

Rasen zart, mit straff abstehenden Hauptästen. Sporangien
terminal, keulig, verschieden gross, nach der Entleerung wiederholt
durchwachsend. Oogonien terminal und dann kuglig bis birn-

förmig oder intercalar und dann breit tonnenförmig, oft zwei bis
mehrere hinter einander, sehr verschieden gross, z. B. 65 μ Durchmesser oder 50 μ breit, 150 μ lang oder 75 μ breit, 110 μ lang, mit
wenigen grossen Tüpfeln in der mässig dicken, glatten, farblosen
Wand. Antheridien fast immer vorhanden, nicht an Nebenästen,
sondern cylindrisch und intercalar am Tragfaden des Oogons, unmittelbar unter oder über diesem, bei einzelnen intercalaren Oogonien
zuweilen an beiden Seiten je ein Antheridium; Befruchtungsschläuche
werden nicht immer in das Oogon getrieben, zuweilen wölbt sich
in dieses nur die das Antheridium abtrennende Querwand hinein.
Oosporen zahlreich, meist 5—10 (1—40) in einem Oogon, kugelig,
16—20 μ Durchmesser, centrisch. Keimung unbekannt.

Auf todten Insecten im Wasser, an einem halbtodten Flusskrebs.

Pringsheim betrachtete die hypogynische Stellung der Antheridien nur als
Varietät, de Bary hat aber gezeigt, dass diese Anordnung in 3 Jahre andauernder
Cultur sich unverändert erhält, so dass wohl hier die Entwicklung von Nebenast-
antheridien ganz ausgeschlossen ist.

254. S. dioica de Bary, 1883 (Bot. Zeit. p. 56, ausführlicher
Bot. Zeit. 1888, p. 619).

Abbild.: de Bary, l. c. 1886, Taf. X, 12, 13.

Rasen dicht, mit schlanken, schlaff abstehenden, 20—40 μ
dicken Hauptästen. Sporangien lang keulig, wenig breiter als die
Fäden, oft sehr schlank, 80—400 μ lang, nach der Entleerung oft
vielfach (6—8mal) durchwachsend, dabei immer kleiner werdend,
so dass die Einschachtelung der aufeinander folgenden Sporangien
und ihrer entleerten Häute sehr deutlich hervortritt. Alle Sporangien
die gleiche Art Schwärmer bildend. Oogonien terminal oder intercalar, einzeln oder zu mehreren hinter einander, an den Hauptfäden
selbst, nicht auf traubigen kurzen Seitenäten dieser; kugelig, birn-
oder keulen- oder tonnenförmig, sehr verschieden gross, Membran
glatt, dick, farblos, manchmal gelblich gefärbt, mit einzelnen kleinen
Tüpfeln oder ungetüpfelt, vieleiig. Antheridien immer vorhanden,
meist sehr zahlreich, oft das ganze Oogon umhüllend, schief keulig
oder cylindrisch, auch reihenweise mehrere hinter einander, auf Nebenästen, die nicht an den oogontragenden Hauptästen, sondern diklin
an dünneren, besonderen Hauptästen entspringen. Diese männlichen Hauptäste sind selten über 5 μ breit und wachsen zwischen
den dickeren weiblichen Aesten schlingend und windend, sich vielfach mit ihnen verflechtend hindurch, die Oogonien mit antheridien-

tragenden Nebenästen umspinnend. Zuletzt reissen die dünnen Aeste oft ab und die Antheridien sitzen frei, zwergmännchenartig. den Oogonien an. Oosporen zahlreich, bis 20 und mehr in einem Oogon, kugelig, 25—30 μ Durchmesser; Keimung unbekannt.

Aus Sümpfen und Teichen verschiedener Gegenden auf Fliegen und Mehlwürmern 5 Jahre lang cultivirt und dabei unverändert.

Der Speciesname „dioica" sagt mehr aus, als in Wirklichkeit über die Geschlechtervertheilung bekannt ist. Sicher erwiesen ist nur der dikline Ursprung der Oogonien und Antheridien, ob sie aber diöcisch an getrennten und sexuell differenzirten Mycelien entspringen, ist noch nicht festgestellt. De Bary's nachgelassene Arbeit enthält hierüber keine Bemerkungen; auch nicht darüber, ob vielleicht die viel dünneren, männlichen Hauptäste gleichfalls Schwärmsporangien bilden oder ob dies nur an den dickeren, später weiblichen geschieht. Ich habe das von de Bary herrührende Alcoholmaterial untersucht, aber daraus keinen weiteren Aufschluss erhalten. Die dünnen männlichen Fäden stehen nicht im Zusammenhang mit den dicken weiblichen, sie rufen den Eindruck eines besonderen Mycels allerdings hervor. Wie bereits de Bary hervorgehoben, wachsen von einem männlichen Hauptast Antheridienäste an verschiedenen Oogonien, ebenso wie auch dasselbe Oogon von Nebenästen verschiedenen Ursprungs umflochten wird.

De Bary's Species ist durchaus neu und deckt sich auch nicht theilweise mit der Saprolegnia dioica autor. Diese vielmehr entspricht der Saprolegnia dioica Pringsheim, 1860 (Jahrb. wiss. Bot. II. p. 266, Taf. XXII, 1—9), die selbst wieder eine von Rozella septigena befallene S. Thureti und deshalb ganz als Species zu streichen ist. Alles was als S. dioica von den Autoren früher beschrieben wurde, hat nebenastlose Oogonien und entspricht mehr oder weniger vollständig der S. Thureti. So gehört auch zu dieser die S. dioica var. racemosa de la Rue, 1869 (Bull. soc. imp. Nat. Moscou XLII. 1, p. 469), die nur wegen stärkerer Verzweigung von der Hauptform überflüssiger Weise abgetrennt wurde. Ebenso ist S. dioica Schröter, 1869 (Ber. schles. Ges. vaterl. Cultur) nach des Autors späterer Darstellung weiter nichts als S. Thureti (Schles. Kryptfl. III. 1, p. 256).

255. S. anisospora de Bary, 1888 (Bot. Zeit. p. 619).

Abbild.: de Bary, l. c. Taf. IX, 4.

Rasen dicht, mittelgross, circa ¹/₂ cm breit, mit zarten, straff abstehenden, 10—45 μ dicken Hauptästen. Sporangien lang keulig, nur wenig breiter als die Fäden, 38—45 μ dick, sehr schlank, 200 bis 800 μ lang, nach der Entleerung wiederholt (6—8mal) durchwachsend, dabei immer kleiner werdend und deshalb mit deutlicher Ineinanderschachtelung, die späteren Sporangien oft kurz unter der Spitze eingeschnürt, so dass diese kopfartig abgesetzt ist, auch mehrere Einschnürungen tragend. Die Sporangien sind zwar alle gleich gebaut, bilden aber zwei Arten von Schwärmsporen, kleinere von der gewöhnlichen Grösse der Saprolegniaschwärmer und grössere

von demselben Bau, aber mehr als doppelt so gross, mit dunkel-
körnigem Protoplasma; beide Schwärmerformen sind diplanetisch
und entstehen getrennt, nicht zusammen in demselben Sporangium.
Oogonien am Ende entweder von traubig angeordneten, kurzen,
oder von weniger regelmässig angeordneten, längeren Seitenästen
der Hauptschläuche; kugelig oder keulig-birnförmig, 40—90 μ
Durchmesser, Membran farblos, glatt, derb, ungetüpfelt; vieleiig.
Antheridien immer vorhanden, sehr zahlreich, die Oogone oft
dicht bedeckend, gross, krumm-keulig, mit der concaven Seite
oder der Endfläche anliegend, wie bei voriger Art auf diklinen
Nebenästen, welche von dünnen, dicht flechtenden und windenden,
oogonlosen Hauptstämmen entspringen. Oosporen zu 1—10, meist
5—8 in einem Oogon, kugelig, 16—20 μ, glatt, excentrisch, mit
einer grossen oder einer Gruppe kleiner, seitlicher Fettkugeln;
Keimung unbekannt.

Aus einem kleinen Sumpf von de Bary isolirt und auf Fliegen,
Mehlwürmern cultivirt, ging nach zweimonatlicher Cultur zu Grunde.

Diese interessante Form hat gewöhnlich die Farbe der anderen Saprolegniaceen,
nur einmal fand de Bary auf einer Mücke das Protoplasma lebhaft gelb, an Pilobolus erinnernd, gefärbt.

Ueber die Function der zwei Schwärmerarten konnte de Bary kein abschliessen-
des Urtheil gewinnen. Es gelang ihm, aus den grossen Schwärmern auf dem Objectträger neue Rasen zu erziehen, welche beiderlei Sporangien entwickelten, die
kleineren Schwärmer hat er nicht isolirt weiter cultivirt. Da die dünnen männlichen Hauptäste nirgends mit den dicken oogontragenden in Zusammenhang stehen,
so liegt die Vermuthung nahe, dass die kleineren Schwärmer als Androsporen nur
die männlichen Mycelien erzeugen. Es würde dann diese Species einen analogen
Fall zu den gynandrosporen Arten der Algengattung Oedogonium darstellen. Weitere
Untersuchungen würden besonders auf diese Frage zu achten haben. An der
Heterosporie dieser Art ist nach de Bary's sorgfältiger Arbeit nicht zu zweifeln;
dadurch unterscheidet sich aber S. anisospora nicht blos von allen andern Arten
der Gattung Saprolegnia, sondern von allen übrigen bisher bekannten Saprolegniaceen. Bei der andern dioicischen Species, S. dioica, hat de Bary immer nur
eine Art von Schwärmsporen gefunden, so dass hier der Ursprung der männlichen
Mycelien noch dunkler ist.

256. S. monoica (Pringsheim, 1858) de Bary, 1881 (Abhandl. Senckenb. naturf. Ges. XII. p. 102).

Synon.: Saprolegnia monoica Pringsheim, 1858, Jahrb. f. wiss. Bot.
I. p. 292 pr. p.
Saprolegnia monoica Pringsheim bei Reinke, 1869, Arch. mikr. Anat. V.
Diplanes saprolegnioides Leitgeb, 1870, Jahrb. wiss. Bot. VII. p. 374.
Abbild.: Pringsheim, l. c. Taf. XIX, XX. Reinke, l. c. Taf. XII.
Leitgeb, l. c. Taf. XXIV. de Bary, l. c. Taf. V, 11—19; VI, 1, 2.

Rasen kräftig, bis 1 cm breit, mit straffen, geraden, auch ausserhalb des Wassers steif abstehenden, bis 75 μ dicken Hauptästen. Sporangien am Ende der Haupt- und Nebenäste, keuligcylindrisch, von sehr verschiedener Grösse, nach der Entleerung durchwachsend. Netzsporangien beobachtet. Oogonien kugelig, 40—80 μ Durchmesser, mit einigen mässig grossen, kreisrunden Tüpfeln in der glatten, farblosen Wand, vieleiig. Die Oogonien sitzen gewöhnlich am Ende kurzer, ungefähr die Länge ihres Durchmessers erreichender, gerader oder gekrümmter, circa 10 μ dicker Seitenäste, welche in traubiger Anordnung und mehr oder weniger dichter Stellung aus den Hauptästen entspringen. So entstehen mehr oder weniger deutliche Oogonträger, die selbst mit einem Oogon oder mit Sporangien oder steril enden. Antheridien krumm-keulenförmig, mit der concaven Seite dem Oogon, bald an einem Tüpfel, bald an einer beliebigen andern Stelle anliegend, am Ende 4—6 μ dicker Nebenäste. Diese fehlen niemals und entspringen gewöhnlich in der Nähe des Oogons, meist aus dem die Oogonien tragenden Hauptfaden, zuweilen auch von einem benachbarten; ein oder mehrere Antheridienäste an jedem Oogon. Oosporen kugelig, 16—22 μ dick, glatt, centrisch, ausnahmsweise einzeln, gewöhnlich zu mehreren, meist 5—10, aber selbst bis 30 in einem Oogon. Keimen mit Mycel oder meist mit einem kurzen Schlauch, dessen Spitze zum Zoosporangium wird; Ruhezeit 68—145 Tage. — Fig. 51 d.

Auf im Wasser liegenden todten Insecten (Fliegen, Mücken, Mehlwürmern etc.), auf todten Fischen und Krebsen; sehr häufig. Wächst schlecht auf vegetabilischem Substrat. Ueber Krebs- und Fischpest siehe die allgemeine Einleitung.

var. **montana** de Bary, 1888 (Bot. Zeit. p. 617).

Ist nach de Bary durch scharfe Merkmale von der Hauptform nicht zu unterscheiden, aber weicht doch habituell stark von ihr ab. Sie zeichnet sich aus durch häufig unregelmässig geordnete und gestrecktere Oogonstiele, durch sehr vereinzelte oder fehlende Tüpfel der meist etwas dickeren Oogonmembran und durch eine schlankere Gesammtverzweigung des Mycels.

Aus Gebirgsseen (Vogesen, Schwarzwald, Grimsel), von de Bary isolirt.

Diplanes saprolegnioides Leitgeb, 1870 (l. c.), Synon.: Achlya intermedia Bail, 1860, Naturf.-Ver. Königsberg p. 5, ist entschieden S. monoica. Die neue

Gattung Diplanes stellte Leitgeb auf, weil er zwei Schwärmperioden an den Schwärmern beobachtet hatte, eine Erscheinung, die 1870 noch nicht bekannt war. Später hat Cornu (A. sc. nat. 5. Serie XV. p. 10) gezeigt, dass die Schwärmer der meisten Saprolegnia-Species (S. ferax, monoica, asterophora) diplanetisch sind, so dass die Leitgeb'sche Gattung wieder mit Saprolegnia zu vereinigen ist. Durch weitere Untersuchungen hat sich herausgestellt, dass die Schwärmer aller Saprolegnia-Species diplanetisch sind.

Saprolegnia spiralis Cornu, 1872 (A. sc. nat. 5. Serie XV. p. 10). Eine ausführliche Beschreibung hat Cornu bisher nicht gegeben. Die Species soll sich von S. monoica, der sie sehr nahe steht, unterscheiden durch die meistens schneckenförmig eingekrümmten Oogonstiele, die geringe Zahl der, oft einzelnen, Oosporen und ihre bräunliche, nicht weisse Farbe. Nach Cornu gehört hierher die Abbildung bei A. Braun (Abh. Berl. Akad. 1856, Taf. V, 22).

Ob hier wirklich eine gute Species vorliegt, bedarf weiterer Untersuchung, denn eingekrümmte Oogonstiele kommen auch bei S. monoica gelegentlich vor.

257. S. mixta de Bary, 1883 (Bot. Zeit. p. 56, ausführlicher Bot. Zeit. 1888, p. 617).

Rasen weniger kräftig als bei voriger Art, mit schlanken, schlaffen, ausserhalb des Wassers sogleich herabsinkenden Hauptästen. Sporangien wie bei voriger Art. Oogonien kugelig, wie bei voriger angeordnet, aber mit zahlreichen, oft sehr grossen und etwas nach aussen vorspringenden Tüpfeln. Antheridien wie bei voriger, aber nur etwa an der Hälfte aller vorhandenen Oogonien zu finden, die andern ohne Antheridien wie bei S. Thureti. Oosporen wie bei voriger Art, oft viele in einem Oogon.

Auf Fliegen etc. im Wasser, auf kranken Fischen (Bieler See).

Diese Species, deren Merkmale in 5 Jahre langer Cultur beständig sich erwiesen, verdient besondere Aufmerksamkeit als Mittelform zwischen S. monoica, die immer, und S. Thureti, die nie Antheridien bildet. Die Oogonstructur erinnert mehr an die letztere, nur sind die Oogonien kleiner und ärmer an Sporen als bei dieser.

b. Antheridien immer oder meistens fehlend.

258. S. Thureti de Bary, 1881 (Abh. Senckenb. naturf. Ges. XII. p. 102 und Bot. Zeit. 1888, p. 615).

Synon.: Saprolegnia ferax (Gruithuisen) Thuret, 1850, A. sc. nat. 3. Serie XIV. p. 230.

Saprolegnia ferax der neueren Autoren ist wohl durchweg diese Species; da der von Gruithuisen geschaffene Speciesname sich allgemein eingebürgert hat, so würde es vielleicht wünschenswerth erscheinen, ihn beizubehalten und auf S. Thureti einzuengen. Freilich würden dann vielerlei Verwechselungen vorkommen, deren Vermeidung nur möglich ist, wenn der Name S. ferax ganz verschwindet. Deshalb schliesse ich mich dem Vorgehen de Bary's hier an mit der Bemerkung, dass man,

wenn die Trennung von dem Namen S. ferax nicht durchführbar sein
sollte, dann immer schreiben muss S. ferax (Gruith.) Thuret, nicht
S. ferax (Gruith.) Kützing.

Abbild.: Thuret, l. c. Taf. XXII. de Bary, l. c. Abh. Senckenb. Ges.
Taf. V. 1—10. Zopf, Schenk's Handb. IV. Fig. 68, p. 567.

Rasen kräftig, bis 1,5 cm breit, mit straffen, geraden, auch
ausserhalb des Wassers steif abstehenden, bis 75 μ dicken Hauptästen:
zur Zeit der Oosporenbildung schlaffer. Sporangien am Ende der
Haupt- und Nebenäste, keulig-cylindrisch, sehr verschieden lang
und dick, aber immer dicker als ihr Tragfaden, nach der Entleerung
wiederholt durchwachsend; Netzsporangien beobachtet. Oogonien
terminal, einzeln an den Haupt- und Nebenästen, nicht traubig
angeordnet, kugelig, meist 40—80 μ Durchmesser, mit zahlreichen,
meist grossen Tüpfeln in der glatten, farblosen Wand; zuweilen
cylindrisch und nicht selten in entleerte Sporangien eingewachsen;
vieleiig. Antheridien fehlen, ebenso natürlich Nebenäste.
Oosporen zahlreich, selbst 40—50 in einem Oogon, zuweilen auch
einzeln in besonders kleinen Oogonien, kugelig, 20—27 μ Durchmesser, glatt, centrisch; in cylindrischen Oogonien auch oval-birn-
förmig oder abgerundet-cylindrisch. Keimen mit Mycel oder mit
Zoosporangium; Ruhezeit 45—92 Tage. — Fig. 51, 52 a.

Auf todten Insecten (Fliegen, Mücken, Mehlwürmern etc.) auf
todten Fischen und Krebsen im Wasser; gemein. Wächst schlecht
auf vegetabilischer Unterlage. Ueber Krebs- und Fischpest siehe
die allgemeine Einleitung.

Antheridien fehlen dieser Form regelmässig, nur sehr selten und ausnahmsweise hat de Bary, der sie 11 Jahre lang cultivirte, ein Antheridium gefunden,
das auf einem Nebenaste sass wie bei S. monoica. Die interessante Erscheinung,
dass die Eier ohne Beihilfe der Antheridien zu Oosporen heranreifen, ist besonders
von Pringsheim und de Bary sorgfältig untersucht worden. Besonders der letztere
hat einen Abschluss in dieser Frage herbeigeführt (vergl. Abh. Senckenb. naturf.
Ges. XII, 1881).

Die Apandrie der Oogonien ist bei dieser Species vollkommen, während sie
bei S. mixta nur bei 50 % der Oogonien auftritt, so dass diese Species ein werth-
volles Bindeglied zwischen S. Thureti und S. monoica darstellt.

259. S. torulosa de Bary, 1881 (Abh. Senckenb. naturf. Ges.
XII. p. 102).

Synon.: Saprolegnia spec. Lindstedt, 1872, Synops. Saproleg. p. 48.
Abbild.: de Bary, l. c. Taf. VI, 3—17. Lindstedt, l. c. Taf. IV, 1—12.

Rasen bis 1 cm breit, mit schlaffen, ziemlich dünnen, 20 μ,
höchstens 30 μ dicken Hauptästen; diese anfangs wie bei den übrigen

Arten gleichmässig cylindrisch, am Ende mit keuligen Sporangien, später aber eine Anzahl hintereinanderliegender, verschieden gestalteter Anschwellungen bildend, die dicht mit Inhalt erfüllt, durch Querwände von einander getrennt und äusserlich durch schwache Einschnürungen abgesetzt sind, so dass die älteren Fäden torulos, die ganzen Rasen fein punktirt erscheinen. Die Anschwellungen sind bald kugelig-birnförmig (z. B. 32 μ breit, 50 μ lang), bald keulig-cylindrisch (z. B. 42 μ breit, 180 μ lang), bald unregelmässig geformt und von sehr verschiedener Grösse. Aus ihnen entwickeln sich entweder secundäre Sporangien oder Gemmen oder Oogonien. Sporangien von zweierlei Art, die zuerst entstehenden wie bei voriger Art, terminal, keulenförmig, nach der Entleerung durchwachsend, die späteren, secundären, meist reihenweise hintereinander, verschieden gestaltet, wie die bereits beschriebenen Anschwellungen, aus denen sie entstehen, das terminale Sporangium einer solchen Reihe mit Scheitel-, die andern mit seitlicher Oeffnung. Oogonien aus den Anschwellungen der torulosen, älteren Fäden hervorgehend und ebenso mannigfach in Form und Grösse, bald reihenweise hinter einander, bald, aber selten, ganz vereinzelt; bis nach der Oosporenreife im festen Verbande mit dem übrigen Mycel und unter einander verbleibend; mit glatter, farbloser, vereinzelt oder gar nicht getüpfelter Wand; vieleiig. Antheridien meistens fehlend, selten vorhanden und dann am Ende von Nebenästen androgynen oder auch diklinen Ursprungs. Oosporen zu mehreren in einem Oogon, kugelig oder zuweilen unregelmässig stumpfeckig, glatt, 14—22 μ Durchmesser; keimen wie bei voriger Art, Ruhezeit 10 Tage. Gemmen verschieden gestaltet, aus den Anschwellungen der torulosen Fäden entstehend, später theils mit Schlauch, theils mit Schwärmsporen keimend. — Fig. 52 *b*.

Auf todten Insecten, im Wasser.

Die eigenartige Species schliesst sich durch die apandrischen Oogonien an vorige an und verbindet diese mit der folgenden. Dass die Anschwellungen, welche an älteren Mycelien entstehen, nicht eine vorübergehende, vielleicht durch ungünstige Ernährung hervorgerufene, sondern eine normale Bildung sind, geht daraus hervor, dass sie in de Bary's 5 Jahre lang fortgeführten Culturen immer und regelmässig auftraten.

Die von Lindstedt (l. c.) beschriebene, aber nicht benannte neue Form ist sicherlich gleichfalls S. torulosa.

2. **Monilifera-Gruppe** de Bary. Oogonien glatt, rund, vieleiig, nach oder schon vor der Oosporenbildung vom Mycel sich ablösend oder doch wenigstens im Zusammenhang mit ihm gelockert. Sporangien theils mit Durchwachsung, theils durch cymöse Sprossung sich erneuernd.

260. **S. monilifera** de Bary, 1883 (Bot. Zeit. p. 56, ausführlicher Bot. Zeit. 1888, p. 629).

Abbild.: de Bary, Bot. Zeit. 1888, l. c. Taf. IX. 6.

Rasen dicht, zart und klein, kaum über 2 mm breit. Sporangien bauchig-keulig, dicker und kürzer als bei den andern Arten, nach der Entleerung theils mit Durchwachsung, theils durch cymöse Sprossung sich erneuernd, die an demselben Faden mit einander unregelmässig abwechseln können; bei reicherer Sprossung entstehen, da diese immer nach derselben Seite erfolgt, schraubelige Büschel von Sporangien, die nun nach der Entleerung auch wieder durchwachsen können. Oogonien rund, meist fast kugelig, mit kurz cylindrischem Ansatzstück, am Ende der Hauptfäden, selten an kurzen Seitenästchen, reihenweise hintereinander zu mehreren (bis 15) in basipetaler Folge, entstehend; nach der Abgrenzung und oft schon vor der Eibildung wird der Verband der Oogonien unter einander gelockert, die Reihen sind verschoben und geknickt und lösen sich leicht vollständig in ihre Glieder auf; die Oogonien liegen später in grosser Menge isolirt im Wasser und bilden oft jetzt erst die Eier, resp. vollenden deren Entwicklung zu Oosporen. Wand der Oogonien derb, glatt, farblos oder hell gelbbraun, ohne oder mit wenigen sehr kleinen Tüpfeln. Antheridien nie beobachtet. Oosporen 1—16, meist 6—12 in einem Oogon, centrisch.

Aus einem kleinen See beim Kniebis (Schwarzwald) isolirt, auf Fliegen, Mehlwürmern cultivirt.

. Diese Form steht der vorigen am nächsten, unterscheidet sich aber von ihr und allen Saprolegnieen überhaupt durch die Lostrennung der Oogonien vom Mycel, die sogar oft erst nachher die Eier bilden und weiter entwickeln. Es liegt hier gewissermassen eine Umwandlung von apandrischen Oogonien in Conidien vor. Die Bildung der Schwärmsporen ist von Anfang an nicht so reichlich wie bei andern Arten und hört zur Zeit der Oogonbildung fast ganz auf; die locker ansitzenden Oogonien können ja durch Wasserbewegung leicht abgelöst und fortgeführt werden, sie entwickeln ja auch dann noch die Oosporen und scheinen so wirklich conidienartig die Schwärmer zu vertreten. Die Apandrie verbindet diese Species eng mit den beiden vorhergehenden. Vier Jahre lange Cultur hat auch für sie die Constanz der Merkmale ergeben.

Es wäre nicht unmöglich, dass diese Form bereits von Reinsch bei Erlangen gefunden worden ist; wenigstens scheint mir seine Saprolegnia spec. (1) in der Anordnung der Sporangien grosse Aehnlichkeit zu haben (Jahrb. wiss. Bot. XI, p. 295, Taf. XVII. 15). Leider hat Reinsch keine Oogonien gefunden.

3. **Asterophora-Gruppe** de Bary. Oogonien morgensternartig, einciig. Sporangien nur mit Durchwachsung sich erneuernd.

261. **S. asterophora** de Bary, 1860 (Jahrb. wiss. Bot. II. p. 189 und Bot. Zeit. 1888, p. 614).

Abbild.: de Bary, Jahrb. Taf. XX, 25—27; Abh. Senckenb. Ges. XII. Taf. VI, 18—39.

Rasen dicht, mit schlaffen, geraden, nur 10—20 μ dicken Hauptästen. Sporangien terminal, cylindrisch-keulig, verschieden gross, nach der Entleerung durchwachsend. Oogonien terminal auf schlanken, wellig gekrümmten, nur 4—8 μ dicken Aesten besonderer, ebenso dünner und gekrümmter Mycelfäden, nicht an den die Sporangien bildenden Hauptästen; kugelig, ausnahmsweise kurz keulig, durch dicht gestellte stumpf- oder spitzconische, hohle Ausstülpungen der Wand morgensternförmig, mit diesen 40—55 μ Durchmesser, diese selbst 4—8 μ hoch, Wand derb, tüpfelfrei, farblos; gewöhnlich nur 1, selten 2, sehr selten 3 Eier enthaltend. Antheridien meist vorhanden, schief-keulig, sich zwischen den Ausstülpungen an das Oogon breit anlegend, am Ende von Nebenästen, die dicht beim Oogon von dessen Tragfaden entspringen; meist 1—2 an jedem Oogon, nicht selten ganz fehlend. Oosporen gewöhnlich einzeln, kugelig, sehr gleichmässig gross, 20—25 μ Durchmesser, glatt, centrisch. Keimen mit Mycel oder Sporangium, Ruhezeit 175 Tage.

Auf todten Fliegen im Wasser, scheint weniger häufig, aber über ganz Deutschland verbreitet. (Bisher beobachtet bei Königsberg, Meissen, Frankfurt a. M., Freiburg i. Br., im Elsass.)

Unterscheidet sich von allen andern Arten der Gattung durch die Einzahl der Eier und die morgensternartige Form der Oogonien, zwei Merkmale durch die sie sich der Gattung Aphanomyces nähert, der sie auch im Habitus ähnelt. Die Entleerungsweise der Schwärmsporen zeigt aber, dass eine echte Saprolegnia vorliegt.

Zweifelhafte und auszuschliessende Arten.

(Man vergleiche auch den Abschnitt „Historisches und Systematisches" auf p. 331.)

Saprolegnia minor Kützing, 1843, Phycol. gener. p. 157.
Auf todten Mücken im Wasser. Ist zu ungenau beschrieben und auch mit Algen vermengt. Muss gestrichen werden.

Saprolegnia candida Kützing, 1849, Spec. Alg. p. 159.
Synon.: Conferva candida Roth; Leptomitus candidus Agardh.
Auf den Wurzeln von Hydrocharis morsus ranae.

Saprolegnia tenuis Kützing, 1849, l. c. p. 159.
An den untergetauchten Blättern von Glyceria fluitans.

Saprolegnia saccata Kützing, 1849, l. c. p. 159.
An Moosen in stehenden Gewässern.

Diese drei Species können wohl Saprolegnieen sein, wohin sie aber gehören, ist aus der Beschreibung nicht zu erkennen und deshalb bleibt nichts übrig, als diese Arten ganz zu streichen.

Saprolegnia Libertiae Kützing, 1849, l. c.
Synon.: Conferva Libertiae Bory; Leptomitus Libertiae Agardh.
An Fontinalis. Ist Apodya lactea; siehe dort.

Saprolegnia dioica Pringsheim, 1858, ist Saprolegnia Thureti mit Rozella septigena. Man vergleiche die Anmerkung hinter S. dioica de Bary p. 336.

Saprolegnia androgyna Archer, 1867, vergleiche Aplanes Braunii p. 365.

Saprolegnia de Baryi Walz, 1870, Bot. Zeit. p. 537, Taf. IX, 1—12.
Ist sicher keine Saprolegnia. Es liegen wohl hier zwei verschiedene Organismen vor, die Walz fälschlich als zusammengehörig betrachtet. Das feinfädige Mycelium und die einsporigen Oogonien gehören zu einem Pythium, vielleicht P. gracile Schenk. Die Zoosporangien dagegen, welche in Fig. 1 u. 12 abgebildet sind, stehen gar nicht im Zusammenhang mit den Mycelfäden und gehören wahrscheinlich zu einer Olpidiee, vielleicht Olpidiopsis Schenkiana oder O. parasitica. Wie sich freilich die Abbildungen 9—11 erklären, welche die Sporangien an den Enden der Mycelfäden darstellen, vermag ich nicht zu sagen; es macht allerdings den Eindruck als ob sie halb schematisch zur Veranschaulichung der in den Algenzellen schwerer zu erkennenden Verhältnisse entworfen wären. Gleichviel, wie sich dieses Bedenken auch lösen mag, eine Saprolegnia liegt keinesfalls vor; die Species ist also zu streichen. Man vergleiche auch Pythium gracile.

Saprolegnia spiralis Cornu, 1871; man vergleiche die Anmerkung hinter S. monoica p. 339.

Saprolegnia siliquaeformis Reinsch siehe Gonapodya prolifera.

Saprolegnia Schachtii Frank, 1880, Pflanzenkrankh. p. 384 ist Pythium de Baryanum.

Saprolegnia mucophaga Smith, 1884, Gardiner's Chronicle XXII. p. 245.
Die Zeitschrift war mir leider unzugänglich.

LII. **Leptolegnia** de Bary, 1888 (Bot. Zeit. p. 609).

Mycel wie bei voriger Gattung, aber schlaffer, mit sehr langen, unverzweigten, breit stumpf abgerundeten Hauptästen. Sporangien an den Astenden, lang-cylindrisch, nicht breiter als der Tragfaden, gewöhnlich nur eine Reihe von Schwärmsporen enthaltend; nach der Entleerung durchwachsend. Schwärmer einzeln hervortretend, sofort sich zerstreuend, diplanetisch, wie bei voriger Gattung. Oogonien und Antheridien wie bei Saprolegnia. Oosporen immer einzeln, das Oogonium ganz ausfüllend.

262. **L. caudata** de Bary, 1888 (l. c. p. 631).

Abbild.: de Bary, l. c. Taf. IX, 5.

Rasen dicht, über 1 cm breit, mit langen, sehr schlaffen und dünnen, nur 10—20 μ dicken, an der Spitze breit stumpf abgerundeten Hauptästen, die unverzweigt sind; nur an der Oberfläche des Substrats findet Verästelung statt und hier sind auch die Aeste bis 30 μ dick. Sporangien terminal, fadenförmig-cylindrisch, nicht dicker wie die Hauptfäden, 180—500 μ lang, am Scheitel sich öffnend, gewöhnlich nur eine Längsreihe von Schwärmern enthaltend, sehr selten streckenweise spindelförmig geschwollen und hier mit 2 oder 3 Sporenreihen; nach der Entleerung nicht immer, aber oft zwei- bis dreimal durchwachsend. Oogonien an der Basis der Hauptfäden, in einseitswendig-traubiger Anordnung, auf kurzen, unverzweigten Stielchen oder auch terminal auf dünnen, von der Substratoberfläche ausgehenden besonderen

Fig. 53.

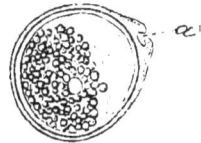

Leptolegnia. — L. caudata. Eine reife Oospore mit zahlreichen kleinen Fetttröpfchen und einem Ausschnitt in der Wand bei *a*, der früheren Ansatzstelle des Befruchtungsschlauches (Vergr. 420, nach de Bary).

Aesten, gewöhnlich schief-eiförmig, mit der grösseren Achse quer zum Stiele gestellt und gegen diesen zu einem kurzen Ansatz ausgezogen, seltener schwach birnförmig; gegen die Ansatzstellen der Antheridien etwas vorgewölbt; Membran glatt, tüpfelfrei. Antheridien immer vorhanden, gewöhnlich nur eins, seltener auch zwei an einem Oogonium, schief keulig, mit breiter Endfläche ansitzend; am Ende von Zweigen dünner Fäden diklinen Ursprungs, die den Rasen unter mancherlei Krümmungen und Windungen allseitig durchwuchern und um die oogontragenden Hauptfäden zuweilen regulär winden. Oosporen einzeln, das ganze Oogon ausfüllend mit dicker, farbloser, an der Ansatzstelle des Antheridiums einen engen Ausschnitt zeigender Membran und zahlreichen kleinen Fettkügelchen, welche dieser gewöhnlich als eine kleine, scheibenförmige oder unregelmässig plattenförmige Ansammlung an einer Stelle dicht angelagert sind; Keimung nicht beobachtet.

Aus Gebirgsseen (Kniebis, Oberhaslithal) isolirt und 3 Jahre lang unverändert cultivirt.

Diese Art habe ich aus der Umgegend Leipzigs auf Samen von Potamogeton erhalten und längere Zeit beobachtet, ohne dass freilich Sexualorgane gebildet wurden. Die übrigen, auch sehr eigenartigen Merkmale stimmten aber vollkommen mit de Bary's Beschreibung überein. Ich wüsste auch nicht, welche Saprolegnia sonst mir vorgelegen haben sollte.

LIII. **Achlya** Nees v. Esenbeck, 1823 (Nova Acta Acad. Leop. XI. 2, p. 540).

Myccl dickfädig, mit starken strahlenden, stumpf-spitzigen oder auch deutlich zugespitzten, unverzweigten oder monopodial verzweigten Hauptschläuchen; zur Zeit der Sporangienbildung cymös und zwar meist deutlich sympodial-wickelig sich verzweigend. Sporangien an den Enden der Hauptschläuche und ihrer Aeste. cylindrisch oder spindelförmig oder keulig mit zugespitztem Ende, mehrere Reihen Sporen enthaltend, am Scheitel mit einem Loch sich öffnend; nach der Entleerung nicht durchwachsend, sondern unterhalb durch seitliche Sprossung sich erneuernd; sympodiale, wickelige oder schraubelige, mehr oder weniger deutliche Sporangienstände bildend; Netzsporangien beobachtet. Schwärmsporen quellen noch ohne Cilien[1]) und bewegungslos hervor. bleiben an der Mündung des Sporangiums zu einer Hohlkugel angeordnet liegen, umgeben sich mit einer Membran und schlüpfen später aus dieser aus, jetzt bohnenförmig mit zwei Cilien in der seitlichen Einbuchtung; die leeren, zu Köpfchen vereinigten Häute der Sporen bleiben noch lange an der Mündung des Sporangiums haften. Oogonien, Antheridien und Oosporen wie bei Saprolegnia. Gemmen sehr mannigfach gestaltet.

Historisches über die Gattung Achlya und ihre älteren Synonyme findet man in der Anmerkung hinter der Gattungsdiagnose von Saprolegnia.

---

[1]) Nach Humphrey (Bot. Gazette 1891, p. 71) sollen die austretenden Schwärmer zuweilen zwei polare Cilien tragen.

Fig. 54.

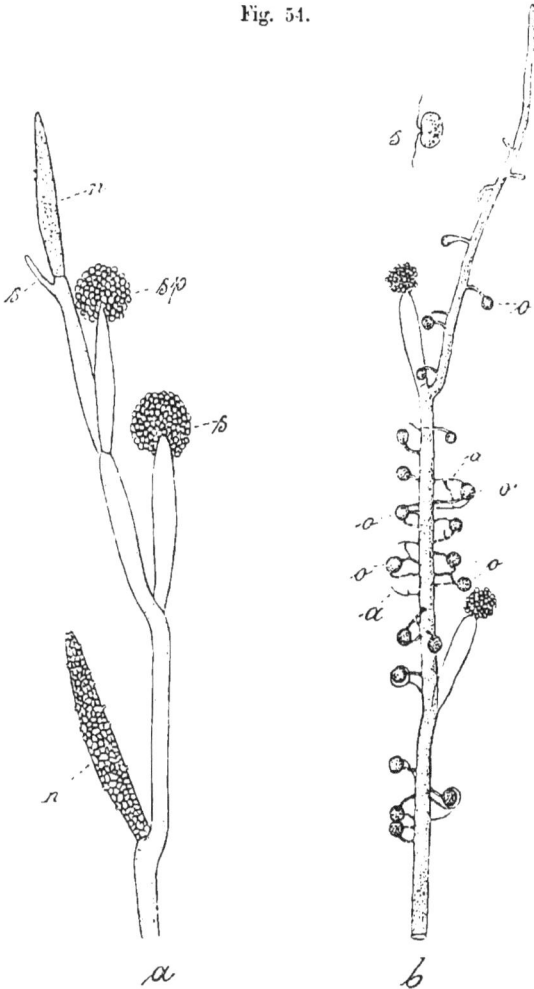

a

b

Achlya. — a A. racemosa. Ein sympodial-wickeliger Sporangienstand, unter dessen obersten Sporangium (n) das Sympodium bei s weiterwächst. Zwei Sporangien haben sich wie gewöhnlich entleert, vor ihren Mündungen liegen die leeren Häute (sp) der Schwärmsporen; die beiden anderen Sporangien (n), besonders deutlich das untere, sind Netzsporangien mit abweichender Entleerung, die Häutung der Sporen ist im Sporangium erfolgt (Vergr. 80, nach Pringsheim). b A. polyandra. Ein Hauptschlauch mit zwei sympodial angeordneten entleerten Zoosporangien und einer grossen Zahl traubig angeordneter androgyner Sexualorgane, Oogonien (o) und Nebenastantheridien (a). Weiter aufwärts jüngere Oogonien (o) noch ohne Antheridien (Vergr. 16, nach Zopf). Bei s eine Schwärmspore nach der Häutung (Vergr. 450, nach Zopf).

Fig. 55.

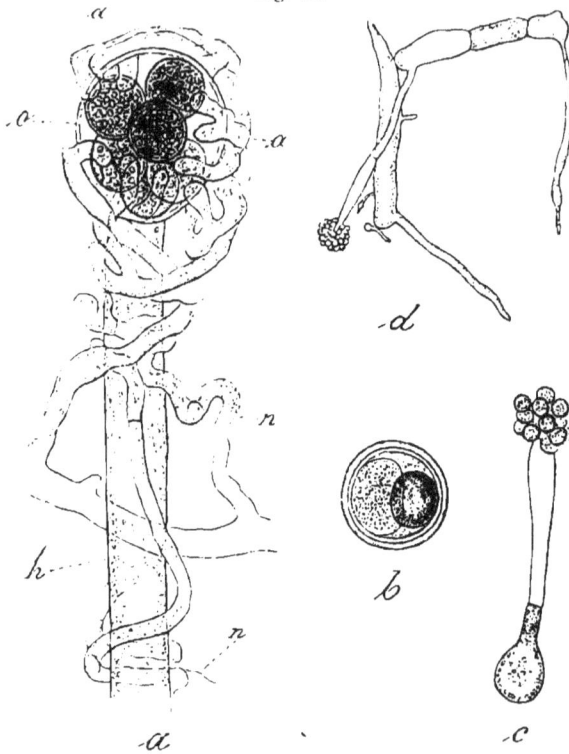

Achlya. — *a*, *b* A. prolifera. *a* Ein Oogon (*o*) am Ende eines dicken Haupt-
schlauches (*h*), der von dünneren, die Antheridien (*a*) tragenden Nebenästen (*n*) um-
schlungen ist (Vergr. 375, nach de Bary). *b* Eine reife, excentrische Oospore mit
rechts seitlich gelegenem Fetttröpfchen (Vergr. 600, nach de Bary). *c, d* A. polyandra. *c* Eine ausgekeimte Oospore, deren kurzer Keimschlauch ein Sporangium
gebildet hat; die Sporen sind bereits entleert und zum Köpfchen vereinigt (Vergr.
225, nach de Bary). *d* Gemmen (Reihensporangien) verschiedener Form, die eine
mit Sporangium tragendem Keimschlauch (Vergr. 80, nach Pringsheim).

Eine Eintheilung der Gattung in Gruppen ist nicht möglich,
da sämmtliche Species einander nahe stehen und so extreme Formen
wie bei Saprolegnia (S. monilifera, S. asterophora) bisher nicht
bekannt geworden sind. Aus der folgenden Bestimmungstabelle
wird man ersehen, welche Arten am nächsten mit einander verwandt sind.

Uebersicht über die Species.

I. Oogonien glatt oder nur gelegentlich mit einzelnen Ausstülpungen der Wand; Antheridien immer vorhanden, auf
Nebenästen.
1. Nebenäste androgyn, vom Stiel des Oogons oder den die
Oogonien tragenden Hauptschläuchen entspringend.
a. Nebenäste nur vom Oogonstiel entspringend.
aa. Nebenäste unverzweigt, henkelartig, Oogonien kurz
gestielt, mit gelblicher oder bräunlicher Wand
A. racemosa.
bb. Nebenäste verzweigt, Oogonien lang gestielt, mit
farbloser Wand . . . . *A. gracilipes.*
b. Nebenäste nur von dem die Oogonien tragenden Hauptschläuchen, nicht von ihren Stielen entspringend.
aa. Oogonien länglich-eiförmig, in ein ziemlich scharf
abgesetztes Spitzchen endend; Oosporen sehr gross,
38—50 μ . . . . *A. apiculata.*
bb. Oogonien kugelig, ohne Spitzchen. Oosporen klein,
nur halb so gross als bei voriger . *A. polyandra.*
2. Nebenäste diklin, nie an denselben Hauptschläuchen wie
die Oogonstiele entspringend.
a. Oogonien kugelig, mit reich getüpfelter Wand
A. prolifera.
b. Oogonien birnförmig, mit ungetüpfelter Wand
A. oblongata.
II. Oogonien immer durch viele Ausstülpungen der Wand dornig
oder sternförmig, Antheridien vorhanden oder fehlend.
1. Ausstülpungen unregelmässig zerstreut, Antheridien immer
vorhanden . . . . *A. oligacantha.*
2. Ausstülpungen dicht stehend, regelmässig angeordnet.
a. Antheridien bei 50% der Oogonien vorhanden, sonst
fehlend . . . . *A. spinosa.*
b. Antheridien immer fehlend . . . . *A. stellata.*

263. **A. racemosa** (Hildebrand, 1867) Pringsheim, 1873 (Jahrb.
IX. p. 205).

Synon.: Achlya racemosa Hildobrand, 1867, Jahrb. VI. p. 249.
Achlya lignicola Hildebrand, 1867, l. c. p. 255.
Achlya colorata Pringsheim, 1873, l. c. p. 205.

Abbild.: Hildebrand, l. c. Taf. XV, XVI, 1—6. Cornu, A. sc. nat.
5. Serie XV. Taf. I, 2—8. Pringsheim, l. c. Taf. XIX, 1—15; XXI, 1,
2, 13; XXII, 1—3; ferner Sitzungsber. Berl. Akad. 1882, Taf. XIV, 12,
15—31 und Ber. deutsch. bot. Ges. 1883, Taf. VII, 10—20.

Rasen kräftig, bis 1 cm breit, mit steif abstehenden, starren,
bis 80 μ dicken Hauptästen. Sporangien keulig-cylindrisch, gross,
z. B. 640 μ lang, 64 μ breit oder 340 μ lang, 21 μ breit oder 166 μ
lang, 28 μ breit; wiederholt durch Sprossung erneuert und mehr
oder weniger deutlich wickelig angeordnet; Netzsporangien beobachtet. Oogonien terminal auf kurzen, ihrem Durchmesser gleichlangen, 12—20 μ dicken Seitenästen der Hauptschläuche, traubig angeordnet, oft dicht gestellt und in so grosser Menge (nach Cornu bis
100), dass der Hauptast zu einem deutlichen traubigen Oogonstande
wird; kugelig, 50—75 μ Durchmesser, mit derber, tüpfelloser, stets
bräunlich oder gelblich gefärbter, auf der Innenseite schwach faltiger
Membran, glatt oder mit einigen flachen, unregelmässig gestellten,
warzenförmigen Ausstülpungen; wenigeiig. Antheridien immer
vorhanden, eins oder gewöhnlich zwei an jedem Oogon, ziemlich
gross, verkehrt-kegelförmig, mit der vorderen breiten Endfläche dem
Oogon angesetzt, auf (gewöhnlich 2) stets unverzweigten, 4—6 μ
dicken Nebenästen, die dicht unter dem Oogon aus dessen Stiel
entspringen und henkelartig sich biegend, nur ihre zum Antheridium
werdende Spitze der Oogonwand aufsetzen. Oosporen zu wenigen,
1—6 (selten bis 12), kugelig, derbwandig, glatt, 20—30 μ Durchmesser, centrisch: keimen mit Schlauch oder mit Sporangium. —
Fig. 54 a.

Im Freien mehrfach auf im Wasser faulenden Pflanzenstengeln,
besonders Baumzweigen gefunden, aber nach de Bary viel besser
auf thierischem Substrat (Fliegen, Mehlwürmern) wachsend und
cultivirbar.

In der hier gegebenen Umgrenzung umfasst die obige Species die beiden von
Hildebrand aufgestellten Arten A. racemosa und A. lignicola, von denen nach Pringsheim die letztere nur eine schwächliche Form der ersteren darstellt und mit ihr zu
vereinigen ist. Der einzige Unterschied, der nach Hildebrand's Beschreibung zu
beachten ist, besteht darin, dass A. lignicola gewöhnlich 3 oder 4, selbst noch
mehrere Henkelantheridien an jedem Oogon trägt, während A. racemosa Hildeb.
gewöhnlich nur 2 hat. Sonst besteht allerdings, abgesehen von dem schmächtigen,
schlaffen Wuchs der A. lignicola, völlige Uebereinstimmung. Pringsheim würde
vorziehen, diese Art als A. colorata zu bezeichnen, wegen der constanten Braun-
färbung der Oogonwand, die sich bei keiner anderen Art findet. Der lästigen
Prioritätsrücksichten wegen kann freilich dieser entschieden bezeichnendere Name
nicht gebraucht werden.

Die Oogonwand zeigt eine beträchtliche Veränderlichkeit, bald ist sie vollkommen glatt, bald durch einzelne flache Ausstülpungen unregelmässig höckerig; im letzten Falle bezeichnet Cornu (l. c. p. 22) die Form als var. stelligera. Da aber glatte und schwach warzige Oogonien auf demselben Hauptfaden vorkommen, so liegt keine Berechtigung vor, hieraus eine Varietät zu machen.

Achlya racemosa var. spinosa Cornu, 1872 (l. c. p. 22) ist sicherlich die neue Species A. spinosa de Bary.

Saprolegnia xylophila Kützing, 1843, Phycol. gener. p. 157, Taf. II, auf einem im Wasser liegenden Pappelzweig, gehört wohl hierher, eine Achlya ist es jedenfalls, wie der ganze Habitus der abgebildeten Fäden zeigt.

Saprolegnia spec. (?) bei Reinsch, Jahrb. wiss. Bot. XI. p. 295, Taf. XIV. 7—13 ist sicher eine Achlya und wahrscheinlich nur eine schlecht beschriebene und beobachtete A. racemosa.

264. A. gracilipes de Bary, 1888 (Bot. Zeit. p. 635).

Abbild.: de Bary, l. c. Taf. X, 2.

Rasen kräftig, bis 1,5 cm breit, mit steif abstehenden, sehr starken, 110—150 μ, selbst bis 200 μ dicken Hauptästen. Sporangien terminal, gross, keulenförmig, nur spärlich durch seitliche Sprossung erneuert. Oogonien terminal, einzeln auf langen, dünnen, 8—25 μ dicken, meist unverweigten, oft hakig gekrümmten Stielen, die drei- bis sechsmal so lang wie der Oogondurchmesser und an den Hauptfäden unregelmässig traubig gehäuft sind; kugelig, 60 bis 150 μ Durchmesser, mit ungetüpfelter, derber, farbloser Wand und meist stark emporgewölbter Basalwand; vieleiig. Antheridien klein, keulig, mit der Längsseite dem Oogon sich anlegend, immer vorhanden, auf einem, selten mehreren, 4—10 μ breiten Seitenaste, der vom Oogonstiel selbst entspringt, aber stets reichlich verzweigt ist und an allen seinen Zweigenden je ein Antheridium trägt, nicht henkelförmig und unverzweigt wie bei voriger. Oosporen zahlreich, meist 8—18, selbst bis zu 40, kugelig, 20—25 μ Durchmesser, glatt, centrisch. Keimung unbekannt.

Aus Rheinsümpfen; auf Fliegen und Mehlwürmern 6 Jahre lang unverändert cultivirt.

Man vergleiche die Anmerkung hinter A. polyandra pag. 353.

265. A. apiculata de Bary, 1888 (Bot. Zeit. p. 635).

Abbild.: de Bary, l. c. Taf. X, 3—5. Marshall Ward, Quart. Journ. microsc. sc. 1883, XXIII. Taf. XXII, 15, 16.

Rasen mässig stark, mit weniger steifen, 40—60 μ breiten Hauptästen. Sporangien terminal, keulenförmig, oft einzeln, oft

auch durch Sprossung erneuert. Oogonien einzeln, am Ende
kurzer, ungetheilter, sehr oft hakenartig gekrümmter, 12 μ dicker
Stiele, in traubiger Anordnung an den Hauptschläuchen bis dicht
unter die Sporangien; länglich-eiförmig, in ein ziemlich scharf abgesetztes Spitzchen endend, zugespitzt-citronenförmig, verschieden
gross, z. B. 65 μ Durchmesser oder 75 μ breit, 105 μ lang, mit
glatter, farbloser, tüpfelfreier Membran; wenigeiig. Antheridien
immer vorhanden, meist mehrere an einem Oogon, mit der Breit-
seite sich anlegend; auf dünnen, spärlich verzweigten Nebenästen,
die am Hauptschlauch, in der Nähe des Oogonstieles, selten an
diesem selbst entspringen. Oosporen zu wenigen, 1—6, meist
3—4, kugelig, 38—50 μ Durchmesser oder breitgedrückt-kugelig
(42 μ breit, 55 μ lang), glatt, entweder genau centrisch oder durch
seitliche Verschiebung der Fettkugel schwach excentrisch.

Auf Fliegen etc. jahrelang cultivirt.

Die Antheridien legen sich niemals an die Scheitelspitze der Oogonien an.
so dass diese nicht etwa als besonderes Copulationsorgan aufzufassen ist.

266. **A. polyandra** (Hildebrand, 1867, Jahrb. wiss. Bot. VI. p. 258)
de Bary, 1888 (Bot. Zeit. p. 634).

Abbild.: Hildebrand, l. c. Taf. XVI, 7—11. de Bary, Abh. Senckenb.
Ges. XII. Taf. IV, 5—12. Zopf, Schenk's Handb. IV. p. 335, Fig. 45.
Marshall Ward, Quart. Journ. micr. sc. 1883, XXIII. Taf. XXII, 1—14.

Rasen sehr kräftig, bis 1,5 cm breit, mit steif abstehenden,
bis 100—150 μ dicken Hauptästen. Sporangien terminal, keulig-
cylindrisch, nicht oder wenig dicker als die Tragfäden, z. B. Faden
44—50 μ dick, Sporangien 45 μ dick, 280 μ lang, oft sehr gross; nach
der Entleerung durch seitliche Sprossung wiederholt erneuert, so dass
sympodiale, wickelige Sporangienstände entstehen; Netzsporangien
beobachtet. Oogonien auf kurzen, 1—3 Oogondurchmesser langen,
unverzweigten, 8—14 μ dicken Stielen, an den Hauptästen traubig
gehäuft; kugelig, 45—65 μ Durchmesser, mit glatter, farbloser,
ungetüpfelter, dicker Wand, ausnahmsweise mit einigen niedrigen,
warzenförmigen Aussackungen; vieleiig. Antheridien immer vorhanden, schief keulig, mit der Längsseite sich anlegend, auf dünnen,
8—14 μ dicken, vielfach gewundenen Nebenästen, die vom oogontragenden Hauptschlauch, nie von den Oogonstielen selbst entspringen
und sich mehrfach verzweigen, an jedem Astende ein Antheridium
tragend; 1—4 Nebenäste an einem Oogon. Oosporen zahlreich,
3—10 und mehr, selten nur 1 oder 2 in einem Oogonium, kugelig,

18—25 μ Durchmesser, glatt, genau excentrisch; keimen mit Mycel
oder Sporangium; Ruhezeit 21 bis 37 Tage. — Fig. 54 b, 55 c, d.
Eine der häufigsten Form, die aus Pfützen oder Teichen leicht
auf Fliegen etc. einzufangen ist. Ueber Krebs- und Fischpest siehe
Einleitung.

Die obige Diagnose deckt sich nicht ganz mit der Beschreibung, welche
Hildebrand von seiner ursprünglichen Form gegeben hat. Bei dieser sollen nämlich
die Nebenäste an den Oogonstielen entspringen. Trotzdem hält de Bary (Abh.
Senckenb. Ges. XII. p. 50) seine A. polyandra und Hildebrand's Form für zusammengehörig und betrachtet die von letzterem abgebildeten Oogonien nur als Ausnahme-
fälle. Hildebrand hat ja allerdings wohl nur dürftiges Material vor sich gehabt.
Mir scheint Hildebrand's Form nahe Beziehungen zu der A. gracilipes de Bary's
zu haben und eine Uebergangsform zwischen dieser und A. polyandra de Bary zu
sein. Apandrische Oogonien hat de Bary niemals gefunden.

Achlya contorta Cornu, 1872, A. sc. nat. 5. Serie XV. p. 25, Taf. I, 10—15.

Aus Cornu's kurzer Beschreibung geht hervor, dass diese Art der A. polyandra
sehr nahe steht. Sie soll sich auszeichnen durch spiralig eingekrümmte Oogonstiele, die ausserdem stellenweise aufgeschwollen sind. Ob hier nur zufällige Abweichungen vorliegen oder in längerer Cultur unveränderliche Eigenschaften hat
Cornu nicht untersucht. Die Species muss deshalb als zweifelhaft aufgeführt werden.

267. A. prolifera (Nees, 1823) de Bary, 1881 (Abh. Senckenb.
Ges. XII. p. 49; ausführlicher Bot. Zeit. 1888, p. 633).

Synon.: Achlya prolifera Nees, 1823, l. c. und aut. pro parte (vergleiche die Anmerkung hinter der Gattungsdiagnose von Saprolegnia).
Abbild.: de Bary, Bot. Zeit. 1852, Taf. VII, 1—25; Abh. Senckenb.
l. c. Taf. II, 1, 2, IV, 1—4.

Rasen mittelkräftig, bis 1 cm breit, mit steif abstehenden, bis
50 μ dicken Hauptästen. Sporangien terminal, keulig-cylindrisch,
verschieden gross, nach der Entleerung durch sympodiale Sprossung
mehrfach erneuert, wickelig angeordnet; Netzsporangien beobachtet.
Oogonien auf kurzen, die ein- bis dreifache Länge ihres Durchmessers erreichenden, unverzweigten Stielen, an den Hauptästen
traubig angeordnet; kugelig, Membran glatt, farblos, mit zahlreichen
sehr scharf umschriebenen und deutlichen Tüpfeln; vieleiig. Antheridien immer vorhanden, mit der Längsseite sich anlegend, auf
dünnen, vielfach gewundenen und verzweigten Nebenästen diklinen
Ursprungs, die die Oogonien und die sie tragenden Hauptäste vielfach parasitenartig umschlingen; die Oogonien oft lückenlos von
verzweigten Nebenästen mit zahlreichen, zuweilen auch intercalaren
Antheridien umwickelt. Oosporen zahlreich, kugelig, 20—26 μ

Durchmesser, glatt, genau excentrisch; keimen wie bei voriger; Ruhezeit 212 Tage. — Fig. 55 a, b.

Ebenso häufig wie vorige Art. Ueber Krebspest etc. vergleiche die allgemeine Einleitung.

Achlya leucosperma Cornu, 1872, A. sc. nat. 5. Serie XV. p. 24.

Soll sich von andern Arten, besonders auch der A. prolifera unterscheiden dadurch, dass nur zwei Tüpfel in der Oogonwand sich befinden, dass die Oosporen weiss und nicht braun und dass die Antheridien cylindrisch sind und reihenweise am Ende der Nebenäste stehen. Genauere Untersuchungen über die Beständigkeit dieser Merkmale, die ja sehr wohl alle innerhalb des Variationskreises der A. prolifera liegen, hat Cornu nicht angestellt. Auch diese Species ist deshalb als zweifelhaft zu betrachten.

Betreffs der Herkunft der männlichen Fäden und ihres vielleicht streng diöcischen Ursprungs vergleiche die auch hier zutreffende Anmerkung bei Saprolegnia dioica de Bary p. 336.

268. A. oblongata de Bary, 1888 (Bot. Zeit. p. 646).

Abbild.: de Bary, l. c. Taf. X, 7—9.

Rasen kräftig, über 1 cm breit, mit starken, steif abstehenden Hauptästen. Sporangien terminal, keulig-cylindrisch, verschieden gross, wiederholt durch sympodiale Sprossung erneuert. Oogonien gewöhnlich einzeln auf kurzen, geraden, ungetheilten Stielchen, traubig gehäuft an den Hauptschläuchen, nicht selten auch terminal an längeren Aesten und dann fast kugelig, sonst ei- oder birnförmig, stumpf endend, Wand derb, glatt, tüpfelfrei, vieleiig. Antheridien immer vorhanden, mit der Längsseite sich anlegend, zahlreich, am Ende dünner, weithin kriechender, die Hauptäste und Oogonien umschlingender Fäden streng diklinen Ursprungs. Oosporen meist 6—10, kleiner als bei den andern Arten, nicht über 20 μ Durchmesser und in der Mitte des Oogons vereinigt, einen ziemlich weiten Raum desselben leer lassend, kugelig, meistens centrisch, durch seitliche Verschiebung der Fettkugel zuweilen schwach excentrisch; Keimung nicht beobachtet.

Auf Fliegen etc. 2 Jahre lang ohne Veränderung cultivirt (Elsass, Schwarzwald).

Ob die diklinen männlichen Fäden auch wirklich diöcischen Ursprungs sind, war auch bei dieser Species nicht zu ermitteln.

269. A. oligacantha de Bary, 1888 (Bot. Zeit. p. 647).

Abbild.: de Bary, l. c. Taf. X, 1.

Rasen zart, bis 1 cm breit, mit schlanken, mässig straffen, bis 75 μ dicken Hauptschläuchen. Sporangien wie gewöhnlich.

Oogonien terminal, einzeln, theils am Ende schlanker Hauptfäden, theils auf schlanken, oft sehr langen, 8—17 μ dicken Seitenästen dieser und dann mehr oder weniger traubig; kugelig, 50—85 μ Durchmesser, mit verschieden langen, durch ziemlich breite, glatte Wandstücke von einander getrennten, stachelartigen Ausstülpungen, von sehr wechselnder Zahl (1—10, sehr selten 0), Grösse und Form (z. B. 4 μ lang, 4 μ breit, kurz spitzig; oder 29 μ lang, 10 μ breit, lang stumpf-zapfenförmig), Wand ziemlich dünn, farblos, ungetüpfelt, nur in den Ausstülpungen meist dünner als zwischen ihnen; wenig-eiig. Antheridien immer vorhanden, mehrere an einem Oogon, krumm keulig oder krumm cylindrisch, mit der Längsseite an-liegend, verhältnissmässig klein, auf 8—12 μ dünnen Nebenästen, die theils androgyn von den die Oogonien tragenden Hauptschläuchen, theils diklin entspringen. Oosporen meist 4—8 (selten über 12), kugelig, 15—25 μ Durchmesser, glatt, centrisch; Keimung nicht beobachtet.

Auf Fliegen etc. 2 Jahre lang ohne Veränderung cultivirt (bei Strassburg).

Achlya recurva Cornu, 1872 (A. sc. nat. 5. Serie XV. p. 22).

Oogonien stachelig, ungetüpfelt, einzeln auf einem bogig gekrümmten Stiel, Nebenäste theils vom Oogonstiel, theils von dem Hauptschlauch entspringend. Oosporen gewöhnlich 6—8. Da nähere Beschreibung bei Cornu fehlt, so ist es unmöglich festzustellen, zu welcher der Arten mit stacheligem Oogon diese Form gehört. Die meiste Aehnlichkeit hat sie mit A. oligacantha, zu der sie einstweilen gestellt werden soll.

270. A. spinosa de Bary, 1881 (Abh. Senckenb. Ges. XII. p. 54, ausführlicher Bot. Zeit. 1888, p. 647).

Synon.: Achlya cornuta Archer, 1867, Quart. Journ. micr. sc. VII. p. 126.
Achlya racemosa var. spinosa Cornu, 1872, A. sc. nat. 5. Serie XV. p. 22 (?).
Abbild.: Archer, l. c. Taf. VI, 2—6. de Bary, Abh. Senckenb. Ges. l. c. Taf. IV, 13—18.

Rasen sehr ausgedehnt, 2—3 cm breit werdend, schneeweiss, wollig, mit vielen weit abstehenden, unter einander verschränkten, bis 40 μ dicken, allmälig in eine scharfe Spitze auslaufenden Haupt-ästen. Sporangien spärlich entwickelt, oft fehlend, cylindrisch, nicht dicker wie die Fäden, kurz, oft nur mit einem Dutzend Sporen in einer Reihe hinter einander; seitliche Sprossung vorhanden, aber dürftig. Oogonien einzeln oder selten mehrere hinter einander, am Ende der Hauptschläuche, nicht traubig angeordnet; tonnenförmig, durch zahlreiche, dicht gestellte, spitze oder stumpfe, kegelförmige Ausstülpungen stachelig, das obere freie Ende conisch verlängert, oft als deutlicher, langer, spitzer Schnabel; Wand derb, tüpfelfrei, farblos; wenigeiig. Antheridien ebenso oft fehlend wie vorhanden, dann gewöhnlich nur eins an jedem Oogon, cylindrischkeulig, mit der ganzen Längsseite anliegend, auf einem kurzen, dicht unter der Basalwand des Oogons aus dessen Stiel entspringenden dünnen Nebenaste, ausnahmsweise auch diklinen Ursprungs. Oosporen 1—2, selten 3 in einem Oogon, verschieden gross, aber immer fast so breit wie der Hohlraum des Oogons, dieses daher locker erfüllend; Keimung wie gewöhnlich; Ruhezeit 8—10 Tage. Aus dem Titisee (Schwarzwald), aber nur kurze Zeit in Cultur.

Diese Form zeigt, wie Saprolegnia mixta, die Apandrie auf halber Ausbildung, denn ungefähr 50 % der Oogonien haben keine Antheridien. Wo diese vorhanden sind, stehen sie so wie bei Achlya racemosa. Bei mehreren an einander gereihten Oogonien entspringen die Antheridien so wie bei Aplanes Braunii allemal aus dem oberen Theil des nächst unteren und jüngeren Oogons.

Sowohl die Bildung der Oogonien, als auch der Zoosporangien tritt hier zurück, gegenüber der mächtigen vegetativen Entwicklung des Mycels, das Rasen bis zu 3 cm Breite bildet. Ob bei längerer Cultur diese Eigenthümlichkeit sich constant würde erwiesen haben, ist freilich ungewiss.

Achlya cornuta Archer (l. c.) ist sicher die obige Species, wie sowohl aus der Beschreibung der charakteristisch wenigsporigen Oogonien als wohl auch daraus hervorgeht, dass Archer keine Sporangien fand, die ja spärlich nur sich entwickeln. Archer hat ausschliesslich apandrische Oogonien vor sich gehabt und hält die zufällig den unreinen Rasen bewohnende Woronina polycystis für die spermatozoidenbildenden Antheridien, nach Analogie der Achlya dioica Pringsheim.

Achlya racemosa var. spinosa Cornu, 1872, l. c. Die Beschreibung der Oogonien passt sehr gut auf obige Species. Da bei dieser die Antheridien in der That wie bei A. racemosa am Oogonstiel entspringen, so besteht auch hierin Uebereinstimmung. Nur scheint Cornu keine apandrischen Oogonien gesehen zu haben. Als zweifelhaftes Synonym muss diese Form aber doch betrachtet werden.

271. A. stellata de Bary, 1888 (Bot. Zeit. p. 648).

Abbild.: de Bary, l. c. Taf. X, 10, 11.

Rasen zart, mit schlanken, schlaffen Hauptästen. Sporangien wie gewöhnlich. Oogonien entweder einzeln am Ende kurzer, dünner Seitenäste der Hauptschläuche oder terminal auf besonderen, dünnen Hauptästen und deren kurzen Seitenästchen, oft auf bogig gekrümmten Stielen, meist kugelig, auch ellipsoidisch, 25—30 μ Durchmesser, durch dicht gestellte, kurze, spitz-kegelige Ausstülpungen morgensternförmig, Wand farblos, ungetüpfelt; eineiig.

Antheridien fehlen immer. Oosporen einzeln, das ganze Oogon, abgesehen von den Ausstülpungen, ausfüllend und seiner Form entsprechend, meist kugelig, glatt, centrisch; Keimung unbekannt.

Unter Achlya polyandra, aber bald wieder eingegangen. Die einzige Species der Gattung Achlya mit vollständig apandrischen Oogonien.

Auszuschliessende Art.

A. dioica Pringsheim, 1860 (Jahrb. II. p. 211, Taf. XXIII, 1—5) ist irgend eine Achlya, die mit Saprolegnia Thureti verunreinigt war, die selbst von Woronina polycystis bewohnt wurde. Die Species ist also zu streichen.

LIV. **Aphanomyces** de Bary, 1860 (Jahrb. wiss. Bot. II. p. 178).

Mycel saprophytisch auf im Wasser faulenden Insecten oder parasitisch in Algen, sehr feinfädig, die älteren entleerten Theile oft kaum erkennbar, die Hauptäste lang und dünn, fast unverzweigt, mit stumpf abgerundeten Enden. Sporangien an den Astenden lang cylindrisch, fadenförmig, nicht dicker wie ihr Tragfaden, nicht durchwachsend, auch selten durch Sprossung erneuert, ohne besondere Papille, aber am Scheitel sich öffnend, immer nur eine Längsreihe von Schwärmern bildend; Netzsporangien beobachtet. Schwärmsporen zunächst ohne Cilie und bewegungslos hervortretend, an der Mündung zu einer Hohlkugel sich anhäufend und eine Membran abscheidend, aus der sie später fertig hervorschlüpfen, bohnenförmig, mit 2 Cilien in der seitlichen Einbuchtung. Oogonien immer eineiig. Antheridien wie bei voriger, auf Nebenästen. Oosporen einzeln, concentrisch, mit stark glänzender, scharf begrenzter Fettkugel. Gemmen beobachtet.

Diese wohl charakterisirte Gattung steht Achlya sehr nahe, unterscheidet sich aber, abgesehen von dem Habitus und den sehr feinen, oft kaum erkennbaren Fäden (daher der Name), durch die fadenförmigen, nur eine Sporenreihe bildenden Sporangien und die typische Eineiigkeit der Oogonien.

Von den vier bisher bekannten Species sind drei Saprophyten von der gewöhnlichen Lebensweise der Saprolegnieen, eine ist ein strenger Parasit in Algen. Die drei saprophytischen Species stimmen in der Beschaffenheit der Mycelrasen, der Form der Zoosporangien vollkommen überein und unterscheiden sich nur durch die Oogonien, durch diese aber sehr scharf. Selten findet man die saprophytischen Formen als reine Rasen, gewöhnlich treten sie als Verunreinigungen anderer Saprolegnieen auf und müssen erst durch Cultur aus diesen isolirt werden.

1. Oogonien mit glatter Oberfläche.

272. A. laevis de Bary, 1860 (Jahrb. wiss. Bot. II. p. 179).

Abbild.: de Bary, l. c. Taf. XX, 17, 18.

Rasen dicht, bis 1 cm breit, sehr zart und unscheinbar, mit langen, unverzweigten, sehr schlaffen und dünnen, nur 5—7 μ dicken Hauptästen. Sporangien terminal, fadenförmig, oft sehr lang, bis 2 mm lang, nur eine Reihe Schwärmer enthaltend; nach der Entleerung nicht oder nur ausnahmsweise durch Sprossung erneuert, 20—110. meist gegen 100 Schwärmer bildend. Schwärmer verhältnissmässig gross, bis 20 μ lang. Oogonien terminal an kurzen Zweigen, kugelig, 25—35 μ Durchmesser, mit glatter, tüpfelfreier Membran. Antheridien nicht näher beschrieben. Oosporen einzeln, kugelig, ca. 25 μ Durchmesser, glatt, concentrisch; Keimung unbekannt.

An im Wasser faulenden Insecten.

2. Oogonien mit warzen- oder stachelförmigen Ausstülpungen der Wand.

a. Saprophyten.

273. A. scaber de Bary, 1860 (Jahrb. wiss. Bot. II. p. 178).

Abbild.: de Bary, l. c. Taf. XX, 14—16 und Abh. Senckenb. Ges. XII. Taf. VI, 30—36.

Rasen, Sporangien und Schwärmer wie bei voriger. Oogonien terminal auf längeren oder kürzeren Aesten, sehr selten intercalar, kugelig, etwa 23 μ Durchmesser, selten viel kleiner (14 μ), immer eineiig, Membran tüpfelfrei, von sehr kleinen, spitzen Aussackungen, die höchstens ¹/₉ des Oogondurchmessers erreichen, feinwarzig rauh. Antheridien meist vorhanden, aber zuweilen fehlend, schief keulig, oft mit einigen kurzen Auszweigungen oder Ausstülpungen; gewöhnlich legt sich ein Nebenast diklinen Ursprungs an das Oogon, gabelt sich in zwei dieses umfassende Aestchen, welche entweder beide gleich lang sind und mit Antheridien enden, oder ungleich lang und nur der längere männlich; zuweilen mehrere dikline Nebenäste Oosporen einzeln, kugelig, centrisch; Keimung unbekannt.

Auf im Wasser faulenden Insecten; der folgenden ähnlich.

274. A. stellatus de Bary, 1860 (l. c. p. 178).

Abbild.: de Bary, l. c. Taf. XIX, 1—13. Sorokin, A. sc. nat. G. Serie III. Taf. VII.

Rasen, Sporangien, Schwärmer wie bei A. laevis. Netzsporangien von Sorokin beobachtet. Oogonien terminal, auf längeren oder

Fig. 56.

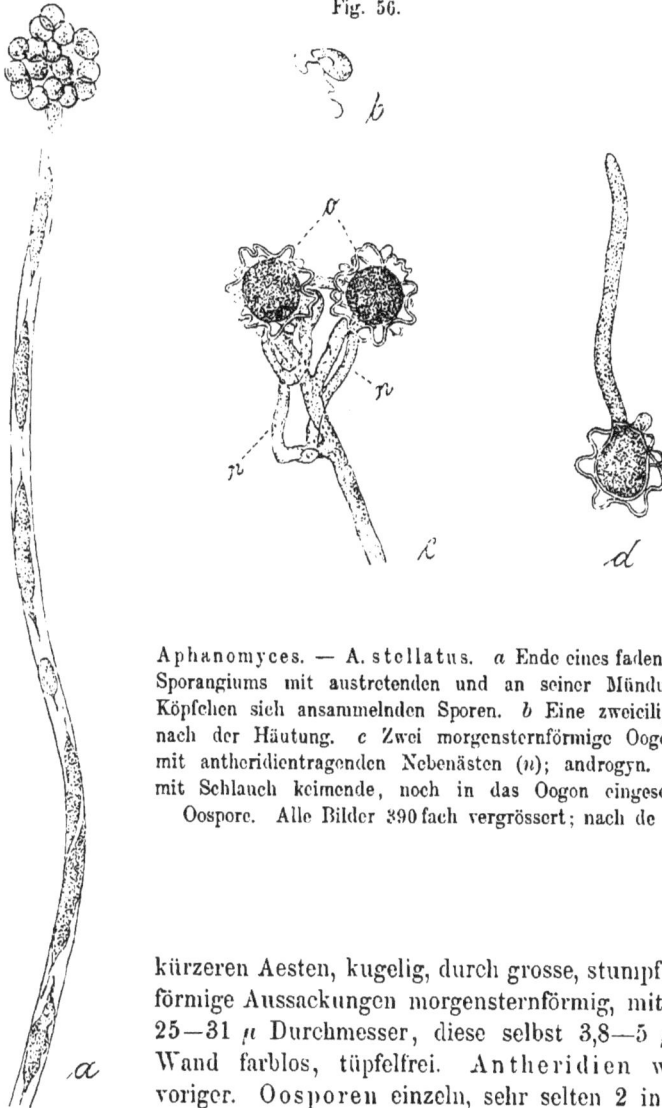

Aphanomyces. — A. stellatus. *a* Ende eines fadenförmigen Sporangiums mit austretenden und an seiner Mündung zum Köpfchen sich ansammelnden Sporen. *b* Eine zweicilige Spore nach der Häutung. *c* Zwei morgensternförmige Oogonien (*o*) mit antheridientragenden Nebenästen (*n*); androgyn. *d* Eine mit Schlauch keimende, noch in das Oogon eingeschlossene Oospore. Alle Bilder 390 fach vergrössert; nach de Bary.

kürzeren Aesten, kugelig, durch grosse, stumpf-kegelförmige Aussackungen morgensternförmig, mit diesen 25—31 μ Durchmesser, diese selbst 3,8—5 μ lang, Wand farblos, tüpfelfrei. Antheridien wie bei voriger. Oosporen einzeln, sehr selten 2 in einem Oogon, kugelig, glatt, 15—18 μ Durchmesser, etwas grösser als bei voriger Art, centrisch; keimen mit Mycel, Ruhezeit 3 Monate. Gemmen kugelig, terminal und reihenweise (nach Sorokin).

Auf im Wasser faulenden Insecten.

Diese Species ist die am besten bekannte der Gattung. Ausser den von Sorokin beobachteten Netzsporangien hat de Bary noch folgende Unregelmässigkeiten beschrieben. Zuweilen keimen die Sporen mit Schlauch aus, so lange sie noch zum Köpfchen vereinigt vor der Sporangienmündung liegen; es unterbleibt dann die Häutung und das Schwärmen. Bei dem Austritt aus dem Sporangium kommt es zuweilen vor, dass zwei Schwärmer mit einander verschmelzen und in eine gemeinsame Hülle eingeschlossen werden, bei der Häutung schlüpfen dann die Schwärmer wieder getrennt hervor. Die Gemmen (Conidien Sorokin's) sollen mit Mycel oder mit Sporangien auskeimen.

b. Parasit in Süsswasseralgen.

275. A. phycophilus de Bary, 1860 (l. c. p. 179).

Abbild.: de Bary, l. c. Taf. XX, 19—24.

Mycel parasitisch in Algen lebend, Fäden dicker als bei voriger 8—15 μ dick, in der Wirthszelle parallel zu deren Längsachse ziemlich geradlinig hinkriechend, die Querwände durchbohrend und lange Stücken des Algenfadens durchziehend; zahlreiche Zweige des Mycels wachsen ins Freie, um zu fructificiren. Sporangien fadenförmig, aber nicht näher beschrieben: Schwärmerbildung nicht beobachtet. Oogonien am Ende kurzer, aus den Algen hervorwachsender Fäden, sehr selten intramatrical, kugelig, 40—50 μ Durchmesser, durch zahlreiche kurze, spitz-kegelförmige Aussackungen morgensternförmig, Membran ungetüpfelt, farblos. Antheridien am Ende von Nebenästen, 1—3 an jedem Oogon. Oosporen kugelig, einzeln: Keimung unbekannt.

Parasitisch in Spirogyren, deren Inhalt in eine braune oder dunkelviolette, missfarbige Masse verwandelnd und eine Vergallertung der Zellmembran, besonders der Querwände hervorrufend.

Ist ein strenger Parasit und lässt sich nicht auf Fliegen cultiviren; umgekehrt wächst A. stellatus oder A. scaber weder in gesunden noch absterbenden Spirogyren. Diese Species gehört sehr wahrscheinlich zu Aphanomyces, freilich fehlt noch der Nachweis der charakteristischen Schwärmerbildung.

Achlyogeton Solatium Cornu, 1870 (Bull. soc. bot. France XVII. p. 298). In Oedogonium obsidionale.

Dieser kriegerische Organismus gehört keinesfalls zu Achlyogeton, wie bereits früher (p. 76) erwähnt wurde. Die Beschreibung, welche Cornu giebt, passt sehr gut auf ein Pythium aus der Abtheilung Nematosporangium, wohin ich auch früher geneigt war die Form zu stellen. Nun soll aber nach Cornu die Entleerung der Schwärmer wie bei Achlya erfolgen, was gegen die Zugehörigkeit zu Pythium spricht. Dagegen steht der Einreihung in die Gattung Aphanomyces kein Hinderniss im Weg. Ich möchte deshalb, bis weitere Untersuchungen Aufschluss bringen, Cornu's Species hier anschliessen, vielleicht gehört sie zu A. phycophilus, wahrscheinlich bildet sie aber eine neue Species. Nach Cornu gebe ich noch folgende kurze Beschreibung. Mycel mehr oder weniger verzweigt, dünnfädig, die Querwände des Algenfadens durchbohrend und dabei sich stark einschnürend. Sporangien durch Querwände hier und da sich abtrennend, ohne weitere Veränderung an den Mycelfäden entstehend, einen langen Entleerungshals ins Freie entsendend. Schwärmsporen 3—12 in einem Sporangium, vor dessen Mündung sich anhäufend und eine Membran ausscheidend; Häutung nicht beobachtet. Oogonien in den Algenzellen, unregelmässig cylindrisch, mit rechtwinkelig abstehenden Ausstülpungen, ein oder wenige Oosporen enthaltend. Antheridien nicht beobachtet.

LV. **Dictyuchus** (Leitgeb, 1870, Jahrb. wiss. Bot. VII. p. 357) de Bary, 1888 (Bot. Zeit. p. 613).

Mycel wie bei Achlya, aber mit breit abgerundeten Astenden. Sporangien entweder fadenförmig so breit wie die Fäden oder keulig, nicht durchwachsend, sondern sympodial sprossend, nach

Fig. 57.

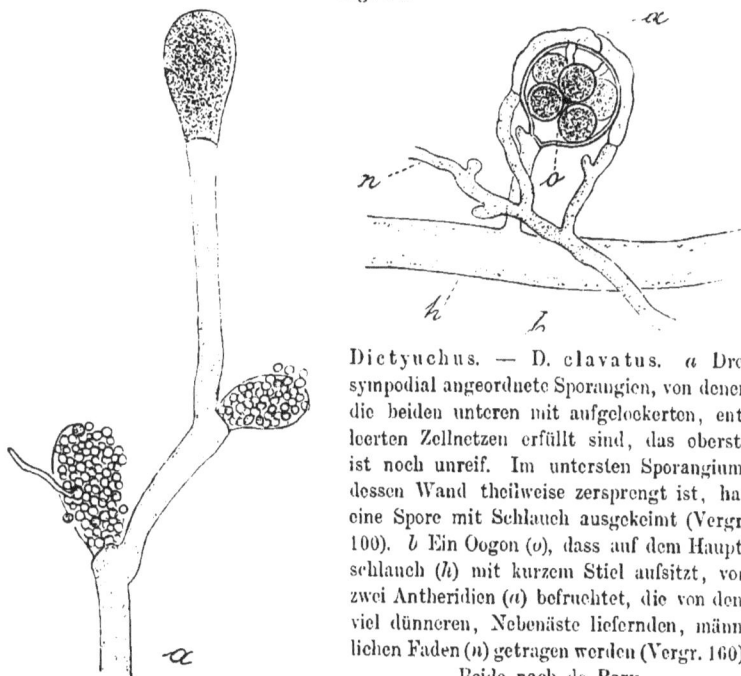

Dictyuchus. — D. clavatus. a Drei sympodial angeordnete Sporangien, von denen die beiden unteren mit aufgelockerten, entleerten Zellnetzen erfüllt sind, das oberste ist noch unreif. Im untersten Sporangium, dessen Wand theilweise zersprengt ist, hat eine Spore mit Schlauch ausgekeimt (Vergr. 100). b Ein Oogon (o), dass auf dem Hauptschlauch (h) mit kurzem Stiel aufsitzt, von zwei Antheridien (a) befruchtet, die von dem viel dünneren, Nebenäste liefernden, männlichen Faden (n) getragen werden (Vergr. 160). Beide nach de Bary.

der Schwärmerentleerung mit einem polygonalen Maschenwerk feiner Zellwände netzartig erfüllt oder durch Zerbrechen der Sporangienwand gänzlich in diese kleinen Zellen zerfallend. Schwärmsporen noch vor der Entleerung im Sporangium mit Cellulosewand sich

umgebend und dann jede für sich durch ein besonderes Loch aus-
schlüpfend, die leeren Häute als Zellnetz zurücklassend, bohnenförmig, mit zwei Cilien in der seitlichen Ausbuchtung. Oogonien,
Antheridien und Oosporen wie bei Saprolegnia.

Die Berechtigung dieser Gattung ist früher lebhaft erörtert worden von
Pringsheim (Jahrb. IX. p. 221), Cornu (A. sc. nat. 5. Serie XV. p. 62), Lindstedt
(Synops. d. Saprol. 1872), de Bary (Bot. Zeit. 1888). Näheres hierüber findet man
in den eben citirten Schriften; das Resultat der ganzen Controverse ist kurz
folgendes. Die Gattung Dictyuchus ist wohlbegründet durch die ausnahmslose
Bildung der Netzsporangien bei der von Leitgeb vier Monate hindurch cultivirten
und bei einer zweiten von de Bary sogar vier Jahre lang als unveränderlich beobachteten Species. Dagegen kommen auch bei andern Saprolegnieen (Saprolegnia,
Achlya, Aphanomyces) Netzsporangien an denselben Fäden mit typisch sich entleerenden Sporangien vor, aber nur gelegentlich und unter besonderen, noch weiterer
Untersuchung bedürftigen Bedingungen. Diese, von Cornu als „falsche Netzsporangien" bezeichneten Bildungen entstehen, wenn die Geburt der Schwärmer
irgendwie verhindert wird, unter Umständen, die schliesslich sogar dazu führen
können, dass die Schwärmer (auch bei Dictyuchus) in den Sporangien keimen, wie
Fig. 51 c p. 330 nach Thuret zeigt. Bei diesen Saprolegnieen tritt eine Art der
Sporangienentleerung ausnahmsweise und gewissermassen als Hemmungserscheinung
auf, die bei Dictyuchus typisch geworden ist. Die Häutung der Schwärmsporen,
welche bei Saprolegnia erst nach einem ersten Schwärmerstadium erfolgt, vollzieht
sich bei Achlya zwar ebenfalls noch ausserhalb des Sporangiums, aber an dessen
Mündung, bei Dictyuchus ist sie in das Sporangium zurückverlegt und bei Aplanes
endlich fällt sie ganz weg, die Schwärmer schwärmen nicht mehr und keimen
typisch im Sporangium.

1. Oogonien eineiig.

276. D. monosporus Leitgeb, 1870 (l. c. p. 357).

Abbild.: Leitgeb, l. c. Taf. XXII, 1—12, XXIII, 1—8.

Rasen dicht, 1—1,5 cm breit, mit schlaffen, abstehenden, bis
60 μ dicken, breit abgerundeten Hauptästen. Sporangien terminal,
entweder lang fadenförmig, nicht oder wenig breiter als die Hauptäste oder lang keulig, 250—950 μ lang, 18—37 μ breit, oft nur
eine Längsreihe Sporen, resp. eine Reihe von Zellwänden enthaltend;
auch nach der Entleerung noch sich längere Zeit erhaltend; durch
Sprossung sich erneuernd und bei mehrmaliger Wiederholung sympodial-wickelig angeordnet. Schwärmsporen bohnenförmig, 9 bis
10 μ Durchmesser, nach dem Austritt sich nicht nochmals häutend.
Oogonien terminal, einzeln, an längeren oder kürzeren Zweigen
der Hauptäste, kugelig, 25 μ Durchmesser, mit tüpfelfreier, unebener
Wand, eineiig. Antheridien auf dünnen Nebenästen diklinen
Ursprungs, die das Oogon oft ganz umspinnen, gewöhnlich mehrere

an einem Oogon; immer vorhanden. Oosporen einzeln, kugelig, glatt, concentrisch; Keimung unbekannt.

Auf faulenden Insecten, gern auf abgestorbenen Aesten, auf Zwiebeln von Hyacinthus, Colchicum, Tulipa cultivirt, auf einer todten Limax.

Nach Cornu (l. c.) entwickeln sich auf abgestorbenen Aesten besonders gern sehr lang fadenförmige, nur eine Reihe Sporen bildende Sporangien. Die Zahl der Schwärmer ist oft sehr gross, Leitgeb giebt bis 300 an, Cornu bis 700. Nach Leitgeb entstehen Sporangien sowohl an den die Oogonien tragenden Aesten, als auch an den dünnen männlichen. Ob aber wirklich Dioicie vorliegt, geht aus seinen Angaben nicht hervor.

277. D. Magnusii Lindstedt, 1872 (Synops. d. Saprol. p. 7).

Abbild.: Lindstedt, l. c. Taf. I, 1—13.

Rasen dicht, bis 1 cm breit, mit ziemlich schlaffen, an der Basis 60—120 μ dicken, zum grössten Theil unverzweigten Hauptästen. Sporangien meist zu mehreren (2—3) übereinander stehend und basipetal sich entwickelnd, 300—500 μ lang, so breit wie die Fäden, eine oder zwei Reihen Sporen enthaltend, selten durch Sprossung erneuert. Schwärmer 14—16 μ lang. Oogonien auf kurzen Stielen, locker traubig angeordnet, kugelig, 30—35 μ Durchmesser, Membran glatt, tüpfelfrei, eineiig. Antheridien auf diklinen Nebenästen, die sich einfach an das Oogon anlegen, dieses nicht umspinnen. Oosporen einzeln, concentrisch, glatt; Keimung unbekannt.

Auf im Wasser liegenden Früchten von Trapa natans.

Diese Species hat grosse Aehnlichkeit mit der vorigen. Ich würde sie ohne Bedenken damit vereinigen, wenn nicht der Autor hervorhöbe, dass die reihenweise Anordnung der Sporangien Regel, die seitliche Sprossung seltene Ausnahme wäre. Die Sexualorgane stimmen ja, von nebensächlichen Angaben abgesehen, völlig überein.

2. Oogonien vieleiig.

278. D. polysporus Lindstedt, 1872 (l. c. p. 19).

Abbild.: Lindstedt, l. c. Taf. II, 1—3, Taf. III, 1—7.

Rasen höchstens 0,5 cm breit, mit schlaffen Hauptästen. Sporangien fadenförmig-cylindrisch, kürzer als bei D. monosporus; durch seitliche Sprossung wiederholt erneuert und sympodial-wickelig angeordnet. Oogonien unregelmässig angeordnet, bald terminal, bald intercalar, einzeln oder oft zu mehreren (2—3) hinter einander, sehr verschieden gestaltet, kugelig oder eiförmig oder langgezogen flaschenförmig, Membran glatt, tüpfelfrei, vieleiig. Antheridien gewöhnlich mehrere an einem Oogon, auf langen, oft geschlängelten Nebenästen androgynen Ursprungs. Oosporen zu mehreren (2—20) in einem Oogon, kugelig, 27 μ Durchmesser, glatt; Keimung unbekannt.

In einem Wasserkübel.

Die Berechtigung dieser Species scheint mir etwas zweifelhaft; die Abbildungen des Autors zeigen zum grossen Theil Oogonien ohne Antheridien, ohne dass im Text davon die Rede ist. Es scheint, als ob der Autor unreine Rasen vor sich gehabt hätte. Er giebt zwar an, die Pflanze 4 Monate lang in „üppigster Vegetation" gehabt zu haben, aber auf Verunreinigungen scheint er doch nicht genügend geachtet zu haben. Dass es Dictyuchus-Arten mit vieleiigen Oogonien wirklich giebt, zeigt die folgende.

279. **D. clavatus** de Bary, 1888 (Bot. Zeit. p. 649).

Abbild.: de Bary, l. c. Taf. IX, 3. Büsgen, Jahrb. wiss. Bot. XIII. Taf. XII, 1—5.

Rasen dicht, breit, mit abstehenden, 50—85 μ dicken Hauptästen. Sporangien terminal, kurz und breit keulenförmig, z. B. 70 μ breit, 147 μ lang oder 75 μ breit, 295 μ lang oder 57 μ breit, 342 μ lang, mit dunkelbräunlichem Inhalt, das erste terminal, die folgenden seitlich darunter hervorsprossend und schliesslich in wickeliger oder schraubeliger Anordnung, Basalwand meist stark in das Sporangium vorgewölbt. Die Wand des Sporangiums wird gleichzeitig mit der Bildung der Sporen blass, zart und sehr zerbrechlich, mit Ausnahme eines ringförmigen Basalstückes: jede Spore von einer besonderen Membran umgeben und stumpfkantig polyedrisch, in eine weiche, kaum erkennbare Zwischensubstanz eingebettet. Bei der Reife zerbricht bei der leisesten Erschütterung die Sporangienhaut und die ganze Sporenmasse zerfällt in die einzelnen Sporen, die dann aus ihren Hüllen ausschwärmen, die leeren, durch die Zwischensubstanz locker zusammengehaltenen Häute zurücklassend. Oogonien auf kurzen, 10 μ dicken Stielen traubig angeordnet an den mit Sporangienwickeln endenden Hauptschläuchen; kugelig, 50—65 μ Durchmesser, Membran glatt, farblos, sehr schwach getüpfelt, Tüpfelung erst mit Chlorzinkjod deutlich; vieleiig. Antheridien immer vorhanden, auf wellig gebogenen, circa 4 μ dicken Nebenästen androgynen oder diklinen Ursprungs, klein, meist zahlreich an jedem Oogon. Oosporen bis zu 12, kugelig, 17—19 μ Durchmesser, glatt, excentrisch; Keimung unbekannt. — Fig. 57.

Auf Fliegen und Mehlwürmern 4 Jahre lang cultivirt; stammte aus dem Elsass.

Diese Species unterscheidet sich wesentlich von der vorigen und wird vielleicht später als besondere Gattung abgetrennt werden müssen. Die Zerbrechlichkeit der Sporangienmembran findet sich bei keiner andern Saprolegniee wieder, desgleichen die Zwischensubstanz zwischen den Sporen.

LVI. **Aplanes** de Bary, 1888 (Bot. Zeit. p. 613).

Mycel wie bei Achlya. Sporangien sehr spärlich, cylindrisch, terminal, mit mehrreihig, aber unregelmässig locker gelagerten Sporen. Schwärmsporen werden nicht entleert, sondern keimen im Sporangium aus, zuweilen scheinen auch Netzsporangien vorzukommen. Oogonien immer reichlich vorhanden, terminal oder intercalar, oft

Fig. 58.

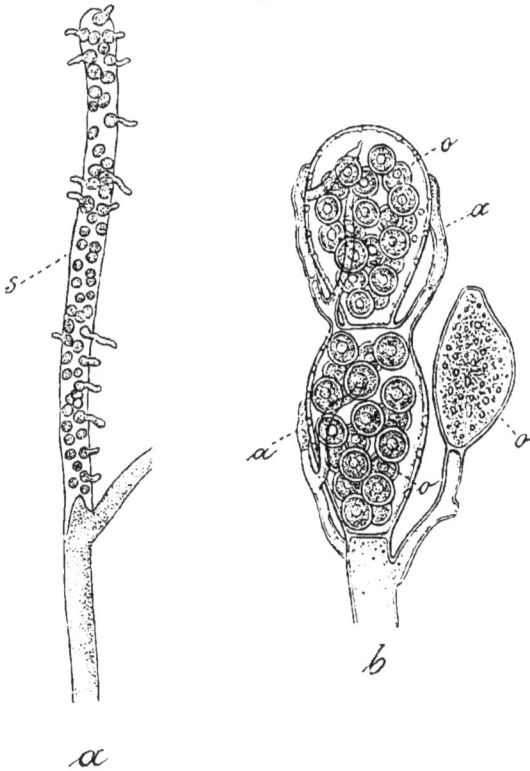

Aplanes. — A. Braunii. _a_ Ein Sporangium (_s_) mit innerhalb keimenden, nicht schwärmenden Sporen (Vergr. 50, nach de Bary). _b_ Oogonien (_o_) mit Antheridien (_a_), deren Tragäste hypogynisch, beim oberen Oogon aus dem unteren Oogon entspringen; der eine Nebenast trägt ein abortives Oogon (_o_) (Vergr. 180, nach Reinsch).

zu mehreren hintereinander, vielsporig. Antheridien androgyn, unterhalb des Oogons entspringend, bei aneinandergereihten Oogonien je aus dem oberen Theil des nächst unteren Oogons. Oosporen zahlreich, centrisch.

Diese Gattung zeichnet sich, wie auch der Name andeutet, durch den Verlust des Schwärmerzustandes der ungeschlechtlichen Sporen aus, die überhaupt selten entwickelt werden und noch im Sporangium keimen. Gewöhnlich sind nur die sporenreichen Oogonien entwickelt, deren charakteristische Anordnung und Beziehung zu den Antheridien ein zweites wichtiges Merkmal für die nur eine Species enthaltende Gattung abgeben.

280. A. Braunii de Bary, 1888 (l. c. p. 650).

Synon.: Saprolegnia androgyna Archer, 1867, Quart. Journ. micr. sc. New Series VII. p. 123.

Achlya Braunii Reinsch, 1877, Jahrb. wiss. Bot. XI. p. 284.

Abbild.: Archer, l. c. Taf. VI, 1. Reinsch, l. c. Taf. XIV, 1—6. de Bary, l. c. Taf. IX, 2.

Rasen dicht, bis 1,5 cm breit, mit steif abstehenden, 16—28 μ dicken, unregelmässig verzweigten Hauptästen, die oft sehr dünne, spitz endende Seitenzweige tragen. Sporangien spärlich und nur ausnahmsweise entwickelt, keulig-cylindrisch, terminal, zuweilen durch Sprossung erneuert, später mit den hervortretenden Keimschläuchen der nie ausschwärmenden Sporen. Oogonien gewöhnlich allein in grosser Menge vorhanden, terminal und intercalar, einzeln oder sehr oft reihenweise zu 2—7 unmittelbar hinter einander in basipetaler Folge sich entwickelnd; meist keulen- oder spindelförmig, die Reihenoogonien gewöhnlich wenig geschwollen, tonnenförmig, gross, z. B. 120—160 μ lang, 65—90 μ breit, Membran dick, farblos, deutlich getüpfelt; vieleiig; zur Zeit der Sporenreife oft im Verband mit dem Mycel gelockert. Antheridien fast immer vorhanden, sehr klein, schief-eiförmig, seitlich dem Oogon anliegend, auf dünnen, kurzen, oft verzweigten Aestchen, die dicht unterhalb des Oogons entspringen. Bei reihenweise aneinander gelagerten Oogonien entspringen infolgedessen die Antheridienäste für ein Oogon allemal am oberen Ende des nächst unteren jüngeren; hieraus ergiebt sich bei einer grösseren Zahl aneinander gereihter Oogonien ein sehr charakteristischer Fruchtstand. Gewöhnlich mehrere solche Nebenäste an einem Oogon, die sich oft verzweigen und an den Zweigenden je ein Antheridium entwickeln. Oosporen sehr zahlreich, meist gegen 12, selten weniger, öfter mehr, bis zu 40, kugelig, 22—30 μ Durchmesser, concentrisch. Bei der Keimung entsteht gewöhnlich ein kurzer Schlauch, der sich zu einem einreihigen Sporangium umbildet, dessen Sporen aber nicht ausschwärmen, sondern Keimschläuche treiben; selten wächst der Keimschlauch der Oospore ohne diese Sporenbildung unmittelbar weiter. — Fig. 58. Auf Fliegen und Mehlwürmern gezüchtet (de Bary); spontan auf im Wasser faulenden Stengeln von Viscum album (Reinsch).

Dass die von Reinsch aufgestellte A. Braunii hierher gehört ist zweifellos, ebenso wie die Saprolegnia androgyna Archer's. Beide Autoren heben besonders auch die Häufigkeit der Oogonien hervor. Sporangien hat Archer nur einmal drei entleerte und durchgewachsene gefunden; ob sie auch wirklich zu den Oogonien gehörten, hat er nicht erwiesen. Das von Reinsch (l. c. Taf. XIV, 5) abgebildete Sporangium zeigt einige Schläuche treibende Sporen. Volle Gleichheit besteht aber bei der Anordnung der Sexualorgane, deren Beschreibung bei Reinsch und Archer bis ins Kleinste mit der de Bary's übereinstimmt. Reinsch fand auch antheridienlose Oogonien mit reifen Oosporen; ferner beobachtete er, dass manche Antheridienäste gar nicht an die Oogonien sich anlegen, sondern selbst wieder ein Oogonium bilden.

Zweifelhafte und auszuschliessende Gattungen der Saprolegnieae.

Blastocladia Reinsch, 1877 (Jahrb. wiss. Bot. XI. p. 291).

Mycel in zwei Theile gegliedert, einen unverzweigten, dickwandigen, breiten, cylindrischen Hauptstamm, der auf und in dem Substrat mit zahlreichen reich verästelten Wurzelfäden festsitzt und auf seinem Scheitel den zweiten Theil, einen vielgliederigen Wirtel langer, cylindrischer, dünner Aeste trägt, die bei grossen Pflänzchen an ihrer Spitze abermals einen Wirtel kleinerer Aestchen tragen: der ganze Vegetationskörper einzellig, ohne Einschnürungen an der Ursprungsstelle der Wirteläste oder in deren Verlauf. Sporangien aus den Wirtelästen entstehend, von deren Form. Schwärmsporen nicht bekannt. Sexualorgane unbekannt, dagegen noch kurze, eiförmige Aestchen neben den Wirtelästen sich bildend mit dicker, feinpunktirter Wand, die später, ohne besondere Sporen gebildet zu haben, abfallen; Bedeutung unbekannt.

Diese Gattung zeigt in der äusseren Gliederung des Vegetationskörpers volle Uebereinstimmung mit Rhipidium, nur fehlen die bei diesem vorhandenen Einschnürungen. Deshalb kann ich auch nicht Cornu (Bull. soc. bot. XXIV. p. 227) beistimmen, der Blastocladia mit Rhipidium vereinigen möchte. Weitere Untersuchung dieser ausser von Reinsch noch von Niemand gefundenen Form ist sehr erwünscht. Die Angabe Reinsch's, dass die Wirteläste endogen, durch Hervorsprossen im Schlauchinnern entstandener Zellen sich bilden sollen, bedarf wohl **kaum** der Widerlegung.

Sollten sich im Uebrigen Reinsch's Beobachtungen bestätigen, so würde hier eine interessante Parallelform zu den complicirten Siphoneen, Bryopsis etc., vorliegen.

Bl. Pringsheimii Reinsch, 1877 (l. c.).

Abbild.: Reinsch, l. c. Taf. XVI, 1—13.

Auf im Wasser faulenden Aepfeln, bis 3 mm breite, halbkugelige Räschen bildend.

Ausser dem bereits in der Gattungsbeschreibung Erwähnten ist nichts bekannt.

Rhizogaster Reinsch, 1875 (Contrib. ad Alg. et Fungol. p. 97 Taf. VIII).

Rh. muscicola Reinsch l. c. auf den Blättern von Orthotrichum (O. cupulatum, diaphanum) und Barbula (B. laevipilia). Dieser räthselhafte, von Reinsch zu den Saprolegniaceen gestellte Organismus gehört sicher nicht hierher. Ob er zu den Phycomyceten überhaupt zu stellen oder ob er gar kein selbstständiger Organismus ist, vermag ich nicht anzugeben. Eine Verwechselung mit Moosbrutknospen, wie bei Synchytrium muscicola, kann man anstandshalber hier eigentlich nicht voraussetzen.

2. Unterfamilie. *Apodyeae.*

Mycelschläuche durch Einschnürungen in ungefähr gleich lange cylindrische Glieder getheilt.

LVII. Apodya Cornu, 1872 (A. sc. nat. 5. Serie XV. p. 14).

Mycel monopodial mehr oder weniger reich rispig verästelt, vom Habitus einer Saprolegnia, durch Einschnürungen (Stricturen) in nahezu gleich lange cylindrische Glieder getheilt, einzellig, ohne Querwände in den Einschnürungsstellen, jedes Glied mit einem (zuweilen mehreren) grossen, scheibenförmigen Cellulinkorn, das meist in der Nähe der Einschnürung liegt. Fäden ausschliesslich an der Spitze sich verlängernd und neue Glieder bildend, eine Vermehrung dieser durch nachträgliche Einschnürung bereits fertiger Glieder findet nicht statt; Seitenzweige immer im oberen Theil der Glieder, dicht unter der Einschnürung hervorsprossend, an der Basis eingeschnürt. Sporangien terminal, einzeln oder zu mehreren hinter einander, durch basipetale Umwandlung der Glieder entstehend, die in den Einschnürungen durch Cellulinpfropfen abgegrenzt werden. Jedes Sporangium einem Gliede entsprechend und

Fig. 59.

Apodya. — A. lactea. *a* Ein Stück
des durch Einschnürungen in cylindrische Glieder abgesetzten Mycels,
die Endglieder sind in Sporangien (*s*)
umgewandelt (Vergr. 100). *b* Zwei
Schwärmsporen (Vergr. 430). *c* Eine
Verzweigungsstelle mit scheibenförmigen Collulinkörnern (*k*) an den Einschnürungen (Vergr. 530). Alle Bilder
nach Pringsheim.

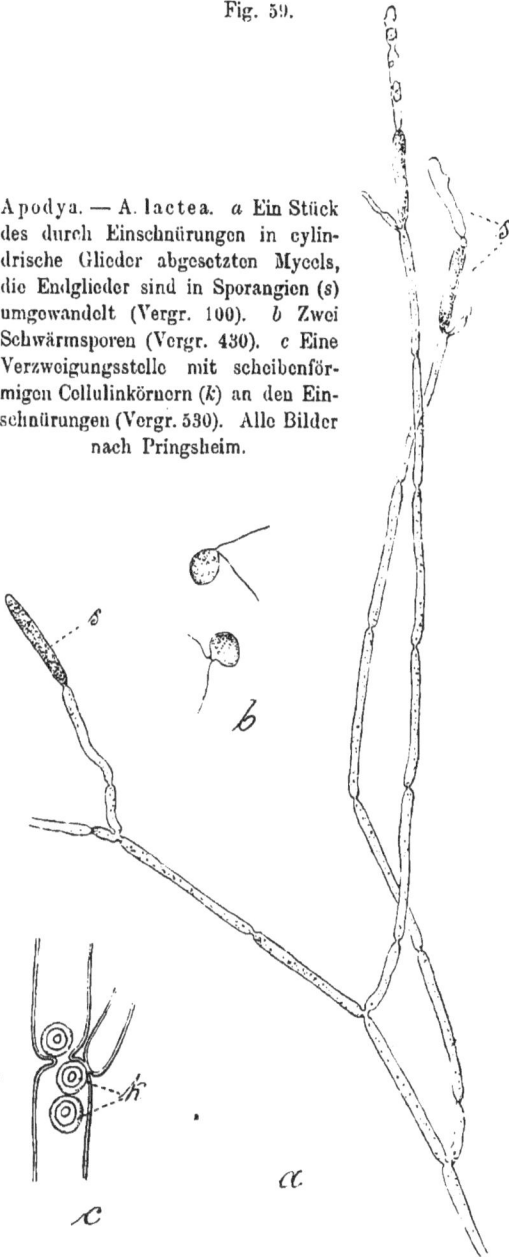

von dessen Form, aber mehr oder weniger aufgeschwollen, das terminale mit einer Scheitelpapille, die folgenden mit einer seitlichen Papille sich öffnend. Entleerte Sporangien nicht durchwachsend, sondern durch basipetale Umwandlung der nächsten Glieder zu Sporangien oder durch seitliche Sprossung wie bei Achlya sich erneuernd. Schwärmsporen einzeln und fertig hervortretend, sofort davoneilend, eiförmig mit zwei Cilien am spitzigen Vorderende, vielleicht diplanetisch. Sexualorgane und Oosporen unbekannt.

Die Gattung Apodya umfasst gegenwärtig eine einzige Species, die früher mit Leptomitus vereinigt wurde. Es ist Cornu vollkommen beizustimmen, wenn er diese Species aus der ein wahres Quodlibet enthaltenden Gattung Leptomitus in eine neue Gattung versetzte. Um Irrthum zu vermeiden, empfiehlt es sich hier zweifellos eine neue Saprolegnieen-Gattung zu schaffen, zu der nur eine Species der alten Gattung Leptomitus gehört, während die übrigen 29, die Kützing in seinen Species Algarum aufzählt, sicher keine Saprolegnieen sind. Ueber ihren Werth vergleiche man die Anmerkung hinter der Diagnose von A. lactea.

Ich kann deshalb auch nicht de Bary, Zopf, Berlese und de Toni beistimmen, welche den alten Gattungsnamen beibehalten haben. Ferner halte ich auch die von Pringsheim vorgeschlagene Abtrennung der Gattung Apodachlya, die sich zu Apodya verhält, wie Achlya zu Saprolegnia, für gerechtfertigt.

281. A. lactea (Agardh, 1824) Cornu, 1872 (l. c. p. 14).

Synon.: Conferva lactea Roth bei Dillwyn, 1809, Brit. Conferv. Taf. 79.
Leptomitus lacteus Agardh, 1824, Spec. Alg. p. 47.
Leptomitus Libertiae Agardh, 1824, Spec. Alg. p. 49.
Leptomitus lacteus Agardh bei Kützing, Phycol. gener. 1843, p. 155, Spec. Alg. 1849, p. 155.
Saprolegnia Libertiae (Agardh) Kützing, 1849, Spec. Alg. p. 160.
Saprolegnia lactea Agardh bei A. Braun, 1851, Verjüngung p. 287.
Saprolegnia lactea (Agardh) Pringsheim, 1860, Jahrb. wiss. Bot. II. p. 228.
Saprolegnia dichotoma Suhr in Breutel, Flor. germ. exs. 206.
Saprolegnia coreagiensis Hartog, 1887, Quart. Journ. micr. sc. XXVII. p. 429.
Exsicc.: Rabh., Algen Sachsens 587 (No. 114 derselben Sammlung ist nicht A. lactea, sondern Sphaerotilus natans).
Abbild.: Pringsheim, Jahrb. II. Taf. XXIII, 6—10, XXV, 1—6; Ber. deutsch. bot. Ges. I. Taf. VII, 1—9. Zopf, Pilze in Schenk's Handb. IV. p. 374, Fig. 62. Kerner, Pflanzenleben II. p. 17, Fig. 6, 7. Büsgen, Jahrb. wiss. Bot. XIII. Taf. XII, 9—15.

Fadenglieder gestreckt-cylindrisch, 140—300 μ lang, 7—42 μ dick, die Einschnürungen durchschnittlich halb so breit. Schwärmsporangien von der Form der Glieder, cylindrisch oder schwach keulig aufgeschwollen, terminal zu mehreren hinter einander oder seitlich in undeutlich wickeliger Anordnung. Schwärmsporen eiförmig, ca. 12 μ lang, mit zwei gleichlangen Cilien am zugespitzten Vorderende. Oosporen unbekannt. — Fig. 59.

Saprophytisch in Bächen und kleineren Flüssen, die durch organische Substanzen enthaltende Abwässer von Fabriken (Zuckerfabriken, Brauereien) verunreinigt sind; meist massenhaft entwickelt, den ganzen Boden und alle im Wasser befindlichen Gegenstände mit fluthenden, schmutzig milchweissen, büscheligen, bis 5 cm langen, schlüpfrigen Rasen überziehend. Zuweilen in solcher Masse das ganze Bett auskleidend, dass es aussieht, als ob noch Wolle tragende Schaffelle dort ausgebreitet wären. Kommt aber auch gelegentlich als Verunreinigung zwischen den Rasen anderer Saprolegnieen auf todten Fliegen etc. vor. Das ganze Jahr hindurch und auch im Winter oft massenhaft entwickelt.

1. **Morphologisches.** Obgleich dieser merkwürdige und auch nicht seltene Organismus bereits mehrfach untersucht worden ist, ist es doch bisher noch nicht gelungen Oosporen oder sie vielleicht vertretende Dauerzustände (vergl. Apodachlya pirifera) zu finden. Auch fehlt es noch an einer zuverlässigen Beobachtung darüber, ob die Schwärmsporen diplanetisch sind. Nach Pringsheims allerdings aus älterer Zeit stammender Angabe besitzen die Schwärmer kein zweites Schwärmstadium, nach Hartog (l. c.) dagegen sind sie diplanetisch. Die dicken Querwände, welche die Glieder bei ihrer Umwandlung in Sporangien abgrenzen und die ganzen Einschnürungen erfüllen, entstehen wohl zumeist dadurch, dass die Cellulinkörner in diese hineingepresst werden und sie pfropfartig verstopfen (vergl. Pringsheim, Ber. deutsch. bot. Ges. I. p. 303).

2. **Denselben Habitus** wie die schlüpfrigen, fluthenden Rasen der Apodya lactea hat auch ein Spaltpilz, Sphaerotilus natans Kützing, der ebenfalls oft massenhaft in Abwässern und durch sie verunreinigten Bächen und Flüsschen vorkommt und wohl noch allgemeiner verbreitet ist. Dass diese beiden Organismen sehr oft mit einander verwechselt werden, dürfte daraus hervorgehen, dass die meisten Exemplare von Leptomitus lacteus im Berliner und Leipziger Herbar eben aus jenem Sphaerotilus natans bestanden; auch Rabenhorst, Algen Sachsens 111 gehört hierher. Bei einer mikroskopischen Prüfung ist jede Verwechslung ausgeschlossen, die allerdings durch den gleichen Habitus und die gleichen Standorte leicht hervorgerufen werden kann. Auch andere Pilze können an diesen Standorten ein ähnliches Aussehen annehmen und Verwechslungen herbeiführen. So habe ich selbst in dem Abwasser einer Brauerei circa 10 cm lange, halb so dicke, mausgraue, schlüpfrige Rasen gefunden, welche ich anfangs für Apodya hielt. Die Untersuchung ergab, dass weder diese noch Sphaerotilus, sondern ein steriles Mycel eines Phycomyceten vorlag, das sich hier unter günstigen Ernährungsbedingungen so üppig und zugleich absonderlich entwickelt hatte. Leider gelang es nicht, diesen Mycelwust längere Zeit zu cultiviren, einige Sporangien, die mit Pythium monospermum übereinstimmten, bildeten sich aber aus. Ob dieses allein aber die ganze Masse bildete, wurde nicht entschieden, es wäre ja wohl möglich, dass auch Mucor unter solchen Umständen derartig wuchern könnte.

3. Die Gattung Leptomitus Agardh, 1824 (Syst. Alg. p. XXIII, p. 47) umfasste sowohl bei Agardh als auch später bei Kützing (Spec. Alg. 1849, p. 154) Species von sehr zweifelhaftem Werth, von denen jedenfalls ausser L. lacteus keine einzige zu den Saprolegnieen gehört. Die 9 von Agardh (l. c.) aufgezählten, auf Wasserpflanzen festsitzenden Formen gehören wohl alle zu den Fadenbacterien. So bestand z. B. Leptomitus divergens Agardh auf Conferva aus dem Leipziger Herbar zweifellos aus einem Gemenge von junger Beggiatoa und Crenothrix; ebenso ist Leptomitus Doriae Cesati (Rabh. Algen 575) ein undefinirbares Gewirr feiner Pilzfäden, untermengt unter anderen auch mit Cladothrix; desgleichen bestand ein Leptomitus panniformis Kützing aus dem Berliner Herbar aus einem Gemisch einer Bacterienzoogloea mit Sporen und Fadenpilzen. Dagegen war Leptomitus Libertiae aus einer mir unbekannten Exsiccatensammlung (No. 97) des Berliner Herbars zweifellos Apodya lactea, unter deren Synonyme der Name hier auch mit aufgenommen ist.

Eine zweite Gruppe von Leptomitus-Arten der älteren Autoren, besonders Kützing's, besteht aus sterilen Pilzmycelien, die in verschiedenen Aquae und Liquores der Apotheker und in anderen chemischen Lösungen sich zu entwickeln pflegen. Ein Blick auf die von Kützing gegebenen Abbildungen dieser Formen (Journ. f. prakt. Chemie 1837, XI. Taf. II u. III) genügt, um ihre wahre Natur zu erkennen. Es gehören nicht weniger als 17 von nun 30 bei Kützing (Spec. Alg.) aufgezählten Species in diese Kategorie. Ein systematischer Werth kommt diesen Bildungen nach dem heutigen Stande unserer Kenntnisse natürlich gar nicht zu. Es ist deshalb auch schwer begreiflich, dass Berlese und de Toni im Jahre 1888 (Saccardo, Sylloge VII. 1) 9 dieser Undinger überhaupt noch als zweifelhafte Saprolegniaceen aufzählen konnten. Im Ganzen sind dort 19 Species der Gattung Leptomitus aufgezählt. Nach Abzug von L. lacteus und L. brachynema (Apodachlya) bleiben noch 17 übrig, die werthlos sind. Ausser den 9 sterilen Mycelien in Apothekerlösungen noch 8 der von Agardh aufgestellten Species auf Wasserpflanzen, die wie bereits erwähnt zu den Fadenbacterien gehören.

Es dürfte sich aus dem Gesagten ergeben, dass die Gattung Leptomitus wohl am besten ganz gestrichen wird, um jede unnöthige Quälerei mit den älteren Species zu vermeiden. Eine Aufzählung dieser ist sicher überflüssig, man findet sie in den bereits citirten Werken Agardh's und Kützing's, ferner bei Biasoletto, Alghe microscopiche 1832. Auch bei Rivolta (Parassiti veget. edit. II. 1884, p. 435) sind noch andere solche Species genannt, aber bereits auf ihren wahren Werth zurückgeführt.

Nebenbei sei bemerkt, dass auch die alte Gattung Hygrocrocis Agardh mit ihren bei Kützing bis auf 49 vermehrten Species sterile Pilzmycelien in Apothekerlösungen und ähnliches Zeug umfasst. Ebenso steht es mit den übrigen Gattungen der Familie Leptomiteae Kützing's, es sind dies folgende: Sirocrocis Kützing, Mycothamnion Kützing, Erebonema Römer, Chamaenema Kützing, Nematococcus Kützing. Die ebenfalls hierher gestellte Gattung Chionyphe Thienemann (Nova Acta Acad. Leop. 1839, XIX. 1, p. 21, Taf. II) enthält verschiedenes; sicher ist die Chionyphe nitens eine Mucorinee, der Abbildung nach wohl Mucor racemosus.

Fig. 60.

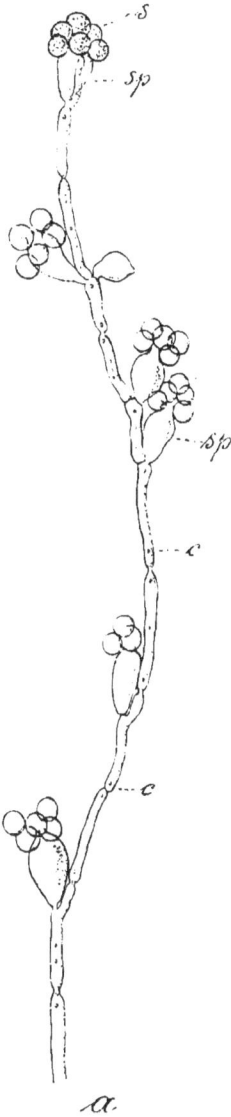

Apodachlya. — A. pirifera. *a* Ein längeres
Stück eines Sporangien (*sp*) tragenden Sympodiums.
Vor den Sporangien liegen wie bei Achlya die ent-
leerten Sporen (terminales Sporangien) oder ihre
leeren Häute (*s*). Jedes Glied des eingeschnürten
Fadens enthält ein oder einige Cellulinkörner (*c*)
(Vergr. 250). *b* Eine kugelige Conidie oder Dauer-
spore mit grossem centralen Fetttropfen (Vergr. 440).
Beide Bilder nach Zopf.

LVIII. **Apodachlya** Pringsheim,
1883 (Ber. deutsch. bot. Ges. I. p. 289).

Mycel wie bei voriger, monopodial
rispig verästelt, durch Einschnürungen in
verschieden lange, cylindrische Glieder zerlegt, Seitenzweige meist dicht unterhalb
der Einschnürungen entspringend, in deren
Nähe mit Cellulinkörnern. Sporangien
terminal, aus dem letzten Glied entstehend,
birnförmig oder kugelig, wenigsporig; nach
der Entleerung nicht durchwachsend, entweder werden die nächstunteren Glieder
zu Sporangien oder es findet unter dem
entleerten eine seitliche Sprossung wie bei
Achlya statt, wodurch bei mehrmaliger
Wiederholung wickelige Sporangienstände entstehen. Schwärmsporen zunächst vor der Sporangienmündung wie bei Achlya sich
häutend, eine Hohlkugel leerer Zellen zurücklassend, bohnenförmig,
mit zwei seitlichen Cilien. Sexualorgane unbekannt. Conidien

bei einer Art beobachtet, kugelig, aus dem Endgliede der Fäden entstehend, dicht mit Inhalt erfüllt, mit derber, glatter Wand.

Diese Gattung entspricht Achlya unter den Apodyeen und deshalb ist ihre Abtrennung von Apodya (Leptomitus), zu der gewöhnlich ihre Species gestellt werden, wohl berechtigt.

282. A. pirifera Zopf. 1888 (Nova Acta Acad. Leop. LII. p. 362).

Synon.: Leptomitus piriferus Zopf, 1890, in Schenk's Handb. IV. p. 569.
Abbild.: Zopf, l. c. Nova Acta Taf. XXI.

Mycel langfädig, zwischen faulenden Characeen, Glieder cylindrisch, verschieden lang. Sporangien terminal, birnförmig, zuweilen ei- oder spindelförmig, kurz, 12—20 μ breit, 12—24 μ lang, nur wenige (6—20) Schwärmer enthaltend, meist mit kurzem Entleerungshals am Scheitel; unterhalb des entleerten Sporangiums wächst, dasselbe zur Seite drängend, ein neuer Ast hervor, dessen Endglied oft sogleich, oft nach längerem Wachsthum zum Sporangium wird; so entstehen wickelige Sympodien, welche in verschieden grossen Abständen bis zu 12 Sporangien tragen. Schwärmer bohnenförmig, mit zwei Cilien in der Einbuchtung. Conidien genau kugelig, terminal, mit dicker, zweischichtiger, aussen cuticularisirter, farbloser, glatter Membran, grossem Fetttropfen. Keimung unbekannt. — Fig. 60.

Zwischen faulenden Characeen, ausserdem an den gleichen Orten wie Apodya lactea; ob dann auch der gleiche, charakteristische Wuchs eintritt, giebt Zopf nicht an.

Zopf vermuthet, dass die dickwandigen Conidien Dauerzustände sind und die Oosporen vertreten, die vielleicht gar nicht mehr gebildet werden.

283. A. brachynema (Hildebrand, 1867) Pringsheim, 1883 (Ber. deutsch. bot. Ges. 1. p. 289).

Synon.: Leptomitus brachynema Hildebrand, 1867, Jahrb. wiss. Bot. V. p. 261.
Apodya brachynema (Hildebr.) Cornu, 1872, A. sc. nat. 5. Serie XV. p. 14.
Abbild.: Hildebrand, l. c. Taf. XVI, 13—23.

Mycel winzig kleine, Vorticellen ähnliche Rasen bildend, sehr dünnfädig, nur 5 μ dick, schwach verzweigt, Glieder kurz-cylindrisch. Sporangien terminal, meist mehrere hintereinander, kugelig, nur wenige (6) Schwärmer bildend, mit terminaler oder seitlicher Entleerungspapille. Schwärmer nicht beschrieben. Weiteres unbekannt.

Auf faulenden Stengeln im Wasser.

Cornu (l. c. p. 96 etc.) erwähnt zwar an verschiedenen Stellen die Oosporen dieser Art, ohne aber eine genaue Beschreibung ihrer Structur und der Sexualorgane zu geben.

LIX. **Rhipidium** C o r n u, 1871 (Bullet. soc. bot. France
XVIII. p. 58).

Mycel in zwei Theile ge-
gliedert, einen unverzweigten,
dickwandigen Hauptstamm, der
auf dem Substrat mit zahlreichen,
reich verästelten Wurzelfäden aufsitzt und auf seinem oft geschwollenen Scheitel, den zweiten Theil,
einen Büschel längerer, unverzweigter oder verzweigter, dünner
Fäden trägt, die durch querwandlose Einschnürungen in kürzere
oder längere Glieder abgesetzt
sind. Sporangien gewöhnlich
terminal, aus dem Endglied der
Fäden hervorgehend, eiförmig
oder keulig, durch einen Cellulinpfropf in den Einschnürungen
vom übrigen Faden abgegrenzt.
Schwärmsporen werden vor
dem Sporangium gebildet, dessen
Inhalt in eine Blase entleert wird
und hier in Schwärmer zerfällt,
die durch das Platzen der Blasen-
wand frei werden; monoplanetisch, eiförmig, mit zwei Cilien.
Oogonien kugelig, aus einem
Glied entstehend, eineiig, meist
einen kleinen Rest unverbrauchten
Protoplasmas enthaltend (Periplasma). Antheridien keulig,
am Ende dünner, langer, winden-
der Aeste ohne Einschnürungen.
Oosporen einzeln, centrisch.

Diese, leider sehr mangelhaft bekannte Gattung zeichnet sich durch die
abweichende Gliederung ihres Vegetationskörpers von allen andern Saprolegniaceen aus, nur die gleichfalls schlecht

Fig. 61.

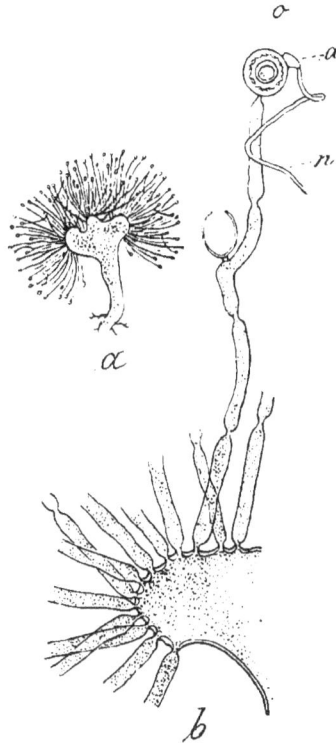

Rhipidium. — Rh. interruptum.
a Ein ganzes Pflänzchen, aus einem
dickwandigen, rhizoidentragenden Hauptspross und aus büschelig - fächerartig
angeordneten Aesten bestehend, letztere
am Scheitel Oogonien oder Sporangien
tragend (Vergr. schwach). *b* Ein Stück
des verbreiterten Scheitels des Hauptsprosses, mit den Basen der Aeste: ein
Ast ist ganz gezeichnet, er trägt links
ein entleertes Zoosporangium, am Scheitel
ein Oogon (*o*) mit reifer Oospore, das
von einem auf dünnem Nebenaste (*n*)
sitzenden Antheridium (*a*) befruchtet
worden ist (Vergr. circa 500). Beide
Figuren nach Cornu.

bekannte Gattung Blastocladia zeigt denselben Bau. Da die fächerartig ausstrahlenden Aeste der letzteren aber nicht durch Einschnürungen gegliedert sind, so kann Blastocladia nicht mit Rhipidium vereinigt werden, wie Cornu möchte (Bull. soc. bot. France 1877, XXIV. p. 227). Sie ist vielmehr als zweifelhafte Saprolegniee und nur als Parallelform zu Rhipidium zu betrachten.

Auch Naegelia Reinsch ist meiner Ansicht nach nicht mit Rhipidium zu vereinigen, wie Cornu will (l. c. p. 228), denn weder in der Beschreibung noch in den Abbildungen Reinsch's wird eine Gliederung des Vegetationskörpers in zwei getrennte Theile, wie bei Rhipidium und Blastocladia hervorgehoben. Naegelia ist deshalb einstweilen als besondere Gattung der Apodyeen aufzuführen.

Die Arten der Gattung Rhipidium sind von Cornu nur sehr flüchtig beschrieben worden; mir ist es bisher nicht gelungen sie zu finden, so dass ich auch nicht mehr zu bieten vermag.

284. Rh. interruptum Cornu, 1871 (l. c. und 1872, A. sc. nat. 5. Serie XV. p. 15).

Abbild.: Cornu in van Tieghem, Traité de Botanique 1884, p. 1024, Fig. 617.

Mycel deutlich in zwei Theile gegliedert, der Hauptstamm dick, unten cylindrisch, oben lappig-kopfig verbreitert und hier eine grosse Menge dicht gestellter strahlender, an der Ansatzstelle eingeschnürter Aeste tragend. Aeste lang, meist unverzweigt, durch Einschnürungen in cylindrische Glieder abgesetzt. Sporangien terminal oder auch seitlich, wickelig, eiförmig oder keulig. Schwärmer eiförmig, zweicilig. Oosporen einzeln, fast das ganze Oogon erfüllend, kugelig, farblos, mit kräftigen, weit hervorragenden Stacheln besetzt. Keimung unbekannt. — Fig. 61.

Auf fauligen Stengeln etc. festsitzend, in langsam fliessenden Gewässern.

Rh. continuum Cornu, 1871 (l. c. und 1872, l. c.) dürfte wohl kaum als Art aufrecht zu erhalten sein. Sie stimmt nach Cornu's dürftiger Beschreibung völlig mit der vorigen überein, nur sollen die Fächeräste bloss an der Basis eingeschnürt, sonst durchweg cylindrisch sein. Inwieweit hier eine constante Eigenthümlichkeit vorliegt, hat wohl Cornu selbst nicht untersucht.

285. Rh. elongatum Cornu, 1871 (l. c. p. 58 und 1872. l. c. p. 15).

Mycel gegliedert wie bei der vorigen, die Fächeräste sehr lang, mit zahlreichen Einschnürungen, die einzelnen Glieder nicht cylindrisch, sondern keulenförmig geschwollen, oft sehr lang, bis 1 mm lang. Sporangien und Schwärmer nicht beschrieben. Antheridien länglich, gekrümmt, mit zurückgebogenem, allein an das Oogon sich anlegenden Schnabel. Oosporen einzeln, nicht stachelig, sondern nur mit schwach rundlich warziger Oberfläche. Keimung unbekannt.

An denselben Orten wie vorige.

286. **Rh. spinosum** Cornu, 1871 (l. c. p. 58; 1872. l. c. p. 15).

Abbild.: Cornu, 1872, l. c. Taf. V, 1—9.

Trotz der Abbildungen, die vorwiegend Parasiten dieser Species darstellen, ist diese ganz ungenügend bekannt. Die Oosporen hat Cornu nicht gefunden. Er erwähnt überhaupt nur, dass gewisse Sporangien (?) mit dornigen Auswüchsen geziert sind. Die Abbildung zeigt keulige oder birnförmige, auf einer Einschnürung sitzende Gebilde mit gerundetem oder abgeflachten Scheitel, der einige (2 — 4) aufrechte, wie es scheint massive, nur aus Membran bestehende Hörner oder Dornen trägt.

Aus der gegebenen Beschreibung dürfte hervorgehen, dass die ganze Gattung noch sehr der Erforschung bedarf und dass eigentlich nur Rh. interruptum den Anspruch auf eine genügend begründete Species erheben darf.

Ungenau bekannte Gattung der Apodyeae.

Naegelia Reinsch, 1876 (Jahrb. wiss. Bot. XI. p. 289).

Abbild.: Reinsch, l. c. Taf. XV, 1—11, ferner Contributiones ad Algol. et Mycol. I. Taf. XIV.

Mycel undeutlich gabelig verzweigt, durch Einschnürungen gegliedert, Glieder lang cylindrisch, einzellig, ohne Querwände in den Einschnürungen, am Ende der Fäden und auch in deren Verlauf, besonders an den Gliederungsstellen, mit wirtelig gestellten, länglich-eiförmigen, an der Basis eingeschnürten Seitenästchen. Sporangien aus den eiförmigen Seitenästchen entstehend, ca. 6 μ lange Zellchen bildend, die wahrscheinlich als Schwärmer entleert werden: Oeffnung der Sporangien mit einem Loch am Scheitel. Oogonien (?) gleichfalls aus den Wirtelästen hervorgehend. 4—9 kugelige, dickwandige, 11—17 μ dicke Sporen enthaltend, am Scheitel mit einer Oeffnung. Antheridien unbekannt.

Da die Art der Sporenentleerung unbekannt ist, so ist es vorläufig nicht möglich, diese Form in eine der besser gekannten Apodyeengattungen einzureihen; keinesfalls gehört sie aber, wie Cornu meint (Bull. soc. bot. Fr. 1877, XXIV. p. 228), zu Rhipidium.

Reinsch hat zwei, nicht getaufte Species von Naegelia beschrieben, die vielleicht nur verschieden alte Pflänzchen derselben Art darstellen.

Naegelia spec. I. Reinsch (l. c. Taf. XV, 1 — 6) hat ein sehr langfädiges Mycel, dessen einzelne Langtriebe aus 4 — 10 langcylindrischen, gleichen Gliedern bestehen und gewöhnlich 4 — 6zählige Wirtel von Sporangienästen tragen. Die Einschnürungen an der Basis sind kurz. Auf im Wasser faulenden Viscum-Stengeln.

Naegelia spec. II. Reinsch (l. c. Taf. XV. 7—11, Contrib. etc. Taf. XIV). Pflänzchen sehr klein, aus wenigen (2—3) ungleichen Gliedern bestehend, Sporangien nicht regelmässig wirtelig, ungleich in Grösse und Form, einzeln oder zu wenigen am Ende des obersten Segmentes, mit langen basalen Einschnürungen.
Zwischen grünen Algen.
Die von Reinsch abgebildeten Pflänzchen könnten sehr wohl Jugendformen der spec. I sein.

2. Familie. Monoblepharidaceae.

Antheridien sporangienartig, Spermatozoiden bildend; Oogonien mit Oeffnung.

LX. Monoblepharis Cornu, 1871 (Bull. soc. bot. France XVIII. p. 59).

Mycel dünnfädig, verzweigt, aber ohne Cellulosereaction der dünnen, farblosen Wand. Sporangien terminal, cylindrisch, meist eine Reihe Sporen enthaltend, nach der Entleerung entweder durchwachsend oder das darunter liegende Fadenstück ohne weiteres zum Sporangium werdend. Schwärmsporen einzeln und fertig, aber sehr langsam hervortretend, kugelig oder stumpf dreieckig, mit einer nachschleppenden Cilie am breiteren Hinterende, bei dem Austritt aus dem Sporangium mit den Cilien reihenweise zusammenhängend; Bewegung unregelmässig sprungweise. Oogonien kugelig oder keulig, terminal oder intercalar, mit einem Loch, ein Ei bildend; ohne Periplasma. Antheridien cylindrisch, gewöhnlich unter den Oogonien, eincilige Spermatozoiden bildend, von der Structur und halben Grösse der Schwärmsporen. Oosporen einzeln, in dem Oogon oder vor dessen Mündung.

Diese Gattung bildet mit der folgenden eine besondere, durch wesentliche Merkmale ausgezeichnete Familie der Saprolegnineen. Unter allen Pilzen sind sie bisher die einzigen, bei denen eine Entwicklung von Spermatozoiden beobachtet worden ist, womit selbstverständlich auch das Vorhandensein geöffneter Oogonien verbunden ist. Auf diese Eigenthümlichkeit, nicht auf die mehr nebensächliche

Fig. 62.

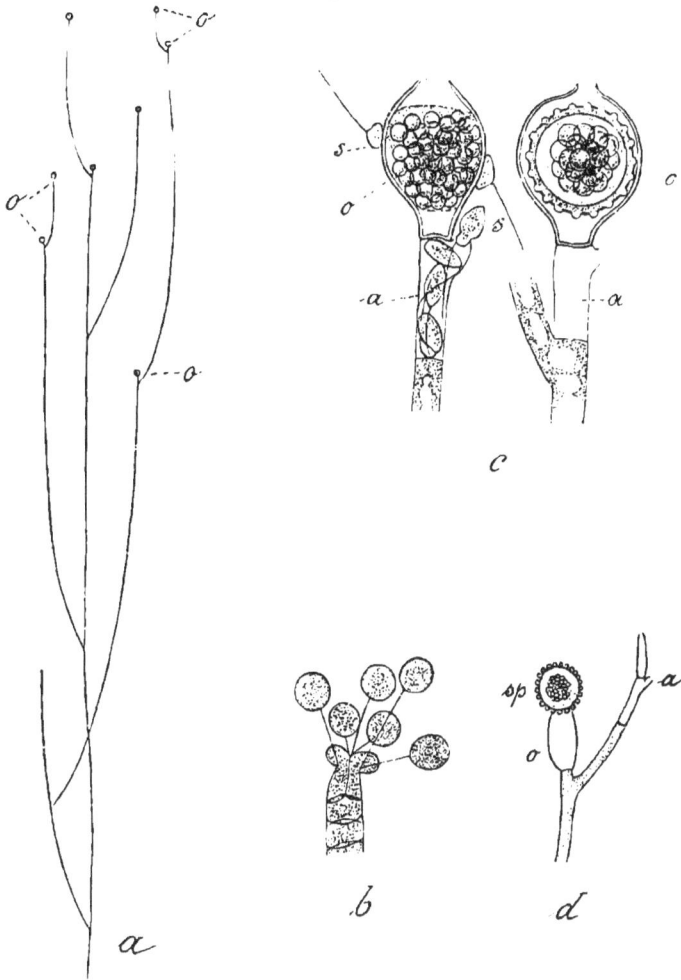

Monoblepharis. — *a* M. sphaerica. Sympodial verzweigtes Mycelstück mit Oogonien (*o*) an den Enden der jeweiligen Hauptachsen (schwach vergrössert). *b* M. polymorpha. Ende eines cylindrischen Sporangiums bei der Schwärmer-entleerung (Vergr. ca. 500). *c* M. sphaerica. Oogonien (*o*) mit hypogynischen Antheridien (*a*); links Entleerung der Spermatozoiden (*s*), rechts eine reife Oospore (Vergr. 500). *d* M. polymorpha. Ein Oogon (*o*) mit einer reifen Oospore (*sp*) vor seiner Mündung, *a* entleerte Antheridien (Vergr. circa 500). Alle Bilder nach Cornu.

Einciligkeit der Schwärmer hätte der Gattungsname hindeuten sollen, der deshalb wohl als schlecht gewählt zu bezeichnen ist.

Auch die chemische Beschaffenheit der Membran, die keine Cellulosereaction ergiebt, ist bemerkenswerth und unterscheidet die Gattung von allen übrigen Phycomyceten. Die unregelmässigen hüpfenden Bewegungen der Schwärmer erinnern an die Chytridineen.

Es ist zu bedauern, dass Cornu, obgleich er wohl längere Zeit hindurch die interessante Gattung beobachten konnte, keine genauere Beschreibung veröffentlicht hat. Ausser Cornu scheint aber Niemand bisher diese Organismen gefunden zu haben. Die folgende Beschreibung stützt sich auf Cornu's Angaben und die erweiterte Darstellung dieser in van Tieghem's Traité de Botanique p. 1028.

287. M. sphaerica Cornu, 1872 (A. sc. nat. 5. Serie XV. p. 82).

Abbild.: Cornu, l. c. Taf. II, 1—6.

Mycel dünn- und langfädig, mehr oder weniger deutlich sympodial wickelig verästelt, die neuen Aeste gewöhnlich unterhalb der terminalen Sporangien oder Oogonien entspringend. Sporangien terminal, cylindrisch, nicht dicker als die Fäden, am Scheitel sich öffnend, nicht durchwachsend; nach der Entleerung des Primärsporangiums grenzt sich das nächste Fadenstück durch eine Querwand als zweites Sporangium ab und so fort zuweilen mehrmals hinter einander. Oogonien kugelig, terminal, meist durch sympodiale Weiterentwicklung zur Seite gedrängt und wickelig, oft auf sehr kurzen Stielchen, mit glatter, tüpfelfreier Membran, am Scheitel mit einer Papille, die sich später öffnet; mit einem fettreichen, nicht austretenden Ei, das seitlich der Oogonwand anliegt, oben und unten aber davon sich zurückgezogen hat und besonders oben, der Oeffnung zugewendet, eine hellere, fettfreie Zone (Empfängnissfleck?) hat. Antheridien hypogynisch, cylindrisch, 4—6mal so lang als breit, nicht breiter als der übrige Faden, dessen oberstes, an das Oogon grenzende Stück durch eine Querwand sich als Antheridium abgrenzt; nur ein Antheridium (sehr selten 2) unter jedem Oogon, mit 5 oder 6 in einer Reihe liegenden Spermatozoiden, die durch eine seitlich dicht unter dem Oogon sich bildende Papille entleert werden. Oospore kugelig, im Oogon liegend, allseitig ohne Berührung mit dessen Wand, 16—27 μ Durchmesser, bräunlich, mit sehr dünnem Endospor, dickem, von halbkugeligen, niedrigen, farblosen Höckern besetzten, gelblichbraunen Exospor; mit vielen im Centrum zusammengehäuften, gelblichen Fettkügelchen. Keimung unbekannt. — Fig. 62 a, c.

Auf abgestorbenen Thier- und Pflanzenresten im Wasser, wie die Saprolegnieen.

288. M. polymorpha Cornu, 1872 (l. c. p. 83).

Abbild.: Cornu, l. c. Taf. II, 7—32 und in van Tieghem, Traité de
Bot. 1881, p. 1029, Fig. 620, 1; 621, 2—4.

Mycel und Sporangien wie bei voriger. Oogonien sehr
verschiedenartig gestaltet und angeordnet, bald einzeln, terminal
und dann eiförmig-keulig, mit stumpf-gerundetem, später geöffneten
Scheitel, bald mehrere (bis 12) hinter einander, am Ende der Fäden
oder auch intercalar eine sympodiale Reihe bildend, indem das
neue Oogon unter dem Scheitel des vorhergehenden hervorsprosst
und diesen selbst als kürzere oder längere, später geöffnete Papille
zur Seite drängt; jedes Oogon enthält ein seiner Gestalt ent-
sprechendes, also nicht kugeliges, fettreiches Ei mit einem fett-
freien, homogenen Theil nahe der Mündung; nach der Befruchtung
quillt das Ei hervor und bildet sich vor der Mündung des Oogons
zur Oospore aus. Antheridien gleichfalls von sehr verschiedener
Gestalt und Anordnung, entweder hypogynisch und cylindrisch,
wie bei voriger Art, unter einzelnen terminalen Oogonien, oder
als sympodiale Sprossung dem Oogon aufsitzend und dann cylindrisch, als kurzer Seitenast erscheinend, am Scheitel geöffnet, mit
gewöhnlich 5—6 einreihigen Spermatozoiden. Bei reihenweise angeordneten Oogonien sitzt gewöhnlich jedem Oogon ein Antheridium
auf; zuweilen sprossen die Antheridien selbst sympodial weiter;
bei der grossen Mannigfaltigkeit in der Anordnung der Sexualorgane sind folgende Extreme zu unterscheiden: ein einziges terminales Oogon, dem ein mehrzähliges Antheridiensympodium aufsitzt oder ein vielgliederiges Oogonsympodium mit einem einzigen
Antheridium. Oosporen vor der Oogonmündung reifend, genau
wie bei voriger Art gebaut. Keimung unbekannt. — Fig. 62 b, d.
Auf abgestorbenen Thier- und Pflanzenresten im Wasser.

Diese Art verdient allgemeine Beachtung wegen der eigenartigen Reiz-
erscheinungen, die mit der Befruchtung verbunden sind. Zunächst liegt das Ei
im Oogon, nach der Befruchtung aber quillt es langsam (5 Minuten lang) aus dem
Oogon hervor und rundet sich vor dessen Mündung zur jungen Oospore. Un-
befruchtete Eier treten nicht aus dem gleichwohl geöffneten Oogon hervor. Bei
Fucus findet bekanntlich auch die Befruchtung erst an den aus den Oogon-
conceptakeln ausgestossenen Eiern statt. Cornu sah sehr selten auch eine Durch-
schnürung des austretenden befruchteten Eies, von dem nur der hervorgequollene
Theil zur Oospore wurde.

Es dürfte sich wohl später empfehlen, diese Species in eine besondere
Gattung unterzubringen.

LXI. **Gonapodya** nov. gen.

Mycel reich rispig verästelt, durch Einschnürungen in kettenartig zusammenhängende, ellipsoidische Glieder getheilt, einzellig, ohne Querwände in den Einschnürungen, Seitenäste dicht unter

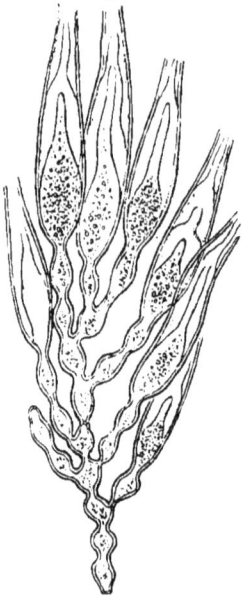

Gonapodya. — G. prolifera. Ein Stück des gegliederten Mycels mit den schotenförmigen, nach der Entleerung durchwachsenden Sporangien (Vergr. 240, nach Reinsch).

diesen entspringend; ohne Cellulosereaction der Wand. Sporangien terminal, viel grösser wie die Glieder, aus dem letzten Gliede hervorgehend, nach der Entleerung mehrmals durchwachsend. Schwärmer einzeln und fertig langsam hervortretend, mit einer nachschleppenden Cilie. Oogonien terminal, wie die Sporangien, einciig. Antheridien nicht beschrieben, eincilige Spermatozoiden bildend. Oosporen einzeln, in den Oogonien reifend.

In diese noch lückenhaft bekannte Gattung stelle ich die dritte der von Cornu unterschiedenen Monoblepharis-Species. Die Gliederung des Mycels durch Einschnürungen unterscheidet sie wesentlich von den beiden anderen Arten; es wiederholt sich hier der Bau von Apodya, weshalb auch der Name Gonapodya gewählt wurde. Der Name Apodya selbst hebt ja durchaus nicht dasjenige Merkmal hervor, welches diese Gattung von Saprolegnia trennt und würde, wenn es sich um die Aufstellung wirklich bezeichnender Namen handelte, zu streichen sein. Erst recht gilt dies von dem erschrecklichen Namen Apodachlya. Da aber mit den bereits vorhandenen Namen gewirthschaftet werden muss, so scheint mir Gonapodya immer noch der brauchbarste zu sein, denn er bezeichnet einmal die Aehnlichkeit mit Apodya, andererseits dass männlicher Samen (Spermatozoiden) gebildet wird.

289. G. prolifera (Cornu, 1872).

Synon.: Monoblepharis prolifera Cornu, 1872, A. sc. nat. 5. Serie XV. p. 16.
Saprolegnia siliquaeformis Reinsch, Jahrb. wiss. Bot. XI. p. 293.
Abbild.: Reinsch, l. c. Taf. XV, 12, 13. Cornu bei van Tieghem, Traité de Bot. 1884, p. 1029, Fig. 620, 2.

Fadenglieder kurz-ellipsoidisch, spindelförmig, 22—28 µ lang, fast ebenso breit, Seitenzweige besonders gegen die Enden der Hauptäste hin dicht gestellt, fast fächerförmig gehäuft. Sporangien

terminal, sehr gross, schotenförmig, 5- 8mal so lang, 2- 4mal so
breit als die übrigen Fadenglieder, zahlreiche Schwärmer bildend,
die durch ein Loch am Scheitel entleert werden; Sporangien nach
der Entleerung wiederholt durchwachsend, gewöhnlich am Ende der
Hauptäste fächerartig gehäuft. Oosporen oval, farblos, einzeln in
den Oogonien, dickwandig; Keimung unbekannt. — Fig. 63.
Auf im Wasser liegenden faulenden Aepfeln und andern Pflanzenresten. Bisher nur selten und vereinzelt von Cornu und Reinsch
beobachtet.

Dass Saprolegnia siliquaeformis Reinsch zu Monoblepharis gehört, wurde von
Cornu zuerst hervorgehoben (Bull. soc. bot. France XXIV. p. 227).

2 Ordnung. Peronosporinae.

Mycel meist parasitisch im Innern lebender Landpflanzen, reich verzweigt, polycarpisch. Ungeschlechtliche Fortpflanzung durch Schwärmsporen oder Conidien,
meist mit besonders gestalteten, aus dem Substrat hervorbrechenden Conidienträgern. Oogonien immer eineiig,
mit einem Rest unverbrauchten Protoplasmas (Periplasma).
Antheridien nebenastartig an das Oogon sich anlegend,
mit Befruchtungsschlauch.

1. Familie. Peronosporaceae.

Die einzige Familie, mit den Charakteren der Ordnung.

Das Mycelium ist bei allen Peronosporaceen reich verzweigt
und besteht aus dünnen (Pythium) oder dicken (die übrigen), farblosen Fäden; bei den saprophytisch lebenden Pythien wächst das
Mycel sowohl innerhalb des Substrats als auch über dieses hinaus
ins Freie und bildet besonders im Wasser sehr feinfädige Saprolegnia ähnliche Rasen. Die parasitischen Peronosporeen entwickeln
ihr Mycel innerhalb des Substrats und treiben nur die Träger der
ungeschlechtlichen Fortpflanzungsorgane über dessen Oberfläche
hervor. Die Mycelien der parasitischen Pythien und von Phytophthora leben sowohl intercellular, als auch intracellular und bilden
keine besonderen in die Wirthszelle eindringenden Saugorgane oder
Haustorien. Dagegen breitet sich das dickfädige Mycel der übrigen
parasitischen Gattungen (Cystopus, Basidiophora, Plasmopara, Sclero-

spora, Bremia und Peronospora) ausschliesslich in den Intercellularräumen der Wirthspflanze aus, den gebotenen Raumverhältnissen
durch stellenweise Einschnürungen und Auftreibungen der bis 20 *μ*
dicken, inhaltreichen Aeste sich anschmiegend. Nicht selten kommt
es zu Fusionen sich berührender Mycelzweige. Alle Gattungen
mit intercellularem Mycel treiben in die Wirthszellen besondere
Haustorien von charakteristischer Form: diese sind bei Cystopus,
Basidiophora, Plasmopara, Sclerospora und Bremia immer klein,
kurz bläschen- oder eiförmig und dringen nicht weit in die Zellen
vor, bei Peronospora aber mit wenigen Ausnahmen fadenförmig,
oft fingerartig getheilt und kräftig entwickelt, zuweilen die ganze
Nährzelle knäuelig erfüllend.

Die Mycelien sind in der Jugend einzellig, nur später werden
entleerte Theile durch Querwände abgegrenzt.

Die Mycelien durchwuchern meist alle oberirdischen Theile der
Nährpflanze und wachsen bei einigen auch in die überwinternden
unterirdischen hinab, um hier gleichfalls zu überwintern, z. B. Peronospora Rumicis in dem Rhizom, Peronospora Ficariae in den Knöllchen
von Ficaria, Phytophthora infestans in den Kartoffelknollen. Meist
stirbt das Mycel am Ende der Vegetationsperiode zugleich mit der
Nährpflanze ab; auf solchen abgestorbenen, von ihnen selbst getödteten Substraten saprophytisch weiterzuleben, vermögen nur Arten
der Gattungen Pythium und Phytophthora.

Sporangien und Conidien. Die grösste Mannigfaltigkeit
findet sich bei Pythium, dessen verschiedene Arten die allmälige
Umbildung der Sporangien zu abfallenden, erst bei der Keimung
schwärmerbildenden Conidien veranschaulichen. Sporangien im
engeren Sinne, d. h. solche, die immer auf dem Mycel sich öffnen
und ihre Schwärmer entleeren, finden sich nur bei Pythium und
zwar in den Untergattungen Aphragium, Nematosporangium und
Sphaerosporangium Sectio Orthosporangium. Bei Aphragium, welche
den Holochytrien am nächsten steht, ist ein besonderes Sporangium
überhaupt noch gar nicht vorhanden, beliebige, unverzweigte oder
verzweigte Theile des Mycels entleeren ihren Inhalt als Zoosporen,
ohne auch nur durch eine Querwand vom Mycel abgegrenzt worden
zu sein. Bei Nematosporangium sind die Sporangien auch noch
fadenförmig, aber abgegrenzt. In der Sectio Sphaerosporangium
nehmen die Sporangien diejenige Form an, welche sie auch bei den
übrigen Gattungen als metamorphe Sporangien, als Conidien beibehalten. Sie sind kugelig oder ellipsoidisch, mit oder ohne eine

besondere Papille für den Austritt des Inhalts. Die Sectio Metasporangium (Pythium) enthält Formen (P. de Baryanum), bei denen äussere Verhältnisse, Wasserzufuhr, darüber entscheiden, ob die Sporangienanlage zu einem Sporangium werden und am Mycel Schwärmer bilden, oder ob sie als Conidie abfallen wird. Die folgenden Arten der Sectio Metasporangium zeigen dann die Umwandlung vollzogen, die Sporangienanlagen fallen immer als Conidien ab, keimen aber noch mit Zoosporen.

Alle übrigen Peronosporeen entwickeln nur solche abfallende Metasporangien, die nun als Conidien bezeichnet werden müssen. Ihre äussere Form ist sehr gleichmässig, sie sind kugelig oder eiförmig oder ellipsoidisch, haben farblosen Inhalt, eine glatte, farblose oder schwach schmutzig-violett gefärbte Membran. Beachtenswerth aber ist, dass in der Reihe allmälig die Sporangiennatur mehr und mehr verloren geht, bis bei Peronospora selbst alle daran erinnernden Merkmale spurlos verschwunden sind. Am deutlichsten tritt diese Erscheinung bei der Keimung der Conidien hervor, die bei den metasporangischen Pythien noch ganz in der Weise erfolgt, wie die Entleerung der Zoosporangien.

Die Sporangien von Pythium entleeren ihren noch ungetheilten Inhalt in eine Blase, woselbst er in Schwärmer zerfällt, die durch das Platzen der Blase frei werden. Bei den fadenförmigen Sporangien (Aphragmium, Nematosporangium) tritt der Inhalt an der Spitze hervor, bei den kugeligen (Sphaerosporangium) bildet sich am Scheitel oder seitlich eine kurze Papille, durch die allein die Entleerung erfolgt. In der gleichen Weise vollzieht sich die Keimung und Schwärmerbildung der Conidien von Pythium, auch bei ihnen ist nur eine Stelle, meist am Scheitel, zum Austritt des Inhalts bestimmt.

Auch die Conidien aller andern Gattungen mit Ausnahme von Peronospora, haben eine bestimmte Keimstelle, die am Scheitel liegt und meist durch eine deutliche Papille auch an der ruhenden Conidie hervortritt. Bei den schwärmerbildenden Conidien der Gattungen Phytophthora, Cystopus, Basidiophora, Plasmopara und Sclerospora entstehen die Schwärmer bereits in der Conidie und treten fertig hervor. Bei einigen Arten der Gattung Plasmopara (Sectio Plasmatopara de Bary's) ist ein weiterer Schritt in der Umbildung der Sporangien zu Conidien eingetreten, dadurch, dass Schwärmer nicht mehr gebildet werden. Der Inhalt der Conidie tritt ungetheilt am Scheitel hervor, rundet sich zur Kugel ab und treibt nunmehr einen

Keimschlauch. Bei Bremia keimt die Conidie sofort mit Schlauch, der aus der Scheitelpapille hervortritt (Acroblastae de Bary's). Bei Peronospora endlich wachsen die Keimschläuche an beliebigen Stellen der Conidien hervor (Pleuroblastae de Bary's). Damit ist die Umbildung des Zoosporangiums zur typischen, mit Schlauch keimenden Pilzconidie beendet. Auch die gewöhnlich Zoosporen bildenden Conidien keimen zuweilen, z. B. in feuchter Luft, mit Schlauch.

Die Conidien verlieren ihre Keimfähigkeit schon nach wenigen Tagen, die von Phytophthora infestans bereits nach 24 Stunden. Nur bei Pythium können die Conidien und auch die kugeligen Sporangien unter ungünstigen Bedingungen in einen Ruhezustand übergehen, der bei einigen Arten grosse Widerstandskraft besitzen kann. Solche Dauerconidien haben gewöhnlich eine etwas dickere Membran und noch keine Entleerungspapille, die erst bei der Keimung entsteht. Hierbei werden gewöhnlich nur nach kürzerer Ruhe, bald nach der Reife, Schwärmsporen gebildet, während nach längerer Ruheperiode Schlauchkeimung eintritt. Diese Dauerconidien bewahren z. B. bei Pythium intermedium selbst 11 Monate lang ihre Keimkraft, wenn sie nass aufbewahrt werden: bei P. de Baryanum vertragen sie auch das Eintrocknen, bei dieser und der vorigen auch mehrwöchentliches Einfrieren. Solche Dauerconidien sind bisher nur bei Pythium beobachtet worden. Gemmenbildungen anderer Art kommen nicht vor.

Die Schwärmsporen sind so gebaut, wie bei den Saprolegniaceen, sie sind entweder nierenförmig oder eiförmig mit spitzem Vorderende und einer Abflachung an einer Seite und tragen an dieser Stelle, resp. in der seitlichen Einbuchtung zwei Cilien. Die farblosen Schwärmer führen ruhige, gleichmässige Schwimmbewegungen aus und sind monoplastisch, sie kommen nach einiger Zeit zur Ruhe und umgeben sich mit Membran. Nunmehr treiben sie einen Keimschlauch, der wie derjenige der Conidien in die Wirthspflanze eindringt, bei den meisten durch die Oeffnung der Spaltöffnungen, bei einigen (Pythium, Phythophthora) auch direct die Epidermiswand durchbohrend oder zwischen zwei Epidermiszellen sich hindurchdrängend.

Sporangien- und Conidienträger. Die Sporangien resp. Conidien entstehen bei Pythium am Ende gewöhnlicher Myceläste innerhalb und ausserhalb des Substrats, zur Ausbildung scharf abgesonderter Träger kommt es hier noch nicht. Ebenso fehlen diese auch noch bei Phytophthora, obgleich hier die aus den Nährpflanzen hervorbrechenden und allein Conidien bildenden Myceläste schon mehr als besondere Theile sich abheben. Auch bei Cystopus werden deutliche Träger nicht gebildet, die Conidien entstehen hier an keuligen, unverzweigten Astenden, die unter der Epidermis pallisadenartig zu einer Schicht (Hymenium) vereinigt sind. Die drei genannten Gattungen (Pythium, Phytophthora, Cystopus) stimmen auch noch darin überein, dass die Myceläsen ähnlichen, undeutlichen Conidienträger ein unbegrenztes Wachsthum haben. Dies äussert sich bei den sporangienbildenden Pythien dadurch, dass die entleerten Sporangien durchwachsen oder durch seitliche Sprossung wie bei Achlya erneuert werden; bei den conidienbildenden Formen wiederholt sich an demselben Astende die Conidienabschnürung mehrmals hintereinander. Die Conidien stehen dann in Ketten (Cystopus, Pythium intermedium), wenn das Wachsthum ihrer Träger monopodial weiter schreitet. Findet dagegen sympodiales Wachsthum statt, so wird die zunächst am Scheitel eines Astes stehende Conidie zur Seite geschoben durch den das Sympodium bildenden Nebenast, genau wie die Sporangien bei Achlya (Phytophthora, Pythium intermedium).

Bei allen übrigen Peronosporaceen werden scharf gegliederte, besondere Conidienträger gebildet, die wie bei Phytophthora aus dem Substrat durch die Spaltöffnungen herauswachsen und auf dessen Oberfläche einen dichten, weissen oder schmutzig grauvioletten, zarten oder kräftigen Rasen bilden. Alle diese Conidienträger haben ein begrenztes Wachsthum und immer nur eine einmalige Conidienabschnürung. Bei Basidiophora sind die Träger unverzweigt und tragen am kopfig aufgeschwollenen Ende eine Anzahl kurzer, je eine Conidie abschnürender Fortsätzchen (Sterigmen), sie sind Aspergillus ähnlich. Bei Plasmopara und Sclerospora sind die Träger verzweigt, aber oft sehr ärmlich und niemals rein gabelig, immer ist eine monopodiale, durch die ganze Krone durchlaufende Hauptachse vorhanden, an die sich die Seitenäste traubig ansetzen. Nur die Enden der Haupt- und Nebenäste laufen in kurze, gabelige oder trichotome Spitzchen aus. Bremia und Peronospora endlich haben reich verzweigte Träger mit voller, durchweg gabeliger Krone, die einem astlosen Stiele von verschiedener Höhe aufsitzt; nur ausnahmsweise trägt dieser Stiel auch noch unter der gabeligen Krone einige Seitenäste, die wieder gabelig getheilt sind. Bei Bremia schwellen die Endgabeln pauken- oder knopfförmig an

25 *

und tragen eine Anzahl kurzer, je eine Conidie bildender Sterigmen, bei Peronospora dagegen sind die Gabelenden immer einfach und schnüren nur eine Conidie ab. Die Sexualorgane entwickeln sich bei den saprophytischen und denjenigen parasitischen Arten der Gattung Pythium, welche auf den getödteten Wirthen saprophytisch weiter leben, ausserhalb und innerhalb des Substrats, bei allen übrigen Peronosporaceen ausschliesslich innerhalb des Wirthes. Von allen Gattungen sind die Geschlechtsorgane bekannt, sie zeigen eine grosse Uebereinstimmung. Ihre Vertheilung ist gewöhnlich androgynisch, Oogonien und Antheridien werden an denselben Mycelästen gebildet, nur zuweilen sollen sie auch, soweit bei den parasitischen Mycelien ein Urtheil überhaupt möglich ist, diklin angeordnet sein. Immer sind beiderlei Geschlechtsorgane vorhanden; die bei den Saprolegniaceen häufige Apandrie fehlt und ist nur bei Pythium als seltene Ausnahme beobachtet worden.

Die kugeligen Oogonien werden einzeln am Ende kurzer Aeste, zuweilen auch intercalar angelegt. Ihre Membran ist glatt und ungetüpfelt, nach Zopf[1]) bei Cystopus mit einem Tüpfel versehen, durch den der Befruchtungsschlauch eindringt. Bei den meisten Peronosporaceen bleibt die Oogonwand dünn und fällt nach der Oosporenreife bald zusammen. Bei Plasmopara aber und einigen Arten der Gattung Peronospora ist die Oogonwand dick und widerstandsfähig, sie umschliesst die reifen Oosporen auch noch nachdem die Wirthspflanzen verfault sind. So entstehen gewissermassen Schliessoogonien, den Nüsschen vergleichbar. Bei Sclerospora endlich verwächst die dicke Oogonwand mit der Oospore und bildet mit ihr eine Scheinspore, der Caryopse vergleichbar.

Die Oogonien enthalten immer nur ein Ei, zu dessen Bildung nicht der ganze Inhalt aufgebraucht wird, es bleibt ein Rest, das sog. Periplasma übrig, welches später zur Verdickung der Oosporenwand, zum Aufbau des Epispors verwendet wird. Pythium hat nur sehr wenig, vielleicht bei einigen Arten gar kein Periplasma.

Die Antheridien sind gekrümmt keulenförmig gestaltet wie bei den Saprolegniaceen und sitzen am Ende kurzer, gekrümmter Nebenäste, die meist einzeln, aber auch zu 2, bei Pythium megalacanthum bis zu 6 an ein Oogon heranwachsen. Das Antheridium treibt durch die Wand desselben einen bis an das Ei vordringenden,

---

¹) Schenk's Handb. IV. p. 574.

offenen Befruchtungsschlauch und entleert durch diesen einen Theil (Gonoplasma) seines Inhalts: auch hier bleibt ein Rest, dem Periplasma entsprechend, zurück. Bei einigen Pythien kommen auch cylindrische, hypogynische Antheridien vor.

Als seltene Missbildung sei erwähnt, dass auch im Antheridium eine Oospore sich entwickelt. [1]

Oosporen werden oft in grosser Menge erzeugt, so zählte z. B. Prillieux bei Plasmopara viticola 200 auf 1 Quadratmillimeter Blattfläche. Sie kommen nicht bloss in den Blättern, dem gewöhnlichen Orte der Conidienfructification, vor, sondern auch in Stengeln und Blüthen. Jedes Oogon enthält nur eine Oospore, über deren Verhalten zur Oogonwand bereits bei den Oogonien gesprochen wurde. Die reife Oospore enthält farbloses Protoplasma, gewöhnlich einen grossen centralen, farblosen Fetttropfen und nach Dangeard mehrere Zellkerne. Die Wand ist dick und mehrschichtig, sie besteht aus einem glatten, farblosen, dünneren Endospor und einem dicken, glatten oder verschiedenartig durch Warzen oder Leisten verdickten und braunen Exospor. Dieses wird aber besser als Episporium, nach Strasburger als Perinium zu bezeichnen sein, weil es nicht von der Spore selbst gebildet, sondern aus dem Periplasma auf diese aufgesetzt wird.

Die Oosporen werden gewöhnlich nach den Conidien gebildet, ein strenger Generationswechsel besteht aber nicht. Die reifen Oosporen überwintern und keimen im Frühjahr, gleich nach der Reife sind sie nicht keimfähig. Bei der Keimung entsteht entweder ein kleines Mycelium oder ein kurzer Keimschlauch, welcher sehr bald zum Conidienträger sich umbildet; bei den planoblasten Formen werden auch Schwärmsporen gebildet.

Membran und Inhalt sind immer farblos, abgesehen von den schwachen, meist ins Schmutzig-violett spielenden Färbungen der Conidienwand, den braunen Farben der Oosporen. Die Membran besteht bei allen aus Cellulose, nur das Episporium der Oospore, als besonderes Umwandlungsproduct des Protoplasma, dürfte andere Reactionen zeigen. Der Inhalt aller Theile besteht aus farblosem Protoplasma mit zahlreichen kleinen Zellkernen, nach Dangeard [2] enthalten die Conidien und die Oosporen gleichfalls mehrere, die Schwärmsporen nur einen Kern. Auch das Reservefett der Oosporen

---

[1] Vergl. Zopf, l. c. p. 333, Fig. 44, XII bei Peronospora calotheca.
[2] Le Botaniste 1890, II. p. 124.

ist farblos. Besonders geformte Inhaltstheile sind bisher für die Peronosporaceen nicht nachgewiesen, doch vermuthet Pringsheim, dass auch bei ihnen Cellulinkörner wie bei den Saprolegniaceen vorkommen.

Systematisches. Der durch de Bary's Arbeit begründete Umfang der Gattung Peronospora hat bereits durch Schröter eine Einengung erfahren, die ich hier beibehalten habe. Bemerkungen hinter den einzelnen Gattungen und auch die folgende Bestimmungstabelle werden zeigen, dass hinreichende Unterschiede vorhanden sind. Ueber die verwandtschaftlichen Beziehungen zu den Saprolegniaceen vergleiche man die dort gegebene Darstellung pag. 324.

Lebensweise. Einige saprophytische Pythium-Arten ausgenommen, sind alle Peronosporaceen obligate Parasiten, vorwiegend auf dicotyledonen Landpflanzen, einige Pythien auch in Algen. Zwei gefürchtete Feinde der Pflanzencultur, der „falsche" Mehlthau der Reben (Plasmopara viticola) und der Kartoffelpilz (Phytophthora infestans) gehören hierher, ferner die Pilze, welche das Umfallen der Keimpflanzen und der Baumsämlinge hervorrufen. Auch einige andere, seltener als Vernichter von Pflanzenculturen auftretende Formen sind zu beachten. Die befallenen Pflanzen werden nur selten auffällig verunstaltet (Cystopus candidus, Peronospora parasitica), meist äussert sich die Erkrankung nur in einer bleichen, gelblichen Färbung der zuweilen krausen und meist klein bleibenden Blätter. Auf der Unterseite dieser sprossen besonders und oft allein die Conidienträger hervor, meist einen dichten Rasen bildend, nur wenige Arten giebt es, die auf den Blüthen und dann nur hier ihre Conidienträger entwickeln (Peronospora Radii, P. violacea). Ebenso wird man bei einigen (Peronospora Arenariae) die Oosporen zumeist nur in den Blüthen finden, während die Conidienträger wie gewöhnlich an den Blättern sitzen. Die Ueberwinterung geschieht durch die Oosporen, bei einigen, z. B. Phytophthora infestans, Peronospora Rumicis auch durch das Mycel, welches in den überwinternden Organen der Wirthspflanzen mit überwintert. Die Verbreitung der Conidien vermittelt der Wind, ihre Keimung verlangt viel Feuchtigkeit, woraus sich das Ueberhandnehmen der Pilze in nassen Sommern erklären dürfte.

Peronosporaceen treten bereits im zeitigen Frühjahr auf und kommen bis in den Spätherbst vor.

Parasiten sind auf Peronosporaceen bisher nicht beobachtet worden.

Sammeln und Präpariren der Peronosporaceen verlangt keine besonderen Vorschriften. Das hinter den Speciesdiagnosen folgende Verzeichniss der Nährpflanzen giebt genügende Anhaltspunkte dafür, auf welchen Pflanzen man zu suchen hat. Verblichene Blätter, die kleiner als die frisch grünen und etwas verkrümmt sind, tragen gewöhnlich auf ihrer Unterseite Peronosporaceenrasen; die Oosporen muss man auf mikroskopischen Schnitten durch Stengel und Blüthen suchen. Um das Vorhandensein von Oosporen in den Blättern festzustellen, empfiehlt es sich, diese durchsichtig zu machen, sei es mit Chloralhydratlösung, sei es, und das ist wohl das Bequemste und Schnellste, durch kurzes Kochen in einer Mischung von 50 Theilen Glycerin und 50 Theilen Essigsäure. Einige Pythium-Arten erhält man leicht und sicher, wenn man Samen (Kresse, Lupinen etc.) keimen lässt und später die umgesunkenen Keimpflänzchen ins Wasser wirft.

Ein Versuch, die streng parasitischen Peronosporaceen künstlich, ohne lebenden Wirth, zu cultiviren, ist noch nicht gemacht worden.

Uebersicht über die Gattungen der Peronosporaceae.

(Bestimmungstabelle.)

1. Unterfamilie. *Planoblastae.*

Ungeschlechtliche Fortpflanzung durch Schwärmsporen, Sporangien entweder am Mycel festsitzend oder meist als Conidien abfallend und bei der Keimung die Schwärmer erzeugend.

Sporangien resp. Conidien entweder an gewöhnlichen Mycelästen oder an diesen ähnlichen, undeutlichen oder an scharf gesonderten Trägern, die unverzweigt oder verzweigt, aber niemals rein gabelig verzweigt sind.

I. Träger der Sporangien oder Conidien nicht scharf abgesetzt, von mycelialem Habitus, unverzweigt oder verzweigt, mit unbegrenztem Wachsthum, an den Enden mehrere Conidien hintereinander bildend, resp. die entleerten Sporangien durchwachsend; Conidien einzeln oder in Ketten.

1. Schwärmsporen vor den Sporangien resp. Conidien entstehend, deren noch ungetheilter Inhalt in eine Blase entleert wird und hier in die Schwärmer zerfällt; Sporangien fadenförmig oder kugelig bis ellipsoidisch, im letzten Falle meist als Conidien abfallend LXII. *Pythium.*

2. Schwärmsporen fertig hervortretend; Sporangien immer als Conidien abfallend und dann erst keimend.

a. Conidienträger mycelial, unregelmässig verzweigt, aus dem Substrat hervorbrechend und lockere Rasen bildend; die terminal entstehenden Conidien durch die weiterwachsenden Astenden zur Seite geschoben und später locker traubig angeordnet . . LXIII. *Phytophthora*.

b. Conidienträger unverzweigt, eine dichte, hymeniale Schicht unter der Epidermis bildend, später durch deren Aufreissen hervortretend; Conidien in Ketten
LXIV. *Cystopus*.

II. Träger der Conidien scharf abgesetzt, unverzweigt oder verzweigt, mit begrenztem Wachsthum und einmaliger Conidienabschnürung.

1. Conidienträger unverzweigt, am Ende kopfig geschwollen und hier eine Anzahl kurzer Fortsätze (Sterigmen) tragend, welche je eine Conidie bilden . . LXV. *Basidiophora*.

2. Conidienträger verzweigt, aber nie rein gabelig, nur mit undeutlich gabeligen oder dreitheiligen Enden; Oogonwand meist dick und beständig.

a. Conidienträger dauerhaft, Oosporen frei im Oogon, nicht mit dessen Wand verwachsen . LXVI. *Plasmopara*.

b. Conidienträger vergänglich, Oosporen fest mit der Wand des Oogons zu einer Scheinoospore verwachsen
LXVII. *Sclerospora*.

2. Unterfamilie. *Siphoblastae*.

Ungeschlechtliche Fortpflanzung durch Conidien, welche mit Keimschlauch keimen und den abfallenden Zoosporangien der Planoblastae homolog sind.

Conidien an scharf gesonderten, immer rein gabelig, reich verzweigten Trägern mit begrenztem Wachsthum und einmaliger Conidienabschnürung.

1. Conidienträger an den Astenden paukenförmig oder kopfig geschwollen und hier eine Anzahl kurzer Fortsätze (Sterigmen) tragend, welche je eine Conidie abschnüren; Conidien mit Scheitelpapille und nur hier den Keimschlauch hervortreibend
LXVIII. *Bremia*.

2. Conidienträger mit dünnen Astenden, an denen die Conidien
sitzen: Conidien ohne Scheitelpapille, den Keimschlauch an
beliebigen Stellen hervortreibend   LXIX. *Peronospora.*

1. Unterfamilie. *Planoblastae.*

Ungeschlechtliche Fortpflanzung durch Schwärmsporen, Sporangien entweder am Mycel festsitzend oder meist als Conidien abfallend und bei der Keimung die Schwärmer erzeugend.

Sporangien resp. Conidien entweder an gewöhnlichen Mycelästen oder an diesen ähnlichen, undeutlichen oder an scharf
gesonderten Trägern, die unverzweigt oder verzweigt, aber
niemals rein gabelig verzweigt sind.

LXII. **Pythium** Pringsheim, 1858 (Jahrb. wiss. Bot. p. 303).

Mycelium parasitisch in lebenden Pflanzen oder saprophytisch
in und auf dem Wasser faulenden Insecten und Pflanzen, mit sehr
dünnen, nicht über 6 μ dicken, oft viel dünneren, reichlich rispig
verzweigten Fäden, anfangs immer einzellig, im Alter oft mit einigen
ordnungslosen Querwänden, intra- und intercellular wachsend, immer
ohne besondere Haustorien; im Wasser oft zarte, Saprolegnia ähnliche Rasen bildend; farblos. Sporangien nicht an besonderen,
den Conidienträgern der übrigen Peronosporeen entsprechenden
Sprossen, sondern theils am Ende der Aeste, theils intercalar, innerhalb oder ausserhalb des Substrats, verschieden gestaltet, theils
fadenförmig, nicht dicker wie die Myceläste, theils kugelig oder
citronenförmig; der noch ungetheilte Inhalt wird in eine Blase entleert und zerfällt hier in die Schwärmsporen, die durch das Platzen
der Blase frei werden. Bei manchen Arten bleiben die Sporangien
immer am Mycel sitzen, bei andern nur im Wasser an untergetauchtem Mycel, während sie sonst als Conidien abfallen, bei
andern endlich werden nur noch Conidien gebildet. Conidien
kugelig oder citronenförmig, von der Form und Anordnung der
Sporangien, entweder wie diese mit Schwärmsporen oder zuweilen
mit Schlauch keimend. Schwärmsporen nierenförmig, mit zwei
Cilien in der seitlichen Einbuchtung, monoplanetisch, farblos, Bewegung gleichmässig. Sexualorgane theils im Innern des Substrats,
theils an den, besonders im Wasser, daraus hervorwachsenden Fäden,
reichlich, immer androgyn angeordnet. Oogonien klein, kugelig,
mit farbloser, ungetüpfelter, glatter oder warzig-stacheliger Membran,

Fig. 64.

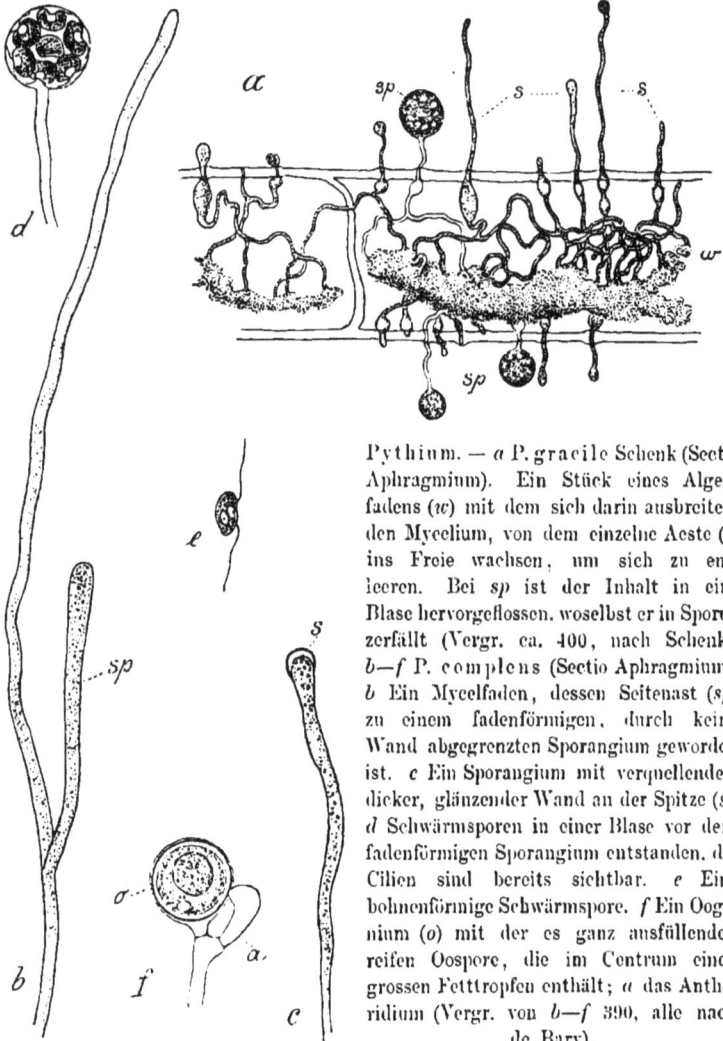

Pythium. — a P. gracile Schenk (Sectio
Aphragmium). Ein Stück eines Algenfadens (w) mit dem sich darin ausbreitenden Mycelium, von dem einzelne Aeste (s)
ins Freie wachsen, um sich zu entleeren. Bei sp ist der Inhalt in eine
Blase hervorgeflossen, woselbst er in Sporen
zerfällt (Vergr. ca. 400, nach Schenk).
b—f P. complens (Sectio Aphragmium).
b Ein Mycelfaden, dessen Seitenast (sp)
zu einem fadenförmigen, durch keine
Wand abgegrenzten Sporangium geworden
ist. c Ein Sporangium mit verquellender,
dicker, glänzender Wand an der Spitze (s).
d Schwärmsporen in einer Blase vor dem
fadenförmigen Sporangium entstanden, die
Cilien sind bereits sichtbar. e Eine
bohnenförmige Schwärmspore. f Ein Oogonium (o) mit der es ganz ausfüllenden
reifen Oospore, die im Centrum einen
grossen Fetttropfen enthält; a das Antheridium (Vergr. von b—f 390, alle nach
de Bary).

einem Ei und wenig Periplasma. Antheridien meist keulig, am
Ende kurzer, unter dem Oogon entspringender, gekrümmter Nebenäste,
seltener cylindrisch und hypogynisch als Stück des oogontragenden
Fadens abgegliedert; sehr vereinzelt fehlen auch die Antheridien.
Oosporen einzeln in den Oogonien, kugelig, mit grossem centralen,

Fig. 65.

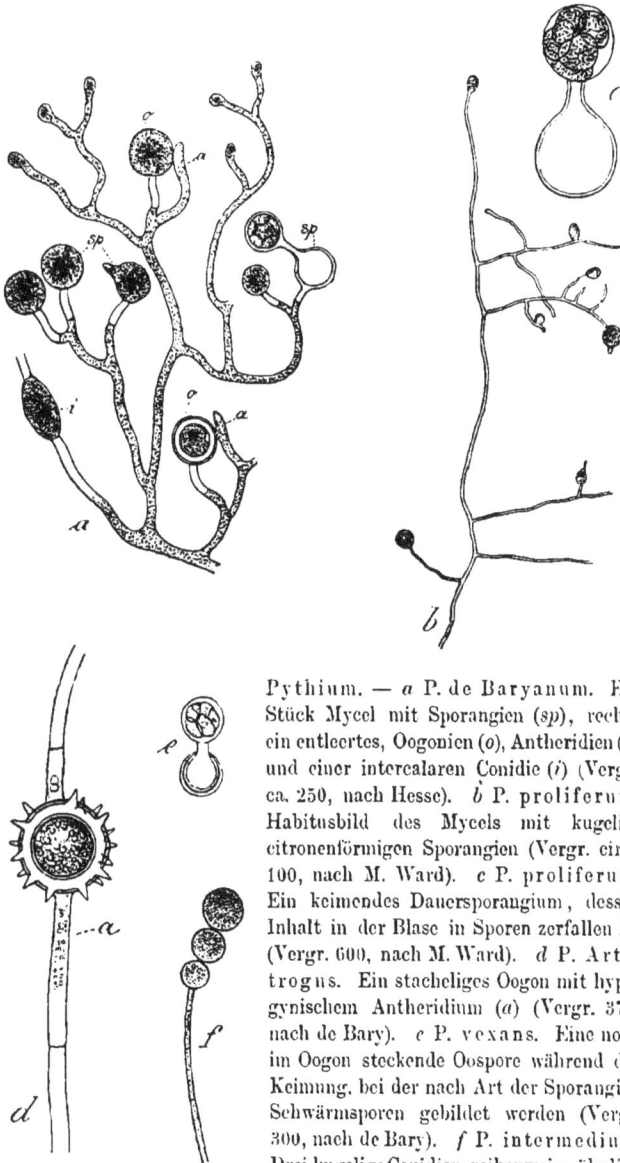

Pythium. — *a* P. de Baryanum. Ein
Stück Mycel mit Sporangien (*sp*), rechts
ein entleertes, Oogonien (*o*), Antheridien (*a*)
und einer intercalaren Conidie (*i*) (Vergr.
ca. 250, nach Hesse). *b* P. proliferum.
Habitusbild des Mycels mit kugelig-
citronenförmigen Sporangien (Vergr. circa
100, nach M. Ward). *c* P. proliferum.
Ein keimendes Dauersporangium, dessen
Inhalt in der Blase in Sporen zerfallen ist
(Vergr. 600, nach M. Ward). *d* P. Artotrogus. Ein stacheliges Oogon mit hypo-
gynischem Antheridium (*a*) (Vergr. 375,
nach de Bary). *e* P. vexans. Eine noch
im Oogon steckende Oospore während der
Keimung, bei der nach Art der Sporangien
Schwärmsporen gebildet werden (Vergr.
300, nach de Bary). *f* P. intermedium.
Drei kugelige Conidien, reihenweise, ähnlich
wie bei Cystopus, entstanden (Vergr. 450,
nach M. Ward).

farblosen Fetttropfen, farblosem Inhalt, mit dickem, glatten oder
stacheligen, gelblichen oder grauen Epispor. Keimung entweder mit
Schwärmsporen oder mit Schlauch.

Eine Gattung Pythium wurde bereits früher von Nees von Esenbeck, 1823
(Nova Acta Acad. Leop. XI. 2, p. 515) für die von Schrank beschriebenen Wasser-
schimmel (Mucor spinosus und M. imperceptibilis) aufgestellt, die aber zu Achlya
gehören. Neu begründet wurde die Gattung von Pringsheim als Saprolegniaceae;
ihren jetzigen Umfang und ihre Einreihung unter die Peronosporaceen bestimmte
de Bary (Bot. Zeit. 1881).

Die verschiedenen Species dieser Gattung zeigen den Uebergang der an die
Saprolegniaceen erinnernden echten Zoosporangien (P. proliferum) zu den abfallenden
Conidien der übrigen Peronosporaceen. P. de Baryanum bildet je nachdem es im
Wasser oder nur in feuchter Luft wächst, entweder Zoosporangien oder Conidien.
Die Gattung bildet deshalb ein hervorragendes Verbindungsglied zwischen den
wasserbewohnenden Saprolegniaceen und den landbewohnenden übrigen Perono-
sporaceen, unter denen es Phytophthora am nächsten steht. Wichtige Anknüpfungs-
punkte gewährt Pythium, besonders die Untergattung Aphragmium, auch an die
Holochytriaceen, z. B. an Lagenidium. Wie bei diesem werden auch hier grössere
Fadenstücke zur Bildung der Schwärmsporen entleert, ohne dass es vorher zur
Abgrenzung deutlicher Sporangien kommt.

Die schwierige Gattung mit ihren zum Theil sehr nahe verwandten und deshalb schwer zu unterscheidenden Arten theile ich
folgendermassen ein. Die Uebersicht über die Species kann vielleicht
als Bestimmungstabelle oder doch wenigstens als Wegweiser dienen.

Uebersicht über die Untergattungen und Species.

I. Untergattung. **Aphragmium.** Besondere Sporangien fehlen,
einfache oder verzweigte, oft sehr ungleich grosse Mycelabschnitte
entleeren ihren Inhalt, ohne vorher durch eine Querwand abgegrenzt
worden zu sein.

a. Mycelfäden nur 1.5—3 μ dick: parasitisch in Algen *P. gracile.*

b. Mycelfäden 3.5—6 μ dick, saprophytisch auf todten Fliegen
und zarten, krautigen Pflanzen . . . . . *P. complens.*

II. Untergattung. **Nematosporangium.** Sporangien lang, fadenförmig, nicht dicker als die Fäden, durch eine Querwand abgegrenzt,
annähernd gleich lang, unverzweigt . . . . *P. monospermum.*

III. Untergattung. **Sphaerosporangium.** Sporangien oder Conidien kurz, kugelig oder citronenförmig, viel dicker als die Fäden,
durch eine Querwand abgegrenzt.

Sectio 1. *Orthosporangium.* Sporangien immer auf dem Mycel
ihre Schwärmer entleerend, nicht als Conidien abfallend.

1. Oogonien glatt.

a. Saprophytisch; Oosporen glatt, Sporangien extramatrical.

aa. Antheridien keulig, auf Nebenästen *P. proliferum.*

bb. Antheridien cylindrisch, hypogynisch . *P. feras.*

b. Parasitisch; Oosporen kurz stachelig, Sporangien endophytisch . . . . . *P. Cystosiphon.*

2. Oogonien stachelig . . . . *P. megalacantha.*

Sectio 2. *Metasporangium.* Sporangienanlagen theils am Mycel Schwärmer bildend, theils als Conidien abfallend oder immer als Conidien abfallend.

1. Sporangien theils am Mycel sich entleerend, theils als Conidien abfallend; parasitisch in lebenden Pflanzen

P. de Baryanum.

2. Sporangienanlagen immer als Conidien abfallend.

a. Oogonien glatt.

aa. Conidien einzeln, streng saprophytisch *P. rexans.*

bb. Conidien zu mehreren, kettenartig hintereinander oder traubig gehäuft.

α. Parasitisch in Anguillula aceti: Conidien 6 μ Durchmesser . . . . . *P. Anguillulae aceti.*

β. Saprophytisch oder parasitisch in Pflanzen: Conidien 18—24 μ Durchmesser *P. intermedium.*

b. Oogonien stachelig *P. Artotrogus.*

I. Untergattung: **Aphragmium.**

Besondere Sporangien fehlen, einfache oder verzweigte, oft sehr ungleich grosse Mycelstücke entleeren ihren Inhalt, ohne vorher durch eine Querwand abgegrenzt worden zu sein.

290. **P. gracile** Schenk, 1859 (Verh. d. phys.-med. Ges. Würzburg IX. p. 12).

Synon.: Pythium reptans de Bary, 1860, Jahrb. wiss. Bot. II. p. 180.
Abbild.: Schenk, l. c. Taf. I, 1—26. de Bary, l. c. Taf. XXI, 38—41.

Mycel sehr fein. 1.5—3 μ dicke, verästelte, querwandlose. hin- und hergebogene Fäden parasitisch im Innern von Algenzellen, diese oft ganz erfüllend und durch die Querwände in die Nachbarzellen weiter wachsend. allmälig durch ganze lange Algenfäden sich ausbreitend. Zoosporangien von bestimmter Abgrenzung nicht vorhanden, einzelne Aeste des intracellularen Mycels durchbohren die Längswand der Wirthszellen, hierbei vor dem Durchtritt etwas blasig aufschwellend, und wachsen ein Stück in das Wasser hinaus, öffnen sich am Scheitel und der Inhalt eines nicht durch eine besondere Querwand abgegrenzten Mycelstückes fliesst in die sich vorstülpende Blase über, woselbst die Schwärmsporen entstehen. Oosporen unbekannt. — Fig. 64 a.

Parasitisch in den Zellen von Spirogyra (Sp. nitida, Heeriana), Cladophora, Vaucheria, Bangia atro-purpurea; den Inhalt der Wirthszellen aufzehrend, so dass zuletzt oft nur noch das Gewirr der feinen Mycelfäden übrig ist, in denen gewöhnlich einige ordnungslose Querwände sichtbar sind.

Nach den übereinstimmenden Angaben von Schenk und de Bary (l. c. p. 187) fehlt ein besonderes, durch eine Querwand abgegrenztes Sporangium; ich selbst habe gleichfalls den Eindruck gehabt, dass der Inhalt eines grossen Fadenstückes ausfliesst, ohne vorherige Abgrenzung desselben durch eine Querwand. Erst später scheint der Abschluss der noch nicht entleerten Myceltheile durch Querwände zu erfolgen, was wohl aus dem Vorhandensein solcher Querwände in alten Mycelgewirren zu schliessen ist. Erneute Untersuchung ist zu empfehlen.

Saprolegnia de Baryi Walz, 1870 (Bot. Zeit. p. 537, Taf. IX, 1—12) gehört wohl zum Theil hierher oder zu einer andern algenbewohnenden Pythium-Species. Unter Hinweis auf die ausführliche Bemerkung auf p. 344 dieses Bandes sei hier nur noch erwähnt, dass die von Harz beschriebenen Oogonien und Antheridien die gleiche Beschaffenheit zeigen, wie bei andern Pythien. Ob sie freilich die noch nicht beobachteten Sexualorgane des P. gracile sind, muss unentschieden bleiben. Ausserdem erwähnt auch Walz noch eigenthümliche Conidien, welche als seitliche, winzige, eiförmige Sprossungen der intramatricalen Mycelfäden hervorwachsen.

Ueber das dem Pythium gracile ähnliche Achlyogeton Solatium Cornu vergleiche die Anmerkung hinter Aphanomyces phycophilus p. 360.

Marshall Ward (Journ. micr. sc. 1883, XXIII, p. 511, Taf. XXXVI, 37—39) beschreibt ein Pythium in Spirogyren, dessen Oosporen er zwar beobachtete, aber nicht auch die Zoosporangien. Wahrscheinlich gehört diese Form hierher.

291. P. complens nov. spec. ad inter.

Synon.: Pythium reptans de Bary, 1860, l. c. pr. p.
Pythium gracile de Bary, 1881, Abh. Senckenb. Ges. XII. u. Bot. Zeit. 1881, p. 569.
Abbild.: de Bary, l. c. Jahrb. wiss. Bot. II. Taf. XXI; l. c. Abh. Senckenb. Ges. Taf. II, 6—15; Bot. Zeit. 1881, Taf. V, 25—28. Marshall Ward, Quart. Journ. micr. sc. New Series XXIII. Taf. XXXV, 22—30; XXXVI, 31—36.

Mycel saprophytisch in und auf im Wasser faulenden Fliegen und Pflanzen, einer Saprolegnia ähnlich dichte, sehr feinfädige Rasen bildend, mit dünnen, 3,5—6 μ dicken, reich verzweigten Fäden. Sporangien wie bei der vorigen Art nicht durch eine Querwand abgegrenzt, Seitenäste oder selbst ästige Mycelstücke entleeren einfach ihren Inhalt in eine Blase, woselbst die Schwärmerbildung erfolgt. Oogonien in und ausserhalb des Substrats terminal oder intercalar, sehr zahlreich, oft traubig gehäuft, eineiig. Antheridien einzeln, auf einem kleinen, unterhalb des Oogons entspringenden Nebenast. Oosporen einzeln im Oogon, während der Reife sich vergrössernd und schliesslich dasselbe ganz ausfüllend, kugelig, 12—15 μ Durchmesser, mit ziemlich dickem, gelblichen Exospor, glatt, oft von unregelmässiger, der Form des Oogons entsprechender Gestalt. Keimung nach mehrmonatlicher Ruhepause mit kurzem, sehr bald Schwärmer bildenden Keimschlauch. — Fig. 64 *b*—*f*.

Auf im Wasser faulenden Fliegen und abgetödteten Keimlingen von Lepidium und Camelina; nach de Bary's Versuchen parasitisch nicht cultivirbar, besonders auch nicht auf lebende Algen übertragbar.

Vorläufig wurde für diese Form der neue Name P. complens aufgestellt wegen der Eigenthümlichkeit, dass das befruchtete Ei sich stark vergrössert und schliesslich als reife Spore das ganze Oogon ausfüllt. Diese Species hat grosse Aehnlichkeit mit P. monospermum, von dem sie sich eigentlich nur durch das Fehlen distincter, durch eine Wand abgesetzter Sporangien unterscheidet. Da aber de Bary (l. c. Pringsh. Jahrb. II) ausdrücklich das Fehlen einer solchen Wand hervorhebt und auch später (Bot. Zeit. 1881) diese Ansicht beibehält, so dürfte wirklich eine gute Art vorliegen. Jedenfalls sind weitere Untersuchungen erwünscht. Marshall Ward (l. c.) geht auf die Sporangienfrage nicht ein. Von P. gracile Schenk unterscheidet sich diese Species durch die streng saprophytische Lebensweise und die viel dickeren Mycelfäden. Sollte die Bildung einer Sporangienquerwand sich später herausstellen, so würde P. complens wohl mit P. monospermum zu vereinigen sein.

2. Untergattung: **Nematosporangium.**

Sporangien lang, fadenförmig, nicht dicker als die Fäden, durch eine Querwand abgegrenzt, annähernd gleich lang, unverzweigt.

292. **P. monospermum** Pringsheim, 1858 (Jahrb. I. p. 288).

Synon.: Pythium fecundum Wahrlich, 1887, Ber. deutsch. bot. Ges. V. p. 242.

Abbild.: Pringsheim, l. c. II. Taf. XXI, 2—16. Wahrlich, l. c. X, 1—12.

Mycelium saprophytisch auf im Wasser faulenden Fliegen und Mehlwürmern, bildet 1,5—2 cm breite Rasen von Saprolegnia-habitus, mit zarten, 2—5 μ breiten, sehr langen und verästelten Fäden, oft mit vielen kurzen, annähernd rechtwinkelig ansetzenden Seitenästen. Sporangien fadenförmig, terminal, am Scheitel kurz vor der Oeffnung schwach knopfig und glänzend, durch eine Scheidewand vom übrigen Mycel abgegrenzt, nicht dicker als die sterilen Fäden, 120—160 μ lang, liefern 8—16 Zoosporen, nach der Ent-

leerung weder durchwachsend, noch seitlich sprossend. Schwärmsporen nierenförmig mit zwei seitlichen Cilien, 4 μ breit, 6 μ lang.
Oogonien an einige Wochen alten Rasen massenhaft, meist intercalar, dicht unter dem Astende und deshalb mehr oder weniger
lang geschnabelt, zuweilen auch terminal. Antheridien einzeln,
auf einem unterhalb des Oogons entspringenden, kleinen Nebenast;
oft noch ein zweiter nicht vom Oogonfaden ausgehender Nebenast
mit Antheridium. Oosporen einzeln in dem Oogon, beim Heranreifen dasselbe ganz ausfüllend, mit grossem centralen Fettkörper
und hellgelblichem Exospor, 12—14 μ Durchmesser, glatt. Keimen
nach 4—6 Wochen mit kurzem, Schwärmsporen bildenden Schlauch.

Auf im Wasser faulenden Fliegen und Mehlwürmern, auch auf
faulende Lepidiumkeimlinge übertragbar. (Vergleiche auch die Anmerkung 2 bei Apodya lactea pag. 371.)

Mit P. monospermum ist hier P. fecundum Wahrlich vereinigt worden, wegen
der grossen Uebereinstimmung, die die Beschreibungen der beiden Autoren gewähren. Die Vergrösserung der jungen Oospore bis zur völligen Erfüllung des
Oogons, die Dimensionen der Fäden und Sporangien, die meist intercalare Lage
des von einem Fadenende geschnäbelten Oogons sind hier besonders anzuführen.
Man vergleiche auch die Anmerkung bei P. complens.

Nach Wahrlich (l. c. p. 244) bilden sich nicht selten Zwillings- und Drillings-
oogonien über einander, ja es unterbleibt zuweilen zwischen diesen die Wandbildung und in der grossen Aufschwellung scheiden sich 2—3 nackte Eier ab, so
dass mehreiige missgebildete Oogonien entstehen.

3. Untergattung: Sphaerosporangium.

Sporangien oder Conidien kurz, kugelig oder citronenförmig,
viel dicker als die Fäden, durch eine Querwand abgegrenzt.

Sectio 1. *Orthosporangium.*

Sporangien immer auf dem Mycel ihre Schwärmer entleerend,
nicht als Conidien abfallend.

293. **P. proliferum** de Bary, 1860 (Jahrb. wiss. Bot. II. p. 182).
Synon.: Pythium proliferum Schenk gehört nicht hierher, sondern ist
Myzocytium proliferum, siehe dort.
Abbild.: de Bary, l. c. Taf. XXI, 28—37; Abh. Senckenb. Ges. XII.
Taf. I, 20, 21; Bot. Zeit. 1881, Taf. V. 17—24. Marshall Ward, Quart.
Journ. micr. sc. XXIII, Taf. XXXIV, 11—15, XXXV, 16—24 (hier dürfte
wohl theilweise P. de Baryanum vorgelegen haben).

Mycel saprophytisch, auf im Wasser faulenden Insecten und
Pflanzen, bildet Saprolegnia-artige, dichte Rasen mit straffen,
3,8—5 μ dicken, reich verästelten Fäden. Sporangien fast nur

terminal, an den Enden der Haupt- und Nebenäste, kugelig oder
breit-eiförmig, 5—8 mal so dick als der Tragfaden, mit kurzer,
stumpfer Scheitelpapille, oft deutlich citronenförmig; Entleerung
erfolgt immer auf dem Mycel; keine abfallenden Conidien. Nach
der Entleerung wächst der Tragfaden sofort in das entleerte Sporangium hinein und bildet ein neues Sporangium wie bei Saprolegnia, auch seitliche Sprossung wie bei Achlya beobachtet. Oogonien
meist intramatrical, rund, dünnwandig, 18—24 μ Durchmesser.
Antheridien meist 2 (auch 1 oder 3 und mehr) auf ebensoviel kleinen
vom Tragfaden des Oogons entspringenden Nebenästen. Oosporen
einzeln in den Oogonien, kugelig, 15—18 μ Durchmesser, mit deutlicher Fettkugel und glatter Membran. Keimung mit Schlauch, der
entweder sehr bald ein Sporangium bildet oder vorher zu einem
kurzästigen Mycel heranwächst. — Fig. 65 b, c.

Streng saprophytisch auf todten Insecten (Fliegen, Mehlwürmern)
im Wasser, auch auf todte Pflanzen übertragbar (Lepidiumkeimlinge);
nicht als Parasit cultivirbar. Gewöhnlich als Verunreinigung zwischen
Saprolegniaceen auftretend, aber von ihnen trennbar und rein cultivirbar.

In älteren Rasen gehen die bereits angelegten Sporangien in einen transitorischen Ruhezustand über, ohne aber zu Dauerconidien wie bei P. de Baryanum
zu werden.

294. **P. ferax** de Bary, 1881 (Bot. Zeit. p. 562).

Der vorigen Species in Habitus und Structur sehr ähnlich,
weiterer Untersuchung bedürftig. Nach de Bary von P. proliferum
unterschieden durch geringere Dicke der Mycelfäden, die fast immer
extramatrical entwickelten Oogonien, welche nicht selten in dem entleerten Sporangium aus dem durchwachsenden Faden entstehen,
endlich durch die Antheridien, welche gewöhnlich dicht unterhalb
des Oogons aus dem Tragfaden hypogynisch entstehen, selten aber
Nebenastantheridien sind. Oosporenkeimung nicht beobachtet.

Auf dem gleichen Substrat wie die vorige.

An P. proliferum schliessen sich zwei von Cornu, 1872 (A. sc. nat. 5. Serie XV.
p. 13) benannte Formen an, P. imperfectum und P. utriforme. Aus der sehr unvollständigen Beschreibung ist freilich über ihre Eigenschaften wenig zu ersehen. Ich
lasse hier Cornu's Beschreibung folgen:

P. imperfectum. Sporangien kugelig, mit langem Entleerungshals, am
Ende dünner Fäden sitzend.

P. utriforme, dem obigen sehr nahe verwandt. Sporangien mit langem
Entleerungshals, aber von unregelmässiger Gestalt, schlauchförmig, länglich-nieren-
förmig, meist terminal, zuweilen intercalar.

Beide Species zeigen dieselbe Durchwachsung des entleerten Sporangiums wie P. proliferum, ebenso löst sich die Blase, in welcher vor dem Sporangium die Zoosporen entstehen, bei deren Reife augenblicklich auf. Eine P. utriforme ähnliche Form scheint Pringsheim (Jahrb. IX. p. 226) vor sich gehabt zu haben, er hat sie in seinen Notizen als P. laterale bezeichnet. Nähere Beschreibung fehlt.

295. P. Cystosiphon (Roze et Cornu, 1869) Lindstedt, 1872 (Synops. d. Saprol. p. 50).

Synon.: Cystosiphon pythioides Roze et Cornu, 1869, Ann. sc. nat. 5. Serie XI. p. 72.

Abbild.: Roze et Cornu, l. c. Taf. III, 1—22.

Mycelium parasitisch in lebenden Wasserpflanzen, inter- und intracellular wachsend, besonders in den peripherischen Zellen sich ausbreitend, einzellig, hier und da einige Querwände, sehr reich verästelt mit cylindrischen, dünnen Aesten; die älteren Mycelabschnitte entleert und durch Querwände abgetrennt. Sporangien in den peripherischen Zellen der Wirthspflanzen, kugelig, 20 μ Durchmesser, mit einem bis 240 μ langen, meist viel kürzeren Entleerungshals die Zellwand durchbohrend. Schwärmerbildung normal, die dünne Wand der Blase, in welcher die Schwärmer entstehen, verschwindet langsamer als bei den andern Pythium-Arten. Schwärmsporen nierenförmig, mit zwei seitlichen Cilien in der Einbuchtung, 8—16 μ lang. Oogonien intercalar oder fast terminal, durch ein kurzes Fadenende geschnabelt, kugelig. Antheridien einzeln an jedem Oogon, auf einem nicht vom Tragfaden desselben, sondern von benachbarten Fäden entspringenden Nebenast. Oosporen einzeln in den Oogonien, sie nicht ganz erfüllend, kugelig, mit dickem, kurz stacheligen Exospor. Keimung unbekannt.

Parasitisch in kleinen schwimmenden Wasserpflanzen, besonders reichlich auf Lemna arrhiza beobachtet, aber auch auf Lemna minor, Lemna gibba und Riccia fluitans.

296. P. megalacanthum de Bary, 1881 (Abh. Senckenb. Ges. XII. p. 243 und Bot. Zeit. 1881, p. 539).

Abbild.: de Bary, Abh. Senckenb. Ges. XII. Taf. II, 3—5; Bot. Zeit. 1881, Taf. V, 8—13.

Mycel saprophytisch oder parasitisch in Pflanzen auf feuchtem Substrat oder besonders gern im Wasser, je nach dem Substrat verschieden kräftig entwickelt, in feuchter Luft vorwiegend innerhalb des Wirthes inter- und intracellular wachsend, wenig über die Oberfläche hervortretend, im Wasser Saprolegnia-ähnliche, feine Rasen bildend: Myceläste ziemlich dicke, verzweigte Fäden, im Alter mit einigen ordnungslos gestellten Querwänden. Sporangien theils intramatrical, in den Epidermiszellen mit einem Entleerungshals die äussere Wand durchbohrend, theils extramatrical an den Enden der über die Oberfläche hervortretenden Myceläste; die intramatricalen kugelig oder elliptisch oder cylindrisch, die anderen oval-blasig oder rund, beide Arten mit einem bald terminalen, bald seitlichen, schnabelartigen Entleerungshals. Entleerung normal, nach dieser meist Durchwachsung. Keine Conidien. Zoosporen ziemlich gross, 12—15 Stück in einem Sporangium, zur Ruhe gekommen 18—20 μ Durchmesser. Oogonien endständig oder intercalar, anfangs glatt. sehr bald durch zahlreiche radiale, conische Membranausstülpungen stachelig, ohne Stacheln 36—45 μ Durchmesser, Stacheln 6—9 μ lang. Antheridien meist mehrere an einem Oogon, aber nicht vom Tragast des Oogons, sondern von andern benachbarten Aesten entspringend. Oosporen kugelig und glattwandig, 27 μ Durchmesser, lange (z. B. noch nach 11 Monaten) in die derbe, stachelige Oogonwand eingeschlossen bleibend. Keimung nicht besonders beobachtet.

Saprophytisch auf und in abgestorbenen Pflanzentheilen, besonders gern in feuchter Luft, am liebsten im Wasser. Auf lebende Keimlinge von Lepidium sativum geht der Pilz nach de Bary nicht parasitisch über, während er mit Vorliebe die abgestorbenen Keimlinge saprophytisch bewohnt. Dagegen gelang es de Bary auf Prothallien von Todea africana den Pilz parasitisch zu cultiviren.

Es kommt bei dieser Form, die in ihrer Lebensweise mit P. de Baryanum nahezu übereinstimmt, noch nicht zu Umbildung der Sporangien in abfallende Conidien, wohl aber findet man bei starker Zersetzung des Substrats in der Entwicklung gehemmte Zoosporangien, die den Conidien zwar ähnlich sehen, aber nicht abfallen und in frischem Wasser schon nach einigen Stunden Zoosporen bilden.

Sectio 2. *Metasporangium.*

Sporangienanlagen theils am Mycel Schwärmer bildend, theils als Conidien abfallend oder immer als Conidien abfallend.

297. P. de Baryanum Hesse, 1874 (Ueber Pythium etc. Hallenser Dissert.).

Synon.: Pythium Equiseti Sadebeck, 1875, Cohn's Beitr. z. Biol. l. 3, p. 117.
Lucidium pythioides Lohde, 1874, Tagebl. d. Naturf. Ver. Breslau, auch Hedwigia 1875, XIV. p. 5.
Lucidium circumdans Lohde, 1874, l. c.

26 *

Pythium circumdans Lohde in Sacc., Sylloge VII. 1, p. 272.
Pythium autumnale Sadebeck, 1876, Tagebl. d. 49. Naturf. Ver. p. 100.
Saprolegnia Schachtii Frank, 1880, Pflanzenkrankh. p. 384.
Abbild.: Hesse, l.c. 2 Tafeln. Sadebeck, Cohn's Beitr. l.c. Taf. III u. IV.
de Bary, Abh. Senckenb. Ges. XII. Taf. I. 1—19; Bot. Zeit. 1881, Taf. V, 1, 2.
M. Ward, Quart. Journ. micr. sc. 1883, XXIII. Taf. XXXIV, 1—10.

Mycel parasitisch in lebenden Pflanzen, inter- und intracellular
wachsend, in der Jugend ungetheilt, später mit spärlichen, ordnungslos gestellten Querwänden, aus reichlich verästelten, zartwandigen,
dünnen Fäden bestehend; bei trockener Luft über die Oberfläche
der Wirthspflanze kaum hervortretend, bei feuchter Luft oder
erst recht im Wasser weit herauswachsend, in letzterem sogar
Saprolegnia ähnliche, sehr feinfädige Rasen bildend; innerhalb und
ausserhalb des Substrats reichlich fructificirend. Sporangienanlagen einzeln, meist an den Enden der Myceläste, aber auch
intercalar, meist an den aus dem Wirth herauswachsenden Mycel-
theilen, auch intramatrical, je nach dem Wassergehalt des Mediums
zu Zoosporangien oder zu abfallenden Dauerconidien werdend, von
gleicher kugeliger oder breit ovaler Gestalt. Zoosporangien (in
Wasser und sehr feuchter Luft entstehend) mit kurzem, schnabelartigen, meist seitlichen Entleerungshals, auf gänzlich entleertem
Tragfaden, also Durchwachsung unmöglich; Entleerung der Zoosporangien und Structur der Schwärmer normal. Dauerconidien
(besonders an der Luft entstehend) ohne vorherige Halsbildung
abfallend, kugelig oder breit eiförmig, mit farblosem Inhalt und
farbloser, glatter, ziemlich dicker Membran. Bleiben viele Monate
keimfähig, auch eingetrocknet oder eingefroren; nur in den ersten
Tagen nach ihrer Entstehung mit Zoosporen, später immer mit einem
oder mehreren Keimschläuchen keimend. Oogonien (besonders
reichlich im Wasser sich bildend) meist terminal, kugelig, ziemlich
dickwandig, ohne Tüpfel, 21—24 μ Durchmesser. Antheridien
sehr verschieden angeordnet, in der Regel je eines an einem
Oogon, meist als hakig gekrümmter Nebenast unterhalb desselben
entspringend, zuweilen auch wird der Oogonstiel selbst ohne
Gestaltsveränderung zum cylindrischen, hypogynischen Antheridium.
Oosporen einzeln in dem Oogon, kugelig, 15—18 μ Durchmesser,
mit dünnem, farblosen Endospor, glattem, mehrschichtigen, farblosen
Exospor. Keimen nach 4—5 monatlicher Ruhepause mit Schlauch,
nicht mit Zoosporen. — Fig. 65 a.

Parasitisch in Keimlingen der verschiedensten Pflanzen, deren
Umfallen und Absterben hierdurch bewirkt wird; lebt saprophytisch

auf den getödteten Pflänzchen weiter, ebenso auf abgekochten Keimlingen, auf im Wasser liegenden todten Fliegen; beansprucht reichlich Wasserzufuhr und wächst am besten auf im Wasser liegenden Substraten. Dauerconidien und Oosporen fehlen wohl in keiner Gartenerde.

Auf folgenden Pflanzen bisher beobachtet:

1. Keimpflanzen von Lepidium, Camelina, Sinapis, Capsella und anderen Cruciferen, Amarantus, Beta, Trifolium repens, Spergula arvensis, Zea Mays, Panicum miliaceum, Stanhopea saccata. Nach Hesse's (l. c.), allerdings einer Controle bedürftigen Untersuchungen, wurden nicht befallen Sämlinge von Solanum tuberosum (?), Linum, Papaver, Brassica Napus, Ornithopus, Onobrychis, Anthyllis, Pisum, Hordeum, Triticum und Avena, Ein Theil landwirthschaftlicher Culturpflanzen dürfte sich also vielleicht immun gegen diesen lästigen Feind der Keimpflanzen erweisen. (Man vergl. Phytophthora omnivora.) Nach de Bary sind sicher immun Vaucheria und Spirogyra.

2. Prothallien von Gefässkryptogamen. In Equisetumprothallien, ihre Cultur vernichtend, häufig von Sadebeck (l. c.) beobachtet und deshalb P. Equiseti genannt. Das ebenfalls auf Equisetumprothallien gefundene P. autumnale Sadebeck, 1876 (l. c.) stimmt nach den Angaben des Autors ganz mit P. Equiseti überein, soll nur seine Oosporen meist parthenogenetisch ausbilden; so lange nicht hierüber eine sorgfältige Untersuchung vorliegt, dürfte es sich empfehlen, das P. autumnale als Synonym zu betrachten.

Auf Farnprothallien hat Lohde 1874 (l. c.) ein Lucidium circumdans beschrieben, welches nur in seiner ungeschlechtlichen Fortpflanzung bekannt ist; diese zeigt aber Zoosporangien und Dauerconidien, so dass als einziger Unterschied von P. de Baryanum einstweilen der Umstand aufzuführen wäre, dass L. circumdans Durchwachsungen der entleerten Zoosporangien zeigt. Nach de Bary auf Todea-Prothallien, Polypodiaceen sind immun.

Ein von Goebel (Bot. Zeit. 1887, p. 165) im Prothallium von Lycopodium inundatum aufgefundener Pilz mit Dauerconidien wird von Goebel selbst für ein Pythium gehalten und dürfte wohl gleichfalls P. de Baryanum sein. Auch Treub (Ann. de Buitenzorg IV, 1884) und Bruchmann (Bot. Centralbl. XXI. 1885, p. 309) haben in Prothallien von Lycopodium cernuum und annotinum ein zweifellos hierher gehöriges Pythium gefunden.

3. Muscineen. Mit Sicherheit bisher nur in Pellia epiphylla von Schacht beobachtet und abgebildet (Anat. u. Physiol. I. Taf. III. 8), von Frank wiedergefunden und als Saprolegnia Schachtii bezeichnet (Pflanzenkrankh. p. 384). Aus Frank's Darstellung, ebenso aus Schacht's Abbildung geht sicher hervor, dass beiden derselbe Pilz und zwar Pythium de Baryanum vorgelegen hat. Auf Plagiochila asplenioides hat Reinsch (Contrib. ad Alg. et Myc. I. 1875, p. 95, Taf. III, 1) einen Pilz beobachtet, den er Sporadospora Jungermanniae nennt. Soweit die unvollständige Beschreibung und das rohe Bild ein Urtheil gestatten, könnte auch hier P. de Baryanum vorgelegen haben; eine sichere Entscheidung ist aber hier unmöglich.

4. Solanum tuberosum. Nach Beobachtungen von Sadebeck (Hedwigia 1876. XV. p. 35), de Bary (Bot. Zeit. 1881, p. 528), M. Ward (Quart. Journ. micr. sc. 1883, XXIII) wächst P. de Baryanum sowohl parasitisch, als auch saprophytisch im Kraut und den Knollen der Kartoffel, oft gesellig mit Phytophthora infestans, das Zerstörungswerk mit ihr gemeinsam betreibend. Da nun Pythium sehr leicht und reichlich Oosporen entwickelt, so sind dieselben mehrfach für die langgesuchten Oosporen der Phytophthora erklärt worden (conf. Ph. infestans).

Nach M. Ward ist P. de Baryanum auch auf den Knollen von Dahlia und auf Daucus Carota cultivirbar, auch auf Pelargonium.

Die Umstände, welche die Entwicklung von Zoosporangien in dem einen Falle, von Dauerconidien in dem andern bedingen, sind noch nicht in aller Schärfe erkannt, im Allgemeinen aber scheint Wassermangel die Bildung der Dauerconidien, Wasserreichthum die von Zoosporangien zu begünstigen.

298. P. vexans de Bary, 1876 (Journ. of bot. V. p. 119 und Bot. Zeit. 1881, p. 537).

Abbild.: de Bary, Bot. Zeit. 1881, Taf. V. 3—7.

Mycel streng saprophytisch auf und in abgestorbenen Pflanzen und auch auf todte Fliegen und Milben übertragbar, besonders gern im Wasser wachsend, anfangs querwandlos, später mit einigen ordnungslosen Scheidewänden, aus reichlich verästelten, zartwandigen, dünnen Fäden bestehend. Sporangienanlagen soweit beobachtet unter allen Verhältnissen zu rundlichen Conidien werdend, Zoosporangien fehlen. Oogonien intramatrical und extramatrical, theils endständig, meist aber intercalar und einseitig blasig vorgewölbt, 15—18 μ Durchmesser. Antheridien einzeln, klein, kurz keulenförmig, gekrümmt, dicht neben dem Oogon entspringend. Oosporen einzeln in den Oogonien, kugelig, 12—15 μ Durchmesser, mit glatter Membran, keimen schon 5 Tage nach ihrer Reife und zwar mit Zoosporen, indem sie ihren Inhalt in eine Blase entleeren, woselbst die Schwärmer entstehen; erst mehrere Monate alte Oosporen keimen ausschliesslich mit Schlauch. — Fig. 65 c.

Saprophytisch auf faulenden Kartoffelknollen, hier zu Verwechselungen mit Phytophthora infestans Veranlassung gebend. Strenger Saprophyt, auf abgetödteten andern Pflanzen, auf Milben und Fliegen im Wasser cultivirbar, nie parasitisch.

Diese noch lückenhaft bekannte Form steht nach de Bary's eigner Bemerkung (Bot. Zeit. 1881, p. 537) der vorigen Species sehr nahe, unterscheidet sich aber hinreichend von ihr durch das Fehlen der Zoosporangien, die geringeren Dimensionen der Oogonien und Oosporen, die Zoosporenkeimung der letzteren und die streng saprophytische Lebensweise.

299. **P. Anguillulae aceti** Sadebeck, 1886 (Bot. Centralbl. 1887, XXIX. p. 318).

Mycel parasitisch in lebenden und später auch saprophytisch in den abgetödteten Essigälchen, sehr feinfädig, reich verzweigt, scheidewandlos, oft den ganzen Thierkörper erfüllend. Zoosporangien fehlen. Conidien seltener einzeln, meist zu mehreren entweder reihenweise hintereinander oder zu 4—5 traubig angeordnet, kugelig, circa 6 μ Durchmesser, mit farbloser, glatter Membran, abfallend, ausnahmsweise mit Zoosporen, in der Regel mit Mycel keimend. Oosporen reichlich, sehr klein, kugelig, höchstens 6 μ Durchmesser, keimen mit Schlauch.

In Anguillula aceti, oft schon nach wenigen Stunden dieselben tödtend und dann saprophytisch weiter lebend; in Essig von 4 bis 5 $^0/_0$ herschen die Conidien vor, 10 $^0/_0$ drückt die Bildung derselben und überhaupt das Wachsthum des Mycels herab, Oosporen noch reichlich. Bei höherer Concentration (15 $^0/_0$) Stillstand des Wachsthums überhaupt, vorher gebildete Oosporen behalten ihre Keimfähigkeit.

Einige weitere Notizen über diese Formen bei Sadebeck, l. c.

300. **P. intermedium** de Bary, 1881 (Bot. Zeit. p. 554).

Abbild.: de Bary, l. c. Taf. V, 14—16. M. Ward, Quart. Journ. micr. sc. XXIII. Taf. XXVI, 45, 46.

Mycel je nach dem Substrat saprophytisch und parasitisch, theils in demselben verborgen, theils hervorwachsend und sehr niedrige oder auch bis 1 cm hohe, dichte Rasen bildend; die extramatricalen Myceläste mehr oder weniger reichlich rispig verzweigt, zartwandig, anfangs querwandlos, im Alter mit zerstreuten Querwänden. Sporangienanlagen terminal an den unbegrenzt weiter wachsenden Enden der extramatricalen Myceläste, immer zu Conidien sich umbildend; nicht einzeln, sondern an denselben Fadenenden in grösserer Zahl entstehend, entweder zu 2—5 dicht hintereinander kettenartig angeordnet oder durch Einschaltung grösserer steriler Fadenstücke zwischen den einzelnen, zur Seite gedrängten Conidien entfernt traubig; selbst beide Arten der Abschnürung an einem und demselben verzweigten Mycelast. Conidien kugelig, 18—24 μ Durchmesser, mit dichtem Protoplasma und farbloser, mässig dicker glatter Membran, kurz nach der Reife in frischem Wasser einen stumpfen Schnabel treibend und Schwärmer bildend; nach längerer Ruhe mit Keimschlauch keimend; Keimfähigkeit der nass aufbewahrten Conidien erhält sich 11 Monate, selbst bei 14 tägigem Einfrieren: vollkommen lufttrockene Conidien nicht mehr keimfähig. Oogonien und Oosporen noch nicht beobachtet. — Fig. 65 f.

Saprophytisch auf abgestorbenen Keimpflanzen von Lepidium und Amarantus, besonders gern im Wasser oder doch sehr feuchter Luft; dringt in lebende Keimlinge von Lepidium und Amarantus und Kartoffellaub nicht ein; wurde aber parasitisch in lebenden Prothallien von Equisetum, Todea und Ceratopteris gefunden. Ist auch auf todten Fliegen im Wasser cultivirbar.

Diese morphologisch sehr interessante Form, über die Näheres bei de Bary (l. c.) nachzusehen ist, zeigt an einem und demselben primitiven Conidienträger die Conidienabschnürung von Cystopus (Ketten) und Phytophthora (seitliche Conidien) und verdient deshalb als Uebergangsglied zu diesen beiden Gattungen grosse Beachtung.

301. **P. Artotrogus** (Montagne, 1845) de Bary, 1881 (Bot. Zeit. p. 578).

Synon.: Artotrogus hydnosporus Montagne, 1845 (?) und 1856, Sylloge etc. p. 304.
Pythium micracanthum de Bary, 1881, Abh. Senckenb. Ges. XII. p. 2.
Abbild.: de Bary, Bot. Zeit. 1881, Taf. V, 29—32; Abh. Senckenb. Ges. XII. Taf. I, 22—26.

Mycelium in und zwischen den Zellen todter, krautiger Pflanzentheile, auch über das Substrat hervorwachsend, querwandlose, reich verzweigte Fäden. Conidien und Zoosporangien noch nicht beobachtet. Oogonien sowohl im Substrat, als auch an den extramatricalen Theilen des Mycels, meist intercalar, kugelig, mit stachelspitzigen Aussackungen der Wandung, ohne Stacheln 18—27 μ Durchmesser, Stacheln 3—6 μ lang, nicht so dicht gestellt wie bei P. megalacanthum. Antheridien einzeln, hypogynisch, cylindrisch, ohne vorherige Gestaltsänderung aus einem an das Oogon grenzenden Fadenstück entstehend, also nicht nebenastartig. Oosporen kugelig, meist so gross wie das Oogon, dieses fast erfüllend, mit glatter, hellgelblicher Membran und grosser Fettkugel; keimen nach drei- bis viermonatlicher Ruhe mit Keimschlauch. — Fig. 65 d.

Saprophytisch in krautigen, abgestorbenen Pflanzentheilen, gesellig mit andern Pythien, auch in den von Phytophthora infestans getödteten Kartoffeln und hier fälschlicher Weise für die Oosporen derselben gehalten (siehe Ph. infestans).

Nach de Bary gelingt eine Reincultur auf abgetödteten Kressekeimlingen nicht, wohl aber wächst der Pilz bei gleichzeitiger Anwesenheit von P. de Baryanum.

De Bary nimmt an, dass der Pilz auf die vorherige Zersetzung des Materials durch andere Pilze angewiesen ist oder vielleicht ein Mycoparasit ist nach Art von Piptocephalis. Weitere Untersuchung erwünscht. Betreffs der Nomenclatur vergleiche man de Bary, Bot. Zeit. 1881.

Anhang.

Zweifelhafte Species.

P. dichotomum Dangeard, 1886 (A. sc. nat. 7. Serie IV. p. 313, Taf. XIV, 17, 18).

Sehr unvollständige, eine Artfabrikation nicht rechtfertigende Beobachtung. In Nitella neben Catenaria als gabelig verzweigtes, einzelliges Mycel mit intercalaren, elliptischen Anschwellungen beobachtet. Fortpflanzungsorgane unbekannt. Scheint Hyphochytrium sehr nahe zu stehen.

P. Chlorococci Lohde, 1874 (Tagebl. d. Naturf. Ver. in Breslau, p. 204; auch Bot. Zeit. 1875, p. 92).

Mycel sehr feinfädig, Zoosporangien unregelmässig rundlich, Zoosporen sehr klein, Ausschwärmen nicht beobachtet. Auf einer Colonie von Chlorococcum.

P. Actinosphaerii Brandt, 1881 (Monatsber. Berl. Acad. 1881, p. 399, Fig. 33—53).

Scheint kein Pythium zu sein. Beobachtet sind kugelige Zellen, welche mit den Nahrungsballen aus Actinosphaerium Eichhornii ausgestossen wurden und nun kurze, zuweilen verzweigte Keimschläuche trieben, deren Inhalt sich in Form von Schwärmern entleerte. Echte Mycelbildung nicht beobachtet, weitere Untersuchung fehlt. Ich halte nach den Abbildungen die kugeligen Zellen für zur Ruhe gekommene Schwärmsporen einer Saprolegnia, welche unter den bei der Beobachtung herrschenden, scheinbar ungünstigen Bedingungen nur gehemmte Keimung und frühzeitige Schwärmerbildung zeigten.

P. fimbriatum de la Rue, 1869 (Bull. soc. imp. Nat. Moscou 1869, XLII. 1, p. 469), nur der Name, ohne Diagnose, die auch später nicht veröffentlicht worden ist.

P. polysporum Sorokin (?) in Sacc., Sylloge VII. 1, p. 273 nur mit dem Namen aufgeführt; die betreffende Arbeit Sorokin's ist mir unbekannt.

P. incertum Reny, 1876 (Just's Jahresber. IV. p. 134) ist in der That sehr unsicher, denn es sind Sexualorgane und Oosporen noch nicht beobachtet; scheint auch sonst sehr mangelhaft beschrieben zu sein.

LXIII. **Phytophthora** de Bary, 1876 (Journ. of botany, New Series V).

Mycel querwandlos, reich verzweigt, mit farblosen, dünnwandigen Aesten, parasitisch intercellular und intracellular die ganze Pflanze durchwuchernd, Haustorien fehlen ganz oder sind nur ausnahmsweise als kleine Bläschen zu beobachten. Conidienträger einzeln oder zu mehreren aus den Spaltöffnungen hervortretend, aber auch die Epidermiszellen durchbohrend, spärlich und unregelmässig verzweigt, niemals dichotom; an den Astenden unbegrenzt weiter wachsend und deshalb von wechselnder Höhe, nach der Abschnürung der ersten Conidie wird diese zur Seite geschoben, der Ast wächst in gerader Richtung weiter und schnürt weitere Conidien ab, diese deshalb zunächst end-, später seitenständig. Conidien ei- oder citronenförmig, mit Scheitelpapille, bei der Keimung Schwärmsporen, die fertig am Scheitel hervortreten, ausnahmsweise Keimschlauch erzeugend. Schwärmsporen oval, einseitig abgeplattet, vorn spitz, hinten abgerundet, mit zwei Cilien an der abgeflachten Seite; monoplanetisch; Bewegung gleichmässig. Oogonien und Antheridien intramatrical, die ersteren kugelig, die letzteren keulig auf kurzem Nebenast, androgynisch. Oosporen kugelig, einzeln im Oogon, wie bei der ganzen Familie; Keimung mit Schlauch, der sehr bald Conidien abschnürt.

Diese früher mit Peronospora vereinigte Gattung ist charakterisirt durch die successive, nicht bloss einmalige Abschnürung der Conidien an den unbegrenzt weiter wachsenden Aesten der Conidienträger; diese selbst haben noch nicht jene scharf umschriebene Gestalt angenommen wie bei Peronospora und schliessen sich eng an die aus dem Substrat hervorwachsenden Mycelien von Pythium an, die auch nicht als besondere Conidienträger sich abheben. Die im feuchten Raum zu grosser Länge hervorwachsenden Conidienträger der Ph. infestans veranschaulichen besonders deutlich die nahen Beziehungen zu Pythium, als dessen nächstverwandte Gattung Phytophthora erscheint. Auch bei Pythium (P. intermedium, proliferum) werden die zuerst entstandenen Conidien oder Sporangien später oft zur Seite geschoben., Von Pythium unterscheidet sich Phytophthora nur durch die andere Art der Schwärmsporenbildung.

Fig. 66.

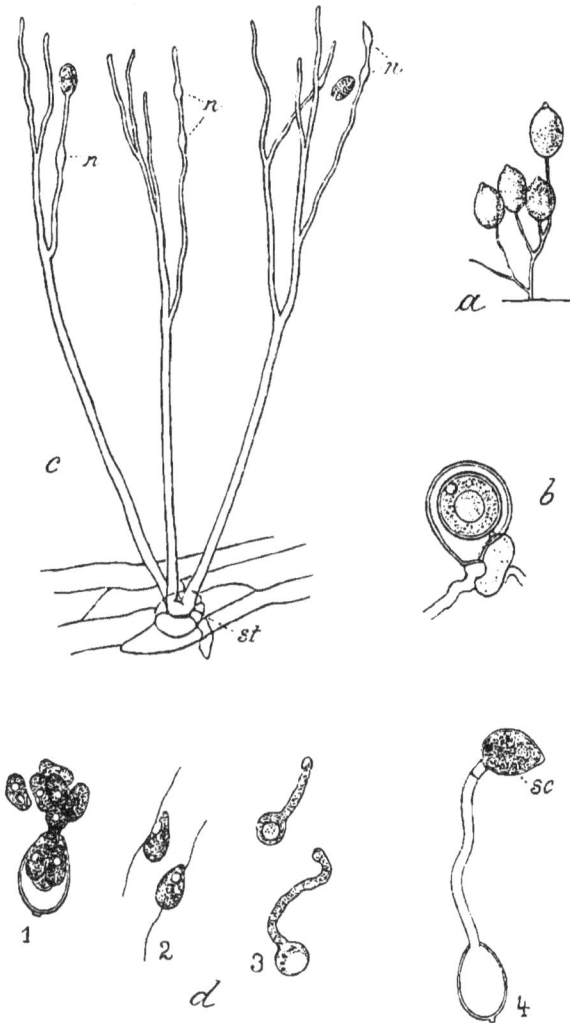

Phytophthora. — *a, b* Ph. omnivora. *a* Ein kleiner Conidienträger, unter Wasser entwickelt (Vergr. 90, nach de Bary). *b* Oogon mit reifer Oospore und Antheridium (Vergr. 375, nach de Bary). *c, d* Ph. infestans. *c* Drei Conidienträger aus einer Spaltöffnung (*st*) hervorwachsend, mit blasigen Auftreibungen (*n*) unter den früheren Abschnürungsstellen der Conidien (Vergr. 120, nach Frank). *d* Conidienkeimung. *1.* Austritt der Schwärmer aus dem Scheitel der citronenförmigen Conidie. *2.* Zwei freie Schwärmer. *3.* Schlauchbildung der zur Ruhe gekommenen Schwärmer. *4.* Ausnahmsweise Keimung mit Schlauch, der an seiner Spitze eine Secundärconidie (*sc*) abgegliedert hat. (Vergr. 400, nach de Bary.)

302. **Ph. omnivora** de Bary, 1881 (Abh. Senckenb. Ges. XII und Bot. Zeit. 1881. p. 585).

Synon.: Peronospora Cactorum Cohn u. Lebert. 1870, Cohn's Beitr. z. Biol. I. p. 51.

Peronospora Sempervivi Schenk. 1875, Bot. Zeit. p. 691.

Peronospora Fagi R. Hartig, 1875, Zeitschr. f. Forst- und Jagdwesen p. 117, ausführl. Unters. aus forst-bot. Instit. München I. 1880.

Exsicc.: Rabh., Fungi europ. 3777.

Abbild.: Hartig, l. c. 1880. I. Taf. III. de Bary, Bot. Zeit. 1881. Taf. V, 33—41; Abh. Senckenb. Ges. XII. Taf. III, 9—27.

Rasen sehr zart, oft kaum bemerkbar, weisslich. Conidienträger einzeln oder bis zu 8 aus den Spaltöffnungen hervorbrechend oder direct die Epidermiswand durchbohrend, auf den Wirthspflanzen sehr niedrig, unverzweigt, höchstens zwei Conidien abschnürend, in sehr feuchter Luft aber oder im Wasser untergetaucht stark sich verlängernd (selbst 1—2 cm) und auch ordnungslos sich verzweigend, eine grössere Zahl von Conidien abschnürend; Zweigenden unterhalb der Conidien nicht aufgeschwollen. Conidien citronenförmig, viel grösser als bei der folgenden Species, 50—60 μ lang, 35 μ breit, (noch viel grössere 93 μ lang, 36 μ breit; 81 μ breit, 40 μ lang ausnahmsweise), mit farblosem Inhalt und farbloser, dünner, glatter Membran; liefern bei der Keimung im Wasser 10—50 Zoosporen, in feuchter Luft auch Keimschlauch. Oosporen kugelig, 24—30 μ Durchmesser, zuweilen noch kleiner, mit farblosem Inhalt und bräunlichem, glatten, mässig dicken Epispor; Keimung mit unverzweigtem, ausnahmsweise verzweigten Schlauch, der schon bei einer Länge von 250—300 μ eine neue Conidie abschnürt, die dann ihrerseits Zoosporen liefert. — Fig. 66 a, b.

Auf Pflanzen aus den verschiedensten Familien, besonders in Gärten und Baumschulen: je nach den Pflanzenformen verschiedene, immer aber sehr schwere Krankheitsbilder hervorrufend: Mai bis August, auf Succulenten auch im Winter.

1. **Kräuter und ihre Keimlinge** werden vom Boden aus braun, bekommen weiter aufwärts einzelne braune Flecken und fallen schliesslich um, vertrocknen oder verfaulen; beobachtet auf: Cleome violacea, Alonsoa caulialata, Schizanthus pinnatus, Gilia capitata, Fagopyrum marginatum und tataricum, Clarkia elegans. Keimlinge von Lepidium, Oenothera, Epilobium roseum, Salpiglossis sinuatum. (Ueber das Umfallen der Keimpflanzen vergl. auch Pythium de Baryanum.)

2. **Succulenten** erfahren, ohne wesentliche Aenderung der Epidermis, eine Zerstörung und Maceration ihrer inneren Gewebe, eine die ganze Pflanze bis zur Wurzel ergreifende Fäulniss; beobachtet auf: Cereus giganteus, Melocactus nigro-

tomentosus (von Lebert u. Cohn, l. c.), Cereus speciosissimus und peruvianus (von de Bary l. c.), Sempervivum albidum, glaucum, stenopetalum, tectorum (Schenk l. c.). 3. Sämlinge unserer Waldbäume, insbesondere der Buche, aber auch des Ahorn und Nadelholzkeimlinge jeder Art (Fichte, Kiefer, Tanne und Lärche) werden vom Boden aus schwarz und fleckig und sinken um; Näheres über diese für die Forstwirthschaft wichtige Krankheit bei R. Hartig, l. c. und Lehrbuch der Baumkrankheiten II. Aufl. p. 57.

De Bary (Bot. Zeit. 1881) hat durch künstliche Infectionsversuche die Uebertragbarkeit des Pilzes von einem der oben genannten Wirthe auf den andern nachgewiesen, so dass hier wirklich nur eine Species vorliegt. Bemerkenswerth ist ferner, dass bei de Bary's Versuchen der Pilz junge Blätter, Stengel und Knollen von Solanum tuberosum, ebenso Keimpflanzen von Lycopersicum esculentum ganz intact liess. Hieraus ergiebt sich, dass Ph. omnivora von der folgenden Species verschieden ist.

Aus de Bary's und Hartig's Arbeiten mögen noch folgende Notizen hier Platz finden. Zuweilen schwärmen die Zoosporen nicht aus den Conidien aus und keimen in denselben; Hartig sah bis 13 Keimschläuche aus einer Conidie hervorbrechen. Nach demselben Autor bleiben die Oosporen vier Jahre in der Erde keimfähig, ob noch länger wurde nicht untersucht; die Conidien sind nur kurze Zeit keimfähig. Das Mycelium ist anfangs querwandlos, zeigt aber später wenige ordnungslos vertheilte Querwände; befallene Organe unter Wasser weiter cultivirt zeigen ein ausserordentliches Wachsthum des Pilzes, die Conidienträger werden lang und verzweigt, ja es bilden sich auch extramatricale Oogonien aus.

303. Ph. infestans (Montagne, 1845) de Bary, 1876 (Journ. of botany, New Series V).

> Synon.: Botrytis infestans Montagne, 1845, Mémoire de l'Instit. 1845, Sylloge generum specierumque crypt. 1856.
> Botrytis devastatrix Libert, sec. Duchartre, Rev. bot. I. p. 151.
> Botrytis fallax Desmazières, Crypt. d. France, ed. I. 492.
> Botrytis Solani Harting, 1846, A. sc. nat. 3. Serie VI.
> Peronospora trifurcata Unger, 1847, Bot. Zeit. p. 314.
> Peronospora Fintelmanni Caspary, 1852, Verh. d. Ver. z. Berförd. d. Gartenbau in Preussen p. 327.
> Peronospora infestans Caspary, 1852, Rabh., Herb. myc. ed. I. 1879.
> Peronospora devastatrix Caspary, 1855, Monatsber. Berl. Acad. 1855.
> Die obigen Synonyme citirt nach de Bary, A. sc. nat. 4. Serie XX. 1863, p. 104. Seitdem sind neue Synonyme nicht mehr hinzugekommen.
> Exsicc.: Fuckel, Fungi rhen. 37, Krieger, Fungi sax. 398, Linhart, Fungi hung. exs. 85, Rabh., Herb. myc. ed. I. 1879, ed. II. 174, Schneider, Herb. schles. Pilze I, Thümen, Fungi austr. 643, Thümen, Mycoth. univ. 123, 926.
> Abbild.: de Bary, l. c. 1863. Taf. V. VI; die meisten Lehrbücher der Botanik und der Pflanzenkrankheiten.

Rasen weiss, bei trockenem Wetter niedrig und zart, oft kaum erkennbar, bei andauernd feuchter Witterung dicht, schimmelartig, ausgebreitet. Conidienträger einzeln oder zu 2—5 aus den Spaltöffnungen hervorbrechend, gelegentlich auch die Epidermis durchbohrend, verschieden hoch, in feuchter Luft bis 1 mm hoch und höher hervorwachsend, im untern Theil unverzweigt, cylindrisch, selten über 10 μ dick, im obern Drittel mit 1—5 aufrecht abstehenden, unregelmässig angeordneten, meist unverzweigten, seltener kurzästigen Seitenzweigen, diese wie der Hauptast unbegrenzt weiterwachsend, dabei die zunächst endständigen Conidien zur Seite schiebend, unter der Spitze ein oder mehrere Male blasig aufgetrieben, der Zahl der bereits abgeschnürten Conidien entsprechend. Conidien citronenförmig, mit kurzem Stielchen, sehr variabel in den Dimensionen, bald schmal-elliptisch (21 μ breit, 38 μ lang), bald fast kugelig (29 μ breit, 34 μ lang), meistens 15—20 μ breit, 27—30 μ lang, mit farbloser, glatter, dünner Membran und farblosem Inhalt, liefern bei der Keimung im Wasser 6—16 Schwärmsporen, ausnahmsweise, besonders in feuchter Luft, einen bald wieder eine Conidie (Secundärconidie) abgliedernden Keimschlauch. Oosporen unbekannt. — Fig. 66 c, d.

Auf verschiedenen Solanaceen, besonders auf Solanum tuberosum, die bekannte Kartoffelkrankheit hervorrufend; ferner auf: Solanum utile, S. etuberosum, S. stoloniferum, S. verrucosum, S. Maglia, S. demissum, S. cardiophyllum, S. laciniatum, S. Lycopersicum, S. Dulcamara, Anthocercis viscosa; ausserdem beobachtet auf einer cultivirten chilenischen Scrophularinee, Schizanthus Grahami; Juni bis August.

Die Kartoffelkrankheit, seit 1845 in Europa beobachtet und wahrscheinlich aus Chile eingeschleppt, findet man genauer in den Lehrbüchern der Pflanzenkrankheiten beschrieben; zur Auffindung des Pilzes sei hier nur bemerkt, dass das erkrankte Kartoffelkraut braune Flecken abgestorbenen Gewebes zeigt, an deren Grenze bei trockenem Wetter sehr spärlich und dünn, bei feuchtem Wetter kräftig und dicht der weisse Rasen der Conidienträger hervorsprosst.

Oosporen und Sclerotien sind von mehreren Autoren zu wiederholten Malen beschrieben worden, haben sich aber immer als Verwechselungen oder Täuschungen herausgestellt. Eine ausführliche Besprechung und Widerlegung der bis 1876 erschienenen Arbeiten findet man bei de Bary (Researches into the nature of potato-fungus, Journal of the agricult. society London 1876, auch abgedruckt im Journal of botany 1876, New Series V; siehe ferner Bot. Zeit. 1881, p. 617). Aus de Bary's Darstellung sei folgendes hervorgehoben:

Die als Oosporen der Ph. infestans beschriebenen Gebilde gehören theilweise als Oosporen zu einigen Pythium-Arten (besonders P. Artotrogus, aber auch P. de Baryanum und vexans), welche in faulenden, durch Phytophthora getödteten Kartoffelkraut und -knollen saprophytisch leben, theilweise zu Pilzen aus anderen Gruppen. Die Conidien der Phytophthora können nicht überwintern, die Ueberwinterung des Pilzes geschieht durch das in den Samenkartoffeln ruhende

Mycel, welches im Frühjahr entweder direct aus den Knollen Conidienträger entwickelt oder, und das ist das Häufigere, im Innern der jungen Triebe mit emporwächst und aus ihnen fructificirt.

Das Verhalten der heteröcischen Uredineen liess vermuthen, dass auch bei Ph. infestans ein Wirthswechsel stattfände und die Oosporen auf andern Pflanzen sich entwickelten. Nach de Bary's Beobachtungen bildet Phytophthora aber weder in anderen Solaneen, noch in der oben genannten Scrophularinee Oosporen. Obgleich die Auffindung der Oosporen immer noch nicht ausgeschlossen ist, so sind dieselben nach de Bary zur Ueberwinterung des Pilzes nicht unbedingt erforderlich.

Die von Stephen Wilson beschriebenen sog. Sclerotien sind nach Murray's überzeugenden Darstellungen (Journ. of bot. XXI. 1883, XXIII. 1885) gar keine Bildungen des Pilzes, sondern Kalkoxalatanhäufungen der Kartoffelzellen.

Seit de Bary's zusammenfassender Darstellung ist ein Fortschritt nicht gemacht worden. Eine einzige Arbeit ist seitdem erschienen, die aber wegen ihrer Flüchtigkeit und Kritiklosigkeit keine ernste Widerlegung erfordert; es ist die Arbeit von Smorawski (Landwirthsch. Jahrb. XIX. 1890). Er hat ein einziges Präparat mit jungen Oogonien bekommen, deren Zusammenhang mit den Conidienträgern zu verfolgen war, reife Oosporen gar nicht gesehen. Dieses einzige Präparat ist aber bei der weitern Präparation zerrissen und bietet als Dauerpräparat ein schauerliches Aussehen (Fig. 12); die recht hübsche Figur 11, welche dieses Präparat vor der Verunglückung darstellt und den Zusammenhang der Oogonien mit dem Conidienträger sehr schön zeigt, ist aber nicht nach der Natur, sondern nach der Erinnerung gezeichnet! Das genügt.

Ungenau bekannte Art.

Ph. Phaseoli Thaxter, 1889 (Bot. Gazette p. 273, nach Bact. Centralbl. VII. p. 809) besonders auf den Hülsen, aber auch auf allen andern oberirdischen Theilen von Phaseolus lunatus. Bisher nur aus Amerika bekannt. Oosporen nicht gefunden.

LXIV. **Cystopus** Léveillé, 1847 (A. sc. nat. 3. Serie VIII. p. 371).

Mycel parasitisch in lebenden Pflanzen, reich verzweigt, intercellular sich ausbreitend, mit kleinen kugeligen, in die Zellen des Wirthes eindringenden Haustorien. Conidienträger hypodermal zu einer mehr oder weniger ausgedehnten Schicht vereinigt, dicht nebeneinanderstehend, unverzweigt, keulig-cylindrisch, die Conidien in Ketten an ihrer Spitze abschnürend; durch Zerreissen der Epidermis werden die Conidienlager geöffnet, sie bilden pulverige, weisse oder gelbliche, staubige Rillen oder Warzen von verschiedener Form und Ausdehnung. Conidien in Ketten abgeschnürt, durch schmale kurze Brücken mit einander verbunden, später isolirt, kugelig oder kugelig-eckig, stumpf-würfelförmig, mit farblosem Inhalt, entweder alle gleichgestaltet und keimfähig oder die das freie Ende

der Ketten einnehmende Conidie abweichend und steril; Membran
farblos und glatt, entweder überall gleich dick oder im Aequator
der Conidie mit einer ringförmigen, auf der Innenseite verlaufenden
Verdickung von uhrglasförmigem Querschnitt. Zoosporen bei der
Keimung der Conidien in diesen entstehend und fertig am Scheitel
hervortretend, länglich-eiförmig, am Vorderende etwas verjüngt, aber
beiderseits stumpf abgerundet, an der einen Flanke abgeflacht und
hier zwei Cilien tragend, eine kürzere bei der Bewegung nach

Fig. 67.

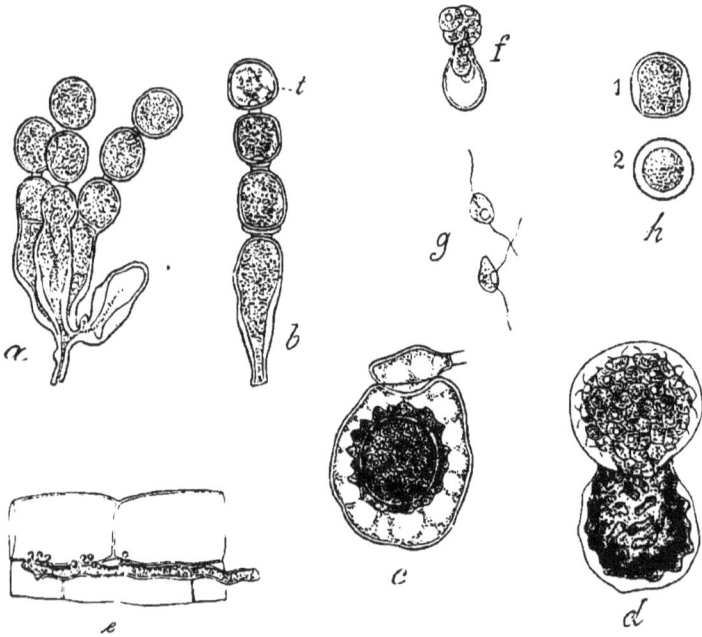

Cystopus. — *a* C. candidus. Ein Mycelast mit drei Conidien abschnürenden
Aestchen, alle Conidien gleichartig (Vergr. 400). *b* C. cubicus. Eine Conidienkette mit steriler Endconidie (*t*) (Vergr. 400). *c—f* C. candidus. *c* Ein Oogon
mit heranreifender Oospore, von der aus Periplasmafäden nach der Oogonwand
ausstrahlen, oben ein Antheridium (Vergr. 400). *d* Eine keimende Oospore, noch
von der Oogonwand locker eingehüllt, der Inhalt ist in der hervorgestülpten Blase
in Schwärmsporen zerfallen (Vergr. 400). *e* Ein Mycelschlauch, intercellular
wachsend und kleine, kugelige Haustorien in die Wirthszellen treibend; Längsschnitt durch das Mark von Lepidium sativum (Vergr. 130). *f* Eine keimende
Conidie (Vergr. 400). *g* Zwei Schwärmsporen (Vergr. 400). *h* C. cubicus. Conidien,
1 von der Seite gesehen, *2* von oben gesehen (Vergr. 360). *a—g* nach de Bary,
h nach der Natur.

vorn zeigende und eine längere nachschleppende, monoplanetisch; Schwärmbewegung gleichmässig. Sexualorgane intercellular, an kurzen Mycelästen entstehend. Oogonien kugelig, mit farbloser, glatter, tüpfelfreier Membran, eineiig, mit Periplasma. Antheridien keulig oder verkehrt-eiförmig, auf kurzem und androgynen Nebenast. Oosporen einzeln in den Oogonien, kugelig, mit dünnem, farblosen Endospor und dunkelbraunem, dicken, warzig oder leistenförmig verdickten Epispor. Bei der Keimung entstehen Schwärmsporen.

Diese Gattung scheint in der kettenartigen Anordnung der Conidien von den übrigen Peronosporeen stark abzuweichen. Sie wird aber durch Formen wie Pythium intermedium enger mit ihnen verknüpft und bildet wohl das Ende einer besonderen von Pythium ausgehenden Entwicklungsreihe. Mit Phytophthora besteht keine directe Verwandtschaft.

Uebersicht über die Species.

I. **Aequales.** Wand der Conidien überall gleichdick, Conidien von allen Seiten gesehen dünnwandig.
  1. Alle Conidien gleich und keimfähig.
    a. Conidien meist kugelig, Oosporen mit glatten Warzen oder kurzen, glatten Leisten besetzt . . *C. candidus.*
    b. Conidien würfelig-stumpfeckig, Oosporen mit dornigen, langen, verschlungenen Leisten besetzt
      C. Convolvulacearum.
  2. Die oberste Conidie der Ketten grösser und anders gestaltet als die übrigen, steril.
    a. Keimfähige Conidien rundlich-eckig, kaum länger als breit, Oosporen mit einem Maschenwerk hoher schmaler Leisten besetzt . . . . *C. Portulacae.*
    b. Keimfähige Conidien rundlich-eckig, länger als breit, Oosporen mit feinen spitzigen Wärzchen dicht besetzt
      C. Lepigoni.
II. **Annulati.** Wand der Conidien im Aequator mit einer ringförmigen, auf der Innenseite verlaufenden Verdickung von uhrglasförmigem Querschnitt, Conidien infolgedessen vom Scheitel gesehen gleichmässig dickwandig; sterile Endconidien immer vorhanden.
    a. Sterile Conidien grösser als die keimfähigen, diese rundlich-würfelig, gleichbreit, Oosporen mit rundlichen oder schwach gelappten, stumpfen oder spitzigen Wärzchen besetzt . . . . *C. Tragopogonis.*

b. Sterile Conidien kleiner als die keimfähigen, diese rundlich-eckig, oben breiter, ei- oder birnförmig. Oosporen mit leistenförmigen, oft netzig verbundenen Verdickungen
C. Bliti.

I. **Aequales.** Wand der Conidien überall gleichdick, Conidien von allen Seiten gesehen dünnwandig.

304. C. candidus (Persoon, 1791) Léveillé, 1847 (A. sc. nat. 3. Serie VIII. p. 371).

Synon.: Accidium candidum Persoon, 1791, Gmelin, Syst. nat. Linn. II. p. 1473.
Uredo candida Persoon, 1801, Synops. fung. p. 223.
Erysibe sphaerica Wallroth, 1833, Flora crypt. germ. II. p. 193.
Uredo Cruciferarum de Candolle, 1815, Flore franç. II. p. 596.
Cystopus sphaericus Bonorden, Rabh., Fungi europ. 186.
Caeoma candidum Schlechtendal, 1824, Flor. Berol. II. p. 117.
Uredo Cheiranthi Persoon, 1801, Synops. fung. p. 224.
Weitere Synonyme dieses vielbenannten Pilzes anzuführen, scheint mir an dieser Stelle überflüssig.
Exsicc.: Albertini u. Schweiniz, 366, 367, Fuckel, Fungi rhen. 44, Krieger, Fungi saxon. 338, 339, Kunze, Fungi sel. exs. 55, Linhart, Fungi hung. exs. 90, Rabh., Herb. myc. ed. I. 792, 898, 899, 1097, 1098, ed. II. 368, Rabh., Fungi europ. 136, 186, 482, 1465 b, 1578, 2014, 2875, 3174, Schneider, Herb. schles. Pilze 66—75, 168—174, 285, 357, 358, Sydow, Mycoth. march. 332, 556, 2027, 2028, Thümen, Fungi austr. 117, 426—430, 640—642, Mycoth. univ. 51, 621, 1016, 1214, 1314.
Abbild.: de Bary, A. sc. nat. 4. Serie XX. Taf. I, 1—13, II, 1—13, hiernach Copien in den meisten Lehrbüchern.

Conidienlager geschlossen glänzend, reinweiss, von wechselnder Gestalt und Grösse, geöffnet pulverig, weiss. Conidien alle gleichgestaltet und keimfähig, kugelig oder kugelig-eckig, 15—17 μ Durchmesser, mit farbloser, glatter, überall gleichdicker Membran, Inhalt farblos. Oosporen kugelig, 28—50 μ Durchmesser, Epispor dick, hell- oder kastanienbraun, mit rundlichen Warzen oder kurz bandartigen, gekrümmten Verdickungen besetzt. — Fig. 67 a, c—g.

Auf Cruciferen, ausser der Wurzel alle Theile der Wirthspflanzen befallend, an Stengeln, Blättern, Blüthenstielen, Blüthen und jungen Früchten Auftreibungen und Verunstaltungen hervorrufend; Conidien überall, Oosporen nur im Stengel, Blüthenstiel und Fruchtwand; oft gemeinschaftlich mit Peronospora parasitica. März bis November. Am häufigsten auf Capsella bursa pastoris, ausserdem noch auf folgenden Cruciferen beobachtet: Alliaria offi-

cinalis, Alyssum calycinum, Arabis arenosa, A. Gerardi, A. Halleri,
A. hirsuta, Armoracia rusticana, Barbarea stricta, B. vulgaris, Berteroa
incana, Biscutella laevigata, Brassica Napus, B. nigra, B. oleracea,
B. Rapa, Camelina microcarpa, C. sativa, Cardamine amara, C. hir-
suta, C. pratensis, Cheiranthus Cheiri, Cochlearia anglica, Coronopus
Ruellii, Draba verna, Diplotaxis tenuifolia, Erysimum cheiranthoides,
E. hieracifolium, E. orientale, Hutchinsia alpina, Lepidium gramini-
folium, L. sativum, Nasturtium amphibum, N. palustre, N. silvestre,
Neslea paniculata, Raphanus Raphanistrum, R. sativus, Sinapis ar-
vensis, S. Cheiranthus, Sysimbrium officinale, S. Sophia, S. Thalianum,
Teesdalia nudicaulis, Thlaspi alpestre, T. arvense, T. rotundifolium,
Turritis glabra. Ausserdem auf anderen in Gärten cultivirten Cruci-
feren, z. B. Cochlearia groenlandica. Ferner auf Capparis spinosa,
C. rupestris, Cleome graveolens.

Nach de Bary (Journ. of bot. V. 1876, p. 111) finden sich die Oosporen sehr
selten in Norddeutschland, sehr häufig aber auf vielen Cruciferen in Südwest-
deutschland.

Winter (Hedwigia XVIII. 1879, p. 116) beobachtete C. candidus auf Hutchinsia
alpina und Thlaspi rotundifolium am Pilatus in einer Höhe von 1800—2000 m.

Kommt auch auf den als Gemüse cultivirten Cruciferen vor und verursacht
gelegentlich grösseren Schaden, z. B. in Neapel auf Blumenkohl, gemeinschaftlich
mit Peronospora parasitica (Revue mycol. I. p. 139).

Cystopus Capparidis de Bary, 1863 (A. sc. nat. I. c. p. 130) ist nach
Pirotta (Nuovo giornale bot. 1884, XVI) mit C. candidus identisch, Oosporen und
Conidien zeigen keine Unterschiede.

Cystopus Alismatis Bonorden, 1861 (Bot. Zeit. 1861, p. 193) ist nach
Zalewski (Bot. Centralbl. 1883, XV. p. 224) ein C. candidus auf grossen Blattstücken von Nasturtium, die Bonorden fälschlich für Blätter von Alisma hielt.

Auf Reseda ist ebenfalls ein Cystopus gefunden worden, der vom obigen nicht
sich unterscheiden lässt und hierher gehört; im Berliner Herbar ist derselbe wohl
unberechtigter Weise als C. Resedae bezeichnet. Es liegt hier derselbe Fall vor
wie bei Peronospora parasitica, die ebenfalls auf Reseda vorkommt und dann früher
als besondere Species (P. crispula) unterschieden wurde.

305. C. Convolvulacearum Otth. (nach Zalewski, Bot. Centralbl.
1883, XV. p. 223).

Synon.: C. cubicus f. Convolvuli Berkeley, 1874, Grevillea III. p. 58.
(Exsicc.: Ellis, North American Fungi 1809.)

Conidienlager offen gelblichweiss. rundliche oder längliche
Pusteln bildend. Conidien gleichgestaltet, stumpfeckig-würfelig
(cubischer als bei C. cubicus) oder nur wenig länger als breit,
15,5—17,5 μ Durchmesser, mit farbloser, überall gleichdicker, glatter
Membran und farblosem Inhalt. Oosporen kugelig, 25—50 μ Durch-

27 *

messer, Epispor mit dicken, unregelmässig verschlungenen, verzweigten gewundenen Leisten, die selbst mit kurzen, stumpfen Dornen besetzt sind.

Auf Convolvulaceen, im Gebiete noch nicht beobachtet (Convolvulus siculus, Südfrankreich; C. retusus, Guadeloupe; Batatas edulis, Nordamerika). Steht dem C. candidus sehr nahe.

306. C. **Portulacae** (de Candolle, 1815) Léveillé, 1847 (l. c. p. 371).

Synon.: Uredo Portulacae de Candolle. 1815. Flore franç. V. p. 88. Erysibe quadrata Wallroth, 1833, Flora crypt. germ. II. p. 194. Uredo candida Persoon var. Portulacearum Rabh., 1844, Kryptfl. I. p. 13. Exsicc.: Fuckel, Fungi rhen. 43, Rabh., Herb. myc. I. ed. 1299, II. ed. 799, Rabh., Fungi europ. 481, 3775, Schneider, Herb. schles. Pilze 175, Thümen, Mycoth. univ. 252, 252b. Abbild.: de Bary, A. sc. nat. 4. Serie XX. Taf. III, 1—15.

Conidienlager geschlossen glänzend, gelblichweiss, offen pulverig, kleine, rundliche oder längliche Pusteln bildend. Conidien verschieden gestaltig, die endständigen meist grösser, 22 μ Durchmesser, mit dicker, gelblicher Membran entweder steril oder mit Schlauch keimend, alle übrigen mit Schwärmsporen keimend, kurz cylindrisch-elliptisch, unten etwas schmäler, Querschnitt rundlicheckig, 12—14 μ breit, 14—16 μ hoch, mit farbloser, überall gleich dicker, glatter Membran und farblosem Inhalt. Oosporen kugelig, 50—60 μ Durchmesser, Epispor dunkelbraun, mit schmalen, hohen, in einzelne Dornen auslaufenden Leisten besetzt, die miteinander fünf- bis sechseckige, bis 7 μ weite, ziemlich reguläre Maschen einschliessen.

Auf Portulaca oleracea und sativa; Sommer und Herbst, alle Theile der Pflanzen befallend.

307. C. **Lepigoni** de Bary, 1863 (l. c. p. 132).

Synon.: Uredo candida Persoon var. Caryophyllacearum Rabh., 1844, Kryptfl. I. p. 13. Erysibe sphaerica Wallroth, var. Arenariae marinae Wallroth, 1833, Flor. crypt. germ. II. p. 198. Erysibe Arenariae marinae Wallroth in Rabh., Kryptfl. I. p. 13. Exsicc.: Fuckel. Fungi rhen. 42, Rabh., Fungi europ. 483.

Conidienlager länglich-rundlich, dick, gelblich. Conidien zweigestaltig, sterile an den Enden der Ketten einzeln oder zu mehreren hintereinander, rundlich-würfelig, 27 μ breit, 30 μ lang, mit bräunlichem, wässerigen Inhalt und farbloser, bis 5 μ dicker Membran; keimfähige rundlich-würfelig, meist etwas länger als breit, 18—23 μ breit, 18—25 μ lang, mit glatter, farbloser, überall gleichdicker, dünner Membran. Oosporen kugelig, 54—63 μ Durchmesser, Epispor hellbraun, mit feinen, spitzigen Wärzchen dicht besetzt. Auf Spergularia salina (Lepigonum medium) und Sp. rubra, Mai bis August; Conidienlager besonders auf den Blättern, Oosporen reichlich in Stengeln und Blättern, scheinen in den Blüthen zu fehlen.

II. **Annulati.** Wand der Conidien im Aequator mit einer ringförmigen, auf der Innenseite verlaufenden Verdickung von uhrglasförmigem Querschnitt, Conidien infolgedessen vom Scheitel gesehen gleichmässig dickwandig; sterile Endconidien immer vorhanden.

308. C. **Tragopogonis** (Persoon, 1801) Schröter, 1886 (Kryptfl. III. 1, p. 234).

Synon.: Uredo candida β Tragopogi Persoon, 1801, Syn. fung. p. 223.
Uredo cubica Strauss, Wetterauer Ges. f. Naturk. II. p. 86.
Uredo obtusata Link, 1809, Mag. naturf. Freunde Berlin; Observ. I. p. 4.
Uredo Tragopogi de Candolle, 1815, Flore franç. II. p. 237.
Cystopus cubicus Léveillé 1847, l. c. p. 371.
Uredo candida b. Compositarum, 1844, Rabh., Kryptfl. I. p. 13.
Cystopus spinulosus de Bary, 1862, Rabh,, Fungi europ. 479 u. l. c. p. 133.
Exsicc.: Fuckel, Fungi rhen. 45—47, 1511, 2403, Krieger, Fungi saxon. 94, 146, 399, 496, 497, Rabh., Herb. myc. ed. I. 1195, 1595, ed. II. 692, 896, 897, Rabh., Fungi europ. 479, 480, 1465, 1473, 2577, 2679, 3379, Schneider, Herb. schles. Pilze 76—79, 177, 178, 359, 360, Sydow, Mycoth. march. 1529, 1536, 2656, 3241, Thümen, Fungi austr. 118, 431—433, 740, 741, Thümen, Mycoth. univ. 258, 620, 815, 816, 1423, 1919.
Abbild.: de Bary, A. sc. nat. 4. Serie XX. Taf. II, 14—21.

Conidienlager rundlich oder länglich, geschlossen glänzend, offen pulverig, gelblichweiss, anfangs reinweiss. Conidien zweigestaltig, sterile grösser, gedrückt kugelig, mit überall gleichdicker, glatter, farbloser Membran und wässerigem, oft gelblichen Inhalt; keimfähige kurz-cylindrisch, rundlich-würfelig mit kräftiger, circa 2 μ dicker, äquatorialer Ringleiste an der farblosen, glatten Membran, Inhalt farblos, 16—22 μ Durchmesser, zuweilen etwas breiter als hoch. Oosporen kugelig, 45—65 μ Durchmesser, Epispor dunkelbraun, mit rundlichen oder schwach gelappten Wärzchen dicht besetzt oder auch durch sehr feine, spitze Wärzchen fein punktirt. — Fig. 67 b, h.

Auf Compositen: Anthemis nobilis, Artemisia vulgaris, Centaurea Jacea, C. rupestris, C. Scabiosa, Cirsium arvense, C. lanceolatum. C. oleraceum. C. palustre, C. rivulare, Filago apiculata, F. arvensis, F. gallica, F. germanica, F. minima, Gnaphalium uliginosum, Helichrysum arenarium, Inula britannica, I. ensifolia, I. salicina, Podospermum laciniatum, P. octangulare, Pyrethrum Parthenium, Scorzonera hispanica, S. humilis, S. stricta, Tragopogon coloratus, T. major, T. orientalis, T. porrifolius, T. pratensis. Mai bis October.

C. spinulosus de Bary, 1862 (Rabh., Fungi europ. 479 und 1863 l. c. p. 133) ist hier wiederum mit C. cubicus vereinigt. De Bary hat selbst nicht ohne Bedenken die specifische Scheidung vorgenommen: eine Untersuchung des von de Bary selbst bestimmten Materials führte zu folgendem Ergebniss. Die Verdickungen des Epispors sind bei C. cubicus im Sinne de Bary's ausserordentlich variabel, in demselben Blatte finden sich Oosporen mit flachen, stumpfen Wärzchen und fein punktirte mit spitzigen Verdickungen. Letztere Verdickungsform hielt de Bary für das einzige Merkmal seines C. spinulosus. De Bary'sche Originale dieser Species zeigten dieselbe variable Beschaffenheit des C. cubicus. Man vergleiche auch Zalewski (Bot. Centralblatt. 1883. XV. p. 222).

C. spinulosus de Bary sollte nur auf Cirsium-Species (den oben genannten) vorkommen, von Exsiccaten gehören hierher: Fuckel. Fungi rhen. 47, Krieger. Fungi saxon. 94, 496, 497, Rabh., Herb. myc. ed. II. 692, Rabh., Fungi europ. 479. Schneider. Herb. schles. Pilze 78, 79, Sydow. Mycoth. march. 1529, 1536, Thümen. Fungi austr. 118, 433, Thümen, Mycoth. univ. 816.

Nach Berkeley (Grevillea III. p. 58) kommt C. cubicus in Nordamerika auch auf Convolvulaceen (Convolvulus macrorrhizus, Ipomoea trichocarpa) vor. Jedenfalls hat Berkeley den C. Convolvulacearum Otth. vor sich gehabt, der zwar durch die cubische Form der Conidien C. cubicus sehr ähnelt oder sogar übertrifft, aber zu den Aequales gehört. (Untersucht an Ellis. North American Fungi 1809.)

309. **C. Bliti** (Bivona-Bernardi, 1815) Léveillé, 1847 (l. c. p. 373).

Synon.: Uredo Bliti Bivona-Bernardi, 1815. Stirpium rar. minusque cogn. in Sicula sponte prov. descr. Manip. III. 1815, p. 11.
Cystopus Amaranti Schweinitz bei Berkeley, Grevillea III. p. 58.
Cystopus Amarantacearum Zalewski, 1883, Bot. Centralbl. XV. p. 223.
Exsicc.: Linhart, Fungi hungar. exs. 91, Rabh., Fungi europ. 598, 2678, Schneider, Herb. schles. Pilze 176, 753, Sydow, Mycoth. march. 39, Thümen, Mycoth. univ. 618, 619, 1512.
Abbild.: de Bary, A. sc. nat. 4. Serie XX. Taf. XIII, 13—15.

Conidienlager rundlich, gelblichweiss, geschlossen glänzend, offen pulverig. Conidien zweigestaltig; sterile kugelig, kleiner als die anderen, mit dicker, farbloser Membran, wässerigem, gelblichen Inhalt, keimfähige rundlich-eckig ei- oder birnförmig mit äquatorialer Ringleiste der farblosen, glatten Membran, Inhalt farblos, schmale Basis 8—14 μ, breiter Scheitel 13—18 μ breit, 13—20 μ hoch. Oosporen kugelig, 40—50 μ Durchmesser. Epispor dunkelbraun, mit schmalen, gewundenen, theils netzig vereinigten, leistenförmigen Verdickungen.

Auf Amarantaceen, besonders Amarantus Bitum, aber auch A. retroflexus; August bis October. Conidienlager besonders auf der Unterseite der Blätter, Oosporen gehäuft im Mark und Rinde der Stengel, sehr selten und einzeln in den Blättern.

Zalewski (Bot. Centralbl. 1883, XV. p. 223) unterscheidet unter den auf Amarantaceen wachsenden Cystopi zwei Species. C. Bliti Bivona, nur auf Amarantus Blitum vorkommend, und C. Amarantacearum Zalewski, auf den übrigen europäischen und aussereuropäischen Amarantaceen. Die beiden Arten sollen sich durch die Verdickungen des Epispors unterscheiden; C. Amarantacearum soll gerade, zu 5—6 eckigen, ziemlich regulären Maschen, C. Bliti dagegen gewundene, zu gewundenen, langen und schmalen Maschen vereinigte Leisten haben; im Uebrigen herrscht volle Uebereinstimmung, denn der Umstand, dass bei C. Bliti die Oosporen nur im Stengel, bei C. Amarantacearum nur in den Blättern vorkommen, dürfte, wenn eine so scharfe Trennung überhaupt besteht, eher auf Rechnung der Nährpflanzen zu setzen sein. Die verschiedene Structur des Epispors könnte doch höchstens zur Aufstellung von Varietäten berechtigen. Infectionsversuche fehlen. In Saccardo's Sylloge VII. i. p. 236 fehlt die Zalewski'sche Species, dagegen ist ein C. Amaranti Schweinitz aufgeführt, der aber nach Berkeley (Grevillea III. p. 55) zu C. Bliti gehört.

Anhang.

Aussereuropäische und zweifelhafte Cystopus-Arten.

C. pulverulentus Berkeley et Curtis (Sacc., Sylloge VII. 1, p. 237) auf Compositen der Insel Cuba scheint überhaupt kein Cystopus zu sein.

C. quadratus Kalchbrenner et Cooke (Sacc., Sylloge VII. 1, p. 237) auf Herpestes verticillatus (Südafrika).

C. sibiricus Zalewski, 1883 (Bot. Centralbl. XV, p. 222) auf einer unbestimmten Boraginee aus Sibirien, mit C. candidus nahe verwandt.

C. Alismatis Bonorden, siehe Anmerkung bei C. candidus.

Nach de Bary (1863, l. c. p. 134) dürften noch einige von de Candolle (Flore franç. 1815, II. u. V) beschriebene Uredo-Formen zur Gattung Cystopus gehören; es sind als Wirthspflanzen dieser Arten zu beachten: Rumex obtusifolius (Uredo inaperta de Candolle), Petroselinum sativum. Ebenso citirt de Bary eine Angabe Berkeley's (Journ. of Hortic. Society London, III. p. 265), demzufolge Uredo candida auch auf Euphorbiaceen, Chenopodiaceen und Malpighiaceen sich finden soll.

LXV. **Basidiophora** Roze et Cornu, 1869 (A. sc. nat. 5. Serie XI. p. 84).

Mycelium scheidewandlos, intercellular in lebenden Pflanzen, Haustorien klein, bläschenförmig. Conidienträger immer unverzweigt, an der Spitze keulig erweitert und mit einer Zahl dicht gestellter, winziger Fortsätze (Sterigmen) besetzt, die je eine Conidie abschnüren, aspergillusartig. Conidien einzeln, breit kugelig oder

kugelig-eckig mit Scheitelpapille und Stielchen, liefern bei der
Keimung 3—25, fertig und einzeln am Scheitel hervortretende Zoo-
sporen. Zoosporen nierenförmig, mit zwei seitlichen Cilien in der
Einbuchtung; monoplanetisch, Bewegung ruhig. Geschlechts-
organe im Innern der Wirthspflanze, wie bei der ganzen Familie.
Oosporen kugelig, einzeln in den Oogonien.

Diese Gattung wird von Schröter (Kryptfl. v. Schles. III. 1, p. 237), dem sich
auch Saccardo (Sylloge VII. 1, p. 239) anschliesst, zu Plasmopara gezogen. Die
eigenartige Structur der Conidienträger, die mit denen von Plasmopara gar nicht

Fig. 68.

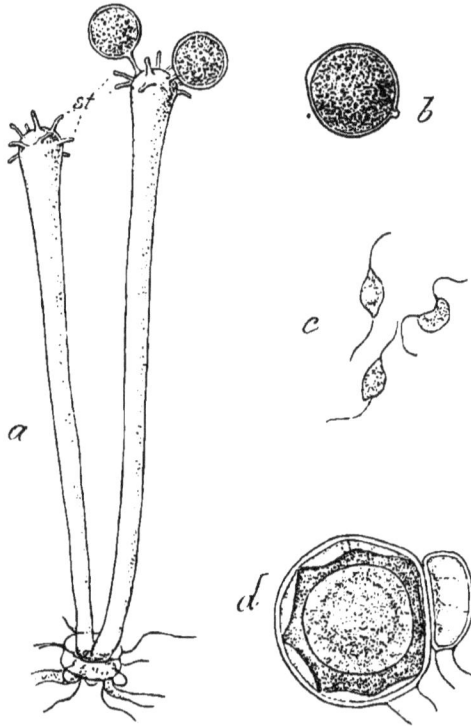

Basidiophora. — B. entospora. *a* Zwei Conidienträger aus einer Spaltöffnung
hervorbrechend, am keuligen Scheitel mit kurzen Sterigmen (*st*) besetzt, die je
eine Conidie bilden (Vergr. 230, nach der Natur). *b* Eine citronenförmige Conidie
mit Scheitelpapille und kurzem Stielchenansatz (Vergr. 540, nach der Natur).
c Schwärmsporen, bei der Keimung der Conidien entstehend (Vergr. 550, nach
Roze u. Cornu). *d* Ein Oogon mit reifer Oospore, deren Exospor faltig verdickt ist,
Periplasma vorhanden, rechts das Antheridium (Vergr. 550, nach Roze u. Cornu).

übereinstimmen, ja die sogar in der ganzen Familie der Peronosporeen vereinzelt dastehen, rechtfertigt die Beibehaltung der besonderen Gattung.

310. B. entospora Roze et Cornu, 1869 (l. c. p. 84).

Synon.: Plasmopara entospora Schröter, Kryptfl. l. c. p. 237.
Gilletia spinuligera Sacc. et Therry, Michelia II. p. 557, sec. Saccardo,
Sylloge VII. 1, p. 239.
Peronospora simplex Peck, Hedwigia 1881, p. 154.
Exsicc.: Rabh., Fungi europ. 2468, 3277.
Abbild.: Roze et Cornu, l. c. Taf. IV, 1—12.

Rasen zart, fleckig, weiss. Conidienträger einzeln oder meist büschelig aus den Spaltöffnungen hervorbrechend, ungetheilt, 200—300 μ lang, cylindrisch, 8—15 μ dick, am Scheitel keulig-kopfig, auf 17—23 μ Dicke aufgeschwollen, mit einer Anzahl (5—15) 6—8 μ langer, circa 2 μ dicker Sterigmen besetzt, diese nach dem Abfallen der Conidien breit gestutzt. Conidien breit-citronenförmig, oft schwach eckig-gerundet, gross, mit Scheitelpapille und deutlichem Stielchen, 13—23 μ breit, 20—36 μ lang, farblos, mit glatter, farbloser Membran. Oosporen kugelig, 40—50 μ Durchmesser, mit gelblichbraunem, dicken, schwach und unregelmässig faltig-eckigen Epispor. Keimung unbekannt. — Fig. 68.

Auf Erigeron canadense, besonders an den Wurzelblättern; April bis September.

Die von Peck (Hedwigia 1881, p. 154) auf Aster Novae-Angliae aus dem Staate New-York beschriebene Peronospora simplex ist die obige Form, wie aus der Diagnose hervorgeht. Auch giebt Farlow (Hedwigia XXIII. p. 143) an, dass B. entospora auf Aster Novae-Angliae vorkommt. Man vergleiche auch Ellis, North Amer. Fungi 1405.

LXVI. Plasmopara (Schröter, 1886, Krptfl. v. Schles. III. 1, p. 236).

Mycelium mit sehr dicken (bis 20 μ), bald eingeschnürten, bald aufgeschwollenen, protoplasmareichen, dünnwandigen Aesten, farblos, reich verzweigt, intercellular wachsend, Haustorien nie verzweigt fädig, sondern immer kurz bläschen- oder eiförmig. Conidienträger immer büschelig, oft in grosser Zahl aus den Spaltöffnungen hervorbrechend, theils sehr niedrig (55 μ), theils sehr hoch (bis 800 μ), niemals rein gabelig verzweigt, sondern immer mit monopodialer Hauptachse, die an ihrer Spitze sehr kurz gabelig oder trichotom getheilt ist; unter dieser entweder ohne Nebenäste oder rispig verästelt, mit einigen wiederum verästelten und gabelig endenden Seitenzweigen, die ganze Krone bei den niedrigen Formen oft sehr dürftig,

bei den schlankeren reicher verästelt, alle Aeste gerade, die Endästchen nach dem Abfallen der Conidien nicht zugespitzt, sondern
breit, flach oder concav abgestutzt. Conidien durch einmalige
Abschnürung einzeln an den Astenden entstehend, meist breit
ellipsoidisch, farblos, glatt, oft sehr ungleich, am Scheitel entweder

Fig. 69.

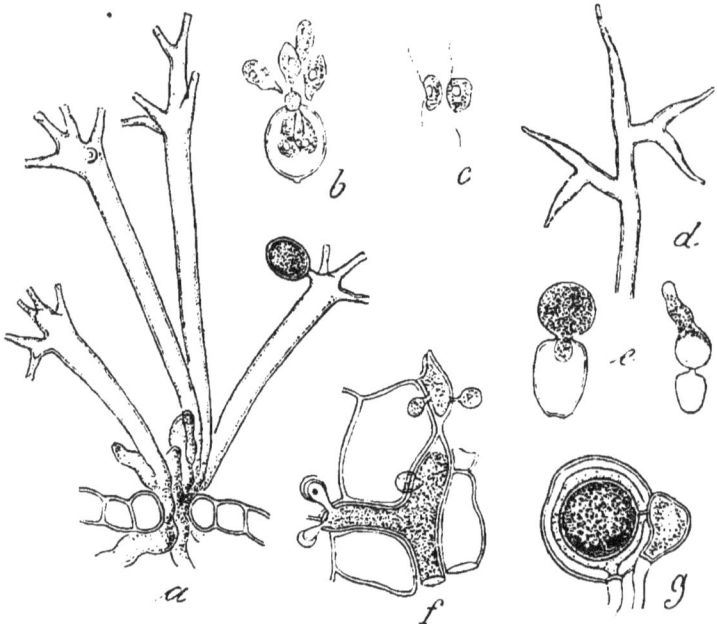

Plasmopara. — a Pl. pygmaea. Eine Gruppe von Conidienträgern, aus einer
Spaltöffnung hervorbrechend, man achte auf die abgestutzten Enden der Aeste
(Vergr. 510). b, c Pl. nivea. b Keimende Conidie, c freie Schwärmsporen (Vergr. 400).
d, e Pl. densa. d Krone eines Conidienträgers (Vergr. 510). e Keimende Conidie,
deren Inhalt zunächst als nackte Plasmakugel hervortritt (links) und dann einen
Keimschlauch treibt (Vergr. 400 u. 190). f Pl. nivea. Intercellulares Mycel mit
bläschenförmigen Haustorien (Vergr. 400). g Pl. densa. Ein Oogon, dessen junge
Oospore von Periplasma umgeben ist, rechts das Antheridium (Vergr. 400).
a und d nach der Natur, die übrigen nach de Bary.

mit einer kleinen Papille oder breit abgerundet; bei der Keimung
am Scheitel sich öffnend, entweder einige Schwärmsporen bildend
oder den gesammten Inhalt als ruhende Kugel ausstossend, die dann
einen Keimschlauch treibt. Schwärmsporen fertig hervortretend,
eiförmig oder elliptisch, einseitig abgeflacht, mit zwei Cilien an der

flachen Seite, Bewegung gleichmässig, monoplanctisch. Sexualorgane nur intramatrical. Oogonien kugelig, eineiig, mit Periplasma und meist dicker, mehrschichtiger, nach der Sporenreife nicht
zusammenfallender, glatter, tüpfelfreier Membran. Antheridien
keulig auf androgynen
Nebenästen. Oosporen
kugelig, einzeln, mit
glatten oder nur schwach
rauhen oder schwach
faltigen, gelblichen oder
bräunlichen Epispor, von
der persistenten Oogon-
wand lange umschlossen;
Keimung mit Conidien-
trägern.

Die Gattung Plasmopara
Schröter umfasst die beiden
Sectionen I und II, Zoospori-
parae und Plasmatoparae
der de Bary'schen Eintheilung
von 1863; nur hat Schröter noch
die entschieden typischeGattung
Basidiophora hereingezogen;
ich halte diese Gattung für
voll berechtigt und trenne sie
deshalb von Plasmopara wieder
ab. Im Uebrigen ist Schröter's
neue Gattung Plasmopara
durchaus zu billigen, nur hätte
ich gewünscht, dass er einen
andern Namen gewählt hätte.
Denn die Keimungsart der
Conidien ist ja gar nicht
allein charakteristisch; dagegen
unterscheidet sich Plasmopara
sehr gut von den übrigen Arten
der alten Gattung Peronospora
durch die Conidienträger, die

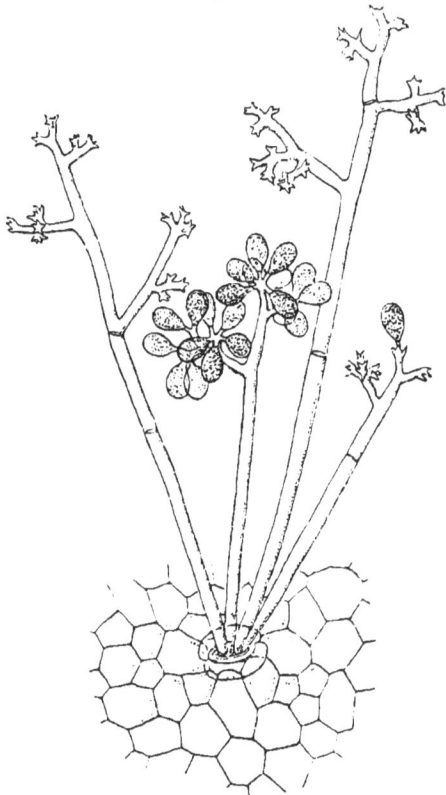

Fig. 70.

Plasmopara. — Pl. viticola. Eine Gruppe
rispiger Conidienträger mit gabeligen Endver-
zweigungen (Vergr. 250, nach Cornu).

ja überhaupt zur Gattungsunterscheidung benutzt werden müssen. Diese sind
niemals rein gabelig verzweigt, sondern haben immer eine monopodiale Hauptachse
mit rispigen Seitenästen, die nur in gabelige oder trichotome Enden auslaufen.
Wer die Verschiedenheit kennen lernen will, vergleiche nur einmal einen Conidienträger von Pl. pygmaea oder Pl. viticola mit den auf pag. 443 abgebildeten
Trägern. Zu diesem Unterschied tritt als zweiter noch hinzu, dass bei Plasmopara die Astenden nach dem Abfallen der Conidienträger breit, flach oder concav

abgestutzt sind, nicht zugespitzt wie bei Peronospora. Endlich ist natürlich letzterer gegenüber auch noch die Keimung der Conidien hervorzuheben.

Eine Bestimmungstabelle für die Species auszuarbeiten, erwies sich trotz mehrfacher Bemühungen für unmöglich: die Arten der Sectio Supinae sind zwar gut von einander zu unterscheiden, auch durch wenige Worte, aber nicht die der andern Section.

I. **Supinae.** Conidienträger nie höher als 200 μ, meist sehr niedrig und unscheinbar, sehr armästig.

311. **Pl. pusilla** (de Bary, 1863) Schröter, 1886 (l. c. p. 237).

Synon.: Peronospora pusilla de Bary, 1863, l. c. p. 106.
Botrytis nivea Unger, 1833, Exanth. p. 171 ex parte.
Peronospora nivea Unger, Bot Zeit. 1847, p. 315 ex parte.
Peronospora pygmaea Fuckel, 1860, Enumer. Fung. Nassov. und Fungi rhen. 26.

Exsicc.: Fuckel, Fungi rhen. 26, Krieger, Fungi saxon. 196, 197, 340, Rabh., Fungi europ. 1371, Schneider, Herb. schles. Pilze 4, 5, 236, Stapf, Flora austr.-hung. exs. 778, Sydow, Mycoth. march. 326, Thümen, Fungi austr. 422, 1036, Thümen, Mycoth. univ. 422.

Rasen niedrig, fleckenweisse, sehr dicht, schneeweiss. Conidienträger sehr zahlreich, bis zu 20 aus einer Spaltöffnung hervorbrechend, zart, kurz, 60—130 μ hoch, ungetheilte Basis sehr lang, ⁵⁄₆ und mehr des Ganzen betragend; Krone dürftig, armästig, ein- bis zweimal undeutlich gabelig, seltener dreitheilig, oft pseudotrichotom, indem die eine Gabelspitze ungetheilt, die andere nochmals gegabelt ist, sämmtliche Aestchen kurz breit gedrungen, nicht über 10 μ lang, steil aufrecht-abstehend, die Secundärästchen selten nochmals gegabelt, die Endgabeln aus aufgetriebener Basis allmälig verdünnt, pfriemlich, starr, gerade, meist steif aufrecht; niemals unter der gabeligen Krone mit Seitenästen. Conidien sehr verschieden in Form und Grösse, bald kugelig-ellipsoidisch, bald eiförmig, bald länglich-ellipsoidisch, meist mit schwacher aber deutlicher Scheitelpapille, zuweilen ohne diese, farblos, 20—25 μ breit, 24—40 μ lang, keimen mit Zoosporen. Oosporen kugelig, mit dünner, gelbbrauner Membran, bis 40 μ Durchmesser: Keimung unbekannt.

Auf Geranium palustre, phaeum, pratense, silvaticum; Mai bis September.

Man vergleiche hiermit die aus Nordamerika beschriebene Plasmopara Geranii pag. 432.

312. **Pl. nivea** (Unger, 1833) Schröter, 1886 (Kryptfl. v. Schles.
III. p. 237).

Synon.: Botrytis nivea Unger, 1833, Exanth. p. 171.
Botrytis macrospora Unger, ibid. p. 173.
Peronospora nivea Unger, Bot. Zeit. 1847, p. 314 ex parte.
Peronospora macrospora Unger, ibid. p. 315.
Peronospora macrocarpa Rabh., Herb. myc. ed. I. 1172.
Peronospora Conii Tulasne, Comptes rendus 1851, p. 1103.
Peronospora Umbelliferarum Caspary, Monatsber. Berl. Akad. 1855. p. 328.
Peronospora nivea de Bary, 1863, A. sc. nat. 4. Serie XX. p. 105.
Exsicc.: Fuckel, Fungi rhen. 27, 1505, 1601, 2402, Krieger, Fungi
saxon. 192, Kunze, Fungi sel. exs. 587, Linhart, Fungi hung. 183, Rabh.,
Fungi europ. 376, 1743, Rabh., Herb. myc. ed. I. 1172, ed. II. 169, 170,
555. Schneider, Herb. schles. Pilze 2, 3, 51, 52, 110, 111, 234. 235,
Sydow, Mycoth. march. 524, Thümen, Fungi austr. 111, 419, 647,
Thümen, Mycoth. univ. 528, 925, Wartmann u. Winter, Schweiz. Krypt. 701.
Abbild.: Corda, Icones Fung. II. Taf. II, 21. Unger, Exanth. Taf. II, 14.
de Bary, l. c. Taf. IV.

Rasen dicht, niedrig, schneeweiss, fleckenweise, rundliche, gelbe
Flecken auf der Blattoberseite hervorrufend. Conidienträger
büschelig, zu 3—5 aus den Spaltöffnungen hervorbrechend, steif
aufrecht, niedrig, meist gleich hoch, durchschnittlich 55 μ lang,
unverzweigte Basis über $^3/_5$, circa 8 μ breit; Krone verschieden
gebaut, entweder endet die Hauptachse in eine einfache, pfriemliche
Spitze oder ist am Scheitel ein- bis zweimal kurz gabelig, seltener
dreitheilig, darunter entspringen 1—3 oder auch 4 horizontal abstehende Seitenäste, die selbst ein- bis dreimal gabelig, seltener
dreitheilig und meist sehr kurz und verhältnissmässig dick, seltener
verlängert sind, alle Aeste starr, gerade, die letzter Ordnung aus
breit aufgetriebener Basis pfriemlich, abgestutzt, rechtwinklig abstehend, gerade, seltener schwach gebogen. Es besteht eine grosse
Mannigfaltigkeit in der Structur der Conidienträger, bald fehlen die
Seitenäste durchaus, so dass nur eine kurz gedrungene, ein- bis
zweifach gabelige oder dreitheilige Krone vorhanden ist, bald sind
Seitenäste in wechselnder Zahl, Anordnung und Gliederung vorhanden. Conidien kugelig-eiförmig, mit sehr schwacher, kaum
hervortretender Scheitelpapille, farblos, sehr ungleich gross, 15—26 μ
breit, 20—32 μ lang, bei der Keimung Zoosporen bildend. Oosporen
gross, kugelig, meist 40 μ Durchmesser, mit dünner, durchscheinender,
schwach gelbbrauner, glatter oder sehr schwach warziger Membran;
Oogonium unregelmässig kugelig, mit farbloser oder bräunlicher,
starrer Membran; Keimung unbekannt. — Fig. 69 b, c, f.

Auf Umbelliferen: bis jetzt gefunden auf: Aegopodium Podagraria, Angelica silvestris, Anthriscus Cerefolium, silvestris, Conium maculatum, Daucus Carota, Heracleum Sphondylium, Laserpitium latifolium, Meum athamanticum, Mutellina, Pastinaca sativa, Petroselium sativum, Peucedanum palustre, Pimpinella Anisum, magna, saxifraga, saxifraga var. nigra, Sanicula europaea, Selinum carvifolium, Sium latifolium; April bis November.

Diese Form befällt zuweilen Culturen von Petroselium sativum und Daucus Carota und richtet hier nicht unbeträchtlichen Schaden an.

Sehr oft findet sich auf Aegopodium gesellig neben Pl. nivea Protomyces macrosporus, dessen Sporen zu einer Verwechselung mit den Oosporen der Peronospora führen können.

Peronospora Heraclei Rabh., 1879, Fungi europ. 2563 auf Heracleum giganteum ist gar kein Pilz, die von mir untersuchten Blattstücken waren nur fleckenkrank, keine Spur einer Peronospora zu finden.

313. Pl. pygmaea (Unger, 1833) Schröter, 1886 (l. c. p. 239).

Synon.: Botrytis pygmaea Unger. 1833, Exanth. p. 172.
Peronospora pygmaea Unger, 1847, Bot. Zeit. 1847, p. 315.
Peronospora macrocarpa Corda, 1842, Icones Fung. V. 52.
Peronospora macrocarpa Corda forma elongata de Bary, Rabh., Fungi europ. 374.
Peronospora Hepaticae Caspary, Monatsber. Berl. Akad. 1855, p. 329.
Peronospora curta Caspary bei Berkeley, Outl. brit. Fungol. 1860. p. 349.
Exsicc.: Fuckel, Fungi rhen. 2, 2642, Krieger, Fungi saxon. 294, 295, 395, Linhart, Fungi hung. 191, Rabh., Herb. myc. ed. I. 1972, Rabh., Fungi europ. 373, 374, 792, 1251, Schneider, Herb. schles. Pilze 6, 112, Sydow, Mycoth. march. 325, Thümen, Fungi austr. 108, Thümen. Mycoth. univ. 924.
Abbild.: Unger, Exanth. Taf. VI. 8. Corda. Icones Fung. V. Taf. II. 21. de Bary, A. sc. nat. 4. Serie XX. Taf. VII, 10—15.

Rasen niedrig, ziemlich dicht, fleckweise, weisslich. Conidienträger zu 2—5 und mehreren aus den Spaltöffnungen hervorbrechend, 100—150 μ hoch, unverzweigte Basis 9/10 und mehr, dickcylindrisch, 8—15 μ dick, nur wenig bis zur Theilungsstelle verjüngt; Krone sehr klein und dürftig, nur aus wenigen kurzen Aestchen bestehend, entweder in 2—4 einfache, kurze, conidienbildende Aestchen getheilt oder kurz zweifach gabelig und sonst einfach oder unter der Spitze in 1—4 kurze, horizontal abstehende, ein- bis dreifach gabelige Aestchen getheilt, Endzweiglein kegeligpfriemlich, abgestutzt: die Gabelästchen 1,5 – 2,5 μ dick, meist 8 (6—12,5) μ lang, zu einer Ausbildung längerer Aeste kommt es nie, die ganze Krone ist kurz, gedrungen. Conidien eiförmig oder

ellipsoidisch, mit kleiner Scheitelpapille, weisslich, verschieden gross,
15—23 *µ* breit, 20—30 *µ* lang; bei der Keimung tritt der Inhalt
der Conidie aus der Scheitelpapille als ein Ganzes heraus und treibt
dann einen Keimschlauch, keine Zoosporenbildung. Oosporen
kugelig, mit glatter oder schwach rauher, dünner, gelblichbrauner
Membran; Wand des Oogoniums persistent, mässig dick; Keimung
unbekannt. — Fig. 69 *a*.

Auf Ranunculaceen: Anemone alpina, hepatica, nemorosa, ranunculoides, trifolia, Aconitum Napellus, Isopyrum thalictroides; Mai
bis Juli.

Peronospora parvula Schneider in sched. Herb. de Thümen ohne Diagnose
in Sacc., Sylloge VII. 1, p. 264 citirt, auf Isopyrum fumarioides bei Minussinsk
gesammelt, gehört wahrscheinlich hierher.

Als Peronospora alpina hat Johanson 1886 einen Pilz auf Thalictrum
alpinum aus Jämtland beschrieben (Bot. Centralbl. XXVIII. p. 393). Nach dem Autor
steht diese Form der Pl. pygmaea am nächsten, ist aber in allen Theilen kleiner.
Johanson giebt folgende Diagnose: „Rasen sehr locker, kaum sichtbar, weiss.
Conidienträger ziemlich lang, am Ende gewöhnlich dreitheilig (ein Endzweig und
zwei Seitenzweige), die Seitenzweige sehr kurz, der untere und längere ist nur
12—15 *µ* lang bis zur Spitze der äussersten Endäste, Endäste jedes Zweiges
ziemlich zahlreich (6—8), dicht gedrängt, sehr dünn und kurz, 5—7 *µ* lang,
1.5—2 *µ* breit. Conidien elliptisch oder eiförmig, 13—16 *µ* breit, 18—23 *µ* lang,
am Scheitel mit kleiner Papille. Oosporen kugelig, 30—40 *µ* Durchmesser." Bei
Pl. pygmaea sollen die Seitenzweige nach Johanson gewöhnlich länger, die Endäste
nicht so zahlreich und viel länger und breiter (2,5—3,5 *µ* breit, 7—14 *µ* lang),
die Conidien grösser, 18—23 *µ* breit, 22—30 *µ* lang sein. Hierauf beruhen nach
Johanson die Unterschiede zwischen Pl. pygmaea und seiner Peronospora alpina.
Bei der grossen Variabilität in Grösse und Form der Conidienträger und Conidien,
welche unsere Pl. pymaea auszeichnet, scheinen mir die Merkmale, welche Johanson
für seine P. alpina anführt, nicht massgebend zu sein, weshalb ich dieselbe einstweilen nur als kleinere Form der P. pygmaea betrachten möchte.

314. **Pl. densa** (Rabh., 1851) Schröter, 1886 (l. c. p. 239).

Synon.: Peronospora densa Rabh., 1851, Rabh., Herb. myc. ed. I. 1572.
Peronospora nivea Unger, Bot. Zeit. 1847 ex parte (?).

Exsicc.: Fuckel, Fungi rhen. 34, Krieger, Fungi saxon. 147, 342,
Rabh., Fungi europ. 795, 1363, 2015, 2418, Rabh., Herb. myc. ed. I.
1572, ed. II. 173, Schneider, Herb. schles. Pilze 53, 113—115, 351,
Sydow, Mycoth. march. 1530, 3243, Thümen, Fungi austr. 113, 645, 1140,
Thümen, Mycoth. univ. 343.

Abbild.: de Bary, A. sc. nat. 4. Serie XX. Taf. VII, 1—9.

Rasen sehr dicht, filzig, niedrig, die ganze Blattunterseite überziehend, anfangs schneeweiss, später gelblich. Conidienträger
dicht büschelig, zu 10 und mehr aus einer Spaltöffnung hervor-

brechend, ca. 200 μ hoch, ungetheilte Basis gegen ³/₄, ca. 8 μ dick; Krone sehr schmächtig und armästig, verschiedenartig gebaut, entweder endet der Conidienträger in einem kurz ein- bis dreimal gabeligen Scheitel und ist sonst ungetheilt oder er trägt unter demselben noch 1—3 horizontal abstehende, alternirende oder opponirte starre, gerade Aestchen, die selbst wiederum ein- bis dreimal kurz gabelig sind; schliesslich kommen auch nur diese Aestchen vor und die Hauptachse des Conidienträgers endet in eine einfache, pfriemliche Spitze, alle Aeste kurz, gerade, Endäste schmal kegelig pfriemlich, 9—14 μ lang, abgestutzt, gerade, rechtwinklig oder weit spitzwinkelig divergirend. Conidien ungleich an Form und Grösse, theils breit-ellipsoidisch, fast kugelig, theils annähernd citronenförmig, mit schwacher Scheitelpapille, farblos, 12—17 μ breit, 14 bis 20 μ lang; bei der Keimung tritt der Inhalt als Kugel aus der Scheitelpapille hervor und treibt nunmehr einen Keimschlauch. Oosporen kugelig, mit dünner, gelblicher Membran. 25—35 μ Durchmesser; Oogonium annähernd kugelig, 30—45 μ Durchmesser, mit sehr dicker, farbloser oder schwach gelblicher, zweischichtiger Membran; Keimung unbekannt. — Fig. 69 d, e. g.

Auf Scrophularineen (Rhinantheen): Alectorolophus major, minor, alpinus, Bartschia alpina, Euphrasia officinalis, pratensis, Odontites, Pedicularis silvatica, palustris; Mai bis August.

Betreffs der auf Euphrasia officinalis ausserdem vorkommenden Peronospora lapponica Lagerheim vergleiche man die Anmerkung hinter P. Antirrhini.

II. **Altao.** Conidienträger über 250 μ, meist 500 μ hoch und noch höher, oft sehr schlank, reich verästelt.

315. **Pl. Geranii** (Peck) Berlese u. de Toni in Saccardo, Sylloge fung. VII. 1, p. 242.

Synon.: Peronospora Geranii Peck, 1879, 25.Rep.N.-Y.StateMus. p.63. Peronospora nivea Unger var. Geranii Farlow, Bull. of the Bussey Instit. 1. 426.

Exsicc.: Rabh., Fungi europ. 3176 (Ellis, North Amer. Fungi 215).

Rasen dicht, ausgebreitet, weiss. Conidienträger sehr zahlreich, büschelig hervorbrechend, durchschnittlich 250 μ (bis 350 μ) hoch, Basis ²/₃; Krone armästig, nicht gabelig, die Hauptachse entweder in eine Spitze endend oder zwei- bis dreizinkig, darunter mit einer Anzahl unregelmässig gestellter, fast rechtwinkelig abgehender Seitenäste, diese zwei- bis dreifach undeutlich gabelig mit kurzen, geraden, rechtwinkelig abzweigenden Aestchen, Endästchen gerade,

lang, dick-pfriemlich, abgestutzt, spreizend. Conidien rundlich-quadratisch, mit flacher, undeutlicher Scheitelpapille, farblos, 20 μ breit, 24 μ lang, Keimung nicht beobachtet. Oosporen mit glattem oder schwach rauhen, dünnen Epispor, 25—40 μ Durchmesser, Wand des Oogoniums dick und starr; Keimung unbekannt.
Auf Geraniaceen, bisher nur in Nordamerika beobachtet (Geranium carolinianum, maculatum, Robertianum).

Diese Form könnte sich auch im Gebiete finden, sie ist von Peronospora conglomerata durchaus verschieden, nähert sich aber Plasmopara pusilla, von der sie sich aber deutlich durch die viel höheren und reicher verzweigten Conidienträger unterscheidet.

316. **Pl. Halstedii** (Farlow, 1883) Berlese u. de Toni in Saccardo, Sylloge VII. 1, p. 242.

Synon.: Peronospora Halstedii Farlow, 1883, Hedwigia XXIII. p. 143.
Exsicc.: Rabh., Fungi europ. 3278, 3279.

Conidienträger kräftig, 300—700 μ hoch, Basis 11—15 μ dick, mit zahlreichen zwei- bis vierfach fiederigen, horizontal abstehenden Seitenästen, diese nach oben kürzer werdend und in 3—4 lange, dünne, spitze, weit spreizende Enden auslaufend. Conidien oval oder elliptisch, ohne Scheitelpapille, 15—26 μ breit, 19—30 μ lang, farblos. Oosporen mit dünnem, gelblichbraunen, schwachfaltigen Epispor, 23—30 μ Durchmesser; Keimung unbekannt.

Diese Form, deren Beschreibung nach Farlow gegeben wurde, ist nur aus Nordamerika bekannt und findet sich dort auf zahlreichen Compositen, unter anderen auf Helianthus tuberosus, Madia sativa, Rudbeckia laciniata; könnte auch im Gebiete auftreten. Eine orientirende Untersuchung des Materials von Ellis (North Amer. Fungi 1403 a und d) ergab, dass diese Form im Bau der Endästchen der Conidienträger an Bremia Lactucae erinnert, ohne aber den Gesammthabitus einer Plasmopara zu verlieren.

317. **Pl. ribicola** Schröter (1883) 1886 (Kryptfl. III. p. 238).

Synon.: Peronospora ribicola Schröter, 1883, Jahresber. d. schles. Ges. f. vaterl. Cultur 1883, p. 179.

Rasen sehr locker, fleckenweise, weiss. Conidienträger straff aufrecht, 200—400 μ hoch, mit 3—5 aufrecht abstehenden, geraden Aesten, meist in eine Endspitze auslaufend; Aeste gerade, die unteren mit 3—5 geraden Seitenästen, Endästchen gerade, verschmälert, abgestutzt. Conidien kurz ellipsoidisch, 11—13 μ breit, 15—20 μ lang, mit flacher Scheitelpapille; Keimung nicht beobachtet. Oosporen unbekannt.

Auf Ribes rubrum. October.

Da ich diese Form selbst nicht gesehen habe, kann ich nur die Diagnose Schröter's wiedergeben.

318. **Pl. Epilobii** (Rabh. 1874) Schröter. 1886 (Kryptfl. III. p. 238).

Synon.: Peronospora Epilobii Rabh., Fungi europ. 1747.
Exsicc.: Rabh., Fungi europ. 1747, Schneider, Herb. schles. Pilze 356, Sydow, Mycoth. march. 2652.

Rasen locker, hoch, meist fleckenweise, hier und da auch grössere Strecken überziehend, weiss. Conidienträger büschelig, schlank, 300—500 μ hoch, Basis über $^3/_5$, 7 μ dick; Hauptachse nur im kleineren obersten Theil kurz zwei- bis dreimal gabelig oder dreitheilig, im unteren grösseren Theil locker rispig verzweigt mit 3—5 Seitenästen, die entweder theilweise sich gegenüberstehen oder in Zwischenräumen von 30—50 μ einzeln aus dem Hauptstamm entspringen, Seitenäste lang, aufrecht oder auch rechtwinkelig abstehend, gerade, wiederum drei- bis fünfmal getheilt, bald gabelig, bald monopodial verzweigt mit rechtwinkelig ansetzenden, geraden Aestchen, Endäste gabelig oder dreizinkig, gerade, stumpf, abgestutzt, rechtwinkelig, meist ziemlich lang, dick pfriemlich, bis 12 μ lang, zuweilen auch kurz, zahnartig. Conidien breit-eiförmig oder kurz-ellipsoidisch, stumpfkantig, mit sehr flacher Scheitelpapille, 11—14 μ breit, 13—16 μ lang, farblos; Keimung nicht beobachtet. Oosporen unbekannt.

Auf Epilobium palustre und parvifolium. Juli bis September.

Ist sowohl von der auf Oenothera biennis in Amerika gefundenen P. Arthuri, als auch von der auf cultivirten Oenothereen vorkommenden Phytophthora omnivora leicht zu unterscheiden.

319. **Pl. obducens** Schröter (1877) 1886 (Kryptfl. III. p. 238).

Synon.: Peronospora obducens Schröter, 1877, Hedwigia XVI. p. 129.
Exsicc.: Rabh., Fungi europ. 2344, Thümen, Mycoth. univ. 1918.

Rasen dicht, die ganze Unterseite der Cotyledonen überziehend, schneeweiss. Conidienträger büschelig, zu 4—8 aus einer Spaltöffnung hervorbrechend, schlank, bis 500 μ hoch, ungetheilte Basis $^3/_5$, 8—11 μ dick; Hauptachse im obersten Theil zwei- bis dreifach dichotom, oft trichotom, mit gedrungenen, geraden, starren, kurzen, meist rechtwinkelig in sich kreuzende Ebenen fallenden Gabelästchen, im unteren Theil mit 2 oder 3 in verschiedener Höhe entspringenden, fast horizontal abstehenden, geraden Seitenästen, welche selbst vier- bis fünffach gabelig oder dreitheilig sind, vom gleichen Bau wie die Spitze der Hauptachse, alle Aeste an den Theilungsstellen mehr

oder weniger erweitert, Endästchen starr, gerade, kurz oder 7—9 μ
lang, breit kegelig, oft stark stumpfwinkelig spreizend oder rechtwinkelig, niemals gekrümmt, nach dem Abfallen der Conidien breit
abgestutzt. Conidien breit-elliptisch oder eiförmig mit sehr seichter
Scheitelpapille, 12—15 μ breit, 15—20 μ lang, farblos; bei der Keimung
6—12 Zoosporen bildend. Oosporen nicht in den Cotyledonen,
nur im Hypocotyl, kugelig, mit 1—5 μ dickem, hellgelbbraunen,
glatten Epispor, 26—30 μ Durchmesser: Oogonium 44—50 μ Durchmesser, mit dicker und starrer, sich bräunender Membran; Keimung
unbekannt.

Auf den Cotyledonen von Impatiens nolitangere. Mai, Juni.

Das Mycelium ist ungleich dick, bis 20 μ, oft je nach der Weite der Inter-
cellularräume knotig eingeschnürt, Haustorien finden sich nach Schröter (l. c.) nur
im Hypocotyl und sind ei- oder sackförmig (11—18 μ lang, 6—8 μ breit). Die
Conidienträger entwickeln sich nur auf den Cotyledonen und fallen Ende Mai oder
Anfang Juni mit diesen ab, nur ausnahmsweise geht der Pilz auch auf die Laub-
blätter über. Die Oosporen wurden niemals in den Cotyledonen und ihren Stielen,
auch den abgefallenen nicht, aufgefunden, wohl aber reichlich in dem nicht hyper-
trophischen Hypocotyl. Die befallenen Cotyledonen bleiben dunkelgrün und von
normaler Grösse, rollen sich aber der Länge nach mehr oder weniger ein.

Auf Balsamina war die Krankheit durch die Conidienschwärmer nicht übertragbar. Weitere Einzelheiten bei Schröter (Hedwigia XVI. p. 129.) Ist auf
Impatiens parviflora noch nicht beobachtet worden.

320. **Pl. viticola** (Berkeley u. Curtis 1848; de Bary, 1863)
Berlese u. de Toni, 1888 in Saccardo, Sylloge VII. 1. p. 239.

> Synon.: Botrytis viticola Berkeley u. Curtis, 1848 in Ravenel, Fungi
> Carol. exs. Fasc. V, no. 90.
> Peronospora viticola (Berkeley u. Curtis) Caspary, 1855, Monatsber. d.
> Berl. Akad. p. 331.
> Peronospora viticola de Bary, 1863, A. sc. nat. 4. Serie XX. p. 125.
> Als Botrytis cana Link von Schweinitz bereits 1834 in Nordamerika
> gesammelt.
> Exsicc.: Kunze, Fungi sel. exs. 589, Linhart, Fungi hung. 88, Rabh.,
> Fungi europ. 2774, Sydow, Mycoth. march. 650, Thümen, Mycoth. univ.
> 617, 1511.
> Abbild.: Farlow, Bull. Bussey Instit. 1876. 2 Tafeln. Cornu, Mém.
> de l'Acad. de sc. de l'Instit. de France 1882, Taf. I—IV. Kerner, Pflanzen-
> leben II. p. 53.

Rasen dicht, hoch, weisslich, grössere Flecken bildend, sowohl
auf den Blättern, als auch auf Inflorescenzen und jungen Früchten.
Conidienträger büschelig aus den Spaltöffnungen hervorbrechend,
sehr schlank, 250—850 μ hoch, selten niedriger, Basis dünn, kaum
über 8 μ breit, nicht unter $^2/_3$, oft $^4/_5$ und dann sehr hoch gestielte

Krone: Krone nicht gabelig, sondern monopodial, rispig verzweigt,
Hauptachse in einfach oder zweifach sehr kurz gabelige oder tricho-
tome Spitzchen auslaufend, unterhalb mit 4—6 im Verhältniss zur
Höhe des ganzen Trägers kurzen Seitenästen I. Ordnung, die meist
alterniren und zweizeilig angeordnet in dieselbe Ebene fallen, nach
der Spitze des ganzen Trägers kürzer werdend. Die Seitenäste
I. Ordnung tragen kurze Seitenäste II. Ordnung, die entweder unverzweigt sind oder einige kleinere Aeste III. Ordnung tragen, die
Seitenäste I. Ordnung kurz unter der Spitze sind unverzweigt.
Zweige aller Ordnungen genau oder fast rechtwinkelig abstehend,
gerade, mit rechtwinkeliger Kreuzung der aufeinanderfolgenden Ver-
zweigungsordnungen; alle Zweige wie die Hauptachse in kurze,
gabelige oder trichotome, nur 3—4 μ lange, kegelige Spitzchen auslaufend, die nach dem Abfallen der Conidie breit abgestutzt sind.
Conidien eiförmig, klein, sehr verschieden gross, die kleinsten
8,5 μ breit, 12,5 μ lang, die grössten 17 μ breit, 30 μ lang, am
häufigsten von mittlerer Grösse, ohne Papille, mit breit abgerundetem
Scheitel und glatter, farbloser Membran. Oosporen kugelig, 30 μ
Durchmesser, mit bräunlichem, glatten oder schwach unregelmässig
faltigen Epispor, Oogonwand ziemlich dünn, farblos oder gelblich;
keimen mit Schlauch, der später zum Conidienträger wird. — Fig. 70.

Auf wilden und cultivirten Arten der Gattung Vitis, in den
Weinbergen europäische und amerikanische Reben befallend und
oft sehr schädlich; Juli bis Herbst. Auch auf Ampelopsis hederacea;
beobachtet ausser auf Vitis vinifera z. B. auf folgenden amerikanischen
Sorten: Vitis aestivalis, cordifolia, Labrusca, vulpina.

Diese in Nordamerika einheimische Art ist 1878 in Europa zum ersten Male
beobachtet und mit amerikanischen Reben eingeschleppt worden. Sie hat sich
jetzt in alle weinbauenden Länder Europas ausgebreitet und richtet oft nicht
unbeträchtlichen Schaden an, besonders durch Vernichtung des Laubes (Mildew
der Amerikaner). Seit ihrem Auftreten in Europa ist sie sehr eingehend untersucht worden; eine ausführliche Darstellung der bis 1882 erhaltenen Resultate
bietet Cornu's Arbeit in den Mémoires de l'Acad. von 1882. Einen kurzen Abriss
bis 1887 giebt O. E. R. Zimmermann im bacteriologischen Centralbl. II. Gegenwärtig beschäftigt sich die umfangreiche Literatur nur mit der hier nicht zu
besprechenden praktischen Bekämpfung des lästigen Parasiten.

Man beachte noch folgende Bemerkungen:

Die Oosporen finden sich in den Blättern und Früchten, in den ersteren oft
in solcher Masse, dass Prillieux (Bull. soc. bot. France XXXIV. p. 85) bis zu
200 Stück auf einem Quadratmillimeter Blattfläche zählte. Sie entstehen, wie bei
allen Peronosporaceen, meist etwas später als die Rasen der Conidienträger und
dienen zur Ueberwinterung des Parasiten. Die Keimfähigkeit der Oosporen erlischt
erst nach einigen Jahren und erhält sich auch, wenn diese austrocknen.

Vereinzelte Conidienträger bleiben gelegentlich klein, zwergartig und tragen Riesenconidien von länglich birnförmiger Gestalt; eine Darstellung dieser Missbildung findet sich bei Cornu (l. c. Taf. I, 2) eine genaue Beschreibung bei Prillieux (Bull. soc. bot. France XXX. p. 20).

Das Mycelium bildet zahlreiche, sehr kleine, bläschenförmige Haustorien und dringt von den jungen Beeren aus auch durch Risse der Samenschale in die jungen Samen ein. Nach Prillieux (l. c. p. 23) entstehen sogar innerhalb der Samenhöhlung Conidienträger.

Eine Conidie bildet im Wasser 3—17, meist 5—6 Schwärmsporen. In den älteren Conidienträgern treten nicht selten vereinzelte Querwände auf.

LXVII. **Sclerospora** Schröter, 1879 (Hedwigia XVIII. p. 86).

Mycel wie bei voriger, intercellular wachsend, mit kleinen bläschenförmigen Haustorien. Conidienträger niedrig, niemals rein gabelig verzweigt, mit hochgestielter, sehr armästiger Krone, deren Aeste kurz und plump sind und in kurze gabelige oder dreitheilige, kegelig-pfriemliche Enden auslaufen; diese nach dem Abfallen der Conidien breit abgestutzt, die ganzen Träger sehr vergänglich und bald schrumpfend. Conidien durch einmalige Abschnürung einzeln an den Astenden entstehend, breit-ellipsoidisch, farblos, glatt, keimen mit fertig hervortretenden Schwärmsporen von derselben Structur wie bei Plasmopara. Sexualorgane nur intramatrical, wie bei voriger. Oosporen einzeln in den Oogonien, mit diesen eine kugelig-stumpfeckige Scheinspore bildend, durch Verwachsung der dicken Oogonwand mit der dünneren Sporenhaut. Keimung unbekannt.

Diese durch die Gestalt der Conidienträger an Plasmopara Sectio Supinae sich anschliessende Gattung unterscheidet sich von allen Peronosporaceen durch die Verwachsung der Oospore mit der Wand des Oogons und die hierdurch bedingte Entstehung einer Scheinspore. Da bei Plasmopara ebenfalls die Oogonwand meist sich verdickt und dauernd die reife Oospore umgiebt, ohne aber mit ihr zu verwachsen, so stellt Sclerospora die nächste Stufe dieser Entwickelungsrichtung dar. Bei beiden Gattungen wird das Oogon gewissermassen zu einer Schliessfrucht, bei Plasmopara einer Nuss, bei Sclerospora einer Caryopse vergleichbar.

321. **S. graminicola** (Saccardo, 1876) Schröter, 1879, l. c.

Synon.: Protomyces graminicola Saccardo, 1876, Nuovo giorn. bot. it. 1876, p. 172.

Peronospora Setariae Passerini, 1878, Rabh., Fungi europ. 2564; auch Grevillea 1879, VII. p. 99.

Ustilago Urbani Magnus, 1877, in sched. (conf. Hedwigia 1879, XVIII. p. 19).

Exsicc.: Krieger, Fungi saxon. 498, 499, Rabh., Fungi europ. 2498, 2564, Schneider, Herb. schles. Pilze 553, Sydow, Mycoth. march. 9, 244 Thümen, Mycoth. univ. 1315.

Rasen sehr locker, klein, krümelig-flockig, leicht übersehbar,
weiss. Conidienträger straff aufrecht, einzeln oder zu wenigen,
niedrig, ca. 100 μ hoch, ungetheilte Basis über $^1/_5$, 10—12 μ dick,
Aeste sehr spärlich, kurz und plump, aufrecht, fast dem Stamm
anliegend, Endäste sehr kurz, gerade, dichotom oder trichotom, Krone
köpfchenförmig: sehr vergänglich. Conidien eiförmig-kugelig oder
breit-elliptisch, 20 μ lang, 15—18 μ breit, mit farbloser, glatter
Membran und farblosem Inhalt. Oosporen oder richtiger Schein-

Fig. 71.

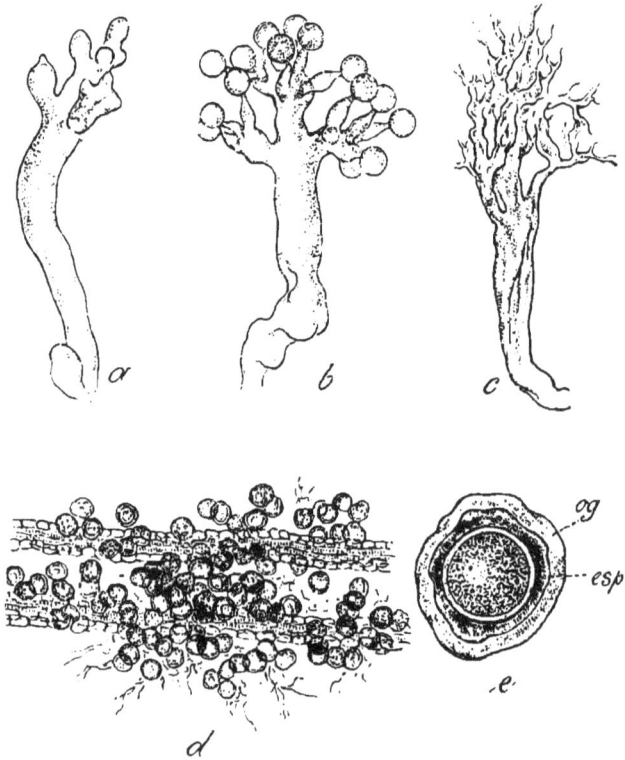

Sclerospora. — Scl. graminicola. *a—c* Conidienträger verschiedenen Alters;
a noch jung und ohne Conidien, *b* mit unreifen Conidien, *c* nach dem Abfallen
der Conidien, flatterig-zusammengefallen (Vergr. 360). *d* Zwei Blattnerven von
Setaria mit zahlreichen Oosporen an Stelle des vom Pilz zerstörten Blattgewebes
(Vergr. 52). *e* Eine reife Oospore, deren dickes, durch Kali etwas gequollenen
Exospor (*esp*) mit der stark verdickten Oogonwand (*og*) fest verwachsen ist, mit
dieser eine Art Caryopse bildend (Vergr. 360). Alle Bilder nach der Natur.

oosporen unregelmässig rundlich-eckig, 35—45 μ, selbst über 50 μ Durchmesser; eigentliche Oospore kugelig, 26—33 μ Durchmesser, mit farbloser, glatter, ca. 2 μ dicker Haut (Innenhaut), Oogonwand (Aussenhaut) 4—11 μ, selbst 17 μ dick, ungleich stumpfeckig, kastanienbraun. Keimung nicht beobachtet. — Fig. 71.

Auf Setaria-Arten: S. glauca, verticillata, viridis; nicht auf Panicum filiforme und P. Crus galli (conf. Magnus, Hedwigia 1879); Juni bis October.

Die Conidienträger-Rasen sind sehr locker und zart, die Bildung von Conidien tritt stark zurück gegenüber der massenhaften Entstehung der Oosporen. Die Conidienträger entwickelnden Blätter sind weisslich, dick, spröde, meist eingerollt, die oosporenhaltigen anfangs desgleichen, später aber durch Zerstörung des Blattparenchyms in die Nerven zerfasert, zwischen denen das rothbraune Pulver der zahllosen Oosporen liegt. (Näheres bei Schröter, Hedwigia 1879, XVIII. p. 83 und Prillieux, Bull. d. l. soc. bot. France 1884, XXXI. p. 397.)

Als Sclerospora Magnusiana hat Sorokin (1889, Revue myc. XI. p. 143, Taf. 90, Fig. 201—230) eine der obigen sehr nahe stehende Form beschrieben, welche auf einem Equisetum bei Orsk (Russland) beobachtet wurde. Conidienträger wurden nicht beobachtet, es scheint auch hier die Conidienbildung zurückzutreten, die Oosporenbildung vorzuherrschen. Nicht unmöglich ist es, dass sich Formen finden werden, bei denen die Conidienbildung ganz unterdrückt ist; es liesse sich dann von hier aus ein Uebergang zu Protomyces und den Ustilagineen denken unter gleichzeitiger Annahme von Apogamie. Ob bei Sclerospora bereits gelegentlich apandrische Oogonien vorkommen ist nicht untersucht.

2. Unterfamilie. *Siphoblastae.*

Ungeschlechtliche Fortpflanzung durch Conidien, welche mit Keimschlauch keimen und den abfallenden Zoosporangien der Planoblastae homolog sind.

Conidien an scharf gesonderten, immer rein gabelig, reich verzweigten Trägern mit begrenztem Wachsthum und einmaliger Conidienabschnürung.

LXVIII. **Bremia** Regel, 1843 (Bot. Zeit. p. 665).

Mycelium wie bei den vorigen, intercellular wachsend, Haustorien nie verzweigt fädig, immer klein, bläschen- oder keulenförmig. Conidienträger mit mehrfach gabeliger Krone, deren Astenden paukenförmig angeschwollen sind und aus dem Rande und der oberen Fläche dieser Anschwellung 2—8 kurze, je eine Conidie abschnürende Stielchen treiben. Conidien mit Scheitelpapille, aus welcher allein der Keimschlauch hervorwächst, glatt, farblos. Sexualorgane intramatrical, wie bei vorigen. Oosporen mit dünnem, meist glatten Epispor einzeln in den Oogonien mit zusammenfallender, dünner Membran. Keimung nicht beobachtet.

Fig. 72.

Bremia. — Br. Lactucae. *a* Krone eines Conidienträgers mit den charakteristisch verbreiterten Astenden (Vergr. 230). *b* Zwei Astenden mit 4 und 5 kurzen Sterigmen am Rande, die je eine Conidie gebildet haben (Vergr. 570). *c* Keimende Conidie, deren Keimschlauch hier regelmässig am Scheitel hervortritt (Vergr. 400). *a* und *b* nach der Natur, *c* nach de Bary.

De Bary vereinigte die von Regel aufgestellte Gattung mit Peronospora und stellte sie hier in eine besondere Section, die der Acroblastae. Schröter (Kryptfl. v. Schles. III. p. 239) dagegen hat die Regel'sche Gattung wieder aufgenommen und mit Recht, denn ausser der charakteristischen Keimung der Conidien ist die Structur der Conidienträger doch derart, dass sie die Aufstellung einer besonderen Gattung verlangt. Nahe Beziehungen haben einige Species der Gattung Plasmopara, so besonders Pl. australis.

322. Br. Lactucae Regel, 1843 (Bot. Zeit. 1843, p. 665).

Synon.: Botrytis ganglioniformis Berkeley, 1846, Journ. of the Hortic.
Soc. Lond. I. p. 51 und An. a. Mag. nat. hist. 2. Serie VII. p. 100.
Peronospora gangliformis de Bary, 1863, A. sc. nat. 4. Serie XX. p. 108.

Peronospora ganglioniformis Tulasne, Comptes rendus 1851, p. 1103.
Botrytis parasitica var. Lactucae Berkeley, Brit. Fungi no. 331.
Botrytis Lactucae Unger, Bot. Zeit. 1847, p. 316.
Botrytis geminata Unger, Bot. Zeit. 1847, p. 316, Taf. VI, 9.
Botrytis (Tetradium) sonchicola Schlechtendal, Bot. Zeit. 1852, p. 620.
Actinobotrys Tulasnei Hoffmann, Bot. Zeit. 1856, p. 151 (Rabh., Herb.
        myc. ed. II. 326).
Polyactis sonchicola Rabh., Herb. myc. ed. I. 1775.
Peronospora nivea Unger, Bot. Zeit. 1847 ex parte.
Peronospora stellata Delacroix bei Kickx, Flore crypt. de Flandre II. 1867.
        Exsicc.: Fuckel, Fungi rhen. 33, Krieger, Fungi saxon. 47, Kunze,
Fungi sel. exs. 584, 585, Linhart, Fungi hung. 189, Rabh., Herb. myc.
        ed. I. 1775, ed. II. 168, 326, Rabh., Fungi europ. 290, 796, 1173, 3073,
        3074, 3075, 3175, Schneider, Herb. schles. Pilze 7—12, 116, 117, 237—214,
        352, 353, 410, 411, 554, Thümen, Fungi austr. 112, 423, 833, 749, 1139,
        Thümen, Mycoth. univ. 132.
    Abbild.: Regel, Bot. Zeit. 1843, Taf. III. Berkeley, Journ. Hortic.
Soc. Lond. I. Tat. IV. de Bary, l. c. Taf. VIII, 1—3. Cornu, Mém. d.
l'Acad. d. Sc. de l'Instit. d. France 1882.

Rasen flockig, ziemlich dicht, ausgebreitet, weiss. Conidienträger meist einzeln, seltener zu 2—3 hervorbrechend, zerbrechlich,
240—400 μ hoch, ungetheilte Basis $2_{.3}$, 8—10 μ dick: Krone hoch
gestielt, zwei- bis sechsfach gabelig, zuweilen dreitheilig. Aeste gebogen, schlank, abstehend, oberhalb erweitert und etwas aufgetrieben;
letzte Gabeläste am Scheitel aufgeblasen, zu einer paukenförmigen
oder verkehrt-kegeligen Anschwellung, aus deren Rand und oberer
Fläche 2—8 kegelig-pfriemliche, den Durchmesser der Anschwellung
an Länge nicht erreichende Fortsätzchen entspringen, welche die
Conidien einzeln abschnüren; (sehr selten tragen die nur etwas
erweiterten Zweigenden direct die Conidien: Endanschwellung zuweilen gabelig). Conidien klein, fast kugelig oder breit ellipsoidisch,
mit flacher, breit gedrückter Scheitelpapille, meist 15 μ breit, 17 μ
lang. Oosporen klein, kugelig, mit dünnem, durchsichtigen, gelbbraunen, glatten oder schwachwarzigen Epispor, 26—34 μ Durchmesser; Oogonien mit dünner, farbloser, nach der Sporenreife zusammenfallender Membran. — Fig. 72.

Auf Compositen: Centaurea Cyanus, Jacea, Cichorium Endivia,
Cirsium arvense, canum, lanceolatum, oleraceum, Crepis biennis,
grandiflora, paludosa, tectorum, virens, Cynara Cardunculus, Hieracium boreale, murorum, Pilosella, pratense, stoloniflorum, umbellatum,
vulgatum, Hypochoeris glabra, radicata, Lactuca sativa, sagittata,
Scariola, Lampsana communis, Lappa major, Leontondon autumnalis,
hispidus, Mulgedium alpinum, Picris hieracioides, Senecio Jacobaea,

vernalis, vulgaris, Sonchus arvensis, asper, oleraceus, Tragopogon pratensis. Mai bis November.

Befällt nicht selten Salatpflanzungen und verursacht die in Frankreich „Le Meunieur" genannte Krankheit; auch in einer Cineraria-Cultur trat sie verheerend auf (Lubatsch, Monatsschr. d. Vereins z. Beförd. d. Gartenbaues 1878, p. 543). Auch in Gärten, botanischen Gärten und Treibhäusern tritt dieser Pilz gelegentlich auf cultivirten, ausländischen Pflanzen auf, z. B. Helichrysum chrysanthum, macranthum, Lactuca altissima, crispa, japonica, palmata, etc.

LXIX. **Peronospora** (Corda. 1837. Icones Fung. I. p. 20) Schröter (Kryptfl. v. Schles. 1886. III. p. 241).

Mycelium wie bei vorigen, in den Intercellularräumen der ganzen Wirthspflanze sich ausbreitend: Haustorien immer und meist reichlich vorhanden, bei P. Radii, leptosperma und violacea kurz bläschenförmig, bei den anderen zahlreichen Species fadenförmig, mehr oder weniger reich verzweigt, mit gewundenen und in mannigfacher Weise dem Raum der Zellen sich anschmiegenden Aestchen, zuweilen (P. calotheca, parasitica) mit ihren Fadenknäueln die ganze Zelle erfüllend. Conidienträger immer über 100 μ hoch, mit reichästiger, vier- bis zehnfach gabeliger Krone, deren Aeste gerade oder meist gebogen sind, die letzten Gabeläste immer zugespitzt, niemals gestutzt, entweder kurz kegelspitzig und in rechtem oder stumpfen Winkel spreizend oder lang, zangenförmig gebogen spitzwinkelig oder rechtwinkelig ansetzend, bald gerade, bald gekrümmt. Conidien durch einmalige Abschnürung einzeln an den Astenden gebildet, eiförmig oder ellipsoidisch, ohne Scheitelpapille, stumpf, in einigen Fällen kugelig oder fast kugelig, in anderen langellipsoidisch, doppelt so lang als breit, mit farbloser oder schmutzigvioletter, glatter, dünner Membran, bei der Keimung aus einer beliebigen Stelle der Seitenwand einen Keimschlauch treibend. Sexualorgane intramatrical, wie gewöhnlich. Oosporen einzeln im Innern kugeliger, dünn- oder dickwandiger Oogonien, kugelig, mit dünnem, farblosen Endospor und dickem, gelblichbraunen oder braunen Epispor, dieses entweder ganz glatt oder mit warzigen oder leistenartigen Verdickungen. Die Oosporen keimen nach längerer Ruheperiode erst im nächsten Frühjahr, soweit bekannt, mit Keimschlauch.

Die Gattung Peronospora im Sinne de Bary's (A. sc. nat. 4. Serie XX. 1863 und Morphologie u. Biologie der Pilze 1884) umfasste auch noch die bereits beschriebenen Gattungen Bremia, Plasmopara und Basidiophora. Schröter (Kryptfl. v. Schles. III. 1886. p. 105) hat zuerst die hier befolgte engere Umgrenzung der

Fig. 73.

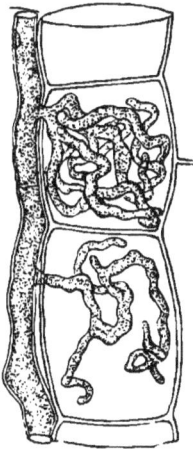

Peronospora. — *a—g* Letzte Gabelzweige der Conidienträger. *a—d* Divaricatae: *a* P. Schachtii, *b* P. Radii, *c* P. leptosperma, *d* P. Rumicis; *e* Intermediae: P. Euphorbiae; *f* und *g* Undulatae: *f* P. Linariae, *g* P. parasitica; Näheres über die genannten Gruppen auf pag. 446 dieses Bandes (Vergr. 360). *h* P. effusa. Keimende Conidien mit beliebigen Austrittsstellen des Schlauches (Vergr. 190). *i* P. calotheca. Intercellularer Mycelschlauch mit kräftigen, fadenförmigen Haustorien, Längsschnitt durch den Stengel von Asperula odorata (Vergr. 390). *a—g* nach der Natur. *h, i* nach de Bary.

Gattung Peronospora durchgeführt, sie umfasst jetzt die Sectio IV Pleuroblastae der im Jahre 1863 von de Bary (l. c.) gegebenen Eintheilung der alten Gattung Peronospora. Vor de Bary's grundlegender Arbeit waren die weitverbreiteten Species dieser Gattung unter mancherlei anderen Namen von älteren Autoren beschrieben worden, besonders gehören einige Species der Gattung Botrytis hierher. Bonorden (Allgem. Mycologie p. 95) stellte die Peronospora-Arten mit mancherlei anderen Schimmelformen in die neue Gattung Monosporium. Weiteres über die älteren Synonyme findet sich bei de Bary (A. sc. nat. l. c.).

Eintheilung der Gattung. Nach Schröter's Vorgange (l. c.) ist die Gattung zunächst in die beiden Gruppen der Calotbecae und der Leiothecae eingetheilt. Die erstere deckt sich mit der von de Bary (1863) aufgestellten gleichnamigen Gruppe und ist dadurch ausgezeichnet, dass das Epispor der Oosporen

Fig. 74.

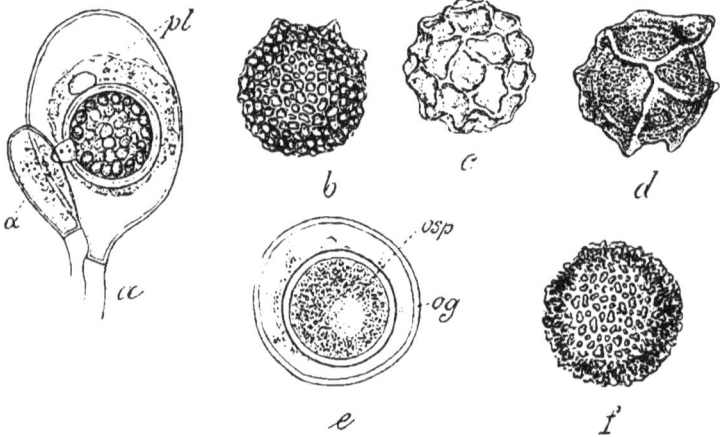

Peronospora. — a P. arborescens. Ein Oogon mit heranreifender, von Periplasma (pl) umgebener Oospore, a Antheridium (Vergr. 500, nach de Bary). b—f Reife Oosporen von verschiedener Structur: b P. calotheca, c P. Myosotidis, d P. Valerianellae, e P. Corydalis, die verhältnissmässig dünnwandige Oospore (osp) bleibt hier in das dickwandige Oogon (og) eingeschlossen, f P. Holostei (b—f nach der Natur, Vergr. 360).

mit Warzen oder zu einem Netzwerk vereinigten kräftigen Leisten besetzt ist (Fig. 74 b, c, f). Die Leiothecae Schröter's umfassen die Parasiticae und Effusae de Bary's und haben Oosporen mit durchaus glatten oder doch nur mit einigen unregelmässigen, nicht netzig vereinigten Leisten oder Falten besetzten Epispor (Fig. 74 d, e). Die weitere Eintheilung der Calotbecae wird sich aus der folgenden Uebersicht ergeben. Dagegen bedarf die Gruppe der Leiothecae noch einiger Worte. Zunächst zerfällt sie in die beiden von Schröter beibehaltenen Untergruppen de Bary's: die Effusae und die Parasiticae. Die Hauptmasse aller Peronospora-Arten gehört zu den Effusae, die hier nach der Beschaffenheit der Conidienträger in drei Unterabtheilungen eingeordnet sind. Ihre Charakteristik folgt unten pag. 446.

Werth der Species. Wie bei anderen parasitischen Pilzen ist auch hier von jeher zur Unterscheidung der Species in erster Linie die Wirthspflanze benutzt worden in der Annahme, dass die Parasiten auf bestimmte Gattungen oder Familien beschränkt sind. Die Bemühungen, morphologische Unterschiede aufzufinden, sind nur von bescheidenem Erfolg begleitet gewesen. Infectionsversuche, welche allein über den Werth morphologisch ähnlicher Arten zu entscheiden vermögen, sind gerade bei den Peronosporeen bisher nur selten ausgeführt worden. So kommt es denn, dass die hier beschriebenen Species zum Theil sehr unsicher sind. Aber selbst die allbeliebte Maxime, die Species nach ihren Wirthspflanzen zu trennen oder zu vereinigen, lässt hier, wie anderswo wohl auch, im Stich. Die auf Cheno-podiaceen lebenden Formen fasst man als P. effusa zusammen, ihre morphologischen Merkmale sind aber grossen Schwankungen unterworfen, deren Extreme allerdings durch vielerlei Uebergangsformen verbunden sind. Hier könnten nur Infections-versuche Klarheit schaffen. Ebenso verhält es sich mit den zahlreichen Varietäten der P. calotheca, nicht anders mit den vier Arten auf Scrophularineen.

Auch meine Versuche, durch ein weiteres Studium der morphologischen Merkmale grössere Sicherheit in die Speciesunterscheidung zu bringen, sind dürftig ausgefallen. Ich verzichte deshalb, eine Tabelle zum Bestimmen der Species darzu-bieten, die zwar mehrfach ausgearbeitet wurde, aber immer wieder verworfen werden musste.

Ich ordne die zahlreichen Species folgendermaassen an:

I. Gruppe: Calothecae de Bary.

Epispor der Oosporen mit warzenförmigen oder zu Maschen verschmolzenen leistenförmigen Verdickungen regelmässig besetzt. Wand des Oogons dünn, nach der Sporenreife zusammensinkend. Species 323—333. Fig. 74 *b, c, f*.

1. Untergruppe: *Verrucosae*.

Oosporen mit kugeligen Warzen oder kurzen, nicht netzig verschmolzenen, gewundenen, breiten Leistchen besetzt. Species 323 - 327.

2. Untergruppe: *Reticulatae*.

Oosporen mit scharfen, zu einem regelmässigen Maschenwerk verschmolzenen Leisten besetzt. Species 328—333.

II. Gruppe: Leiothecae Schröter.

Epispor der Oosporen glatt oder in einige unregelmässige, zu-weilen bis an die Oogonwand reichende Falten ausgezogen und dann unregelmässig eckig, niemals regelmässig warzig oder netzig. Species 334—365. Fig. 74 *d, e*.

1. Untergruppe: *Effusae* de Bary.

Wand des Oogoniums dünn, einschichtig, nach der Sporenreife zusammenfallend. Species 334—362.

1. Divaricatae. Alle Gabeläste des Conidienträgers gerade oder nur sehr schwach gebogen, vorletzte Gabeläste gerade, Endgabeln gleichartig, spitzwinkelig oder rechtwinkelig oder weit stumpfwinkelig spreizend, meist gerade und gleichlang, selten schwach gekrümmt, nie zangen- oder kleiderhaken-förmig. Species 334—343. Fig. 73 *a—d*.

a. Conidien noch einmal so lang als breit. Species 334—336.

b. Conidien kugelig. Species 337.

c. Conidien ellipsoidisch, höchstens $1\frac{1}{2}$ mal so lang als breit. Species 338—343.

2. Intermediae. Gabeläste der Conidienträger mehr oder weniger gebogen, die vorletzten theils gerade, theils gebogen, Endgabeln verschieden gestaltet an demselben Träger, bald kurz pfriemlich und spreizend, bald schwach kleiderhaken- oder zangenförmig, gleich oder meist ungleich lang, der längere gerade oder schwach sigmaförmig gekrümmt, in die Verlängerung des vorletzten Gabelastes fallend, der kürzere oft sehr kurz und nur als sein Anhängsel erscheinend, gerade oder hakig gebogen. Species 344—355. Fig. 73 *e*.

a. Conidien kugelig. Species 344—347.

b. Conidien ellipsoidisch, nie doppelt, meist bis $\frac{1}{2}$ mal so lang als breit. Species 348—355.

3. Undulatae. Alle Gabeläste mehr oder weniger gebogen, die vorletzten immer gekrümmt, Endgabeln gleichartig, mehr oder weniger rechtwinkelig, aber stark gekrümmt, oft parallel, kleiderhaken-, krallen- oder zangenförmig. Species 356—360. Fig. 73 *f, g*.

a. Conidien ellipsoidisch, nie doppelt, höchstens $\frac{1}{2}$ mal so lang als breit. Species 356—359.

b. Conidien doppelt so lang als breit. Species 360, 361.

c. Conidien kugelig. Species 362.

2. Untergruppe: *Parasiticae* de Bary.

Wand des Oogoniums dick, mehrschichtig, nach der Sporenreife nicht zusammenfallend, beständig. Species 363—365. Fig. 74 *e*.

III. Species, deren Oosporen noch nicht bekannt sind.

1. **Divaricatae.** Species 366—369.

2. **Intermediae.** Species 370, 371.

3. **Undulatae.** Species 372, 373.

Die Conidienträger, deren Structur der weiteren Eintheilung der Effusae zu Grunde liegt, sind zwar sehr variabel, dennoch sind sie aber bei den Divaricatae und Undulatae recht gleichmässig gebaut, so dass diese Abtheilungen als gut charakterisirt gelten können. Die Intermediae umfassen Species, deren Conidienträger eine viel grössere Variabilität besitzen als in den beiden andern Abtheilungen. Da aber nach dem Beispiel von P. effusa je nach der Wirthspflanze starke Verschiedenheiten in der Trägerstructur vorkommen, so kann natürlich die obige Eintheilung nur als eine provisorische gelten.

I. Gruppe: **Calotheaе** de Bary.

Epispor der Oosporen mit warzenförmigen oder zu Maschen verschmolzenen leistenförmigen Verdickungen regelmässig besetzt. Wand des Oogons dünn, nach der Sporenreife zusammensinkend.

1. Untergruppe: *Verrucosae.*

Oosporen mit kugeligen Warzen oder kurzen, nicht netzig verschmolzenen, gewundenen, breiten Leistchen besetzt.

323. P. Holostei Caspary, 1855 in Rabh., Herb. myc. ed. II. 774

Synon.: Peronospora conferta (Unger) Caspary, 1855, Monatsber. d. Berl. Akad. 1855, p. 327.

Exsicc.: Fuckel, Fungi rhen. 17, Rabh., Fungi europ. 2117, Rabh., Herb. myc. ed. I. 1578, ed. II. 774, Schneider, Herb. schles. Pilze 26, Thümen, Fungi austr. 1137.

Abbild.: de Bary, A. sc. nat. 4. Serie XX. Taf. XIII, 7 (Oospore).

Rasen dicht, weisslich oder schwach violett. Conidienträger büschelig aus den Spaltöffnungen hervorbrechend, kräftig, 250—460 μ hoch, meist 300 μ, Basis $1\frac{1}{2}$, mit geringen Schwankungen; Krone 6—7 fach gabelig, Zweige gerade oder schwach gebogen, abstehend, letzte Gabeläste meist kurz, kegelig-pfriemlich spitz, gerade, stumpfwinkelig spreizend, zuweilen schwach gekrümmt, nicht selten rechtwinkelig abgehend und länger, gleichlang und gerade oder ungleich und der kürzere schwach hakig gekrümmt; trotz aller Mannigfaltigkeit herrschen aber kurze, weit spreizende Endgabeln vor.

Conidien breit-ellipsoidisch, stumpf. Membran sehr schwach violett, durchschnittlich 20 *µ* breit, 25 *µ* lang. Oosporen kugelig. Epispor sehr dicht mit feinen, stacheligen Wärzchen und Stacheln besetzt, die hier und da zu kurzen gewundenen Leisten verschmelzen, daher die Oospore sehr fein dichtstachelig rauh. Epispor dunkel gelbbraun, 3,5 *µ* dick: Oospore mit Epispor ca. 33 *µ* Durchmesser. — Fig. 74 *f*. Auf Holosteum umbellatum. März bis Mai.

Conidienträger und Oosporen sind in Blättern, Stengeln und Blüthen zu finden.

324. **P. Arthuri** Farlow, 1883. Botanical Gazette VIII. p. 315.

Exsicc.: Rabh., Fungi europ. 3072.

Rasen dicht, grössere Strecken der Blattunterseite überziehend, weisslichgrau. Conidienträger büschelig hervorbrechend, ca. 300 *µ* hoch, ungetheilte Basis $^1\!/_2$: Krone 6—8fach gabelig, alle Aeste stark wellig gebogen, abstehend, letzte Gabeläste lang pfriemlich spitz, zangenförmig, gelegentlich auch rechtwinkelig und schwächer gebogen, meist gleichlang. Conidien ellipsoidisch, stumpf, 16 *µ* breit, 20—24 *µ* lang, schwach grauviolett. Oosporen kugelig, mit rehbraunem, dicken, grobwarzigen Epispor. 34—42 *µ* Durchmesser. Auf Oenothera biennis.

Bisher nur aus Amerika bekannt; könnte sich aber bei der weiten Verbreitung der Wirthspflanze in unserem Gebiete auch hier finden.

325. **P. Asperuginis** Schröter, 1886, Krypttl. v. Schles. III. p. 243.

Exsicc.: Schneider, Herb. schles. Pilze 129, Thümen, Mycoth. univ. 342.

Rasen dicht, schmutzig-hellviolett. Conidienträger meist einzeln, 350—450 *µ* hoch, ungetheilte Basis immer über $^1\!/_2$, nahezu $^2\!/_3$; Krone 6—8fach gabelig, Aeste weit abstehend, Endästchen rechtwinkelig oder schwach stumpfwinkelig, gleichlang oder der zur Seite gerückte kürzer und oft gekrümmt, der längere dann oft nochmals kurz divergirend gabelig, bei gleicher Länge beide gerade oder etwas gekrümmt, aber nicht zangenförmig. Conidien eiförmig, 16—20 *µ* breit, 22—26 *µ* lang, schwach schmutzig-violett. Oosporen kugelig, Epispor hellbraun, mit stumpfen, groben, etwas entfernt stehenden Warzen besetzt.

Auf Asperugo procumbens. April bis Juni.

Von dieser Form habe ich nur einige Conidienträger gesehen, so dass ich die Schröter'sche Diagnose nur wenig erweitern konnte. Das von mir untersuchte Material (Thümen, Mycoth. univ. 342) enthielt keine Oosporen.

326. **P. Arenariae** (Berkeley, 1849) de Bary, 1863 (A. sc. nat.
4. Serie XX. p. 114).

Synon.: Botrytis Arenariae Berkeley, 1849, Journ. Hortic. Soc. 1.
p. 31 und Ann. a. Mag. of Nat. Hist. 2. Serie VII. p. 100, Taf. IV.
Peronospora conferta Unger, Bot. Zeit. 1847, p. 316 ex parte.
(Peronospora Arenariae Tulasne, Comptes rendus 1851, p. 1103 gehört
wahrscheinlich nach de Bary [l. c.] zu P. Alsinearum.)
Exsicc.: Fuckel, Fungi rhen. 18, Krieger, Fungi saxon. 193, Rabh.,
Fungi europ. 682, Schneider, Herb. schles. Pilze 139.
Abbild.: de Bary, l. c. Taf. XIII, 8, 9 (Oosporen).

Rasen dicht, ausgebreitet, weiss, schwach grau überlaufen.
Conidienträger bald einzeln, bald zu 3—5 hervorbrechend, zerbrechlich, 280—460 μ hoch, ungetheilte Basis $\frac{1}{2}$ oder etwas mehr,
am Grunde bis 12 μ dick; Krone 6—8fach gabelig, Aeste weit abstehend, gerade oder schwach gebogen, die letzten Gabeläste rechtwinkelig, dünn, pfriemlich-spitz, meist gleich lang und gerade oder
schwach gebogen, zuweilen der eine nochmals kurz gabelig, mit
stark spreizenden Enden. Conidien klein, breit ellipsoidisch, stumpf,
Membran farblos, durchschnittlich 13,5 μ breit, 17 μ lang. Oosporen
kugelig, 33 μ Durchmesser, Epispor kastanienbraun, mit dicken, halbkugeligen oder cylindrisch-stumpfen, hohen Warzen dicht besetzt.

Auf Arenaria serpyllifolia und Moehringia trinervia. April bis
October.

Die Oosporen finden sich hier meist nur spärlich in den Blättern, reichlicher
schon im Stengel, am häufigsten aber in den Blüthen, deren Boden, ebenso wie
der Fruchtknoten und die Samenknospen oft vollgestopft davon sind.

327. **P. Dianthi** de Bary, 1863 (A. sc. nat. 4. Serie XX. p. 114).

Synon.: Peronospora conferta Caspary forma Agrostemmae Fuckel,
Fungi rhen. 16.
Exsicc.: Fuckel, Fungi rhen. 16, Rabh., Fungi europ. 2345, Schneider,
Herb. schles. Pilze 140, 264, 355, Thümen, Fungi austr. 1136, Thümen,
Mycoth. univ. 47, 47 b.
Abbild.: de Bary, l. c. Taf. XIII. 6 (Oospore).

Rasen dicht, ausgebreitet, schmutzig-violett. Conidienträger
büschelig, 400—500 μ hoch, Basis $\frac{3}{5}$; Krone 4—6fach gabelig,
Zweige abstehend, meist schwach gebogen, letzte Gabeläste rechtwinkelig (ausnahmsweise stumpfwinkelig spreizend), spitz-pfriemlich,
ziemlich lang, entweder gleichlang, gerade oder beide sehr schwach
gebogen, oder ungleich, der längere meist gerade, der seitliche kürzere
gerade oder hakig abwärts gebogen. Conidien breit-ellipsoidisch,
stumpf, mit schwach violetter Membran, durchschnittlich 18 μ breit,

25 μ lang (15—18, 22—25 μ nach Schröter). Oosporen gross, mit schön braunem Epispor, 36—40 μ Durchmesser, Epispor mit kurzen, breiten, stumpfen, wurmförmig gekrümmten Leistenstückchen, die hier und da auch anastomosiren, und ausserdem mit unregelmässig halbkugeligen Warzen besetzt.

Auf Sileneen: Dianthus prolifer, Silene anglica, Armeria, inflata, Melandryum noctiflorum, Agrostemma Githago. April bis October.

Nach Schröter (Kryptfl. III. p. 213) sind die Oosporen in Melandryum nocti-florum mit entfernt stehenden, starken Warzen besetzt, in Agrostemma Githage aber mit flachen, dichtstehenden. Ob hier zwei verschiedene Species vorliegen ist nicht zu entscheiden.

2. Untergruppe: *Reticulatae.*

Oosporen mit scharfen, zu einem regelmässigen Maschenwerk verschmolzenen Leisten besetzt.

328. P. calotheca de Bary in Rabh., Herb. myc. ed. II. 673.

Synon.: Peronospora Galii Fuckel, Fungi rhen. 30.
Peronospora Sherardiae Fuckel, Fungi rhen. 31.
Exsicc.: Fuckel, Fungi rhen. 28—31, Kunze, Fungi sel. exs. 233, Rabh., Herb. myc. ed. II. 673. Rabh., Fungi curop. 681, 1463, 2017, Schneider, Herb. sebles. Pilze 20, 21, 125. 412, Sydow, Mycoth. march. 87, Thümen, Fungi austr. 644. 937, 1034, Thümen, Mycoth. univ. 133.
Abbild.: de Bary, A. sc. nat. 4. Serie XX. Taf. XIII. 4 (Oospore).

Rasen locker, hoch, schmutzig-weiss. Conidienträger meist einzeln, sehr lang und kräftig, 600—800 μ hoch, ungetheilte Basis meist ²⁄₃, 10 12 μ dick; Krone 7—9fach gabelig, Aeste I. Ordnung schief aufsteigend, alle andern sparrig abstehend, gerade, zart, letzte Gabeläste sehr schmal, lang pfriemlich, rechtwinkelig, gerade oder schwach gekrümmt, nie zangenförmig, meist gleichlang, zuweilen einer kürzer. Conidien ellipsoidisch, stumpf-rundlich, mit sehr schwach violetter Membran, sehr variabel in der Grösse, 11—22 μ breit, 15-33 μ lang. Oosporen kugelig, 45 μ Durchmesser, Epispor braun, ca. 3 μ dick, mit feinen, zu engen Maschen vereinigten Leisten, welche seichte Grübchen umgeben. — Fig. 73 i, 74 b.

Auf Rubiaceen: Asperula odorata, Galium Aparine, boreale, Mollugo, palustre, silvaticum, Vaillantii, verum, Sherardia arvensis. Mai bis October.

In Rücksicht auf die starke Variabilität der Grössenverhältnisse bei den Conidien einerseits, die Uebereinstimmung in allen übrigen Merkmalen andererseits, die sich bei den auf verschiedenen Rubiaceen vorkommenden Formen zeigt, unterscheidet de Bary (l. c. p. 112) folgende 5 Varietäten. Als gute Arten sind dieselben keinesfalls zu betrachten.

α. Asperulae. Conidien klein, schmal ellipsoidisch, 12 — 20 *μ* breit, 16 — 22 *μ* lang.

β. Sherardiae. Conidien klein, breit ellipsoidisch oder eiförmig, 13 *μ* breit, 18 — 22 *μ* lang.

γ. Aparines. Conidien breit ellipsoidisch oder eiförmig, gross, 20 — 22 *μ* breit, 27 — 30 *μ* lang.

δ. Molluginis. Conidien länglich eiförmig, 14 — 15 *μ* breit, 27 *μ* lang.

ε. Galii Vaillantii. Conidien schmal ellipsoidisch, 11 *μ* breit, 33 *μ* lang.

Es bedarf jedenfalls noch genauerer Untersuchungen, um die Speciesfrage hier zu entscheiden.

329. P. Chlorae de Bary, 1872 in Rabh., Fungi europ. 1590.

Synon.: Peronospora Erythraeae J. Kühn in litt.

Peronospora effusa f. Erythraeae Schneider, 1870, Verh. d. schles. Ges. f. vaterl. Cultur 1871.

Exsicc.: Rabh., Fungi europ. 1590, 1664, Schneider, Herb. schles. Pilze 247.

Rasen dicht, weisslich. Conidienträger zu mehreren hervorbrechend, 400 — 500 *μ* hoch, ungetheilte Basis $^a_{/5}$; Krone 5 — 8 fach gabelig, Aeste gerade, sparrig abstehend, letzte Gabeläste rechtwinkelig, verlängert pfriemlich, nicht zurückgekrümmt, gerade oder nur schwach gebogen, annähernd gleich lang. Conidien ellipsoidisch oder eiförmig, 14 *μ* breit, 18 *μ* lang, mit farbloser Membran. Oosporen ohne Epispor 26 *μ* Durchmesser, Epispor 4 — 6 *μ* dick, gelbbraun, mit halb so hohen, dünnen Leisten, welche engere und weitere, nicht über 3 *μ* weite Maschen umschliessen.

Auf Gentianeen: Chlora perfoliata, serotina, Erythraea Centaureum, pulchella. Juli bis September.

Eine auf Gentiana campestris in Schweden vorkommende und von Rostrup (Svensk Vet. Akad. Förh. 1883) beschriebene Peronospora gehört wahrscheinlich hierher. Ich habe diese Form nicht untersuchen können.

330. P. Lini Schröter, 1876 (Hedwigia XV. p. 134).

Rasen sehr klein, schwer wahrnehmbar, weisslich. Conidienträger 8 — 10 fach sparrig dichotom, Endäste pfriemlich, fast gerade. Conidien elliptisch, 13 *μ* breit, 18 — 20 *μ* lang, erst farblos, dann hellbräunlich. Oosporen 22 — 26 *μ* Durchmesser, Epispor mit undeutlicher, engnetziger Zeichnung.

Auf Linum catharticum.

Die obige Beschreibung ist der citirten Arbeit Schröter's entnommen.

Eine zweite Peronospora Lini auf Linum sulcatum aus Kansas haben neuerdings Ellis und Kellermann beschrieben (Journ. of Mycol. III. 1887). Die von ihnen gegebene Diagnose lautet: „Spärlich und zerstreut an Stengel und Blättern, Conidienträger über einen halben Millimeter hoch, oben gipfelartig gabelig getheilt, die Endgabeln schlank und dünn, sehr sanft gebogen, Conidien elliptisch, gelblichbraun, 11—13 μ breit, 20—22 μ lang. Oosporen fehlten".

Es ist wohl möglich, dass beide Formen zusammengehören.

331. P. Alsinearum Caspary, 1855 (Monatsb. Berl. Akad. p. 330).

Synon.: Peronospora conferta Unger, Bot. Zeit. 1847 ex parte; Rabh., Herb. myc. ed. I. 1578.

Peronospora Lepigoni Fuckel, Fungi rhen. 21.

Peronospora tomentosa Fuckel, Fungi rhen. 15.

Peronospora Scleranthi Rabh., Herb. myc. ed. I. 1471 b.

Protomyces Stellariae Fuckel, Enum. Fung. Nassov. (die Oosporenform).

Exsicc.: Fuckel, Fungi rhen. 15, 20, 21. 24. Linhart, Fungi hung. exs. 89, Rabh., Herb. myc. ed. I. 1471, 1578, Rabh., Fungi europ. 377. 378, 1171, 1562, 2971, Schneider, Herb. schles. Pilze 23, 24, 56, 136—138, Sydow, Mycoth. march. 1437, 1440, Thümen, Fungi austr. 618. 746, Thümen, Mycoth. univ. 131, 249.

Abbild.: de Bary, A. sc. nat. 4. Serie XX. Taf. VIII, 9—18; Abh. Senckenb. Ges. XII. Taf. III, 28, 29.

Rasen dicht, weisslich. Conidienträger meist büschelig, 200—250 μ hoch, ungetheilte Basis $\frac{1}{3}$—$\frac{1}{2}$, ca. 8 μ dick; Krone 4—9fach gabelig, Zweige abstehend, die ersten gerade, die höherer Ordnung gebogen, letzte Gabeläste rechtwinkelig, länglich pfriemlich, ziemlich kräftig, theils gerade, theils schwach gebogen, kleiderhakenförmig, entweder beide gleichlang oder der eine, die Verlängerung des vorhergehenden Astes bildende, länger, der andere rechtwinkelig ansetzende kürzer und gerade oder hakig zurückgekrümmt. (Selten unter der gabeligen Krone mit einem oder zwei opponirten, mehrfach gabeligen Seitenästen.) Conidien breit oder lang ellipsoidisch, stumpf, sehr variabel in der Grösse und Form und in der Färbung der Membran; selbst in einem und demselben Rasen zeigen sich starke Schwankungen, z. B. bei Alsine rubra neben breit-ellipsoidischen Conidien mit durchschnittlich 21 μ Breite, 26 μ Länge, auch langellipsoidische 16 μ breit, 29 μ lang; neben Conidien mit fast farbloser Membran solche mit schmutzig-violetter. Oosporen kugelig, Epispor lebhaft kastanienbraun, mit starken, hohen Leisten, die zu einem weitmaschigen (Maschen bis zu 8 μ Durchmesser), regelmässigen Netzwerk vereinigt sind.

Auf Alsineen: Alsine rubra, Arenaria serpyllifolia, Cerastium arvense, glomeratum, semidecandrum, triviale, Honckenya peploides, Spergula arvensis, Morisonii, Stellaria Holostea, media, ferner Scleranthus annuus; am häufigsten auf Stellaria media. April bis October.

Die starken Schwankungen in der Grösse der Conidien theilt diese Species mit P. calotheca. De Bary (A. sc. nat. 4. Serie XX. p. 114) beschreibt näher die Abweichungen, welche er bei verschiedenen Wirthspflanzen gefunden hat. Da aber, wie oben angeführt, schon in demselben Rasen eben so grosse Schwankungen sich zeigen, so dürfte keine Veranlassung zur Aufstellung von Varietäten vorliegen. Die von Schröter (Kryptfl. v. Schles. III. p. 212) angegebenen Maasse 13—17 μ breit, 20—25 μ lang, treffen nicht die weiten Grenzen innerhalb deren sich die Schwankungen bewegen.

Schröter (l. c.) und Saccardo (Sylloge VII. 1, p. 263) führen die Form auf Scleranthus als besondere Species P. Scleranthi Rabh. an; hierzu dürfte aber, wie bereits de Bary (l. c.) hervorgehoben hat, kein ausreichender Grund vorhanden sein. Jedenfalls müsste man erst die Oosporen kennen.

Nach de Bary (Journ. of bot. New Series V, 1876, p. 111) finden sich auf Stellaria media im Frühjahr neben Conidienträgern auch reichlich Oosporen, im Herbst nur die ersteren.

332. P. Myosotidis de Bary, 1863, in Rabh., Fungi europ. 572.

Exsicc.: Fuckel, Fungi rhen. 2401, Rabh., Fungi europ. 572, 1362, 1565, Schneider, Herb. schles. Pilze 51, 126—128, 261—263, Sydow, Mycoth. march. 1435, 2518, Thümen. Fungi austr. 115, Thümen, Mycoth. univ. 251.

Rasen ziemlich dicht, weisslich oder grau. Conidienträger meist paarweise hervorbrechend, sehr schlank, 350—600 μ hoch, ungetheilte Basis meist ½ oder etwas mehr, aber nicht ²/₃; Krone 6—9fach gabelig, alle Aeste sparrig abstehend, gerade, die der höheren Ordnungen schwach gekrümmt, letzte Gabeläste sehr dünn, fädigpfriemlich, lang zugespitzt, bis 18 μ lang, rechtwinkelig, entweder gerade oder schwach gebogen, der eine oft schwach hakig abwärts gebogen, bald gleichlang, bald der in die Verlängerung des vorigen Gabelastes sich einstellende länger und dann nochmals sehr kurz gegabelt mit weit spreizenden Aststumpfen, der kürzere Ast gerade oder zurückgebogen. Conidien klein, eiförmig, allseits stumpf, mit farbloser oder sehr schwach violetter, dünner Membran, 16 μ breit, 20 μ lang (zuweilen auch nur 13 μ lang). Oosporen mit lebhaft gelbbraunem Epispor, 28—35 μ Durchmesser, Epispor mit kräftigen, zu sehr weiten (bis 8 μ) Maschen vereinigten Leisten. — Fig. 74 c.

Auf Asperifoliaceen: Myosotis arvensis, hispida, intermedia, sparsiflora, versicolor, Omphalodes scorpioides. Symphytum officinale, tuberosum. Lithospermum arvense; auf Asperugo kommt eine besondere Species vor. April bis September.

Die Oosporen sind noch nicht von allen Wirthspflanzen bekannt. z. B. auch nicht von Lithospermum. Ich habe P. Myosotidis f. Lithospermi untersucht aus

Rabh., Fungi europ. 1362, Sydow. Mycoth. march. 251, Thümen. Mycoth. univ. 251,
aber keine Oosporen gefunden. Die Form der Conidienträger stimmt nur theilweise
überein. Auch habe ich Conidien gefunden, die viel grösser waren, als in der
obigen Diagnose angegeben, z. B. 21 μ breit. 28 μ lang (Rabh., Fungi europ. 1362).
Es ist deshalb noch zweifelhaft, ob die Lithospermum bewohnende Form hierher
gehört.

333. P. Viciae (Berkeley, 1849) de Bary, 1863 (l. c. p. 112).

Synon.: Botrytis Viciae Berkeley, 1849, Ann. a. Mag. of nat. hist.
2. Serie VII. p. 100.
Peronospora effusa var. intermedia Caspary in Rabh., Herb. myc. ed. II. 490.
Exsicc.: Fuckel, Fungi rhen. 1501, 1602, 2201. Krieger, Fungi sax.
48, 97, 311, Rabh., Fungi europ. 2575, 2872, Rabh., Herb. myc. ed. II.
490. Schneider, Herb. schles. Pilze 22, 55. 130—135, 245, 246, 413—415,
Sydow, Mycoth. march. 1136. Thümen, Fungi austr. 418, 832, 935, 1138.
Thümen. Mycoth. univ. 616, 923.
Abbild.: de Bary, l. c. Taf. XIII, 10 (Oospore).

Rasen dicht, ausgebreitet, grauviolett. Conidienträger
büschelig, zu mehreren hervorbrechend, sehr schlank, 300—700 μ,
meist 500 μ hoch, ungetheilte Basis ca. 9 μ breit, ²⁄₃ und mehr,
sogar bis ³⁄₄, also Krone sehr hoch gestielt; Krone 6—8fach gabelig,
alle Aeste gerade, starr, steif, anfangs schief aufrecht, die höherer
Ordnung sparrig abstehend, letzte Gabeläste kurz, kegelig zugespitzt,
gerade, weit stumpfwinkelig spreizend (selten rechtwinkelig), meist
annähernd gleichlang oder auch ungleich, ausnahmsweise etwas
gekrümmt. Conidien ellipsoidisch oder schwach verkehrt-eiförmig,
Membran hell-schmutzig-violett, 16—20 μ breit, 21—27 μ lang,
sehr variabel in der Grösse. Oosporen klein, Epispor blassbraun-
gelb, mit niedrigen, zu einem groben, weitmaschigen Netzwerk verschmolzenen Leisten.

Auf Papilionaceen aus der Gruppe der Vicieen: Vicia angusti-
folia, cracca, dumetorum, Faba, hirsuta, lathyroides, monantha, nar-
bonensis, pisiformis, sativa, sepium, tenuifolia, tetrasperma, villosa,
Lens esculenta, Pisum sativum, Lathyrus niger, pratensis, tuberosus,
vernus. April bis September.

Die Oosporenleisten pflegen nach de Bary (l. c. p. 113) bei der Untergattung
Ervum höher und schärfer zu sein als bei den übrigen Arten von Vicia und bei
Lathyrus.
Nach Saccardo's Sylloge Fung. VII. 1, p. 246 sind die in Lathyrus vernus
sich findenden Oosporen früher von Saccardo als Protomyces reticulatus be-
schrieben worden.
In Thümen's Mycoth. univ. 616 ist als P. Viciae eine Form herausgegeben,
deren Oosporen kein Netzwerk, wohl aber warzige Verdickungen tragen. Auch die

Conidienträger sind anders gebaut als bei P. Viciae. Auch zu P. Trifoliorum kann diese Form nicht gehören. Es dürfte wohl hier eine neue Species vorliegen. deren Taufe einstweilen unterbleiben mag.

II. Gruppe: **Leiothecae** Schröter.

Epispor der Oosporen glatt oder in einige unregelmässige, zuweilen bis an die Oogonwand reichende Falten ausgezogen und dann unregelmässig eckig, niemals regelmässig warzig oder netzig.

1. Untergruppe: *Effusae* de Bary.

Wand des Oogoniums dünn, einschichtig, nach der Sporenreife zusammenfallend.

1. Divaricatae.

Alle Gabeläste der Conidienträger gerade oder nur sehr schwach gebogen, vorletzte Gabeläste gerade, Endgabeln gleichartig, spitzwinkelig oder rechtwinkelig oder weit stumpfwinkelig spreizend, meist gerade und gleichlang, selten schwach gekrümmt, nie zangen- oder kleiderhakenförmig.

334. **P. leptosperma** de Bary, 1863 (A. sc. nat. 4. Serie XX. p. 121).

Exsicc.: Fuckel, Fungi rhen. 1506, 1606. Rabh., Fungi europ. 574, 1369. Schneider, Herb. schles. Pilze 47. 62, 63. 157, 278, Sydow, Mycoth. march. 2654, Thümen, Fungi austr. 745, Thümen, Mycoth. univ. 50, 424. Abbild.: de Bary, 1. c. Taf. IX, 1, 2.

Mycel mit kleinen bläschenförmigen Haustorien. Rasen ziemlich locker, weiss. Conidienträger einzeln oder zu 2–3 aus den Spaltöffnungen hervorbrechend, meist gleich gross, 300–400 μ hoch, ungetheilte Basis fast immer genau $\frac{1}{2}$ oder doch annähernd soviel, ca. 9 μ dick; Krone 4–6fach gabelig, oft dreitheilig, Aeste, ausgenommen die letzten, nicht cylindrisch, sondern oben dicker, mehr oder weniger keulig, aufrecht abstehend, steif gerade, die letzten Gabeläste rechtwinkelig spreizend, zuweilen stumpfwinkelig, aus breiter Basis plötzlich in eine pfriemliche, meist gerade, seltener gebogene Spitze verdünnt, gewöhnlich gleichlang, 8–15 μ lang. Conidien verschieden gestaltet, immer gross, stumpf und weiss, theils ei-cylindrisch, theils keulig-ellipsoidisch, meistens lang-ellipsoidisch, noch einmal so lang als breit, durchschnittlich 18 μ breit, 36 μ lang (22–26 μ breit, 35–50 μ lang). Oosporen klein, mit unregelmässig kantigem, blassbraunen Epispor, ca. 30 μ Durchmesser. — Fig. 73 c.

Auf Blättern, Hüllblättern und Stengeln einiger Compositen aus der Gruppe der Anthemideen, niemals in den Blüthen; bisher gefunden auf: Anthemis arvensis, austriaca, Cotula. Matricaria Chamomilla, inodora, Tanacetum vulgare: ferner nach de Bary (l. c.) auf cultivirten Lasiospermum radiatum im botanischen Garten zu Frankfurt a. M. Mai bis October.

Die Form auf Tanacetum vulgare ist kräftiger und hat dickere Conidien, gehört aber nach de Bary (l. c.) hierher.

Kommt oft mit P. Radii auf derselben Pflanze vor; unterscheidet sich aber leicht von ihr durch die charakteristische Form der Conidienträger; ausserdem findet sich P. Radii nur in den Blüthenköpfen, P. leptosperma nur in den vegetativen Organen.

335. P. violacea Berkeley, 1860 (Outl. of brit. Fungol. p. 349).

Exsicc.: Fuckel, Fungi rhen. 1605, Rabh., Fungi eurup. 1961, 3577, Schneider, Herb. schles. Pilze 163, Sydow, Mycoth. march. 327, Thümen, Fungi austr. 834, Thümen, Mycoth. univ. 1708.

Rasen zart, locker, grauviolett. Conidienträger zwischen zwei Epidermiszellen, nicht aus Spaltöffnungen hervorbrechend, an der Durchtrittsstelle bis auf 5 μ eingeschnürt, dann auf 12 oder 13 μ Dicke erweitert, bis zur Gabelstelle sich auf 9 μ verjüngend, im Ganzen 330 μ hoch, im Alter blassbräunlich, ungetheilte Basis über $\frac{2}{3}$, also hochgestielte Krone: Krone 5—7fach gabelig, Aeste in sehr spitzen Winkeln abzweigend, steif gerade, die letzten lang pfriemlich, 9—12 μ lang, spitz, gerade, spitzwinkelig. Conidien gross, verkehrt-eiförmig, nach der Basis verschmälert und hier zugespitzt, am Scheitel kugelig gerundet, noch einmal so lang als breit, 17—19 μ breit, 33—39 μ (meist 34 μ) lang, mit ziemlich dunkel braunvioletter Membran, aus der zugespitzten Ansatzstelle etwas heller. Oosporen mit lebhaft kastanienbraunem, glatten, unregelmässig gefalteten Epispor, wodurch die Spore mit flachen Leisten überzogen und mit mehreren, 3—6, ungleich langen, scharfen Ecken versehen erscheint, mit Epispor 30 μ, ohne 22—24 μ Durchmesser.

Nur auf den Blüthen einiger Dipsaceen, als Dipsacus pilosus, Knautia arvensis, Succisa pratensis. Juli, August.

Die vorstehende Diagnose ist der ausführlichen Arbeit Schröter's (Hedwigia XIII. 1874, p. 177) entnommen, aus der noch folgende Bemerkungen Platz finden mögen. Es erkranken immer alle Blüthenköpfe an einem Stock, andere Stöcke zwischen erkrankten bleiben gesund. Der Pilz ist auf die chlorophyllfreien Blüthentheile angewiesen, fehlt auch den Deck- und Hüllblättchen. Die befallenen Blüthenköpfchen schimmern grau, bräunen sich später und bleiben halb geschlossen, schon

457

im Knospenzustande sind die Conidienträger entwickelt. Auch die Staubfäden werden mit Oosporen und Conidienträgern überhäuft, Pollenbildung unterbleibt dann. Nie konnten in dem Fruchtknoten, dessen Samenbildung unterdrückt wird, Oosporen gefunden werden.

Zuweilen werden die Köpfchen von Succissa pratensis von einem Fusisporium befallen mit ähnlichen Krankheitssymptomen (conf. Hedwigia XIII. p. 180 Anm.)

In Saccardo's Sylloge VII. 1. p. 254 wird gezeigt, dass Berkeley's Peronospora violacea bereits früher von Léveillé als Botrytis violacea beschrieben worden ist, so dass dieser Name als Synonym beizufügen wäre.

336. P. obovata Bonorden, 1859 in Rabh., Fungi europ. 289.

Exsicc.: Fuckel, Fungi rhen. 19, Rabh., Fungi europ. 289, Schneider, Herb. schles. Pilze 48, Thümen, Mycoth. univ. 49.

Rasen locker, schwach grauviolett. Conidienträger schlank, büschelig, meist sehr hoch, im Ganzen 300—700 μ hoch, gewöhnlich über 600 μ: ungetheilte Basis $^1{}_2$—$^2{}_3$, meist $^2{}_3$, circa 12 μ dick. Krone 5–7fach regelmässig, seltener ungleich gabelig: Gabelzweige abstehend, die letzten kurz pfriemlich, gerade oder schwach gekrümmt, stark stumpfwinkelig spreizend. Conidien schmal verkehrt-eiförmig oder keulig, beiderseits stumpf, doppelt so lang als breit, durchschnittlich 16 μ breit, 34 μ lang, auch kleinere, nur 24 μ lange finden sich, mit hellvioletter Membran. Oosporen klein mit hellbraunen, unregelmässig eckig gefalteten Epispor.

Auf Blättern und Stengeln von Spergula arvensis und pentandra. Frühling bis September.

Nach Schröter (Kryptfl. v. Schles. III. p. 246) kommt diese Form auch auf Spergularia rubra vor und entspricht dann theilweise der P. Lepigoni Fuckel. Jedenfalls kommt gewöhnlich auf Spergularia rubra nur P. Alsinearum vor.

337. P. Trifoliorum de Bary, 1863 (A. sc. nat. 4. Serie XX. p. 117).

Synon.: Peronospora grisea var. Caspary in Rabh.,Herb.myc. ed.II.775. Peronospora grisea f. Trifolii Rabh., Fungi europ. 375.

Exsicc.: Fuckel, Fungi rhen. 9, 1503, Rabh., Fungi europ. 375, 3576, Rabh., Herb. myc. ed. II. 775, Schneider, Herb. schles. Pilze 58—61, 144. 145, 274, 419—421. 155, Sydow, Mycoth. march. 1141, 2653, 3357, Thümen, Fungi austr. 109. 110, 420, 421, 649, 837, Thümen, Mycoth. univ. 421, 817, 2219.

Rasen dicht, ausgebreitet, weisslich oder hellviolett. Conidienträger zu mehreren hervorbrechend, schlank, ziemlich gleich gross, 360—460 μ hoch, Basis $^2{}_3$: Krone 6—7fach gabelig, Aeste aufrecht abstehend, gerade oder schwach gebogen, die vorletzten meist gerade, letzte Gabeläste rechtwinkelig oder weit stumpfwinkelig spreizend, kurz, kegelig-pfriemlich, zugespitzt, gerade oder schwach gekrümmt, meist gleich oder ungleich und dann der längere oft nochmals schwach gabelig mit stumpfwinkelig spreizenden, kurzen Aestchen: der längere Gabelast bildet dann fast immer die geradlinige Verlängerung des vorletzten. Conidien genau oder nahezu kugelig, allseits stumpf, ca. 21 μ Durchmesser (nach Schröter 16—19 μ breit, 20—22 μ lang), mit schwachvioletter Membran. Oosporen kugelig, mit dickem, glatten, braunen Epispor, 24—30 μ Durchmesser.

Auf Papilionaceen, besonders Trifolieen, als: Trifolium agrarium, alpestre, arvense, incarnatum, medium, minus, pratense, repens, rubens, spadiceum, striatum, Medicago falcata, lupulina, sativa, Melilotus albus, officinalis, Lotus corniculatus, uliginosus, Coronilla varia, Ononis spinosa, repens.

Der von Fuckel (Fungi rhen. 2201) auf Orobus tuberosus herausgegebene Pilz ist nicht P. Trifoliorum, sondern P. Viciae.

Nach eigener Untersuchung des auf Astragalus Cicer von Rabenhorst (Fungi europ. 1172) als P. Trifoliorum herausgegebenen Pilzes ist dieser gar keine Peronospora, sondern ein Gemisch eines in die Verwandtschaft von Botrytis gehörigen und eines andern Hyphomyceten.

Auf Astragalus alpinus bisher nur ausserhalb des Gebiets, in Schweden, gefunden (conf. Johanson, Bot. Centralbl. 1886, XXVIII. p. 348).

Vom Pilz befallene Medicago lupulina soll nach Rostrup (Bot. Centralbl. 1886, XXVI. p. 191) zur Entwicklung 4—5zähliger Blätter neigen.

Eine von Smith (Gardener's Chronicle XXII) auf Klee beschriebene Peronospora sphaeroides gehört vielleicht auch hierher. Diagnose und Material nicht gesehen.

Das von Thümen (Mycoth. univ. 2219) als P. Trifoliorum herausgegebene Material auf Cytisus Laburnum stimmt mit obiger ziemlich überein im Bau der Conidienträger, dagegen sind die Conidien deutlich ellipsoidisch und gehen sogar noch über Schröter's Maasse hinaus. Thümen's Mycoth. univ. 421 auf Medicago hat gleichfalls ellipsoidische, nicht genau kugelige Conidien.

338. **P. Radii** de Bary, 1863 (A. sc. nat. 4. Serie XX. p. 121).

Exsicc.: Fuckel, Fungi rhen. 1507, Rabh., Fungi europ. 573, Schneider, Herb. schles. Pilze 153—156, Thümen. Fungi austr. 747, 748, Thümen, Mycoth. univ. 135.

Abbild.: de Bary, l. c. Taf. IX, 3, 4.

Mycel mit kleinen, bläschenförmigen, verkehrt-eiförmigen oder kugeligen Haustorien. Rasen schmutzig-violett. Conidienträger einzeln, nie büschelig, aus den Spaltöffnungen hervortretend mit schwach schmutzig-violetter Membran, an der Basis schwach zwiebelig angeschwollen; kräftig, meist annähernd gleich hoch, 300—400 μ, ungetheilte Basis ⁵/₈; Krone 5—8fach gabelig, alle Aeste steil aufrecht, gerade, Gabelungswinkel nicht über 30°, meist wenig betragend;

die letzten Gabelästchen sehr kurz, gerade, spitzlich-kegelig in spitzen, rechten oder stumpfen Winkel spreizend. Conidien verkehrt länglich-eiförmig, am Scheitel stumpf oder schwach spitzlich, mit dicker, schmutzig-violetter Membran; Grössenverhältnisse schwankend. 17—21 μ breit, 25—36 μ lang, Durchschnitt 18 μ breit, 28 μ lang. Oosporen ziemlich gross, unregelmässig kantig, mit dickem, lebhaft braunen Epispor. — Fig. 73 b.

In den Blüthenköpfen einiger Compositen (Anthemideen), bis jetzt gefunden auf: Anthemis arvensis, austriaca, Chrysanthemum Leucanthemum, Matricaria Chamomilla, inodora. Juli bis Herbst.

Befällt nur die Blüthenköpfe, nicht auch die vegetativen Theile, in welchen oft gleichzeitig P. leptosperma sich findet. Das Mycelium breitet sich im Blüthenstiel, Receptaculum und allen Blüthen aus, fructificirt aber nur in den Randblüthen, welche oft vollgestopft von Oosporen sind. Der ganze befallene Blüthenkopf bleibt steril, bräunt sich und verfault: die Randblüthen sind oft mannigfach krankhaft verlängert und verbogen.

339. P. Schachtii Fuckel, 1866 (Symb. myc. p. 71).

Synon.: Peronospora Betae J. Kühn. Bot. Zeit. 1873, p. 499, auch Zeitschr. d. landwirtsch. Centralvereins d. Prov. Sachsen 1872.

Exsicc.: Fuckel, Fungi rhen. 1508, Krieger, Fungi saxon. 396, Rabh., Fungi europ. 2565, Sydow. Mycoth. march. 330, Thümen, Mycoth. univ. 2215.

Rasen nur auf jüngeren oder eben erwachsenen Blättern, dicht, anfangs weiss, bald schmutzig-violett werdend. Conidienträger einzeln oder zu mehreren aus den Spaltöffnungen hervorbrechend, schlank, 350—550 μ hoch, Basis $^1/_2$—$^2/_3$; Krone 6—8fach gabelig, Gabeläste mehr oder weniger weit abstehend, gerade oder gebogen, die letzten meist gleich, kurz, starr gerade, stumpf, recht- oder stumpfwinkelig weit spreizend. Conidien sehr verschieden gestaltet, bald rein breit-ellipsoidisch, bald eiförmig-ellipsoidisch, stumpf oder schwach spitzlich, schmutzig-violett, 16—21 μ breit, 21—26 μ lang, durchschnittlich 20 μ breit, 25 μ lang. Oosporen kugelig, mit dickem, glatten, braunen Epispor. — Fig. 73 a.

Auf jüngeren Blättern von Beta vulgaris; kann in Futter- und Zuckerrüben-Culturen durch Zerstörung der jungen Blätter erheblichen Schaden anrichten (Provinz Sachsen).

Ueberwintert ausser durch Oosporen auch noch, wie J. Kühn (l. c.) gezeigt hat, dadurch, dass das Mycel im Kopf der Samenrüben sich einnistet. Ruft auf älteren Blättern mehr oder weniger ausgebreitete, etwas entfärbte, lichtgrüne Flecke mit welliger Oberfläche hervor; die jüngeren und jüngsten gänzlich befallenen Blätter werden gelblichgrün, verdicken sich krankhaft unter Kräuselung und

Runzelung ihrer Oberfläche und bleiben im Wachsthum zurück. Vergleiche die Anmerkung bei P. effusa.

340. P. Herniariae de Bary, 1863 (A. sc. nat. 4. Serie XX. p. 120).

Exsicc.: Schneider, Herb. schles. Pilze 277.

Rasen sehr dicht, schwach grauviolett. Conidienträger dicht büschelig aus den Spaltöffnungen hervorbrechend, 5—7fach gabelig, die letzten Gabeläste kurz, starr, pfriemlich, sehr stumpfwinkelig spreizend. Conidien ziemlich gross, stumpf-ellipsoidisch, mit schwach violetter Membran. Oosporen lebhaft braun, meistens mit unregelmässig eckigem Epispor, manchmal mit dicken, stumpfen Warzen besetzt.

Auf Herniaria hirsuta und glabra. Juni bis October.

Ich habe diese Form nicht selbst untersuchen können und gebe die Diagnose de Bary's wieder. Die zweifache Structur der Oosporen bedarf noch der Aufklärung; entweder liegen zwei verschiedene gemeinschaftlich wachsende Species vor oder P. Herniariae bildet eine Uebergangsform zwischen den Calothecae und Leiotheeae.

341. P. Dipsaci Tulasne (Compt. rendus de l'acad. Paris 1854, p. 1103).

Synon.: Monosporium griseum Rabh., Herb. myc. ed. I. 1685.
Peronospora Dipsaci forma Fulloni J. Kühn, Hedwigia XIV. p. 33.
Exsicc.: Fuckel, Fungi rhen. 32, Kunze, Fungi sel. exs. 51, Rabh., Herb. myc. ed. I. 1685, Thümen, Mycoth. univ. 530.

Rasen hoch, dicht, ausgebreitet, anfangs weiss, später bräunlich-violett. Conidienträger einzeln, schlank, meist 500 μ hoch und noch höher, Basis $^{5}/_{8}$, 8—11 μ dick; Krone 6--7fach gabelig (zuweilen dreitheilig), Zweige der ersteren Ordnungen gekrümmt, spitzwinkelig, die der letzteren gerade, rechtwinkelig sparrig, letzte Gabeläste recht-winkelig oder selbst stumpfwinkelig, spitz-pfriemlich, gerade, 7—9 μ lang, meist gleichlang, zuweilen der eine länger; gelegentlich finden sich kurze, stark stumpfwinkelig spreizende Enden, die grosse Mehr-zahl ist aber rechtwinkelig. Conidien gross, ellipsoidisch oder länglich-eiförmig, stumpf, 17 μ breit, 25—28 μ lang, Membran zuletzt hellbräunlich. Oosporen, bisher nur von Tulasne (l. c.) gefunden, sollen denen von P. Ficariae gleichen.

Auf den Blättern von Dipsacus Fullonum, laciniatus und sil-vestris. Mai bis October.

Findet sich nach Schröter (Hedwigia XIII. p. 181) nur auf den chlorophyll-haltigen Organen, besonders reichlich im Herbst in den Wurzelblättern einjähriger

Keimpflanzen, im zweiten Jahre auch an Stengeln, oberen Blättern und den Hüll-blättchen der Blüthenköpfe, niemals in den chlorophyllfreien Blüthen, welche aus-schliesslich von P. violacea befallen werden.

J. Kühn (Hedwigia 1875, XIV. p. 33) beschreibt aus der Gegend von Halle eine durch P. Dipsaci hervorgerufene Erkrankung eines 5 Morgen grossen Ackers von Dipsacus Fullonum. Die befallenen Pflanzen trieben entweder gar keine Stengel oder nur kurze, verunstaltete mit schwachen, technisch nicht verwerthbaren Blüthenköpfen.

Anmerkung. **P. Knautiae** Fuckel, 1878 (Cornu in Bull. soc. bot. France 1878) ist eine zweifelhafte Species, die vielleicht zu P. Dipsaci gehört. Ich habe diese Form nicht selbst untersuchen können. Auch Schröter (Kryptfl. v. Schles. III. p. 251) scheint diese Zweifel zu theilen, die von Schneider (Herb. schles. Pilze 434, 435) herausgegebenen Exemplare ist er nicht abgeneigt für P. Dipsaci zu halten. Ich lasse hier die von Schröter gegebene Diagnose folgen: „Rasen in kleinen Flecken auftretend, dünn, schmutzig-weiss. Conidienträger 6—9mal dichotom verzweigt, Aeste geschlossen, End-äste pfriemlich, wenig gekrümmt. Conidien elliptisch, 17--20 μ breit, 22—26 μ lang; Membran hellviolett." Auf den Blättern von Knautia arvensis, silvatica und Scabiosa Columbaria.

342. **P. Violae** de Bary, 1863 (A. sc. nat. 4. Serie XX. p. 125).

Synon.: Peronospora effusa var. Violae in Fuckel, Symb. myc. p. 71; Saccardo, Sylloge VII. 1, p. 256.

Exsicc.: Fuckel, Fungi rhen. 1901, Rabh., Fungi europ. 1368, Schneider, Herb. schles. Pilze 34, Thümen, Fungi austr. 743.

Rasen dicht, hellviolett. Conidienträger zu mehreren hervor-brechend, meist gleichmässig hoch, circa 300 μ, ungetheilte Basis meist $^6/_8$, dünn, kaum über 8 μ dick; Krone 4—7fach gabelig, Gabel-äste anfangs aufrecht abstehend, die der letzten Ordnungen sparrig abstehend, meist gerade, letzte Gabeläste unter 90°, zuweilen auch etwas mehr, abzweigend, lang pfriemlich, spitz, 8—17 μ, meist über 10 μ lang, gleich und starr gerade, vereinzelte auch schwach hakig gekrümmt oder ungleich. Conidien elliptisch, stumpf, durchschnitt-lich 18 μ breit, 25 μ lang, schwach violett. Oosporen mit schwach gefaltetem, gelbbraunen Epispor.

Auf Viola biflora, Riviniana, tricolor var. arvensis. Juni bis September.

Diese Species ist unbedingt von P. effusa verschieden, eine echte Divaricate.

343. **P. Phyteumatis** Fuckel, 1867 (Fungi rhen. 1604: Symb. myc. p. 70).

Synon.: Peronospora conferta Unger, (Bot. Zeit. 1847, p. 314) ex p.
Exsicc.: Fuckel. Fungi rhen. 1604, Krieger, Fungi saxon. 96, Rabh., Fungi europ. 2773, Schneider, Herb. schles. Pilze 61. Thümen, Fungi austr. 933.

Rasen fleckenweise, hell grauviolett. Conidienträger meist gleichmässig, 250–300 μ hoch. Basis etwas mehr als ¹⁄₂: Krone 6–8fach gabelig, mit Gabelungswinkeln von 45" in den ersten Gabeln, später sich auf 90° erweiternd, gerade oder gebogen, die vorletzten immer gerade, Endgabeln meist rechtwinkelig spreizend (seltener schwach stumpfwinkelig), fast gleich lang, gerade oder schwach gekrümmt, bald lang pfriemlich, bald sehr kurz und oft ungleich gabelig, der eine Ast nochmals mit kurzen, spreizenden Endgabeln. Conidien ellipsoidisch, klein, farblos, durchschnittlich 16 μ breit, 22 μ lang. Oosporen klein, 27 μ Durchmesser, mit hellbraunem, in einige unregelmässige, kräftige Falten ausgezogenen Epispor.

Auf Phyteuma spicatum und nigrum. Sommer.

In dem von Rabenhorst (Fungi europ. 2773) herausgegebenen Material gemeinschaftlich mit Uromyces Phyteumatum.

2. Intermediae. Gabeläste der Conidienträger mehr oder weniger gebogen, die vorletzten theils gerade, theils gebogen. Endgabeln verschieden gestaltet an demselben Träger, bald lang pfriemlich und spreizend, bald schwach kleiderhaken- oder zangenförmig, gleich oder meist ungleichlang; der längere gerade oder schwach sigmaförmig gekrümmt, in die Verlängerung des vorletzten Gabelastes fallend, der kürzere oft sehr kurz und nur als sein Anhängsel erscheinend, gerade oder hakig gebogen.

344. **P. Lamii** A. Braun, 1857 in Rabh. Herb. myc. ed. II. 325.

Synon.: Peronospora Calaminthae Fuckel, 1866, Fungi rhen. 1603.
Peronospora Thymi Sydow, 1887, Mycoth. march. 1349.
Exsicc.: Fuckel, Fungi rhen. 36, 1603. Krieger, Fungi saxon. 195, Rabh., Fungi europ. 2018, Rabh., Herb. myc. ed. II. 325, Schneider, Herb. schles. Pilze 15, 46, 275, 276, 430, 751, Sydow, Mycoth. march. 1349, 1531, Thümen, Fungi austr. 1134, Thümen, Mycoth. univ. 721.

Rasen locker, bald fleckenweise, bald ausgebreitet, grauviolett. Conidienträger meist einzeln, kräftig 250–650 μ, Basis ca. 8 μ dick, meist ¹⁄₂, oft noch weniger, also eine kurzgestielte Krone:

Krone 5—7fach gabelig. Zweige allmälig verdünnt, abstehend, alle mehr oder weniger gebogen, letzte Gabeläste rechtwinkelig, meist gleich lang, lang pfriemlich, spitz, am häufigsten schwach gebogen und dadurch kleiderhakenförmig, zu zangenförmiger Gestalt übergehend, aber diese nur zuweilen erreichend, nicht selten fast gerade, hier und da auch ungleich, der längere in die Richtung des vorigen Gabelastes fallend, schwach gebogen, der kürzere rechtwinkelig ansetzend und gerade oder zurückgekrümmt. Conidien kugelig oder fast kugelig, seltener elliptisch, durchschnittlich 20,6 μ breit, 23 μ lang (nach Schröter 15—20 μ breit, 17—22 μ lang), mit schwach schmutzigvioletter Membran. Oosporen klein, mit hell gelbbraunem, in einige kräftige Falten ausgezogenen Epispor, 30 μ Durchmesser.

Auf Labiaten, als: Lamium album, amplexicaule, maculatum, purpureum, Salvia pratensis, Stachys palustris, Calamintha Acinos, Thymus Serpyllum. Mai bis October.

Die von Fuckel (Fungi rhen. 1603) als P. Calaminthae herausgegebene Form gehört sicher zu P. Lamii, wie eine Untersuchung der Conidienträger und Conidien ergab.

Als Peronospora Swinglei heben neuerdings Ellis und Kellermann (Journ. of Mycol. 1887, III. p. 104) eine in Kansas (Nordamerika) auf Salvia lanceolata vorkommende Peronospora beschrieben. Leider ist aus der von ihnen aufgestellten, etwas kärglichen Diagnose nicht zu ersehen, ob hier nur P. Lamii vorliegt.

Peronospora Thymi Sydow, 1887 (Mycoth. march. 1349) auf Thymus Serpyllum stimmt, wie eine Untersuchung von Sydow's Original ergab, im Bau der Conidienträger und der Form der Conidien so vollständig mit P. Lamii überein, dass sie mit dieser vereinigt werden muss.

345. P. arborescens (Berkeley, 1849) de Bary, 1863 (A. sc. nat. 4. Serie XX. p. 119).

Synon.: Botrytis arborescens Berkeley, 1849, Journ. of Hortic. Soc. London I. p. 31; Ann. and Mag. of nat. hist. 2. Serie VII. p. 100. Peronospora Papaveris Tulasne, 1855, Comptes rendus XXXVIII. p. 26. Peronospora grisea β minor Caspary in Rabh.. Herb. myc. ed. II. 323. Peronospora effusa forma Papaveris Fuckel, Fungi rhen. 13.

Exsicc.: Fuckel, Fungi rhen. 4, 13, 1905, Linhart, Fungi hung. exs. 86, Rabh., Fungi europ. 2562, Rabh., Herb. myc. ed. II. 323, Schneider, Herb. schles. Pilze 43, 44, 150, 429, Thümen, Fungi austr. 1037.

Abbild.: Berkeley, Journ. of Hortic. Soc. Lond. l. c. Taf. IV, 24. de Bary, Abh. Senckenb. Ges. XII. Taf. II, 16—20, Taf. III, 1—8.

Rasen dicht, hoch, grauviolett, anfangs weisslich, weit ausgebreitet. Conidienträger büschelig, zu 5 und 6 aus den Spaltöffnungen hervorbrechend; kräftig, bäumchenartig, 300—850 μ hoch, meist hoch gestielt, ungetheilte Basis circa $^2/_3$, 12 μ dick; Krone

7 10fach gabelig, reichästig, Aeste sparrig abstehend, mehr oder weniger wellig gebogen, allmälig dünner werdend, die letzten Gabeln sehr dünn, kurz pfriemlich, meist gleich lang, zangenförmig gebogen oder recht- oder stumpfwinkelig spreizend. Conidien klein, fast kugelig (zuweilen mit sehr flachen, stumpflichen Scheitelspitzchen), mit farbloser oder sehr schwach violetter Membran, im Durchschnitt nur 16 μ Durchmesser; ausnahmsweise mit deutlicher Längsachse ellipsoidisch. Oosporen kugelig, mit braunem, schwach gefalteten Epispor. — Fig. 74 *a*.

Auf Papaver Argemone, dubium, Rhoeas und somniferum. April bis Juli.

346. P. Euphorbiae Fuckel, 1863 (Fungi rhen. 40: Symb. myc. p. 71).

Exsicc.: Fuckel, Fungi rhen. 40.

Rasen locker, ausgebreitet, weisslich. Conidienträger oft einzeln, schlank und zart, 400—500 μ hoch, Basis $^5_8$, 6—7 μ dick; Krone 6—7fach gabelig, Gabeläste lang, dünn, mehr oder weniger stark gebogen, letzte Gabeläste rechtwinkelig, dünn-pfriemlich entweder gleichlang und dann beide gerade oder der die Verlängerung des vorigen Astes bildend gerade oder schwach sigmaförmig, der andere hakig zurückgekrümmt, der letztere oft auch kürzer, stummelförmig; ausnahmsweise spreizen die letzten Gabeläste auch stumpfwinkelig. Conidien klein, fast kugelig, mit farbloser Membran, durchschnittlich 15 μ breit, 18 μ lang. Oosporen mit dickem, glatten, gelblichen oder bräunlichen Epispor, 30 μ Durchmesser; Oogonium fast noch einmal so weit, meist elliptisch. — Fig. 73 *c*.

Auf Euphorbia Esula, falcata, platyphylla, silvatica, stricta. Sommer.

Die Conidienrasen entwickeln sich nicht bloss auf den Laubblättern, sondern auch auf den Hüllblättern der Inflorescenzen; hier fand de Bary (l. c. p. 118) auch zuerst die Oosporen. Diese kommen auch in den Laubblättern vor.

347. P. sparsa Berkeley, 1862 (Gardener's Chronicle 1862, p. 308, ref. Regel, Gartenflora 1863, p. 204 mit Abbild.).

Rasen zart, locker, grauviolett. Conidienträger einzeln, steif, an der Basis 5,6 μ dick, bis zur ersten Gabelung 126 μ hoch; Krone bis 9fach gabelig, letzte Gabeläste pfriemlich, oft haarfein, schwach hakig gebogen. Conidien meist kugelig, 17,4 μ Durchmesser. Oosporen nicht beschrieben.

Auf cultivirten Rosen in Rosenzüchtereien, bisher nur in Gewächshäusern. Die Conidienträger aus Blättern, Blatt- und Blüthenstielen hervorbrechend; Oosporen in den Kelchblättern vertrockneter Blüthen (vergl. Cuboni, Hedwigia XXVII. p. 210). Ist bisher nur selten beobachtet und deshalb auch mangelhaft bekannt, soll aber grossen Schaden anrichten können.

An dem Material von Ellis (North Americ. Fungi 1415) habe ich vergeblich nach einer Peronospora gesucht.

348. P. affinis Rossmann, 1856 (Rabh., Herb. myc. ed. II. 489).

Synon.: Peronospora intermedia Rossmann in sched. herb. Berol.
Exsicc.: Fuckel, Fungi rhen. 22, Rabh., Fungi europ. 681, 1361, Rabh., Herb. myc. ed. II. 489, Schneider, Herb. schles. Pilze 146, Sydow, Mycoth. march. 645, Thümen, Fungi austr. 750.

Rasen dicht, die ganze Blattunterseite überziehend, grauweisslich. Conidienträger büschelig, zu 2—5 hervorbrechend, zierlich, niedrig, durchschnittlich 230 μ, zuweilen bis 450 μ hoch, Basis $^1/_2$—$^2/_3$, 8 μ dick; Krone 5—7 fach gabelig, Zweige abstehend gerade oder schwach gekrümmt, die vorletzter Ordnung meist deutlich gebogen, letzte Gabeläste dünn, rechtwinkelig oder stumpfwinkelig spreizend, entweder gleichlang oder der eine länger und die Fortsetzung des vorhergehenden bildend, bald beide gerade oder beide schwach gekrümmt, der kürzere oft schwach hakenförmig nach abwärts gebogen, Länge der letzten Gabeläste sehr variabel, bald lang pfriemlich, spitzlich, bis 20 μ lang, bald viel kürzer, zuweilen kleiderhakenförmig, oft trägt der eine (längere) Ast noch ein kurzes unpaares Gabelästchen. Conidien verkehrt-eiförmig, Scheitel breit stumpf, Basis schwach verjüngt, Membran schwach violett, 15—18 μ breit, 22—26 μ lang. Oosporen mit braungelbem bis dunkelbraunen, dicken, in einige Falten ausgezogenen Epispor, circa 34 μ Durchmesser.

Auf Fumaria acrocarpa, officinalis, Vaillantii. Mai bis September.

Nach Rostrup (Bot. Centralbl. 1886, XXVI. p. 191) verästelt sich Fumaria officinalis unter dem Einflusse des Pilzes sehr stark, bleibt niedrig und entwickelt nur wenige Blüthen.

349. P. candida Fuckel (Fungi rhen. 38).

Synon.: Peronospora Anagallidis Schröter, 1874, Hedwigia XIII. p. 45 und Rabh., Fungi europ. 1744.
Peronospora Androsaces Niessl, 1874, Hedwigia XIII. p. 186 und Rabh., Fungi europ. 1875.
Peronospora Oerteliana Kühn. 1884, bei Rabh., Fungi europ. 3177.

Exsicc.: Fuckel, Fungi rhen. 98, Rabh., Fungi europ. 1744, 1745. 1878, 3177. 3380.

Rasen dicht, hoch, weiss oder schwach bläulichweiss. Conidienträger schlank, 500—650 μ hoch, ungetheilte Basis ²/₃, nicht selten mehr; Krone 5 7-, selbst 10fach gabelig, Zweige aufrecht abstehend, sanft gebogen, Endgabeln verschieden, theils rechtwinkelig und gleichlang oder der eine (seitliche) sehr kurz, oft stummelförmig, gerade oder gebogen, schwach kleiderhakenförmig, theils stumpfwinkelig spreizend, gerade oder meist hakig gekrümmt. Conidien kurz ellipsoidisch oder schwach eiförmig, weiss, später schwach gelblich oder hellbräunlich, 16—19 μ breit, 22—25 μ lang. Oosporen mit gelbraunem, schwach oder zuweilen stark faltigen (fast 5—6-strahlig-eckigen) Epispor, mit diesem 25—30 μ, ohne 20 μ Durchmesser.

Auf Primulaceen: Anagallis coerula, Androsace septentrionalis elongata, Primula veris. Juni bis November.

Die Oosporen finden sich bei Anagallis nicht bloss in den Blättern, sondern auch besonders reichlich in den Blüthen.

P. Androsaces Niessl l. c. gehört zweifellos hierher, sie stimmt mit der Form auf Anagallis gut überein.

Die in Saccardo's Sylloge VII. 1. p. 248 unter den Calotheeae aufgeführte P. Anagallidis Schröter ist mit P. candida zu vereinigen.

P. Oerteliana Kühn auf Primula veris ist hier zu P. candida gezogen, da ihr Specieswerth wohl angezweifelt werden muss. Die Untersuchung von Kühn's Originalen (Rabh., Fungi europ. 3177) ergab, dass die Endgabeln hier meist genau rechtwinkelig und gerade sind, während die Form auf Anagallis meist gekrümmte, stumpfwinkelig spreizende Endgabeln besitzt. Man findet aber auch hier Uebergänge. Die Conidien unterscheiden sich nur sehr wenig in der Grösse.

Die von Berkeley und Broome beschriebenen P. interstitialis auf Primula veris (Grevillea III. p. 153) ist, wie aus der Beschreibung selbst hervorgeht, gar keine Peronospora, sondern eine Ramularia.

350. P. Valerianellae Fuckel, 1863 (Fungi rhen. 35).

Exsicc.: Fuckel, Fungi rhen. 35, Krieger, Fungi saxon. 297, Rabh., Fungi europ. 957, 1876, Schneider, Herb. schles. Pilze 151, 162, Sydow, Mycoth. march. 37.

Rasen dicht, ausgebreitet, schlaff, schwach schmutzig-violett. Conidienträger meist einzeln, sehr zierlich, 300—400 μ hoch, Basis nur ¹/₃, ausnahmsweise ¹/₂, also Krone sehr mächtig, kurz gestielt, Basis ausserhalb der Spaltöffnung zwiebelig bis zu 17 μ Durchmesser aufgeschwollen, über der Anschwellung eingeschnürt und dann circa 10 μ dick; Krone sehr reich verzweigt, baumartig, 7—10fach gabelig, Aeste weit abstehend, schwach gebogen, die letzten rechtwinkelig, sehr dünn-pfriemlich, meist gleich, zuweilen ungleich lang, bald lang pfriemlich, bald kürzer, meist gerade oder schwach gebogen, haken- und vereinzelt zangenförmig. Conidien breit ellipsoidisch, stumpf, mit farbloser Membran, durchschnittlich 20 μ breit, 25 μ lang. Oosporen mit durchscheinend gelblichem, in mehrere Falten ausgezogenen Epispor, 34—42 μ Durchmesser. — Fig. 74 d.

Auf Valerianella carinata, dentata, rimosa und olitoria. Mai bis Juli.

351. P. Vincae Schröter, 1874 (Hedwigia XIII. p. 183).

Rasen weiss, locker, ausgebreitet. Conidienträger meist einzeln, farblos, über 500 μ hoch, an der Basis zwiebelförmig angeschwollen, bis 17 μ dick, Basis wahrscheinlich $^2.._3$; Krone 6—7fach gabelig, die ersten Aeste aufrecht an einander liegend, die späteren spitzwinkelig abgehend, letzte Gabelästchen fast rechtwinkelig, gerade oder leicht hakenförmig, 5—10 μ lang. Conidien farblos oder sehr hellbräunlich, elliptisch, an der Basis verschmälert und kurz gestielt, 16—18 μ breit, 24—28 μ lang. Oosporen mit hellbraunem, unregelmässig gefalteten Epispor, 24—28 μ Durchmesser.

Auf Vinca minor. Mai.

Ich habe diese Form nicht selbst untersucht und mich nach Schröter's Beschreibung gerichtet.

352. P. effusa (Greville, 1824) Rabenhorst, Herb. myc. ed. I. 1880.

Synon.: Botrytis effusa Greville, 1824, Flora Edinensis p. 486, sec.
Desmazières, A. sc. nat. 2. Serie VIII. p. 5.
Botrytis farinosa Fries, 1829, Syst. myc. III. p. 404.
Botrytis epiphylla Persoon, 1822, Mycol. europ. I. p. 56.
Peronospora effusa Rabh. l. c.
Peronospora effusa Caspary, Monatsber. Berl. Akad. 1855, p. 329.
Peronospora Chenopodii Schlechtendal, Bot. Zeit. 1852, p. 649.
Peronospora Chenopodii Caspary, Bot. Zeit. 1854, p. 565.
Exsicc.: Fuckel, Fungi rhen. 11, 12, Rabh., Fungi europ. 175, 683, 1365—1367, 1563, 2416, Rabh., Herb. myc. ed. I. 264, 1776, 1880, ed. II. 2, 171, 172, 323, Schneider, Herb. schles. Pilze 27—32, 34, 35, 141, 142, 265—269, Sydow, Mycoth. march. 1532—1534, Thümen, Fungi austr. 115, 116, 742, 836, 1039, 1040.
Abbild.: de Bary, A. sc. nat. 4. Serie XX. Taf. VIII, 7, XIII, 11 und Abh. Senckenb. Ges. XII. Taf. II, 22. Sorokin, Revue mycol. XI. Taf. LXXXVIII, 186—188.

Rasen dicht, niedrig, die ganze Blattunterseite überziehend, anfangs weisslich, später grauviolett. Conidienträger büschelig, zu mehreren hervorbrechend. 150—400 μ hoch, Basis [1] $_2$—[2] $_3$. 8—12 μ dick, Krone 3—6fach gabelig, Aeste aufrecht abstehend, mehr oder weniger gekrümmt, Endgabeln verschieden gestaltet, entweder rechtwinkelig spreizend, gerade (var. minor) oder schwach gekrümmt zangenförmig (var. major). Conidien ellipsoidisch, schmutzigviolett, verschieden, entweder kurz-ellipsoidisch, 17—18 μ breit, 22—24 μ lang (var. minor) oder lang-ellipsoidisch, 20 μ breit, 24—36 μ lang (var. major). Oosporen kugelig, 30—40 μ Durchmesser, mit lebhaft braunem, mehr oder weniger unregelmässig faltigen Epispor.

Auf Chenopodiaceen, eine starke Verbleichung und Verunstaltung der befallenen Blätter hervorrufend.

Caspary hat zwei Varietäten unterschieden:

Var. **major** Caspary, 1855 (Rabh., Herb. myc. ed. II. 171) zeichnet sich durch stark gekrümmte, zangenförmige Endgabeln und lang-ellipsoidische Conidien aus. Sie findet sich auf Chenopodium album, hybridum, murale. Von den oben citirten Exsiccaten gehören nach meiner Untersuchung hierher Fuckel, Fungi rhen. 11. Rabh., Fungi europ. 175, ferner Ellis, North Amer. Fungi 213, 1805 und Saccardo, Mycoth. Veneta 490. Wahrscheinlich gehört hierher auch die Form auf Chenopodium glaucum.

Var. **minor** Caspary, 1855 (Rabh., Herb. myc. ed. I. 172) hat gerade, rechtwinkelig spreizende Endgabeln und kurz-ellipsoidische Conidien. Sie findet sich auf Chenopodium polyspermum, Ch. Bonus Henricus, Atriplex hastatum, nitens, patulum, roseum, Spinacia oleracea; auf den überwinternden Spinatpflänzchen tritt sie im Herbst oft auf und überwintert mit ihnen, ohne dann Oosporen zu bilden (nach Magnus, Verh. bot. Ver. Prov. Brandenb. XXIX. p. 14).

Nach meiner Untersuchung gehören folgende Exsiccaten hierher: Fuckel, Fungi rhen. 12. Rabh., Fungi europ. 683, 1365—1367, 2416. Sydow, Mycoth. march. 1533.

Die andern oben angeführten Exsiccaten habe ich nicht untersucht.

Man würde diese beiden Varietäten für zwei besondere Arten halten können, wenn nicht Uebergänge sich beobachten liessen. So hat Sydow (Mycoth. march. 1531) eine P. effusa auf Chenopodium rubrum herausgegeben, die die lang-ellipsoidischen Conidien der var. major und die rechtwinkelig spreizenden Gabelenden der var. minor besitzt; so sind die Formen auf Chenopodium Bonus Henricus umgekehrt in der Conidiengestalt der var. minor ähnlich, die Endgabeln neigen aber zu var. major. Ich habe sehr viele Präparate durchgesehen, bin aber doch zu der Ueberzeugung gekommen, dass nur eine Species vorliegen kann. Es dürfte nicht uninteressant sein, durch Impfversuche die Abhängigkeit der Formen vom Wirth, denn darauf weist ja alles hin, festzustellen. Kein einziges Mal habe ich auf Spinacia oder Atriplex die Varietät major gefunden, ebensowenig wie auf Chenopodium album die Varietät minor.

Die grosse Veränderlichkeit dieser Species legt auch die Frage nahe, ob Peronospora Schachtii auf Beta vulgaris und vielleicht sogar die auf Polygonum lebenden Formen nicht ebenfalls hierher gehören.

353. P. Chrysoplenii Fuckel, 1866 (Fungi rhen. 1509).

Synon.: Peronospora nivea Unger, Bot. Zeit. 1847, p. 315 ex parte.
Exsicc.: Fuckel, Fungi rhen. 1509, 1902, Schneider, Herb. schles.
Pilze 164, Sydow, Mycoth. march. 1344, 2519.

Rasen locker, zart, weiss. Conidienträger 5—8fach gabelig, einzeln, schwach bulbos, 200—360 μ hoch, Basis meist $^1/_2$; Gabeläste aufrecht, die letzten meist ungleich, gerade oder gekrümmt, stumpf, meist rechtwinkelig, oft zangenförmig. Conidien eiförmig, 15—18 μ breit, 20—22 μ lang. Oosporen kuglig, glatt, mit hellbraunem, dicken Epispor, 28—48 μ Durchmesser. (Nach Schröter, Krypttl. v. Schles. III. p. 247, zuweilen mit feinen, undeutlich netzförmig vereinigten Leistchen, Maschen etwa 5 μ breit.)

Auf Chrysosplenium alternifolium und Saxifraga granulata. Mai bis Juli.

Durch die Oosporenstructur, welche Schröter gelegentlich beobachtete, nähert sich diese Form den Calothecae.

354. P. Antirrhini Schröter, 1874 (Hedwigia XIII. p. 183).

Exsicc.: Schneider, Herb. schles. Pilze 284.

Rasen dicht, die ganze Unterseite überziehend, violett. Conidienträger büschelig, gelblich oder gelblich-violett, meist gleichlang, 300 μ hoch, ungetheilte Basis $^3/_5$, ca. 8 μ dick; Krone 6—7fach gabelig, sparrig verzweigt, die Gabeläste erster Ordnung weit spitzwinkelig, die vorletzter fast rechtwinkelig, meist gekrümmt, die letzten Gabeläste rechtwinkelig abgehend, meist gerade oder nur sehr schwach gewellt, entweder gleichlang, lang pfriemlich, 6—18 μ lang oder ungleich, der längere in die Fortsetzung des vorigen Gabelastes sich stellend, der um $^1/_3$ kürzere sich rechtwinkelig ansetzend; sehr oft findet sich an einem der Gabeläste, mögen sie gleich oder ungleich lang sein, noch ein nach aussen gerichteter kurzer, 2—5 μ langer Stumpf einer weiteren Gabelung, so dass die Krone oft in ungleich gabelige Aestchen ausläuft; die letzten Aestchen nur ausnahmsweise stärker oder hakenförmig gekrümmt; zuweilen aber doch kleiderhaken- oder schwach zangenförmig. Conidien länglich-elliptisch oder länglich-eiförmig, durchschnittlich 17 μ breit

26,5 μ lang (nach Schröter l. c. 14—16 μ breit, 20—26 μ lang). gelblich mit Stich ins Violett. Oosporen mit unregelmässig gefaltetem, hellbraunen Epispor, mit demselben 28—32 μ, ohne 24 μ Durchmesser; Oogonmembran ziemlich dick, aber doch zusammenfallend, dunkelbraun.

Auf Antirrhinum Orontium. September, October.

Man vergleiche die Anmerkung bei P. Linariae.

Schröter (l. c. p. 189; auch Kryptfl. v. Schlesien III. p. 248) giebt für die Conidienträger und ebenso für die Membran der Conidien violettbraune Farbe an; die von mir untersuchten Exemplare zeigten nur eine gelblichbraune, mit Violett schwach abgetönte Färbung.

355. P. grisea Unger (1833) Bot. Zeit. 1847, p. 315.

Synon.: Botrytis grisea Unger, Exantheme d. Pfl. 1833, p. 172.
Botrytis grisea Berkeley, 1849, Ann. a. Mag. nat. hist. 2. Serie VII. p. 100.
Exsicc.: Fuckel, Fungi rhen. 10, Kunze, Fungi sel. exs. 315, Rabh., Fungi europ. 1462, 2560, 2873, Rabh., Herb. mye. ed. II. 322. Schneider, Herb. schles. Pilze 41, 42, 147—149, 425—428, 752, Sydow, Mycoth. march. 329, Thümen, Fungi austr. 114, 416, 417, 835, Thümen, Mycoth. univ. 46.
Abbild.: de Bary, A. sc. nat. 4. Serie XX. Taf. XIII, 12.

Rasen dicht, meist die ganze Blattunterseite überziehend, grauviolett. Conidienträger büschelig, zu mehreren hervortretend, gedrungen, 250 - 420 μ hoch, im Alter schwach gelblich-violett, Basis ¹/₂—²/₃ ca. 7 μ dick; Krone 5—7fach gabelig, Aeste allmälig verdünnt, die ersten schief aufrecht, die anderen abstehend, schwach gekrümmt, die letzten Gabeläste rechtwinkelig abzweigend, meist ungleich, der längere ganz gerade oder schwach sigmaförmig gekrümmt, annähernd die Verlängerung des vorhergehenden Gabelastes bildend, der andere kürzere gerade oder schwach zurückgekrümmt, hier und da beide Gabeläste gleich lang und gebogen, schwach zangen- oder kleiderhakenförmig. Conidien ziemlich gross, ellipsoidisch oder eiförmig, allseitig stumpf, schwach schmutzigviolette Membran, meist annähernd gleich gross, 19 μ breit. 26 μ lang (17—21 μ breit, 23—30 μ lang). Oosporen gross, 30—40 μ Durchmesser, mit dickem, lebhaft braunen, bis auf einige schwache Falten ganz glatten Epispor; Oogonmembran dünn, farblos.

Auf Veronica-Arten, als: Veronica Anagallis, arvensis, Beccabunga, hederifolia, scutellata, serpyllifolia, speciosa, triphylla, urticifolia, verna. April bis October.

Man vergleiche die Anmerkung bei P. Linariae.

3. **Undulatae.** Alle Gabeläste mehr oder weniger gebogen, die vorletzten immer gekrümmt, Endgabeln gleichartig, mehr oder weniger rechtwinkelig, aber stark gekrümmt, oft parallel, kleiderhaken- oder krallen- oder zangenförmig.

356. **P. Linariae** Fuckel, 1869 (Symb. myc. p. 70).

Exsicc.: Fuckel, Fungi rhen. 1903, 2101, Kunze, Fungi sel. exs. 556, Rabh., Fungi europ. 2772, Schneider, Herb. schles. Pilze 165—167, Thümen, Mycoth. univ. 529.

Rasen ziemlich locker, anfangs weiss, später hellviolett mit einem Stich ins Gelbliche. Conidienträger einzeln, seltener zu mehreren hervorbrechend, sehr ungleich hoch, 300—600 μ, im Alter mehr oder weniger schwach gelblich oder gelblich-violett gefärbt; ungetheilte Basis verschieden, $1/_2$—$2/_3$, durchschnittlich nur 6.5 μ dick; Krone 5—7fach gabelig, Gabeläste aufrecht abstehend, die der letzteren Ordnungen stark wellig gebogen, die letzten Gabeläste stark zangenförmig, entweder beide lang-pfriemlich und gekrümmt oder der eine Ast kürzer, gerade oder schwach zurückgekrümmt, der andere lang-pfriemlich und sigmaförmig gebogen, es besteht grosse Mannigfaltigkeit im Grössenverhältniss und Krümmungsstärke der beiden letzten Gabeläste. Conidien ellipsoidisch oder schwach verkehrt-eiförmig, in der Grösse sehr variabel, 17—23 μ breit, 22—30 μ lang, Durchschnitt 20 μ breit, 26 μ lang, Membran sehr schwach violett, Inhalt gelblich. Oosporen gross, 48 μ Durchmesser (conf. Fuckel, Fungi rhen. 1903), Epispor dunkelbraun, faltig; Membran des Oogoniums ziemlich dick, bräunlich. — Fig. 73 f.

Auf Linaria arvensis, minor, vulgaris, Digitalis ambigua, purpurea. Juni bis September.

Oosporen auch in den Scheidewänden und Placenten reife Samen enthaltender Kapseln (conf. Magnus, Sitzungsber. d. Ges. naturf. Freunde 1889, p. 145).

Betreffs der Form auf Digitalis vergleiche man die Anmerkung bei P. sordida. De Bary (A. sc. nat. 4. Serie XX) ist geneigt eine von ihm auf Linaria vulgaris gefundene Form mit P. grisea zu vereinigen.

Anmerkung zu No. 354—356 und No. 370. Diese vier auf Scrophularineen lebenden Species sind jedenfalls einander sehr nahe verwandt, wenngleich auf den ersten Blick eine Verwandtschaft zwischen P. Linariae und P. Antirrhini nicht zu bestehen scheint. Auch hier sind aber viele Uebergänge zu beobachten, so dass es wohl möglich ist, dass alle vier nur Varietäten einer Species sind. Infectionsversuche sind sehr nothwendig, um diese Frage zu entscheiden. Auch sind die Oosporen der P. sordida noch nicht bekannt.

Als Peronospora lapponica hat Lagerheim endlich noch eine fünfte Species auf Euphrasia officinalis aus Schwedisch-Lappland beschrieben (Bot. Notiser 1888, p. 49). Nach Lagerheim's Beschreibung gebe ich folgende kurze Diagnose: Conidienträger 650—700 μ hoch, farblos, meist sechsfach gabelig, mit aufrecht-abstehenden, geraden oder fast geraden Zweigen. Endgabeln kurz, kegelförmig, gerade, rechtwinkelig oder stumpfwinkelig spreizend. Conidien citronenförmig mit kleiner Scheitelpapille, 19—24 μ breit, 30—36 μ lang, mit hellvioletter Membran, keimen mit seitlichem Schlauch. Oosporen kugelig, 27 μ Durchmesser, mit dünnem, hellbraunen Epispor. Diese Form würde also, wie auch Lagerheim's Figur deutlich zeigt, zu der Untergruppe der Divaricatae gehören. Sie unterscheidet sich von den vier übrigen sehr deutlich.

357. P. Ficariae Tulasne, 1854 (Comptes rendus de l'Acad. des Sciences, Paris 1854, p. 1103).

> Synon.: Peronospora grisea (Unger) Rabh., Herb. myc. ed. II. 322.
> Peronospora nivea Unger, Bot. Zeit. 1847 ex parte.
> Peronospora Myosuri Fuckel, 1869, Symb. myc. p. 67.
> Exsicc.: Fuckel, Fungi rhen. 3, Krieger, Fungi saxon. 194, 296,
> Linhart, Fungi hung. exs. 190, Rabh., Fungi europ. 85, 1570, 2015, 2015 b,
> Rabh., Herb. myc. ed. II. 322, Schneider, Herb. sohles. Pilze 143,
> Sydow, Mycoth. march. 331, 3356, Thümen, Fungi austr. 409—411.
> Thümen, Mycoth. univ. 130.

Rasen dicht, niedrig, die ganze Blattunterseite überziehend, weisslichgrau oder schmutzig-hellviolett. Conidienträger meist zu 3—5 aus den Spaltöffnungen hervorbrechend, niedrig, meist 200 μ, zuweilen bis 400 μ hoch, die ungetheilte Basis 7—10 μ dick, ³/₅—¹/₂; Krone 5—6fach regelmässig oder unregelmässig gabelig, Gabeläste aufrecht, die letzten und vorletzten bogig einwärts oder auch zurückgekrümmt, die letzten meist lang pfriemlich, stark gebogen, zangenförmig. Conidien breit ellipsoidisch oder schwach eiförmig, beiderseits stumpf, mit schwach schmutzig-violetter Membran, 15 - 20 μ breit, 20—26 μ lang. Oosporen mit gelbbraunem, dicken, schwachfaltigen Epispor, ohne dieses 25—30 μ, mit diesem 36 μ Durchmesser.

Auf Arten der Gattung Ranunculus, als R. acer, aconitifolius, auricomus, bulbosus, Ficaria, Flammula, lanuginosus, polyanthemus, repens, auf Myosurus minimus. April bis October.

Oosporen Ende April schon reichlich in der Lamina und dem Blattstiel von Ranunculus Ficaria und acer; in den neuen, stärkereichen Knollen von R. Ficaria wurden zu derselben Zeit keine Oosporen gefunden, ebenso hatten auch die vorjährigen entleerten Knollen keine Oosporen enthalten. Nach de Bary soll das Mycelium in den Brutknollen überwintern.

Peronospora Myosuri Fuckel, 1869 (l. c.) habe ich nach Rabh., Fungi europ. 1570 untersucht; es stimmt mit der Ranunculus bewohnenden Form fast ganz überein, so dass eine besondere Species nicht vorliegen kann. Bereits Schröter (Kryptfl. III. 1, p. 215) vereinigt beide. Als Unterschiede, welche vielleicht die Aufstellung einer Varietät rechtfertigen könnten, hebe ich für P. Myosuri folgende hervor: Die ungetheilte Basis der Conidienträger ist oft sehr robust, 10—17 μ dick, die Conidien sind länger (20 μ lang, 30 μ breit) und haben eine schwächer gefärbte oder farblose Membran.

P. Myosuri f. Eranthidis Passerini, 1871 (Thümen, Mycoth. univ. 1015) ist eine besondere Species.

358. P. Urticae (Libert, 1849) de Bary, 1863 (A. sc. nat. 4. Serie XX. p. 116).

> Synon.: Botrytis Urticae Libert nach Manuscript bei Berkeley, Journ. Hort. Soc. London I. p. 31.
>
> Botrytis Urticae Berkeley u. Broome, Ann. a. Mag. nat. hist. 2. Serie VII. p. 100.
>
> Exsicc.: Fuckel, Fungi rhen. 1510, Rabh., Fungi europ. 1665, Schneider, Herb. schles. Pilze 36, 270, Thümen, Mycoth. univ. 345.

Rasen fleckenweise, nicht ausgebreitet, dicht, niedrig, weiss oder blassviolett. Conidienträger einzeln aus den Spaltöffnungen, niedrig, im Ganzen 200—300 μ hoch, unverzweigte Basis etwas über $1\frac{1}{2}$, ca. 10 μ dick; Krone 4—6fach gabelig. Gabeläste aufrecht abstehend, besonders die der letzteren Ordnungen stark gebogen, die letzten ziemlich lang, pfriemlich, stark zangenförmig gekrümmt. Conidien gross, breit eiförmig, stumpf, durchschnittlich 20 μ breit, 26 μ lang, mit weisser oder schwach hellvioletter Membran. Oosporen mittelgross, mit trübbraunem Epispor.

Auf Urtica dioica und urens, auf letzterer häufiger. Mai bis October.

Die von Roumeguère (Fungi Gallici exs. 2553) herausgegebene P. Parietariae nov. spec. auf Parietaria diffusa dürfte wohl gleichfalls hierher gehören. Ich habe das Material nicht untersuchen können.

359. P. Potentillae de Bary, 1863 (A. sc. nat. 4. Serie XX. p. 124).

> Synon.: Peronospora Rubi Rabh., Fungi europ. 2676.
>
> Peronospora Fragariae Roze et Cornu, 1876, Bull. soc. bot. de France, XXIII. p. 242.
>
> Peronospora Alchemillae Niessl, 1870, ist wohl zumeist mit Ramularia verwechselt.
>
> Exsicc.: Fuckel, Fungi rhen. 2643, Krieger, Fungi saxon. 49, Kunze, Fungi sel. exs. 588, Rabh., Fungi europ. 2347. 2676. Schneider, Herb. schles. Pilze 280, 431—433, Sydow, Mycoth. march. 1535, Thümen, Mycoth. univ. 1709, 2125, 2126.

Rasen fleckenweise, bald lockerer, bald dichter, weisslich, hellgrau, graubraun oder schwachviolett. Conidienträger sehr schlank und dünn, 300—600 μ und mehr, meist 450 μ hoch, Basis sehr dünn. nur ca. 6,5 μ dick und sehr hoch, 7_{10} des Ganzen, deshalb Krone hoch gestielt: Krone 5—6fach gabelig, niedrig, Gabeläste mässig lang, die der letzteren Ordnungen stark gekrümmt, die letzten lang pfriemlich, zangenförmig gebogen. Conidien ellipsoidisch, schwach eiförmig, schwachviolett, 16—18 μ breit, 20—24 μ lang. Oosporen mit hellbraunem, glatten Epispor.

Auf Rosaceen, als: Potentilla alpestris, anserina, argentea, aurea, Fragariastrum, grandiflora, norvegica, sterilis, supina, Alchemilla vulgaris, Agrimonia Eupatorium, Sanguisorba officinalis, Poterium Sanguisorba, Fragaria vesca, Rubus caesius und fruticosus. Mai bis October.

Nach eigener Prüfung der auf Potentilla, Rubus, Fragaria und Sanguisorba vorkommenden Formen schliesse ich mich der Ansicht Schröter's (Hedwigia 1877, p. 132) an, dass alle bisher auf Rosaceen gefundenen Peronosporeen mit alleiniger Ausnahme der P. sparsa zu einer Species, P. Potentillae, gehören. Allen ist die charakteristische Structur der schlanken, hochgestielten und dünnen Conidienträger gemeinsam; nur sind bei der auf Rubus wachsenden Form die letzten Gabeläste etwas weniger gekrümmt und länger als auf Potentilla. Die Beschreibung, welche Roze und Cornu (l. c.) von ihrer Peronospora Fragariae geben, stimmt sehr gut mit den Formen auf den andern Rosaceen überein, nur scheinen die Conidienträger noch höher, bis 1 mm hoch, die Conidien etwas grösser (20—40 μ lang, 17—36 μ breit) gewesen zu sein. P. Fragariae aus Thümen, Mycoth. univ. 2125 stimmt sicher mit den andern überein. Man ist wohl berechtigt anzunehmen, dass P. Potentillae in unserem Sinne eine sehr variable Form ist je nach der Wirthspflanze, was sich auch in der verschiedenen Färbung der Rasen ausspricht. Gleichwohl kehrt immer die typische Gestalt der schlanken Conidienträger wieder. Die von Thümen (Fungi austr. 424 und Mycoth. univ. 250) herausgegebene P. Alchemillae Niessl ist gar keine Peronospora, sondern eine Ramularia, wie ich mich überzeugt habe. Schröter (Hedwigia 1877, p. 132) möchte sie in den Kreis der Venturia Alchemillae stellen.

360. P. Schleideni Unger, 1847 (Bot. Zeit. 1847, p. 315).

Synon.: Botrytis (parasitica?) Schleiden, Grundzüge der wiss. Bot. 3. Aufl. II. p. 37, Fig. 106 (schlecht).
Peronospora (Botrytis) destructor Caspary in Berkeley, Outl. of brit. Fungi Fungi 1860, p. 349.
Peronospora Alliorum Fuckel, Fungi rhen. 41; Symb. myc. p. 71.
Exsicc.: Fuckel, Fungi rhen. 41, Schneider, Herb. schles. Pilze 155, Sydow, Mycoth. march. 38, Thümen, Mycoth. univ. 818.
Abbild.: Berkeley, Annals of Nat. Hist., VII Taf. XIII, 23. de Bary, A. sc. nat. 4. Serie XX. Taf. XIII, 1—3.

Rasen dicht, ausgebreitet, schmutig-violett. Conidienträger einzeln oder zu mehreren aus den Spaltöffnungen hervorbrechend, durchaus robust, 400—750 μ, meist 500 μ hoch, unverzweigte Basis 10—15 μ breit, $^1/_2$ oder etwas mehr, niemals $^2/_3$, also niedrig gestielt: Krone entweder von Anfang an 4—6fach gabelig oder zunächst 2—5 zerstreut oder fast opponirt entspringende Basaläste tragend und dann erst in einen 2—3fach gabeligen Wipfel auslaufend. Die unteren Basaläste dick und kräftig, selbst wiederum unter der 2—3fach gabeligen Spitze 2—3 secundäre Aestchen tragend; die oberen Basaläste und ebenso die secundären Aestchen der unteren entweder einfach oder 2—4fach gabelig, selten ungetheilt; alle Gabeläste dick und gedrungen kurz, aufrecht abstehend, mehr oder weniger gekrümmt, die vorletzter und letzter Ordnung sehr stark wellig gebogen, die letzten Gabelästchen immer noch 3 μ dick, kegelig-pfriemlich, schwach spitzlich, zangen- oder krallenförmig. Conidien sehr gross, verkehrt-eiförmig oder fast birnförmig, am Scheitel stumpf oder spitz, Basis stark verjüngt, noch einmal so lang als breit, 22—26 μ breit, 44—52 μ lang, Membran schmutzig-violett. Oosporen kugelig oder elliptisch, Epispor dünn und glatt.

Auf Allium Cepa und fistulosum.

361. P. Eranthidis (Passerini, 1871).

Synon.: Peronospora Myosuri f. Eranthidis Passerini. 1871, in Thümen. Mycoth. univ. 1015.

Exsicc.: Thümen, Mycoth. univ. 1015.

Rasen dicht, die ganze Blattunterseite überziehend, schmutzig-gelblichweiss. Conidienträger einzeln oder zu mehreren, circa 300 μ hoch, ungetheilte Basis 8—10 μ dick, meist $^3/_5$; Krone 5—7fach gabelig, Aeste aufrecht, mehr oder weniger gekrümmt, die letzten meist lang pfriemlich, stark zangenförmig. Conidien lang-ellipsoidisch, stumpf, mit schwach gelblicher Membran, 17 μ breit, 38—46 μ lang. Oosporen mit dickem, dunkel gelbbraunen, schwach faltigen Epispor, 34—42 μ Durchmesser.

Auf Eranthis hiemalis. Frühjahr.

Diese bisher mit P. Myosuri vereinigte Species unterscheidet sich von allen auf Ranunculaceen lebenden Peronosporeen durch die langen Conidien und ist deshalb als besondere Species zu betrachten.

362. P. conglomerata Fuckel, 1863 (Fungi rhen. 25; Symb. myc. p. 68).

Synon.: Peronospora Erodii Fuckel. Symb. myc. p. 68. Peronospora Beccarii Passerini, Prim. Elench. 200. Peronospora effusa f. ciconia Beccari, Erb. critt. ital. 1367 (?).

— 476 —

Ex sice.: Fuckel, Fungi rhen. 25, 2102, Krieger, Fungi saxon. 397,
Schneider, Herb. schles. Pilze 159, 282, Thümen, Fungi austr. 412,
Thümen, Mycoth. univ. 2217.

Rasen dicht, ausgebreitet, anfangs weiss, bald schmutzig-violett.
Conidienträger zu mehreren aus den Spaltöffnungen hervor-
brechend, durchschnittlich 400 μ hoch, ungetheilte Basis $1\frac{1}{2}$—$2\frac{1}{3}$,
ca. 10 μ dick: Krone 5—8fach gabelig, Aeste aufrecht abstehend,
ziemlich lang, stark wellig gebogen, die letzten pfriemlich, bogig
gekrümmt, zangenförmig. Conidien gross, kugelig oder fast kugelig,
20—25 μ Durchmesser, schwach grauviolett. Oosporen mit glattem,
hellbraunen Epispor, kugelig, 30—35 μ Durchmesser.

Auf Geranium molle, pusillum, phaeum und dissectum (P. Beccarii), Erodium cicutarium (P. Erodii), ciconium.

Die befallenen Blätter verbleichen gewöhnlich und ziehen ihre Lamina oft
manschettenförmig zusammen; in ihren vertrocknenden Spitzen finden sich reichlich
die Oosporen; die Stengel werden oft ungewöhnlich lang.

In Saccardo's Sylloge Fung. VII. 1, p. 259 ist P. Erodii als gute Species
allerdings mit einigem Zweifel aufgeführt; ich schliesse mich nach eigener Prüfung
Schröter (Kryptfl. v. Schles. III. p. 246) an, der P. Erodii mit P. conglomerata
vereinigt. Auch die auf Geranium dissectum von Passerini in Parma gefundene
Form gehört, wie eine Untersuchung der Originale lehrte, hierher. Endlich ist
wohl auch die von Beccari auf Erodium ciconium gesammelte P. effusa f. ciconia
hierher zu stellen, um so mehr, als sie sich nach Beccari's eigener Beschreibung
durch viel längere Gabelzweige und grössere Conidien von P. effusa unterscheiden soll.

2. Untergruppe: *Parasiticae* de Bary.

Wand des Oogoniums dick, mehrschichtig, nach der Sporenreife
nicht zusammenfallend, beständig.

363. P. parasitica (Persoon, 1796) Tulasne, 1854 (Comptes rendus).

Synon.: Botrytis parasitica Persoon, 1796. Observ. I. p. 96, ferner
Fries, Syst. myc. und Corda, Icones V. p. 52.
Botrytis ramulosa Link, Species I. p. 53.
Botrytis nivea Martius, Flora Erlangensis.
Peronospora conferta, Unger, Bot. Zeit. 1847, ex parte.
Peronospora Dentariae Rabh., Fungi europ. 86.
Peronospora ochroleuca Cesati[1]), Rabh., Herb. myc. ed. II. 175.
Peronospora crispula Fuckel, Fungi rhen. 23.
Einige weitere Synonyme aus älteren Aut:ren bei de Bary (A. sc. nat.
4. Serie XX. p. 110).

[1]) Auf einigen Etiquetten ist fälschlich „ochracea" gedruckt.

Exsicc.: Fuckel, Fungi rhen. 5—8, 1501, 1502, Krieger, Fungi
saxon. 95, 211—247, Linhart, Fungi hung. exs. 87, 192, Rabh., Fungi
europ. 86, 790 a, b, 793, 794, 1364, 1746, 2316, 2970, Rabh., Herb. myc.
ed. II. 175. 324 a, b, Schneider, Herb. schles. Pilze 13—19, 118—123,
251—260, 345, Sydow, Mycoth. march. 1138, 1439, 2495, 2520, Thümen,
Fungi austr. 401, 403, 405—408, 650, 936, 938, 1038, 1135, Thümen.
Mycoth. univ. 48.

Abbild.: Corda, Icones V. Taf. II, 18, de Bary, l. c. Taf. IX, 5—8
(Oosporen).

Rasen schneeweiss, dicht, weit verbreitet. Conidienträger
büschelig, zu mehreren hervorbrechend, biegsam, 200—330 μ hoch,
ungetheilte Basis ca. 11 μ dick, meist ²⁄₃, also hochgestielte Krone;
Krone 5—8fach gabelig, seltener dreitheilig oder einzelne (1—2)
wiederholt gabelige Zweige unter dem dichotomen Scheitel. Aeste
sparrig abstehend, gebogen, die höherer Ordnung meist stark bogig
gekrümmt, letzte Aestchen lang pfriemlich, stark zangenförmig, meist
sigmaförmig gebogen, zuweilen auch zurückgekrümmt; der eine von
beiden oft nochmals kurz gabelig. Conidien breit-ellipsoidisch,
stumpf abgerundet, fast kugelig, durchschnittlich 21 μ breit, 25 μ
lang, weiss. Oosporen kugelig, mit dünnem, gelbbraunen, glatten
oder schwach faltigen Epispor, 26—43 μ Durchmesser; Wand des
eckig-kugeligen Oogoniums dick, mehrschichtig, glänzend, farblos
oder schwach gelblich, starr, nach der Sporenreife nicht zusammenfallend. — Fig. 73 g.

Auf Cruciferen, besonders gemein auf Capsella bursa pastoris;
ruft starke Anschwellungen und Verkrümmungen der befallenen
Theile, auch der Blüthenstände hervor. Kommt oft gesellig mit
Cystopus candidus vor, der andere Verunstaltungen herbeiführt.

Wurde auf folgenden Cruciferen im Gebiete gefunden, fast das
ganze Jahr hindurch (März bis November): Alyssum calycinum,
Arabis arenosa, Gerardi, Halleri, Barbarea vulgaris, Berteroa incana,
Brassica Napus, oleracea, Rapa, Bunias orientalis, Camelina dentata,
microcarpa, sativa, Capsella bursa pastoris, Cardamine amara, hirsuta,
Impatiens, parviflora, pratensis, Cheiranthus Cheiri, Dentaria bulbifera, enneaphylla, glandulosa, heptaphylla, Diplotaxis tenuifolia, Draba
verna, Erysimum cheiranthoides, perfoliatum, repandum, Hesperis
matronalis, Lepidium campestre, Draba, ruderale, Matthiola annua,
incana, Nasturtium palustre, silvestre, Neslea paniculata, Raphanus
Raphanistrum, sativus, Sinapis alba, arvensis, Sisymbrium Alliaria,
officinale, Sophia, Thalianum, Teesdalia nudicaulis, Thlaspi arvense,
perfoliatum, Turritis glabra.

Ausserdem kommt P. parasitica noch auf Reseda luteola vor: sie wurde von Fuckel als besondere Species, Peronospora crispula, herausgegeben (Fungi rhen. 23). Die Gestalt der Conidienträger spricht dafür, dass hier die gemeine P. parasitica vorliegt, wie auch de Bary (l. c. p. 110) annimmt. Oosporen sind auf Reseda noch nicht gefunden worden.

Der Parasit kann auf unseren cultivirten Cruciferen gelegentlich grossen Schaden anrichten, so z. B. 1881 auf Raps und Rübsen in der Umgegend von Bützow und im Fürstenthum Ratzeburg (Deutsche landwirthsch. Presse VIII. p. 303). Er befällt auch die Culturvarietäten von Brassica oleracea, z. B. Blumenkohl, Rothkohl.

Die Haustorien der P. parasitica sind häufig, dick (bis 20 μ), traubig verästelt, hin- und hergewunden und erfüllen die Zellen des Wirthes oft vollständig.

364. **P. Corydalis** de Bary, 1863 (A. sc. nat. 4. Serie XX. p. 111).

Exsicc.: Fuckel, Fungi rhen. 1901, Krieger, Fungi saxon. 298, 299, Kunze, Fungi sel. exs. 232, Rabh., Fungi europ. 847, 1566, Schneider, Herb. schles. Pilze, 124, Sydow, Mycoth. march. 152, Thümen, Fungi austr. 1035, Thümen, Mycoth. univ. 134.

Rasen dicht, schlaff, ausgebreitet, schmutzig-weiss oder schwach violett. Conidienträger zu mehreren hervorbrechend, meist gleich gross, ca. 350 μ hoch, ungetheilte Basis nahezu $^2/_3$, dünn, nur 7 μ dick; Krone 5—6fach gabelig, Aeste zart und schlank, gebogen, die letzten lang pfriemlich zugespitzt, zangenförmig gekrümmt, hier und da auch rechtwinkelig und schwächer gebogen, meist gleich lang. Conidien breit eiförmig, auch kugelig-ellipsoidisch, stumpf, durchschnittlich 20 μ breit, 25 μ lang (nach Schröter, l. c. 17—20 μ breit, 20—24 μ lang), Membran schwach violett. Oosporen kugelig, mit dünnem, durchaus glatten, gelbbraunen Epispor, 28—40 μ Durchmesser: Oogon kugelig, 42-50 μ Durchmesser, mit starrer, dicker, zweischichtiger, meist schwach bräunlicher Membran, die nach der Sporenreife nicht zusammenfällt. — Fig. 74 c.

Auf Corydalis cava, intermedia, lutea, solida. April bis Juni.

Von Günther Beck ist eine auf Corydalis cava bei Wien gesammelte Peronospora als neue Species, als P. Bulboeapni beschrieben worden (Verh. d. zool.-bot. Ges. Wien 1883, p. 370, auch Hedwigia 1886, XXV. p. 35). Sie soll sich von P. Corydalis durch kugelige Conidien und durch ein unregelmässig verdicktes, oft leistenartig vorspringendes Epispor unterscheiden. Die übrigen von Beck angegebenen Merkmale stimmen mit P. Corydalis überein. Da nun bei dieser die Conidien gelegentlich auch kugelig-ellipsoidisch vorkommen und bei der verwandten P. parasitica auch das Epispor zuweilen unregelmässig gefaltet erscheint, so dürfte wohl einstweilen die P. Bulboeapni zu P. Corydalis zu rechnen sein.

Die Haustorien sind hier selten, fädig, arm verzweigt, gekrümmt, auch bei Beck's Form waren sie sehr selten, fadenförmig.

365. **P. leptoclada** Saccardo (Michelia II. p. 530).

Rasen dünn, zart, ausgebreitet, schmutzig-weis. Conidienträger 300—350 μ hoch, Basis 18 μ dick; Krone 5 - 6fach gabelig,
letzte und vorletzte Gabeläste sehr dünn, gekrümmt. Conidien
ellipsoidisch, 20—22 μ breit, 25—28 μ lang, farblos. Oosporen
kugelig, mit blassgelblichbraunem, 2,5—3 μ dicken Epispor: Oogonium
eckig-kugelig, 45—55 μ Durchmesser, mit sehr dicker (10—15 μ),
gelblichbrauner, starrer Membran.

Auf Helianthemum guttatum.

Diese Species ist bisher nur in Norditalien (Euganeen) gefunden worden,
könnte aber auch im Gebiet und auf anderen Species von Helianthemum vorkommen. Die Diagnose nach Saccardo, Sylloge VII. 1, p. 250.

Arten, deren Oosporen noch nicht bekannt sind.

1. Divaricatae.

366. **P. Hyoscyami** de Bary, 1863 (A. sc. nat. 4. Serie XX. p. 123).

Synon.: Peronospora effusa var. Hyoscyami Rabh., Fungi europ. 291.
Exsicc.: Rabh., Fungi europ. 291, Schneider, Herb. schles. Pilze 50,
Thümen, Fungi austr. 939.

Rasen dicht, ausgebreitet, schmutzig-grauviolett. Conidienträger bäumchenförmig, mit hoher, ungetheilter Basis, die meist
$^7/_{10}$ und mehr des im Ganzen 290—500 μ, meist 300 μ hohen
Trägers beträgt; Krone 5—8fach gabelig, Zweige abstehend, allmälig
verdünnt, gerade oder schwach gebogen, die letzten Gabeln kurz,
kegelig-pfriemlich, gerade, spitz mit sehr stumpfem Winkel spreizend.
Conidien klein, meist stumpf-ellipsoidisch, einige auch eiförmig,
15—24 μ lang, 13—18 μ breit, durchschnittlich 17 μ breit, 23,5 μ
lang; ohne grosse Schwankungen in den Dimensionen, schwach
violette Membran. Oosporen unbekannt.

Auf Hyoscyamus niger. Sommer.

Von Farlow in Californien auch auf Nicotiana glauca gefunden (Just, Jahresber.
1885, I. p. 288).

367. **P. Cyparissiae** de Bary, 1863 (l. c. p. 124).

Exsicc.: Schneider, Herb. schles. Pilze 162, Thümen, Fungi austr.
646, Thümen, Mycoth. univ. 45.

Rasen locker, aber ausgebreitet, schmutzig-violett. Conidienträger zu mehreren hervorbrechend, ca. 350 μ hoch, Basis etwas
über $^1/_2$, also kurz gestielt: Krone 5—6fach gabelig, Aeste gerade,
starr, weit abstehend, vorletzte Zweige nur wenig schmäler als die
erster Ordnung, letzte Gabeläste rechtwinkelig, gelegentlich auch

stumpfwinkelig, kegelig-pfriemlich, spitz, ziemlich lang und dick, starr gerade oder der eine schwach eingekrümmt, meist gleich lang. Conidien mittelgross, ellipsoidisch, ganz stumpf, schwach violette Membran, durchschnittlich 16 μ breit, 21 μ lang. Oosporen unbekannt.

Auf Euphorbia Cyparissias. Mai bis Juli.

Ist von P. Euphorbiae durch die starren Conidienträger und die gefärbten, ellipsoidischen Conidien sicher zu unterscheiden.

368. P. Rumicis Corda, 1837 (Icones Fung. I. p. 20).

Synon.: Peronospora effusa var. Rumicis Fuckel, Fungi rhen. 14.
Exsicc.: Fuckel, Fungi rhen. 14, Krieger, Fungi saxon. 394, Rabh., Fungi europ. 988. 1464, 2677, Rabh., Herb. myc. ed. I. 1485, Schneider, Herb. schles. Pilze 160, 161, Sydow, Mycoth. march. 2655, Thümen, Fungi austr. 413, 932.
Abbild.: Corda, l. c. Taf. V, 273.

Rasen sehr dicht, grauviolett, die ganze Blattunterseite überziehend. Conidienträger einzeln oder höchstens zu 3 aus den Spaltöffnungen hervorbrechend, ziemlich gleich hoch, kräftig, 400 bis 700 μ hoch, unverzweigte Basis ²/₃ und mehr, ca. 8—10 μ dick; Krone 3—6fach gabelig, zuweilen mit 1—3 einzelnen oder fast einander gegenüberstehenden, wiederholt gabeligen Aesten unter der gabeligen Krone. Aeste allmälig verdünnt, die erster Ordnung aufrecht abstehend, alle übrigen mehr oder weniger rechtwinkelig, gerade, die letzten kurz oder länglich, kegelig-pfriemlich, spitz, gerade, starr, meist rechtwinkelig. Conidien gross, ellipsoidisch, allseitig stumpf, schmutzig-violett, meist gleichgross, durchschnittlich 20 μ breit, 29 μ lang. Oosporen unbekannt. — Fig. 73 d.

Auf Rumex Acetosa, Acetosella, arifolius, crispus, scutatus; das Mycel perennirt im Rhizom und entwickelt auf der Unterseite der Blätter und an den verkrüppelnden Inflorescenzen seine Conidienträger. Mai bis September.

Die befallenen Blätter bleiben kleiner, sind gelblich oder röthlich verfärbt, steif und starr, ihre Ränder oft kräftig zurückgerollt.

Die von Schröter (Kryptfl. v. Schles. III. p. 252) hierher gezogene Form auf Polygonum aviculare und P. Convolvulus gehört nicht hierher, sondern ist P. Polygoni Thümen.

P. obliqua Cooke in Rabh., Fungi europ. 759 ist gar keine Peronospora; ich stimme Oudemanns (Hedwigia 1883, p. 83) bei, welcher sie für eine Ramularia hält; er nennt sie Ovularia obliqua. Farlow (Bull. of the Bussey Instit. 1878, p. 242) hält sie für Ramularia macrospora Fres. (Man vergl. auch Journ. of Myc. I. p. 69.) Auch die Beschreibung bei Cooke (Handb. of brit. Fung. II. p. 597) entspricht keiner Peronospora.

369. **P. Polygoni** Thümen (Fungi austr. 742).

Exsicc.: Thümen, Fungi austr. 742, 836, Thümen, Mycoth. univ. 344.

Rasen dicht, schmutzig-grauviolett. Conidienträger meist zu mehreren hervorbrechend, sehr gleichmässig gross, durchschnittlich 320 μ hoch, Basis meist wenig über $^1/_2$, sehr robust, 10 μ breit: Krone 5—7fach gabelig, Aeste aufrecht abstehend, gerade oder meist sehr schwach gebogen, allmälig dünner werdend, letzte Gabeln rechtwinkelig, kurz oder auch sehr lang pfriemlich (8—17 μ lang), meist gerade und gleichlang, selten der die Verlängerung der vorigen Gabel bildende schwach sigmaförmig gekrümmt oder die Aestchen ungleich lang. Conidien gross, lang-ellipsoidisch, fast noch einmal so lang als breit, durchschnittlich 17 μ breit, 30 μ lang, stark schmutzig-violette Membran. Oosporen unbekannt.

Auf Polygonum Convolvulus und aviculare.

Betreffs der auf Polygonum-Species gefundenen Peronosporeen herrscht eine grosse Verwirrung. De Bary stellt eine von Caspary bei Berlin auf Polygonum aviculare gefundene Form in die Varietät β minor der P. effusa (A. sc. nat. 4. Serie XX. p. 116). Schröter hingegen führt Polygonum aviculare und P. Convolvulus als Nährpflanzen der Peronospora Rumicis auf (Kryptfl. v. Schl. III. p. 252). In Saccardo's Sylloge endlich (VII. 1, p. 256 u. 262) sind die von Thümen (l. c.) herausgegebenen Formen auf Polygonum Convolvulus als var. γ zu Peronospora effusa gestellt, während Polygonum aviculare neben P. Convolvulus als Substrat für Peronospora Rumicis vermerkt ist. Ich habe die Formen auf Polygonum aviculare und Convolvulus untersuchen können, sie gehören weder zu P. effusa var. minor, noch zu Rumicis. Ich führe sie deshalb als wohl charakterisirte Species der Rectangulae-Gruppe auf. P. Rumicis unterscheidet sich durch die unter der gabeligen Krone oft entspringenden Beisprosse, die starren, geraden Gabeläste, die kurzen Conidien.

2. Intermediae.

370. **P. sordida** Berkeley, 1861 (Ann. a. Mag. of nat. hist. 3. Serie VII. p. 449).

Synon.: Peronospora effusa f. Scrophulariae Schneider, Herb. schles. Pilze 33.

Exsicc.: Krieger, Fungi saxon. 46, Rabh., Fungi europ. 1370. 2574. 3776. Schneider, Herb. schles. Pilze 33, Thümen, Fungi austr. 744, 934, Thümen. Mycoth. univ. 2216, Wartmann u. Winter, Schweiz. Krypt. 830.

Rasen dicht, schmutzig-blassgelblich, ausgebreitet oder fleckenweise. Conidienträger zu mehreren, farblos oder schwach gelblich gefärbt, hoch, 330—550 μ, ungetheilte Basis ca. 8 μ dick. $^1/_2$—$^2/_3$, meist $^2/_3$; Krone reich 6—8fach gabelig, Gabeläste schlaff sparrig, die dickeren gerade, die dünneren (letzterer Ordnungen) deutlich gebogen, die letzten Gabeläste rechtwinkelig ansetzend, der eine die

gerade Verlängerung des vorigen Astes bildend, entweder gerade
oder etwas gebogen und zu zangenförmiger Gestalt übergehend,
beide gleichlang, oft bis 15 μ lang oder der eine seitlich abgehende
kürzer. Conidien elliptisch oder verkehrt eiförmig, stumpf, schwach
gelblich-violett, verschieden gross, Durchschnitt 17 μ breit, 22 μ lang
(Extreme 13.5 μ breit, 17 μ lang; 21 μ breit, 25 μ lang). Oosporen
unbekannt.

Auf Scrophularia aquatica und nodosa, Verbascum Blattaria,
phlomoides, Thapsus, thapsiforme.

Ich habe diese Form von folgenden Substraten untersucht: Scrophularia
nodosa (Rabh., Fungi europ. 1350, Ellis, North Amer. Fungi 1414), Verbascum
Thapsus (Thümen, Mycoth. univ. 2216) und Digitalis purpurea (Fuckel, Fungi rhen.
2101). Es ergab sich volle Uebereinstimmung zwischen den auf Scrophularia und
Verbascum gefundenen Pilzen, die auch von den andern Bewohnern der Scrophularineen sich unterschieden. Dagegen gehört das Material auf Digitalis purpurea
zu Peronospora Linariae; auch Schröter (Kryptfl. III. p. 249) zieht eine auf Digitalis ambigua wachsende Form zu P. Linariae, während sie in Saccardo's Sylloge
VII. 1. p. 249) zu P. sordida gestellt ist. Vergleiche übrigens die Anmerkung bei
P. Linariae.

371. P. pulveracea Fuckel (Fungi rhen. 1; Symb. myc. p. 67).

Exsicc.: Fuckel, Fungi rhen. 1, Stapf, Flora austr.-hung. exs. 779,
Thümen, Mycoth. univ. 1215.

Rasen dicht, weit ausgebreitet, grau. Conidienträger meist
einzeln oder auch paarweise hervorbrechend, meist gleichmässig
hoch, 250—400 μ, ungetheilte Basis ^{5} $_8$; Krone 4—6fach gabelig,
Aeste, oft auch schon I. Ordnung, stark gebogen, kurz oder verlängert, schlaff, letzte Gabeläste pfriemlich, bald lang, bald kurz, oft
ungleich, zangenförmig gebogen, oft unter stumpfem Winkel spreizend,
aber auch dann stark gekrümmt. Conidien gross, breit-elliptisch
oder verkehrt eiförmig, ausnahmsweise auch birnförmig, sehr schwach
schmutzig-violett, durchschnittlich 25 μ breit, 29 μ lang. Oosporen
unbekannt.

Auf Helleborus foetidus, niger und odorus. April bis August.
Perennirt wahrscheinlich mit dem Mycel; die befallene Pflanze trägt
kleinere, verkrümmte und fahlgelbe Blätter.

3. Undulatae.

372. P. tribulina Passerini, 1879 (Grevillea VII. p. 99).

Exsicc.: Thümen, Mycoth. univ. 1316.

Rasen dicht, weisslich. Conidienträger einzeln oder büschelig
hervorbrechend, biegsam, 280—360 μ hoch, ungetheilte Basis ^{2} $_3$,

ausserhalb der Spaltöffnung schwach zwiebelig geschwollen, sonst ca. 11 μ dick: Krone 4—6 fach gabelig, Gabeläste kurz, mehr oder weniger gekrümmt, die letzten lang pfriemlich, zangenförmig. Conidien breit-ellipsoidisch, zuweilen schwach eiförmig, weiss, durchschnittlich 20 μ breit, 26 μ lang. Oosporen unbekannt. Auf Tribulus terrestris. Sommer.

Bisher nur aus Parma bekannt, könnte sich aber auch im südöstlichen Theile des Gebietes, Istrien, finden.

373. **P. alta** Fuckel, 1863 (Fungi rhen. 39; Symb. myc. p. 71).

Synon.: Peronospora effusa var. Plantaginis Farlow (Bull. Bussey Instit. I. p. 425 sec. Saccardo, Sylloge Fung. VII. 1, p. 262.

Exsicc.: Fuckel, Fungi rhen. 39, Rabh., Fungi europ. 1564, Schneider, Herb. schles. Pilze 49, Thümen, Fungi austr. 414, Thümen, Mycoth. univ. 1514.

Rasen ziemlich locker und hoch, die ganze Blattunterseite überziehend, auch auf der spaltöffnungsreichen Oberseite hervorbrechend, hell grauviolett. Conidienträger einzeln, seltener zu 2 oder 3 aus den Spaltöffnungen hervortretend, zierlich, 180—560 μ hoch, unverzweigte Basis hoch, ²/₃—⁴/₅, 8—10 μ dick; Krone 6—8 fach gabelig, Aeste sparrig abstehend, mehr oder weniger gebogen, vorletzte Zweige meist in zwei sehr ungleiche Gabelästchen getheilt, einen längeren von der Basis aus bogig oder sigmaförmig gekrümmten und einen viel kürzeren bogig zurückgekrümmten. Conidien gross, breit-ellipsoidisch, allseitig stumpf gerundet, schwach grauviolett, durchschnittlich 21 μ breit, 29 μ lang. Oosporen unbekannt.

Auf Plantago major und lanceolata. April bis October.

Aussereuropäische, zweifelhafte und auszuschliessende Arten.

P. Fritzii Schröter, 1884 (Jahresber. d. schles. Ges. f. vaterl. Cultur LXI. p. 175).

Conidien eiförmig. 15 μ breit, 22 μ lang. Oosporen mit dicken, starken, labyrinthartig gewundenen, maschig vereinigten, gelbbraunen Episporleisten. Dicke des Epispors 6—8 μ, Durchmesser der Oospore mit Epispor 44—50 μ, ohne 30—35 μ. Nähere Beschreibung fehlt bei Schröter.

Auf Convolvulus althaeoides (var. glabrior) auf Madeira. Da die Wirthspflanze auch im Gebiet (Istrien, Cherso) vorkommt, so wird sich diese Peronospora vielleicht noch finden. Sie gehört zu den Calothecae, Reticulatae.

P. Oxybaphi Ellis et Kellermann (Journ. of Myc. I. p. 2).

Conidienträger dreifach gabelig, Endgabeln dick, schwach gebogen, Conidien elliptisch, 20—26 μ lang, 12—15 μ breit, schwach gelblichbraun, Oosporen kugelig, 35—40 μ Durchmesser, bräunlich, mit rauhem Epispor.

Auf Oxybaphus nyctagineus in New-Kansas (Nordamerika).

P. Claytoniae Farlow (Diagn. nach Sacc., Sylloge VII. 1. p. 250). Conidienträger hoch, mehrfach gabelig, Aeste kurz, pfriemlich weit abstehend. Conidien breit verkehrt-eiförmig, 22—24 μ lang, 15—20 μ breit, violett. Oosporen gross, 38—45 μ Durchmesser, braun, Epispor mehr weniger runzelig.

Auf Claytonia virginica in Kentucky. Wird von Saccardo zu den Parasiticae gestellt.

P. Lophanti Farlow (nach Saccardo, l. c. p. 259).

Conidienträger sehr schlank, wiederholt gabelig, Aeste gebogen, Endgabeln gekrümmt, sehr lang. Conidien kugelig oder stumpfeiförmig, violett, 19—22 μ lang, 15—20 μ breit. Oosporen unbekannt.

Auf Lophantus scrophulariaefolius in Nordamerika.

P. australis Spegazzini (nach Saccardo, l. c. p. 260). Rabh., Fungi europ. 3276.

Conidienträger aus den Spaltöffnungen oder direct aus der Membran hervorbrechend, einzeln oder büschelig, 250—500 μ lang, Basis oft zwiebelig, sonst cylindrisch, 14—15 μ breit; Krone fast quirlig 5—12ästig, Aeste 3—6fach gabelig, Endgabeln am Scheitel verdickt, 3—5 dünn-fläschchenförmige Sterigmen tragend, diese 3,5 μ breit, 1,5—2 μ lang, einfach oder oft zwei- bis dreizähnig oder lappig. Conidien verkehrt-eiförmig, rundlich, 15 μ lang, 10—12 μ breit.

In Argentinien auf Cyclanthera Hystrix.

Eine Untersuchung von Ellis (North Amer. Fungi 1416) zeigte, dass Plasmopara vorliegt mit Uebergängen in den Enden der Conidienträger zu Bremia.

Nach Farlow (Journ. of Mycol. 1885, I. p. 57) ist Peronospora sicyicola Trelease aus Nordamerika mit P. australis identisch. Die von Trelease gegebene (Hedwigia XXIII. p. 160) Diagnose bestätigt diese Ansicht. Auch P. cubensis Berkeley und Curtis, auf Cucurbitaceen der Insel Cuba beobachtet, möchte Farlow hierher stellen. Aus der von Saccardo wiedergegebenen Diagnose, die doch wahrscheinlich dem Original entspricht, ist hierüber Bestimmtes nicht zu ersehen.

P. rutibasis Berkeley und Broome (Grevillea III. p. 183) aus England auf Myrica Gale ist, nach der allerdings sehr laconischen »Diagnose der Autoren zu schliessen, gar keine Peronospora, sondern wohl eher eine Ramulariacee.

P. illinoensis Farlow, 1883 (Hedwigia XXIII. p. 160) möchte ich gleichfalls auf Grund der Diagnose für keine Peronospora halten.

P. Filicum Rabenhorst (Fungi europ. 848), die einzige bisher auf Kryptogamen beobachtete Peronospora. Das Leipziger Exemplar der Rabenhorst'schen Sammlung ist entschieden keine Peronospora, sondern theils ein unqualificirbarer Hyphomycet, theils wohl überhaupt gar kein Organismus. Das Münchener Exemplar der Rabenhorst'schen Sammlung enthält auch keine Peronospora, sondern einen kleinen Hyphomyceten und ausserdem Uredo Polypodii. Nach dieser Erfahrung dürfte wohl an der Peronospora zu zweifeln sein.

P. Heraclei Rabenhorst (Fungi europ. 2563) ist ebenfalls kein Pilz, es sind nur fleckenkranke Blätter.

P. Senecionis Fuckel, 1869 (Symb. myc. p. 69).

Fuckel's Diagnose lautet: Rasen locker, schmutzig-grau, Conidienträger aufrecht, Aeste erster Ordnung wenig und kurz, gabelig verzweigt, zusammenneigend; letzte und vorletzte Gabeln lang, gekrümmt. Conidien fast kugelig, farblos.

Auf Senecio cordatus. Sommer.

Diese Form habe ich nicht selbst untersucht. Vielleicht liegen hier nur Jugendzustände oder verkümmerte Exemplare der Bremia Lactucae vor.

P. trichotoma Massen und Morris, 1887, auf Colocasia esculenta. Die Beschreibung in Gardener's Chronicle 1887 ist mir nicht zugänglich gewesen; in Just's Jahresber. wird nur das Obige erwähnt.

Zweifelhafte Gattung der Peronosporaceae.

Siphopodium Reinsch, 1875 (Contrib. ad Algol. et Fungol. I. p. 96).

Mycelium einzellig, parasitisch, intramatrical. Conidienträger hervorbrechend, mit einer hoch gestielten, wiederholt gabelig oder dreitheilig verästelten Krone, an deren Astenden Conidien sitzen. Conidien kugelig, Keimung unbekannt. Weiteres nicht beobachtet.

S. dendroides Reinsch, l. c. Taf. IV, 2.

Conidienträger mit dicker, dunkelbrauner Wand, 68—89 μ hoch, an der Basis
36—39 μ dick, nach aufwärts bis zur Krone auf 17 μ verjüngt. Aeste 6—11 μ dick.
Conidien 5.6—9.7 μ Durchmesser, kugelig.

In Metzgeria furcata (Vogesen).

Diese von Reinsch zu den Hyphomyceten gestellte Form könnte der Beschreibung nach auch zu den Peronosporaceen gehören. Dagegen spricht allerdings die
dunkelbraune Färbung der Conidienträger.

Uebersicht über die Nährsubstrate der Peronosporaceen.

I. Saprophyten.

Abgestorbene Pflanzen in feuchter Luft, gern unter Wasser. Auf todten Fliegen in Wasser	Pythium complens — monospermum — proliferum — ferax — megalacanthum — vexans — intermedium
Auf von Phytophthora infestans ge-tödteten, fauligen Kartoffelkraut und Kartoffeln	— vexans — Artotrogus.

II. Parasiten.

A. Thiere.

Anguillula aceti   Pythium Anguillulae.

B. Pflanzen.

1. Algen.

Spirogyra, Cladophora, Vaucheria, Bangia   Pythium gracile.

2. Moose.

Riccia fluitans	Pythium Cystosiphon
Pellia epiphylla	
Plagiochila	— de Baryanum.

3. Gefässkryptogamen — Prothallien.

Farne	Pythium intermedium
Equiseten	— megalacanthum
Lycopodiaceen	— de Baryanum.

4. Phanerogamen.[1]

| Keimpflänzchen der verschiedensten Kräuter | Pythium de Baryanum Phytophthora omnivora |
| Sämlinge von Laub- und Nadelhölzern | — omnivora. |

---

[1] In dieser Uebersicht sind nur die Gattungsnamen der Wirthspflanzen aufgeführt; bei Parasiten, die fast alle Vertreter einer Familie bewohnen, werden die
Namen nicht nochmals aufgezählt.

1. *Amarantaceen:*
Amarantus

2. *Ampelidaceen:*
Ampelopsis, Vitis

3. *Apocynaceen:*
Vinca

4. *Asperifoliaceen:*
Aspergo
Myosotis, Lithospermum

5. *Balsaminaceen:*
Impatiens

6. *Cactaceen:*
Cereus, Melocactus

7. *Campanulaceen:*
Phyteuma

8. *Capparidaceen:*
Capparis

9. *Caryophyllaceen:*
Stellaria, Arenaria, Cerastium, Spergula, Spergularia, Scleranthus
Arenaria, Moehringia
Agrostemma, Dianthus, Melandryum
Herniaria
Holosteum
Spergula
Spergularia

10. *Chenopodiaceen:*
Atriplex, Chenopodium, Spinacia
Beta

11. *Cistaceen:*
Helianthemum

12. *Compositen:*
Zahlreiche

Anthemis,Lasiospermum,Matricaria, Tanacetum (Vegetationsorgane)
Anthemis, Chrysanthemum, Matricaria (Nur in den Blüthen)
Erigeron canadense
Helianthus annuus
Madia sativa
Rudbeckia laciniata

13. *Convolvulaceen:*
Convolvulus, Batatas

14. *Crassulaceen:*
Sempervivum

15. *Cruciferen:*
Zahlreiche

Cystopus Bliti.

Plasmopara viticola.

Peronospora Vincae.

— Asperuginis
— Myosotidis.

Plasmopara obducens.

Phytophthora omnivora.

Peronospora Phyteumatis.

Cystopus candidus.

Peronospora Alsinearum

— Arenariae
— Dianthi
— Herniariae
— Holostei
— obovata
Cystopus Lepigoni.

Peronospora effusa
— Schachtii.

— leptoclada.

Bremia Lactucae
Cystopus Tragopogonis
Peronospora leptosperma

— Radii

Basidiophora entospora

Plasmopara Halstedii.

Cystopus Convolvulacearum.

Phythophthora omnivora.

Peronospora parasitica
Cystopus candidus.

16. *Dipsaceen:*
Dipsacus (Vegetationsorgane) — Peronospora Dipsaci
Dipsacus, Knautia, Succisa (Nur in } — violacea
den Blüthen) }
17. *Euphorbiaceen:*
Euphorbia Cyparissias — Cyparissiae
Euphorbia Esula, falcata, platy- } — Euphorbiae
phyllos, silvatica, stricta }
18. *Fumariaceen:*
Fumaria — affinis
Corydalis — Corydalis
19. *Gentianaceen:*
Chlora, Erythraea — Chlorae.
20. *Geraniaceen:*

{ Plasmopara pusilla
Geranium { — Geranii
{ Peronospora conglomerata
Erodium — conglomerata.
21. *Gramineen:*
Setaria Sclerospora graminicola.
22. *Labiaten:*
Lamium, Salvia, Stachys, Cala- } Peronospora Lamii.
mintha, Thymus }
23. *Lemnaceen:*
Lemna Pythium Cystosiphon.
24. *Liliaceen:*
Allium Peronospora Schleideni.
25. *Linaceen:*
Linum — Lini.
26. *Onagraceen:*
Epilobium Plasmopara Epilobii
Oenothera Peronospora Arthuri.
27. *Papaveraceen:*
Papaver — arborescens.
28. *Papilionaceen:*
Vicia, Lens, Pisum, Lathyrus — Viciae
Trifolium, Medicago, Melilotus, } — Trifolii
Lotus, Coronilla, Ononis }
Phaseolus Phytophthora Phaseoli.
29. *Plantagineen:*
Plantago Peronospora alta.
30. *Polygonaceen:*
Rumex — Rumicis
Polygonum — Polygoni.
31. *Portulacaceen:*
Portulaca Cystopus Portulacae.
32. *Primulaceen:*
Anagallis, Androsace, Primula Peronospora candida.

33. *Ranunculaceen:*
Anemone, Aconitum, Isopyrum
Ranunculus, Ficaria, Myosurus
Helleborus
Eranthis

Plasmopara pygmaea
Peronospora Ficariae
— pulveracea
— Eranthidis.

34. *Resedaceen:*
Reseda

{ — parasitica
{ Cystopus candidus.

35. *Ribesiaceen:*
Ribes

Plasmopara ribicola.

36. *Rosaceen:*
Rosa

Peronospora sparsa.

Potentilla, Alchemilla, Agrimonia, ⎫
Sanguisorba, Poterium, Fra- ⎬ — Potentillae.
garia, Rubus ⎭

37. *Rubiaceen:*
Asperula, Galium, Sherardia

— calotheca.

38. *Rutaceen:*
Tribulus

— tribulina.

39. *Saxifragaceen:*
Chrysosplenium, Saxifraga

— Chrysosplenii.

40. *Scrophulariaceen:*
Alectorolophus, Bartschia, Euphra- ⎫
sia, Pedicularis ⎭

Plasmopara densa

Antirrhinum
Veronica
Linaria, Digitalis
Scrophularia, Verbascum
Schizanthus (chilenisch cult.)

Peronospora Antirrhini.
— grisea
— Linariae
— sordida
Phytophthora infestans.

41. *Solanaceen:*
Hyoscyamus
Anthocercis, Solanum

Peronospora Hyoscyami
Phytophthora infestans

Solanum tuberosum

{ — infestans
{ Pythium de Baryanum

(Faulige Kartoffeln und Kraut

Pythium vexans, P. Artotrogus).

42. *Umbelliferen:*
Zahlreiche

Plasmopara nivea.

43. *Urticaceen:*
Urtica

Peronospora Urticae.

44. *Valerianaceen:*
Valerianella

— Valerianellae.

45. *Violaceen:*
Viola

— Violae.

Nachträgliche Anmerkung zu Achlya und Pythium.

Durch die Güte des Autors, Herrn M. Raciborski in Krakau, wurde ich noch kurz vor Abschluss des Druckes auf folgende zwei neue, von mir übersehene Species aufmerksam gemacht.

Achlya Nowickii Racib., 1885 (Sitzungsb. Krakauer Akad. Wiss. XIV. Taf. III) fand sich zwischen Saprolegnia monoica auf kranken Karpfen und steht der A. spinosa de Bary nahe. Nach den Angaben des Autors sind die Oogonien kugelig oder birnförmig, mit vielen kegeligen, an der Spitze abgerundeten Ausstülpungen der Membran. Antheridien fehlten immer, Oosporen 1—30, meist 8—16 in einem Oogon. Falls die grössere Zahl der Oosporen und die totale Apandrie bei fortgesetzter Cultur sich als beständig erweisen sollten, würde diese neue Art als wohlbegründet zu betrachten sein.

Pythium dictyospermum Racib., 1891 (Anzeiger der Krakauer Akad. Wiss. p. 284 und 1892 Sitzungsb. ders. XXIV, mit 1 Tafel). In Spirogyra, zu der Untergattung Aphragmium gehörig und dem P. gracile sehr nahe stehend. Da von letzterem die Sexualorgane und Oosporen noch nicht bekannt sind, so ist es nicht unmöglich, dass die neue Species nur ein geschlechtsreifes P. gracile darstellt. In dem polnischen Text der ausführlichen Arbeit kommt der Name Pythium gracile gar nicht vor, so dass der Autor die eben ausgesprochene Möglichkeit nicht erwogen zu haben scheint, in der vorläufigen deutschen Mittheilung fehlt auch eine entsprechende Bemerkung. Die Sexualorgane entwickelten sich intramatrical, glatte einciige Oogonien und an kurzen Nebenästen sitzende Antheridien. Die reife, das Oogon fast erfüllende Oospore hat ein netzförmig verdicktes Epispor mit unregelmässigen, selten polygonalen Maschen.

Alphabetisches Register.

1. Die Ziffern bezeichnen immer die Seitenzahlen. 2. Die nicht gesperrt gedruckten Namen sind Synonyme oder zweifelhafte oder auszuschliessende Gattungen und Arten.

32*

Gedruckt bei E. Polz in Leipzig.

www.ingramcontent.com/pod-product-compliance
Lightning Source LLC
Chambersburg PA
CBHW020856210326
41598CB00018B/1689